中国大学出版社优秀学术专著二等奖

中国城市化建设丛书

城市交通规划

（第2版）

过秀成　等编著

东南大学出版社

·南京·

内 容 简 介

城市交通是城市发展与社会经济活动的重要支撑,是城市规划的主要内容。本书基于数十个城市交通规划及专项规划的探索,按照"城市规划体系"与"城市交通规划体系"双线索构建全书框架体系,注重相互衔接,体现城市交通规划与城市规划紧密协调的特色。全书以理论基础为引,阐述交通与土地利用相互关系以及交通需求分析方法;按照规划编制不同阶段特点与要求,分别从交通战略规划、交通系统规划、交通设施规划以及局部区域交通规划,阐述规划内容、技术和方法,构建与城市规划衔接的城市交通规划体系,完善城市交通规划理论与方法。

本书可作为高等学校城市规划、交通规划和交通运输等相关专业高年级学生教材和参考用书,也可供城市规划、交通规划及交通管理部门的技术及管理人员参考。

图书在版编目(CIP)数据

城市交通规划/过秀成等编著.—2版.—南京:东南
大学出版社,2017.4(2021.9重印)
(中国城市化建设丛书)
ISBN 978-7-5641-7097-4

Ⅰ.①城… Ⅱ.①过… Ⅲ.①城市规划—交通规划
Ⅳ.①TU984.191

中国版本图书馆 CIP 数据核字(2017)第 067966 号

东南大学出版社出版发行
(南京四牌楼 2 号 邮编 210096)
出版人:江建中
网 址:http://www.seupress.com
全国各地新华书店经销 兴化市印刷有限责任公司印刷
开本:787 mm×1092 mm 1/16 印张:31.5 字数:755 千字
2017 年 4 月第 1 版 2021 年 9 月第 3 次印刷
ISBN 978-7-5641-7097-4
定价:76.00 元
本社图书若有印装质量问题,请直接与读者服务部联系。电话(传真):025-83791830

再 版 说 明

　　本专著自 2010 年出版以来，受到城市规划、交通工程、交通运输等专业领域读者的欢迎。为适应转变城市发展方式、完善城市治理体系、提高城市治理能力、着力解决城市病等突出问题的城市工作要求，城市交通规划作为城市治理的核心技术政策之一，需要在交通规划理论、方法和技术等方面做出及时的更新。鉴于城市交通规划编制导则的颁布、技术规范的修编、规划技术的革新，本专著更新了原有的第 7 至 11、13 章的内容，第 13 章在步行与自行车交通调查分析与需求预测的基础上，从"空间-网络-设施-环境"展开不同层面的步行与自行车交通规划内容。本次修订增加了第 16 章，探讨历史城区交通系统组织与服务体系设计、路网资源综合利用等关键问题，旨在协调历史城区交通系统设施配置、提升现有交通系统资源利用率、促进历史城区保护与交通可持续发展。

　　再版书共 16 章，由过秀成教授主笔，龚小林参与第 7、10、11、13 章的修编，沈佳雁参与第 8、9 章的修编；叶茂、沈佳雁参与撰写第 16 章。

　　感谢参与第一版编写的叶茂、孔哲、冉江宇、何明、杨明、杨洁、严亚丹、刘海强、张小辉、何小洲、过利超、王卫、邓一凌、窦雪萍、马超、羊钊、祝伟、巩建国、龚小林等贡献的智慧及参与此次修订工作。

　　特别感谢东南大学交通规划与管理学科教师与研究生为城市交通规划研究所付出的努力和贡献的智慧；感谢同学们在教学活动过程中积极反馈问题并提出建议。在研究与撰写过程中参考了国内外大量书籍、文献，在此仅向原著作者表示崇高的敬意与衷心的感谢！

　　由于作者水平有限，书中难免有错漏之处，恳请读者批评指正。

　　电子信箱 seuguo@163.com。

过秀成

于东南大学交通学院大楼 328 室

2017 年 2 月

第一版前言

城市交通与土地利用协调发展是城市发展中永恒的主题。城市交通从城市的配套性基础设施已转变为引导城市发展的关键性因素之一。城市交通规划作为城市规划体系的重要组成部分,针对城市规划不同阶段交通规划重点和要求的区别与联系,要求编制的时序、方法、模式与城市规划编制体系相衔接,引导城市交通与土地利用可持续发展。

本专著遵循我国城市规划与交通规划相关规范、国家和地方部门交通规划编制导则的要求,综合运用城市规划、交通运输工程、系统工程、经济学、社会学等相关理论,结合多年各类城市交通规划及专项规划的探索,按照"城市规划体系"与"城市交通规划体系"两条线索构建全书框架体系,注重相互衔接,体现城市交通规划与城市规划紧密协调的特色。该书以理论基础为引,主要阐述交通与土地利用相互关系以及交通需求分析方法,旨在使读者能够掌握开展城市交通规划的基本理论、方法;分别从交通发展战略规划、交通系统规划、交通设施规划以及局部区域交通规划,构建与城市规划衔接的城市交通规划体系,响应城市交通规划体系不断发展的要求,完善城市交通规划理论与方法。各章节按规划编制不同阶段特点与要求,分析城市总体规划阶段、控制性详细规划阶段城市交通规划编制的内容和方法等,为读者提供更具针对性的启示与指引。本书可作为城市规划、交通规划及交通管理部门的技术及管理人员参考使用,也可作为高等学校城市规划、交通规划和交通运输等相关专业高年级学生教材和参考用书。

全书共15章,由过秀成教授主笔,主要参与撰写人员为:叶茂、孔哲、冉江宇;博士生何明、杨明、杨洁、严亚丹、刘海强、张小辉、何小洲、过利超、王卫共同参与了撰写工作。感谢硕士生邓一凌、窦雪萍、马超、羊钊、祝伟、巩建国、龚小林在专著的资料整理、研讨及编排过程中所做的工作。

特别感谢东南大学交通规划与管理学科教师与研究生为城市交通规划研究所付出的努力和贡献的智慧!在研究与撰写过程中参考了国内外大量书籍、文献,在此仅向原著作者表示崇高的敬意与衷心的感谢!

由于作者本人水平有限,书中难免有错漏之处,恳请读者批评指正。

电子信箱 seuguo@163.com

过秀成
于东南大学交通学院大楼 328 室
2010 年 12 月

目　　录

第1章 绪 论

    1933 年颁布的《雅典宪章》将城市活动分为居住、工作、游憩与交通四类,并要求通过城市规划构建有效联系居住、工作和游憩的交通网络。交通从城市的配套性基础设施开始转变为城市发展的关键性因素。交通发展的根本目的不再局限于交通本身,而是为支持和促进城市的经济和社会发展服务。与城市协调发展的交通系统能够有效提升城市功能和地位,增强城市的活力与竞争力,营造城市的独特品质与鲜明特色。

    城市与交通协调发展是城市交通规划永恒的主题。从需求导向的定向交通规划发展到系统供需平衡的可持续交通规划,经历了交通规划滞后于城市发展、适应城市发展及与城市互动发展的不同时期,并逐渐发展到交通引导城市发展的阶段。城市交通规划是一门涵盖交通发展战略规划、综合交通规划、交通专项规划等,统筹城市交通发展、理论与实践相融合的科学与艺术。不同层次的交通规划间既有联系又各有侧重,通过构建一套较为完整的城市交通规划体系,形成指导城市交通建设与土地利用的一体化、可持续发展的纲领性文件。

1.1 城市交通规划沿革

1.1.1 国外城市交通规划沿革

1) 城市交通规划萌芽阶段

    20 世纪初,城市化的发展进程与机动化交通方式推动了城市及其道路交通的发展,交通规划基础理论与方法技术不断革新。1929 年美国社会学家科拉伦斯·佩里(Clarence Perry)针对当时城市道路上机动交通日益增长,车祸经常发生,严重威胁行人穿越街道等问题,提出的邻里单位规划理论,实现了步行与自行车、机动车的交通分离。1942 年伦敦警察局交通专家屈普(Alker Tripp)结合战后伦敦的重建,提出了城市主次干道与支路分开,干道以交通功能为主,支路以生活和商业等功能为主。芬兰建筑师 E·沙里宁(Eero Saarinen)为缓解由于城市过分集中所产生的弊病提出的"有机疏散理论",认为日常活动应尽可能集中在一定的范围内,使活动产生的交通量减到最低程度,个人的日常生活应以步行交通为主,同时有效运用现代交通手段。1944 年美国公共道路管理局(BPR)研究发布了《家庭访问式交通研究程序手册》,由此 OD 调查逐渐展开。1953 年,底特律交通研究报告中采用了交通生成、交通分布和交通分配三阶段对调查数据进行需求预测分析[10]。至 20 世纪 50 年代后期,相关交通生成预测、交通分布、方式划分和交通分配四阶段模型研究都得到了突破。这一时期,交通规划局限于道路网规划,主要涉及确定道路网的形态和主要道路的宽度和建设时序等,其中交通量预测被作为前期的核心工作。

2)城市交通规划形成阶段

20世纪60年代,欧美国家私人小汽车发展迅速,城市公共交通却日渐萎缩,城市交通陷入个体机动化交通畸形发展的恶性循环,为此发达国家纷纷着手组织相关机构开展城市交通规划的研究与实践,试图缓解日益凸显的交通矛盾。1962年联邦公路资助法案规定人口超过5万的城市必须成立都市区规划机构(MPO)并结合土地利用进行城市交通规划才能获批联邦道路建设资金[10],该法案直接推动了美国城市综合交通规划的理论研究与规划实施,并广泛地影响了其他国家。1962年完成的《芝加哥地区交通研究》(CATS,Chicago area transportation study)突破了以往城市交通规划单一道路网规划的局面,形成真正意义上的城市交通规划。在规划中,明确提出以问题导向的定向决策交通规划模式以及由交通生成、交通分布、交通方式划分和交通分配构成的"四阶段"交通需求分析方法。1963年,美国公共道路管理局(BPR)颁布了多个规划技术备忘录,并明确指出规划工作必须遵循3C原则,即连续性(Continuing)、综合性(Comprehensive)和合作性(Cooperation)[10]。为了适应机动化的高速发展带来的大量机动化交通需求,大规模的城市交通基础设施建设和区域高等级公路网络建设在发达国家如火如荼地开展,公共部门交通投资不断增长,相应的城市交通规划理论与实用技术、区域公路网规划理论与实用技术成为当时交通规划的重点[11]。

3)城市交通规划发展阶段

石油危机的爆发对发达国家的经济造成了严重冲击,社会经济进入停滞期,交通基础设施建设投资不得不削减,发达国家开始关注道路运输效率的优化问题,如控制小汽车交通、提倡公共交通、综合治理道路交通拥堵等。以交通需求管理(TDM)与交通系统管理(TSM)为理论依据的近期交通改善规划成为当时城市交通规划的重点之一。这一时期城市交通规划开始从分析城市交通系统内在影响因素入手,寻找交通问题的症结。伴随着石油危机,以往的城市化发展模式开始向郊区化和乡村化转变,产生了大量的长距离通勤出行需求,为此,改善公共交通服务成为当时城市交通规划的关键目标。同时交通需求预测技术开始由传统的集计模型(以交通小区为分析单位)向非集计模型(以实际产生交通活动的个人为分析单位)发展。1972年,威廉伯格城市交通出行预测会议直接推动了交通分析非集计模型的研究,完善传统四阶段模型。伴随着交通需求分析技术的发展,提出城市交通规划应涉及城市交通发展战略、动态交通、静态交通、公共交通、行人交通以及规划实施计划等主要内容,并进一步明确公共交通的重要地位,开始认识到交通规划和建设不仅仅是为了缓解交通问题,也是推动城市发展的必要手段。这一时期,城市交通规划重点研究了城市常规公共交通规划技术、公交优先通行技术以及轨道交通规划技术。

4)城市交通规划完善阶段

20世纪90年代初期,西方主要国家城市交通基础设施建设基本完成,城市交通需求却持续增加,交通拥挤已经严重影响到了城市发展。通过实践发现交通系统管理(TSM)技术对于缓解交通拥挤的作用有限,由此催生了对综合交通发展战略的需求,重新回归到对远期交通规划的关注。关于交通对城市环境和生活质量的影响研究得到了越来越多的关注。1991 年美国国会通过陆路综合运输效率法案(ISTEA),要求在大都市交通规划中考虑人、货机动性和灵活性、系统运营状况和维护以及生活环境和质量等多个因素。可持续发展理念开始在规划研究中得到体现与落实,通过改变土地开发模式提高公共交通、步行和自行车利用率,减少小汽车出行,建立可持续发展的一体化多模式交通系统,其中TOD 模式、混合土地利用模式等便是其大力推崇的土地开发模式。同时在以往城市交通规划研究与实践的基础上,进一步明确了由现状调查与分析、交通发展战略研究、交通需求分析以及交通专项规划等部分构成的城市交通规划程序。其中交通需求分析技术进一步发展,基于活动(出行链)的非集计模型开始应用于交通分析。交通规划已不仅要考虑交通供需平衡,还要考虑网络调控、交通组织、交通管理等全过程的协调与优化。

1.1.2　国内城市交通规划沿革

1) 城市交通规划的探索

我国交通规划历史悠久,早在《周礼》中就有关于道路系统的记载,并形成了历史上最早的方格网道路系统。古代道路网规划思想对我国交通规划的发展产生了深远的影响。随着时代变迁,道路系统不断发展,但大体上延续了传统的道路网格局。发展到20 世纪 50 年代,为配合重点工程项目的建设,在一些城市进行了大规模的基础设施建设,道路条件明显改善。此时,公共汽车及电车是城市公共客运的主要方式,道路交通比较通畅。改革开放以前,和工业企业、住宅、公共建筑等其他设施一样,交通设施的规划、投资和建设,归属于国民经济发展的计划,城市各类交通设施的投资决策、年度计划的编制、建设资金的筹措等基本上由国家统一决定[12]。城市交通规划主要局限于道路基础设施的布局规划,还没有"城市综合交通体系"的概念,不清楚城市交通需求总量、时空分布特征及方式构成,也不了解综合交通体系内部结构以及组成要素之间的相互制约关系,对城市综合交通体系与外部环境的相关关系知之甚少[13]。这一时期的城市道路网规划基本采用定性分析来确定道路网的结构、形态和功能以及主要道路建设时序等内容。

2) 城市交通规划的兴起

20 世纪 80 年代,以北京为首的一批特大城市开始步入机动化萌芽期,城市交通拥堵加剧,交通事故率上升,交通问题开始成为社会关注的热点。1981 年天津市组织了居民出行调查和货物流动调查,于 1985 年完成了《天津市居民出行调查综合研究》的编制,为城市交通规划工作从定性分析走向定量研究奠定了良好基础,开始逐步认识城市交通需求的随机性与规律性[14]。1985 年,在深圳成立了全国第一届城市交通规划学术委员会,并开展了深圳市交通规划[15]。在 20 世纪 80 年代中期开展的《北京市城市交通综合体系规划研究》初步建立了"城市综合交通体系"的理念,并明确指出交通规划应当从城市交通系统的内在机制及其与外部环境之间的交互作用出发,分析交通症结与制定对策[13]。从规划方法上来说,这一时期已逐步摒弃了经验判断和"只见局部,不见全局"的传统规划模式,开始运用综合交通系统理论与现代交通规划方法研究和编制城市交通规划。同时,基于系统规划理论的交通建模技术逐步得到推广应用。1987 年,北京市结合 1986 年的交通调查数据开始在 TRIPS 软件基础上构建北京交通规划模型,上海开始与加拿大合作建立基于 EMME/2 应用软件的上海交通规划模型[13],到 20 世纪 90 年代初已初步形成了由交通生成、交通分布、交通方式划分、交通分配组成的"四阶段"模型架构,并以模型为基础进行交通定量评价分析,对交通规划进行多目标、多方案的比选。而在立法上,1990 年 4 月起施行的《中华人民共和国城市规划法》中明确提出城市总体规划应包括城市综合交通规划体系以及各项专业规划[1]。

3)城市交通规划跨跃式发展

20 世纪 90 年代中期,北京、上海、广州等一批特大城市开始进入机动化的快速发展期,南京、深圳、沈阳等中心城市也步入机动化成长期。同时,伴随城市社会经济的快速发展,人与物的流动范围和距离都有了明显变化,交通需求总量激增,需求构成更为复杂。城市交通规划的研究已不再局限于作为运输载体的道路基础设施,开始认识到城市综合交通体系是一个高度开放的复杂巨系统,城市交通发展战略与政策研究被置于城市综合交通规划的前导位置,开始关注交通发展战略、交通政策、交通发展模式等重大问题。1995 年,国家标准《城市道路交通规划设计规范》(GB 50220—95)发布,从技术层面明确了城市交通规划的目标、任务、内容及相关规划设计标准[2],城市交通规划正式步入科学化与规范化的发展轨道。20 世纪 90 年代末,在小汽车交通需求持续膨胀的背景下,"公交优先"的发展理念在交通规划领域基本达成共识,优化调整出行结构成为交通规划重要目标。随着对公交主体地位的认识,轨道交通建设开始全面提速。1999 年底,北京、上海及广州已建成 120 公里地铁,同时对轨道交通系统规划的理论方法进行了一系列探索,逐步建立了一套适应我国发展阶段的城市轨道交通规划理论与方法体系[13]。

4)城市交通规划与时俱进

城市化、机动化进程步入高速发展期,在城市快速扩张与空间结构调整、机动化与交通设施水平不断完善的共同作用下,城市交通规划开始转向人性化、集约化、信息化、一体化的可持续发展模式,提高交通系统与城市空间结构拓展的协调力度。上海、北京、南京、杭州等城市陆续开展了交通模式与发展战略研究,并结合自身情况出台了交通纲领性文件指导城市交通规划与建设。在探索、创新城市交通规划理论、方法的同时,也对城市交通规划编制体系进行相应改进。多数城市在《城乡规划法》和《城市规划编制办法》的指导下,城市总体规划与综合交通规划、轨道交通规划统一编制。同时,城市总体规划编制中把干道网络、轨道交通、交通枢纽作为规划的强制性内容。2005 年,江苏省建设厅为了规范和指导全省各市城市综合交通规划工作,出台了指导性文件《江苏省城市综合交通规划导则》并于 2011 年进行了修订。2010 年,国家住房和城乡建设部颁布的《城市综合交通体系规划编制办法》将城市综合交通体系规划明确纳入到法定的城市总体规划内容之中[6],强化了城市交通规划的法定地位。随即《城市综合交通体系规划编制导则》出台,指导城市交通规划编制工作的具体开展。而同年颁布的《城市轨道交通线网规划编制标准(GB/T 50546—2009)》中也明确指出城市轨道交通线网规划宜与城市总体规划同步编制[7]。这一时期,交通规划体系的自身构成也得到了相应发展,在以往比较单一的城市综合交通规划基础上向战略研究与交通专项规划延伸,有效促进交通系统与土地利用协同发展。

1.2　城市交通规划的转变

1.2.1　规划影响因素的改变

1）城市空间与土地利用结构性调整

城市人口、土地规模迅速膨胀,引发了一系列资源短缺、环境污染、交通拥堵等现代城市疾病,城市空间结构和土地利用布局的优化调整势在必行。在 2000 年后全国新一轮的城市总体规划修编中,城市空间组织成为各城市规划的重点,"多中心"、"多组团"、"多片区"成为空间结构调整的关键词;其次,城市空间扩张使得城市外围地区出现居住区、工业园、大学城等多种专业化的土地开发模式;在城市内部,随着工业外迁、服务业集聚和旧城改造,在功能上相容性差的土地利用方式在调整中已逐步分离,城市内部土地利用的专业化程度也越来越高,形成鲜明的城市功能分区[16]。

2）城市发展制约因素要求转变交通发展模式

能源、土地和环境因素的制约,影响着城市的发展和出行方式的选择与组织,影响着城市发展政策和城市经济活动,并渗透到居民生活和城市发展的方方面面。在城市大规模扩张、经济高速发展和机动车迅猛增长的共同作用下,交通运输系统面临结构优化、效率提升的双重挑战,要求以安全、公平、高效率、低消耗、低污染为目标,运用科学的方法、技术、措施,构建城市绿色交通系统,推动城市交通与城市建设协调发展,营造与城市社会经济发展和宜居环境相适应的城市交通环境。

3）城市化进程影响交通规划研究范围

国家在近年来陆续批准了长三角、京津冀、珠三角、北部湾等城镇密集地区区域规划,而城镇密集地区的出现彻底打破了按照城市独立发展建立起来的管理体制和按照城乡二元发展建立起来的管理标准,城镇密集区的各组成城镇越来越多地承担大量的区域职能,城镇区域在各城镇空间的扩展下出现连绵的城市化地区。相应地,城镇化地区的城市交通规划研究范围需要进行调整,要求拓宽规划视野,不仅仅研究城市内部,还要研究区域战略在城市节点的落实,在更广的范围上研究城市综合交通布局。

4）交通服务主体分层化趋势显著

城镇化带来城镇人口的大幅度增加,造成城市人口规模的扩大和构成的多元化,无论是收入结构、文化结构或就业结构,城市人口逐步分化成不同社会阶层。不同阶层可以支付的交通成本决定了其所采用的出行工具将有所不同,直接导致对交通服务的要求存在较大差异,传统"平均主义"理念下的交通规划与管理背离了人口构成多元化的发展走向,统一的交通服务体系已无法满足不断增长的交通服务个性化诉求。

5）交通信息化稳步推进

城市交通信息化是一个分层次、分阶段逐步完善的过程。当前,我国已全面开始推进城市交通信息化工作。交通运输信息化"十二五"发展规划指出,交通运输信息化是破解交通运输业发展难题、促进交通运输行业发展方式转变、全面提升交通运输管理能力和服务水平的重要抓手,并提出了信息化建设任务和重点。目前,道路运输综合管理系统、交通运行综合分析信息系统、交通应急处理信息系统以及公众出行信息服务系统等已部分建设完成投入应用。

1.2.2　相关问题分析

我国正处于城市化、机动化、社会经济现代化快速发展的关键时期。在过去短短30多年的时间内，交通问题的概念从无到有，研究的领域、范围和层次也越来越广泛、深入，在规划具体编制过程中不可避免会存在一些问题。

1）交通规划与城市土地利用协同耦合较薄弱

城市空间结构、用地布局、产业分区等是城市交通规划的前提，而城市空间结构与功能布局又离不开相应的交通条件支撑。然而，用地规划对交通的理解还没有从以往交通模式下的用地规划思路中解脱出来，不能完全理解城市空间结构、功能布局与交通发展模式之间的互动关系，单纯的供应超前模式下的交通与城市用地关系仍然是城市交通规划的主导思想。另一方面，部分城市交通规划未能充分认识我国城市空间扩张与功能调整的特点，往往导致无法实现交通与土地利用的协调发展，更无法有效支撑城市社会经济发展。

2）综合运输规划未得到充分重视

城市交通规划侧重于交通基础设施的用地规划，对于综合运输网络的布局、运力配置以及运输组织等尚未给予应有的重视，甚至把综合运输规划排除在城市交通体系规划之外。如何合理配置有限的资源以及协调组织多元化的出行方式是交通规划必须思考的问题。综合运输规划应该成为城市交通体系规划中不可或缺的重要内容，其地位应该与基础设施规划并重。另外，城市客、货运运输规划的方法体系迄今尚不成熟，有待进一步探索[13]。

3）出行结构调整与优化途径的认识偏差

大部分城市已开始认识到出行结构调整的重要意义，却未能完全了解出行结构优化调整与"公交优先"的关系，以及结构调整合理的方法、途径与时机。即便就"公交优先"而言，也并非真正清楚公交发展的客观环境及制约其发展的主要因素。片面地认为城市出行结构优化调整单纯依靠发展公共交通、推行"公交优先"即可以实现，甚至误将二者等同，而忽略"公交优先"与"需求管理"二者相辅相成的关系，忽略交通出行结构与城市形态和空间结构的对应关系。

4）交通分析与共享平台亟待建设

随着交通信息化应用的不断深入，数据交换和数据共享的需求越来越强烈。然而，各单位、各部门建设的业务系统都是为满足自身业务管理需要在不同时期建立的，从业务应用和数据关联上缺少总体规划和设计协调，系统之间数据交换共享存在困难，使得大量的数据无法真正发挥效用。因此，研究和建设跨部门、跨行业的数据集采集、处理、共享交换和综合利用多种功能为一体的交通数据共享平台已成为当前交通信息化工作的重中之重。

5）需求预测与评价分析方法有待完善

在城市交通规划定量分析中应用广泛的"四阶段"法除自身存在的问题外，其依赖的诸多前提条件在实际应用中大多存在不确定性,无疑会影响其预测的可靠性。同时,四个阶段之间缺乏相互反馈调节机制,与实际出行规律不符。同时,当前在城市交通规划的现状诊断、规划方案比选以及实施效果评估中,由于交通规划模型体系不健全往往难以应对各层次量化分析的需要。

1.3　城市规划与交通规划对应关系

1.3.1　城市规划编制体系

　　1956 年 7 月,国家建委颁发了《城市规划编制暂行办法》,规定城市规划按初步规划、总体规划、详细规划三个阶段进行。在开展总体规划尚不具备条件的城市,可以先搞初步规划,初步规划与总体规划是同一性质规划,所以实际上是两个阶段。在 1980 年召开的第一次全国城市规划工作会议上,审议了新的《城市规划编制审批暂行办法》,其中规定,城市规划按其内容和深度的不同,分为总体规划和详细规划两个阶段。1991 年 9 月国家建设部颁布的《城市规划编制办法》,明确规定编制城市规划一般分为总体规划和详细规划两个阶段。2006 年 4 月 1 日起实施的《城市规划编制办法》中整体城市规划编制体系仍基本保持总体规划和详细规划两个层级,大、中城市根据需要,可以依法在总体规划的基础上组织编制分区规划。其中,在总体规划之前应以全国城镇体系规划和省域城镇体系规划以及其它上层次法定规划为依据编制城市总体规划纲要,研究确定总体规划中的重大问题。城市总体规划包括市域城镇体系规划和中心城区规划,而详细规划又分为控制性详细规划和修建性详细规划。另外,历史文化名城的城市总体规划,应当包括专门的历史文化名城保护规划。历史文化街区则应当编制专门的保护性详细规划[4]。

　　城市总体规划是指城市人民政府依据国民经济和社会发展规划以及当地的自然环境、资源条件、历史情况、现状特点,统筹兼顾、综合部署,为确定城市的规模和发展方向,实现城市的经济和社会发展目标,合理利用城市土地,协调城市空间布局等所作的一定期限内的综合部署和具体安排。城市总体规划是城市规划编制工作的第一阶段,也是城市建设和管理的依据。

　　城市详细规划又具体分为控制性详细规划和修建性详细规划。控制性详细规划是以城市总体规划或分区规划为依据,确定建设地区土地使用性质和使用强度的控制指标、道路和工程管线控制性位置以及空间环境的控制性规划要求。控制性详细规划的重点内容是确定建筑的高度、密度、容积率等技术数据。修建性详细规划以城市总体规划、分区规划或控制性详细规划为依据,制订用以指导各项建筑和工程设施的设计和施工的规划设计。

1.3.2　城市交通规划技术架构及与城市规划体系的协调性

　　城市交通规划是城市规划的重要组成部分,是落实城市规划,促进城市规划实施的重要途径。城市交通规划与城市规划体系的协调性直接关系到交通规划的指导意义与可实施性。

近年来,多数城市在开展城市交通规划时结合实际情况,对城市交通规划技术架构进行了初步探索和实践。北京市建立了包括交通发展战略规划、综合交通规划、区域交通规划和专项交通规划四个层级的交通规划体系;深圳市则架构了涵盖城市整体交通规划、分系统交通规划、分区交通(改善)规划、片区交通(改善)规划、重要交通设施建设详细性规划及交通影响分析和专项交通调查研究六个方面[14]。

为与不同层级的城市规划体系形成紧密的协调关系,构建"两阶段三层次"城市交通规划体系。"两阶段"分别对应于城市总体规划、城市(控制性)详细规划,"三层次"分别为城市交通发展战略规划、城市交通系统规划和城市交通设施规划。交通发展战略规划、交通系统规划阶段强调交通系统的整合协调,注重交通系统整体环境下各系统的发展,成果偏重宏观性和指导性;而交通设施规划阶段是在战略规划、系统规划的指导下,深入研究各交通系统自身的发展,成果侧重于可操作性。

1.3.3 城市总体规划阶段交通规划内容及要求

城市总体规划阶段,城市交通规划主要应完成交通发展战略规划、交通系统规划。战略规划注重战略性和方向性,最终形成城市交通发展战略报告或上升提炼为交通白皮书;系统规划注重系统性和综合性,在交通发展战略的指导下进行,同时作为交通专项规划的上层规划,注重传承性和衔接性。

1)交通发展战略规划

城市交通系统有其自身的发展规律,同时,作为城市大系统的有机组成部分,与外部环境(社会经济形态、社会发展水平、城市规模、土地利用布局、城市综合管理水平及交通政策等)之间有较强的互动反馈关系。因此,城市交通规划应基于自身的内在机制及其与外部环境之间的相互作用,首先进行城市交通发展战略规划,作为指导后续规划的基础。

战略规划层面一般进行城市交通发展战略规划,即在研究城市交通现状、城市社会经济发展与用地布局的基础上,展望城市交通发展的优势、劣势、机遇和挑战,确定交通系统整体发展趋势,重点研究城市交通发展理念、交通发展目标、交通发展策略以及重大基础设施的规模、选址与布局等问题。

2)交通系统规划

城市交通系统是由若干不同功能的子系统组成,每一个子系统又包含若干构成要素。子系统之间、子系统内各要素之间是一种相互依存与相互制约的关系,而且每一个子系统同时又作为另一个子系统的外部环境条件而存在。因此,需要将各系统作为具有密切关联的组合体进行系统规划,强调交通系统的整合与协作,在交通系统整体环境下谋划各子系统的发展。

交通系统规划是交通战略规划的深化和细化,是协调对外交通系统、城市道路系统、公共交通系统、城市慢行交通系统、客运枢纽、城市停车系统、货运系统以及交通管理与信息系统间关系的综合性交通规划,着眼于整个交通网络中各种线路、设施的定位、规模和布局以及重大项目的建设时序等。与战略规划相比,成果更具宏观指导意义。

城市总体规划阶段交通规划的要点见表 1-1。

表 1-1 城市总体规划阶段交通规划要点

规划主体	规 划 要 点
对外交通	统筹对外交通系统网络和区域交通设施布局、重大设施用地控制
轨道交通	研究远期城市轨道交通网络总体架构及建设时序
道路网络	研究中远期城市道路网络功能、结构、布局和规模
公共交通	统筹规划公共交通系统设施安排和网络布局
慢行交通	原则上明确非机动车路网、人行道、步行过街设施规划控制要求
客运枢纽	枢纽布局、用地控制和配套设施安排
停车系统	确定停车发展策略,对总规中路外公共停车场布局方案进行反馈
货运系统	确定城市货运枢纽、场站的规划布局、功能和规模
交通管理与信息系统	合理确定交通管理和交通信息化发展对策及设施规划原则

1.3.4 控制性详细规划阶段交通规划内容及要求

控制性详细规划阶段主要任务是确定城市土地使用性质和开发强度。对应于城市控制性详细规划需要完善交通设施规划,要求反映交通设施的布局要求与落实具体布局方案,实现城市土地利用与交通系统的一体化发展。

交通设施规划涉及城市道路网规划、城市轨道交通规划、城市公共交通设施规划、城市停车设施规划、慢行交通设施规划、货运系统规划、近期交通建设计划以及局部地区交通规划等。它侧重于各子系统本身的发展目标、需求分析、设施规模、布局方案、近期建设计划、运营管理、效益评价等。设施规划层面要求交通规划方案具有可实施性。

控制性详细规划阶段交通规划的要点见表 1-2。

表 1-2 控制性详细规划阶段交通规划要点

规划主体	规 划 要 点
道路网络	研究近中期路网所要达到的功能、结构、布局与相应的建设计划
轨道交通	确定轨道交通网络模式、进行客流预测、线路规划、交通衔接、场站布局等
公共交通	在客流预测的基础上,确定公共交通方式、车辆数、线路网络、换乘枢纽和场站设施用地等,形成合理的城市公共交通结构
停车设施	提出建筑物停车配建标准,确定路外公共停车场刚性和半刚性布局方案,以及路内停车泊位的近期布设方案,对总规阶段确定的供给结构进行校核和反馈
慢行交通	明确非机动车、人行道宽度对各级道路断面的控制要求,非机动车停车设施规划,不同用地情况下步行过街设施控制要求
物流设施	构建信息平台,落实基础设施布局(包括场站和通道)以及相关政策保障

1.4 本书内容与特点

本书面向的对象主要是城市规划、交通规划等相关专业的学生及技术工作者,旨在为不同知识体系结构及阅读需求的读者解答城市交通规划理论学习与实践过程中的困惑。针对城市规划不同阶段交通规划重点和要求的区别与联系,按照"城市规划体系"与"城市交通规划体系"两条线索构建整体框架体系,同时,各章节以阶段性不同引起的差异为切入点,层层剖析城市总体规划阶段、控制性详细规划阶段城市交通规划的要点和方法等,为读者提供更具针对性的启示与指引。

相应于城市总体规划阶段,阐述了城市交通系统功能组织和城市交通发展战略分析方法,作为进行交通发展战略规划的理论储备;剖析了城市对外交通规划、都市区轨道交通规划、城市快速路布局规划、城市道路网规划、城市轨道交通线网规划、城市公共交通规划、城市停车规划、城市慢行交通规划以及城市物流规划在总体规划阶段相应的规划内容、方法、技术等。

对应于控制性详细规划阶段,深入介绍了城市道路网规划、城市轨道交通线网规划、城市公共交通规划、城市停车规划、城市慢行交通规划、城市物流规划以及局部区域交通规划(仅涉及高铁枢纽地区与城市中心区两类)在城市用地性质、强度进一步明确和细化之后与总体规划阶段相应不同的规划要点、控制要求等。

本书以我国城市交通规划相关规范为依据,以国家和地方部门交通规划编制导则为基础,综合运用城市规划、交通运输工程、系统工程、经济学、社会学等相关理论,坚持理论与实践相结合,基于数十个城市交通规划及专项规划的探索,构建与城市规划衔接的城市交通规划体系,响应城市交通规划体系不断发展的要求,完善城市交通规划理论与方法。

参考文献

[1] 建设部. 中华人民共和国城市规划法[Z]. 北京:中国法制出版社,2001.

[2] 国家技术监督局、建设部. 城市道路交通规划设计规范(GB 50220—95)[S]. 北京:中国计划出版社,1995.

[3] 建设部. 中华人民共和国城乡规划法[Z]. 北京:中国法制出版社,2007.

[4] 建设部. 城市规划编制办法[Z],2005.

[5] 江苏省建设厅. 江苏省城市综合交通规划导则[Z],2011.

[6] 建设部. 城市综合交通体系规划编制办法[Z],2010.

[7] 建设部、质检总局. 城市轨道交通线网规划编制标准(GB/T 50546—2009)[S]. 北京:中国建筑工业出版社,2009.

[8] 国家建设委员会. 城市规划编制暂行办法[Z],1956.

[9] 国家建设委员会. 城市规划编制审批暂行办法[Z],1980.

[10] 王卫,过秀成等. 美国城市交通规划发展回顾与经验借鉴[J]. 现代城市研究,2010(11):69-74.

[11] 王炜,过秀成等. 交通工程学[M]. 南京:东南大学出版社,2000.

[12] 周江评. 中国城市交通规划的历史、问题和对策初探[J]. 城市交通,2006(03):33-37.

[13] 全永燊,潘昭宇. 建国60周年城市交通规划发展回顾与展望[J]. 城市交通,2009(5):1-7.

[14] 龙宁,李建忠,何峻岭等. 关于城市交通规划编制体系的思考[J]. 城市交通,2007(2):35-41.

[15] 徐循初. 对我国城市交通规划发展历程的管见[J]. 城市规划学刊,2005(6):11-15.

[16] 孔令斌. 新形势下中国城市交通发展环境变化与可持续发展[J]. 城市交通,2009(6):8-16.

[17] 何强为,苏则民等. 关于我国城市规划编制体系的思考与建议[J]. 城市规划学刊,2005(4):32-38.

第 2 章　城市交通系统与土地利用

2.1　城市空间形态及其演变特征

2.1.1　城市空间布局

　　城市空间变化受到"集聚效应"与"扩散效应"这一矛盾运动的影响。当两者处于动态平衡时,城市也处于相对稳定状态,否则城市必然随其矛盾的运动而发生一系列的变化。世界范围内大城市发展的历程体现了这对矛盾平衡与不平衡交替演变、螺旋上升的规律,即前城市化(Preurbanization)、集中城市化(Urbanization)、郊区化(Suburbanization)、逆城市化(Conter-urbanization)、再城市化(Reurbanization)。在集中城市化阶段,城市虽然具有一定的离心力,但因城市内聚力大于离心力,城市表现为集中的状态,城市形态结构呈圈层式结构发展。随着城市的发展,城市的离心力加大,向外推的力量冲破内聚力的控制,于是在推动力量最大的地方出现了辐射状的延伸,城市进入郊区化发展阶段,土地利用发展形态呈轴向结构发展。当城市的离心力大到足以使城市的分散表现为一种新的形式,同时由于城市内聚力的存在,在离城市中心区一定距离的区位形成若干大小不一的新城镇,从而使城市的职能分散到若干郊区次中心而形成多中心的城市,在用地形态上表现为团状结构和组团式结构,见表 2-1。

表 2-1　城市空间布局发展历程表

城市发展阶段	城市交通发展阶段	土地利用空间结构
集中城市化	生长期	单中心圈层式结构
郊区化、逆城市化	成熟期	轴向发展结构
		团状结构
		组团式结构

1）圈层式结构

　　在城市工业化、城市化初期,由于城市边缘城乡结合部的地价较市中心区地价便宜,开发的经济效益高,加上城市交通条件的制约,城市土地利用主要表现为沿城市边缘圈层式的向外扩张,即"摊大饼"式的发展,这是城市向郊区自然渗透的过程中在地域空间结构上的直接表现。

　　对不同级别、不同地域的现有城市分析表明,以同心圆式的环形道路与放射形道路作为基本骨架的"圈层式"城市发展格局使城市各区域的发展机会均等,城市边界明确,市中心地位突出,城市总体形象完整,市中心过境交通压力小,城市各区域及城乡之间交通联系得以加强等。见图 2-1。

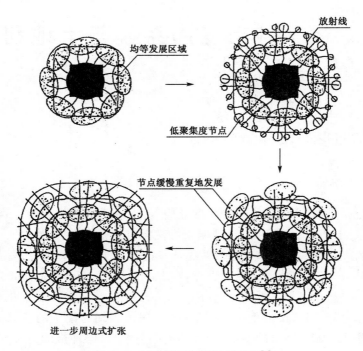

图 2-1　城市"圈层式"发展示意[1]

但随着城市规模的扩大,这种圈层式的发展模式,从土地资源的有效使用分析,存在如下问题:

对城市新区土地利用效能的影响:城市周边每个新区都将从零开始,几乎同时进行低起点的初级开发,往往造成新区人居聚集度及经济聚集度的吸引率很低,难以支撑高等级、集约化运转的城市设施,低效能、自中心向外发散的各项设施只能在勉强运行的放射线上向外扩散。

城市道路及各项基础设施的低等级重复建设,意味着城市新增土地的低效能重复开发,抑制了某些新区迅速提升其经济容量的可能性和力度。由于城市发展和土地开发的巨大惯性及土地资源不可再生的特性,城市建设项目难以在短期内拆毁重建。新区土地难以充分利用,造成土地资源流失、浪费的危险性将长期存在。

对旧城改造的影响:这种格局对城市核心的"聚焦"客观上要求核心地区具备高度发达的各项设施(如四通八达的高容量交通系统等),容易导致经济容量和城市功能的过分集中,同时又造成新区开发的相对分散。既不利于新城中心的迅速形成,也影响了旧城的更新改造,可能对城市化进程产生不利影响。

2)轴向发展结构

20 世纪 40 年代以来以城市轴向发展形态作为现代城市发展的一种布局方式,并在规划中加以应用,城乡经济与城市建设的自发性是促成轴向发展的社会基础;城市对外交通干线则是形成轴向发展的基本条件,通过交通纽带,发展地带能方便地同城市中心相联系,并在沿线一定范围内可以充分利用这些交通条件,发挥土地的效用,藉以维持轴向发展的促进条件。此外还有自然环境条件和地理位置对城市轴向发展也有一定影响。

对城市轴向发展形态而言,城市发展轴的选择是十分重要的战略性决策,必须从经济效益、城市布局和城市各个轴向的发展条件进行综合比较论证;同时,轴向发展由于涉及地区性发展的许多问题,在交通基础设施建设与管理、发展走廊与绿楔的维护方面,要从规划、建设、立法、政策等各方面给予措施和保证;另外随着交通的发展和人口的增长,城市中心区出现交通负荷加重,须采取交通疏散(设置环形道路、平行出入口道路等),分散市中心职能,限制轴线的伸长以及充实或改变走廊的机能等措施。

3）团状结构

在一些超级大城市,当城市中心能量积累到达一定程度,渐进式外延难以满足城市发展要求时会在中心城区相隔一定距离的地点跳跃式发展,形成城市边缘区内成组、成团布局形式,以分散中心城区的功能,减轻其压力,同时也能有效地避免城市"摊大饼"式的蔓延。各集团虽有各自主要发展功能,但各集团生产、工作、生活、居住、娱乐等各项设施齐全,且具有各自的商业和文化中心,并尽可能做到就近工作、就近居住、就近解决日常生活问题。各集团之间既相对独立又紧密联系,形成有机整体,是目前超级大城市土地利用空间结构采用较多的一种形式,如东京"一核七心"的组团结构,北京"一个市中心、十个边缘集团、十二个卫星城镇"分散集团结构。我国大城市用地布局中,单中心团状结构占62%。

4）组团式结构

我国百万人口大城市市中心人口密度比西方城市要高,同时我国城市交通网络还不完善,难以形成城市的扩展轴,加上历史以及地理环境等因素,如山川、河流的阻隔,组团式结构成为我国大城市较为典型的发展模式之一,约占10%。组团式结构的城市把大城市建城区分为数个有机的组团,虽然其强调各组团的功能分区,但每个组团基本上具有与组团功能相适应的居民职业构成,且各组团内都有各自的商业中心,几乎每个人都会在他日常工作场所的附近,享受良好的家园生活条件。如广州市三大组团(中心组团、东翼组团、北翼组团)结构。

我国大城市的城市形态模式现状多为单中心连片密集布局,规划以多中心组团式为主发展,详见表2-2。

表 2-2　我国城市现状形态特征及规划模式

编号	城市	地 理 地 貌	现状形态特征	规 划 模 式
1	北京	皇城、城墙、内外城、中轴城	单中心子母城	分散集团式
2	天津	海河、铁路	单中心密集连片	多中心分散集团式
3	上海	黄浦江、铁路	单中心密集连片	多中心分散集团式
4	沈阳	京哈、沈吉、沈大铁路线	单中心密集连片	多中心开敞式
5	武汉	长江、汉水	多中心密集	多中心组合式(带状组合式)
6	哈尔滨	京哈、滨洲等铁路线5条、松花江	单中心密集	多中心组合式
7	重庆	长江、嘉陵江、山地	多中心密集	带状多片组合式

续表 2-2

编号	城市	地 理 地 貌	现状形态特征	规 划 模 式
8	南京	中轴线 Y 形、秦淮河、山、湖	单中心块状密集	多心圈层体系组合
9	大连	沿海、沈大线、山地	轴向辐射	多中心组团式
10	兰州	黄河、陇海线	带状密集	带形组团式
11	郑州	京广、陇海铁路	单中心密集	多中心组合式
12	广州	珠江、京广线	单中心密集	带状组团式

2.1.2 城市空间形态演变方式

城市形态变化可分为连续扩展方式和跳跃扩展方式。每个方式都有其相对完整的演化过程,但这两种方式在时间上可以同时发生,在空间上存在交叉,很难将它们截然分开。

1）连续扩展方式

连续扩展方式包括由内向外同心圆式连续扩展和沿主要对外交通轴线成放射状发展。见图 2-2。

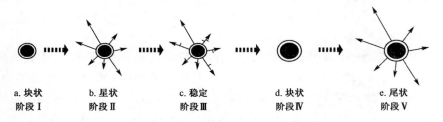

| a. 块状 | b. 星状 | c. 稳定 | d. 块状 | e. 尾状 |
| 阶段 Ⅰ | 阶段 Ⅱ | 阶段 Ⅲ | 阶段 Ⅳ | 阶段 Ⅴ |

图 2-2　连续扩展方式的城市形态演变

在块状形态形成阶段,最初的城市多形成于交通节点和河流港口附近。交通网络的分布、地形和河道等特征决定了城市最初的基形。此阶段主要表现为城市规模小,具有明显的向心集中的趋势,外部形态多为紧凑的团块状,其伸展轴尚未形成。

在带状扩展阶段,当城市作为一定地域中心不断扩大规模时,城市主要向外扩展。此时城市沿交通线向外伸展,并迅速吞没周边乡村,其伸展轴间含有大片未发展的轴间空地,形成星状形态。

当城市沿伸展轴向外伸展到一定程度时,轴向发展的整体效益将低于横向发展。此时城市向外围发展速度逐渐缓慢,城市扩展进入了相对稳定的阶段,城市形态继续保持星状形态。

随后进入内向填充阶段,此阶段城市集中于城区内部的调整和轴间空间的填充,城市内部更新改造,土地利用强度有较大的提高。城市伸展轴间空地逐渐被填实,城市形态转向块状。

当再次进入外向伸展为主的阶段时,随着城市规模和经济实力不断增强,新的交通干线开拓,城市伸展轴被赋予新的活力,城市再次向外延伸,城市形态重新由块状演变为星状。

城市形态演变的主要趋势是由简单变为复杂,并具有明显的周期性特征,即城市形成——沿轴向扩展——稳定——内向填充——再次沿轴线纵向扩展。城市扩展主要依附市中心进行,城市扩展的速度和伸展轴向延伸的快慢直接反映了城市经济和交通发展的状况。

2）跳跃式扩展方式

在城市动态的发展过程中,形态演化的方式是多种多样的。城市除了由内向外连续地扩展外,也可跳跃式的扩展。大城市往往由简单的块状形态直接演变为复杂的群组形态。例如在 20 世纪 40～60 年代,西方国家城市由于私人小汽车的发展,商业及城市的各项基础设施向外延伸十分突出,城市边缘区逐步由过去单功能的工业区、住宅区演变为多功能区,独立性的卫星城出现,城市地区由单中心向多核心发展。由此,在城市周围或之间出现卫星城、中间城市,最终出现城市连绵或超大城市。

跳跃式扩展按扩散要素的丰富程度可分为三阶段。

专业化阶段:城市各功能向外扩散,形成单功能的工业区、住宅区,与市中心联系密切。此时,各功能区对市中心的依赖性很强。

多样化阶段:除人口、工业向外扩张外,商业也随之扩散,边缘区功能多样化,地区独立性增强。

多核心阶段:地域扩张进入稳定阶段,空间布局上以内部填充为主,为节约成本,多数企业充分利用公共交通系统,在各种放射状和环行交通网之间选址。在再开发的过程中,一些有特殊优势的区位点会吸引更多的人口和产业活动,形成城市边缘区的次一级中心,使其空间结构呈现多核心趋向。见图 2-3。

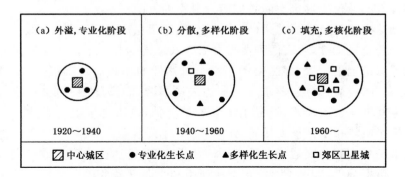

图 2-3　跳跃式扩展方式下的城市形态演变

综上两种城市空间发展模式反映以下特征:从交通方面看,城市扩展以现代交通手段为物质条件,如地铁、轻轨及地面铁路等大容量公共交通方式是城市扩展助推器。通过建立大容量交通线路,能缓解成块扩大市区引起的拥挤矛盾和压力。城市沿对外交通线路走廊放射扩展,可以集中力量建设,并充分发挥交通设施的效应,可在扩展轴间留出农田、森林等,有利于城市生态与呼吸,为市民就近提供了游憩环境和场所。对城市土地利用而言,呈分散和集中两种形态。以跳跃式为主的扩展方式常导致分散、多中心的城市形态。多功能中心发展有利于城市部分功能的扩散,能缓解和消除由于高度集聚对中心城区造成的各种城市问题,但呈低密度、蔓延式发展,同类土地利用较多,步行、自行车、公交发展程度低,小汽车的拥有与使用程度较高。以连续式为主的扩展方式常形成更为集中的城市形态,呈高密度、簇状发展特征,多为混合用地结构、多方式的交通系统和用地一体化发展模式,步行、自行车和公交可以充分发挥以满足不同出行需求。以郊区化为例,目前,西方一些发达国家的城市郊区化的方式为前者,处于分散化阶段,而我国大城市的郊区化以后者为主使城市形态更为集中,主要是社会经济发展阶段与发展水平的差异性造成的。由此连续扩展模式适用于城市集聚度高的区域或发展中的城市,保持这一强大市中心有赖于一个容量很大的放射形交通网,并建设有以发达的轨道交通为主的客运交通系统,采用这一模式的城市有巴黎、纽约、芝加哥、东京等。跳跃模式更适用于网络化时代,区域内城市已具有一定规模及功能分工明确且联系密切的城市群。

2.1.3 城市空间结构变迁与交通作用机理

城市空间结构形态与交通之间有着密切的关系。城市结构由地理特征、相对可达性、建设控制、动态作用四个要素组成,而城市外部空间形态和内部空间变动具有城市空间增长的周期性、轴向发展和功能结构互动三大规律。

交通指向概念最早出现在地理学者关于"区位论"的研究中,指在区域发展和城市建设中,发展用地的区位选择受到交通的指向作用。城市形成与交通系统提供的通达时间有关,某一方向如果配置的主要交通工具速度较快,受交通指向性作用,容易形成用地伸展轴,推动城市用地的不断轴向扩展,城市用地轮廓的大小一般不超过主要交通方式45 min 的通行距离。

相对可达性指到达一个指定地点的便捷程度。地理学者将可达性称为潜能。相对可达性较高的地区必然位于城市空间拓展阻力最小的方向。

各种机动化交通工具组成关系(方式结构)决定了城市的机动性,一般分为两类,即小汽车机动性和公交机动性,代表两种典型交通方式结构。基于小汽车交通模式,变化的时空关系推动了城市范围扩大,郊区由于小汽车可达性的提高而得到了发展。对于公交系统,由于其运营存在规模效应,要求车站周边采取紧凑、高密度的开发方式。城市机动性决定了城市空间轴向发展模式,形成了不同的扩展轴,也决定了土地可达性,机动性正是通过可达性来影响城市空间演变模式。

城市用地拓展表现为交通指向性作用的结果,相对可达性决定交通指向性,而相对可达性取决于城市机动性,如图 2-4。在土地利用和交通互动的单向循环系统中,相对可达性是表征土地使用、交通需求、交通供给三者内在关系的指标,如图 2-5。因此,要有序引导城市空间增长,对应城市空间格局,制定城市交通策略,通过交通需求管理,调控土地可达性,引导城市空间有序增长。

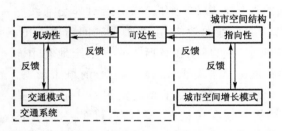

图 2-4 指向性、可达性和机动性相互作用示意图

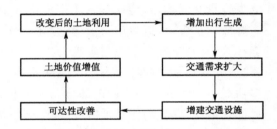

图 2-5 土地利用与交通形成的闭循环

2.2　交通系统与城市空间形态

2.2.1　交通方式与城市空间形态

随着交通技术创新即交通工具、交通设施两个层面具有历史意义的技术跨越,导致客、货发生空间位移过程中时间和费用大大节省。19 世纪中期以来,世界上城市交通方式经历的五次较大的变化,给城市空间形态变化产生了深刻的影响。

1)马拉有轨车时代——城市星状形态的出现以及环形结构的重建

1832 年美国出现世界上第一条马拉有轨车路线前,所有的城市活动密集成团,人口高度聚集,经济活动的焦点以及工业、商业和住宅高密度区都在城市中部核心区。大多数家庭不论收入高低,都紧靠就业市场居住。土地类型划分的普遍模式表现为住宅区围绕着工业商业中心,工业、商业与居住地混杂集聚。使用铁轨的马拉有轨车是第一种比步行快的交通模式。它的引入与发展带来了城市空间形态的第一次显著变化。马拉有轨车线最初是以城市中心为起点向外呈辐射状分布。当中产阶级在上述辐射线范围内不断定居时,城市原始的、紧凑的空间形态转变为星形模式。到 19 世纪 80 年代,城市中产阶级的住房需求驱动了更多马拉有轨车道路的修建,众多马拉有轨车路线修建和连通,放射线间隙地区的新住房不断出现。这种填充过程发展到一定程度,城市原来的同心、环状模式又得以重建。

2)电车时代——城市扇形模式的出现

从 19 世纪 90 年代起,电力货车和电力有轨车广泛使用导致城市空间形态第一次最剧烈的演变。电力有轨车相比于马拉有轨车更廉价、更快速的优势,它的应用使市内平均速度提高了两倍,市区外围的土地交通可达性提高。中高收入人群不断向城市边缘和建有有轨车线而原本不发达的更远的郊区迁移,不同收入、不同种族人群的居住区分化更加明显。城市沿着有轨车线路主干道迅速生长,一种独特的扇形模式开始形成。

3)市际和郊区铁路发展阶段——城市形态扇形模式的强化以及串珠状郊区走廊的生长

进入 20 世纪,城市旧核心边缘铁路的建设,导致了工业活动的重新配置。许多大型钢铁厂、冶炼厂、堆料场等大运量企业沿新建的铁路迅速集聚,并逐渐形成新的工业核心区。

对大多数城市居民而言,铁路的较大影响是带来了城市的电气化。电力运输车作为新型创新技术,进一步减少了旅行时间和旅行费用,城市更大范围内的可达性提高。沿着主要铁路线,距离城市更远的郊区走廊迅速增长,按照收入水平高低排列的典型的"串珠状"居住地分布模式开始形成。城区和郊区铁路的建设拓展强化了城市的扇形模式。

4)汽车阶段——郊区化的加速与同心环状结构的再次重建

对城市空间形态冲击最大、影响最深的交通技术创新,莫过于汽车的出现与使用。20世纪 20 年代,汽车以其无与伦比的灵活性、方便性和舒适性帮助居民第一次摆脱在居住、出行等方面对轨道交通的依赖,伴随汽车数量的剧增,公路建设飞速发展。

二次世界大战前,放射状公路已贯穿、超越老城区范围,到达郊区铁路延伸线以外的非城市化区域,别墅式的低密度居住区开始广泛分布于新的城郊区域,郊区生长速度明显快于城市中心区,现代都市区框架开始形成。

二战后,城市生长速度加快,越来越多的中、高收入人群开始追求郊区舒适的生活环境和方式。市郊别墅式住房需求的增长,导致郊区占用空间的增加,主要公路间隙区域不断被新修的街道和公路所填充。越来越多的居住地通过家庭收入水平予以分化,城市社会阶层分异、分布更加明显,一系列同心居住环得以重建。

随着较大规模区域性购物中心在郊区附近的出现,由汽车导致的城市多核心模式导致投资边际效益在市中心下降而在郊区上升,土地价格模式趋向复杂化。

对货物运输而言,从火车到卡车的革新导致了工业与批发活动对铁路区位依赖性更弱。在很多接近公路的城市外围地区,兴起了诸多的工业园。

5)高速公路与环形路快速发展时期——城市形态多核模式的出现

20世纪50年代以来,是高速公路与环形路快速发展时期,高速公路增强了城郊的空间可达性。城郊居民区以蛙跳形式频繁跨越不太令人满意的城市化区域,众多孤立的,特别是靠近水体或丘陵森林地区的居住核迅速形成。在某些方面,其最终空间形状与沿铁路的串珠状居民地模式类似。然而,这种低密度扩张与间隙地带郊区的生长紧密相连的新模式受交通限制更小。

到20世纪50年代后期,大多数城市中汽车取代了电车成为通用的交通工具,公共交通乘客数连续下降。伴随着人口的分散,就业从中心城市向外扩散,更多生长点形成,大型区域购物中心不断出现,更多企业在郊区寻求有利于发展的区位,而中心城市则被外部经济所困扰。

环形高速路修建最初是为大都市过境车流提供通道,但它们在很短时间内却占据了市际交通主干道的重要地位。到20世纪80年代,这些环路显著加强了大都市郊外与城区的空间可达性,在环线和出入城主干道沿线及其交叉点上,一批新核心迅速成长,吸引大量新的城市活动(数据处理、研究和开发公司、区域性购物商场、医院、剧场、零售商点)分布于此,逆城市化现象开始出现并日益明显。这些变化对都市区形成全面冲击,相对于郊区而言,中心城市的土地价格衰退,距离中心商业区更远地区土地价格却全面上扬,在接近高速公路的地区出现了土地价格的峰或脊。

6)信息技术

20世纪末的信息改革,互联网使有形交通改为无形的运输,改变了人们出行的行为与出行方式。

在城市形态的集中与分散、集聚与扩散的演化中,交通虽不是最根本的决定因素,但它作为一个极其重要的影响因素作用于城市空间演化的始终。这是因为城市发展即城市形态和空间结构演化的本质是城市经济、社会要素运动过程在地域上的反映。而人类社会经济活动的空间独占性和关联性,即生产和消费、供给和需求普遍存在并在空间上分离的特性决定了作为空间主要联系方式之一的交通运输联系存在的普遍性。可以说,社会经济活动存在的特点及方式决定了城市用地形态和交通之间的内在联系。

2.2.2　交通网络与城市空间形态

现代城市的发展与交通运输网络密切相关,其对城市的布局形态有着直接的影响。交通运输系统对于促进城市中心的发展及中心体系的形成、促进城市发展轴的形成等有着重要作用。不同的城市空间布局决定了城市运输网络形态,城市运输网络形态又影响着城市未来空间布局。分别分析不同类型城市空间布局的运输系统与城市空间扩张形态耦合的基本模式。

1）团状城市

团状结构的城市通常位于平原地区,城市中心起源于具有优越交通条件的地区,并因此在整个城市中起支柱的作用。团状结构的城市规模一般较大,往往具有一个强大的市中心,围绕着市中心区范围内,分散分布着城市的边缘集团(组团),离 CBD 更远的地方是城市的卫星城镇。

对团状城市,与城市空间形态相适应的交通运输网络可分为两种类型:一是放射+环形结构的城市交通运输网络系统;二是混合形结构的城市交通运输网络系统。见图 2-6。

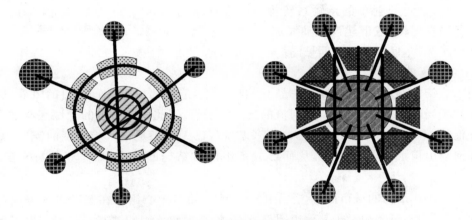

图 2-6　与团状城市空间扩张相适应的交通运输网络

放射+环形结构的城市交通运输网络是由在市中心区两两相交,为中心团块和边缘团块及卫星城镇间提供便捷的放射网状线和内外环线组成。其中放射网状结构的交通运输网络为城市中心团块和边缘团块提供了便捷的联系,加快了城市边缘团块和卫星城镇的发展,减轻了中心团块在用地、就业和交通等各方面的压力,使城市土地利用的空间结构趋于合理化;而中心团块的环形交通运输线既起到截流的作用,同时可提高网络和换乘站的密度,更加刺激了市中心区的高密度混合开发;中心区外围边缘团块的外环交通运输线,可大大提高分区中心的可达性,有助于引导和加快城市副中心的形成。

混合型结构的交通运输网络布局可以是棋盘式,也可以棋盘+环线结构等,但必须是开放式的,从而提供延伸到边缘集团或城市副中心的交通条件,加快边缘集团或城市副中心的开发;而利用放射结构的区域交通运输线联系各卫星城和中心团块,加快中心团块内人口疏散的进程,促进卫星城镇的发展,并且这种放射结构的区域交通运输线通常并不进入市中心区,而往往是交于内环线,通过换乘枢纽站点与内环间相互换乘,以减轻市中心地面交通的压力。

2)带状城市

带状结构的城市通常有一个强大的市中心。市中心区往往是城市人口高度密集的地方,商业、金融业、娱乐业等第三产业高度发达,各种齐备而完善的功能设施为市郊居民提供了就业机会和娱乐场所,对城市居民和房地产开发商产生很大的吸引力,加上市中心区面积有限,地价高昂,房地产商往往对市中心区进行高强度的开发。在市郊,轴向结构的城市主要沿交通发展轴发展,带状城市一般沿轴线高密度开发,通过放射网状结构的运输系统支持城市轴向发展结构,引导城市在市中心高密度开发,在市郊高密度的面状开发,形成一种形如掌状的轴向结构的城市。因此,带状发展结构的城市与放射网状结构的运输系统是一种理想的结合模式,通过放射状的运输系统为带状发展结构的城市提供发展轴,城市建设沿轴线加密,轴间不允许再修其他建筑物,保留开敞空间见图2-7。

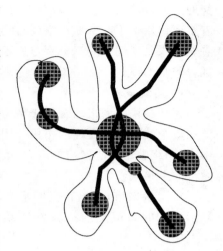

图2-7 与带状城市扩张相适应的交通运输网络

3)分散组团城市

组团式结构城市的形成基本上是由于自然因素造成的,如江河、山川的阻隔,这些城市通常位于当时的交通干道上,如河流的交叉点上等,因此这些城市的老城区通常位于河流的交汇处,但随着城市规模的扩大,原来老城区已无法满足进一步发展的需要,城市就跨过江河与山川形成其他组团,从而形成了组团式结构的城市,如广州、重庆、武汉、宁波等。

对于组团式结构的城市而言,首先由于其他组团与中心组团在基础设施方面存在着很大的差异,中心组团相对于其他组团而言,无论在就业、还是在购物娱乐、文教卫生等方面具有一定的优越性;其次,由于市中心区位于中心组团,使得中心组团的客流密度远远高于其他组团,加之中心组团开发较早,用地紧张且结构复杂,没有更多的用地用于城市道路建设。因此从组团式结构的城市空间结构发展角度而言,交通运输网络布局应有助于大幅度改善其他组团与中心组团用地的不等价性,加快其他组团的发展,减轻中心组团在就业、交通、社会诸方面的压力,推进城市结构的合理调整,从而为组团式结构的城市居民活动提供良好的相互联系。

放射状运输网络可与组团状城市空间形态良好整合,以城市中心组团为中心,沿着放射状的公共交通线路的站点形成城市次中心,见图2-8。核心区是高密度发展的商贸和高级办公等用地,沿着放射状的公共交通线路的站点周围是具有吸引力、设计良好、适宜步行的高密度、紧凑发展的办公、居住和商业综合体和混合组团。这些组团内部功能也相对独立,并不完全依赖于CBD。其他地区是低密度发展的地区,其间增加绿地、道路和广场用地等开敞空间。

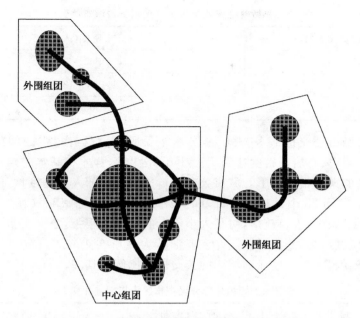

图 2-8　与分散组团城市扩张相适应的交通运输网络

2.3　交通系统与用地开发

2.3.1　交通方式与用地开发

1）交通方式与城市密度

各种交通方式有其各自不同的特点,它和城市土地使用的相互关系会不同。步行交通适于短距离活动,是城市形成初期的主要交通方式,城市用地比较紧凑、密度很高,在现代城市则适于紧凑布局的区域,如高密度的居住区、商业区、娱乐区等。自行车作为私人交通,适于步行范围以外的中短途出行,由于体力关系,距离以 4～6 km 为宜,这种方式不会引起城市密度过度降低,是公共交通有益的补充。私人机动车包括摩托车、小汽车,出行距离大,不受体力影响,适应各类距离的低密度分散活动,使城市布局向分散、低密度的方向发展。公共交通包括公共汽(电)车、地铁、轻轨等,适于建筑、活动密集地区中长距离的交通运输,对规模效益要求高,一般与城市中心联系紧密,有促进市中心向高密度与大范围发展的作用;沿线及站点的可达性高,使城市活动密集度由内而外递减,能引起城市以较高密度地向外指状发展,各站点与枢纽形成密集区,这种布局也会促进公共交通的使用。各种交通方式各有其优势,而且城市居民的需求各种各样,所以城市布局最好能够满足多方面的交通需求。

各种交通方式对城市用地布局和密度的影响在一定程度上也体现在城市人口密度上。根据联合国《人均环境评论》的资料,按交通方式与城市密度的关系,世界城市可以分为三类,如表 2-3 所示。

表 2-3　按交通方式与城市密度划分的城市类型

城市类型	人口密度（人/km²）
小汽车城市	1 000～3 000
公交城市	3 000～13 000
步行城市	13 000～40 000

人口密度对城市公交的服务方式、服务水平及吸引力具有很强的约束或支持作用。国外有关研究表明，只有居住密度达到 7 户/hm²，公交运营才有基本的经济可行性；大容量公交需要更高的人口密度水平。城市公交出行比例具有随人口密度增加而提高的明显趋势，见表 2-4。美国 25 个人口超过百万的城市，平均人口毛密度只有 17 人/hm²，特别是美国"阳光地带"城市，人口疏落，对私人小汽车的依赖性很强，公交出行比例很低；而西欧 17 个同等规模城市为 45 人/hm²，许多亚洲特大城市在 100 人/hm² 以上，人口稠密，亚、欧城市更加依赖公交，一些亚洲城市的公交出行比例尤其高。

表 2-4　国内外部分城市市区人口密度比较　　　　　　单位：人/hm²

北美城市					西欧城市			亚洲城市				
洛杉矶	多伦多	费城	芝加哥	纽约	伦敦	巴黎	米兰	首尔	东京	香港	上海	北京
27	32	50	54	86	75	208	87	166	138	285	229	130

然而，相对同等人口密度的发达国家城市，我国大城市公交出行比例普遍偏低；公交供给不足、服务水平低是其重要原因。一般而言，大城市的城市化进程发展到一定阶段形成一定规模后，若整个城市的公共客运交通系统在单位时间内所能运送的乘客总量占整个城市客运需求总量的比例小于 40%～50% 时，公共客运交通系统基本上处于供不应求状况，若公共交通系统扩容，将迅速提高公交出行的比例。国外城市大容量公交所占的比重相当高，而国内城市主要采用常规公交设施及服务方式，从中反映出高密度大城市中常规公交的某些不适应。由此可知，对于特定类型的公交设施，人口密度过低或过高都会对其运营组织产生不利影响。国内城市呈现公交出行比例与平均容积率变化相一致的倾向；一般而言，城市高密度开发具有高比例公交出行，一些城市低层低密度开发具有低比例公交出行特点。

私人小汽车和其他出行方式的相对竞争力也受到人口密度、平均容积率的很大影响，并在公交及城市出行结构的变化中有所体现。因此，为了鼓励或抑制特定的交通方式，调整城市出行方式结构，对这类区位活动和区位设施总体强度指标进行宏观调控十分必要。

2）交通方式与城市用地强度

城市交通方式与城市用地形态的形成有密切的关系，交通工具的发展和道路条件的改善，减小了居民对居住地与工作地选择受交通条件的制约，进而影响着居住和就业岗位的地点及数量，大大拓展了居民的居住范围，引起了城市空间用地布局和密度的深刻变化。城市主要交通工具的活动量越大，城市内聚力越强，所形成的城市也多呈紧凑布局的形态，如公共交通产生密集的土地利用，而私人小汽车在某种程度上促进城市分散化，见图 2-9。

我国的许多城市在特定的经济条件下形成了紧凑的城市形态和高密度用地混杂的开发模式,形成了特有的交通方式和结构,不同的城市中心之间应通过高效的公共交通系统连接起来,人们可以通过这种交通工具便捷的到达城市各个地区。这种"紧凑"的城市布局将能最大程度地利用城市空间,并可以将对汽车的依赖减少到最低程度,从而达到减少污染、保护环境的目的。

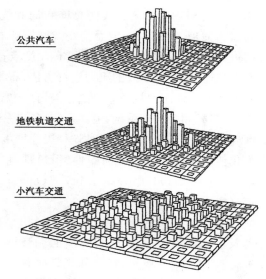

图 2-9　交通方式与城市建筑密度的关系

3)公共运输导向下的城市土地开发

20 世纪美国城市中依据公共交通线路开发而建设的位于城市边缘或郊区的集中式居民点非常适合于公共交通服务,即为现代美国学者所称的"公共交通社区"。典型的公共交通社区是半径长度为步行距离的多用途混合用地,以公交车站为门户,公共广场及商业和服务设施围绕站点布置,形成社区中心,周围布置居住或其他建筑。整个社区的建筑密度由中心向外逐渐降低,临近中心设停车场,方便驾车的人使用中心的设施或换乘公交。同时与公交系统结合的房地产开发更容易获得商业上的成功,不同功能的用地混合布置,有利于提高一个地区的经济活力,吸引居民使用公共交通。在城市中建设一系列公共交通社区就能形成利于公共交通服务的土地利用形态。这种土地利用形态反过来刺激人流集中的建设用地进一步向公交车站周围集中,因而培育新的公共交通社区,如此不断反复的交互强化作用最终可以保证公共交通在城市中占据主导地位。

城市化发展到一定阶段,城市郊区化的过程不可避免,我国在沿海的一些发达城市如上海、苏州等都已经出现郊区化的现象。在郊区化的过程中,必须要注意结合公交进行有序拓展。北美城市郊区化的教训在于推动城市郊区化对小汽车出行的依赖。其中一个原因在于郊区化的初期土地使用的布局过于单一,不能满足附近居民各种就业、就学、购物和娱乐出行的需要,从而增加了城市长距离的出行,推动了对小汽车的依赖。而我国一些城市郊区化基本上是由于旧城改造和道路建设需要拆迁造成的被动外迁,主要是人口和工业的郊区化,尚未进入商业和办公的郊区化。尽管国内的郊区化与西方有着不同,但城市郊区化带来城市通勤交通和非通勤交通距离的增加,而公共交通的服务水平不高与西方具有类似的地方。因此,国内在城市郊区化的过程中,一方面要保证新的郊区住宅的开发密度,提高公交服务水平;另一方面要以郊区住宅为中心均衡布局各类用地,提高土地使用的混合程度,以克服郊区化带来的出行距离和公交不便的问题。

为加强城市用地规划和公共交通规划的协调性,需要把公共交通的发展规划与城市空间结构、片区土地开发、街区(邻里)土地开发的细部设计紧密结合起来,合理布设公共交通线网和站点,在各个规划阶段中倡导具有公交导向的用地形态和布局。

在制定城市发展目标、明确城市发展轴线、合理进行人口和产业布局的同时,合理地规划与之相适应的公交线网总体布局和线路走向,引导城市有序拓展。在充分考虑片区与城市发展关系时,一方面公交线网站点的选址必须根据城市用地现状和规划情况,选择邻近高强度、高密度开发的地段布设站点;另一方面,在充分考虑线路走向和站点布设的基础上,对公共交通沿线的土地进行居住、商贸办公、商业等用地类型的综合规划,均衡沿线各种类型的建设用地规模,合理安排社区的密集空间和开敞空间。在此基础上对各种性质的用地、步行和自行车系统、道路系统、公交系统设计等进行调整和完善,以建立公交友好的社区环境。此外,必须通过各种途径提高城市规划决策人员和规划师的公共交通导向的意识,强化他们对城市规划的前瞻性、系统性、协同性的认识,以保证公共交通导向的土地开发(Transit-Oriented Development,TOD)策略实施的有效性。

基于公共交通导向的城市空间拓展及土地开发是一个不断反馈的循环过程,如图 2-10 所示,在具体规划时首先应根据现状城市空间结构,确定规划城市空间结构和干线公交网络的初步方案,再进行空间增长和 TOD 策略协调性分析,提出干线公共交通网络布局的调整和优化方案,进入下一个循环,直到空间增长和 TOD 策略协调程度满足规划目标为止,从而得到一个与干线公共交通网络相协调发展、有序增长的城市空间结构。在此基础上进行片区土地开发和街区细部设计。

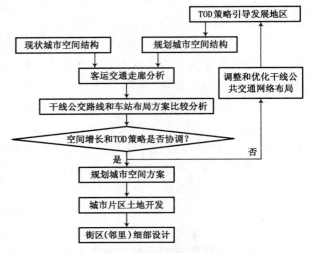

图 2-10 基于 TOD 策略的城市空间拓展
及土地开发规划框图

2.3.2 交通网络与用地开发

1)城市道路网与用地开发

城市道路系统的建立和城市发展的水平是一致的,它表达了城市的发展状况,尽管城市道路系统具有相对的稳定性,但人类仍然力争使它更能适应交通活动的需求,所以一般情况下,城市道路系统网络随着城市的发展而发展。

城市干道网络的结构形式主要包括四种类型:方格网式、环形放射式、自由式和混合式四类。目前我国大多数城市采用的是方格网和环形放射式道路网络。

(1)方格网式道路网

方格网式道路网是最常见的干道网的形式,几何图形为规则的长方形,没有明确的中心节点,交通分配比较均匀,整个网络的通行能力大。一些沿江沿海的城市由于要顺应地形的发展,道路系统形成了不规则的方格网干道。方格网式道路网的优点是布局整齐、有利于建筑的布置和方向的辨识,对城市土地开发的地块布置有利;交通组织较为简便,有利于灵活机动地组织交通。缺点是对角线方向的交通不便,道路的非直线系数大。方格网式干道适用于地势平坦的中小城市和大城市的局部地区。方格网式的道路网络容易形成相对均匀强度的土地开发模式,土地的交通生成也较为均匀,便于处置土地使用和交通之间的关系,但土地使用的向心性不够,对于某些希望突出公共性的用地的开发效益可能会有所影响。

（2）环形放射式干道网

环形放射式干道网一般都是由旧城区逐渐向外发展,由旧城中心向四周引出放射干道的放射式道路网演变过来的。放射式道路网虽然有利于市中心的对外联系,却不利于其他城区的联系,因此城市发展过程中逐渐加上一个或多个环城道路形成环形放射式道路网。环形放射式路网的优点在于有利于市中心与各分区、郊区、市区周围各相邻区之间的交通联系,非直线系数较小。缺点是交通组织不如方格网式灵活,街道形状不够规则,如果设置不当,在市中心区易造成交通集中。为了分散市中心区的交通,可以布置两个或两个以上的中心或可以将某些放射性道路分别止于二环或三环。由于交通的集中会使得中心区的土地使用强度过高,另外在中心周围由于多条道路的交汇会形成一些畸形的开发地块,一方面土地使用强度过高,另一方面道路网络改善的可能较少,所以处理土地使用和交通之间的关系遇到的困难会比方格网状的道路格局相对较多。该类型路网适用于大城市或特大城市。

（3）自由式干道网

自由式干道网以结合城市的地形为主,路线的弯曲没有一定的几何图形。许多山区和丘陵地形起伏大,道路选线时候为了减少纵坡,常常沿山麓和河岸布置便形成了自由式的道路格局,街道狭窄有蔓生特征。自由式的道路网络优点在于充分地结合了城市的自然地形,节约了道路工程的费用。缺点在于非直线系数大,不规则的街坊多,建筑用地分散。

（4）混合式干道网

混合式干道网是上述三种干道网络的混合,既可以发挥它们的优点,又可以避免它们的缺点,是一种扬长避短、较为合理的型式。比如"方格＋对角线"是对方格网道路系统的进一步完善,保证在城市最主要的吸引点之间建立最便捷的联系。

针对不同路网的城市用地特点,公共运输导向下土地利用调整分析如下:

（1）线性或带形道路网

线性道路网是以一条干道为主轴,沿线两侧布置工业与民用建筑,从干道分出一些支路联系每侧的建筑群。这种线网布局往往导致沿干道方向的交通流高度集中,形成狭长的交通走廊,大大增加了纵向交通的压力。对于这样的城市路网形态,可以采取沿干道布置多个建设区的布局:每个建设区中将为居住及行政商业服务中心,两侧各为一个工业企业区,最外侧各有居住区及商业服务副中心将相邻的工业区分开。这种模式使工作地点接近居住地点,组团内交通距离不大,多中心可以分散交通流。此外,为了减轻纵向走廊的交通压力,以中间的干道为主轴,两侧分别建一条与主轴平行的道路作为辅助干道,同时根据公交社区的形式具体布置与干道连接的若干支路,形成一种以纵向干道为主要脉络的带状城市。对于这样的城市布局,适宜在中心采用快速大容量的公交形式,以满足集中的交通流的需要,同时各建设区内要结合主轴的公交联系区内出行,做好辅助连接及承担区内交通的任务。

（2）环形放射式道路网

这种道路网布局的调整原则上应打破同心圆向心发展，改为开敞式，城市布局沿交通干线发展，城市用地呈组团式布置，组团之间用绿地空间隔开。实际上现有的城市规划模式往往是从市中心起四周一定范围内为居住区，包括工作、生活、商业服务业、娱乐等，市区外围为工业区。这给放射性道路带来了极大的不均衡交通流，给交通组织带来困难。因此理想的用地模式是在组团的用地性质有一定侧重的前提下，尽量完善内部设施，形成多功能小区，提高区内出行比率。在实践中可在原有基础上朝着这个方向努力。对于大城市或超大城市除了可以在原市区范围内建立副中心以分散市中心繁杂的功能外，还可以建设一定的卫星城，对于更大的区域范围，还可组成城市群或城市带，同时建设大容量客运网络以配合城市新体系的建设。

（3）方格形道路网和方格环形放射式路网

首先选定一定的城市发展轴，原市中心尽量不作较大改动，利用原有公交线路局部作小的调整；对于城市外围，可在原有公交线路的基础上沿城市伸展轴进行延伸，开发用地沿伸展轴布置；城市环圈的不断扩大不是一种好的用地模式，因此对这类有可能不断扩大的环圈建设城市，有必要及早打破不断扩大的城市圈层，在用地模式上给予健康引导。

（4）其它形式路网

交通走廊形的城市路网有利于公交沿走廊发展，结合多中心的用地布局，可以通过交通把很多发展中心联络起来，走廊将通过开阔的楔形绿地加以分开，又提供了很好的绿色空间。手指式道路网的这种布局的特点是市区以外沿着手指状的道路规划一些重点建设区，每个重点建设区规划一个行政办公及商业服务业为主的副中心，手指式放射线用几条环路联系起来。此类布局有利于公交的线路布设和公交使用率的提高，是一种较为合理的用地模式，对于受地理位置限制的城市，不失为较好的一种模式，在具体布局时，应把握好建设区内的用地规模、开发强度。

总之，以公共运输为导向的土地开发的调整要兼顾原有道路布局和设施，结合城市具体情况有步骤有计划地进行，这将是个不断反馈、不断循环的过程，是一项长期而复杂的工作。

2）城市轨道网与用地开发

20世纪初期，西方发达国家的城市普遍意识到单中心圈层式发展模式的种种弊端，开始转向多中心轴向发展的规划模式，但由于缺乏交通设施的支持，效果一直不是很理想。而轨道交通方式作为一种大运量、迅速、舒适、现代化的交通方式，提高了沿线的可达性，改变快速轨道吸引范围的区位条件，把大量的商业、居住业、工业活动吸引到快速轨道沿线，有利于市中心区人口的疏散，引导城市土地利用向合理的方向发展。如伦敦、巴黎、柏林、东京、莫斯科等崇尚公交发展的大城市，都有完善的轨道交通网络，并且轨道交通系统对城市用地开发的调整发挥了积极、重要的作用。

城市空间结构与快速轨道线网结构是相辅相成的关系。一方面快速轨道线网的空间结构必须以城市土地利用的空间结构为基本立足点，另一方面快速轨道线网规划应有意识的与未来城市规划空间结构相结合，充分发挥交通的先导作用，有利于促进城市由单中心圈层式结构向多中心轴向结构的城市发展。换言之，一个好的轨道交通规划不应只停留在设计一些线路和交通设施来运送预测的客流量，更为重要的是要有助于城市用地布局规划的调整和整个交通系统设计的结合。

现阶段我国大城市空间结构调整的主要任务是城市内部用地结构的调整和加快郊区化的进程,在这期间城市形态结构的变化主要有两个发展方向:①由蔓延发展转向轴向发展;②由单中心的城市结构转向多中心的城市结构发展。从目前我国大城市交通需求、经济实力和城市布局特征来说,迫切需要发展轨道交通方式的城市从未来用地发展形态上分析,可分为团状结构和组团式结构两类城市。

(1) 团状结构的城市轨道线网结构

虽然我国团状结构的城市正在加快内城区的改造和边缘区的扩展,但目前团状结构的城市空间结构主要具有以下特点:老城区人口密度变化不大,中心团块无论在就业密度、居住密度、交通密度方面都远远地高于边缘集团和卫星城镇,城市大规模的郊区化,即人口从老城区向郊区的迁移并没有真正开始,中心团块在众多人口的积聚下,不得不表现为圈层式地向外扩展,现阶段北京市中心团块面积已蔓延到六环,老城区人口密度一直居高不下,近郊区人口密度增加缓慢;各边缘集团、卫星城镇缺乏必要的交通设施和其他基础设施的支持,发展缓慢,难以形成副中心,城市仍然是单中心的结构。

现阶段我国已规划轨道线网的团状结构的城市中,北京的轨道线网为棋盘+环线结构如图 2-11。经过 50 多年的努力,北京中心城"双环+放射"的轨道交通网络得到了进一步的加密。但由于轨道交通市域线建设刚起步,导致边缘集团与卫星城镇发展较为滞后。

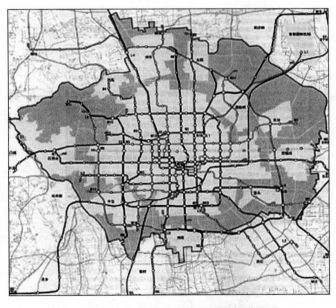

图 2-11　北京市棋盘+环线结构轨道线网

因此从目前我国团状结构城市发展的角度来看,实现建设国际化大都市的目标,首先必须加快土地利用结构的调整,把中心团块不合理的工业和居住用地迁移到边缘团块和卫星城镇中去,提高第三产业的用地比例,使市中心区成为名副其实的 CBD。这就需要加快团状结构的特大城市联系中心团块和边缘集团的地铁线网以及加快联系中心团块和卫星城镇的区域快速铁路线网或市郊铁路的规划和建设,充分发挥交通的先导作用,利用轨道交通系统对各边缘集团和卫星城镇交通条件的改善,减少团状结构城市土地利用的级差效应,从而有助于各边缘集团、卫星城镇的开发,减轻中心区的压力,加快团状结构城市有机分散的步伐,促进多中心的城市结构形成,为团状结构城市发展进入相对稳定期打下坚实的基础。

(2)组团式结构的城市轨道线网结构

组团式结构的城市中心组团特别是中心组团的中心区与各边缘组团在早晚高峰时存在着大量的长距离的通勤客流,联系中心组团与其他组团间的城市交通干道上交通负荷过大,通勤出行占有很大份额。且由于市中心区位于中心组团,使得中心组团的客流密度远高于其他组团,加之中心组团开发较早,用地紧张且结构复杂,没有更多的用地用于城市道路建设,中心组团城市交通组织困难。因此从组团式结构城市空间结构发展的角度而言,组团式结构的城市快速轨道线网布局应有助于大幅度改善其他组团与中心组团用地的不等价性,加快其他组团的发展,减轻中心组团在就业、交通、社会诸方面的压力,扩展组团式结构的城市发展空间,推进城市结构的合理调整,从而为组团式结构的城市居民活动提供良好的相互联系,为城市各组团创造适于生活和安静的居住条件,给整个城市提升功能秩序和工作效率。

由以上分析的我国组团式结构城市现状布局特征和未来发展特点,其放射状基本线网应能方便各组团间的联系,特别是中心组团与其它组团的联系,通过放射状的轨道线路在中心组团的城市中心区相交,形成网络,以提高市中心区线网的密度,分散市中心集中的客流,在此基础上重点解决中心组团内的大运量的客运交通,其线网的布局应以客流分析为基础,并且注意与联系各组团的快速轨道线网的衔接。对于环线的规划应根据组团式结构城市的其他边缘组团的发展情况以及客流需求来确定,如图 2-12 所示。

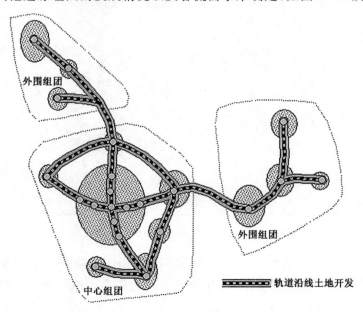

图 2-12　组团式结构城市的放射状轨道交通线网示意图

　　一种可行的以轨道导向的城市空间结构和土地开发模式被逐步深入研究[7]，即以 CBD 为中心、以沿着放射状的轨道交通线路站点为次中心、疏密相间的多中心城市空间结构与开发模式（如图 2-13 所示）。在 CBD 地区是高密度发展的商贸和高级办公等用地,沿着放射状的轨道交通线路的站点周围是具有吸引力、设计良好、适宜步行的高密度、紧凑发展的办公、居住和商业综合体和混合组团。这些组团内部功能也相对独立,并不完全依赖于 CBD。其他地区是低密度发展的地区,其间增加绿地、道路和广场用地等开敞空间。

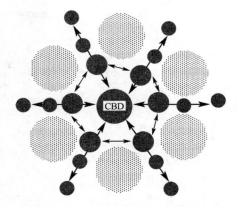

图 2-13　轨道交通导向下的组团式结构城市用地开发模式

　　依据上述用地模式,总体上组团之间功能互补,但是每个组团本身又相对独立,以减少不必要的出行,有利于实现城市中心区与次组团之间渐进的、放射状的扩张方式,避免原有的平面的、"摊大饼"式的低密度蔓延。既节约了土地,也提供了鼓励社会交往和便捷生活与工作的可能,为市民提供了宜人的工作和生活空间。

参考文献

[1] 黄耿.环形加放射的不足——试分析城市发展"圈层"模式的不利影响[J].城市规划,2000(3):57-59.

[2] 过秀成.城市集约土地利用与交通系统关系模式研究[D].东南大学博士学位论文,2001.

[3] 吕慎.城市快速轨道线网布局规划研究[D].东南大学硕士学位论文,2000.

[4] 顾克东.公共交通导向的城市土地开发研究[D].东南大学硕士学位论文,2004.

[5] 曲大义,王炜,王殿海,杨希锐.城市向郊区发展对中心区交通影响研究[J].城市规划,2001(4):37-39.

[6] J.M 汤姆逊著,倪文彦等译.城市布局与交通规划[M].北京:中国建筑工业出版社,1982.

[7] 管驰明,崔功豪.公共交通导向的中国大都市空间结构模式探析[J].城市规划,2003(10):39-43.

第3章 城市交通需求分析

3.1 需求分析体系

3.1.1 需求分析框架

城市交通需求分析的目的是为城市交通规划提供定量化信息,以辅助规划编制人员了解现状各系统的运行状态,分析判断未来各系统的发展趋势、发展条件和发展水平,从系统的可达性和机动性、设施服务水平的适宜性、交通资源配置的公平性、设施投资的经济性以及系统的环保性等角度进行评价。

需求分析的对象包含运输个体、交通方式、基础设施以及政策措施等元素。它们之间相互联系并互相作用,使城市交通系统呈现出一定的运行状态。其中,运输个体的属性及选择偏好等将影响出行时间、出行目的地、交通方式和出行路径等一系列的安排,进而决定了需求的时空分布。各种交通方式的特点和所适用的情境不仅决定了方式间的竞争和互补关系,还对运输个体的选择决策和基础设施的建设投资决策等产生重要的影响。基础设施的供应一方面满足了运输个体的出行要求和交通方式的发展要求,另一方面也对运输个体的选择起到一定的诱导作用。政策措施是针对各交通方式及其依附的基础设施在运作过程中出现的问题而提出的一种规划方案,通常对运输个体、交通方式和基础设施等将产生不同程度的影响。总体而言,运输个体及其所组成的群体属于城市交通需求的范畴,各种交通方式、基础设施以及政策措施等均属于城市交通供给的范畴。

本章中的需求分析对象既包含交通需求和交通供给,也包含两者间相互作用后达到相对平衡时的状态。所介绍的分析方法也分为需求分析方法、供给分析方法和系统评价方法三类。整体框架体系如图3-1所示。

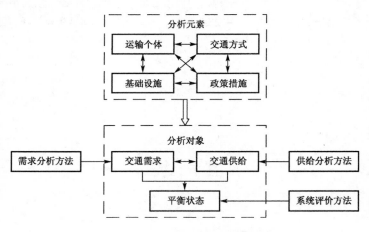

图 3-1 城市交通需求分析整体框架图

3.1.2　需求分析层次

由于城市交通规划包含不同层次的规划内容,所对应的需求分析深度、分析方法和调研数据等也不尽相同。

通常情况下,交通发展战略规划中的需求分析是基于不同的假设情境,通过对不同的城市发展形态、出行方式结构、机动车发展政策等进行测试和评价,确定规划年合适的交通发展战略,支撑城市发展目标的实现。这一阶段的"战略测试"采用"四阶段"的需求分析方法,其中交通小区的划分可适当粗略,核心区域交通小区的划分单元一般为 $3\sim6$ km²,边缘区域的交通小区大小为 $5\sim15$ km²[1]。需求分析过程中还应当考虑规划路网容量等因素的限制,这样有利于对机动车保有量和使用率、出行方式结构等关键变量进行合理测算。需求分析的结果包括不同战略方案下道路网负荷及服务水平、经济成本和效益、社会和环境效益等。

综合交通设施规划在城市总体规划阶段和控制性详细规划阶段均可以编制。相比较而言,总体规划的研究对象是整个城市范围,其中的用地布局方案较为粗略,因此依托总体规划做的交通需求分析主要提供规划年城市对外客货运量、城市骨架道路网的负荷及服务水平、主要轨道线的客流量、公交枢纽站规模及覆盖率、各交通分区的可达性以及停车泊位需求等分析结果。在控制性详细规划阶段,研究对象变为城市的部分片区,片区内的用地规划方案不仅分类上更加细致,还包含了容积率等用地强度信息,因此依托控制性详细规划所做的交通需求分析不仅可以对对外枢纽、道路网、公交线网、停车设施等规划方案的效用进行评价,还可以对各类交通设施规划方案和城市用地布局方案进行同步调整。两个阶段的交通需求分析方法也有所区别,其中总体规划阶段所做的交通需求分析依然采用"四阶段"的模型系统;控制性详细规划阶段做的交通需求分析采用叠加预测的方法,即对经过片区的背景交通量和片区内用地的生成交通量分别预测,前者主要依据总体规划阶段做的需求预测结果进行调整,后者仍然采用"四阶段"的需求分析方法。此外,在交通小区的划分方面,总体规划阶段城市核心区的小区划分单元为 $1\sim3$ km²[1],控制性详细规划阶段,核心区交通小区的划分单元可缩小为 $0.25\sim1$ km²。

在进行交通设施的近期建设规划或局部区域的交通改善规划时,由于短期内人口、建筑物以及出行活动的时空分布变化幅度较小,因此在预测时主要是基于现状的调查资料进行趋势外推或基于个体行为选择特性进行局部修正,而后评价近期建设方案及改善效果。这一阶段主要的需求分析内容包括主要道路断面高峰小时流量及服务水平、主要交叉口高峰小时转向流量及服务水平、公交线路高峰小时断面流量和主要站点的上下客流量、不同方案所产生的经济、环境和社会效益等。

交通需求分析前期搜集的资料和数据也和规划类型、规划阶段等具有较强的对应关系,不同规划类型所对应的调查资料如表 3-1 所示。

表 3-1   不同规划阶段对应的调查资料表

规划类型	规划阶段	调查资料
交通战略规划	总体规划	城市总体发展目标及战略,总体规划用地布局和分区发展策略
交通设施规划	总体规划	总体规划用地布局和分区发展策略,交通设施布局方案,现状OD需求,交通专项规划所需的现状资料
交通设施规划	控制性详细规划	控制性详细规划方案,交通设施布局方案,现状OD需求,交通专项规划所需的现状资料
近期建设及改善规划	近期专项规划	现状社会经济及土地利用,现状OD需求,相关专项设施供给及服务水平,相关专项管理措施等

3.2   需求分析调查内容

需求分析通常是基于一系列的调查资料,从中提取必要信息,支持分析方法和模型的运用。调查资料可分为基础资料、现状交通需求、现状交通供给和现状交通设施运行状况四种,具体包含的内容如图3-2所示。

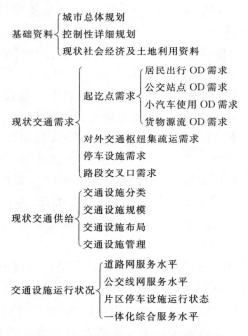

图 3-2   城市交通需求分析调查资料

3.2.1   基础资料调查

基础资料中的城市总体规划资料主要提供城市发展目标、发展战略以及区位规划、人口规划、就业岗位规划、产业发展规划、用地布局规划和交通设施规划等信息,控制性详细规划资料中不同区域、不同地块的容积率信息对未来的交通需求分析具有重要的价值。

现状资料主要包括城市的行政区划、人口分布、就业岗位分布、主要产业分布、用地布局、建成区容积率等信息。上述资料通常从规划管理部门、土地管理部门等机构获取，也可以从相关统计资料和城市统计年鉴、交通年鉴中查找。在资料的搜集和处理过程中，宜输入地理信息系统软件进行整合和备份，以方便对不同片区的信息进行汇总和对比。交通设施设计方案提供的信息相对集中，例如，道路设施设计方案主要提供道路的功能定位、线路走向、断面设计、与相邻道路的交叉型式以及道路拟采用的交通管制措施等信息。

3.2.2　交通需求调查

OD 交通需求在交通规划的不同阶段均作为需求分析的基础，是交通规划需求调查的核心内容之一。OD 调查通常包括客流出行 OD 调查和货流 OD 调查等两部分内容，其中客流出行 OD 又可以分为居民出行 OD 调查、公交 OD 调查和小汽车使用 OD 调查三种类型。OD 调查涉及的主要问题包括抽样率和抽样方法的选取、调查方法的确定、扩样方法的选择以及 OD 推算结果的校验等。以居民出行 OD 调查和公交 OD 调查为例，从上述几方面进行总结，具体如表 3-2 所示。

表 3-2　OD 调查对比表

OD 调查类型	抽样率及抽样方法	调查方法	扩样方法	结果校验
居民出行调查	抽样率建议值如表 3-3 所示；一般采用分层等距抽样法	家访调查法	基于出行链的分类扩样法[3]	选择分隔交通走廊的天然屏障作为核查线进行校验，误差控制在 15%以内
公交 OD 调查	目前尚没有抽样率的推荐值，建议根据线网规模及运营情况综合确定；一般采用分时段等距抽样法	小票法	基于抽样率的扩样法	与部分站点的上车人数、公交公司提供的客运量等数据进行比较，对扩样后 OD 进行修正

表 3-3　样本率确定表[2]

城市人口（万）	<10	10~30	30~50	50~100	100~300	>300
样本率（%）	15	10	6	5	4	3

OD 调查数据的统计分析结果将为需求分析模型的应用打下基础。以居民出行调查为例，其分析处理的角度可归纳为以下三种：

① 以全市或部分行政区划为单位，分析区域内居民在出行次数、出行方式结构、出行目的结构、出行时段分布、出行时耗分布等方面的特性；

② 以个体为单位进行非集计分析，通常用来判断个体在选择是否出行、出行目的地、出行方式以及出行路径时着重考虑的因素；

③ 以小区为单位进行集计分析，判断小区的交通生成量与小区内诸多属性间的相关性，或统计区间出行量随出行时间、出行距离等因素的改变所呈现出的分布规律；

其余的交通需求调查还包括对外交通枢纽集疏运量的调查、各类停车设施中停放需求的调查、道路路段及交叉口交通流量的调查等内容，具体的调查内容和方法可参考王炜、过秀成等编著的《交通工程学》[4]。

3.2.3 交通供给调查

交通供给方面的调查内容通常包括城市道路、公共交通、停车、物流、对外集疏运等各交通系统中设施的供给规模、供给结构、布局现状以及运营管理措施等。具体如表 3-4 所示。

表 3-4 交通供给调查具体内容表

调查对象	具体调查内容
城市道路	道路网规模及等级结构,道路网密度,道路横断面型式,交叉口控制方式等内容
城市公交	各等级线路的里程长度、布设、运营时间、发车频率、载客能力,各等级线路间的衔接情况,场站的位置、功能、规模、服务区域等内容
城市停车	各类停车设施的规模及布局,建筑物停车配建标准,停车设施收费标准,车辆准入管理等内容
城市物流	各类物流设施的规模和等级,各类物流通道设施的布局,物流信息平台
对外集疏运	航空港、各铁路客货运场站、各公路客货运场站、各客货运码头的布局及容量,集输运交通设施的通行能力及组织流线等

3.2.4 交通运行状况调查

交通运行状况除了道路网、公交线网、停车设施及对外集疏运系统等各系统本身的服务水平外,还包括各系统间的一体化衔接服务水平和运输对象的效率。具体的运行状况调查内容如表 3-5 所示。

表 3-5 交通运行状况调查具体内容表

调查对象	具体调查内容
城市道路	城市主、次干路或交通走廊上的机动车平均行驶速度,机动车在交叉口和主要瓶颈路段的延误,主要路段及交叉口的 VC 比,路段平均服务出行距离等内容
城市公交	公交车拥挤程度,公交线网可达性,公交车平均行驶车速等内容
城市停车	各类停车设施的周转率和利用率,片区范围内的违章停车率等内容
对外集疏运	集疏运设施的集散量与容量之比,集疏运通道的 VC 比等内容
一体化衔接	出行者换乘便捷性,货物中转联运的便捷性等内容
运输效率	重要区位的时间可达性,出行者花费时间,货物运输时间等内容

3.3 交通需求分析方法

3.3.1 "四阶段"需求分析方法

交通需求分析包括对人口规模、就业岗位数、车辆保有量、对外运输结构等演变趋势的分析,也包括对供需平衡状态下各交通系统需求的分析。前者通常需要结合历史统计资料和未来发展趋势的定性判断结果,采用趋势外推法、时间序列法、因果回归分析法等进行预测分析;后者基于用地布局和交通供给方案,通常采用"四阶段"的分析方法。尽管各种需求分析对象所采用的分析方法存在差异,但所遵循的需求分析流程大致如图3-3所示。

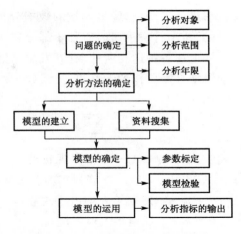

图 3-3　城市交通需求分析流程图

问题的确定是需求分析的前提,具体包括分析对象、分析范围和分析年限的确定[5]。分析对象通常和交通规划的类型相对应,对象的分析深度直接关系到分析方法的确定和资料搜集的详尽程度,也决定了模型的假设条件和最终分析指标的设定。分析范围和分析年限的确定分别决定了不同区域交通小区划分的详尽程度和需求分析的背景。

需求分析中用到的方法尽管种类较多,但"四阶段"等一些核心方法依然可以用于交通战略规划、交通设施规划、近期改善规划等不同层次的交通规划中。随着交通需求分析技术的发展,分析方法逐渐朝复杂化、精细化和综合化方向发展,以期能提高预测的精度,提升需求分析的可信度,这通常取决于模型参数的标定和检验[5]。交通模型通常随城市的不同而变化,目前北京、上海、广州、重庆等城市均十分重视城市交通模型系统的建设工作,系统中不同层次的模型均依据大量调研数据进行标定和检验,并且定期进行更新,为交通规划需求分析打下了良好的基础。

目前,以"四阶段"为代表的基于出行的分析思路在城市交通规划实际工作中仍然占据主导地位。它将分析区域划分成若干个交通小区,运用数理统计的方法,以单一出行、小区出行等作为统计单元,基于一定时空范围内系统平衡的考虑,从出行生成、出行分布、方式划分和交通分配等各环节对规划年的交通需求状态进行分析。

1）出行生成

出行生成阶段是计算各交通小区内各种土地用途所产生的发生量和吸引量,主要采用交叉分类法和回归分析法两种方法进行分析。

交叉分类法主要通过查阅手册的方法获取"发生率"和"吸引率"两种变量的现状统计数据,据此计算不同小区的出行生成权重,预测未来的出行生成量。国外部分城市居民出行统计资料相对全面,城市发展相对稳定,在进行出行生成量分析时采用的是以家庭或个人为统计单位的发生率和吸引率数据。国内城市大多处于城市化进程相对较快的阶段,城市建设格局、产业结构和人口构成变化相对较大,因此基本采用以用地指标为统计单位的发生率和吸引率数据。国内大城市主要是通过建立数据调查分析的体制和机制对生成率进行定期更新,中小城市主要是利用综合交通规划的契机进行城市居民出行数据的调查和分析。此外,部分机构对住宅、办公、综合性商业、专营店、金融、酒店、文化娱乐、医院、学校、图书展览馆、政法机关、仓库和综合类建筑等多类建筑性质近千个建筑的交通出行率进行了调查,经过大量的数据分析和处理工作,得到相应建筑的出行率指标值,形成了《交通出行率手册》,有利于部分缺乏数据的城市进行类比参考。

上述各种途径所获取的"发生率"和"吸引率"仅仅是现状统计分析的结果,规划年的预测结果需要作如下修正,见式(3-1):

$$FP_i = \frac{wP_i}{\sum_i wP_i}\varphi \cdot \kappa, \quad FA_i = \frac{wA_i}{\sum_i wA_i}\varphi \cdot \kappa, \quad i = 1, 2, \cdots, n \qquad (3-1)$$

式中:wP_i、wA_i——根据现状出行生成率数据计算得到的各小区发生量和吸引量;

FP_i、FA_i——规划年的各小区发生量和吸引量;

φ——规划年人均出行次数;

κ——规划年人口规模。

回归分析法通过建立回归模型并用现状调查数据进行标定,提取小区交通生成量的主要影响因素,依据模型预测规划年各小区的发生量和吸引量。这里介绍一种基于用地的回归分析方法,具体思路如图3-4所示。

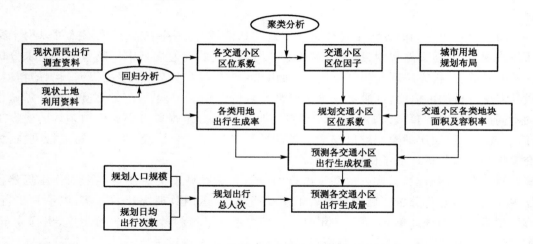

图 3-4　交通吸引量预测方法程序框图

该方法认为,交通小区的出行生成量由小区中各类用地的出行生成率、用地开发强度、区位等因素决定,建立如式(3-2)的回归分析模型:

$$P_i = \lambda_i \cdot \sum_{j=1}^{m} \alpha_j S_{ij} \bar{R}_{ij}, \quad i = 1, 2, \cdots, n$$

$$A_i = \lambda_i \cdot \sum_{j=1}^{m} \beta_j S_{ij} \bar{R}_{ij}, \quad i = 1, 2, \cdots, n \qquad (3-2)$$

式中:P_i,A_i——i 小区的出行发生量和吸引量;

λ_i——i 小区的区位因素;

α_j,β_j——j 类用地的出行发生率和吸引率;

S_{ij}——i 小区内 j 类用地的面积;

$\bar{R}_{ij}$——i 小区内 j 类用地的平均容积率。

上述回归模型中的用地开发强度由用地面积和容积率表示,可以基于现状土地利用资料,以交通小区为单位对小区内部各种用地的面积和平均容积率进行统计;同时,假定出行生成率仅仅和用地类型相关,而不随交通小区的区位、用地开发强度而改变。再基于现状居民出行 OD 的统计结果,对上述模型中的参数采用最小二乘法进行标定,由此可得现状各类用地的发生率和吸引率,以及不同交通小区的区位系数。其中,各交通小区的区位系数将通过聚类分析进行归并,便于规划年交通小区区位因素的确定。

规划年各交通小区交通生成量的权重由用地规划中的各类用地面积、容积率、规划区位和现状用地生成率共同确定,具体如式(3-3)所示:

$$WP_i = F\lambda_i \cdot \sum_{j=1}^{m} \alpha_j FS_{ij} \overline{FR}_{ij} , \ i = 1, 2, \cdots, n$$

$$WA_i = F\lambda_i \cdot \sum_{j=1}^{m} \beta_j FS_{ij} \overline{FR}_{ij} , \ i = 1, 2, \cdots, n \qquad (3\text{-}3)$$

式中:WP_i,WA_i——规划年 i 小区的出行发生权重和吸引权重;

　　　$F\lambda_i$——规划年 i 小区的区位因素;

　　　FS_{ij}——规划年 i 小区内 j 类用地的面积;

　　　$\overline{FR}_{ij}$——规划年 i 小区内 j 类用地的平均容积率。

根据规划年人口规模和人均出行次数的预测结果,得到城市规划年总出行次数。将总出行次数按照各交通小区的出行发生权重和吸引权重进行分配,即得到规划年各交通小区的发生量和吸引量。

$$FP_i = \varphi \cdot \kappa \cdot \frac{WP_i}{\sum\limits_{j=1}^{n} WP_j} , \quad FA_i = \varphi \cdot \kappa \cdot \frac{WA_i}{\sum\limits_{j=1}^{n} WA_j} \quad (i = 1, 2, \cdots, n) \qquad (3\text{-}4)$$

式中符号含义同式(3-3)。

上述方法还可以用来预测规划年各交通小区的高峰小时生成量、各种出行目的的出行生成量等。和各交通小区全天所有出行的发生量和吸引量预测不同的是,分时段、分目的的预测结果允许各小区的发生量和吸引量间存在较大的差异,而各小区全天所有出行的发生量和吸引量应基本相等。

2)出行分布

从出行生成预测中获取各个交通小区的出行发生量和吸引量后,出行分布环节主要预测未来规划年各小区之间出行的交换量。目前最为常用的方法主要有增长系数法和重力模型法两种[4]。

（1）增长系数法

增长系数法的使用较为简单,在给定现状分布量的基础上,假定未来分布量与现状分布量具有相同的分布形式,通过计算增长系数来预测未来分布量。

首先,令计算次数 $k = 0$。

其次,计算各小区第 0 次发生增长率、吸引增长率,见式(3-5):

$$F_{pi}^{0} = \frac{P_i}{P_i^{0}} , \quad F_{aj}^{0} = \frac{A_j}{A_j^{0}} ; \qquad (3\text{-}5)$$

式中：F_{pi}^0——i 小区第 0 次发生增长率；

F_{aj}^0——j 小区第 0 次吸引增长率；

P_i——i 小区规划年发生量预测值；

P_i^0——i 小区现状发生量；

A_j——j 小区规划年吸引量预测值；

A_j^0——j 小区现状吸引量。

再次，设 $f(F_{gi}, F_{aj})$ 为增长函数，计算第 $(k+1)$ 次预测值，见式（3-6）：

$$q_{ij}^{k+1} = q_{ij}^k \cdot f(F_{pi}^k, F_{aj}^k); \tag{3-6}$$

式中：q_{ij}^{k+1}——i 小区到 j 小区的第 $(k+1)$ 次预测值；

q_{ij}^k——i 小区到 j 小区的第 (k) 次预测值；

$f(F_{gi}, F_{aj})$——增长函数。

最后，检验预测结果，对收敛性进行判别，计算新的发生量和吸引量，见式（3-7）：

$$P_i^{k+1} = \sum_j q_{ij}^{k+1}, \quad A_j^{k+1} = \sum_i q_{ij}^{k+1}, \tag{3-7}$$

令

$$F_{pi}^{k+1} = \frac{P_i}{P_i^{k+1}}, \quad F_{aj}^{k+1} = \frac{A_j}{A_j^{k+1}} \tag{3-8}$$

若在允许一定误差率（如 3%）的前提下，所有 $F_{pi}^k \approx 1$，$F_{aj}^k \approx 1$，则停止迭代；否则，令 $k = k+1$，返回式（3-6）继续迭代。

由于 $f(F_{gi}, F_{aj})$ 的函数种类不同，增长系数法可分为常增长系数法、平均增长系数法、Detroit 法、Frator 法、Fueness 法（见表 3-6）。

表 3-6　主要的增长系数法类别

方　法	增　长　函　数	具　体　描　述
常增长系数法	$f_常(F_{pi}, F_{aj}) = F_{pi}$	q_{ij} 的增长仅与 i 区的发生量（或吸引量）增长率有关
平均增长系数法	$f_平(F_{pi}, F_{aj}) = \dfrac{1}{2}(F_{pi} + F_{aj})$	q_{ij} 的增长与 i 分区发生量的增长及 j 分区吸引量的增长同时相关，而且相关的程度也相同
Detroit 法	$f_D(F_{pi}, F_{aj}) = F_{pi} \cdot \dfrac{F_{aj}}{Q/Q^0} = \dfrac{P_i}{P_i^0} \cdot \dfrac{A_j/A_j^0}{\sum\limits_j A_j / \sum\limits_j A_j^0}$	q_{ij} 的增长与 i 分区发生量增长率 F_{pi} 成正比，而且还与 j 分区吸引量增长占整个区域吸引量增长的相对比率成正比
Frator 法	$f_F(F_{pi}^k, F_{aj}^k) = F_{pi}^k \cdot F_{aj}^k \cdot \dfrac{L_{pi}^k + L_{aj}^k}{2}$、 $L_{pi}^k = \dfrac{P_i^k}{\sum\limits_j q_{ij}^k F_{aj}^k}$，$L_{aj}^k = \dfrac{A_j^k}{\sum\limits_i q_{ij}^k F_{pi}^k}$	q_{ij} 的增长系数不仅与 i 小区的发生增长系数和 j 小区的吸引增长系数有关，还与整个规划区域的其他小区的增长系数有关
Fueness 法	$f_{FN}^1(F_{pi}^k, F_{aj}^k) = F_{pi}^k$ $f_{FN}^2(F_{pi}^k, F_{aj}^k) = F_{aj}^k$	q_{ij} 的增长系数与 i 小区的发生增长系数和 j 小区的吸引增长系数相关

注：表中各参数含义同上。

（2）重力模型法

通过分析现状交通小区内部交通量、小区间交通量与小区本身的属性、小区间阻抗等变量间的统计关系，运用统计回归得到的模型预测规划年的出行分布情况。由于国内大多数城市处于快速化发展的阶段，交通小区间的交通阻抗会因交通设施改进或流量的增加而不断变化，这就要求在进行分布预测时，必须加入交通阻抗的因素，因此重力模型法仍然是目前进行分布预测时最常用的方法之一。

它假定交通小区间的出行量与发生分区的发生量预测值、吸引分区的吸引量预测值成正比，与小区间的交通阻抗成反比，具体模型形式如式（3-9）。

$$q_{ij} = K \cdot \frac{P_i^{\alpha} \cdot A_j^{\beta}}{f(R_{ij})^{\chi}} \tag{3-9}$$

式中：q_{ij}——i、j 分区之间的出行量（i 为发生区，j 为吸引区）预测值；

$\quad\quad R_{ij}$——两分区间的交通阻抗，可以是出行时间、距离、油耗等因素的综合，但大多数情况下，只取出行时间或距离等作为交通阻抗；

$\quad\quad P_i$、A_j——分别为分区 i 的出行发生量、分区 j 的吸引量；

$\quad\quad \alpha$、β、γ、κ——系数。据经验，α、β 取值范围 $0.5 \sim 1.0$，多数情况下，可取 $\alpha = \beta = 1$。

阻抗函数的型式可以是多样的，一般地，用 $f(R_{ij})$ 表示阻抗函数，常用的有：

① 幂型：$\quad\quad\quad\quad\quad\quad\quad f(R_{ij}) = R_{ij}^{-\gamma}$；

② 指数型：$\quad\quad\quad\quad\quad\quad f(R_{ij}) = \exp(-b \cdot R_{ij})$；

③（幂与指数）复合型：$\quad\quad f(R_{ij}) = e^{-bR_{ij}} \cdot R_{ij}^{-\gamma}$

④ 半钟型：$\quad\quad\quad\quad\quad\quad f(R_{ij}) = \dfrac{1}{a + bR_{ij}^{-\gamma}}$

⑤ 离散型：$\quad\quad\quad\quad\quad\quad f(R_{ij}) = \sum_m r_m \delta_m^{ij}$

式中：y、a、b、r 为待定参数。

选用哪种类型的阻抗函数要视具体情况而定。可以先用一些调查数据在坐标系上标出散点图，看它与哪类函数的曲线吻合较好，然后决定选用哪类阻抗函数。许多学者对模型中阻抗变量的表达形式、模型参数的变化规律等进行过深入的研究，这些研究成果可作为经典重力模型的补充，对出行分布预测具有实际的指导意义。

除了无约束重力模型外，还有单约束重力模型和双约束重力模型。其中，单约束重力模型是确保 OD 分布矩阵能够满足出行生成阶段预测得到的发生量或吸引量，双约束重力模型是使 OD 分布矩阵的行和和列和同时满足发生量和吸引量。模型形式如式（3-10）、（3-11）和（3-12）所示。

单约束重力模型：

$$q_{ij} = \frac{P_i \cdot A_j \cdot f(R_{ij})}{\sum A_j \cdot f(R_{ij})} \tag{3-10}$$

双约束重力模型：

$$q_{ij} = K_i \cdot K'_j \cdot P_i \cdot A_j \cdot f(R_{ij})$$

$$K_i = \left(\sum_j K'_j \cdot A_j \cdot f(R_{ij}) \right)^{-1} \qquad (i = 1, \cdots, n) \qquad (3\text{-}11)$$

$$K'_j = \left(\sum_i K_i \cdot P_i \cdot f(R_{ij}) \right)^{-1} \qquad (j = 1, \cdots, n) \qquad (3\text{-}12)$$

式中参数含义同上。

其中,双约束重力模型中考虑因素相对全面,模型结构和求解算法也较为成熟,因而成为出行分布需求分析中运用最广泛的模型。

目前,重力模型在运用时面对的最大问题是小区内部出行量的分析,这主要是由于小区内部出行的阻抗函数值相对偏小或区内出行的预测往往被忽略。在交通小区划分面积较大时,区内出行通常占有一定的比重,由此导致预测结果的偏差较大。为克服上述不足,小区内部的出行阻抗可以用各交通小区面积的函数式来表示,例如:

$R_{ii} = \sqrt{S_i \cdot \alpha}$,其中 S_i 为交通小区 i 的面积,α 为修正系数。

α 和重力模型中其它系数的确定可一并在模型校核阶段完成。

3)方式划分

出行分布环节主要采用集计模型,而方式选择环节则开始逐渐从集计模型转向非集计模型,预测小区之间或小区内部出行中各方式的分担率。

(1)集计模型

传统的集计模型主要表现为采用"转移曲线法"进行方式划分的预测。转移曲线法假定,选择不同交通方式的比例是由出行者属性、交通方式属性等决定的。最简单的转移曲线就是以出行距离为横坐标、不同方式的选择比例为纵坐标绘制而成的。美国华盛顿市在 1970 年代初,将收入等级、出行目的、两方式的费用比、服务水平比、出行时间比作为交通方式划分时参考的五个指标,在坐标系上共描出了近百条曲线,其中部分曲线见图 3-5[6]。同期加拿大多伦多市做发生方式划分时的转移曲线是以收入等级、两方式的费用比、服务水平比、出行时间比四个指标作为决定参数,所得到的转移曲线如图 3-6 所示。

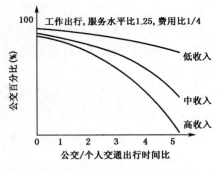

图 3-5　华盛顿市公交转移曲线

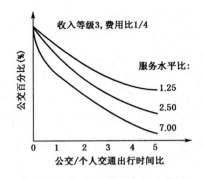

图 3-6　多伦多市公交转移曲线

在国内大多数城市的居民出行方式中,慢行交通所占比例均超过 50%,是城市综合交通系统的重要组成部分,也是城市交通可持续发展鼓励与支持的交通方式。受到出行者体力的约束,慢行交通方式的选择比例与出行距离的相关性较大,考虑因素与其余的机动化出行方式相比较为单一,在方式划分的分析过程中通常利用转移曲线法预测各小区之间的慢行交通量。

集计模型还表现为将方式划分环节和出行生成、出行分布等环节进行一体化建模。其中,出行生成和方式划分相结合的预测思路和出行生成环节的预测思路相类似,仅仅是将分析对象变成各交通小区某种方式的发生量和吸引量。出行分布和方式划分相结合的预测思路是将交通小区间的阻抗表示为采用某种交通方式所花费的成本,模型型式和标定方法与重力模型相似。

(2)非集计模型

非集计模型是以个体的出行为统计单元,针对出行个体的决策直接建模,然后对所有出行决策进行归纳总结。在应用数据方面,非集计模型比集计模型更能对数据充分利用,因此在确保某一个精度前提下,非集计模型仅需数量相对较小的样本量即可。同时,非集计模型受特定城市特定区域特征的影响不大,且在影响出行者决策的因素表达方面有一定的潜力,因此有研究学者认为该模型具备从一个地理区域到另一个地理区域的转换能力[5]。

非集计模型认为所有的出行者均为理性决策者,决策时将选择效用最大的出行方案。以方式划分为例,出行者希望选择出行时间和出行费用相对较小、出行舒适性和方便度相对较高的交通方式。因此,非集计模型中的效用函数包含了出行决策中的正面和负面影响因素以及形成出行者决策基础的因素,其形式一般如式(3-13)所示。

$$U_{nj} = V_{nj} + \varepsilon_{nj} \tag{3-13}$$

式中：U_{nj}——个人 n 关于选择枝 j 的效用;

　　　V_{nj}——能够观测到的因素构成的效用确定项;

　　　ε_{nj}——不能够观测到的因素构成的效用随机项。

由于效用随机项的存在,当某一决策者 t 面对多个互不相关的平行方案时,其选择某方案 i 的概率见式(3-14):

$$P_{it} = P(U_{it} \geqslant U_{jt}) \quad \forall j \in C_t \tag{3-14}$$

将式(3-13)代入,得到:

$$P_{it} = P(V_{it} + \varepsilon_{it} \geqslant V_{jt} + \varepsilon_{jt}) = P(\varepsilon_{jt} - \varepsilon_{it} \leqslant V_{it} - V_{jt}) \quad \forall j \in C_t \tag{3-15}$$

一般假定 ε 相互独立且服从同一分布。当 ε 均服从 Gumbel 分布时,即得到最常使用的离散选择模型——多项 Logit 模型。模型的具体形式如式(3-16):

$$P_{it} = \frac{e^{V_{it}}}{\sum_{j=1}^{C_t} e^{V_{jt}}} \tag{3-16}$$

Logit 模型形式简单且易于分析,但在应用于方式划分时应注意以下几个问题[5]:

① 不同出行方式间的相对独立性

Logit 模型具有(IIA)独立特性,即选择方案 i 和方案 j 的相对概率仅由方案 i 和方案 j 的特性来决定,即这个相对概率和其它可选方案相互独立。这是 Logit 模型的优点之一,同时也是其最主要的缺点。IIA 特性的优势在于,当目标选择集很大,无法从庞大的目标选择集中删除选择支时,可以利用 IIA 原理,从整个选择集中随机选择一个子集生成可预测的新选择集。然而,当方案选择支独立的假设不成立时,将导致预测结果完全无法使用。因此,在进行方式划分时,应确保 P+R、B+R、常规公交接驳轨道交通等联运方式与单一的出行方式间相互独立。

② 决策结构

在应用 Logit 模型处理复杂决策时,应首先绘制决策结构。例如,经典的"四阶段"模型系统中隐含了一个有序、连续的决策过程:首先判断是否出行,继而决定出行目的地以及出行方式,最后才是路径选择。Bowman 和 Ben-Akiva 认为,出行者的决策存在等级结构,其中较高等级的决策要优先于较低等级的决策,并依此在较高等级的基础上做出"条件决策"。由此,Williams 等人提出了巢式 Logit 模型(Nested-Logit Model),简记为 NL 模型。在方式划分阶段,NL 模型将步行、自行车、摩托车、普通公交、轨道等各种基本方式按相关和相似的关系进行分层划分,其中一种结构如图 3-7 所示。

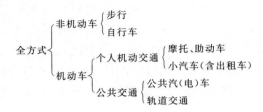

图 3-7　出行方式分层划分

虽然 NL 模型中每一层次的结构均是 Logit 模型,但由于该模型考虑到了方案选择支之间的相关性,因此要比多项 Logit 模型更接近实际。

4)交通分配

交通分配包括机动车分配和公交客流分配两种类型,对应的各种分配方法均是基于 OD 点对间的路径阻抗。

(1)机动车分配

按是否遵循 Wardrop 原理,机动车分配可分为非平衡分配和平衡分配两种类型[7]。其中非平衡分配根据路径是否单一以及是否受路段容量的限制又可分为四种类型,所对应的典型分配方法如表 3-7 所示。平衡分配中成熟的方法包括 UE 分配法、SUE 分配法和 SO 分配法,前两种分配法是以用户最优为目标,而 SO 分配法是以系统最优为目标。

表 3-7　非均衡交通分配方法

分　类	容量不限制	容量限制
单路径	全有全无最短路分配法	增量分配法,迭代加权法
多路径	STOCH 分配法,多路径 probit 分配法	多路径-迭代加权法,多路径-增量加载法

① 最短路交通分配方法

最短路交通分配是一种静态的交通分配方法,在该分配方法中,取路权为常数,即假设车辆的平均行驶车速不受交通负荷的影响。每一 OD 点对的 OD 量被全部分配在连接该 OD 点对的最短路径上。这种分配方法的优点是计算相当简便,其致命缺点是出行量分布不均匀,出行量全部集中在最短路上。

② 增量分配法

容量限制法是一种动态交通分配方法,它考虑了道路通行能力的限制,相对于最短路分配法更加符合实际。本节主要介绍增量分配法。

采用增量分配法分配交通量时,需先将 OD 表中的每一 OD 量分解成 k 份,即将原OD 表(OD 矩阵为 n 阶,n 为出行发生、吸引点个数)分解成 k 个 OD 分表($n×n$ 阶),然后分 k 次用最短路分配模型分配 OD 量,每次分配一个 OD 分表,并且每分配一次,路径效用值就修正一次,直到把 k 个 OD 分表全部分配在网络上。其中,路径效用函数由路段阻抗和交叉口转向阻抗等元素构成,路段阻抗是路段通行能力、路段长度、自由流车速以及分配车流量的函数,而交叉口转向阻抗需要综合考虑转向类型和相交道路的等级分类确定。

由于将 OD 矩阵划分为 N 个矩阵时矩阵的先后顺序对分配结果会产生较大的影响,增量分配法的分配结果通常不稳定,因此较少被使用。

③ 多路径交通分配法

与单路径(最短路)分配方法相比,多路径分配方法的优点是克服了单路径分配中流量全部集中于最短路上这一不合理现象,使各条可能的出行路线均分配到交通量,各出行路线长度的不同,决定了它所分配到的流量的大小。

Ⅰ. STOCH 分配法

Dial 于 1971 年提出了初始的概率分配模型,模型中反映了出行路线被选用的概率随着该线路长度的增加而减少的规律。Florian 及 Fox 于 1976 年对 dial 模型进行了修正,认为出行者从连接两交通区的路网系统中选用路径 k 的概率见式(3-17):

$$P(k) = \exp(-\sigma T_k) / \sum_i \exp(-\sigma T_i) \tag{3-17}$$

式中：$P(k)$——选用路径 k 的概率;

　　　T_k——路径 k 上的行程时间;

　　　σ——交通转换参数。

Ⅱ. 改进的多路径分配模型[6]

由出行者的路径选择特性可知,出行者总是希望选择最合适(最短、最快、最方便等)的路线出行,称之为最短路因素。但由于交通网络的复杂性及交通状况的随机性,出行者在选择出行路线时往往带有不确定性,称之为随机因素。这两种因素存在于出行者的整个出行过程中,两因素所处的主次地位取决于可供选择的出行路线的路权差(行驶时间差或费用差等)。因此,各出行路线被选用的概率可采用 Logit 型的路径选择模型计算,见式(3-18)。

$$T(r, s) = \exp[-\sigma t(k) / \bar{t}] / \sum_{i=1}^{m} \exp[-\sigma t(i) / \bar{t}] \tag{3-18}$$

式中：$P(r, s, k)$——OD 量 $T(r, s)$ 在第 k 条出行路线上的分配率;

　　　$t(k)$——第 k 条出行路线的路权(行驶时间);

　　　$\bar{t}$——各出行路线的平均路权(行驶时间);

　　　σ——分配参数;

m——有效出行路线条数。

改进的分配模型能较好地反映路径选择过程中的最短路因素及随机因素。实际上，若出行路线路权相同，则本模型成为随机分配模型，各路线被选用的概率相同。若某一路线的路权远远小于其它路线，则本模型成为最短路分配模型，它是一种改进型的多路径分配模型。改进的多路径分配模型虽然与 Dial 模型在形式上很类似，但在参数 σ 的确定、路径的选取及算法上与 Dial 模型有本质区别。

该方法中引进了有效路段及有效出行路线两个概念，有效路段 $[i,j]$ 被定义为路段终点 j 比路段起点 i 更靠近出行目的地 s 的路段，即沿该路段前进能更接近出行终点。因此，有效路段的判别条件为：

对于路段 $[i,j]$，如果 $L_{\min}(j,s) < L_{\min}(i,s)$，则它为有效路段，$L_{\min}(a,b)$ 为节点 a 至节点 b 的最短路权。

有效路段是相对于 OD 点对 (r,s) 而言的，某一路段在某一 OD 点对下为有效路段，而在另一 OD 点对下可能为非有效路段。有效出行路线必须由一系列的有效路段所组成，每一 OD 点对的出行量只在它相应的有效出行路段上进行分配。

有效出行路线 $L_{\min}(i-j,s)$ 的长度被定义为有效路段 $[i,j]$ 的路权 $d(i,j)$ 加上有效路段终点 j 至出行终点 s 的最短路权 $L_{\min}(j,s)$，即 $L_{\min}(i-j,s) = d(i,j) + L_{\min}(j,s)$。

有效路线长度确定后，便可计算各有效出行路线的分配率及有效路段的分配交通量。多路径分配是按节点顺序进行的，有效出行路线只是中间过渡量，只对相应节点有效。当该节点分配结束后，转入另一节点的分配时，需重新确定有效路段及有效出行路线。

④ 容量限制—多路径交通分配方法

在多路径分配模型中，认为路段行驶时间为一常数，这与实际的交通情况有一定的出入。实际上，路段行驶时间与路段交通负荷有关，在容量限制—多路径分配模型中，考虑了路权与交通负荷之间的关系及交叉口、路段通行能力的限制，使分配结果更加合理。

与容量限制交通分配方法类似，采用容量限制—多路径方法分配出行量时，需先将原 OD 量表（$n \times n$ 阶）分解成 k 个 OD 分表（$n \times n$ 阶），然后分 k 次用多路径分配模型分配 OD 量，每次分配一个 OD 分表，并且每分配一次路权修正一次，直到把 k 个 OD 分表全部分配到网络上。

用此方法分配时，路段交通量在不断变化，路权被不断修正，其分配过程是一个不断的迭代反馈过程。

容量限制—多路径交通分配方法的分配程序、路权修正方法以及参数确定方法与容量限制分配方法相同。所不同的是，容量限制分配方法中每次分配采用最短路分配模型，而在容量限制—多路径分配方法中，每次分配采用多路径分配模型。

⑤ 用户最优分配法

这类分配模型主要考虑在交通网络达到平衡时，所有被利用的路径具有相等而且最小的阻抗，未被利用的路径与其具有相等或更大的阻抗。其模型的核心是交通网络中的用户都试图选择最短路径，而最终使被选择的路径的阻抗最小且相等。

出行 OD 矩阵在分配过程中是固定不变的。通常，这类分配模型的求解被归结为一个维数很高的凸规划数学问题,如式(3-19)为 Bechman 提出的具有固定需求的使用者优化平衡模型数学表达式。

$$
\left.
\begin{aligned}
&\min \sum \int_0^{V_a} t_a(x)\,\mathrm{d}x, \\
&\mathrm{s.\,t.} \quad V_a = \sum_r \sum_i \sum_j \delta_{ar}(i, j) X_r(i, j), \\
&\sum_r X_r(i, j) = T(i, j), \\
&X_r(i, j) \geqslant 0.
\end{aligned}
\right\}
\tag{3-19}
$$

式中:V_a——a 路段的交通量;

$t_a(i, j)$——a 路段的广义出行时间,它取决于交通量 V_a;

$X_r(i, j)$——OD 点对(i, j)间经过第 r 条路径的出行量;

$T(i, j)$——OD 点对(i, j)间的出行量;

$\delta_{ar}(i, j)$——系数;

$$
\delta_{ar}(i, j) = \begin{cases} 1, & a \text{ 属于从 } i \to j \text{ 的路径}; \\ 0, & \text{其它}. \end{cases}
$$

⑥ 系统最优分配法

系统最优的目标函数是网络中所有用户总的阻抗最小,约束条件与用户平衡分配模型相同。

对于系统最优平衡分配归结为如式(3-20)的数学模型:

$$
\min F(V) = \sum_a V_a t_a(V_a)
\tag{3-20}
$$

约束条件同用户最优模型,式中参数含义同式(3-19)。

在城市交通需求分析中,最短路分配法和 STOCH 分配法既可以用来识别交通走廊,也可以用来对行人、自行车等慢行交通进行分配。小汽车、出租车的驾驶人员在选择路径时通常考虑自身效益的最大化,因此上述两种机动车流的分配通常采取用户最优分配方法。

(2) 公交分配

公交分配常用的方法包括最短路径法、最佳策略法、路径搜索法和随机用户平衡法。其中,最短路径法仅仅将每对起讫点间的公交客流分配到效用最大的一条路径上,通常适用于在公交稀疏网络中分配公交客流。最佳策略法和路径搜索法均适用于在公交密集网络中进行客流分配,两种方法较为类似,不同之处在于路径搜索法可通过参数的改变调整公交路径选择集。随机用户平衡法(SUE 法)考虑因素相对繁杂,包括公交线路发车频率和公交线路各区段间行驶时间的不稳定性、公交乘客的感知偏差以及公交线路的容量限制和拥挤效应。该方法需要对公交线路的运营组织、行驶时间和发车频率的波动概率等参数进行详细设置,因此多用于城市公交线网近期优化改善规划中。

上述方法均以路径效用函数为基础。相对于机动车分配而言,公交分配中路径效用函数的构成更加复杂,通常包括起讫点和公交站台间的步行时间、站台等候时间、上下车时间、车内时间、换乘时间以及公交票价等元素。当公交系统由轨道交通、BRT 和常规公交等多类别的线网构成时,还应根据线路类型分别设定行驶车速、发车频率、公交票价等变量值,其中行驶车速的确定还和公交专用道的规划密切相关。各因素的权重系数需要通过大量的实测数据或问卷调查数据进行标定。

本节重点介绍最佳策略法。该方法是由 Spiess 和 Florian 提出的公交客流分配方法,认为乘客通常会选择能够将他们带到目的地且耗费时间大致合理的第一条公交线路。该方法依据路径效用的合理性在每对起讫点间建立一个公交路径选择集,公交需求将被分配到出行成本最小的策略上。寻找 OD 点对间最佳策略线路集的步骤为:

a. 确定 OD 间公交线路集 S 和相应节点集 I;

b. 将 D 点时间设置为 0,即 D 点到 D 点的出行时间为 0;

c. 根据到达 D 点的出行时间,按照升序排列依次对其他节点 i 进行处理,直至 O 点。

处理内容可分为两个部分,一是对从节点 i 出发的公交线路进行筛选,通过计算从节点 i 到达 D 点的预期出行时间,确定策略线路集;二是观测到达节点 i 的公交线路,决定是否值得下车。

在从节点 i 出发的所有公交线路中,根据最理想状况(刚到达节点 i,前往 D 点出行时间最短的公交线路正好抵达,等待时间为 0),即理想出行时间最短的线路为首选策略线路,并计算其到达 D 点的预期出行时间(公交运行时间+平均等待时间);计算从节点 i 出发的其他公交线路的理想出行时间,若小于首选策略线路的预期出行时间,则该线路为策略线路;得到节点 i 的策略线路集后,根据平均等待时间、各线路发车频率和理想出行时间,计算从节点 i 到 D 点的预期总出行时间。

在到达节点 i 的公交线路中,计算下车换乘后到达 D 点的预期出行时间和不下车到达 D 点的预期出行时间,两者比较,确定是否下车。

线路 l 从节点 i 到 D 点的预期出行时间见式(3-21a):

$$T_i^l = \frac{0.5}{f_l} + t_{id}^l \qquad (3-21a)$$

节点 i 到 D 点的预期出行时间见式(3-21b):

$$T_i = \frac{0.5}{\sum\limits_{l \in A_i} f_l} + \sum\limits_{l \in A_i} \frac{f_l}{\sum\limits_{l \in A_i} f_l} t_{id}^l \qquad (3-21b)$$

式中:f_l——线路 l 的发车频率;

t_{id}^l——线路 l 从节点 i 到 D 点的运行时间;

A_i——节点 i 的策略线路集。

在确定各节点的最佳策略线路集及相关的出行时间后,将 OD 点对的客流量分配到线路上。根据到达 D 点的出行时间,从 O 点开始,按照降序排列对各节点进行处理,直至 D 点。处理内容共有两个部分,一是求算各节点的客流量,二是按照反比于线路频率原则在策略线路集间分配客流。

节点客流量为该节点到终点的需求量与在该节点下车换乘的流量,见式(3-22):

$$v_i = \sum\limits_{l \in A_i^+} v_l = \sum\limits_{a \in A_i^-} v_l + g_i \qquad (3-22)$$

线路 l 的流量,见式(3-23):

$$v_a^l = \frac{f_l}{\sum\limits_{l \in A_i} f_l} v_i \tag{3-23}$$

式中: v_a^l ——线路 l 中公交路段 a 的客流量;

v_i ——节点 i 的客流量;

g_i ——节点 i 的需求量;

A_i^+ , A_i^- ——出发/进入节点 i 公交路段集;

A_i ——节点 i 的线路策略集。

5)"四阶段"模型在客货运系统分析中的应用

城市客运系统和货运系统需求分析中运用的"四阶段"模型大致相同,但在部分环节上存在一定的差异。

城市客运系统需求分析通常分为城市对外客运需求和城市内部客运需求两个部分。

对外客运需求主要是运用趋势外推法、回归分析法得到未来年对外公路客运总量和各方向的分担量,再结合现状出入口调查获得的出入口 OD,运用出行分布中的"增长率"模型推算规划年各出入口间的客流,运用"基于用地的出行生成模型"对出入口和城市内部间的客流进行推算。

城市内部需求则将分析对象分为常住人口和流动人口两部分。由于两类人口在出行目的的构成以及出行方式结构上存在显著差异,通常进一步将常住人口的出行划分为上班、上学、弹性及回程四类,将流动人口的出行划分为弹性与回程两类,结合现状出行率统计结果确定规划年的各类出行率,利用出行生成模型得到各交通小区各类出行的发生量和吸引量。利用现状 OD 调查数据,标定各类别出行的分布模型参数,筛选出影响出行方式选择的因素并标定其权重,结合规划年交通供给方案的分析对模型参数进行适度的调整,得到不同目的不同方式的 OD 矩阵。

将城市对外及出入境客流以及城市内部 OD 进行叠加,在交通供给网络中进行交通分配。总的需求分析流程如图 3-8 所示。

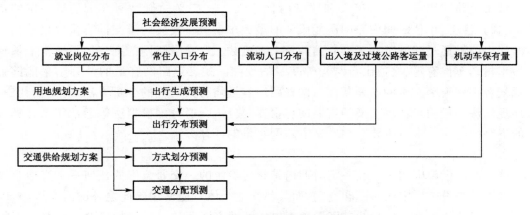

图 3-8　客运系统需求分析流程图

　　与城市客运系统需求分析所不同的是,城市货运系统需求分析通常以出行车次为统计单位,预测流程上由生成、分布和分配等三个阶段构成。货运系统的分析对象通常为不同类型、价格不一的货物,在进行生成预测时划分的类别相对较多,需要确定不同用地条件下各类别货物的生成率。在交通阻抗的构成方面,货运广义费用需要考虑更多特殊的服务,包括订单处理、货物装载、卸载、分类、保管、包装等,因此阻抗的确定相对于客运更加困难。其具体的分析流程如图3-9所示。

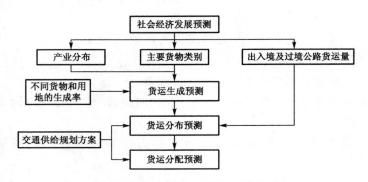

图 3-9　货运系统需求分析流程图

　　需要指出的是,"四阶段"以交通阻抗为纽带而相互关联,互相影响。不同环节中所考虑的阻抗因素和阻抗值大小通常会出现不一致的情况,因此在运用"四阶段"模型分析客货运需求时,有必要进行迭代计算以确保阻抗的一致性。

3.3.2　供给分析方法

　　城市交通供给系统既包括道路、公交场站、停车场等交通基础设施,也包括公交线路的运营、交叉口的信号控制、路权的分配、停车收费等管理措施。"四阶段"分析方法中的诸多模型均是基于一定的供给条件,这些条件在一定程度上影响到运输个体的通行效率和出行方式的选择,进而影响到不同区域各交通方式的可达性。城市交通规划主要确定了不同交通设施的布局,在各种交通基础设施中道路网络容量的确定方法相对复杂。本节介绍的供给分析方法主要针对道路网络容量的测算。

　　城市道路网容量通常有广义和狭义两种定义[8]。广义的道路网容量是指一定的道路、交通条件下,单位时间内路网所能服务的最大车辆数。狭义的道路网容量仅仅是指单位时间内能够通过路网某些关键断面的最大车辆数。广义道路网的测算结果通常能够辅助城市机动车保有量、交通出行结构等变量的预测。狭义道路网容量的计算结果能够辅助规划者识别道路网中的瓶颈断面。两种路网容量均有其对应的分析方法,时空消耗法、线性规划法等可用来计算广义的道路网容量;割集法、交通分配模拟法等通常用来计算狭义的道路网容量。本节主要介绍广义道路网容量的计算方法。

　　(1) 时空消耗法

　　城市道路设施中的资源在一定时期内是相对稳定的。交通流中的任何一个交通个体都会占用道路设施一定的时间和空间,而其他交通个体只能使用除此之外的时空资源,因此法国工程师从道路设施的时空资源角度提出了城市资源的时空消耗概念。该概念下的路网容量是指城市路网这个具有时空属性的容器内可以服务的交通个体数量。城市道路设施的总供给量可以由式(3-24)表示。

$$C = A \cdot T \tag{3-24}$$

式中：A——城市道路设施有效面积(m^2)；

　　　T——城市道路的有效运营时间(h)。

　　城市道路设施有效面积的计算通常需要考虑道路等级、横断面型式等因素,高峰时段城市道路的有效运营时间主要考虑交叉口的影响。上述各因素在城市交通规划中均可通过一系列的折减系数予以表示。

　　不同交通方式的平均道路时空消耗不等,路网总容量和平均道路时空消耗通常按各种交通方式分别计算。具体如式(3-25)所示。

$$C_{i容} = \frac{C_i}{C_{i人}} = \frac{A_i \cdot T_i}{L_i \cdot a_i / V_i} \tag{3-25}$$

式中：$C_{i容}$——第 i 种交通方式对应的道路设施所能容纳的最大交通量(人)；

　　　C_i——第 i 种交通方式对应的道路设施的总供给量($\text{km}^2 \cdot \text{h}$)；

　　　$C_{i人}$——第 i 种交通方式中人均道路时空消耗(($\text{km}^2 \cdot \text{h}$)/人)；

　　　L_i——第 i 种交通方式中人均出行距离(km)；

　　　V_i——第 i 种交通方式的平均速度(km/h)；

　　　a_i——第 i 种交通方式中人均占用道路面积(km^2)。

　　时空消耗法没有考虑到交通需求分布的不均衡性及其对人均道路时空消耗的影响,但是其概念明确,并且大部分变量可以通过调查和统计分析获得,常用于道路网容量的分析。

　　(2) 线性规划法

　　线性规划法是在 OD 分布需求结构确定的前提下,计算路网所能服务的最大流量。它基于的基本假设为：

　　a. 小汽车出行 OD 需求的结构已确定；

　　b. 各路段的小汽车流量均必须小于路段通行能力；

　　c. 每一小汽车驾驶者在信息完备的条件下按照出行费用最小选择路径；

　　d. 出行费用函数是一个连续且单调递增的函数；

　　线性规划法常用来计算小汽车出行量的上限,而小汽车分配的路径选择通常服从 Wardrop 第一原理,由此建立双层规划模型如式(3-26)、(3-27)、(3-28)和(3-29)所示：

　　上层模型：

$$\max X = \sum_i \sum_j X_{ij} \tag{3-26}$$

$$\text{s.t.} \quad P_{ij} = \frac{X_{ij}}{X}$$

　　下层模型：

$$\min \sum_{a \in A} \int_0^{V_a} t_a(x) \mathrm{d}x \qquad (3-27)$$

$$\text{s. t.} \quad \sum_{r \in R_{ij}} h_{kij} = X_{ij} \quad i \in I, j \in J \qquad (3-28)$$

$$V_a = \sum_i \sum_j \sum_k h_{kij} \delta_{kij}^a \qquad (3-29)$$

$$h_{kij} \geqslant 0$$

$$V_a \leqslant C_a$$

式中：X_{ij}——起讫点(i, j)之间的小汽车出行量(veh)；

P_{ij}——起讫点(i, j)之间的小汽车出行量占小汽车出行总量的比例，为定值；

h_{kij}——起讫点(i, j)间第k条路径上的小汽车流量(veh)；

V_a——路段a上的流量(veh)；

$t_a(x)$——以流量为自变量的费用函数；

δ_{kij}^a——起讫点(i, j)间第k条路径经过路段a的判断变量，经过为1，否则为0。

将上述模型的求解结果X_{ij}用小汽车平均承载量换算成出行人次后求和，与规划年城市出行总人次的比值即为出行结构中小汽车出行比例的上限。该上限值的获取不仅有助于交通规划者对城市交通发展战略的选择以及目标年城市交通出行结构的确定，还将对城市小汽车保有量的预测分析产生一定的影响。

3.3.3 系统评价方法

系统评价的目的是确定不同交通规划方案所达到的效益和所需花费的成本，并将这种信息以综合的方式传达给决策者。运用各种城市交通需求分析方法和供给分析方法可以得到交通规划所需的指标，交通规划的目标则决定了这些指标的选取和指标权重的确定，进而决定了不同规划方案的排序。本节主要介绍以下几种系统评价方法：以运筹学为基础的层次分析法、以统计分析为基础的主成分分析法和以模糊数学为基础的模糊评判法。

1）层次分析法

层次分析法(简称 AHP)是一种定量和定性相结合的方法。它将复杂问题分解为各个组成因素，又将这些因素按支配关系分组形成递阶层次结构，通过两两比较的方式确定层次中诸因素的相对重要性，然后综合决策者的判断，确定决策方案相对重要性的总排序。层次分析法的基本步骤是：

① 首先，根据所研究的问题提炼相关因素，分析系统中各因素之间的关系建立相应的层次结构模型。一般建立的层次结构模型分为最高层、中间层和最低层。把研究问题的目标称作最高层；实现问题的中间步骤称作中间层；要选择的方案和措施等称作最低层。

② 根据专家打分的形式构造出判断矩阵。针对上一层中的某因素，专家们对本层中各因素之间的相对重要性给出判断，并把这些判断通过合适的标度用数值表示出来，写

成矩阵的形式。

$$A = \begin{bmatrix} a_{11} & a_{11} & \cdots & a_{1n} \\ a_{21} & a_{22} & \cdots & a_{2n} \\ \vdots & \vdots & \vdots & \vdots \\ a_{n1} & a_{n2} & \cdots & a_{nn} \end{bmatrix}$$

AHP 法采用的是 1~9 的标度,具体如表 3-8 所示。

表 3-8　标度的含义

标　度	含　义
1	表示两元素相比,具有同样重要性
3	表示两元素相比,前者比后者稍微重要
5	表示两元素相比,前者比后者明显重要
7	表示两元素相比,前者比后者强烈重要
9	表示两元素相比,前者比后者极端重要
2、4、6、8	表示上述相邻判断的中间值
倒数	若元素 i 与元素 j 的重要性之比为 a_{ij},那么元素 j 与元素 i 的重要性之比为 $a_{ji} = 1/a_{ij}$

③ 层次单排序及其一致性检验。解出所构造的判断矩阵的近似特征向量 W,其中每个元素 W_i 可由式(3-30)求得。

$$w_i = \prod_{j=1}^{n} a_{ij} \quad W_i = \sqrt[n]{w_i} \tag{3-30}$$

将 W_i 进行归一化处理后,即为同一层次对应元素相对于上一层某一因素的相对重要性的排序权值,排序向量 E 中的各元素可由式(3-31)得到。

$$e_i = \frac{W_i}{\sum_{j=1}^{n} W_j} \tag{3-31}$$

由于判断矩阵是由专家打分给出的,具有主观性,因此必须进行一致性检验,判断矩阵是否具备完全一致性。衡量矩阵 A 不一致程度的指标 CI 可由式(3-32)计算得到。

$$CI = \frac{\lambda_{\max}(A) - n}{n - 1} \tag{3-32}$$

式中:$\lambda_{\max}(A)$ 为矩阵 A 的最大特征根。

由于判断矩阵的阶数越大,其一致性就越差。当判断矩阵 A 的阶数大于 2 时,可采用式 $CR = CI/RI$ 进行检验;其中 RI 为平均随机一致性指标,其参考值如表 3-9 所示。

表 3-9　平均随机一致性指标 RI 的值

n	1	2	3	4	5	6	7	8	9
RI	0	0	0.58	0.90	1.12	1.24	1.32	1.41	1.45

当 $CR<0.11$ 时，认为判断矩阵的一致性是可以接受的，即排序向量 E 可以作为权向量。

④ 层次总排序及其一致性检验。计算同一层次所有元素对于最高层（总目标）相对重要性的排序权值，并对总排序进行一致性检验。

⑤ 根据总排序的累积权重系数得出结论。

2）模糊评判法

应用模糊关系合成的原理，从多个因素对被判断事物的隶属等级状况进行综合评判的一种方法。

（1）建立模糊集合

评价对象集：$X = \{X_1, X_2, \cdots, X_k\}$，是需进行评价的项目方案集合。

评价因素集：$U = \{U_1, U_2, \cdots, U_n\}$，是所需考虑的评价因素。

评价等级集：$V = \{V_1, V_2, \cdots, V_m\}$，如优、良、一般、差、很差等的集合。

评价权重集：$A = \{a_1, a_2, \cdots, a_n\}$，所有评价因素的各自权重系数的集合。

（2）建立模糊关系矩阵

进行单因素评判，建立模糊关系矩阵 $R = \{r_{ij} \mid i = 1, \cdots, n; j = 1, \cdots, m\}$。其中与方案 j 相对应的因素指标值向量为 $r_i = (r_{1j}, r_{2j}, \cdots, r_{nj})$。$r_{ij}$ 称为 U 中 u_i 对应 V 中等级 v_j 的隶属关系，即从因素 u_i 着眼，被评价对象能被评为 v_j 等级的隶属关系。因而 r_i 是第 i 个因素 u_i 对该事物的单因素评价，它构成了模糊综合评判的基础。将这 m 个列向量依据某种综合评判方法相互比较，以确定最优。

为建立评判矩阵 R，通常在方案集合 V 外人为地引入两个虚拟方案 V_0 和 V_{m+1}，并设它们的指标取值为 U_0 和 U_{m+1}，其隶属度分别为 $r_{i,0} = 0$，$r_{i,m+1} = 1$。

对于因素 u_i，在其上取值越大越好，当取值大于或等于 $u_{i,m+1}$ 时都是理想的，当取值小于或等于 $u_{i,0}$ 都是很差的，见式（3-33）。

$$r_{ij} = \frac{u_{ij} - u_i}{u_{i,m+1} - u_{i,0}}, \quad u_{i,0} \leqslant u_{ij} \leqslant u_{i,m+1} \tag{3-33}$$

（3）确定评判因素的权重向量 A

可利用层次分析法得到。

（4）选择合成算子，见式（3-34）：

$$b_j = \mu \sum_{i=1}^{n} a_i \cdot r_{ij}, \ (j = 1, 2, \cdots, m) \tag{3-34}$$

（5）对模糊综合评判结果 B 进行分析和处理

一般的，将 B 与评价向量 V 的倒置向量相乘，即 $W = B \cdot V^T$，其结果 W 就是方案的评价结果。

3）主成分分析法

在多指标（变量）研究中，往往由于变量个数太多、变量之间关系复杂而增加了分析难度。此时人们自然希望用较少的变量代替原来较多的变量，而且这些较少的变量应尽可能地反映原来变量的信息。主成分分析就是基于这种降维思想的、把多个指标转化为少数几个综合指标的统计分析方法。

设有 N 个样品，每个样品有 P 个指标 x_1、x_2、$\cdots$、x_p，经过主成分分析，将它们综合成 P 个综合变量，见式(3-35)：

$$
\begin{cases}
y_1 = c_{11}x_1 + c_{12}x_2 + \cdots + c_{1p}x_p \\
y_2 = c_{21}x_1 + c_{22}x_2 + \cdots + c_{2p}x_p \\
\qquad\qquad\qquad\vdots \\
y_p = c_{p1}x_1 + c_{p2}x_2 + \cdots + c_{pp}x_p
\end{cases}
\tag{3-35}
$$

并且满足式(3-36)：

$$
c_{k1}^2 + c_{k2}^2 + \cdots + c_{kp}^2 = 1 \quad (k = 1, 2, \cdots, p)
\tag{3-36}
$$

其中 (C_{ij}) 由下列原则决定：

(1) y_i 与 y_j $(i \neq j; i, j = 1, 2, \cdots, p)$ 相互独立；

(2) y_j 是 x_1、x_2、$\cdots$、x_p 的满足 $Y = X\beta + \varepsilon$ 的一切线性组合中方差最大的变量；y_2 是与 y_1 不相关的 x_1、x_2、$\cdots$、x_p 的所有线性组合中方差次大的变量；y_p 是与 y_1、$y_2 \cdots y_{p-1}$ 都不相关的 x_1、x_2、$\cdots$、x_p 的所有线性组合中方差最小的变量。

这样决定的综合指标 y_1、$y_2 \cdots y_p$ 分别称为原变量的第一、第二、$\cdots$、第 p 个主分量，它们的方差依次递减。由于 y_1 的方差最大，故它最大程度的综合了原有指标的信息。

主成分分析的计算过程如下：

(1) 指标标准化

用 z_{ki} 代替 x_{ki}，替代为式(3-37)：

$$
z_{ki} = \frac{x_{ki} - \overline{x}_k}{s_k} \quad (i = 1, 2, \cdots, n; k = 1, 2, \cdots, p)
\tag{3-37}
$$

式中：$\overline{x}_k = \dfrac{1}{n} \sum\limits_{i=1}^{n} x_{ki}$；

$s_k^2 = \dfrac{1}{n} \sum\limits_{i=1}^{n} (x_{ki} - \overline{x}_k)^2$。

(2) 计算相关矩阵如式(3-38)：

$$
Z = \begin{bmatrix}
z_{11} & z_{12} & \cdots & z_{1n} \\
z_{21} & z_{22} & \cdots & z_{2n} \\
 & & \vdots & \\
z_{p1} & z_{p2} & \cdots & z_{pn}
\end{bmatrix}
\tag{3-38}
$$

则相关矩阵 $R = Z \cdot Z^T / n$。有些参考文献将 R 直接赋值为原始矩阵 X 的协方差阵。

(3) 求 R 的特征值和特征向量

无论是相关阵还是协方差阵，R 至少都是非负定的，其特征值是非负的。设 $\lambda_1 \geqslant \lambda_2 \geqslant \cdots \geqslant \lambda_q > 0$ 是 R 的非零特征值，a_1, a_2, $\cdots$, a_q 是对应的特征向量。由于若 $\lambda_i \neq \lambda_j$，一定就有 $a_i^T a_j = 0$；若 $\lambda_i = \lambda_j$，也可选 a_i、a_j 使 $a_i^T a_j = 0$，因此可以认为 a_1, a_2, $\cdots$, a_q 是

两两相交的。

（4）确定主成分及其对应向量

λ_1、λ_2、$\cdots$、λ_q 所对应的特征向量即为 $Y = X\beta + \varepsilon$ 中的系数向量，求得的 y_1、y_2、$\cdots$、y_q 即为第一、第二、$\cdots\cdots$、第 q 个主成分。

（5）贡献率及代表性评价

主成分 y_k 贡献率为 $\dfrac{\lambda_k}{\sum\limits_{i=1}^{p}\lambda_i}$，主成分 y_1、y_2、$\cdots$、y_k 的累计贡献率为 $\dfrac{\sum\limits_{i=1}^{k}\lambda_i}{\sum\limits_{i=1}^{p}\lambda_i}$，一般累计贡献率达到 80% 就认为对原变量有比较好的代表性。

上述三种方法中，层次分析法通过指标间的两两比较能够较准确地确定指标的权重，模糊评判法考虑了客观事物内部关系的错综复杂性和价值系统的模糊性，主成分分析法能有效简化指标集。在交通规划系统评价中常常综合运用上述方法进行方案的排序和筛选。例如，当评价指标集较多时，一方面可以将层次分析法与模糊综合评判法相结合得到评价指标的综合权重，另一方面可以利用主成分分析法得到几组最能反映目标的综合指标，再利用模糊综合评判法得到方案评价值。

此外，交通规划需求分析是以规划年城市空间格局、用地布局、人口分布、就业岗位数、产业分布、小汽车拥有量等分析为前提条件。这些前提条件本身通常具有一定的不确定性。在进行系统方案评价时，有必要考虑部分主要的前提条件在未来可能发生的各种情况，分析不同情况下各系统方案所产生的效益和费用，并按照不同的准则对方案进行综合评价。

3.4 交通分析软件

由于城市交通分析涉及的数据十分庞大，因此在实践应用中需要一系列的软件工具予以辅助。目前，与城市交通规划相关的常用软件包括数据库软件，地理信息系统软件和交通规划软件三种类型。

3.4.1 数据库软件

数据库软件在交通规划需求预测中主要用来对不同年份、不同类别的数据进行存储和统计分析，其适用的存储分析对象主要是社会经济类数据、OD 需求调查数据以及部分统计资料中的数据。在整合上述数据的基础上，利用数据库软件自带的回归分析、趋势外推等统计分析功能或将数据导入 SPSS、SAS 等统计分析专业软件中，对交通特性及其变化趋势进行分析判断，为预测打下基础。

常用的数据库软件有 Access，execl，Sql server 等，其中 Access 不需要进行过多复杂的编程，利用所提供的向导和一些图形化的界面和工具就能够完成小型数据库管理系统的设计与实现，因此更多用于居民出行调查数据、公交"小票法"OD 调查数据等的录入和存储。

存储备份的数据需要按类别进行统计分析或作进一步的集计处理。当上述处理过程

相对繁琐时,可利用数据库软件中的宏功能。宏的作用可以概括为以下两点:

(1) 将程序化的操作步骤录制成宏,有利于快速简便地完成软件自带的功能,提高数据库软件操作的效率;

(2) 面向数据处理分析的具体要求,在宏窗口中编写代码,扩展数据库原有的功能,或者自动完成部分重复性较强的工作,形成固定的数据处理分析模块。

例如,用 Access 编写的宏不仅可以统计平均出行次数等单一值,还可以对出行距离、出行目的、出行方式等各类属性值进行交叉统计分析,方便地实现居民出行特性的统计分析。

软件 Excel 中的链接、函数以及宏功能等也能够非常方便地实现数据的存储和处理等操作。尽管同属于 office 系列软件,Excel 与 Access 的主要区别主要体现在以下几点:

(1) Access 主要用于管理数据,Excel 主要用于处理和分析数据;

(2) Access 中通过设计窗体,并且建立窗体与表之间的联系,更加便于数据的录入;

(3) Access 中的宏偏重于实现程序化的操作,Excel 中的宏更多地用于数据的处理。

因此,在交通规划需求数据分析的过程中,有必要充分发挥不同数据库软件的优势,提高数据存储分析的效率。

3.4.2　地理信息系统软件

国外诸多发达国家先后建立了许多不同专题、不同规模、不同类型的各具特色的地理信息系统用以管理城市的交通规划资料并加以应用。GIS 应用技术在我国的应用起步较晚。从 80 年代开始,国内开始使用国外成熟的 GIS 软件(如 MapInfo 公司的 MapInfo, ERSI 公司的 Arch/Info)来管理城市交通规划资料。同时,国内也开始开发自己的 GIS 软件,如 MAP/GIS, Geostar 和 CITYSTAR 等。

地理信息系统软件在城市交通规划中主要用来对社会经济信息、交通信息等在空间的分布情况进行存储、管理、分析和处理。它可以提取城市土地利用规划方案中的用地分布信息、现状社会经济资料中的人口和就业岗位分布信息等,根据需要创建专题地图,给交通需求分析人员以直观的认识。同时,道路网、公交线网等信息也可以在 GIS 软件中表示,这样不仅便于网络信息能够随着城市的发展得到及时的更新,而且能够和交通规划软件中交通分布、方式划分、交通分配等功能互相传递信息,进行优势互补。目前,尽管很多交通规划软件均集成了地理信息系统的功能,但与专业的地理信息系统软件相比,在数据存储和修改的便利性、网络拓扑结构的表达等方面存在一定的差距,因此交通规划软件基本都具有与地理信息系统软件接口的功能。

由于国内的城市交通规划资料主要依靠 Autocad 等软件进行管理,在将这些原始资料导入地理信息系统软件后常常会出现一些数据问题,例如线网拓扑结构错误,线网数据的冗余节点较多等,这些问题的存在将对城市交通需求预测分析造成较大的影响,因此有必要借助 GIS 软件的二次开发工具对上述问题进行统一的处理。目前,GIS 开发存在独立开发、单纯二次开发和集成二次开发等多种形式。由于独立开发难度太大,单纯二次开发受 GIS 工具提供的编程语言的限制较多,因此结合 GIS 工具软件与当今视觉化开发语言的集成二次开发方式就成为 GIS 应用开发的主流。集成二次开发的优点是,既可以充分利用 ArcView、MapInfo 等 GIS 工具软件对空间数据库的管理、分析功能,又可以利用

Delphi、Visual C++、Visual Basic 等视觉化开发语言具有的高效、方便等编程优点,不仅能大大提高应用系统的开发效率,而且使用可视化软件开发工具开发出来的应用程序具有更好的外观效果,更强大的数据库功能。许多软件公司都开发了很多 ActiveX 控件,如 ESRI 的 MapObjects、MapInfo 公司的 MapX 等。合理选择和运用现成的控件,使开发者避免某些应用的具体编程,从而减少了开发者的编程工作量,缩短程序开发周期,使编程过程更简洁,用户接口更友好。因此,集成的控件式二次开发是相对理想的开发方式[9]。

以道路网的打断为例。交通规划者所持有的 dwg 或者 dxf 格式的地图中,道路大都以多段线形式存在,其中可能出现相交多段线在交点处没有断开的情况,由此将影响车流在交叉口转向功能的实现。如果上述情况在路网中出现较多,那么重新绘制一遍路网的工作量将是巨大的,而利用集成控件二次开发技术可以方便地实现道路图元在交叉口处的断开。利用 MapX 的相交判断、交点获取以及擦除函数,在相交道路交点处添加 point,实现将路网打断,程序流程如图 3-10 所示。

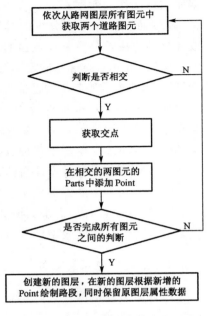

图 3-10　打断路网流程图

3.4.3　交通规划分析软件

目前,国内使用最多的交通规划分析软件包括 Transcad、Emme、Visum、Cube 四种。

1) TRANSCAD

Transcad 是由美国 Caliper 公司开发的第一个完全基于 GIS 的交通规划软件,其最为显著的特点与优势便是与各种 GIS 软件直接衔接。在路网表现能力方面,Transcad 通过添加字段的方式来对节点路段的属性进行编辑,并由惩罚函数的设置实现节点转弯等微观信息的编辑;需求数据编辑方面,Transcad 的编辑界面比较友好,可直接从 Excel 中复制粘贴,使用较为方便;四阶段功能模块方面,Transcad 为用户提供了快速反应模型、三维平衡模型、多项式 Logit 模型、基于用户自定义阻抗函数的分配模型等专用功能模块。此外,Transcad 还可以直接打开 EMME、MINU TP、TP +、TranPLAN 等交通规划软件的文件,实现数据共享与转换。但在建模系统性方面,Transcad 采用对话框的形式,层次结构较不清晰。

2) VISUM

Visum 在路网表现能力方面,采用预设属性的方式,对节点路段进行设置,其中节点属性包括交叉口控制类型,并提供不同类型的转弯惩罚函数;需求数据编辑方面,其编辑界面很友好,能直接从 Excel 文件中复制粘贴数据,修改也很方便;四阶段功能模块方面,Visum 提供了分时段的出行生成模型、出行链模型、自定义出行方式模型、用于道路收费分析的双层迭代均衡分配模型等专用模块。Visum 与常用的 Transcad、EMME、CUBE

等交通规划软件均有接口。此外 Visum 有同系列的微观仿真软件 Visim，因而可以较为方便地直接输入相应的仿真软件。但在建模系统性方面，与 Transcad 一样，Visum 在建立模型时，都是采用对话框的形式，层次不够清晰。

3）CUBE

CUBE 在路网表现能力方面，其属性固定，不能添加删除属性字段，设置节点转弯惩罚时，不提供掉头惩罚；需求数据编辑方面，CUBE 是通过相应的模块来完成编辑任务；"四阶段"功能模块方面，CUBE 开发了应用 MV2MODL 的模块，提供了标定重力模型参数的工具，采用命令语言实现各种 Logit 模型，应用 MVHWAY 模块实现交通分配等；在系统建模方面，CUBE 采用"搭积木"的方式，层次很清晰，数据管理比较系统。与 Visum 类似，CUBE 有同系列的微观仿真软件，可以直接输入相应的仿真软件，但 CUBE 与其他规划软件没有接口，无法实现数据的共享和转换。

4）EMME

EMME 最初是由加拿大 Montreal 大学开发，后由 INRO 咨询公司继承研发。在分配模型方面，EMME 独创了基于最优策略的交通分配算法；在与 GIS 软件结合方面，EMME 可直接整合使用 ESRI 的地理信息系统技术（ArcGIS）来更好的显示地理信息数据，能将地理信息系统 GIS 文件，直接转换成 EMME 模型路网文件，路网精度更接近 GIS 文件的显示图像；在路网编辑方面，EMME 能通过多边形区域选择部分节点和路段，并对其范围内的网络属性进行赋值，使路网编辑速度大大提高。此外，EMME 还提供了非常有用的宏命令，子区域（Traversal）宏命令、多模式/多种类交通分配宏命令、多种类的 OD 需求调整/估算宏命令等等，可以大大简化软件操作，提高效率。

上述流行的交通规划软件基本集成了地理信息系统的部分功能、属性数据管理及处理功能、矩阵处理功能以及包含重力模型、非集计模型、多种交通分配模型等常用模型的计算模块，能够方便地完成出行生成、出行分布、方式划分和交通分配等各环节中模型的标定、需求预测的计算和计算结果的图像化表示等工作。目前，各规划软件已参照各自已有的功能进行互补，并根据用户的要求进行不断地完善。具体改进的角度及需要实现的相应功能如表 3-10 所示。

表 3-10 交通规划软件功能改进总结表

角　度		具　体　功　能	
建模的系统性		模块层次清晰，方便模型和数据的管理和维护	
路网表现能力	节点	可添加或删除属性字段，编辑节点交叉口类型	可记录并撤销相关操作；实现拓扑错误修正的功能；方便地建立选择集
	路段	可表现曲线，可添加或删除属性字段，可通过属性粘贴等方法较为方便地改变属性	
	转弯惩罚	在节点处能对转向、掉头等进行惩罚设置，模拟交通管理组织方案	
数据存储及操作能力		采用关系数据库管理，可自动生成专题表格，数据编辑界面友好，修改方便，与 Excel 等其它数据库软件的兼容性较好	

角　度		具 体 功 能	
函数编写		提供了常用的函数形式，也允许用户自定义函数	
图形分析功能		允许添加图片、卫星图、照片、或扫描文档，提供编辑和更新路网的基础；完成流量图、期望线、等时线等多种专题地图的绘制；实现部分路径对象的分析	
"四阶段"模型	出行生成	提供快速反应模型，直接应用生成率统计数据；可标定回归模型的参数；实现发生量和吸引量的平衡	不受交通小区划分个数的限制；模型的算法效率较高
	出行分布	提供重力模型参数标定的工具，方便地运用重力模型	
	方式划分	实现 MNL、NL 模型参数的标定；提供函数编辑功能	
	交通分配	方便地实现机动车平衡分配和非平衡分配，实现公交分配，并方便地设置相关参数	
软件拓展应用		具备二次开发功能，与其它交通规划软件、数据库软件、地理信息系统软件以及特定的中微观交通仿真软件相兼容	

参考文献

［1］王瑞.城市居民出行调查若干问题研究［D］.长安大学硕士学位论文，2006.

［2］石飞，王炜，陆建.我国城市居民出行调查抽样率确定方法探讨与研究［J］.公路交通科技，2004（10）：109-112.

［3］冉江宇，过秀成，何小洲.基于出行链的 OD 扩样方法研究［J］.交通运输工程与信息学报，2010（2）：37-42.

［4］王炜，过秀成.交通工程学［M］.南京：东南大学出版社，2000.

［5］埃里克·J·米勒，迈克尔·D·迈耶著.城市交通规划［M］.杨孝宽，译.北京：中国建筑工业出版社，2008.

［6］刘灿齐.现代交通规划学［M］.北京：人民交通出版社，2001.

［7］过秀成.道路交通运行分析基础［M］.南京：东南大学出版社，2010.

［8］陈春妹，任福田，荣建.路网容量研究综述［J］.公路交通科技，2002（3）：97-101.

［9］成礼平.GIS 技术在城市交通分配中的应用研究［D］.东南大学硕士学位论文，2004.

第4章　城市交通系统功能组织

在城市化和机动化迅速发展的过程中,出行需求呈多元化发展,交通需求显著提高,交通设施规模逐步扩大,相互间关联性也在逐步增强,城市交通功能组织是保障各交通子系统融入系统整体,发挥整体规模效应,实现为不同出行均提供高效、便捷和舒适交通服务的关键环节。

4.1　交通系统功能分类

城市规划和交通规划的研究对象都是城市中各种社会经济活动,城市规划侧重规划社会经济活动在空间上的布局,影响交通出行总量和出行分布,交通规划重点规划城市活动的组织,影响交通出行方式和路径选择。城市规划和交通规划可归结为对同一研究对象的不同方面的研究。城市空间布局和土地利用是交通建设的立足之源,是决定交通规划方案的根本,城市活动是按照交通系统的机动性和可达性分布来组织的,交通系统的任何改善都会影响到交通机动性和可达性,并通过城市活动的影响传递到城市空间和土地利用布局上,也即城市空间、土地利用布局的依据也是交通机动性和可达性的分布[1]。

城市化进程加速使城市活动特征发生显著变化,重要特征是出行距离的离散性迅速增加,形成了围绕家、工作单位、购物中心等各种大型集散点的活动中心。活动中心间长距离的活动对交通系统的要求主要体现在机动性上,而绕活动中心小范围的活动对交通系统的要求则主要表现在可达性上,这对交通功能组织提出了机动性和可达性分离的要求。城市交通功能组织需要分层次进行,一方面是以机动性为核心的骨干运输系统,主要包括城市快速路系统、主干路系统、轨道交通系统、BRT 系统以及常规公交干线系统,适应城市扩张以及远距离出行需求;另一方面是以片区为单元的集散交通组织,服务于地块出行和向运输系统输送客流,主要包括次干路和支路系统以及常规公共交通次干线和支线系统。在客流运输从集散系统向运输系统转换以及运输系统内部转换的过程中,衔接系统实现中转功能,主要包括不同层级的公交枢纽和重要的道路节点。交通系统分类与功能定位如表 4-1 所示。

表 4-1　交通系统分类与功能定位

研究对象	交通功能	交通基础设施
运输系统	高机动性、低沿线用地服务功能	快速路、主干路、轨道交通、BRT、常规公交干线
集散系统	低机动性、高沿线用地服务功能	次干路、支路、常规公共交通次干线和支线
衔接系统	运输系统中转、运输系统与集散系统中转	重要道路节点、公交枢纽(包括对外交通枢纽)

城市交通功能组织应重点关注三方面内容,考虑城市空间形态和整体需求格局的城市交通走廊分布,明确包括高快速路系统、轨道交通、BRT以及公交干线等城市运输系统或运输走廊布局;面向片区用地功能服务需求的集散交通设施配置,重点研究城市交通分区方案和分区内部交通基础设施配置策略;运输系统与集散系统间的衔接系统配置,重点研究交通方式、交通设施以及交通管理等方面实现交通系统一体化和交通系统功能优化方法。

4.2 城市交通系统功能组织目标设计

交通系统功能组织核心目标是优化交通功能,在交通系统资源集约配置要求的前提下,提升交通基础设施的利用效率和服务质量。对于不同类型的交通基础设施,交通功能组织目标应有所差异,运输系统应强调服务水平,保证客流运输效率和机动性,集散系统应强调其对周边地区的服务,保障足够的交通基础设施密度和可达性,衔接系统应强调中转效率与便捷性。为此,可制定交通系统功能组织总体目标和控制指标如表4-2所示。

表 4-2 城市交通系统功能组织目标与控制指标

对　象	控　制　指　标	
	服 务 状 态	规 划 响 应
运输系统	不同出行方式平均出行时间和旅行速度、骨架路网饱和度	快速路与主干路路网容量、大中运量公共交通或公交干线运能,运输系统线位与城市发展轴线的拟合程度,公共交通路权是否充足
集散系统	步行到站时间,候车时间,片区集散系统容量与土地利用类型和开发强度的匹配性	公共交通路权是否充足,慢行交通路权是否充足,特定片区对外联系通道数量,片区集散道路网和公共交通线网密度,公交站点覆盖率
衔接系统	片区居民不同交通方式出行进入运输系统时间,换乘时间	公共交通出行步行距离、"B+R"和"P+R"配置合理性,大型对外枢纽对外集疏运设施配置

4.3 城市交通走廊布局规划

4.3.1 公交客流走廊规划

公交客流走廊布局规划要考虑两方面的因素,城市活动的空间组织主要分析与城市空间契合的各种大中运量公共交通系统的走向,保障运输系统与城市空间形态的契合,主要考虑城市中心与重要组团或功能区之间的联系以及活动中心与既有或已规划重要交通枢纽的衔接,研究方法以定性分析为主,具体在第二章中已经论述;根据城市活动联系期望强度进行走廊布局规划,一般称为公交走廊判定方法,以定量分析为主,定性分析为辅。公交走廊规划是上述两因素的结合,本节主要介绍公交走廊规划的定量判定方法。

常用的公交走廊判定方法包括最短路法和蜘蛛网法两种。最短路法将公交OD通过最短路分配至城市主要道路上,进一步的合并处理后,通过定性分析得到公交客运走廊以及走廊识别定量结果。蜘蛛网分配将相邻的交通小区的形心点相互连接,就形成了"蜘蛛网",将公交 OD 分配至蜘蛛网上,得到公交客运走廊以及定量结果。上述两种方法的优势在于简单易行,适用于客流走廊的初步分析,但可能存在局部走廊方向与客流方向不吻合等问题,下文重点介绍两步动态聚类方法,认为公交客流走廊形成表现为不同方向的公交 OD 由于走廊的出行优势而向走廊方向汇聚,利用动态聚类来描述不同 OD 对走廊的隶属情况。核心内容为公交走廊方向判定和支撑道路识别两个阶段[2]。

1)初始聚类中心的选择

通过初始聚类中心选择,初步确定走廊方向,作为公交 OD 分类依据。分析公交客流走廊方向时可在交通中区分布层面,选择 2~8 对 OD 主流向作为初始走廊,即初始聚类中心。考虑城市规模差异,一般划分为 10~20 个交通中区,即存在 45~200 对 OD 分布。公交客流走廊方向判定时,若将 OD 全体作为研究对象,次要 OD 分布方向会对公交客流走廊方向产生干扰,将相对较大的 OD 作为初始聚类中心,选择主要的 OD 方向,对于分布量较少的 OD 可暂不考虑。一般选择 60% 客流量较多 OD 作为聚类分析研究对象。

2)聚类参数的选择

公交 OD 是平面坐标系中的双方向向量,坐标空间中的线段,需要 4 项参数才能确定线段位置,一般选择起始点坐标、斜率、截距等参数。以两端点坐标作为聚类指标,可以明确 OD 在平面空间的位置关系,但起终点难以对应,导致聚类无法实现;以 OD 的斜率和截距为聚类指标,则将 OD 视为空间直线,可以克服起终点对应问题,但对 OD 空间位置描述与实际有较大出入。可运用坐标法和解析式法,选择 OD 中点坐标和与 x 轴正向的夹角作为聚类指标,即聚类指标为三维向量 $[x, y, a]$,通过中点坐标的位置关系可以描述 OD 空间相对距离,通过 x 正向夹角可以描述 OD 方向性"相似"程度。客流走廊和待分类 OD 空间位置描述参数如图 4-1 所示。由于坐标和角度在单位上具有较大的差异,在聚类之前需要分别对指标离差标准化,将所有指标转换为 0~1 间的数值,从而便于衡量不同指标"距离"差异。

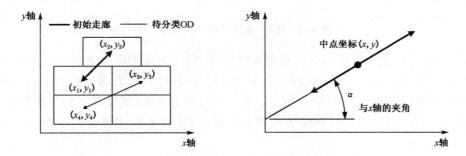

图 4-1　客流走廊和待分类 OD 空间位置描述参数

依次计算每个 OD 到所有初始中心点的距离,并按照距离初始中心点距离最短原则将所有样本分类。聚类距离选择欧式距离,则公交客流走廊和待判别 OD 距离如公式(4-1)所示。

$$E(Z_{x,y,a}, M_{x',y',a'}) = \text{sqrt}[(x-x')^2 + (y-y')^2 + (a-a')^2] \qquad (4-1)$$

式中：E——欧式距离符号；

$Z_{x,y,a}$——公交客流走廊空间位置；

$M_{x',y',a'}$——待判定 OD 空间位置；

x,y,a——离差标准化后的公交客流走廊的中点坐标和与 x 轴正方向的夹角；

x',y',a'——待判别 OD 离差标准化后的中点坐标和与 x 轴正方向的夹角。

3）公交 OD 聚类与走廊方向判定

公交 OD 方向与公交客流走廊方向合并是在明确各 OD 所隶属类别之后，将比初始走廊更为合理的走廊方向作为新的聚类中心，参与下一阶段的迭代。在合并过程中需解决两个关键问题：合并后新走廊客流量和方向。由于出行选择的随机性，公交 OD 与走廊主要有图 4-2 所示的七种相对位置关系，需要分别讨论走廊被利用的部分以及被利用部分承担的流量。

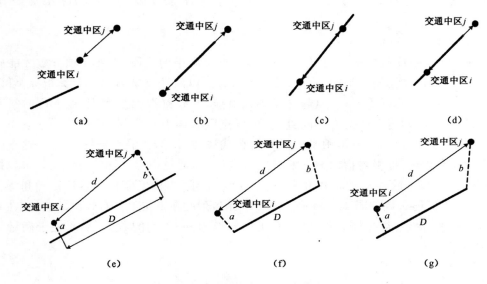

图 4-2 OD 与走廊七种不同位置关系

若 OD 在走廊上的投影完全落在走廊的外部，则认为此 OD 不会利用走廊出行，如图（a）中所示。若 OD 完全包含走廊时，则认为 OD 全部利用该走廊出行，OD 分布量为此 OD 利用走廊的出行量，如图（b）中所示。若 OD 与走廊共线，但没有完全包含走廊，则 OD 全部利用该走廊出行，并且只利用共线部分的走廊，走廊被利用部分流量为 OD 分布量，如图（c）和（d）所示。

若 OD 与走廊不共线，但 OD 投影全部落在走廊内部，则 OD 出行要利用走廊，不必通过全部走廊，可以利用部分走廊，这部分走廊是 OD 在走廊方向的投影，如图（e）所示。若 OD 投影全部落在走廊外部，此时 OD 出行若要利用走廊，需要通过全部走廊，如图（f）所示。若 OD 投影一端在走廊内部，另一端在走廊外部，相当于图（e）和（f）的混合，如图（g）所示。图（e）、（f）和（g）中利用走廊出行和不利用走廊出行的出行时间可利用公式（4-2）计算。

$$\begin{cases} t_k = a_k/v_1 + b_k/v_1 + D_k/v_2 \\ t_{OD} = d/v_1 \end{cases} \tag{4-2}$$

式中：t_k——利用走廊 k 出行时间（h）；

t_{OD}——不利用走廊出行时间（h）；

D_k——走廊 k 利用长度（km）；

a——O 到达走廊的距离（km）；

b——D 到达走廊的距离（km）；

v_1——非走廊出行的平均速度，一般可取值为 15～20 km/h；

v_2——走廊出行速度，结合走廊的公交运输方式，一般取值为 25～40 km/h。

由于出行路径选择的随机性，运用 Logit 模型来计算 OD 利用交通走廊来完成的出行量，则利用走廊 k 出行的流量和不利用走廊出行的流量可运用公式（4-3）来计算。

$$\begin{cases} C_{ijk} = C_{ij} \cdot \dfrac{e^{-t_k}}{e^{-t_1} + e^{-t_2} + \cdots + e^{-t_k} + \cdots + e^{-t_m} + e^{-t_{OD}}} \\ C_{ij\,OD} = C_{ij} \cdot \dfrac{e^{-t_{OD}}}{e^{-t_1} + e^{-t_2} + \cdots + e^{-t_k} + \cdots + e^{-t_m} + e^{-t_{OD}}} \end{cases} \tag{4-3}$$

式中：C_{ij}——OD 分布流量（人次）；

C_{ijk}——利用走廊 k 出行流量（人次）；

$C_{ij\,OD}$——不利用走廊出行流量（人次）；

m——走廊数量。

由于不同 OD 在走廊的投影位置不同，可能出现同一走廊上交通流量不均匀的情况，可用不同位置流量的加权平均值来代替走廊流量。假设第 i 段走廊流量为 C^i，长度为 d^i，则走廊的平均流量可以用 $C = \dfrac{d^1 \cdot C^1 + d^2 \cdot C^2 + d^3 \cdot C^3}{d^1 + d^2 + d^3}$ 来计算。

OD 方向合并中，为了保证交通走廊与客流主流向相符，将隶属于同一类别的 OD 与走廊合并，根据聚类分析的结果，从距离走廊方向相对近的 OD 开始合并。在确定走廊方向的时候，可能出现两种情况，一种是 OD 与走廊相交，一种是 OD 位于走廊两侧。OD 与走廊相对位置关系及合并示意如图 4-3 所示。

—— 新走廊方向　　　—— 原走廊方向　　　----- 交通分布方向

图 4-3　OD 与走廊的相对位置关系及合并示意

通过计算走廊坐标判定新走廊方向，以走廊和非走廊出行分布流量作为加权因子，通过对 OD 和原走廊端点坐标加权平均，计算新走廊端点坐标，如公式（4-4）所示。

$$\begin{cases} X = \dfrac{x_1 C + x_3 C_2}{C + C_2} \\ Y = \dfrac{y_1 C + y_3 C_2}{C + C_2} \end{cases} \text{和} \quad \begin{cases} X' = \dfrac{x_2 C + x_4 C_2}{C + C_2} \\ Y' = \dfrac{y_2 C + y_4 C_2}{C + C_2} \end{cases} \tag{4-4}$$

式中：x_1，y_1——原走廊方向起点坐标；

　　　x_2，y_2——原走廊方向终点坐标；

　　　x_3，y_3——OD 起点坐标；

　　　x_4，y_4——OD 终点坐标；

　　　X，Y——新走廊起点坐标；

　　　X'，Y'——新走廊终点坐标；

　　　C——走廊方向流量（人次）；

　　　C_2——OD 不利用走廊出行流量（人次）。

根据起终点的坐标可以得出新聚类中心如公式(4-5)所示。

$$\begin{cases} x = \dfrac{X + X'}{2} \\ y = \dfrac{Y + Y'}{2} \\ a = \arctan \left| \dfrac{Y' - Y}{X' - X} \right| \end{cases} \quad (4\text{-}5)$$

在聚类过程中，并不是一次聚类即能得到合理分类结果，往往需要多次迭代，当前后两次迭代聚类中心差异足够小时，得到合理的聚类中心。公交客流走廊方向判定以前后两次走廊方向差异作为收敛标准，由于城市客流特征的多样性和路径选择的复杂性，收敛标准往往难以确定，甚至可能出现不收敛的情况。参照交通分配收敛标准的确定方法，以迭代次数作为走廊方向判定的收敛标准。公交走廊方向判定只是为下一阶段走廊支撑道路识别明确方向，不要求过高的精度，迭代次数在 2～3 次即可。

4）公交客流走廊支撑道路的识别

公交走廊支撑道路识别主要利用交通分配模型，考虑走廊对出行路径选择的影响，体现走廊的"聚集效应"，需要进行两次交通分配。在第一次交通分配之后，调整走廊支撑道路的交通分配参数，重新将交通小区公交 OD 分配到路网上。走廊支撑道路阻抗参数的调整，主要依据走廊出行速度和非走廊出行速度的比值，将公交走廊路段阻抗参数调整为原来的 v_2 / v_1 倍，非公交走廊路段参数保持不变。根据干道网络第二次分配后的交通负荷和公交走廊的方向来判定公交走廊支撑道路。

选择初始客流走廊数量时是通过 OD 流量主观确定，与城市可能存在的客流走廊很可能不一致，导致客流再次分配的结果可能存在某些公交走廊流量不足或非公交走廊上路段流量过大两种"客流异常"问题。当出现客流异常时，需要返回第一阶段对初始走廊分类（即聚类中心的数量）加以调整。若部分公交走廊流量过低，说明第一阶段初始走廊的分类过多，即走廊过度识别，需要去除流量相对少的聚类中心；相反，若非公交走廊客流量过大，说明第一阶段初始走廊的分类过少，即部分走廊未能充分识别，需要增加流量相对较多的未作为聚类中心的交通中区 OD 作为聚类中心。

4.3.2　城市机动车走廊布局规划

机动车走廊作为城市交通的大动脉，直接影响到城市路网格局形态，其布局规划以定性分析为主,一般考虑以下 5 个方面因素:机动车走廊是城市总体布局的重要组成部分,机动车走廊的布局应与城市的空间布局与土地利用的发展方向相吻合,其基本的布局形态要求应符合上文提出的运输系统与城市空间布局的基本方法;城市交通走廊的功能与作用决定了快速路的规划要尽可能地满足机动车交通分布的要求,交通走廊选位与机动车出行期望线要吻合;机动车走廊对城市的空间结构和用地布局具有极强的阻隔性和连续性,应避免与城市客流走廊重合,机动车走廊一般规划在城市核心区的外围,从组团的边缘穿过;城市交通走廊要与区域走廊有机衔接,提高城市对外交通的集散能力,区域运输走廊在很大程度上影响城市机动车走廊对外出入口位置的选择;机动车走廊应考虑既有道路网布局基础和土地利用情况,保障机动车走廊规划在用地落实方面的可行性。

4.4　交通系统资源差异化配置

在城市空间结构调整中,用地布局呈现出功能分区特点,城市空间布局更加明确清晰。在城市开发呈现“成块成片”特点背景下,社会经济活动和出行活动向相近阶层的居住和就业区位集聚,不同分区呈现不同的活动类型,需要设计不同的交通服务体系与之对应。交通分区与交通系统资源差异化配置成为应对城市功能分区的重要方式[4]。

4.4.1　分区体系与准则

城市规划一般包括城市总体规划和控制性详细规划两个阶段,与之对应的交通体系一般分为运输系统规划和交通基础设施配置。交通分区体系同样具有相应的层次性。将交通分区体系分为交通方式分区和交通设施分区两个层次。

交通分区边界线选取时应尽可能以山脉、河流等自然分隔和铁路设施作为交通分区的边界,应满足唯一性和完整性要求。唯一性准则要求同一分区有主导的交通策略,并要求下层交通分区对应唯一的上层分区。完整性要求保障对研究空间范围的全覆盖,没有遗漏和空缺。交通分区的小区划分规模应满足“内密外疏”原则,外围片区用地功能相对单一,开发强度低,交通需求相对简明,分区可相对较粗,城市中心区用地混合程度高,开发强度高,交通需求格局复杂,交通分区应加以细化。

交通分区体系策略提出表现出纵向间层次特征。在分区精度方面表现为分级细化,交通方式分区可以相对较粗,一般按照较大范围的组团来划分。交通设施分区应与交通方式分区一致或更为细化,一般结合主导的用地性质按照片区来划分。在制定交通策略方面表现为梯次推进,上层分区为下层分区策略提出的基础,下层分区要响应上层分区策略。

4.4.2　交通方式分区

交通方式分区服务于大范围片区或组团,引导各类交通方式在不同片区充分发挥优势与效用,公平分担社会成本,主要研究不同分区的差异化交通方式发展策略、并提出预期的出行结构分布目标、机动化交通方式的可达性总体要求、重大交通基础设施的战略部署和对城市空间结构的反馈。城市总体格局以及交通需求和供给总体特征是交通政策分区的重要依据。交通方式分区具体分为慢行优先区（或公交优先区）、公交引导区以及协调发展区。

慢行优先区主要集中在旧城范围内或以慢行交通为绝对主导出行方式的区域,此类区域也可称为 POD 和 BOD 区域。此类区域特征是用地难以深度二次开发,机动车交通与慢行交通矛盾冲突大,交通设施扩容有限,是交通问题最为突出的区域。应以营造良好的慢行出行环境为首要原则,强化公共交通优先发展政策,加强大中运量公共交通设施建设,严格控制小汽车交通出行为主要发展原则。

公交引导区主要集中在近中期城市主要集中开发的商业、居住或大学城等外围新区,此类区域也可称为 TOD 区域。此类区域一般现状用地功能相对单一,配套功能不完善、交通需求量较小,有足够的交通扩容空间,应充分考虑未来城市配套功能完善,人口迁移完成后的交通需求高速增长,交通政策指引的提出应围绕 TOD 指导原则和重大交通基础设施用地弹性预留来开展。

协调引导区主要集中在城市外围工业区和高新技术产业区,以及远期开发的新城等城市外围用地,此类区域也可称为 COD 区域。此类区域一般用地功能单一,开发强度较低,慢行交通和公共交通出行需求相对较少,对个体机动化交通依赖较强,交通扩容空间充足,应以公共交通和私人交通共同引导片区发展,应以协调发挥不同交通方式优势引导片区开发为主要原则,以中低强度的公共交通优先和私家车限制为主要发展政策。

4.4.3 交通设施分区

城市空间布局呈现"分区分块"的特征,交通设施配置需要响应不同用地类型要求,为此,交通设施需要结合具体用地类型和交通需求特征进行差异化控制。交通设施分区主要面向片区开发层面,应在全面落实交通分区政策基础上,重点解决不同片区交通设施空间规模控制问题,针对不同片区分别提出交通基础设施规划交通指引。主要研究两方面内容,首先明确分区的不同方式可达性要求,对不同方向分区的联系通道、不同方向公交线路站点覆盖率以及线路等级提出要求。第二,制定片区内部道路网设施、停车设施、公共交通设施和慢行设施规模控制要求。主要为分区路网总体密度和支路网密度等控制性指标;公共交通线网密度、首末站、公交枢纽站布设;机动车和非机动车的停车设施供给规模与布局选址;慢行专用道（区）规模方面提出要求。

为保障交通设施规划与运输系统优化相衔接以及与土地利用相协调,将交通方式分区、用地类型和初步交通出行需求分析以及交通设施供应水平作为交通设施分区的重要依据。用地类型和交通需求分析为主要分区依据,设施供给水平为参考依据。交通设施分区应按照所隶属的城市区位加以细分。比如,居住区可分为城市核心区居住区和城市外围区居住区。商业区可分为慢行优先区内商业区和公交引导区范围内商业区。公交走廊同样应分为慢行优先区范围内的客流支撑型公交走廊和公交引导区内的开发引导型公交走廊。客流支撑型公交走廊带宽根据步行可达性确定,开发引导性公交走廊带宽根据对用地开发影响,一般取为 200~300 m。交通设施分区的土地和交通一般特性如表 4-3 所示。

表 4-3　不同用地类型交通资源配置要求

用地类型	用 地 特 征	交 通 特 征	交通资源配置要求
公交走廊区域	支撑型走廊沿线公建开发强度高,就业集中,以居住、商业和办公用地为主,穿越片区中心,与客运枢纽衔接	交通发生吸引集中,客流高度密集,慢行交通需求大	以轨道交通强化走廊,引导用地开发,控制停车泊位,优化步行环境
对外枢纽区域	周边用地开发强度高,土地混合程度较高,用地类型以居住、商务和商业为主	交通需求量大且复杂,换乘需求量大,慢行交通需求相对较高	采用小间距高密度路网,整合公共交通网络,控制停车泊位
商业金融用地	土地开发强度极大,建筑密集,用地混合程度较高,就业岗位集中,旧城商业区范围较大,新城范围较小	商业商务活动显著,交通吸发性极强,商业区内部出行以步行交通为主要交通方式	采用小间距高密度路网,以公交引导商业用地开发,控制停车泊位,优化步行环境
居住用地	旧城开发强度相对较高,用地混合程度较高,就业岗位较多,新城居住区开发程度中等,用地功能相对单一	旧城居住区高峰期出行高度集中,新城居住区潮汐交通较为明显,高峰出行集中	充分保障慢行交通运行环境,采用中等密度路网,注重公交场站的设施,满足停车需求
工业用地	开发强度中等,用地一般混有居住和商业功能	潮汐性交通现象,货物运输量大	路网密度可适当降低,通过高等级道路系统引导开发,增设货车停车泊位,满足停车需求
旅游资源用地	占地面积较大,闭合性较强,周边中小型商业开发较多	季节性交通较为明显,客流在景区间转换频繁	建设旅游公交枢纽,开辟旅游公交专线,提升支路网密度

4.4.4　南京交通系统资源差异化配置案例分析

以南京主城区为例,进行交通方式分区,共分为老城区、河西片区、风景区、城东片区、城南片区和城北片区 6 个交通分区,对应的交通方式分区分别为公交优先区、公交引导区、公交引导区、公交引导区、协调引导区和协调引导区,如图 4-4 左图和中图所示。交通方式发展策略如表 4-4 所示。以南京老城区为例,说明交通设施分区交通设施资源配置方法。将老城分为 6 个走廊区和 7 个片区。具体如图 4-4 右图所示,并以 2 号片区为例说明交通资源配置差异化技术标准提出方法,如表 4-5 所示。

图 4-4　南京主城区交通方式分区与老城区交通设施分区

表 4-4　南京主城区差异化交通方式发展策略

区位	城市格局与交通总体需求	交通方式总体政策	交通方式结构目标	城市空间结构反馈	可达性要求	重大基础设施
老城区	居住、商业以及各种公共设施高度混合,用地开发成熟,二次开发难度相对较大;老城内部客流交换量较大,主要包括与西部河西新城的通勤客流、玄武湖和钟山景区的旅游客流、与未来南部南京站和机场较大的商务客流、与北部南京站区域客流	充分保障慢行路权,高强度发展公共交通,高标准的小汽车控制策略	慢行、公交和小汽车三种出行方式比例为55:30:15左右	疏散老城人口,转变老城区单中心聚集特征	公共交通高可达性,小汽车交通中等可达性	加速大中运量设施建设,快速路从组团外围通过
河西分区	未来南京CBD区域,现状用地配套功能不完善,有足够的交通扩容空间;主要客流为与老城的通勤客流,应充分考虑未来城市配套功能完善、人口迁移完成后的交通需求高速增长,CBD功能完善后,吸引大量商业商务客流	加强大中运量公共交通与老城联系,适度调控小汽车交通,提高慢行交通设计标准	慢行、公交和小汽车三种出行方式比例为45:35:20左右	依托分级公交枢纽完善片区功能,吸引老城区的疏散人口	公共交通中高可达性,小汽车交通中等可达性	加强大中运量公共交通设施与老城的联系
城北分区	城北片区目前以工业用地和旅游用地为主,包括部分居住用地,开发强度相对较低;工业区货运需求量较大,幕府山景点吸引部分旅游客流,与老城区联系相对较强	公共交通与小汽车交通共同带动片区开发,满足慢行交通需求	慢行、公交和小汽车三种出行方式比例为40:30:30左右	依托高等级道路系统和分级公交枢纽引导工业向园区集中,建设向新区集中	公共交通中等可达性,小汽车交通较高可达性	加速高快速路系统的建设与扩容

表 4-5　2号片区交通设施资源配置要求

分区范围	由纬三路、中央路和中山路围合而成
用地交通特征	用地高强度开发、高度混合,包括居住用地、湖南路商业金融用地、江苏省政府等行政办公用地、医疗卫生用地以及南京大学等教育科研设计用地;开发强度高,就业岗位较集中;大院文化明显,交通需求复杂,高峰小时出行较为集中,与河西潮汐性交通显著
可达要求	东向:2条或以上对外通道 南向:2条或以上对外通道 西向:3条或以上对外通道 北向:3条或以上对外通道
规模控制	总路网密度>8 km/km² 以上,300 m公交站点总体覆盖率>80%,公交线网密度>6 km/km²,停车调控系数取0.8左右

4.5　交通方式无缝衔接

4.5.1　公交枢纽分级与功能定位

　　城市交通运输中,存在多种交通方式并存和交通可达性和机动性分层的特征,交通衔接成为整体出行环节运行效率损失最大环节。公共交通枢纽作为交通方式无缝衔接的关键环节,通过交通衔接系统将各种交通方式内部、各种交通方式之间、私人交通与公共交通、市内交通与对外交通有效衔接,发挥交通系统的整体效益。

　　面向交通功能组织的公共交通枢纽分层总体上可分为两类,一类是城市对外交通枢纽,主要解决城市内外交通的转换问题,作为重要的交通吸引点也担负着大量市内交通的换乘功能,一般包括以铁路、公路、航空等大型对外交通设施为主的综合对外交通枢纽,配套设置轨道交通车站、公交枢纽站、社会停车场库、出租车停车场等换乘设施,以及以铁路、公路等中型对外交通设施为主的一般对外公交枢纽,配套设置轨道交通车站、公交枢纽、社会车、出租车、非机动车停车场,客流集散量较小。另一类是城市公交换乘枢纽,主要服务于市内以公共交通为主体的各种客运交通方式之间的换乘。按照本章所提出的交通衔接系统包括运输系统间中转以及运输系统与集散系统间的中转,城市公交换乘枢纽也可再分为两类,一类是以运输系统中转为主要功能的轨道交通(或 BRT)公交枢纽,以轨道交通(或 BRT)为中转对象,有 2 条以上轨道线路相交或结合的客流集散点,实现轨道交通、公交车、出租车、社会车及非机动车的衔接和换乘,服务于多个片区的客流。另一类是运输系统与集散系统间衔接的换乘枢纽,主要实现轨道交通、常规公交之间的换乘衔接,服务于片区内的客流。具体如表 4-6 所示。

表 4-6　公共交通枢纽分级标准及功能定位

分类	子分类	交 通 功 能	交通设施配置
城市对外公交枢纽	综合对外交通枢纽	服务于内外交通换乘	铁路、公路、航空等综合
	一般对外交通枢纽		铁路或公路以及港口
城市公交枢纽	综合公交运输枢纽	运输系统中转设施,为多个片区服务	轨道交通、P+R、B+R、出租车站点、常规公交
	一般公交运输枢纽	集散系统与运输系统中转设施,服务于特定片区	常规公交

4.5.2　对外交通与城市交通衔接

　　对外交通设施是城市对外交通的门户,代表了城市交通的形象。便利、快捷、安全的内外交通衔接系统有利于城市内外人流物流的输送和运转,保证城市生产和生活的正常进行。内外交通衔接在规划布局上应做到,保证市内交通设施与对外交通出入口之间具有较短的换乘距离。

　　铁路客运站和站前广场是城市不可缺少的一部分,汇集了从城市外部进入城市的客流及城市内部通过各种交通方式到达铁路客运站的客流。铁路客运站作为城市大型客运交通枢纽,不仅要处理好市内交通与对外交通的衔接,还要处理好市内交通的换乘衔接,其中公交枢纽站是铁路客运站内外交通衔接的重点。为减少市内交通与对外交通的干扰,不能过多地将城市的公交线路引入铁路客运站并设置公交终点站。轨道交通是大城市铁路客运站重要的衔接方式。在国外城市铁路车站往往集多条城市轨道交通于一体,形成大型轨道交通枢纽。出租车是铁路客运站另一种重要的换乘方式,铁路客运站同样应考虑出租车的衔接,合理设置出租车下客区和候客区。

长途客运站是城市对外公路客流与市内交通的衔接点。长途客运站及相关设施的布置,应保证与市内各种方式换乘的便捷性,并直接在客运站附近设置社会车辆停车场。我国公路长途客运站与市内交通的公共交通衔接方式主要是公共汽(电)车。经过长途客运站的公交线路一般设置过境站,少量设置终点站,以减少公共交通车辆进出长途汽车站对长途汽车车辆进出站的干扰。

港口城市大多依港而兴,随着城市的不断发展,原有的港口码头作业区已变成城市中心区,大多城市原有的货运码头根据城市新的总体规划的要求纷纷向外围区转移。客运码头因水路运输客运量的下降而减少或停止运作。主要通过公交线路、出租车和社会车辆与市内交通衔接,因此需要合理设置公交线路终点站或过境站、出租车及社会车辆候客点。

机场是城市对外交通的空中门户。机场一般远离市区,离市中心区距离 30～50 km。因此,与机场衔接的城市交通系统要突出快速性的特点。机场与城市的公共交通衔接,一般包括与市中心公共活动中心的衔接、与铁路客运站的衔接、与长途汽车站的衔接,与大型公共交通枢纽的衔接、与城市航空客运站(航站楼)的衔接。这些衔接方式一般是机场公共汽车或轨道交通直接连接。与铁路客运站一样,机场客运交通的衔接方式主要有四种,即机场公共汽车、轨道交通(机场铁路)、出租车和社会车辆(包括个体交通)。机场巴士一般布置在广场,旅客从到达层出来后直接进入公共汽车站。轨道交通一般直接进入机场候机楼,减少了步行距离,到达机场的出租车与社会车辆直接进入候机楼外下客。出租车候客区位于到达层,社会车辆设专门停车场。

4.5.3 公共交通系统衔接

公共交通间的整合要求各功能不同的线网之间能够形成层次清晰、功能明确的公共交通系统,既满足居民出行需求的多样性,又能够通过常规公共交通间的一体化发挥整体效应,实现资源的合理利用。在发展轨道交通或 BRT 的城市,公共交通运输组织应以大中运量公共交通设施为基础,基于大中运量公共交通线网形成不同功能层次的地面公交线网。

按照公共交通运输方式功能的不同,公共交通系统可以分为公交主干线、公交次干线和公交支线三级。公交主干线主要承担中心城区内的主要客运走廊、中心城区与各外围组团之间的联系、各外围组团之间的联系,线路连接主要公交换乘枢纽、各大型客源产生点和吸引点,属于中长距离公交出行,是联系多个客流集散点的公交网络主动脉,一般由轨道交通或 BRT 承担客流运输功能。公交次干线主要承担中心城区内的次要客运走廊、各外围组团内部的主要客运走廊运输,属于中短距离的公交出行,串联大中型客流集散点或居住区,为主干线集散客流,一般由 BRT 或常规公交来承担客流运输功能。公交支线承担中心城区内部和各外围组团内部的居住区与周边大型换乘枢纽以及主干线站点的客流接驳和集散,属于短距离的公交出行,同时起到降低公交服务的"盲区",提高线网覆盖率的作用,起到对某一片区接驳的作用,一般由常规公交来承担客流运输功能。

轨道交通设施(或 BRT)作为城市重大交通基础设施,一经投资建设,其线路很难调整,轨道交通与常规公交功能整合大多通过调整常规公共交通线路与轨道交通走廊主动衔接。一般来说,常规公交可以有三种线网组织方式与轨道交通衔接[4],具体如图 4-5 所示。

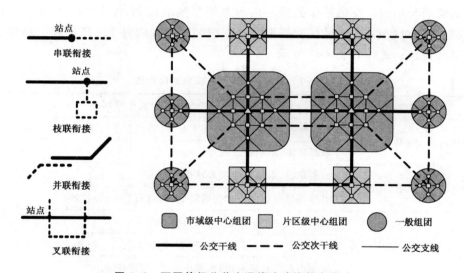

图 4-5　不同等级公共交通线路功能整合方式

常规公交作为轨道交通或 BRT 填补型骨干线路。常规公交主要针对轨道交通线网覆盖比较薄弱的区域,一般分布在城市外围区和郊区。此类区域仍然需要骨干型的地面公交线路服务。一般在城市外围区或郊区周边较近的轨道交通终端处引入常规公共交通,作为此类区域的骨架线路,以弥补轨道交通网络的空白,服务于城市外围区和郊区的出行。此类常规公交与轨道交通的衔接主要是面向站点两侧的客流有较大差别,公交支线作为公交干线服务的延伸,一般采用串联的方式,轨道交通与常规公交有一个共同的站点作为联系,不同层次线路相连结在一条线上。

常规公交作为轨道交通或 BRT 互补型次干线路。由于轨道交通站间距较大,服务的可达性较差,因此,轨道交通的客流走廊上仍然需要一些与其平行的公交线路。这些线路站距离很短,平均站距一般不超过轨道交通平均站距的一半,主要为轨道交通客流走廊沿线提供短途出行服务,以弥补轨道交通功能上的不足。这些线路还能为轨道交通的运能发挥补充作用,一旦出现大客流,轨道交通运能不足时,这些线路可以通过组织大站快车形式为轨道交通实施分流。此类常规公交与轨道交通衔接主要考虑常规公交对轨道交通覆盖范围的加密,一般采用常规公交与轨道交通并联的方式,或布设在同一条道路上,但此种方式容易形成两种公共交通方式间的竞争,为此,平行路段不易过长,具体如图 4-5

所示。或布设在两条相近的平行道路上,平行段可以保持相对较长的距离,但应尽可能保证常规公交与轨道交通可以形成多处换乘。

常规公交作为轨道交通接驳线型支线。接驳型的公交线路,主要是为轨道交通车站接驳服务,为轨道交通车站"喂给"客流。接驳型公交线路主要分布于轨道交通线网密度较低的城市外围区和郊区。重点为大型居住区、工业园区、开发区等提供至就近轨道交通车站的短途接驳服务,同时也为区域内短途出行提供服务。此类公共交通与轨道交通衔接一般采用开行环线的方式,形成轨道交通一个"分枝"。

4.5.4 公共交通与小汽车交通衔接

公共交通与小汽车交通衔接的核心内容是停车换乘规划,停车换乘应坚持区域差别化的原则,即针对核心区、主城区和外围区等不同区域范围内对 P+R 设施的功能要求差异进行灵活设置。具体如表 4-7 所示。

表 4-7 不同区域 P+R 设施功能定位

设施类型	停车换乘设施主要功能
核心区边缘 P+R 停车场	适当弥补区域内停车设施不足,改善停车矛盾集中,保持中心区活力
	截断车流,限制进入城市中心区
主城区近程 P+R 停车场	截断车流,限制车流进入城市中心区
	引导通勤出行向公共交通转变,抑制小汽车进城需求
外围区中远程 P+R 停车场	截断车流,限制车流进入城市中心区
	引导通勤出行向公共交通转变,优化出行方式结构
	减少小汽车长距离出行,减少污染,保护环境

核心区边缘 P+R 设施位于组团中心区或城市重点区域的周边地区,通常也是停车供给与停车需求矛盾最大的地区。位于城市边缘区的轨道交通站点,它可能位于对外交通枢纽换乘处,如铁路、机场、长途汽车站等,或者位于轨道交通公共交通枢纽。这类设施的规划目的就是要将中心区内多余的停车需求转换为公共交通。作为市内 P+R 中一类特殊的换乘设施,兼有公共停车场和换乘停车场的功能。如何确定核心区边缘需求量在一定程度上反应了边缘 P+R 设施的性质。当需求量完全按照实际的供需差额来确定时,核心区边缘 P+R 设施从功能上承担了中心区公共停车场的功能,所取作用仅仅只是使中心区的停车需求转移到边缘地区。当采取缩小供需缺口、控制停车需求的策略确定需求量时,边缘 P+R 设施才真正起到停车换乘的功能。但无论采取何种策略,一旦这类设施的需求量确定之后,理论上全部需求都必须得到满足,否则可能加剧中心区的交通拥挤,造成路边违章停放等不良现象。

主城区近程停车换乘点主要位于城市边缘区以外的轨道交通站点,其周围地区在站点建设前开发程度不高,附近开发的用地大多为居住用地,因此其功能主要是为站点附近的居民通勤交通服务。轨道交通在此类区域站距一般较长,大多数交通属于组团间或城镇间长距离出行,停车换乘主要结合轨道交通站点来布设,主要目的是引导小汽车方式在其出行早期便完成向轨道交通方式的转换。

外围区中远程 P＋R 设施位于各边缘组团或卫星城镇内,主要服务对象为到中心区就业者,主要目标是配合中长期城乡公交一体化规划布局体系,为城乡公交线路集散客流。从功能上看,将是今后促进居民出行方式转换的主要设施,此类设施与主城区近程 P＋R 设施布设较为类似,结合轨道交通站点来布设,引导小汽车方式在交通结构成型前期向轨道交通转换。

4.5.5　自行车交通与公共交通整合

自行车停车换乘实施需要有高质量的公共交通服务为前提。考虑到目前常规公交服务质量难以达到较高的标准,自行车与常规公交换乘联合优势无法体现出来。如果常规公交能提高服务水平,它仍将是自行车换乘对象的重要组成部分。城市轨道交通在单位运能、运输速度和舒适性上比其它公共交通工具更具优势,轨道交通是自行车停车换乘的最佳选择。实现自行车与轨道交通换乘衔接,必须在整个换乘系统的构建上形成一套完整而有效的方案。城市快速轨道交通与自行车换乘衔接要从点、线、面三个层次考虑。在"点"上,要求换乘方便、衔接紧密;在"线"上,要求线路通畅、连续;在"面"上,要求层次清晰,与城市发展协调一致。

轨道交通站点是乘客乘降的场所,是出行的出发、换乘与终止点。轨道交通换乘站点为轨道交通与其他交通方式相联系的纽带,自行车与轨道交通的换乘要在换乘站点完成。当换乘车辆从站点吸引范围内的各处集聚到换乘站点时,换乘站点主要完成两个功能:换乘与停车,换乘就是在一次出行期间不同交通工具间的连接或不同交通线路间的连接,本文即指来自吸引范围内各个方向的自行车在站点处改换为轨道交通方式继续出行;停车是指换乘站点为集聚而来的自行车提供安全、方便的停车场所。对于换乘站点的规划,是整个自行车与轨道交通换乘系统的关键。

在换乘过程中,遍布在吸引范围内各个方向的线路在换乘站点处交汇,将换乘的自行车交通通过这些线路快速的集散。换乘自行车需要道路有一定的连续性与衔接性,以保证快速、安全地抵达换乘站点。在站点吸引范围内的道路等级不同,道路上分布的各种交通流,对换乘自行车交通都会产生干扰,需要对联系吸引范围内居住区与换乘站点的道路进行优化改造,形成不同等级的自行车道路,提高衔接道路的连续性,保障衔接道路上自行车交通的通行权与先行权,实现换乘的自行车交通快速的集散,最大程度的提高城市整体客运运输效率。

轨道交通站点和站点吸引范围内各条与站点衔接的线路,共同组成了一个区域范围的换乘体系。对于自行车换乘轨道交通,需要在"面"的层面协调规划,形成规模恰当、布局合理的自行车专用道路网。

4.6　交通基础设施整合

4.6.1　对外交通枢纽集疏运道路设计

根据对外交通枢纽承担的服务功能以及与周边服务区域的联系强度,一般将对外交通枢纽服务范围分为核心服务区域、重要服务区以及辐射服务区域。核心服务区域是主要形成对外枢纽运输需求的区域,与对外枢纽之间有大量的运输需求联系,一般是对外枢纽所在母城的中心城区和各个新城;重要服务区域指与对外枢纽有相对较强的运输需求联系的区域,相邻对外交通枢纽竞争关系明显,通常是对外枢纽母城的县级市,也包括与对外交通枢纽空间距离较小的周边城市的县级市等区域;辐射服务区域是形成对外交通枢纽运输需求的延伸区域,主要指对外枢纽周边的城市。

为满足大量客流快速、便捷的集散需求,核心服务区域层面的集疏运道路等级要求为城市快速路和主干路。道路布局形态根据对外交通枢纽所处区位不同而有所差异。对外交通枢纽位于城市中心地区,一般利用方格状干道骨架,形成街坊式的集疏运道路系统,强调服务的深度;对外交通枢纽位于城市外围地区,以对外交通枢纽为中心,向各服务方向延伸,形成放射状路网格局,强调服务的通过性;对外交通枢纽位于城市边缘,可以采用街坊式和通道式路网的组合,街坊式道路增强服务的深度,通道式道路提供直接、快速的集散服务。根据服务的定位不同,核心服务区域层面的集疏运道路可分为专用集疏运道路和辅助集疏运道路两种类型。专用集疏运道路的服务对象定位为对外交通枢纽的集散交通,通过新建城市干道、改扩建低等级道路并控制转向和接入来保证单纯的服务对象;辅助集疏运道路不只服务于枢纽的集散交通,也承担着区域过境交通和城市内部交通的功能,枢纽的集散交通功能相对弱化。

重要服务区域内对外枢纽运输需求强度与核心服务区域相比较弱。重要服务区内集疏运道路服务于中、长距离运输,是区域道路交通系统的一部分。一般采用以高速公路为主,等级公路和城市干路为辅的方式,连接重要服务区域和对外交通枢纽,布局形态大多采用放射环形,高速公路或等级公路外环屏蔽区域间过境交通,放射线由环线延伸向各区域,要注重这一层面集疏运道路与核心服务区层面集疏运道路系统的衔接与联系。重要服务区域的集疏运道路系统要与核心服务区域的集疏运道路系统进行衔接,来自重要服务区的运输需求进入核心服务区,再通过这一层次的集疏运道路到达对外交通枢纽。

辐射服务区域位于对外交通枢纽服务范围的边缘,这个层次的集疏运道路功能复合化,服务对外交通枢纽的集散交通是其功能之一,辐射服务区域集疏运道路系统的规划属于引导性规划,是对外交通枢纽客流需求的延伸区域,在这个层次均为长距离的运输需求,集疏运道路系统要保证枢纽与各区域间的快速联系,因此,利用高速公路或等级公路完成这个层面的枢纽客流集散,多采用放射线的形式,并将放射线的一端布置在重要服务区的公路环线上。

4.6.2 公路与城市道路整合

城市化进程的加速,城镇密集地区迅速发展,成为城市与城市交通发展矛盾较为突出地区。城镇密集地区的各组成城镇越来越多地承担大量的区域职能,城镇区域在各城镇空间的扩展下出现连绵的城市化地区,导致各城镇的交通构成中外来交通比例大幅增加,城镇间交通联系更多地呈现出城市交通特征,公路正在越来越多的承担城市道路的功能,既有的以公路为核心的城际交通组织方式并不能完全适应交通量的增长和交通需求形式的多样化。公路两侧吸引了大量居住和商业开发,行人过街和自行车穿行均出现在主要公路上,降低了公路的服务水平,公路与城市道路衔接处出现矛盾,表现为横断面的突变以及衔接节点交通组织形式的困难,公路与城市道路在功能定位、分级、设计标准、规划建设管理等方面都存在差别,尤其是公路作为城市道路表现出无慢行空间,过街设施缺乏,不能满足多样化的出行需求。

为改善公路作为城市道路使用在服务功能方面的不适应,需要全面整合公路网络与城市道路网络,重新定位公路服务功能。高速公路一般定位为城市快速路,采用的方式可取消高速公路收费站,使之与城市快速路共同构成城市开放的快速通道,以及建设与高速公路平行的道路,即在保证原有高速公路承担城际交通功能的基础上,重新建设一条与之相平行的道路,作为与快速路一体化的道路,共同承担城市交通,但该途径建设成本较高。上述两种方法并未根本对高速公路做任何改造,在断面设计上仍未考虑城市交通特征,因此其公路属性将可能导致其与快速路的衔接存在一定问题。一般后期需要在取消收费的基础上,按城市道路的断面对其进行改造,保证两者的衔接顺畅。

其他等级公路主要功能为满足公路起终点及中间结点的交通集散作用,同样存在功能较单一,难以承担城市道路功能,服务沿线片区等问题。对已经处于城市化进程的公路进行城市道路形式改造,需要重新定位公路功能,一级公路可改造为城市主干路或次干路,二级公路一般可改造为城市主干路或以下等级道路,三级公路一般可改造为城市次干路或支路。

4.6.3 道路通行能力匹配

城市道路交通拥堵产生的根源更多的是外部通道与内部路网容量或高等级道路与集散道路容量不匹配,高等级道路的快速交通流难以通过低等级道路迅速疏解,车流在高等级道路集聚,从而造成道路越宽,交通越堵的恶性循环。在旧城区此种现象更加明显。在交通功能组织中,应通过谨慎的交通扩容在设施建设层面实现路网整体通行能力匹配,保证高等级道路的运输功能和低等级道路的集散功能完善。对于无法对道路设施实行交通扩容的情况下,道路通行能力匹配主要通过构建由低等级道路组成的微循环系统实现,微循环系统的交通功能组织有下述两种。

对于难以改造的街巷、胡同道路,依托其高密度特点,组织单向交通为周边干道分流,可实现微循环,为片区内居民出行服务。城市单向交通组织的本质是"以空间换时间",通过单向交通简化交通组织、提高道路使用效率、均衡交通流分布。以片区内部支路单行为主的组织方式往往是因为路网不规整,多为自由形态的布局,片区被干路划分为多个较大的街区,街区内部支路系统发达且联通性较好,单向交通以内部支路为主,主要是解决内部微循环交通组织,改善交通秩序、提高效率,并为路边停车创造条件。

若街巷与胡同道路组织单向交通仍存在困难,可采用"非转机"工程,利用街巷胡同道路组织相对独立的自行车网络,应该具有一定的连通性、可达性,避免断头、卡口路段存在。自行车网络的布局应与居民日常出行的主要流向一致,并与区域内的交通需求相协调,力求自行车流在整个规划网络内均衡分布,以利自行车网络功能的正常发挥。将自行车从道路系统中分离出来,一方面可保障慢行空间,另一方面可增加机动车通行空间,但"非转机"工程的实施仍应以通行能力匹配为前提。

4.6.4 城市道路与公共交通功能整合

城市道路系统是交通运输的载体,公共交通系统是客流运输的核心工具,城市道路与公共交通功能的整合是联系道路功能与公共交通功能实现间的纽带。城市道路与公共交通功能的整合要求城市道路与公共交通在规划设计等方面全面统筹考虑。具体如表 4-8 所示。

表 4-8 公共交通与城市道路系统功能整合[6]

分项	地铁/高架轻轨	有轨电车/BRT	公交直达快车线	常规公交干线	常规公交支线	常规公交辅助线
道路等级	主干路	主干路、次干路	快速路	主干路、次干路	次干路、支路	支路
红线宽度(m)	≥40	≥40	50～60	≥40	≥30	≥16
车道数	—	6、8	6、8	6、8	4、6	2、4
道路立面	分离	共面	共面	共面	共面	共面
交叉口	分离	专用进口道或立交分离	互通、分离	专用进口道/无优先	无优先	无优先
道路断面	两块板	两块板	二、四块板	两块板	一、二块板	一块板

城市道路与公共交通功能整合应保证两者功能等级相匹配,不同等级公交线路要布设在相应等级的城市道路上,并考虑城市各级道路的建设标准能否满足公交线路充分发挥功能、道路两侧用地开发能否为公交线路的运营提供足够的客源等因素。

城市道路与公共交通功能整合应控制道路红线宽度,规划适宜尺度的道路是目标之一。目前主次干路的道路红线宽度基本超出了现行规范所给出的推荐值,规划方法上也是用大容量的道路走廊满足大量的机动车通行需求,造成目前城市道路面积资源占用较大而路网通达性不良的情况,因此应结合公交线路功能分级对道路红线宽度进行分析,也应综合分析公交线路布设与城市道路机动车道数关系。机动车道数要考虑到公交专用道的布设,城市道路网成熟前期,干路的机动车道数往往较多,随着非机动车交通的转移、城市道路网逐渐成熟,干路的机动车道数也不应该盲目增多,规划适合公共交通发展的各级道路机动车道数也是规划目标之一。

公交线路布设应与道路断面设计相协调。随着非机动车交通需求的转变,目前的非机动车道可逐步改造为公交专用道或港湾停靠站,道路横断面逐渐由三块板向两块板等转变,该因素与城市道路性质存在一定的匹配关系。也应考虑公共交通线路的布设与城市道路在平面位置上的关系,涉及公交线路的布设是否会对道路资源产生占用,一般大容量轨道交通对道路资源占用较少,但对两侧用地的退让及开发强度要求较高,这也是影响道路上能否布设轨道交通的重要因素之一,而其他公交线路一般均与城市道路共面。

公共交通线路在城市道路交叉口处如何进行转换也是两者功能整合需要考虑的因素。在完全新建的城市道路网中,理想状态是所有的公交线路在交叉口处立体交叉,可便捷换乘且尽量减少延误,但道路网很难实现这一点,可考虑在交叉口处设置专用进口道、专用信号相位等,提高公共交通的运行效率。

参考文献

［1］孔令斌.城市发展与交通规划［M］.北京：人民交通出版社，2009.

［2］孔哲，过秀成，何明，严亚丹，罗丽梅.基于动态聚类的大城市公交客流走廊甄别方法［J］.东南大学学报（自然科学版），2010,40(5)：1084-1088.

［3］过秀成，孔哲，杨明，叶茂.城市交通分区体系建构研究［J］.现代城市研究，2010(1)：16-20.

［4］罗伯特·瑟夫洛.公交都市［M］.北京：中国建筑工业出版社，2007.

［5］陈必壮.轨道交通网络规划与客流分析［M］.北京：中国建筑工业出版社，2009.

［6］李星，过秀成，叶茂，任敏，罗丽梅.面向公交优先的城市道路分级配置体系研究［J］.交通运输工程与信息学报，2010,8(3)：93-98.

第5章　城市交通发展战略规划

城市交通发展战略是城市交通发展的纲领,侧重分析城市交通系统与社会经济发展环境相互依存关系,与土地利用的互动关系,明确城市交通政策,对交通系统规模、交通方式结构、交通服务水准、交通管理体制、交通投资与价格、交通环境等一系列重大问题进行宏观性的判断和决策。

5.1　城市交通战略目标设计

城市交通战略目标是城市远期交通发展所达到的总体水平,交通战略目标设计应是一个多维空间、从不同的层次、不同的视角进行设计。城市交通发展战略目标既要有质的要求,又要有量的要求。

5.1.1　总体目标

城市总体发展战略是城市交通战略总体目标设计的根本依据和前提。城市总体发展战略是从总体上保证城市长期、稳步、协调、可持续发展的纲领。在城市交通发展战略目标设计之前,必须明确城市总体发展战略的指导思想、战略目标、战略措施和战略重点,作为城市交通战略目标设计的根本依据[1]。

交通战略总体目标设计应坚决贯彻以人为本和可持续发展的观念,强调交通发展人性化,考虑交通出行权及交通投资效益享受权的平等,注重交通安全的同时,更需将交通与城市环境保护政策统一,将国家经济安全与地方经济发展、地方居民社区生活协调统一。交通战略总体目标设计需要坚持支持社会经济发展与改善居民生活质量并重的原则,支持经济快速增长的同时,注重支持经济健康、持续发展,关注城市经济竞争力的支持。应保障因地因时制宜与整体统筹协调原则,分析地方的经济发展水平、特点、特色,强调"提供合适的交通基础设施和服务"。

交通战略总体目标拟定要有系统工程的观点。城市交通是一个复杂的巨系统,必须从全局和整体的观点出发,将城市交通视为一个相互联系的有机整体,进行全面的综合分析,从系统上进行宏观控制。城市交通战略总体目标设计一般可从促进社会公平、宜居环境、社会发展三个方面来分析。

5.1.2　控制指标

城市交通发展控制指标是对特定城市交通战略目标的深化和细化。城市历史人文、自然山水和地理区位特征,以及不同社会经济发展阶段和政策环境对交通发展所需基础条件的支撑力度各异,城市与交通特征和对交通发展要求具有一定的地方性特点,为对交通现状或规划做出客观准确的评判,交通控制指标标准的制定应做到因地制宜。

控制指标选择应符合城市国民社会经济发展要求。交通作为城市社会经济发展的派生物,社会经济系统本身就会对交通发展提出适应外部环境的要求。如在经济快速发展阶段,社会活动交流更加频繁,居民对交通快捷化要求将更加严格。控制指标选择要对城市性质有所响应,如宜居城市的功能定位需要对交通在城市景观和居住环境以及出行便捷性等方面提出较高的要求。此外,从单中心蔓延式扩张,到城市功能结构调整,再到中心城和都市圈体系的构建是城市空间演化的一般进程,相近的城市空间发展阶段,表现出的交通特征和交通发展趋势具有一定的相似性,交通控制指标不可能完全超越此种阶段性特征。

交通发展所提控制指标是否可以完全落实,很大程度依赖于城市政策来实现,是否具备相应的正常手段决定了所设计战略目标的可行性。这些政策手段的可行性和运用这些手段的成本都必须在交通控制指标制定时加以分析和判断,使交通控制指标符合现实。任何城市交通发展都必须要有相应的资源投入作为支撑,包括资金、基础设施以及土地等有形资源,也包括科技、制度和文化等无形资源。不同城市交通战略控制指标选择对资源条件要求的程度各不相同,如交通基础设施建设需要巨额的资金投入和土地资源占用,城市交通在规划年限内是否能完成预期战略目标的资金投入,是否能够为大规模的交通基础设施建设提供充足的空间,都应在交通发展控制指标中考虑。

由于城市发展与城市交通相互关联的复杂性和多目标性,表 5-1 所提出的交通战略目标所对应的指标体系有一定程度的重复,具体应用时应加以优选,注意结合城市个性特征对战略目标和指标体系进行侧重点分析和考核标准定位。对于城市空间快速扩张型的城市,应更加侧重交通对城市空间结构优化支撑作用,指标体系考虑突出新区与旧城通道的公交与道路运输能力和服务水平以及交通枢纽等重要交通节点布局合理性,对于以生态、宜居主要功能定位的城市,侧重于交通与城市生活环境间的协调,对于宁静化、公交优先和节能减排等措施指标体系应给予突出。

表 5-1　交通战略目标与控制指标

总体目标	具体战略目标	指标体系	
		服务状态	规划响应
社会公平	为不同阶层居民均提供相对舒适便捷和高效的出行服务	慢行空间独立性,公交步行到站时间,运行车速,不同等级道路行车速度,不同出行方式出行成本和时耗,居民对交通服务满意度	慢行空间面积率,公交线网密度和站点覆盖率,公交车保有量和发车频率,道路网密度,公交信息化水平、道路交通运行信息化水平
	不过度消耗能源和环境资源	出行结构方式,平均车公里排放与能耗,节能减排车辆应用和清洁燃料使用比例,主要道路和交叉口尾气排放是否符合国家标准	公交系统构成,有无明确的车辆节能减排管理政策,有无完善的公共交通优先措施和公交运营补贴机制,公交场站用地是否充足,以及因地制宜的私家车需求管理政策体系
	继承交通历史出行格局	慢行、公交出行者对规划方案的满意度	规划对既有交通基础设施的利用程度,是否压缩了慢行空间、减少了公交路权,规划引发新交通矛盾是否给予考虑

总体目标	具体战略目标	指标体系	
		服务状态	规划响应
社会发展	优化城市空间结构,满足不同片区对交通可达性要求	片区不同交通方式可达性,新区与旧城通道公交与道路服务水平	大中运量公共交通密度,是否制定差异化停车收费制度,运输系统与重要交通运输节点布局与新区开发和旧城改造是否同步
	彰显城市历史文化风貌特色,保护城市文化风貌	交通基础设施建设与城市产业发展和山水文化协调程度,交通基础设施与历史文化资源协调程度	是否针对山水特征进行道路断面设计,是否进行针对城市主要产业进行配套交通投资,是否针对历史城区进行交通发展策略和交通设施配置研究
	支撑社会经济发展	城市客流运输满足程度,主要道路平均延误,是否考虑未来客流增长趋势,对外交通基础设施和自然资源对城市分隔影响	道路网、公交线网和停车设施容量与交通需求匹配性,交通投资是否具有适度超前性,跨河流、铁路通道容量
宜居环境	降低交通对生活环境的影响	交通流分配是否均衡,居住区道路机动车车流量和流速是否得以控制以及人车冲突是否明显	交通管制措施是否完善,居住区宁静化措施应用情况,中心商业区步行区或步行街配置,城市自行车休闲通道数量
	降低交通对城市景观的影响	交通对公共活动空间和绿地的影响程度	高架和地下交通空间的比例,核心区域大型互通立交数量,交通设施对绿地占用比例,运输系统布局与城市公共活动空间关系的合理性

5.2　城市远期交通需求分析

　　城市远期交通需求分析是为城市交通发展战略规划提供研究基础的工作,一般采用简化的四阶段交通预测分析方法,体现在交通分区、建模方法、预测详细度等方面的简化,侧重于宏观的数据分析。城市远期交通供需分析的交通分析区划分应与城市用地布局规划相衔接和协调,以城市主要功能区的分布为依据,以有利于主流向分析和走廊交通分析为原则。一般每个交通分析区面积以 $4\sim8~km^2$,人口以 $6\sim15$ 万人为宜。交通分析区的面积可以随土地利用强度或建筑面积系数等值的减少而增大,一般在城市中心区宜小些,在城市郊区或附近郊县可大些,交通分析区分界也应尽可能利用行政区划的分界线,以利于相关基础资料收集工作的开展[2]。

5.2.1　城市远期出行生成

　　城市客运需求总量是指城市区域范围内每天发生的客流总量,即总的一日客流 OD量。城市客运需求总量预测可采用总体预测法以及类比法等简化的方法进行。总体预测方法如公式(5-1)所示。

$$Q = (1 + \eta)\alpha\beta P \tag{5-1}$$

式中：α——居民日平均出行次数（次/（d·人））；

　　　β——大于 6 岁人口占总人口的百分率（%）；

　　　$1 + \eta$——流动人口修正系数，η 即为流动人口的百分率；

　　　P——建成区常住人口（万人）；

　　　Q——城市一日客流总量（万人次/d）。

　　类比法是参考其它性质、地理条件和交通条件等较为相似城市的总体客流量预测值，再根据两城市建成区人口之比值按正比例近似估算，如式（5-2）所示。

$$\frac{Q_1}{Q_2} = \frac{P_1}{P_2} \tag{5-2}$$

式中：P_i——城市 i 建成人口（万人），$i = 1, 2, \cdots$；

　　　Q_i——城市 i 总流量（万人次/d），$i = 1, 2, \cdots$。

5.2.2　城市远期出行分布

　　交通发展战略规划的交通分布预测主要采用双约束重力模型，其中阻抗系数 α 反映了人们对交通阻抗的敏感程度，在各交通区的交通发生、吸引总量已定的情况下，它与平均出行距离一一对应。若城市平均出行距离已知，则 α 值可由它唯一确定，一般假设某一 α 值，由双约束重力模型求得在该 α 值下的交通分布 T_{ij}，则这种分布下的平均出行距离为 $D' = \sum_i \sum_j T_{ij} d_{ij} / \sum_i \sum_j T_{ij}$，比较 D' 与实际平均出行距离 D 的大小，并以此为基础对假设的 α 值进行修正，并重新进行以上计算，直到求得合适的 α 以及在该 α 值下的交通分布。城市的平均出行距离与城市的规模有关，对部分城市的平均出行距离和城市规模进行回归分析，可得城市的出行距离与城市人口之间的关系如公式（5-3）所示。

$$D = K\sqrt{S} \tag{5-3}$$

式中：D——平均出行距离（m）；

　　　K——不同类型城市出行距离修正系数，K 按表 5-2 取值。

表 5-2　不同类型城市出行距离修正系数 K

城市类型	团状	稍不紧凑	不紧凑	明显不紧凑	典型带状
K	0.68	0.75	0.81	0.87	0.93

5.2.3　城市远期交通方式结构

　　影响客运交通结构的因素很多，社会、经济、政策、城市布局、交通基础设施水平、地理环境及生活水平等均从不同侧面影响城市交通结构。随着国民经济稳步高速发展，快速城市化、机动化使得这些因素在一定时期内变得不稳定，演变规律很难用单一的数学模型或表达式来描述，传统的转移曲线法或概率选择法很难适用。就城市远期交通结构分析而言，应该综合考虑城市交通政策、城市未来布局特征及规划意图、城市规模和性质、城市自然条件、交通设施建设水平等方面的因素,预估城市远期客运交通结构可能取值范围。

1) 城市交通政策

城市交通政策决定了城市未来长时期交通设施建设投资趋向、规模、建设水平、网络布局与结构,以及城市交通工具发展方向、交通系统运行管理策略等方面。这些政策的确定和实施,将直接影响甚至决定了城市未来整体的交通需求格局、客运交通发展特征、客运交通结构发展趋势和水平。

2) 城市用地布局特征及规划意图

城市用地布局及规划意图是城市客运交通方式划分预测重要因素。城市土地利用布局是城市社会经济活动在城市不同区位上的投影,决定了城市的人口分布、就业岗位分布,从而决定了城市客流分布,居民出行距离和时间,也对居民出行交通方式选择有着重要的影响。

3) 城市规模和性质

城市规模越大,城市公交出行比例越高,特大城市公交出行比例大多在 10% 以上或 10% 左右,而大中城市公交出行比例大多小于 10%。城市规模越大,万人拥有公共电汽车的水平也越高,居民出行距离越长,公交线网密度越高,居民采用公交车出行比例也越高。从城市性质来看,功能单一性的城市自行车出行比例要高于综合性质的城市,而一些旅游城市采用出租车出行的比例要明显高于其他城市。

4) 城市自然条件

城市自然条件指城市所处的地理位置,城区内的地势,城市建成区平面形状与城市建成区内被海湾、河流、铁路等阻断的状况以及气候条件等,这些外部条件对城市居民出行行为选择有重要影响。

5) 交通设施建设水平

交通设施建设水平和布局形态是影响城市交通结构的重要因素。通过对道路交通设施的规划改造,增加投入,重点加强公共交通基础设施建设,可以在不同程度上改变人们出行行为的选择,改变城市客运交通结构。

5.3 城市交通发展战略方案设计

城市交通发展战略方案设计是检验未来城市各种土地利用规划方案下的交通发展方向以及不同交通网络布局对城市社会经济活动、土地利用开发的影响,方案设计的重点是高快速路系统和大中运量公共交通系统等运输网络形态和布局规划,及拟定相应的交通政策[3]。

5.3.1 城市交通发展战略与城市空间布局

城市交通发展战略的制定和城市的土地使用关系密切,合理的交通发展战略是土地使用、交通网络以及交通方式合理结合的结果。汤姆逊从解决城市交通问题的角度入手,把城市布局归纳为五种形式[4]:

(1) 完全机动化策略

分散市中心的功能。城市道路网呈棋盘格状,通行能力很高,城市建设密度很低。公共交通运营费用昂贵,效率极低,所以公共交通设施严重短缺或不足。应用城市有洛杉矶、底特律、盐湖城及丹佛等。

（2）弱中心型策略

这是一种折中的方法。鼓励郊区中心的发展并以小汽车为主要交通工具,同时在一定程度上也保留市中心的作用,并以放射形铁路网为其主要交通工具。采取这种办法的有哥本哈根、旧金山、芝加哥、墨尔本、波士顿等。

（3）强中心型策略

由于历史原因形成了强大的中心功能区。为了在市中心区尽可能多的容纳小汽车交通,这些城市修建了大型放射形高速道路网,并在市中心外围修建了分散交通的环路。这种战略不仅需要同样高效能的放射公共交通系统抵达中心,同时也由于城市中心的规模较大,也需要在市中心区设有疏散客流的有效公共交通网。在许多古老的大城市如巴黎、东京、纽约、汉堡、多伦多、雅典及悉尼等都采用这种解决方法。

（4）低成本策略

前三种策略都需要大规模投资来解决道路与公共交通问题。但是,许多第三世界国家的大城市及有些快速发展的城市因为资金约束,典型的做法是在放射道路上给公共交通优先通行权,将市中心就业人口控制在 50 万左右,鼓励沿放射道路建立次中心区,将距离拉开,以免与中心区连成一片和产生较密切的联系。典型的应用城市有波哥大、拉各斯、伊斯坦布尔、加尔各答、卡拉奇、马尼拉及德黑兰等。

（5）限制交通策略

该策略关键是建立等级不同的分散中心点,最大限度地减少人们出行的需要;严格禁止在市中心建立小汽车停车场;在市中心实行慢车道体系,在市中心外环接放射高速公路以阻止车辆进入市中心。城内外用高速铁路相连,市中心区内设立高效地铁系统并设有短途公共汽车以疏散客流。典型的应用城市有伦敦、新加坡、维也纳、香港、斯德哥尔摩、不来梅和哥德堡等。

上述城市空间布局类型主要适用于百万人口以上的大城市,对具体城市而言必须考虑两个问题:一是城市向集中型发展或向分散型发展;二是在何种程度上分别满足小汽车与公共交通的需求。发展理念上采取停车管制、交通管理、公交专用线、计算机信号联运控制等措施,限制小汽车过度发展,鼓励发展公共交通。

城市发展已朝着区域一体化方向发展,为了集约土地使用,从城市结构形态方面缩短出行距离,提高交通可达性和使用效率,应大力提倡土地混合使用,服务设施布局分散,使中心区过度集中的人口与就业岗位分散,使现有道路网络结构充分利用,以限制交通发生量,消除无效交通。建议我国大、中城市可采用轴向空间发展模式,而特大、大城市可采用发展"低成本、多中心均衡型城市空间布局",即将城市主城划分为四～五级,一级为全市性中心;二级为大区中心,布设大区内综合中心及专业中心;三级为区中心;四级为分区中心;五级为小区中心。其中一级中心以大运量运输系统支撑,主要为车站、码头等对外出站与市中心之间联系;二级以中运量轨道系统及快速道路网支撑,着力解决大区之间的交通;三级以常规公交系统为主导方式,由主次干道网组成;四级以自行车为主导方式;五级为步行系统设计,四、五级中心由支路网组成。

5.3.2 城市空间布局形态情境分析

　　远期城市社会经济发展、活动区位分布、土地利用布局决定了城市交通需求规模和交通需求，从而从宏观上确定了城市交通结构、城市交通设施应有的建设水平和可能的布局形态。随着经济的发展及人口的不断增加，城市空间布局形态不断演变，且具有较多的不确定性因素。要众多因素影响下城市未来发展定位进行准确预测较为困难，一般采用情景分析的方法对城市空间布局形态可能存在的情况进行模拟。可在把握城市空间布局演变主体方向的基础上，根据城市在远期发展可能出现的几个分支选项，做出几组不同的假设，也就形成所谓的几个不同的发展"情景"，作为下一步交通战略方案设计的基础。

　　情景分析的整个过程是通过对交通发展环境的研究，识别影响研究交通发展的外部因素，模拟外部因素可能发生的多种交叉情景分析和预测各种可能前景，通过预测各种土地利用发展趋势对交通规划的影响，分析出几种合理的预测结果及其引起这些结果的内在原因，以便找到一套灵活的运输网络方案。在城市空间形态情境分析过程中，若考虑到所有城市发展形态的组合，涉及的情境过多，可在情境分析过程中，对所涉及情境进行初步的筛选，形成未来城市发展可能形成空间形态。筛选的依据主要是城市空间演变的规律特征。

　　在城市的人口、物资、信息、文化等诸子系统中，城市空间布局系统既是各种系统活动的载体，也是各种系统活动的综合作用力的结果。城市人口、经济和空间存在规模效应的问题，反映在城市空间上的规模效应是规模正效应和规模负效应的叠加。随着城市空间布局的演变，规模效应由慢到快上升，但到一定程度时，规模负效应超过规模正效应，即遇到规模门槛，城市空间布局演变结束，直到越过规模门槛才重新开始城市空间布局的演变。

　　城市空间发展到一定程度，受到基础设施、资源、交通以及土地等方面的限制，这些限制标志着城市规模的极限，常规的投资是无法解决问题的，需要一个跳跃式的突增。在城市特定时期内，整体系统存在着一个最佳运行状态，将较长时间内保持一定的规模，即存在一个特定的规模门槛，但此种规模不是一个机械的、孤立的和不变的数据，规模门槛往往随着城市的发展、整体条件变化，对原有规模门槛的跨越，又产生新的合理规模，引发城市扩张。规模门槛是多级的，不断产生规模效应的过程就是不断跨越规模门槛的过程，跨越门槛之后，城市的建设和经营费用的成本效益比会大幅度下降。城市空间布局整体呈现的阶段性特征，主要是由于规模效应的门槛造成的。

　　在跨越规模门槛之后，城市空间布局演变过程是一个通过竞争选择相适应的空间发展区位的过程，即一个对优势区位开拓与占有的过程。这里的区位条件既包括物质环境条件、又包括社会文化条件，还包括经济条件。从物质环境方面分析，城市不同地段在投资环境，交通运输、信息交流、资源输入，自然地形等方面具有不同的区位条件，如大型基础设施优势带、资源优势区位、中心地优势区位等。从社会文化角度分析，城市的发展不能单由经济利益所驱动，一些社会资本虽然没有直接的经济价值，但为社会所承认，具有重要的社会效益，由此产生的隐形效益也直接影响城市空间布局的区位条件，比如历史资源就是重要的社会条件之一。

　　在规模门槛和区位择优双重作用下，城市空间布局形态和区位用地开发都在不断地变更，主要体现出以下三个方面特征：城市空间开发呈现从开放到封闭，城市空间区位发展呈现从极化到平衡,区位用地开发也呈现出从单一用地类型向复合用地类型功能转换的过程。

城市空间开发的从开放式到封闭式,在突破规模效应之后,城市空间首先呈现开放式的发展状态,降低城市空间生长的约束,最大限度地吸引利用外部环境的资源。空间封闭是对空间发展范围进行限定。城市空间布局的发展并非在发展的任何时段和条件下都是有利的,当增长到一定程度,达到规模效应某一值时,需要一定的封闭限制,而转向内部进一步的充实、调整。

在城市空间开放过程中,城市空间区位发展中首先是在区域中有目的地建立发展极,利用空间极化效应,使发展极空间快速增长,促使空间快速增长。在发展极增长到一定程度后,开始对周围地区扩散,即转化为平衡发展状态。往往通过城市规划和建设干预对增长极的增长开始控制,限制其机械增长,引导空间建立一系列新的增长极,制定各自先后的生长顺序,本质要求就是削弱核心—边缘结构和空间梯度分布,或使其控制在一定的波动范围内。

与城市空间开发从开放到封闭相对应的就是用地功能类型从单一到混合。在城市空间开放扩张中,大多以单一用地类型为主导的组团式向外推进,呈现出明显的功能分区特点。如由于地价低廉和交通可达性提升,城市外围地区开发了大量的房地产项目,由于国家对"园区"开发的扶持、用地条件的宽松以及大型综合交通枢纽建设带来的交通区位优势,"经济开发区"、"科技园区"等产业园在城市外围迅速形成。城市空间封闭式内填中,多种用地性质开始在同一功能区混合,用地发展进入功能完善阶段。如吸引了大量的居民入住,也带动部分大型零售与批发类的商城在边缘地区集聚,部分产业园区由于体系完善,职居相对平衡,转型为综合性产业新区或新城。

城市空间扩张总体上可按照单核扩张、有选择的开发重点近郊新区、城市近郊新区全面开发、近郊区新区功能完善、城市都市圈有重点的开发远郊新城、城市远郊新城全面开发、城市远郊新城功能完善的顺序进行。当城市大都市圈格局建立完毕,城市空间布局将在较长时间内保持稳定。如图 5-1 所示。

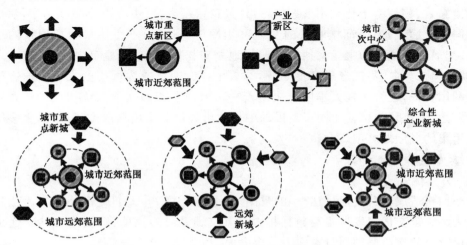

图 5-1　城市空间从中心城区到大都市区的演变历程

城市空间布局情境分析也应注意类比国内外城市空间发展经验借鉴。从国际国内众多城市中寻找与其具有较强类比性的城市，吸取其城市空间布局和交通发展战略拟定中的经验教训，总结吸取国内外类似城市既有的成功发展经验或发展意向。

5.3.3 城市交通政策拟定

1）城市交通政策拟定的影响因素

城市交通政策的拟定需要充分考虑国家宏观交通政策、城市规模、用地形态等的差异，选择符合国情背景，适应城市类型特点的交通政策。

国家层面影响交通方式发展的核心政策主要包括公交优先政策、汽车产业政策和绿色交通政策。三项政策分别给予公共交通、小汽车交通和慢行交通等不同类型交通方式不同程度的扶持力度，明确了城市必须坚持多种交通方式协调发展的策略，交通方式发展需要因地制宜，任意一种交通方式均不能盲目偏废。应结合不同城市的实际情况，协调相关政策。

从城市人口规模方面来看，100 万人口以上的大城市，因其地位、功能与中小城市不同，从而呈现出与中小城市截然不同的交通供求特性，将直接决定着城市交通系统构成的不同选择。从空间地理规模来看，不同空间规模下居民出行时耗也是交通方式选择的重要依据。据相关研究表明，居民对通勤的出行时耗能容忍的极限时间是 45 min。根据调查，愿意承受较长时间出行的人不管是采用自行车、步行、摩托车，还是其他交通工具，出行时间为 45 min 的很少，这就存在最大出行时耗的问题。交通方式发展的拟定，如是否要发展以高运速为主要特征的轨道交通和 BRT 应该考虑到居民出行时耗的影响。不同类型城市最大出行时耗如表 5-3 所示。

表 5-3　不同类型城市最大出行时耗要求　　　　　　　　　单位：min

城市规模	特大城市	大城市	中等城市	小城市
最大出行时耗	50～60	40～50	30～40	<30

同一规模的城市影响其交通特性的关键因素是城市的土地利用形态，如单中心、密集连片紧凑布置、集约型土地利用形态的城市，人口密度大，市中心岗位高度集中，从而形成强大的向心交通流，为保证中心区的交通可达性与易达性，不得不采用集约式的运输方式、公共交通成为城市的主导交通方式。用地相对松散，没有明显市中心的城市，人口密度小、就业岗位分散，不能形成客流走廊，私人个体交通将成为城市的主导交通方式。城市土地利用特征，也将在较大程度上决定着一个城市可能的交通系统构成的选择。除少数经济发达、城市化与机动化同步发展的中小城市有可能采用松散型用地外，大多城市基本上采用集约型用地类型。

2）典型城市交通政策

（1）公交优先政策

道路拥挤造成公共交通可达性和可靠性的大幅下降，为人们疏远公共交通工具的重要原因之一。公交优先发展主要包括扩大公共交通系统运输能力、提高公共交通出行效率以及保持公共交通票制票价吸引力三个方面。

扩大公共交通运输能力的关键是结合城市交通发展模式完善城市公共交通系统构

成,加强公共交通基础设施建设。大城市应加强包括轨道交通和 BRT 等大中运量公共交通系统的建设,构建多层次一体化的公共交通系统。中小城市也应尽快形成公共交通干线和公共交通支线合理衔接的公共交通系统。以香港为例,公交地铁、专营巴士、有轨电车、轮渡、的士和缆车等,基本覆盖了从低收入阶层到高收入阶层的大部分服务群体。同时,通过高效的换乘枢纽建设,使公交的吸引力进一步增强。目前,公交在香港城市交通出行结构中所占的比重已经高达 90%。

　　时间保障是公共交通服务竞争力的核心之一,应尽一切努力缩短公共交通出行时间,公共交通出行时间通常包括从家(或工作地点)出发到车站的步行时间、等候时间、车内时间、换乘时间等四类。缩短步行时间的主要方式是整合公共交通运输系统与城市空间布局,从根源上实现缩短步行时间,提高公交出行分担率的目的。另一方面可通过增加公共交通支线网密度,保证公交线路可以深入街巷,在较短的步行距离内服务更多的居民出行,也可以吸引更多的客源,为此应对公交线网的密度和站点覆盖率进行控制。为了保证公交线路深入街巷,居住区支路网加密应是前提条件。减少候车时间通常需要公开交通信息,比如行车时刻表,以促使人们按照规定的时间有选择性的出行。但是在高峰时间,由于客流量大,往往需要增加车辆以保证需求。减少车内时间通常需要充分保证公交系统的路权,建设公交专用道和保持公交信号优先是关键,最大程度降低小汽车交通对公共交通运行的干扰。减少换乘时间主要依靠公交线路和站点的布置需有利于减少步行时间并方便换乘,一般来说,公交车与地铁换乘距离不超过 150 m,公交车之间的换乘不超过80 m 为宜,为实现该目标分级枢纽的建设应是重点关注问题。对于大城市,在轨道交通站点也应设置 P+R 设施,鼓励小汽车交通换乘公共交通出行。

　　公交服务对象首先是广大工薪阶层和大中小学生,同时要尽可能吸引中高收入阶层乘用公交,要照顾低收入市民和老弱病残乘用公交。无论上述哪一类人群,票价"磁性"(即公交票价对乘客的吸引力)对他们都是十分重要和敏感的。公共交通作为城市必备的公共服务和公益事业,更重要的是作为解决未来城市交通问题最根本手段,公交票价(包括地铁票价)都要保持相对低廉。公交票价的制定和调整首先要考虑乘客的可承受性和可接受性,其次才适当考虑运营的投入产出。由于公共交通服务带有很强的公益性,同时可以起到有效减少个体机动交通对交通时空资源的消耗和对交通供求的调控作用,应对公共交通给予扶持和必要补贴。公交企业必须转变传统计划经济体制下的经营观念,按照市场规则,引入营销策略,大力推行多元化票制和优惠折扣,来锚固大部分长期公交客源,不懈地吸引各种潜在的公交客源。德国的"联合运营"政策将铁路、地铁、路面电车、公交车等不同体制的经营主体组织起来,成立公共交通工具统一管理和运营的组织,统一票价制度和折扣尺度可为城市公共交通票制票价改革提供参考。

　　(2) 私人汽车调控政策

　　小汽车交通的调控手段总体说来可分为调控小汽车拥有量和限制小汽车使用两方面如表 5-4 所列,具体采用的政策手段也可分为物理方法、法规制度方法和经济方法等等。这些控制方法,仅靠某一种方法来实现机动车消减量的目标很困难,只有几种方法并用才相对有效。如果提高了汽车的燃油税,汽车的利用量就必然会减少,但单凭这一方法又很难控制高峰时的交通流量。只采用单一的控制方法,让汽车驾驶者直接承受影响,就很难得到他们的理解。通常与公共交通优先政策相结合,并加大宣传力度,得到普通市民的理解。

表 5-4　小汽车交通调控方法

分类	物理方法	法规方法	经济方法
控制机动车保有量	—	① 强化对考取驾照的限制 提高年龄限制 严格考试制度 重罚违规行为 ② 限制汽车拥有数量 限制家庭拥有数量	提高对汽车拥有的税收 加强对购置、登记汽车的税收
控制机动车的使用	① 限制行驶速度和交通容量 静态交通 空间再分配 ② 限制道路网络 交通区域系统化 ③ 控制路边停车场的容量 控制停车容量	① 限制进入道路区间或地域 限制车牌号进入方式 采取许可证进入方式 限制单人驾乘 ② 禁止路边停车 加强取缔违法停车 加强惩罚力度	① 对利用道路空间征收费用 实行道路定价 ② 征收燃油税 提高燃油税 调整轻油和汽油税收的差价 ③ 利用停车费来控制 提高停车收费 按时间段和停车地点制定相应的收费标准

　　由于汽车产业政策的影响,小汽车交通政策基本采取控制其使用,而非控制拥有的方式,但对于部分特大城市,交通运行矛盾突出,也可借鉴国外城市的发展经验,适度采用小汽车交通拥有量控制政策。新加坡等国家采用包括强化控制驾驶执照的发放、限制汽车总量和高额的私家车税收政策可为部分城市提供政策制定上的参考。其具体实施手段包括采用提高考取驾驶执照的年龄,或严格考试制度以及强化对违规者吊销驾驶执照等做法;每年由政府决定允许登记的汽车数量,新车购买指标要参加每月举办的拍卖会,购车许可证必须在中标后才能获得,即将限制手段和经济手段并用来控制汽车拥有量;新加坡等国家采用的对于购置汽车,拥有汽车的人,通过征税来增加经济负担,达到控制机动车保有量的目的。

　　小汽车交通使用控制应是城市小汽车交通发展核心调控方式,一般通过限制小汽车出行的社会经济成本来实现,包括行驶速度、行驶路权、行驶区域加以限制或提高小汽车出行经济费用以及限制停车等。

　　控制行驶速度早期应用在居住区宁静化措施实施的方法,逐步应用于城市内或城市之间的干道,不同区域干道均采用了差别化的行驶速度控制标准;行驶路权控制可分为空间上的路权控制和时间上的路权控制两方面。空间上路权控制主要将部分机动车道改步行道,并增加公交、自行车的专用车道的数量,道路宽度的构成和沿途道路功能随之修改,也称为"道路空间的再分配";行驶区域限制是在一定的地区或道路区间,禁止特定的车辆进入,分别有"车牌号限制"、"许可证制"和"限制单人驾驶制"等方法。

　　提升小汽车出行经济成本可以通过对行驶车辆征收道路使用费,购买在规定区域内只允许在短期内使用的汽车许可证,或对所有穿过规定区域边界道路的车辆征收过境费。在拥挤地区内车辆的行车距离、行驶时间征收税金的"直接征税方式"。也就是对车辆及其造成的交通堵塞、污染等影响程度征收相应的税金；也可通过燃油税控制非必要性驾驶出行。

控制停车主要是控制机动车的集中量。为避免助长违章停车，要与有效的监管结合起来实施。主要包括强化对路边停车的监管，加重对违章车辆的罚款来控制机动车的使用，限制路边停车场容量。根据道路交通运行条件，采用不同时间、地点以及出行目的差异化停车收费标准。

（3）自行车交通政策

自行车具有使用灵活，准时可靠，连续便捷，可达性好，用户费用低廉，运行经济，节能特性显著，环保效益好，时空资源占用相对较少等优势。在有条件发展自行车城市，必须逐步改善自行车交通利用环境，一般可采用如下措施：

针对城市交通流机非混行的特点，尤其是城市中心区几条交通干道上，要规划系统的自行车道路网络，应以提高路网资源的利用率、保障自行车应有的通行权为前提。一方面使自行车交通形成一个独立的子系统，实现机非运行系统的空间分离，减少不同交通因子之间的相互干扰；另一方面是充分挖掘小街小巷的自行车交通的潜力，使自行车流量在路网中均衡分布，以减轻主、次干道上自行车交通的压力和满足自行车交通发展需求。

在轨道、BRT 等大型换乘站点合理规划非机动车停车场，并给予政策上的支持，倡导B+R 出行模式，引导居民近距离采用慢行交通方式，中长距离采用公共交通或者"自行车＋公共交通"方式出行，与此同时通过大力发展公共交通来提高公交吸引力。

重视非机动车停车系统建设，在城市繁华地区、商业区及交通枢纽处规划适当的非机动车停车场。对市区繁华的主干道，应尽可能将自行车停车场设置在道路红线以外，对不得不利用人行道停放自行车时，应将停车地点选择在行人流量小、人行道宽的地点；在商业网点集中地段，可利用商业、服务业周围的胡同、里巷、建筑空地开辟停车场，适当实行有偿服务，计时收费停放自行车。

充分结合城市旅游资源，在景区设置自行车观光休闲线路，在景观走廊上规划文体游憩自行车通道，与景观步行走廊共同创造适宜的慢行交通环境。

（4）步行交通政策

步行交通是城市交通的主要组成部分。无论是作为满足人们日常生活需要的一种独立的交通方式，还是作为其他各种交通方式相互连接的桥梁，步行交通都是作为其他方式无法替代的系统而贯穿交通出行的始末。从步行者的角度来看，人们需要在城市中享有充分的自由，能够随意地漫步、休息、购物和交流，由此也需要所处的步行环境具有安全、宜人且具有连续性等特点。

安全是步行交通最基本的要求。在步行系统中行走，不希望受到其他机动、非机动交通的干扰。即使在和机动车、非机动车交通发生冲突的地点，也希望通过交通组织赋予步行交通独立的通行权以保障步行者的安全。行人流量集中地区，可将该路段设置"步行专用道"，禁止机动车通过。部分城市把市中心的道路或市政府前等地原有的广场活用为步行广场，在这样的步行空间中，多数只允许公共交通车辆通行，以此控制过往车辆，起到激活中心商业区活力的作用。

宜人是指步行交通环境在设计的过程中,应结合周边环境(包括自然山水、建筑等)一起形成具有鲜明的地方特色和艺术氛围的步行环境,使人们身处其中,能够赏心悦目、心情舒畅地完成自己的出行目的。

连续性即指步行交通系统的连续性。不管是位于城市中心区的商业步行街,还是滨江(河)的步行道、广场,乃至作为道路组成部分的人行道,都需要通过一系列的人行横道、过街地道或天桥连成一个完整的系统,以使步行者能够到达城市中的任何一处。

5.3.4 备选交通战略方案生成

交通发展战略涉及的因素很多,相关的战略要素可分为基础战略因素、核心战略因素与支撑战略因素。基础战略因素是指那些能够形成基础网络框架、客货出行需求的背景因素,包括现有交通网络、相关规划、人口岗位布局情况等。核心战略因素是指那些能够影响到整个战略方向的因素,包括道路运输网络、公交运输网络和城市交通政策。支持战略因素是指那些不影响主体战略选择,且能帮助实现核心战略的因素,如 ITS、静态交通和交通管理等,对它们的细化有助于专项交通战略的制定。

交通发展战略生成的过程就是在基础战略因素的背景下,结合不同情境下的城市空间形态发展情境,分别分析不同类型的以运输网络和交通方式发展政策为主的核心要素战略方案,并提出配套的支持要素的战略方案。在战略方案生成过程中的关键是对基础战略要素进行分析和生成。对备选战略方案的测试同样也是以核心战略因素为主体。

结合不同的城市空间发展情境,制定骨架路网方案、公交运输网络方案、并拟定相关交通政策,形成若干比选方案。具体战略方案生成方法可采用 SWOT 分析方法。交通发展优势(S)和劣势(W)主要指现阶段已经取得的一些交通建设进展和交通存在的问题,主要针对交通系统自身的条件分析,交通发展机遇(O)与挑战(T)主要指宏观社会经济环境为未来交通合理发展带来有利条件和制约因素,主要针对交通系统外部环境的分析。一般包括发展环境分析、因素影响力度分析、类型确定和发展战略确定四个环节。

1)发展环境分析

对城市交通战略目标所涉及的影响因素划分为内部因素和外部因素两个方面,进一步明确所面临的优势、劣势、机遇和挑战,制定 SWOT 分析表格。通过调查与分析,确定各要素的权重及强度,并通过层次分析或数理统计方法计算各影响因素的影响力度。其中,如表 5-5 所示。

表 5-5　SWOT 发展环境分析

内部因素	优势分析	权重	外部因素	机遇分析	权重
	$S1$	K_{S1}		$O1$	K_{O1}
	$S2$	K_{S2}		$O2$	K_{O2}
	...	$K_{S...}$		...	$K_{O...}$
	劣势分析	权重		挑战分析	权重
	$W1$	K_{W1}		$T1$	K_{T1}
	$W2$	K_{W2}		$T2$	K_{T2}
	...	$K_{W...}$		...	$K_{T...}$

2）因素影响力度分析

　　将影响优势、劣势、机遇及威胁发挥作用的各因素 j 的实际水平定义为强度,按照 $1\sim9$ 标定,采用专家打分法对各因素的强度进行打分。将专家评估表的同一因素强度值进行加权平均,作为各因素对应平均强度值。对于优势和劣势来说,某一影响因素的影响力度等于权重评价分数;对于机遇和威胁来说,某一影响因素的影响力度等于出现的概率评价分数。将 SWOT 各要素分别求和可得到 SWOT 力度。如表 5-6 所示。

表 5-6　因素影响力度评价矩阵

内部因素——优势	权重	强度	综合评价值	合计
S1	K_{S1}	A_{S1}	B_{S1}	
S2	K_{S2}	A_{S2}	B_{S2}	M_S
…	$K_{S\ldots}$	$A_{S\ldots}$	$B_{S\ldots}$	
内部因素——劣势	权重	强度	综合评价值	合计
W1	K_{W1}	A_{W1}	B_{W1}	
W2	K_{W2}	A_{W2}	B_{W2}	M_W
…	$K_{W\ldots}$	$A_{W\ldots}$	$B_{W\ldots}$	
外部因素——机遇	权重	强度	综合评价值	合计
O1	K_{O1}	A_{O1}	B_{O1}	
O2	K_{O2}	A_{O2}	B_{O2}	M_O
…	$K_{O\ldots}$	$A_{O\ldots}$	$B_{O\ldots}$	
外部因素——威胁	权重	强度	综合评价值	合计
T1	K_{T1}	A_{T1}	B_{T1}	
T2	K_{T2}	A_{T2}	B_{T2}	M_T
…	$K_{T\ldots}$	$A_{T\ldots}$	$B_{T\ldots}$	

3）类型确定

　　建立 SWOT 要素坐标系,在 S 轴、W 轴、O 轴和 T 轴上分别标注已经计算出的各要素的力度值,连接各坐标轴的力度值形成四边形。四边形的重心坐标 $P=(X,Y)=\left(\sum_{i=1}^{4}x_i\big/4,\ \sum_{i=1}^{4}y_i\big/4\right)$,所在的象限决定类型。引入方位变量区分方位类型,设 α 是方位角,$\tan\alpha=Y/X$,其中 $0\leqslant\alpha<2\pi$,根据 α 的大小选择具体类型。具体如图 5-2 所示。

　　四个象限将整个平面分成 8 个区域,对应 8 种类型,如表 5-7 所示。

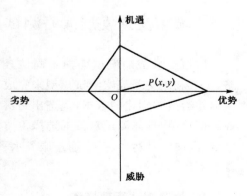

图 5-2　四边形分析示意

表 5-7　交通发展战略类型与方位关系

第一象限		第二象限		第三象限		第四象限	
开拓型战略区		争取型战略区		保守型战略区		抗争型战略区	
类型	方位域	类型	方位域	类型	方位域	类型	方位域
实力	$0,\pi/4$	争取	$\pi/2,3\pi/4$	退却	$\pi,5\pi/4$	调整	$3\pi/2,7\pi/4$
机会	$\pi/4,\pi/2$	调整	$3\pi/4,\pi$	回避	$5\pi/4,3\pi/2$	进取	$7\pi/4,2\pi$

4）交通战略方案生成

SWOT 分析法在要素本身和要素间进行分析和交叉分析,归纳生成相应的战略。城市交通系统自身的优势和限制,以及所面临的外部的机遇和挑战,进行单要素的归纳,可以得出初步交通发展战略,再通过各要素间的交叉分析,同时通过复合要素的"碰撞",制定出不同类型的交通发展战略。具体如图 5-3 所示。

交通备选战略方案一般可按照交通方式发展导向来分类,形成小汽车交通导向战略方案,轨道交通导向方案,常规公交导向方案以及公共交通与小汽车交通协调发展导向方案等。也可按照对某种交通方式发展导向分类,形成高强度公交优先方案、中等强度公交优先方案和低强度公交优先方案,或高强度小汽车控制方案、中等强度小汽车控制方案和低强度小汽车控制方案。或按照基础设施投资水平来分类,形成高强度投资方案、中等强度投资方案和低强度投资方案。

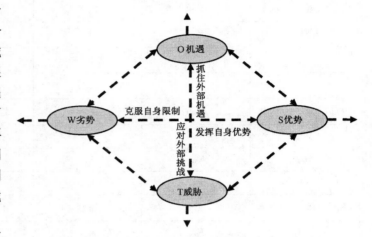

图 5-3　SWOT 要素归纳分析示意

5.4　城市交通发展战略测试

城市交通战略测试面向不同情景下的城市空间布局以及相对应的城市交通发展战略,一般利用交通战略测试模型来完成对战略方案的比选工作,为方案提供可比选的定量指标并给出差别化的数据,优选出最终的战略方案。交通战略测试模型主要关注一些宏观测试对象,具体测试对象的选择主要依据战略目标设计要求,一般包括居民分方式出行总量、区域的可达性、关键通道服务水平,骨干道路网络的规模,以及城市交通尾气排放和能源消耗总量等。

5.4.1　战略测试基础模型

交通战略测试基础模型与远期交通需求预测较为相近,但有所差异。远期需求预测是在交通战略方案未生成的前提下进行的,只是初步的交通需求分析,其目的是指导不同情境下交通发展战略的生成。交通战略测试模型是在已经有具体的交通战略方案的前提下,对战略方案比选,在测试的过程中,需要考虑到交通发展战略方案对需求格局的改变。其精度要求介于远期需求分析与四阶段交通需求分析之间。

交通战略测试基本模型的作用是进行交通出行生成、吸引、交通分布、交通方式划分和交通分配四方面的测试,得出交通出行量总量、交通分布量、交通方式结构,公交线路客流量、道路车流量、行车速度、道路和公交服务水平等基础指标。交通战略测试基本模型可以四阶段预测模型为基础,且所需的数据类型和调查方法类似。但由于交通战略是对交通宏观发展方向把握,具体模型构建可以以第三章提出的交通需求预测模型为基础,在参数选择方面对传统的四阶段预测模型加以改进。

1)基础网络

四阶段预测法基础网络基于城市综合交通规划方案不同等级道路网络和不同类型公交网络;战略模型的研究阶段仅涉及城市交通骨架网络的初步分析,并测试对象是城市重大基础设施的战略方案,模型拟定主要基于初步定义或总体规划定义的高快速路系统、主干路系统和骨干公交网络。

2)小区划分

四阶段预测法小区划分大致规模为 $1\sim2\ km^2$。由于战略测试的对象主要是包括轨道交通、BRT 以及骨架路网等城市重大交通基础设施和宏观城市交通发展方向,战略测试中小区划分与常规四阶段预测的交通小区划分相比范围可以较粗,以次干路为基础路网的小区规模可以在 $3\sim6\ km^2$,以主干路为基础路网的小区规模可以在 $6\sim12\ km^2$。

3)出行生成

四阶段预测法出行生成主要基于土地利用现状和规划方案,对交通出行目的划分相对较细,而战略测试的精度要求相对较低,基于土地利用现状和规划方案进行出行生成预测时可只考虑上班、上学和回程三种出行目的即可。

4)出行分布与方式划分

四阶段预测法进行出行分布和交通方式划分主要基于不同居民对不同出行目的、出行距离以及相应的出行工具的偏好来选择参数,而交通战略测试主要目的之一是对交通政策的比选,部分战略测试模型应考虑到不同类型交通政策在选择不同交通出行工具附加的广义出行费用的影响,比如不同的公交优先强度(收费、专用道密度等),停车收费标准,燃油税等。

5)交通分配

四阶段预测法在交通分配时主要是将因道路等级而产生的走行时间作为交通阻抗,战略测试阻抗标定涉及到交通管制措施产生的交通阻抗所引起的交通流或客流在交通网络上的重新分布。

5.4.2　交通战略测试典型模型

由于战略目标设计的多元性,道路和公交运行的基本指标不能完全完成战略方案优选任务,交通战略测试模型还应包括对特殊战略目标的选择进行测试。根据一般城市综合交通规划战略目标的设计,本书列举 4 个典型战略测试模型。

1）通道服务水平测试模型

通道服务水平测试模型一般用来分析通道总供应和总需求之间的相互关系。一般可以从两个方面着手,一方面计算通道的总需求及总供给,一方面计算两者的协调关系及矛盾程度。

客流总需求可用组团间客流联系强度 q_{ij} 表示,交通基础设施总供给表示通道的道路交通资源供给情况,具体可用公式（5-4）计算。

$$P = \sum_{i=1}^{m} R_i / c \tag{5-4}$$

式中：P——通道总供给值,标准车道;

　　m——各级道路数（个）;

　　R_i——各级通道的理论通行能力（pcu/h）;

　　c——平均每车道理论通行能力（pcu/h）。

通道服务水平可用小汽车出行需求与道路交通资源供应情况的比值反映,这里采用 φ 来评价通道的供需情况,可用公式（5-5）计算。

$$\varphi = \frac{q_{ij} \cdot \alpha}{P \cdot c} \tag{5-5}$$

式中：φ——通道服务水平（pcu/h）;

　　q_{ij}——通道所承担的客流量（pcu）;

　　α——组团间小汽车出行比例,表示通道所采用交通方式（%）。

2）路网容量测试模型

路网容量是城市道路设施在理想状况下单位服务时间所能容纳的最大车辆数,一般用来测试骨架路网容量战略方案的合理性。可从道路设施时空总资源和交通个体时空消耗两方面来分析。车辆在行驶中占有一定的道路净空面积,在一次出行时间内以动态方式只占有一次,每辆车出行使用的道路面积在单位服务时间内又可提供给其他车辆重复使用。因此,城市道路设施时空总资源 TR_s 可用公式（5-6）计算,机动车个体时空消耗 TR_d 可用公式（5-7）计算,理论路网容量值可用公式（5-8）计算。

$$TR_s = L \cdot T \tag{5-6}$$

$$TR_d = h_s \cdot t = \frac{l_p}{c} \tag{5-7}$$

$$C_{ap} = \frac{TR_s}{TR_d} = \frac{TR_s \cdot c}{l_p} \tag{5-8}$$

式中：L——机动车道路总长度或总面积（m²）;

　　T——城市道路单位服务时间,一般取 1 h;

　　h_s——车辆行驶过程中的平均车头间距（m）;

　　t——车辆一次出行平均出行时间（h）;

l_p——车辆平均出行距离(m);

c——路段单车道运行交通量,取路段单车道可能通行能力(veh/h)。

3）可达性模型

可达性表示到达某一特定区域的方便性,具体交通含义较为丰富,可从城市交通网总体角度上来理解可达性指标,也可从城市某一点或某一区域来理解可达性指标,可以分析从城市其他地区到所研究区域的方便性,也可以分析从所研究区域到城市其他地区的方便性。为此,引入可动性指标、易达性指标、通达性指标描述多方面的可达性内涵[5]。

可动性指标针对各区居民日常生活、工作出行,以某一区 i 的居民出行最短平均距离或最短平均时间表征,分别用公式(5-9)和公式(5-10)计算。$S_i \cdot$ 和 $T_i \cdot$ 的值越高,表示该区居民的可动性越差,反之可动性则越好。

$$S_i \cdot = \sum_{j=1}^{n} S_{ij} \cdot M_{ij} \Big/ \sum_{j=1}^{n} M_{ij} \qquad (5-9)$$

$$T_i \cdot = \sum_{j=1}^{n} T_{ij} \cdot M_{ij} \Big/ \sum_{j=1}^{n} M_{ij} \qquad (5-10)$$

式中：$S_i \cdot$——第 i 区居民出行最短平均距离(km);

　　　$T_i \cdot$——第 i 区居民出行最短平均时间(min);

　　　S_{ij}——i 区到 j 区的最短路长度(km);

　　　T_{ij}——i 区到 j 区的最短路时间(min);

　　　M_{ij}——i 区到 j 区的家基出行人数,即出发点或终点为家的出行人数。

易达性指标针对市中心、商业中心等重要交通集散地的吸引力,以城市各区居民到城市某地区需经过的最短路程或时间的加权平均值表征,分别用公式(5-11)和公式(5-12)计算。$S \cdot j$ 和 $T \cdot j$ 的值越高,易达性越差,反之则越好。

$$S \cdot j = \sum_{i=1}^{n} S_{ij} \cdot M_{ij} \Big/ \sum_{i=1}^{n} M_{ij} \qquad (5-11)$$

$$T \cdot j = \sum_{i=1}^{n} T_{ij} \cdot M_{ij} \Big/ \sum_{i=1}^{n} M_{ij} \qquad (5-12)$$

式中：$S \cdot j$——城市各区居民到城市某一区最短路程的加权平均值(km);

　　　$T \cdot j$——城市各区居民到城市某一区最短时间的加权平均值(min)。

通达性指标针对全市居民总体可达性,以城市居民出行最短平均距离或时间表征。对于不同的城市来说,居民出行最短平均距离和时间反映了不同城市居民的方便性、可达性;对于同一城市来说,道路交通体系的改善立即可以由(5-13)、(5-14)式反映出来居民出行方便程度的改善。S 和 T 越高,通达性越差,反之则越好。

$$\overline{S} = \sum_{i=1}^{n} \sum_{j=1}^{n} S_{ij} \cdot M_{ij} \Big/ \sum_{i=1}^{n} \sum_{j=1}^{n} M_{ij} \qquad (5-13)$$

$$\overline{T} = \sum_{i=1}^{n} \sum_{j=1}^{n} T_{ij} \cdot M_{ij} \Big/ \sum_{i=1}^{n} \sum_{j=1}^{n} M_{ij} \qquad (5-14)$$

式中：$\overline{S}$——城市居民出行最短平均距离(km);

$\overline{T}$——城市居民出行最短平均时间(min)。

不同类型城市和服务于不同出行目的,可动性、易达性和通达性评判标准应有所差异,表5-8给出一套不同城市规模、不同出行目的可达性标准建议值,对于同一规模类型城市,人口较多,用地分布较分散的城市可选取高值,反之,人口较少,用地分布较为紧凑的城市可选取低值。

表 5-8 可达性指标评价标准建议

出行目的		上班	上学	购物	回程
特大城市	可动性	$\dfrac{5.0 \sim 8.0}{25 \sim 40}$	$\dfrac{2.0 \sim 4.0}{10 \sim 20}$	$\dfrac{5.0 \sim 10.0}{25 \sim 50}$	$\dfrac{5.0 \sim 8.0}{25 \sim 40}$
	易达性	$\dfrac{5.0 \sim 8.0}{25 \sim 40}$	$\dfrac{2.0 \sim 4.0}{10 \sim 20}$	$\dfrac{5.0 \sim 10.0}{25 \sim 50}$	$\dfrac{5.0 \sim 8.0}{25 \sim 40}$
	通达性	$\dfrac{4.0 \sim 7.0}{20 \sim 35}$	$\dfrac{1.5 \sim 3.5}{10 \sim 18}$	$\dfrac{4.0 \sim 8.0}{20 \sim 40}$	$\dfrac{4.0 \sim 7.0}{20 \sim 35}$
大城市	可动性	$\dfrac{3.0 \sim 6.0}{15 \sim 30}$	$\dfrac{1.5 \sim 3.5}{8 \sim 18}$	$\dfrac{3.0 \sim 6.0}{15 \sim 30}$	$\dfrac{3.0 \sim 6.0}{15 \sim 30}$
	易达性	$\dfrac{3.0 \sim 6.0}{15 \sim 30}$	$\dfrac{1.5 \sim 3.5}{8 \sim 18}$	$\dfrac{3.0 \sim 6.0}{15 \sim 30}$	$\dfrac{3.0 \sim 6.0}{15 \sim 30}$
	通达性	$\dfrac{2.0 \sim 5.0}{10 \sim 25}$	$\dfrac{1.0 \sim 2.5}{6 \sim 12}$	$\dfrac{2.0 \sim 5.0}{10 \sim 25}$	$\dfrac{2.0 \sim 5.0}{10 \sim 25}$
中等城市	可动性	$\dfrac{2.0 \sim 4.0}{10 \sim 20}$	$\dfrac{1.0 \sim 2.5}{7 \sim 12}$	$\dfrac{1.5 \sim 4.0}{8 \sim 20}$	$\dfrac{2.0 \sim 4.0}{10 \sim 20}$
	易达性	$\dfrac{2.0 \sim 4.0}{10 \sim 20}$	$\dfrac{1.0 \sim 2.5}{7 \sim 12}$	$\dfrac{1.5 \sim 4.0}{8 \sim 20}$	$\dfrac{2.0 \sim 4.0}{10 \sim 20}$
	通达性	$\dfrac{1.5 \sim 3.5}{8 \sim 18}$	$\dfrac{0.8 \sim 2.0}{6 \sim 10}$	$\dfrac{1.0 \sim 3.0}{7 \sim 15}$	$\dfrac{1.5 \sim 3.5}{8 \sim 18}$
小城市	可动性	$\dfrac{0.8 \sim 2.5}{6 \sim 12}$	$\dfrac{0.5 \sim 1.5}{5 \sim 8}$	$\dfrac{0.5 \sim 2.0}{5 \sim 10}$	$\dfrac{0.8 \sim 2.5}{6 \sim 12}$
	易达性	$\dfrac{0.8 \sim 2.5}{6 \sim 12}$	$\dfrac{0.5 \sim 1.5}{5 \sim 8}$	$\dfrac{0.5 \sim 2.0}{5 \sim 10}$	$\dfrac{0.8 \sim 2.5}{6 \sim 12}$
	通达性	$\dfrac{0.5 \sim 2.0}{5 \sim 10}$	$\dfrac{0.5 \sim 1.5}{5 \sim 8}$	$\dfrac{0.5 \sim 2.0}{5 \sim 10}$	$\dfrac{0.5 \sim 2.0}{5 \sim 10}$

注:表中可达性标准以居民平均出行距离(km)/时间(min)计。

4)环境消耗模型

环境消耗模型主要用于分析城市交通环境消耗是否超出了预期的环境消耗目标值。在划分完交通小区后,环境消耗可分为两部分内容,一部分是区内出行的机动车环境消耗,另一部分是跨区出行的机动车环境消耗。

交通跨区出行和区内出行排放量与交通分布量、交通结构、实载率、分区距离和排放因子相关,排放量等于各种交通方式需求量与出行距离和排放因子的乘积,由于CO排放量远高于其他污染物的排放量,一般主要考虑 CO 的排放因子,排放因子可只考虑小汽车和公交车的排放因子即可。具体如式(5-15)和式(5-16)所示。

$$W_{ij} = \sum_m \frac{Q_{ij} \cdot P_m}{\lambda_m} \cdot d_{ij} \cdot \delta_W(V_m) \tag{5-15}$$

$$W_i^t = \sum_m \frac{Q_i^t \cdot P_m}{\lambda_m} \cdot f_i(R_m) \cdot \delta_W(V_m) \tag{5-16}$$

式中:P_m——居民出行选择第 m 种交通方式概率(%);

λ_m——第 m 种交通方式实载率(人/pcu);

d_{ij}——第 i 分区与第 j 分区的距离(km);

$\delta_W(V_m)$——第 m 种交通方式排放因子(ml/km·veh),为该种交通方式运行速度的函数;

R_i——第 i 分区的当量半径(m);

$f_m(R_i)$——第 i 分区第 m 种交通方式区平均出行距离(m),可用第 i 分区当量半径表示。

5.5　城市交通发展战略优选

5.5.1　交通战略评估对象

交通发展战略优选的过程就是对不同备选交通战略方案评估的过程,主要衡量交通战略对城市、社会、经济、交通系统等各个方面产生的影响的综合效益。交通战略评估的对象主要包括对交通发展战略实施可行性评估、效果评估、效应评估以及效率评估等四方面的评估。

交通发展战略可行性评估主要考虑交通发展战略与国家、地方政策的协调性,可接受性,公平性及交通政策的执行难度等。交通发展战略与国家、地方政策的协调性主要分析所形成的交通发展战略是否符合国家和地方的交通发展政策,如有矛盾,是否可以进行协调。公平性主要分析交通战略采取的政策在交通资源分配上是否照顾到城市的各个阶层、各种收入居民的利益。可接受性主要分析交通政策的实施是否符合居民交通出行的意愿,能否为城市居民所接受。执行难度主要考虑政策实施过程中的技术和社会问题解决的难度,和对管理部门素质提高的要求。

交通发展战略效果评估主要是对交通战略实施后对交通系统和出行者两方面可能产生的影响,比如出行方式结构,交通机动车总拥有量等,评价以定量分析为主,一般结合交通发展战略模型进行测试。效应评估主要针对交通发展战略应用后对城市、社会和经济所引起的反响,评价对象以定性为主,一般采用专家打分方法进行,比如交通对环境的影响程度,与城市空间布局发展的协调性等。交通战略的效果评估和效应评估标准主要应结合城市交通战略目标设计的要求而制定。

交通战略效率评估是衡量战略取得的效果所耗费的外部资源的数量,它通常表现为投入与效果之间的比例。效率评估与效果和效应评估既有区别,又有联系。效果和效应关心的是有效执行战略,达到预定目标,效率评估关心的是如何以最小的投入得到最大的产出。交通战略效率评估与效果与效应评估之间有时并不统一。战略的效率必须建立在交通战略的效果与效应评估的基础上。效率评估阶段的重点是对交通发展战略实施成本进行分析,交通发展战略的成本主要包含交通基础设施建设成本和交通运行成本,前者主要包括道路和骨架公共交通线路的建设成本,后者主要包括出行距离和时间成本。

5.5.2 交通战略方案综合评估方法

交通战略评估方法主要针对效果评估和效应评估两方面。一般采用"前—后"交通战略评估法和"有—无"交通战略评估方法。"前—后"交通战略评估法,就是将交通战略在实施前可以衡量出的状态与接受交通战略作用后可以衡量出的新状态之间进行对比,从中得出交通战略效果,进而据此对交通战略的价值做出判断。图5-4中A1代表交通战略执行前的效果,A2代表交通战略执行后的效果,(A2−A1)表示交通战略实际效果。该方法的优点是操作简单,不足之处是它无法将被评估战略的"纯效果"与该项政策以外的因素所产生的效果分离出来。

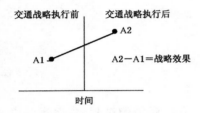 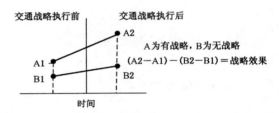

图5-4 "前—后"交通战略评估法   图5-5 "有—无"交通战略评估法

"有—无"交通战略评估方法是在交通战略执行前和执行后这两个时间点上,分别就采取交通战略和不采取交通战略两种情况进行前后对比,然后再对两次对比结果进行比较,以确定被评估的交通战略的效果。图5-5中,A1和B1分别代表现状有无交通战略两种情况,A2和B2分别是未来有无交通战略的两种情况。(A2−A1)为有交通战略条件下的变化结果,(B2−B1)为无交通战略条件下的变化结果。(A2−A1)−(B2−B1)便是交通战略的实际效果。这种方法需要补充大量的现状分析数据,操作便捷性较"前—后"对比法相对较差,但能够比较有效地将被评估交通战略的"纯效果"从战略执行后产生的总效果中分离出来,降低外界因素的干扰。

参考文献

[1] 陆锡明.城市交通战略[M].北京:中国建筑出版社,2006.
[2] 王炜,徐吉谦,杨涛,李旭宏.城市交通规划理论及其应用[M].南京:东南大学出版社,1998.
[3] 过秀成,孔哲,叶茂.大城市绿色交通技术政策体系研究[J].现代城市研究.2010(1):11-15.
[4] J.M.汤姆逊著,倪文彦等译.城市布局与交通规划[M].北京:中国建筑工业出版社,1982.
[5] 杨涛,过秀成.城市交通可达性新概念及其应用研究[J].中国公路学报,1995,8(2):25-30.

第6章 城市对外交通规划

6.1 规划的基本要求

城市对外交通与区域交通运输网络和城市用地布局之间有着密切的关系。对区域而言，城市对外交通是运输网络上的一个结点。对城市而言，对外交通是城市形成和发展的重要条件。对外交通是以城市为基点，城市与城市外部区域之间进行人与物运送的各种交通运输系统的总称，包括铁路、水运、公路以及航空运输的线网和枢纽。

6.1.1 目标和原则

（1）规划目标

以区域交通上位规划为原则，根据城市的经济社会发展情况，把握城市对外交通的发展趋势、预判城市未来对外交通可能面临的问题。明确城市对外交通的发展方向，采取有效的规划措施，落实城市总体规划的战略并引导城市发展目标的实现。具体目标包括以下四个方面。

① 构筑各种交通方式相对完善、相互协调的城市对外综合交通体系；

② 加强与周边重点城市快速通道的建设，支撑区域城市群一体化发展；

③ 城市客货运输的重要基础设施规划，满足城市社会经济发展的需要；

④ 规划便捷的城市对外出入口，服务城市快进快出的对外交通需求。

（2）规划原则

① 与城市社会经济发展战略目标相一致；

② 与城市总体规划和区域城镇体系规划相协调；

③ 与区域综合运输体系、城市交通系统相协调；

④ 环保、经济、绿色、低碳、可持续；

⑤ 兼顾近期与远期。

6.1.2 主要内容

1）影响因素分析

对外交通是城市与区域联系、沟通的动脉，对提高城市在区域中核心竞争力、加强资源吸引和配置能力，引导区域产业发展的异构等方面均有着重要作用。城市对外交通规划是区域运输网络结点规划中的重要内容，应与区域运输网络规划相协调。城市对外交通规划也是城市重大基础设施建设的重要依据，应考虑城市所处的地形地质、自然环境、城市用地分布、城市交通等因素的影响。

（1）区域交通运输网络

区域交通运输网络规划是基于空间地理学和运输经济学原理，以区域服务水平及整体效益最优为目标，进行交通运输线网及枢纽的规划。城市在这个层面仅作为交通吸引和发生的源点进行考虑。根据区域城市间的客货运输联系强度以及线路空间上的最优原则，布设各个交通吸引源和发生源的交通运输线路及枢纽设施。区域交通运输网络的整体框架是城市对外交通规划的前提和基础。

区域交通运输网络结构影响着城市的对外交通框架。历史表明区域交通运输方式的变革将对城市的发展产生巨大的影响。不同时期、不同阶段的区域交通运输方式随着科技进步、社会发展而不同。在古代河运时期，京杭大运河、黄河等运河沿线是当时大城市布局的主要地带，沿线的城市能够得到快速的发展。新中国成立后，全国铁路网络的发展产生了一些典型的"铁路拉来的城市"。位于铁路干线的衔接点或交汇点上的中小城镇迅速发展成为拥有几十万乃至上百万人口的大规模现代化城市。港口、航空的发展与现代国际性大都市的建设相辅相成。内河和海运以及铁路建设的发展与工业港口城市建设密切相关。

（2）地理位置、地形地质等自然因素

城市对外交通规划在很大程度上受到城市地理位置、地形、地质条件、环境等自然因素的影响。城市地理位置决定了城市对外交通在区域网络中的重要度及对外交通方式的可选性。如沿海沿江城市就具有海运、河运的天然港口优势，水系发达地区充分利用内河航道运输。山区地区修建铁路、公路的难度较平原地区大，通达性和线网密度较低。地质不稳定如存在冻土、泥石流、山体滑坡等地区的交通线路受到制约。航空机场选址对地质、地理位置、气候等自然条件均有较高的要求。许多城市中有重要的自然生态保护区，交通易产生噪声、污染气体等危害，规划中应尽量避开穿越和破坏自然保护区。

（3）城市总体规划及决策者因素

城市总体规划规定了城市土地使用性质及城市重要的交通设施规划。城市综合交通规划作为城市总体规划中的重要内容，需展开详细深入的研究，将城市对外交通用地的要求纳入至城市总体规划中。城市对外交通的整体要求与城市规模、城市性质有关，其布局与城市土地总体规划、人口、经济产业的分布密切相关。决策者对城市发展的诉求也影响着城市对外交通的总体要求。对外交通与城市土地使用有着较强的互动反馈效应，因此对外交通也是决策者扩大城市框架、促进城市发展的举措之一。

（4）城市内部道路网络

城市对外交通承担着区域交通和城市内部交通间的衔接。区域性交通通道、对外交通枢纽均需与城市内部道路网紧密衔接、相互协调。重大对外交通枢纽的交通集疏运道路应注重与城市内一般集散道路的功能区分。区域性交通通道原则上应避开与城市内部交通生活性道路的直接连接，应形成搭配合理、功能明确的城市内外道路衔接体系。

对外交通规划是一个多因素相互关联的结合体，与区域运输网络、地理位置、自然环境、城市总体规划、城市内部道路网等密切联系。同时也是一个动态变化的过程，在规划中不仅要注重解决现状中的问题,还要结合考虑发展中可能遇到的问题。借鉴和吸收既有对外交通规划的研究成果,科学合理地做好城市对外交通系统规划。

2）规划的主要内容

依据城市具体情况,研究城市对外交通线路和运输枢纽设施的布局,处理好与相关专业规划的协调。涵盖铁路、公路、水运、航空。明确对外交通发展的战略目标、体系结构、总体布局、功能等级等。

铁路。应明确铁路及其站场的功能,选择合理的铁路站场位置。客运站一般靠近中心城区的边缘,有较好的站场用地,与市内交通能够良好的衔接。货运站尽量远离居民和商业集中地区,接近工业区(敏感工业区除外)。编组站一般安排在郊区或远郊区。铁路选线应尽量避开居民和商业密集区,按照规范要求控制两侧防护合格利用率,必要时加设防护和隔离设施。大城市要考虑城际轨道交通的引入。

公路。公路网规划应与区域和市域城镇体系布局相协调,以出行时间确定合理的通达目标和服务水平,以公路交通流量流向分布为依据,有利于公路交通组织,选择合理的等级结构、路网布局、等级标准,处理好与城市道路网的有机衔接。公路客运站场应以城市人口分布和客流吸引强度为主要依据,选择合理的站场规模和布局,与城市交通、特别是城市公交良好衔接,有利于交通组织和快速疏解。公路货运站应以城市产业、开发区的布局和物流分布与组织为主要依据进行布局规划,同时,与铁路、港口、机场等布局相衔接和协调,与城市快速路和干线公路良好的衔接。

水运。充分利用区域和市域内的水系资源,考虑物流构成、分布、集散特征和集疏运条件,合理规划航道和港口,要处理好航道、港口与城市用地布局的关系,处理好港口集疏与陆域交通的有机衔接。

航空。根据城市规模、区位特征和周边空港条件,阐明空港的必要性或利用条件。空港选址要综合考虑空域和陆域条件、与母城的交通联系和对周边城市辐射和服务。

6.1.3　规划流程

城市对外交通规划需综合考虑多个专项规划,协调各个规划与城市发展的关系。规划涉及公路、铁路、水运及航空四种运输方式,应在区域专项规划的基础上开展规划工作。在具体的规划实践中,需结合考虑以下规划流程,如图 6-1 所示。

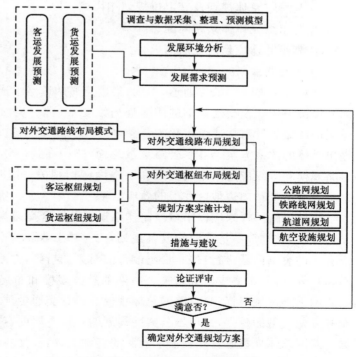

图 6-1　对外交通规划的流程[3]

6.2 对外道路交通网络规划

对外道路交通网络规划是城市对外交通规划的主要内容,应包括市域公路网规划、城市结点路网规划和城市对外出入口道路规划。

6.2.1 市域公路网规划

市域公路网规划是以增强城市与区域间的交通联系,提高城市与周边城镇的统筹发展,进行市域行政区范围内的公路网规划。市域范围内的道路包含高速公路、国省干线、集散层面的县乡公路。新一轮规划中区域骨架层的高速公路网格局基本稳定,市域公路网规划中应逐步加密干线、支线公路。城镇密集区的发展带来了区域性的通勤交通,城市群间产生了大量的交通需求,城际间应考虑通道性的公路网络设施。

在规划范围和总体要求上,市域公路网规划具有一些新的特征。总体要求上,规划是在城市总体规划和上位公路网规划发生较大调整后进行的。规划范围主要是中心城市、县城、重点城镇结点间的等级公路。

1)规划原则

服从国家和省级干线公路网规划、区域城镇体系及社会经济发展战略,并以城市总体规划为依据,充分发挥公路运输机动灵活的优势,形成中心城市向区域辐射的多层次化公路网络体系。规划遵循的主要原则如下:

① 遵循国省道干线等上位规划的要求;

② 与城市总体规划及其上位规划相协调;

③ 与市域城镇体系相匹配;

④ 满足并适度超前交通需求。

2)主要内容

市域公路网由区域性通道、干线、集散连通的道路组成。通道和干线层公路网应根据区域经济一体化及交通运输的网络连通性要求,进一步加密完善路网并适时调整既有不适应的线路。针对快速城市化的背景,部分既有国省干道街道化严重,对外交通规划中应提出具体的改线方案。县乡公路集散层面,路网布局应连通主要城镇、人口集中分布区;道路规模和等级应与未来的交通联系强度密切相关。同时应注重引导城乡统筹发展,促进中心城市带动周边地区发展的效应。

市域公路网规划应以市域城镇体系规划及综合交通规划为前提和参考依据。规划往往包含两个层面,一是近期的改善规划,二是中长期的总体规划。近期方面,主要针对现有存在的突出问题进行诊断,提出改善的对策和措施,并给出近期建设重点项目。中长期总体规划方面,主要应研究未来公路网的总体规模和布局形态,预测远景道路交通量,提出路网远期发展目标,匡算路网总体规模。远景交通量预测应包含市域内交通量产生、分布和分配模型的建立,是市域公路网规划的一项主要内容,也是路网设计与优化的直接依据。路网总体规模匡算是在需求预测的基础上,结合社会经济发展等方面的要求,测算目标年规划区内的路网规模。布局规划阶段分别从线路和结点两个角度考虑线路的布局方案,针对不同结点的功能、线路布局的影响因素分析,可采取分层布局等方法规划整个路网。规划中还应包括路网布局效果的优化和评价内容。图 6-2 给出了市域路网规划的流程。

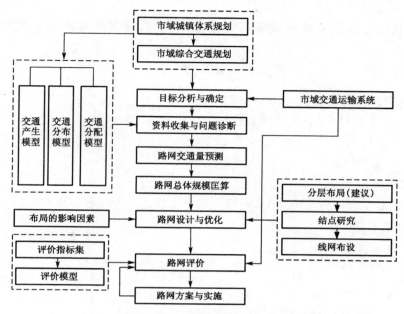

图 6-2　市域路网规划流程[2]

3）规划方法

市域公路网规划的理论方法主要有:四阶段法、结点法和总体规模控制法如表 6-1 所示。

表 6-1　市域路网规划方法

名　称	方　法　过　程	适　用　性
四阶段法	以土地利用与交通的互动关系为原理,通过现状 OD 调查、数据采集和历史资料分析,建立需求预测模型。方法较多依赖于交通 OD 流量,分析结果强调以改善交通运行为目的进行网络和线路规划。	建议作为一种辅助决策或政策分析的基本手段,与市域路网分析的其他方法相结合,更好地发挥其在市域路网规划中的作用。
结点法	将重要城镇作为路网规划的结点,将路网规划问题分解成路网结点的选择和路网线路的设置两个部分。其核心是通过对交通、经济要素的综合考虑建立结点重要度模型,作为网络布局的依据。	结点法中定性分析的成分较大,使得该方法布局规划不确定性较大。
总体规模控制法	该方法的基本思想是从宏观整体出发来把握区域内与交通运输密切相关的一些总量变化趋势。根据社会经济发展状况和交通量、运输量的变化特征,以区域内道路交通总需求来控制路网建设总规模。	此方法不依赖 OD 调查,对过境交通的考虑较少。

4）市域路网的规模分析

路网合理规模的确定,是进行公路网布局规划的基础和依据。由于规划出发点的不同,公路网发展规模的表示方法也存在着差异。常用的表示方法采用公路网密度、公路网通达深度、公路网等级结构、出行距离以及出行时间等来表示。

公路网合理发展规模的确定方法主要有经济分析法、公路周转量分析法和时间序列趋势外推法。下面主要介绍基于经济分析法的几种具体计算方法。

① 国土系数法

国土系数法是依据公路网长度与人口、区域面积的关系而确定公路网规模,用式(6-1)计算。

$$L = K \cdot \sqrt{P \cdot A} \tag{6-1}$$

式中:L——公路网总里程;

$\quad$ K——经济指标系数(道路网系数);

$\quad$ P——人口;

$\quad$ A——区域面积。

② 弹性系数法

以公路网总里程的变化率和 GDP 的变化率之比作为公路网总里程对经济指标(人均GDP)的弹性系数,如式(6-2)所示。

$$e = \frac{I_R}{I_E} \tag{6-2}$$

式中:e——弹性系数;

$\quad$ I_R——公路网里程增长率;

$\quad$ I_E——GDP 增长率。

公路总里程与国民经济的弹性系数,反映了公路运输与国民经济的适应情况和相互关系。公路总里程的平均增长率预测可通过地区经济增长率得到如式(6-3)所示。

$$Q = E \cdot e \tag{6-3}$$

式中:Q——公路总里程平均增长率;

$\quad$ E——经济(人均 GDP)增长率;

$\quad$ e——弹性系数。

③ 结构类比法

此法通过建立规划区与国内发达地区的类比关系来确定规划区远景公路网络密度规模。在规划区经济欠发达的情况下,将其一定时期规划目标定在国内发达地区的水平上;在规划经济发达地区公路网时,设定其目标相当于国外发达地区的水平,关系模型如式(6-4)所示。

$$L = f(I, P, A) \tag{6-4}$$

式中:L——公路网总里程;

$\quad$ K——人均经济指标(万元/人);

$\quad$ P——总人口;

$\quad$ A——区域面积。

④ 期望密度法

随着社会经济的发展,交通需求会不断增加。不同的经济发展阶段需要不同的公路网密度,合理的公路网密度可由式(6-5)表示。

$$H_d = kP_d^a (PGNP)^\beta \qquad (6-5)$$

式中：H_d——公路网期望密度(km/km^2)；

$\qquad P_d$——人口密度(人/km^2)；

$\qquad PGNP$——人均国民生产总值(万元/人)；

$\qquad k$、α、β——待定系数。

5)市域路网的布局形态

市域路网布局的典型形式主要有三角形(星形)、棋盘形(网格形)、放射形(射线形)、并列形、树权形、条形及扇形[2],如图 6-3 所示。

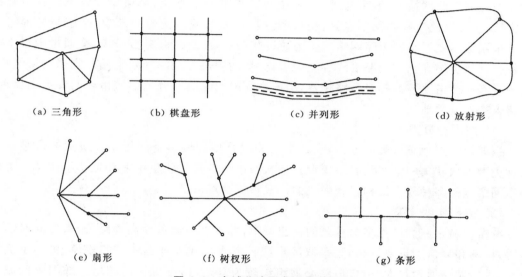

| (a) 三角形 | (b) 棋盘形 | (c) 并列形 | (d) 放射形 |

| (e) 扇形 | (f) 树权形 | (g) 条形 |

图 6-3　市域公路网布局典型形式

由于各个公路网中运输结点地理位置不同,影响公路走向的因素众多,因此公路网布局的形式不可能千篇一律。一般来说,在平原和微丘地区,公路网布局形式中的三角形(星形)、棋盘形(格网形)和放射形(射线形)较为普遍;而重丘区和山区,由于受到山脉和河川的限制,公路网布局往往形成并列形、树权形或条形;当区域内的主要运输点(省、市或县的行政机关所在地等)偏于区域边缘时,有可能产生扇形或树权形路网;条形有可能在狭长的山谷地带出现。

在一些实际的案例中,各种布局形式往往又相互组合而形成混合型。如果条件许可,为了满足公路网能够四通八达和达到效益最佳的要求,通常区域公路网宜成环状,满足通达性的要求。

6.2.2　城市结点路网规划

城市结点路网的研究主要包括城市结点类型、规模、形态特征的分析,不同城市结点的公路在城市中的布置和过境方式等内容。

1）城市结点的分类

城市规模与路网结点形态、过境方式有着密切的关系。城市结点的分类可按城市规模分为：特大城市和大城市路网结点、中等城市路网结点、小城市路网结点三种类型。按照城市形态及路网形态分类可分为块状、带状、组合型三种类型。按结点重要度划分，可分为特重要结点、重要结点、一般结点[1]。

（1）按规模分类

特大城市和大城市路网结点对外交通十分复杂，过境公路经过城市的形式往往是几种形式的结合，如环形加切线式、环线加放射等。对于团块状空间形态的大城市，较理想的是采用几条干线公路在城市外围形成环形或半环绕越，避免过境交通与城市内部交通的干扰。组团式空间布局的城市可采用穿越组团式的过境方式，应避免从组团中心区穿过。中等城市路网结点，城市与郊区、乡镇间的联系非常密切，交通流量较大。城市规模扩大后，过境线路宜在路网结点处设置绕行线，避开对城市交通的影响，城市与外围组团间可采用穿越式。小城市路网结点多为通过式结点，结点线路条数较少、交通量中过境交通较大。此类结点上的公路沿线容易街道化，带动周边土地的开发利用。宜采用切线式，由城市联络性道路与高等级公路相连，与城市间的间隔应充分考虑城市空间发展上要求，预留未来发展用地。

（2）按形态分类

按城市结点形态分类可分为块状、带状和混合型的城市空间形态。块状城市结点有两种类型即块状集中型和块状组团型。带状城市结点有带状集中型和带状组团型。混合型路网结点是多种复杂结构组合而成的一些特殊结点。

（3）按重要度分类

特重要城市路网结点多为重要的枢纽城市，拥有多条通道性高等级公路，并同时拥有铁路、机场和港口等重要设施，宜采取环形绕行方式模式。这类城市的规模、机动车辆保有量、进出城交通量较大，出口道路交通组织较为复杂，易发生交通拥堵。外围郊区城市化速度较快，郊区与主城间的交通联系强度大，宜采用绕越和外环分层次地疏解过境交通与内部交通的循环。重要城市路网结点具有较为显著的地理区位和交通区位条件，需承接上层结点交通的中转和组织，同时也需提升自身的交通吸引集聚能力。普通城市路网结点和一般城市结点多为通过性结点，在依托干线公路发展的同时，应充分考虑城市自身的发展要求，留出充足的发展用地，避免城市发展的障碍。

2）城市结点的形态

不同城市结点的空间结构对应着不同的路网布局形态。中心城市在空间形态上一般呈现集中型与群组型两大类。

（1）集中型

集中型是城市布局形态中最常见的基本模式。此类城市空间形态下，对外路网布局多以"中心点加放射线"为主。城市发展延伸轴的不同，可以细分为单核点状、线形带状、星状放射型。此类城市结点的形态和路网特征如表 6-2、表 6-3 所示。

表 6-2　集中型城市结点形态

典型形态	城市用地聚散程度	伸展轴特征	几何特征	几何图示
块状	单块城市用地,紧凑度较高	伸展轴短,与城市半径的比值小于 1.0	通常为规整紧凑的团块状	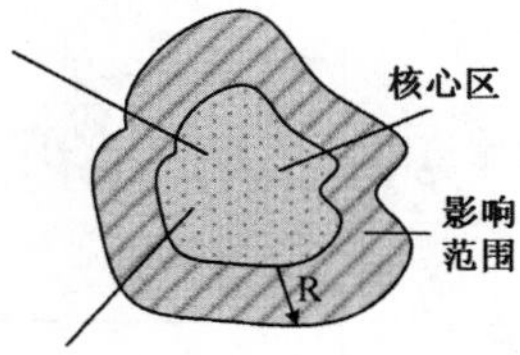 核心区 影响范围 R
带状	单块城市用地,紧凑度较小	有两个不同方向的超长轴,与城市半径比值大于 1.6	狭长的长条形状	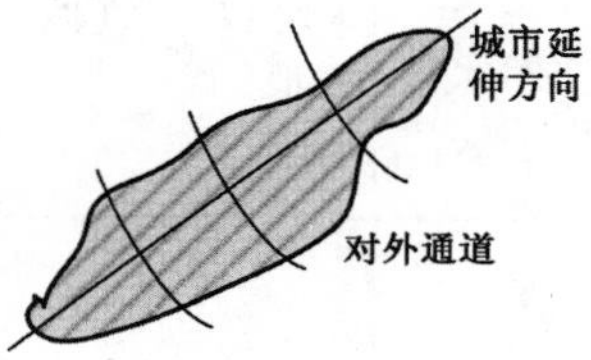 城市延伸方向 对外通道
星状(放射状)	单块城市用地,紧凑度居中	有 3 个或 3 个以上的超长伸展轴	放射型	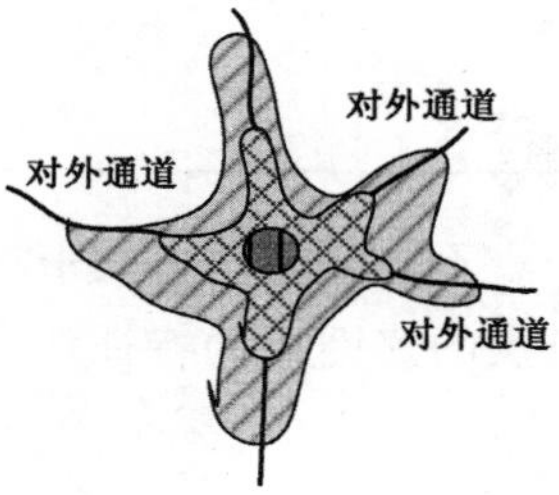 对外通道 对外通道 对外通道

表 6-3　集中型城市结点路网特征

名　称	结点路网特征
单核点状	单核点状结构是城市空间结构的基本形式,该类型城市面临中心城区向心增长压力过大、对外道路负担过重,同心圆状增长和扩张,可能形成"摊大饼"式的城市形态。结点路网多以"中心点+放射线"方式布局。
线型带状结构	线型带状分散了单核结构的向心强度,对外交通在方向上具有较好的均衡性。线型带状城市结点的路网特征上表现为"条形状"。
星状放射型结构	星状放射型的城市结点对外路网沿城镇发展方向延伸,形成放射状交通走廊,在中心城区外围形成不规则的环形结构。

（2）群组型

群组型的城市空间形态是分块布置城市功能区,形成功能上相对独立的多个组团。由于城市组团间发展的不平衡性,交通流具有明显的潮汐现象。根据城市用地分块数量的多少及其组团空间布局的不同,可将群组型城市结点分为双城组团、带状组团和块状组团三种形态,如表 6-4 所示。

表 6-4 群组型城市结点特征

典型形态	城市用地聚散程度	伸展轴特征	几何特征	几何图示
双城组团	2 块分离的城市用地	沿 1 条主要发展轴发展	两个分离组团串联形成	
带状组团	3 块以上的城市用地	沿 1 条主要发展轴发展	若干分离的组团沿直线或曲线呈带状分布	
块状组团	3 块以上的城市用地	由主要伸展轴和次伸展轴构成网络	在一个区域中围绕中心组团分布	

不同的组团空间形态的城市具有不同的结点路网布局及交通运行特征,群组型城市结点的路网布局特征如表 6-5 所示。

表 6-5 群组型城市结点路网特征

名 称	结 点 路 网 特 征
双城组团	两组团发展轴方向一般是区域交通走廊的主要方向。组团对外交通相对独立,构成双通道式对外交通路网。组团间通过快速路实现有效连接。
带状组团	多中心组团形成带状后,一般组团间联系方向即为交通走廊方向,路网以交通走廊方向为主。
块状组团	块状组团一般适用于特大城市,交通走廊方向不唯一,路网呈放射状。

3）结点过境方式

城市结点路网过境方式可分为切线式、环形绕越式、穿越式三种主要类型,见图 6-4。结点过境方式与城市规模、城市空间形态、地理空间特征如水系、山体等自然屏障等因素有关。一般情况下,绕越式路网结点其尖角向外,结点重要度较高,适用于特大型和大型城市。切线式和穿越式路网结点线路顺直,结点重要度一般,适用于中小城市和一般城镇。

切线式过境是城市结点发展初期的主要过境方式。切线式过境一般从城镇边缘经过,客货运输量不大,结点过境公路条数较为简单,适用于大多数中心城镇结点,见图 6-5(a)。城镇规模扩展后,切线式过境段逐渐被城市化街道化。切线共用段上的过境交通与城市交通交织,交通负荷较其他路段大。如切线设置离城镇距离较远,应设置多条城镇至切线的联络线,见图 6-5(b)。

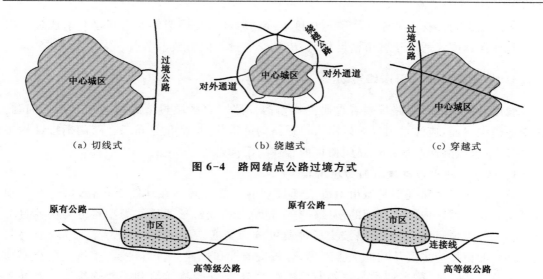

(a) 切线式　　(b) 绕越式　　(c) 穿越式

图 6-4　路网结点公路过境方式

(a) 直接相切的形式　　(b) 间接相切的形式

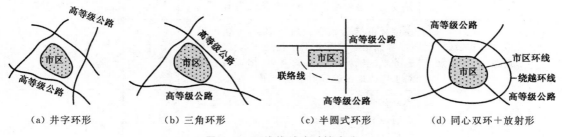

图 6-5　切线式过境方式

环形绕越过境方式适用多条高等级公路交汇的特大型和大型城市，该过境方式如图 6-6 所示。为避免过境交通对城市内部交通的影响，多条线路过境可形成环形绕越的方式。过境交通在环线上进行中转、衔接，城市对外交通向环线方向开口，解决较大流量下对外交通的瓶颈问题。

(a) 井字环形　　(b) 三角环形　　(c) 半圆式环形　　(d) 同心双环＋放射形

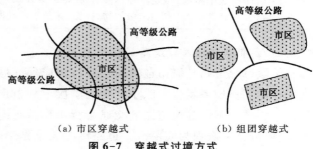

图 6-6　环线绕越式过境方式

环线绕越式随着大城市路网结点复杂程度的增强，衍生出了“多层同心环形＋放射线”、和“同心环”和“双心环”等形态模式。多层同心环形＋放射线是在城市外围新建高速公路过境交通绕越外环，形成多层同心过境环。城市环路数量的增加和外移，内部环路对于过境交通组织的能力下降，对外围周边地区的出行服务和经济带动作用增强。双心环是伴随城市新中心的出现或城市地理条件的限制而产生，分散了单中心环线的交通压力。

穿越式过境方式可实现区域交通与城市交通间的快速便捷转换，如图 6-7 所示。过境交通与城市内部交通的交叉较多，进出城交通量较大

(a) 市区穿越式　　(b) 组团穿越式

图 6-7　穿越式过境方式

时易造成城市内部交通的干扰。一定程度上穿越城区的交通会对城市环境会造成负面影响。此种穿越模式适用于城市密度较低,出入交通量不大的城市结点。

6.2.3 城市对外出入口道路规划

城市对外出入口道路规划着重研究城市内部路网与区域过境路网的相互衔接问题。在交通组织层面,应注重引导对外出入口道路的分散化、均衡化分布。在路网衔接结构层面,应注重区域路网与城市道路间衔接的合理级配问题[4]。

1) 城市对外出入口道路的功能衔接

城市出入口道路规划是城市对外交通规划的重要内容。在功能上,出入口道路承担着过境公路与城市内部路网间的衔接任务。过境公路通常按通道的类型可分为快速过境道路和一般过境道路,城市道路按交通性质可分为交通性和生活性两大类。过境公路与城市路网的衔接应主要从功能上去考虑,分析交通性和快速性、可达性与生活性两类不同的需求及交通特征,配置两类主要的衔接道路类型,即快速连接线和一般连接线。对外交通出入口道路衔接功能详见表 6-6。

表 6-6　对外交通出入口道路衔接功能

分　类		建设标准	功　　能	服务特性	管理主体	备　注
过境公路	快速过境道路	高速公路	连接区域重要城市,服务于区域重要活动中心,拥有最大的交通量和最长的出行,主要服务过境交通和城市结点对外长距离出行。	快速性通畅性	交通部门	出入口受到严格的控制
过境公路	一般过境道路	二级以上公路	连接城市结点辐射范围内的重要城市结点(或乡镇结点),服务于中长距离的交通出行。服务于区域城市体系的发展,加强核心城市对于周边地区的辐射带动作用。	便捷性	交通部门	
衔接道路	快速连接线	快速路	连接各条快速过境公路,将各方向快速过境交通流整合到一条路径上,快速绕越城市结点。	通畅性	建设部门	限制接入
衔接道路	一般连接线	主干路	连接一般过境公路和城市道路。	通畅性便捷性	建设部门	
内部道路	交通性道路	快速路或主干路	满足交通运输为主要功能,承担城市结点内主要的交通流量,并连接对外交通枢纽。	通畅性	建设部门	
内部道路	生活性道路	次干路或支路	满足生活性交通要求为主要功能的道路,主要为居民购物、社交、休憩等活动服务。	便捷性	建设部门	

2) 城市对外出入口道路的级配衔接

区域过境道路与城市道路的衔接目标应保证城市对外交通的畅达,避免出入城交通常发性的拥挤现象发生。除了从功能层次上分析道路的衔接外,还需分析道路设施级配的衔接要求。不同等级道路的交通运行特性各有差异,快速道路交通特性上表现为连续流,一般道路上表现为间断流。道路级配关系是影响整个城市交通状况的重要方面。城市对外出入口道路中与区域性道路直接相连的应以城市快速路和城市主干道为主。

城市快速路是对外交通的骨架层通道设施,承担对外交通、跨区交通的快速连接功能。城市快速路通常采用高架、隧道等封闭式的形式,严格控制出入口,达到快速、连续的交通流。主要衔接对象上,快速路一般直接衔接城区与重要机场、高速公路出入口、港口等重要设施。城市内部道路衔接上,快速路一般与主干路、次干路等交通性较强的道路直接连接。

城市主干道是城市道路中的主要路网,线路密度较城市快速路高、覆盖面较广。主干道延伸至城市边缘时与一般性过境道路相衔接。城市主干道也可与高速公路出入口直接衔接。在中心城区内主干道一般与次干道、支路相衔接,缓冲和集散出入城的交通。

城市次干道与对外道路衔接的情况较少,不建议与高等级的对外道路相衔接。

对于城市结点与城市道路之间的衔接配置,给出相应的接入建议如表 6-7 所示。

表 6-7　城市结点各类道路之间衔接建议

道路类型	快速路	主干道	次干道	支　路
高速公路	○	◇	△	△
干线公路	◇	○	◇	△
备　注	○ 适宜连接　◇ 可以连接　△ 不宜连接			

3）出入口道路横断面的要求

出入口衔接道路由城市快速路和主干路承担,其横断面可参考《城市道路工程设计规范》来确定。在远城端,城市出入口道路兼具公路和城市道路的双重功能,其横断面和道路红线宽度的确定必须考虑到城市用地远期发展的需求和对外交通的要求。

近城端:由于道路两侧的土地利用和交通流结构和城市建成区相似,道路横断面和红线宽度可以参照《城市道路工程设计规范(CJJ 37—2012)》进行设计。

远城端:由于道路基本上全部都为机动车车道,较少考虑非机动车和行人的出行需求。作为远期建成区规划区域内的道路,应通过严格控制红线两侧的用地或者采取建筑物退让的方式进行用地开发,退让距离视具体情况而定。道路横断面型式上,公路性质的道路一般为双幅路,不设置人行道和非机动车道。由于在城市远郊区道路规划设计上国家并未出台相应的规范和文件,对于这种类型的道路应该根据实际情况,因地制宜,不可照搬城市道路或公路的设计标准。

建议在城市道路和公路的衔接与过渡过程中,道路断面设计应当坚持三个方面的原则。

(1) 鉴于城市化的快速进程和部分城市规模的跨越式发展,在城市出入口道路断面型式的选取中应该考虑到未来该地区非机动车与行人的交通需求;

(2) 为了保障交通安全和车流的正常运行,出入口道路的机动车车行道数应坚持与公路和城市道路的机动车车道数相匹配的原则;

(3) 公路与城市道路断面型式的改变不宜在桥梁、转弯处突变,建议在交叉口处过渡转变断面形式;如没有,也可在远离城市的开阔地带路段处通过缓和曲线来实现断面的过渡与转换。

城市道路的横断面通常用幅式表示,城市道路的横断面形式主要有单幅式、双幅式、三幅式和四幅式四种。公路中除了作为汽车专用公路的高速公路和一级公路有分隔带,可以对应到城市道路的两幅路之外,其余公路均为单幅路。根据城市道路、公路的交通量、交通组成、实际行车速度等相关因素,建议城市出入口道路横断面形式如表 6-8 所示。

表 6-8　三种道路的横断面形式

道路横断面形式	城市出入口道路	公路横断面形式
一幅式	一幅式	一幅式
	一幅式过渡到二幅式	二幅式
二幅式	二幅式或三幅式过渡到一幅式	一幅式
	二幅式或三幅式过渡到二幅式	二幅式
三幅式	三幅式过渡到一幅式	一幅式
	三幅式过渡到二幅式	二幅式
四幅式	四幅式或三幅式过渡到一幅式	一幅式
	四幅式或三幅式过渡到二幅式	二幅式

6.3　对外客运枢纽规划

6.3.1　城市对外客运枢纽体系

1) 城市对外客运枢纽体系的构成

城市对外客运枢纽涉及城市对外交通系统和城市内部交通系统,是以公路和铁路为代表的城市对外交通结点和以城市轨道、公交等城市内部交通结点之间有效衔接的场所。城市内各个对外客运枢纽应合理分工,相互协作,共同构筑高效、便捷的城市对外客运枢纽系统。该体系的构成如图 6-8 所示。

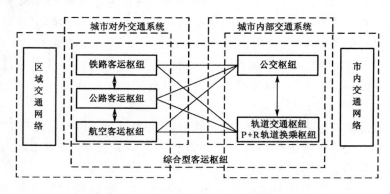

图 6-8　城市对外客运枢纽体系的构成

2) 城市对外客运枢纽的分类和分级

城市对外客运枢纽的分类定级是对城市对外客运枢纽体系的整体梳理。对指导城市内枢纽站场的规划、枢纽功能的合理分工和优化设计均具有重要的意义。

（1）对外客运枢纽的分类

城市对外客运枢纽分类可按交通方式类型、枢纽功能、客流性质、服务腹地等进行划分,如表 6-9 所示。

表 6-9　对外客运枢纽的分类

名　称		说　明
按交通方式	铁路主导型	市际铁路客运站与市内其他客运方式的衔接换乘枢纽,主要服务于铁路旅客换乘各种市内客运方式。
	公路主导型	即公路长途客运站与市内其他客运方式的衔接换乘枢纽,主要服务于公路长途客运旅客换乘各种市内客运方式。
	综合型	主要铁路、公路联合形成的综合型客运枢纽。
按枢纽功能	中转换乘型	以承担各客运方式间的中转换乘客流为主,区域性集散型客流较小,如靠近市郊的铁路客运枢纽和长途客运枢纽。
	集散型	以承担枢纽所在区域的集散型客流为主,而中转换乘客流较小,如位于卫星城、市郊新城、大型开发区及居住区的铁路客运枢纽和长途汽车客运枢纽等。
	混合型	既有大量中转换乘客流又有大量区域集散型客流的对外客运枢纽,如靠近城市中心区、副中心区、CBD 地区的铁路客运枢纽大部分属于该类枢纽。
按服务腹地	区域级	依托高速铁路客运站而形成,对外实现国家层面跨区域人员的高速联系,对内有广大的吸引和辐射范围,往往不局限于枢纽所在城市范围。
	市　级	依托大型城际铁路客运站、大型普速铁路客运站及大型公路客运站而形成,对外主要实现城市群、城市带、都市圈内高强度的人员联系,对内主要服务枢纽所在城市的对外客流。
	组团级	依托小型铁路客运站、公路客运站而形成,对外主要实现城市次要方向或者片区组团的对外联系,对内主要服务枢纽所在城市或者片区组团内的对外客流。
按客流性质	国际客运枢纽	依托国际航空网络及省会城市、国际都市,区域范围内的国际客流集散中心,支撑国际性都市的发展。
	国内中长途客运枢纽	依托中心城市和国家干线铁路、高速公路网络,是中心城市国内中长途客流的集散中心。
	中短途城际客运枢纽	依托各类城市和主要城镇,满足城际客流的集散、转换。

（2）客运枢纽的规模定级

公路客运站场方面,根据我国交通行业标准《汽车客运站级别划分和建设要求(征求意见稿)》,可将公路客运站分为五个级别和简易站。表 6-10 列出了二级以上公路客运站的分级标准。

表 6-10　二级以上公路客运站分级标准

等级	年平均日旅客发送量	其　他　条　件
一级车站	8 000 人次以上	① 位于国家级旅游区或一类边境口岸,日发量在 3 000 人次以上的车站; ② 位于省级旅游区或二类边境口岸,日发量在 5 000 人次以上的车站。
二级车站	3 000～8 000	① 位于国家级旅游区或一类边境口岸,日发量在 1 500 人次以上的车站; ② 位于省级旅游区或二类边境口岸,日发量在 2 000 人次以上的车站。

铁路客运枢纽方面,依据铁路客货运量和技术作业量大小,以及在政治、经济上和铁路运输网络上的地位,对铁路站进行等级划分。按照车站的地位、作用、办理运输业务和作业量等综合指标将铁路站分成六级:特等站、一级站、二级站、三级站、四级站、五级站。表 6-11 为二等及以上铁路客运站分级标准。

表 6-11　二等及以上铁路客运站分级标准

等　　级	日均上下车及换乘旅客	中转行包
特等站	6 万人以上	2 万件以上
一等站	1.5 万人以上	1 500 件以上
二等站	5 000 人以上	500 件以上

综合客运枢纽方面,依据客运量规模和枢纽类型,可分为特大型枢纽、大型枢纽、中型枢纽和小型枢纽。联合枢纽和单一主导方式枢纽对客运量划分标准有所差别,如表 6-12 所示。

表 6-12　对外客运枢纽规模定级　　　　　　　单位:万人次

枢纽类型	联合枢纽			单一主导方式枢纽		
	(同时具备下列 2 项)			铁路主导型	航空主导型	公路主导型
	铁　路	航　空	公　路	日发送量	年发送量	日发送量
	日发送量	年发送量	日发送量			
特大型	＞5	＞375	＞2	＞10	＞750	—
大型	3～5	200～375	1～2	4～10	400～750	—
中型	1.5～3	75～200	0.5～1	1.5～4	150～400	3
小型	—			＜1.5	＜150	1～3

注:上述发送量均指站场设计发送量。

3）城市对外客运枢纽的发展趋势

区域交通运输系统中综合运输体系的不断完善,枢纽设施也向规模化、多功能化的趋势发展,如图 6-9 所示。城市对外客运枢纽的功能定位、系统构成、组织方式、服务水平等呈现出以下的发展趋势。

功能定位的转变。随着铁路网络化、城际化(站点密集化)、高速化的发展,在沿海经济发达地区特别是长三角、珠三角、环渤海三大城市群内部,铁路客运的城际功能将会显著增强。

系统构成的转变。随着铁路网络的快速发展和综合运输体系的发展,未来铁路和公路客运间的竞争部分将逐步转变为优势互补和相互合作。城市对外主要客流走廊、中长途客运将以铁路客运为主,公路客运将主要服务次级客流走廊及中短途客运。枢纽设施方面,在城市对外客运枢纽布局调整中,铁路客运站与公路客运站不断向综合型的对外客运枢纽趋势发展,公路、铁路设施在空间上、功能上、设施上实现有机衔接。

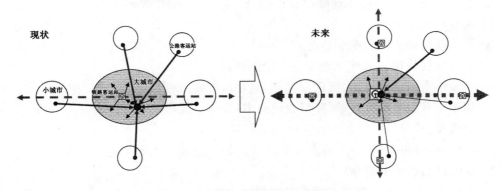

图 6-9　对外客运枢纽发展趋势变化图

组织形式的转变。在大部制改革、城乡公交一体化的背景下,公路客运公交化趋势日趋明显,城际便捷化巴士、城际快速公交应运而生,并将成为未来公路客运重要的方式之一,同时未来区域城市化将催生公交化运营的区域城际铁路、都市圈、都市区通勤铁路客运等。

枢纽规划理念上,突出显现出"枢纽整合、枢纽锚固、枢纽引导"等新的思路。

枢纽整合,包含两层含义:其一,加强对外客运枢纽体系之间的功能整合,主要是指要利用当前铁路客运站规划建设和公路客运调整优化的机遇,加强两者之间的设施整合与功能协调。其二,加强区域对外客运枢纽与城市客运枢纽的整合,主要是指要依托对外客运枢纽,加强与城市轨道交通枢纽、公交枢纽、出租车、P+R的整合,实现城市客运与对外客运的高效衔接以及城市内部客运之间的快速换乘。

枢纽锚固,主要是指对外客运枢纽的布局要起到锚固城市交通网络(包括道路网络、轨道网络、公交网络等)的作用,对于区域级的对外铁路客运枢纽还要能起到锚固区域交通网络(包括高速公路、干线公路、城际铁路、普速铁路、公路客运班线等)的作用。通过枢纽对交通网络特别是高快速道路、大中运量捷运网络的锚固,保障对外客运枢纽的快捷集疏运。

枢纽引导,是指对外客运枢纽特别是铁路综合客运枢纽的布局要能引导城市空间结构拓展和枢纽地区的用地开发。具体包含三层涵义,一是要以对外综合客运枢纽体系引导城市中心体系的构建;二是要以既有城市中心和对外综合客运枢纽为两极,以大中运量公交系统为纽带,引导城市轴向集聚发展;三是要利用对外综合客运枢纽的高强度客流和高可达性,对枢纽地区进行高密度开发。

6.3.2　公路客运枢纽规划

公路客运枢纽作为城市对外客运交通系统中的重要节点,具有联系城市对外交通和市内客运交通、公共交通与私人交通,以及在公共交通内部中转换乘的作用[6]。功能定位方面,公路客运站场是城市形象的标识和窗口,是城市内外人流来往频繁的场所,与城市居民和外来客流的关系密切。布局规划方面,应以"方便人的出行"为首要目标,考虑城市主要人口分布区、公路客运车辆出入城交通组织等因素,合理确定站场数量及规模。站场布局选址方面,应与城市总体规划要求相符合,落实到详细性控制规划中。

1）规划的基本原则

① 最大限度地方便旅客到达与离开车站;

② 具有便捷快速的对外交通道路衔接条件;

③ 与城市空间发展思路、城市总体规划、片区开发策略相协调;

④ 建设应尽量减小拆迁量,降低建设成本;

⑤ 用地充裕,有一定的扩大再生产能力;

⑥ 与铁路、轨道交通、公交等客运方式有良好的衔接。

2）枢纽规划的运量指标

运输量、组织量、适站量是客运枢纽规划的主要指标。客运量指标是编制枢纽规划的依据,也是分析组织量和适站量的前提。公路客运量应从综合运输的角度,分析各种运输方式的现状、历史和未来趋势的基础上,综合分析社会经济等因素发展状况,采取定性和定量分析相结合的方法,匡算未来不同阶段客运量增长的比例及公路客运量所占比例,进而得出未来特征年的公路客运量。组织量是客运量中经过社会组织发生的部分,是城市客运组织水平的整体反映。其值通过公路客运量乘以组织率比例得到。我国一般城市目前组织率水平大约在 25%～45% 之间。适站量是指单位时间内由某一客运站发送的旅客人次,适站量是场站建设的重要依据。适站量预测过大,站场规模大,建成后实际客运量远小于设计发送量,企业效益差,投资回报周期长。反之,站场规模过小,则不能满足城市居民客运出行的需要。我国一般城市目前的适站量水平大约在 30%～40%之间。

3）枢纽规模的确定

根据交通运输行业标准《汽车客运站级别划分和建设要求(征求意见稿)》中车站主要设施规模量化方法,可以计算特征年客运站场占地总面积。

站场个数的计算公式为:

$$N = Q/D \qquad (6\text{-}6)$$

式中:D——平均客运站场的设计能力(万人/d);

$\quad Q$——客运适站量(万人/d);

$\quad N$——需要布设的站场个数。

推荐 D 的数值按照 1.0～2.2 万人次/计算,求出合理的站场个数范围。

4）枢纽布局的影响因素

公路客运站场布局涉及多方面的因素,主要包括下列因素:城市的空间布局、功能分区、人口分布、旅游资源分布;城市对外交通通道及主要出入口,其它运输方式客运站场布局,城市公交枢纽站场布局;主要客源点分布及集疏运需求,旅客流量流向特点;枢纽站场的用地条件、交通组织、集疏运条件、环保要求等。对各个影响因素详细的分析是枢纽初始方案生成的重要依据。

5）公路客运枢纽布局模式

公路客运枢纽布局总体上是一种分散式的布局特性。根据城市规模、城市形态的不同,布局的基本模式主要有方向式、集中式、中心式和均衡式,如图 6-10。

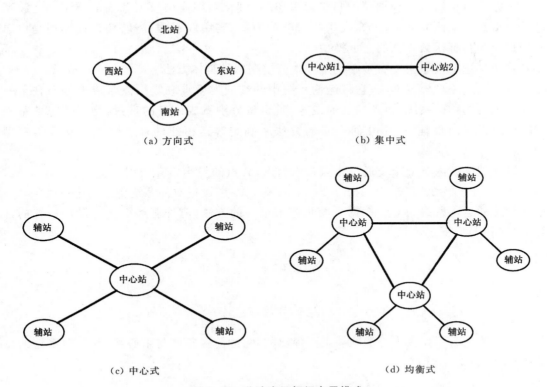

（a）方向式 （b）集中式

（c）中心式 （d）均衡式

图 6-10 公路客运枢纽布局模式

方向式。该模式是以城市出入口为对外客运枢纽布局的出发点,将客运枢纽设于城市出入口附近,尽可能避开在市区中心以及居民聚集区附近布设对外客运枢纽,这样就形成了分散在市区周围且可以控制城市主要出入口方向的方向式分散布局。把从属于同一方向的乘客都集中在相对应方向的站发车,其他方向的乘客则必须先乘市内交通工具转乘。如果市内公共交通不够发达,这部分旅客的出行就感到十分不便,人便于行的原则就不能得到很好的体现,这是方向式布局的局限性。该模式对于一般城市均适用。

中心式。在市区的客运集散中心设一个中心枢纽,另在城市主要出入口附近设若干配套枢纽,形成了一个中心枢纽与若干个配套枢纽向外辐射的布局。该模式适用于一些中小城市。

集中式。该模式将客运枢纽集中布局在城市中心地带,或者在市中心只设一个枢纽,将主要班线都集中到该枢纽发车,形成集中式布局。该模式适用于一些中小城市。

均衡式。该模式按照城市经济发展的需要,城市居民的分布特征,结合城市用地和城市交通情况,选择位置均衡地设置若干个客运枢纽。旅客可以根据其所处的地理位置和出行方向就近选址站点乘车。这种分布模式既体现了人便于行的原则,也符合客流分布的不均衡性原则,是一种相对分散的均衡式分布,提供了多方向运输服务的站点布局模式。此模式一般适合于大、中城市。

6）公路客运枢纽选址模型

公路客运枢纽选址规划模型归纳起来主要有两类，即连续模型和离散模型。连续型选址模型是早期研究中提出的，模型相对较为简单，实用性不强；离散型选址模型是以总费用最小为目标函数建立的选址模型。

连续型选址模型主要有重心模型和微分模型两种具体方法。

重心法是一种模拟方法，它将运输系统中的交通发生点和吸引点看成是分布在某一平面范围内的物体系统，各点的交通发生、吸引量分别看成该点的重量，物体系统的重心就是枢纽设置的最佳点，用几何重心的方法来确定客运枢纽的最佳位置。其数学模型如下：

设规划区域内有 n 个交通发生点和吸引点，各点的发生量和吸引量为 $W_j(j=1，2，3，\cdots，n)$，坐标为 $(x_j，y_j)$ 其中 $j=1，2，3，\cdots，n$。需设置对外客运枢纽的坐标为 $(x，y)$ 枢纽系统的运输费率为 C_j。根据平面物体求重心的方法，对外客运枢纽的最佳位置的计算公式（6-7）如下：

$$\begin{cases} x = \sum_{j=1}^{n} C_j W_j x_j / \sum_{j=1}^{n} C_j W_j \\ y = \sum_{j=1}^{n} C_j W_j y_j / \sum_{j=1}^{n} C_j W_j \end{cases} \tag{6-7}$$

微分法是为了克服重心法的缺点而提出的，它的前提条件与重心法相同，但系统的总费用 F 由式（6-8）计算：

$$F = \sum_{j=1}^{n} C_j W_j \left[(x-x_j)^2 + (y-y_j)^2 \right]^{1/2} \tag{6-8}$$

通过对总费用 F 取极小值，即分别令 F 对 x 和 y 的偏微分为零，得到新的极值点。求解如公式（6-9）所示：

$$\begin{cases} x = \dfrac{\sum_{j=1}^{n} C_j W_j x_j / \left[(x-x_j)^2 + (y-y_j)^2 \right]^{1/2}}{\sum_{j=1}^{n} C_j W_j / \left[(x-x_j)^2 + (y-y_j)^2 \right]^{1/2}} \\[4mm] y = \dfrac{\sum_{j=1}^{n} C_j W_j y_j / \left[(x-x_j)^2 + (y-y_j)^2 \right]^{1/2}}{\sum_{j=1}^{n} C_j W_j / \left[(x-x_j)^2 + (y-y_j)^2 \right]^{1/2}} \end{cases} \tag{6-9}$$

微分法需要以重心法的结果为初始解，不断迭代。直到前后两次迭代的解误差不超过设定范围，从而得到最佳结果。

离散型选址模型认为客运枢纽的备选点是有限的几个场所，只能按照预定的目标从中选取。如果基础数据完备，用该方法得到的结果比较符合实际，需要的基础资料较多、工作量较大。这类方法中有整数或混合整数规划法，反町氏法，Bawmol-Wolfe 法，逐次逼进模型法等。

混合整数规划法中，设在一个供需平衡的系统中有 m 个发生点 $A_i(i=1，2，\cdots，m)$，

各点的发生量为 a_i;有 n 个吸引点 $B_j(j=1,2,\cdots,n)$,各点的需求量为 b_j;有 q 个可能设置的枢纽备选地址 $D_k(k=1,2,\cdots,q)$。发生点发生的交通量可以从设置的枢纽点中转,也可以直接到达吸引点。假定枢纽备选地址的基建投资、中转费用和运输费率均为已知,以总成本最低为目标确定对外客运枢纽选址和布局的最佳方案。

其数学模型如式(6-10):

$$\text{Min}F = \sum_{i=1}^{m}\sum_{k=1}^{q}C_{ik}X_{ik} + \sum_{i=1}^{m}\sum_{k=1}^{q}C_{kj}Y_{kj} + \sum_{i=1}^{m}\sum_{j=1}^{n}C_{ij}Z_{ij} + \sum_{k=1}^{q}\left(F_kW_k + C_k\sum_{i=1}^{m}X_{ik}\right)$$

$$(6-10)$$

约束方程见式(6-11):

$$\sum_{k=1}^{q}X_{ik} + \sum_{j=1}^{n}Z_{ij} \leqslant a_i \qquad i=1,2,\cdots,m$$

$$\sum_{k=1}^{q}Y_{kj} + \sum_{i=1}^{m}Z_{ij} \leqslant b_i \qquad j=1,2,\cdots,n$$

$$\sum_{i=1}^{m}X_{ik} = \sum_{j=1}^{n}Y_{kj} \qquad k=1,2,\cdots,q \qquad (6-11)$$

$$\sum_{i=1}^{m}X_{ik} - MW_k \leqslant 0;W_k=1\text{ 表示被选中},W_k=0\text{ 表示被淘汰}$$

$$X_{ik},Y_{kj},Z_{ij} \geqslant 0$$

式中：X_{ik}——从发生点 i 到备选枢纽地址 k 的交通量;

　　　Y_{kj}——从备选枢纽地址 k 到吸引点 j 的交通量;

　　　Z_{ij}——直接从发生点 i 到吸引点 j 的交通量;

　　　W_k——枢纽备选地址 k 是否被选中的决策变量;

　　　C_{ik}——从发生点 i 到备选枢纽地址 k 的单位费用;

　　　C_{kj}——从备选枢纽地址 k 到吸引点 j 的单位费用;

　　　C_{ij}——直接从发生点 i 到吸引点 j 的单位费用;

　　　F_k——枢纽备选地址 k 被选中后的基建投资;

　　　C_k——枢纽备选地址 k 中单位交通量的中转费用;

　　　M——一个相当大的正数。

这是一个混合整数规划模型,可以用"分支定界法"求解模型,求得 X_{ik}、Y_{ik} 和 Z_{ik} 的值。X_{ik} 表示了枢纽 k 与发生点之间的关系,$\sum_{k=1}^{m}W_k$ 决定了该枢纽的规模;Y_{ik} 表示了枢纽 k 与吸引点之间的关系,$\sum_{k=1}^{q}W_k$ 为规划区域内应布局枢纽的数目。

上述模型因为考虑了对外客运枢纽的基建投资,出现了 0-1 变量,导致必须采用比较复杂的混合整数规划法求解。如果从一个较长的时间段考虑,这部分建设投资对整个选址过程的经济效益的影响并不大,可以不在目标函数中考虑。这样混合整数规划模型就简化成如式(6-12)的线性规划模型:

$$\text{Min} F = \sum_{i=1}^{m} \sum_{k=1}^{q} (C_{ik} + C_k) X_{ik} + \sum_{i=1}^{m} \sum_{k=1}^{q} C_{kj} Y_{kj} + \sum_{i=1}^{m} \sum_{k=1}^{q} C_{ij} Z_{ij} \qquad (6\text{-}12)$$

约束方程如式(6-13)所示：

$$\sum_{k=1}^{q} X_{ik} + \sum_{j=1}^{n} X_{ij} = a_i \qquad i = 1, 2, \cdots, m$$

$$\sum_{k=1}^{q} Y_{kj} + \sum_{i=1}^{m} Z_{ij} = b_j \qquad j = 1, 2, \cdots, n$$

$$\sum_{i=1}^{m} X_{ik} + X_k = d_k \qquad k = 1, 2, \cdots, q \qquad (6\text{-}13)$$

$$\sum_{j=1}^{n} X_{jk} + X_k = d_k \qquad k = 1, 2, \cdots, q$$

$$X_{ik}, Y_{kj}, Z_{ij} \geqslant 0$$

式中：d_k——枢纽被选地址 k 可能设置的最大规模；

X_k——备选枢纽 k 的闲置能力，其余符号同前。

这是线性规划中典型的运输问题，模型求解方法比较成熟，可以实现。该模型的目标函数表示对外客运枢纽的营运总费用最小，采用表上作业法，可得决策变量 X_{ik}、Y_{kj} 的值。X_{ik} 表示了客运枢纽 k 与发生点的关系，$\sum_{i=1}^{m} W_{ik}$ 决定了该枢纽的规模，$\sum_{i=1}^{m} W_{ik} = 0$ 说明备选点 k 处不应设置客运枢纽，即 k 被淘汰。Y_{kj} 表示了枢纽 k 与吸引点之间的关系，$\sum_{k=1}^{q} W_k$ 为规划区域内应布局枢纽的数目。

6.3.3　铁路客运枢纽规划

1）铁路在城市中的布置

铁路是城市对外交通的重要运输方式，城市的大宗物资运输、人们中长距离的出行都依赖于铁路运输。从运输特性上看，铁路是一种集约式的运输方式，其规模效益十分突出。由于铁路运输技术的复杂性及设施设备的专业性，铁路运输网络布设的灵活性欠缺。铁路线路对城市空间具有一定的分隔效应，给铁路沿线两侧的交通联系带来不便。如何既充分利用铁路运输效能的优势，同时尽量减少对城市的影响和干扰，这是规划中的一项复杂任务。

铁路线网在城市中的布局应与城市土地利用规划相协调，尽量不对城市内部空间造成影响。铁路的噪声、振动、空气污染严重，应尽量避开城市人口居住区、文教区、商业区等人口密集地区。货运站、编组站、工业站、维修站等设置在城市外围；线路选线应充分考虑城市地质、水文、地形等因素，尽量避开工程建设条件较差的地区，协调与城市道路交通和环境的关系，充分利用现有设备，节约投资和用地。同时应考虑城市未来的空间发展方向，铁路线路不应成为未来城市空间发展的制约。

铁路线路的布设还需考虑城市规划方面因素，应减少它们对城市内部的干扰，一般有下列几方面措施[5]。

（1）铁路线路在城市中布置，应配合城市规划的功能分区，把铁路线路布置在各分区的边缘，使不妨碍各区内部的活动。当铁路在市区穿越时，可在铁路两侧地区内各配置独立完善的生活福利和文化设施，以尽量减少跨越铁路的频繁交通。

（2）通过城市的铁路线两侧应植树绿化。这样既可减少铁路对城市的噪音干扰、废气污染及保证行车的安全，还可以改善城市小气候与城市面貌。铁路两旁的树木，不宜植成密林，不宜太近路轨，与路轨保持一定的距离。

（3）妥善处理铁路线路与城市道路的矛盾。尽量减少铁路线路与城市道路的交叉，这在为创造迅速、安全的交通条件和经济上有着重要的作用。在进行城市规划与铁路选线时，要综合考虑铁路与城市道路网的关系，使它们密切配合。铁路与城市道路的交叉有平面交叉和立体交叉两种。

（4）减少过境列车车流对城市的干扰。主要是对货物运输量的分流。一般采取保留原有的铁路正线而在穿越市区正线的外围（一般在市区边缘或远离市区）修建迂回线、联络线的办法，以便使与城市无关的直通货流经城市外侧通过。

（5）改造市区原有的铁路线路。对城市与铁路运输相互有严重干扰而无法利用的铁路，必须根据具体情况进行适当的改造。如将市区内严重干扰的线路拆除、外迁或将通过线路、环线改造为尽端线路伸入市区等。

（6）将通过市中心区的铁路线路（包括客运站）建于地下或与地下铁道路网相结合。这是一种完全避免干扰又方便群众较理想的方式，也有利于战备。缺点是工程量较大，投资巨额。

在具体的线路选线中，除了满足线路布局的原则外，还应满足其定线的技术要求，做到运行距离短、运输成本低、建筑里程少和工程造价省。

（1）线路方案的技术经济比较

在确定线路经过城市的走向时，必须进行经济性的方案比较。一般在直通运量为主的线路上，线路方向应尽量顺直，以节约大量的运营费用。而在地方运量较大的线路上，则应使线路尽量靠近发生地方运量的城市，以充分发挥铁路运输的效能并减少地方短途运输量。

（2）进站线路布置的要求

旅客列车由各引入方向接到客运站，其主要运行方向的旅客列车有不变更运行方向通过枢纽的可能。选择干线在枢纽内接轨时，不宜离客运站过远，否则会使得客运列车迂回折角走行路线太长，造成旅费与时间的浪费。货运列车由各引入线路接到编组站，其主要车流方向要有顺直的路径通过枢纽，避免大量车流迂回折角运输。各引入线路间及枢纽内各有关车站间要有满足运营要求的通路，以便于枢纽内的小运转和车辆的取送作业。

（3）铁路专用线及其与站线的连接

铁路专用线担负了工业企业大量的货物运输任务。为了使运输与产、销环节密切衔接，专用线要伸入市区、工业区和仓库区的许多角落，所以对城市的影响很大，必须全面规划、合理组织，否则会带来很大干扰。专用线的分布主要决定于城市工业布局，为了充分发挥专用线的效能，减少对城市的干扰，节省铁路建筑投资，应结合城市工业布局统一规划、修建一些为厂矿共同使用的专用线。

铁路线路在城市中的选线必须综合考虑到铁路的技术标准、运输经济、城市布局、自然条件、航道、生态保护区以及国防等各方面的要求,因地制宜,制定具体方案。

2) 铁路客运站的布局

(1) 布局原则

① 与总体规划相协调,即符合城市发展方向,与用地布局、综合交通网络规划相协调。

② 超大城市、特大城市及大城市铁路枢纽布局需考虑采用分散模式,中小城市则可采用集中模式布局。

③ 根据铁路功能定位和设站要求,差别化布局选址铁路客运站:高铁、国铁、客运专线站间距大,布局在城市组团间或城市建成区外围;城铁、都市圈轨道站间距相对较小,其站点可以视情况引入既有车站,新增车站可以布局于新城中心,引导用地开发。

④ 同类铁路线路、站点集中布设,以减少铁路对城市的分隔,站点的布局应充分考虑利用既有设备,近远期结合,同时考虑相关拆迁费、土建工程投资、建设工期。

(2) 布局规划

铁路客运站的数量和位置与城市的性质、规模、地形、城市空间布局、铁路线路方向等因素有关。铁路客运站在城市中的位置,一般小城市布设在城市边缘,大城市距市中心约1~3 km 为宜。应方便旅客的出行,靠近居住区,具有较好的交通出行方式和条件。场站布局应考虑未来城市发展的需要,同时周边应留有未来枢纽扩建改造的余地。

① 边缘一站式

铁路线从城市侧面绕越经过,避开穿过城市中心,铁路客货枢纽集中于一个站并布设在城市边缘,如图 6-11(a)所示。此种布局模式适用于中小城市或铁路网络初始生成阶段的城市,铁路站周边地区是城市未来潜在发展区域。铁路站距城市中心不宜太远,应配置畅达的城市公共交通系统与铁路站相衔接。随着铁路站功能的提高,铁路对城市空间的吸引能力增强,将引导城市空间向铁路站方向发展。

② 三角式

铁路线路由穿越式和绕越式共同构成,铁路枢纽呈三角式分布,如图 6-11(b)所示。穿越城市的铁路从城市内部经过,通常为城市原有铁路线,功能上逐渐演化为以客运为主,城市内的枢纽站适合满足城市内部居民便捷地出行。外围绕越的铁路一般为建设的新线,外围客运站往往结合新城开发而建设,形成大都市多中心组团式的发展格局。穿越加绕越是一些大中城市通常的布置形式,特别是新一轮铁路建设及城市空间拓展中,这种布置模式更适用。

③ 顺列式

顺列式的铁路枢纽布局多出现在带状组团式城市。铁路线路穿越城市内部,城市沿铁路线带状生长,如图 6-11(c)。此种布置形态适用于铁路依赖性很强的城市,城市功能与铁路有较强的相关性。铁路客运枢纽可在城市内部设立多个站,此种模式适用于一些沿铁路发展起来的城市。

④ 环形混合式

环形混合式一般是铁路在城市外围形成环线上布设的铁路枢纽,如图 6-11(d)。此种布置适用于铁路线路较为发达、城市空间框架比较明确的情况下。形成环线后,铁路对城市内部空间的负面影响较小,同时可沿环线在城市四周设站,城市内部到达枢纽的便捷度较高。环形绕越也多出现于首位度较高的枢纽城市,环状大小必须具有足够的规模,能满足线路转弯半径的要求。

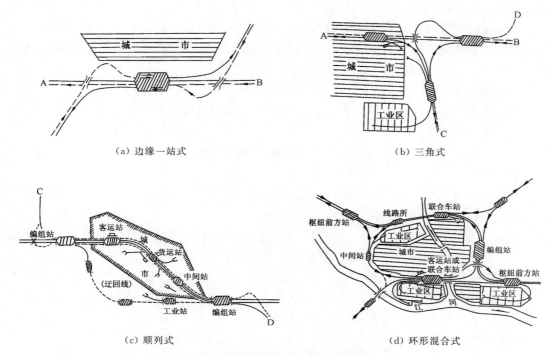

（a）边缘一站式　　　　　　　　　　　　　　（b）三角式

（c）顺列式　　　　　　　　　　　　　　（d）环形混合式

图 6-11　铁路枢纽在城市中的布局模式[12]

6.3.4　机场规划

1）机场选址原则

机场规划包含若干个方面,布局选址规划是机场规划首先需要考虑。机场的布局选址是一项技术要求较高的工作。涉及到地形、地貌、工程地质、水文地质状况(含地震情况)、净空条件、场址的障碍物环境和空域条件对飞行的限制(起飞和着陆的限制)及电磁环境、气象条件等,尤其是飞机噪声对机场建设及周边环境的影响、土地状况、地价及拆迁情况[8]。

根据《民用航空运输机场选址规定》,机场布局选址需要遵循下列原则。

① 符合民用机场总体布局规划;

② 机场净空符合有关技术标准,空域条件能够满足机场安全运行要求;

③ 场地能够满足机场近期建设和远期发展的需要;

④ 地质状况清楚、稳定,地形、地貌较简单;

⑤ 尽可能减少工程量,节省投资;

⑥ 经协调,能够解决与邻近机场运行的矛盾;

⑦ 供油设施具备建设条件;

⑧ 供电、供水、供气、通信、道路、排水等公用设施具备建设条件,经济合理;

⑨ 占用良田耕地少,拆迁量较小;

⑩ 与城市距离适中,机场运行和发展与城市规划协调。

在对外交通规划中,无法做到机场专项规划的要求。在未建设机场的城市,可根据城市发展的需求,提出未来城市机场建议性的概念布局选址方案。

机场规划的另外几个方面还有机场航线规划和机场航站区规划。上述两个方面不在对外交通规划的范畴内,因此本书中不做详细分析。在对外交通规划中应着重分析机场交通集疏运设施的规划。

2）机场集疏运规划

机场集疏运网络主要包括公共交通集疏运网络和道路集疏运网络。

（1）公共交通集疏运网络规划

机场对外客运枢纽的公共交通集疏运网络主要包括城市轨道交通、区域轨道交通、机场巴士线路等几类方式。

根据机场的客流规模、交通区位以及服务腹地的差异,公共交通网络的体系构成也有所不同,主要有以下 3 种模式。

机场巴士线路的模式。通常机场与所在城市的机场巴士线路较多,并且与城市主要交通枢纽相衔接。机场巴士线路会沿城市主要人口集中区布设,起始站点覆盖铁路客运站、公路客运站及城市公交枢纽站。一般城市中,机场巴士是主要的公共交通集疏运方式。至于机场与周边城市而言,机场巴士线路往往与该城市的城市候机楼相衔接。在缺乏轨道交通与机场衔接的情况下,机场巴士和城市候机楼是大部分机场的公共交通集疏运采用的模式,如现状的南京禄口机场、成都双流机场、无锡硕放机场等等。

城市轨道交通＋机场巴士线路的模式。在这种模式下,城市轨道交通作为机场与所在城市的主要公共交通集疏运方式,机场巴士线路作为重要补充。就轨道交通衔接城市与机场状况而言,主要有两类情况:其一,通过城市轨道交通串联各城市对外交通枢纽与空港;其二,通过机场轨道快线连接机场与某一对外交通枢纽(常常是铁路客运站),而其他对外交通枢纽、城市其他地区均通过该铁路客运枢纽与机场相连。这种模式下区域航空客流与城市通勤客流相互影响,增加乘客到达机场的时间并造成换乘不便。如现状的上海的浦东机场,主要依靠轨道 2 号线和磁浮实现与市区的快速轨道联系。

区域轨道交通＋城市轨道交通＋机场巴士线路的模式。这种模式的大型机场往往处于一条或几条区域交通走廊的交汇处,如区域轨道交通网络经过机场并设立车站,区域航空客流不需经过城市内部中转即可实现空铁联运,使空港真正成为区域性的交通枢纽。这种模式是当前大型机场的发展趋势,形成条件是机场所处的位置需具有区域轨道交通线路(包括高速铁路或者城际轨道等),如上海虹桥机场、巴黎戴高乐机场、德国法兰克福机场等。

（2）道路集疏运道路网络规划

机场道路集疏运道路网络包括高速公路、城市快速道路等。

从通道数量和规模角度来看,由于机场所在城市往往是机场客流的主要来源,客流量较大且需要具有较好的可靠性。机场与所在城市的快速联系通道一般有 2 条以上,而周边城市往往也有 1～2 条快速道路连接至机场。

根据机场距离服务城市的空间距离以及客运联系强度情况,机场集疏运道路网络的布局模式主要有以下 2 种模式。

建设专用的机场高速公路模式。一般是指从城市主要对外出入口道路或者主要对外交通枢纽处(如铁路客运站)开始建设到机场的专用高速公路。这种模式适用于城市与机场间的交通量较大,采用专路专用,能确保往返机场与城市的交通流不受影响,如成都双流机场、首都国际机场等。

通过机场快速联络线接入区域高速公路的模式。一般是指机场至城市的高速公路除了服务机场的集疏运交通外,还承担了其他区域交通的功能。这种模式能更加充分的发挥高速公路的复合型通道的功能,但是如果交通量过大,则会造成区域交通与机场的集疏运交通相互影响,特别是可能降低机场集疏运交通的服务水平。

6.3.5　客运枢纽方案的评价

1）评价的基本原则

（1）整体完备性原则

评价指标体系作为一个有机整体,应该能从不同侧面反映客运枢纽的特征和性能,同时还要反映系统的动态变化。

（2）客观性原则

评价指标是评价结果客观准确的根本保证,应该重视保证评价指标体系的客观公正,同时要保证数据来源的可靠性、准确性和评估方法的科学性。

（3）实用性原则

评价指标体系的建立是为进行综合评价服务,在实际的运用中才能体现其价值,因此每一个指标都应该具有可操作性,整个评价指标体系应该简明,易于操作,具有实际应用功能。

（4）科学性原则

指标体系应建立在科学的基础上,即指标的选择与指标权重的确定、数据的选取、计算与合成必须以公认的科学理论(统计理论、系统理论、管理与决策科学理论等)为依据,要能够反映城市交通可持续发展的涵义和目标的实现程度。

2）评价指标的分类

客运枢纽的评价可从社会、经济、交通、环境四个方面选取相应的评价指标。

（1）交通功能指标

主要从客运枢纽的交通组织方面、功能的齐备方面、功能设计的合理性方面、功能设计的可持续性方面选取指标,评价枢纽的使用情况。

（2）社会功能指标

分别从客运枢纽的规模适应性、与城市发展的适应性、对城市景观的影响以及客运枢纽建设的集合开发与信息整合情况等方面评价客运枢纽建设对城市和人们生活带来的影响。

（3）外部经济指标

分别从枢纽投资者内部收益和国民经济的外部收益两个方面考虑社会经济与客运枢

纽的协调性。客运枢纽的建设与使用有公益性质,评价时应以国民经济的外部收益为主。

(4)环境指标

客运枢纽系统对城市环境的影响包括对自然环境、生态环境和社会环境的影响,其内容主要包括大气污染、噪声、城市绿化率以及社区环境等的影响。运用大气污染物和噪声的预测模型,计算出污染物的排放量和浓度,分析变化趋势;分析噪声值在枢纽周边地区的分布状况,评价噪声对城市居民的影响程度;通过对枢纽地区的居民调查反映枢纽的建设对枢纽周围社区的社会环境影响程度。

3)评价指标的量化

根据客运枢纽的功能定位、发展战略研究以及布局规划的影响因素分析,分别以客运枢纽布局的适应性、可达性、协调性、经济性、社会性为评价准则,并遵循评价指标体系建立和筛选的原则选择评价指标。

(1)枢纽规模适应性 A_1

该指标用于描述枢纽布局方案的总体规模满足对外出行需求的程度。定义布局方案中枢纽 $i(i=1,2,\cdots,k;k$ 为某一布局方案包含的枢纽个数)的客运需求与枢纽容量之比(饱和度)为 SA_i,饱和度太大或者太小均不合理,一般认为 SA_i 值处于 $0.75\sim0.85$ 较合适。故定义 A_1 如式(6-14):

$$A_1 = \sum_{i=1}^{k} Q_i \cdot |SA_i - 0.8| \Big/ \sum_{i=1}^{k} Q_i \qquad (6\text{-}14)$$

式中:Q_i——布局方案中枢纽 i 的客运需求量,其他符号意义同前。

(2)枢纽发展余地 A_2

该指标用于描述枢纽向规划用地以外扩展的可能性。布局方案中枢纽 i 的发展余地 DL_i = 枢纽 i 的可扩展用地面积 DS_i / 枢纽 i 的规划用地面积 PS_i,当 $DS_i > PS_i$ 时,可取 $DS_i = PS_i$。故 A_2 可由式(6-15)计算:

$$A_2 = \sum_{i=1}^{k} Q_i \cdot DL_i \Big/ \sum_{i=1}^{k} Q_i \qquad (6\text{-}15)$$

式中符号意义同前。

(3)与市内客运系统的连通度 A_3

该指标用于描述枢纽的市内交通接驳能力和便捷程度,布局方案中枢纽 i 与市内客运系统的连通度 $CO_i = \alpha \cdot TX_i + BX_i$,其中,$TX_i$、$BX_i$ 分别为枢纽 i 衔接的轨道交通和常规公交线路数,α 为轨道交通和公交间的换算系数,故定义 A_3 如式(6-16)所示:

$$A_3 = \sum_{i=1}^{k} Q_i \cdot CO_i \Big/ \sum_{i=1}^{k} Q_i \qquad (6\text{-}16)$$

式中符号意义同前。

(4)乘客出行总时间 A_4

该指标用于描述枢纽的布局服务于乘客出行的效率

(5)车辆出入条件 A_5

该指标用于描述车辆进出枢纽的方便程度。布局方案中枢纽 i 的车辆出入条件 $CR_i = \sum_{i=1}^{r_i} GR_{ij}$，其中 r_j 为枢纽 i 连接的道路数，GR_{ij} 为枢纽 i 连接的第 j 条道路等级系数，可按快速路为 3，主干道为 3，次干道为 2，支路为 1 取值。故定义 A_5 如式（6-17）所示：

$$A_5 = \sum_{i=1}^{k} Q_i \cdot CR_i \Big/ \sum_{i=1}^{k} Q_i \qquad (6-17)$$

式中符号意义同前。

（6）与对外交通线路协调性 A_6

该指标反映了陆路枢纽（铁路客站，长途汽车站）布局与城市对外交通线路的关系，也就是城市对外交通用地与区域交通网络的协调程度。指标 A_6 的量化方法如式（6-18）：

$$A_6 = \sum_{i=1}^{k_l} \Big(Q_i \cdot \sum_{j=1}^{l_i} S_{ij} \Big) \Big/ \sum_{i=1}^{k} Q_i \qquad (6-18)$$

式中：k_l——枢纽布局方案中陆路枢纽的数量；

l_i——布局方案中枢纽 i 服务的对外交通线的个数；

S_{ij}——布局方案中枢纽 i 与其服务的对外交通线 j 的交通接口最短距离；其他符号意义同前。

（7）枢纽负荷均匀性 A_7

该指标反映了布局方案枢纽负荷度偏离平均负荷度的程度，A_7 的量化方法如式（6-19）：

$$A_7 = \frac{1}{\overline{SA}} \sqrt{\frac{1}{k} \sum_{i=1}^{k_l} (SA_i - \overline{SA})^2} \qquad (6-19)$$

式中：$\overline{SA}$——布局方案的平均负荷度，其值为 $\overline{SA} = \sum_{i=1}^{k} SA_i / k$；其他符号意义同前。

（8）投资额 A_8

该指标用于描述各套方案总共的投资情况，其值可以通过布局方案中各个枢纽的投资估算求和得到。

（9）对周边地区的影响 A_9

该指标主要反映了枢纽建设的社会成本和社会效益，其值可以通过枢纽对周边地区环境的影响和对周边地区土地升值影响两个方面来考察，方案中各枢纽的影响指标与枢纽类型、规模、布置形式、周边用地情况等因素有关，其值应由专家通过专业分析确定。

4）评价方法

枢纽评价方法贯穿于客运枢纽规划的整个过程，候选方案的比选实际上就是对枢纽综合评价的过程，因此枢纽评价方法可应用在评价候选方案下的布局方法中。

评价是决策分析中的重要工具，决策中需从候选枢纽站址中利用评价的方法分析研究最佳的布局方案。常用的定量评价分析方法有模糊综合评价法、层次分析法（AHP）、数据包络分析方法、加权向量和欧氏范数法、灰色关联系数法、基于遗传算法的方法等方法。以下对数据包络分析法、层次分析法和模糊综合评价法进行比较，如表 6-13。

表 6-13　常用评价方法优缺点比较

方　法	优　点	缺　点	适用范围
数据包络分析法	无须设置权重,无须对指标值无量纲化处理	对数据很敏感,实际应用时局限较大,数据统计的较小误差就可能造成较大差异的结果	指标的初始数据较精确的情况
层次分析法	处理复杂的决策问题较为实用有效	不适用于候选评价方案数过多的情况	适用于评价方案有限的情况下
模糊综合评价法	对多因素进行全面评价的决策十分有效	权重确定时主观性较大	适用于大量指标难以定量化的情况

(1) 数据包络分析法

数据包络分析,对同一类型各决策单元(DMU)的相对有效性进行评定、排序,可利用 DEA"投影原理"进一步分析各决策单元非 DEA 有效的原因及其改进方向,为决策者提供重要的管理决策依据。

(2) 层次分析法(AHP)

层次分析法(Analytic Hierarchy Process)是应用数学运筹的基础上对指标进行量化,将影响枢纽布局中的一些定量与定性相混杂的复杂决策问题综合为统一整体后,进行综合分析评价。其分析过程包含"分解—判断—综合"。

(3) 模糊综合评价法

模糊综合评价方法又叫模糊决策法(Fuzzy Decision Making),它是应用模糊关系合成的原理,从多个因素对被候选枢纽方案进行综合判断的一种方法。模糊综合评判决策是对多种因素影响的枢纽方案作出全面评价的一种十分有效的多因素决策方法,对于项目综合评价中大量指标难以定量化的情况,该方法较适用。

客运枢纽评价方法及指标选取应根据具体情况,在比较方法优缺点的基础上,选择合适的评价方法对方案作出科学合理的决策。

参考文献

[1] 东南大学. 江苏省干线公路建设城市结点研究[R],2008.

[2] 杨涛等. 公路网规划[M]. 北京:人民交通出版社,1998.

[3] 王炜等. 交通规划[M]. 北京:人民交通出版社,2007.

[4] 同济大学,重庆建筑工程学院,武汉建筑材料工业学院. 城市对外交通[M]. 北京:中国建筑工业出版社,1982.

[5] 樊钧,过秀成,訾海波. 公路客运枢纽布局与城市土地利用关系研究[J]. 规划师,2007,23(11):71-73.

[6] 杨健荣. 城市化进程中公路网结点交通组织研究[M]. 东南大学硕士论文,2006.

[7] 沈志云,邓学钧. 交通运输工程学[M]. 北京:人民交通出版社,2003.

[8] 樊钧,宋昌娟,温旭丽,过秀成. 城市轨道交通对公路客运枢纽服务区域的影响[J]. 城市轨道交通研究,2006(3):22-26.

[9] 建设部. 城市综合交通体系规划编制办法[Z],2010.

[10] 建设部. 城市综合交通体系规划编制导则[Z],2010.

[11] 江苏省建设厅. 江苏省城市综合交通规划导则[Z],2011.

[12] 江苏省交通运输厅. 江苏省铁路综合客运枢纽规划设计指南[R],2010.

第 7 章　都市区轨道线网布局规划

7.1　都市区轨道线网布局规划内容与流程

7.1.1　都市区轨道交通发展

都市区是指一个大的城市人口核心以及与其有着密切社会经济联系的具有一体化倾向的邻接地域的组合,它是国际上进行城市统计和研究的基本地域单元,是城市化发展到较高阶段时产生的城市空间组织形式。都市区化在世界发达国家均已普遍出现,是一带有规律性的现象,是城市化达到一定程度的必然现象。都市区这种城镇群体空间的形成一般要求借助于区域或城市完善的交通运输体系为支撑,尤其是以大容量快速轨道交通系统为骨干的综合交通体系。

成熟都市区通常都由核心地区(或称为中心城区)、边缘地区和郊野地区构成,人口分布呈圈层状格局,如图 7-1 所示,人口高密度连续分布空间一般达 20 km 半径(密度在 5 000 人/km² 及以上),该地区是城市化程度最高、城市功能最集中的中心城区。20 km 以外人口密度快速下降,但以与中心城(20 km 圈层)的高通勤率(一般不低于 10%)为标志,与中心城在经济社会发展上高度一体化的区域可达到 50 km 圈层。如东京、伦敦、巴黎等大都市区范围都在 1 万 km² 左右,即距离市中心50~60 km 的地区,其中心城区规模一般在600~1 000 km²,即距离市中心 15~20 km 的地区。由于都市区不同圈层内用地性质、人口密度以及交通可达性的差异,交通出行强度、方式结构等特征也存在较大差异,需要差别化配置合理的交通运输系统。

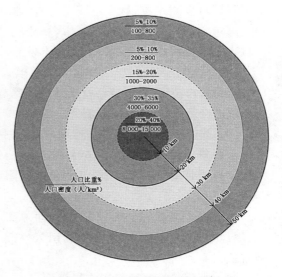

图 7-1　都市区人口分布特征

高度城市化地区必须要有密集的轨道交通网作为支撑,不同形式的轨道交通具有不同的运输技术特性,服务于不同区域层次的交通运输需求。传统的城市轨道交通(地铁、轻轨等)主要服务于都市区核心城区,运量大、站距短、速度较慢;更广的都市区范围则有速度较快的高速铁路、城际轨道或者市郊铁路等区域快速轨道交通形式。成熟都市区的构建是基于轨道交通的高度一体化,中心城区、近郊、远郊之间按联系强度的大小,采取不同层次的轨道交通配置。中心城区一般采用地铁与轻轨系统;郊区通过市域快速轨道或者市郊通勤铁路联系。城区轨道与市郊轨道分别服务于不同范围、不同强度、不同速度目标的出行需求,通过客运交通枢纽相衔接,形成多层次、高度一体化的轨道交通体系。

由于现状管理体制和建设模式等原因,对于都市区轨道交通体系的整体认识和一体化构建还存在不足,区域铁路与城市轨道在规划、建设以及运营管理上缺乏有效的衔接与协调。针对都市区圈层式、差别化的交通需求特征,分析各种类型轨道交通的适用范围、运送能力、车辆制式、线路特征、设计车速、运行空间、环境影响、经济指标和技术兼容性等相关参数,梳理都市区轨道交通功能层次体系,并深入研究相互之间的衔接模式,对于构建一体化轨道交通线网,充分发挥轨道交通的运输效能,对促进都市区交通运输体系的可持续发展具有重要意义。

7.1.2 线网布局规划主要内容

都市区轨道线网布局规划过程中需要重点关注不同层次、不同型式轨道交通在不同区域的适应性,首先分析都市区的轨道交通线网层次体系以及不同体系间的衔接模式,采用区域差别化规划理念,预测都市区不同圈层轨道交通线网合理规模,以此为指导开展轨道线网的布局规划工作。都市区轨道线网规划的主要内容如下:

(1)总体规划背景分析

对区域发展定位、城乡空间发展、交通现状及规划、城市工程地质进行研究,从轨道交通与城市空间发展、交通出行需求、城市交通结构等方面分析发展轨道交通的必要性,结合城市发展规模、交通需求、工程地质条件和财政收入,论证轨道交通发展的可行性。

(2)轨道交通线网层次体系与衔接模式分析

根据城市特征、发展战略及交通发展趋势,确定轨道交通功能定位及战略目标,提出都市区轨道交通线网层次体系、服务范围及功能特性,分析不同层次轨道交通线网衔接模式。

(3)都市区轨道交通需求预测与合理规模分析

分析都市区不同圈层相关预测要素,构建轨道交通需求分析模型,对都市区各个层级的轨道开展针对性需求预测,并确定不同圈层内轨道交通线网合理规模。

(4)都市区轨道线网布局方案架构

基于都市区客流走廊分析,确定轨道交通线网总体形态与结构;通过分析城市空间结构、用地布局、客流走廊、轨道交通引入空间、客流集散点等规划要素,构建都市区轨道线网备选方案。

(5)都市区轨道线网评价与优化

建立反映轨道线网服务功能及建设成本等各方面指标体系,结合轨道交通网络客流预测开展方案测试与评价,确定线网布局推荐方案,并结合评价结论进行进一步优化。

7.1.3 线网布局规划基本流程

都市区线网布局规划过程中,要"以背景分析为先导"、"以体系规模为基础"、"以方案架构为核心"、"以实施规划为支撑",全过程穿插"交通需求预测分析",作为线网规模判断、方案评估比选的重要依据。线网布局规划基本流程如图 7-2 所示。

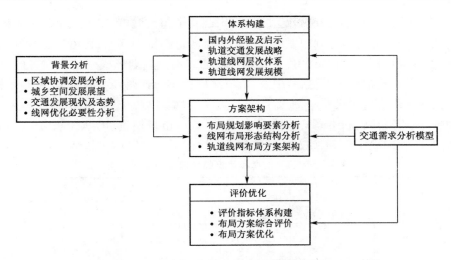

图 7-2　都市区轨道线网规划流程图

7.2　都市区轨道交通线网层次体系

7.2.1　国际大城市轨道交通线网体系

　　成熟都市区通常都由中心城区、边缘地区和郊野地区构成,传统的城市轨道交通(地铁、轻轨等)主要服务于中心城区(一般 15～20 km 半径以内),中心城区以外都市区范围内(边缘地区和郊野地区)则由相应的市郊轨道交通线路服务,对于这一层次的轨道交通线路,各个国家的定义各有不同,法国巴黎以都市区快速轨道(RER)和市郊客运铁路服务、日本以国铁(JR 线)和私营铁路服务、德国以地区间快速列车(Regional Express)和地区间普速列车(S-BAHN)服务、美国以通勤铁路服务等等。表 7-1 列出了四个国外城市轨道交通的线网层次。都市区对外交通出行一般通过国土层面的区域铁路网作为支撑。

表 7-1　国外城市轨道交通线网层次

分　类		伦　敦		莫斯科		巴　黎		东　京	
		空间层次	服务形式	空间层次	服务形式	空间层次	服务形式	空间层次	服务形式
城市轨道		大伦敦 半径 20 km 面积 1 578 km²	地铁轻轨	市区 半径 18 km 面积 1 081 km²	地铁单轨	中心城 半径 15 km 面积 762 km²	地铁 有轨 电车	23 区 半径 15 km 面积 620 km²	地铁单轨
区域层面	近程	伦敦大都市 半径 100 km	市郊铁路	莫斯科大 都市区 100 km	市郊铁路	巴黎大区 半径 50 km	RER 市郊 铁路	东京交通圈 半径 50 km	私铁 JR
	中程					巴黎大都市 半径 100 km	市郊 铁路	首都交通圈 半径 100 km	JR
	远程	国土 层次	国家 铁路	国土 层次	国家 铁路	国土层次	TGV 高铁	国土 层次	新干线

国内城市化以及轨道交通建设起步较晚，围绕几个超大城市、特大城市的都市区空间正在逐步成长，在新一轮城市规划中发展现代化都市区得到特别强调，轨道交通线网规划范围也相应扩大，在吸取国际大都市区规划成功经验的基础上规划形成了较为完备的轨道交通线网体系。如北京类似伦敦、莫斯科模式，轨道线网由市郊铁路和中心城地铁、轻轨构成，市郊铁路接入城市中心边缘火车站；上海、广州、武汉、南京等城市类似巴黎、东京模式，轨道线网由市郊铁路、市域快轨和中心城地铁、轻轨构成，其中市域快轨贯穿城市中心，联系城区与近郊新城组团。北京、上海和武汉三个国内城市轨道交通线网层次如表7-2所示。

表7-2   北京、上海和武汉的轨道交通线网层次

分类	北　　京		上　　海		武　　汉	
	空间层次	形　式	空间层次	形　式	空间层次	形　式
城市轨道	中心城 半径20 km 面积1 085 km²	地铁 轻轨	中心城 半径15 km 面积660 km²	地铁 轻轨	主城 半径20 km 面积678 km²	地铁 轻轨
市域层面	市域 80 km 面积16 808 km²	市郊铁路	市域 半径45 km 面积6 340 km²	市域快轨 市郊铁路	市域 半径50 km 面积8 549 km²	市域快线 市郊铁路

总结国际城市大都市区轨道交通层次体系与服务特征，可以概括为以下三点：

（1）城市轨道交通系统（含地铁、轻轨、单轨等）通常为高度城市化的中心城区提供服务，服务范围根据城市空间布局与用地特征，一般集中在15～20 km半径以内；

（2）市郊轨道交通系统一般服务于外围新城、新区与中心城的通勤出行联系，通勤范围通常在50 km以内；

（3）区域铁路一般服务于国土层面或者城际之间交通联系，结合城市用地组团布局，部分城际间运营的区域铁路同时服务于都市区内部组团之间长距离出行。

7.2.2　轨道交通基本分类与技术特性

现状城市统计和研究的基本地域单元一般为中心城区和更广范围的市域两个层次。在市域范围内服务的轨道交通设施一般包括两个层次：以服务于城市对外交通出行为主的区域铁路系统（国家铁路和城际轨道等）和服务于城市居民出行需求的城市轨道系统。

1）区域铁路

关于区域铁路的分级和分类标准多而杂，缺乏统一的技术分类标准。按照运行速度可以分为高速铁路（300～350 km/h）和普速铁路，其中高速铁路达到350 km/h。按照服务范围可以分为服务于中长距离出行的国家铁路和中短距离出行的城际轨道，国家铁路主要服务于都市区对外出行需求，一般仅在都市区重要对外客运枢纽设站，站距长；城际轨道主要服务于城际之间联系需求，同时由于站距相对较短，兼有都市区内部组团之间的联系功能。2006年颁布的《铁路线路设计规范（GB50090—2006）》中，对160 km/h以下的铁路线路按照铁路运量又分为国铁Ⅰ级、Ⅱ级、Ⅲ级、Ⅳ级铁路。

2）城市轨道交通

目前关于城市轨道交通的分类方法，其中最主要的方法是按照轨道交通技术特征进行

分类,参考《城市公共交通分类标准(CJJ/T114—2007)》,见表7-3,城市轨道交通可以分为市域快速轨道系统、地铁系统、轻轨系统、单轨系统、有轨电车、磁浮列车和自动导轨等类别。

表 7-3　城市公共交通分类标准(CJJ/T114—2007)

	分　类	车　型	速度(km/h)	备　注
城市轨道交通	市域快速轨道系统	地铁车辆或专用车辆	最高速度120～160	市域内中、长距离客运交通
	地铁系统	A、B、L 型	运行速度≥35	大运量
	轻轨系统	C、L 型	25～35	中运量
	单轨系统	跨座/悬挂	30～35、20	中运量
	有轨电车		15～25	低运量
	磁浮系统	中低速/高速	100、500	中运量
	自动导轨	胶轮车辆	≥25	中运量

按照 2008 年国家建设部和发改委联合批准发布的《城市轨道交通工程项目建设标准(建标 104—2008)》,建议城区新建线路长度控制在 35 km 左右(对应 35 km/h 左右运营速度、1 h 运程),这主要针对为都市区内中心城范围提供服务的轨道交通线路;对于外围新城,由于空间上距离城区较远,乘客对运行速度和时间目标要求相对较高,其轨道交通的线网体系和服务模式没有深入论证。

3) 轨道交通类别与功能特性对比

不同国家和地区对于轨道交通线网层次与功能特性各不相同,表 7-4 为国内外城市轨道交通体系的对应关系与功能特性。

表 7-4　城市线网体系对应关系与功能特性

国内 ＼ 国外	新干线/高速铁路	JR 线/国家铁路	民铁线/区域轨道	城　市　轨　道
国家铁路	○	○	—	—
城际铁路	○	○	—	—
市郊轨道/组团快轨	—	○	○	—
城市轨道	—	○	○	○
特　征	最高速度200 km/h 以上站间距20～50 km	最高速度120～200 km/h站间距3～5 km	最高速度70～160 km/h站间距2～3 km	最高速度70～120 km/h站间距1 km 左右

7.2.3　都市区轨道交通线网层次体系

结合区域铁路与城市轨道交通基本分类与技术特性,对比国内外城市轨道交通线网对应关系,城市居民的日常通勤出行行为仍然集中于较小范围的中心城区内部,因此,现状还没有形成对市郊轨道的客流需求,线网体系中也缺乏市郊轨道这一层面。国际大都市地区均有发达的市郊轨道(或通勤铁路)联系中心城区与外围郊区,其站距、速度等介于城市轨道与城际轨道之间,具有一定的客流规模。随着城市大都市区化不断推进,中心城外围居民向心通勤出行比例将逐步增加,市郊轨道的建设需求将越来越强烈,目前北京、上海、南京等城市在相关规划中已经有所应对。例如北京规划 6 条市郊通勤铁路,总长430 km,北京铁路局负责运营;南京规划了 6 条市郊快轨,服务南京中心城与毗邻区域之间的通勤交通和商务旅行出行的需要。

因此,都市区轨道交通层次体系总体可以分为区域铁路与城市轨道两个层次,其中区域铁路主要服务于都市区对外客流联系需求,具体按服务范围又可以分为国家铁路和城际轨道两个层级;城市轨道服务于大都市区范围内的居民出行需求,按照服务范围又可以分为市郊轨道系统和城区轨道系统。轨道线网层次体系与服务范围具体如图 7-3 所示。推荐的轨道交通层次体系与功能特性可参考表 7-5。图 7-4 是轨道交通层次体系与服务范围的示意图。

图 7-3　都市区轨道交通系统层次体系

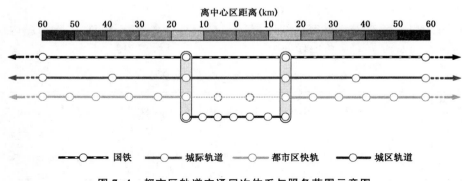

图 7-4　都市区轨道交通层次体系与服务范围示意图

1）区域铁路

（1）国家铁路

区域铁路按照服务范围可以分为国家铁路和城际轨道,其中国家铁路服务于都市区在国土层次的远程出行,如京沪高速铁路、武广高速铁路、京九铁路等。国家铁路按照运营速度、运输量等指标可以进一步进行类别的细分,比如分为高速铁路、客运专线和普速铁路等等,旅行速度从 80 到 350 km/h 不等,具体可以参照铁路相关文献和规范,在此不再赘述。

（2）城际轨道

城际轨道一般服务于城市带或城市群中紧密联系城市之间的交流,区域范围从100～300 km 不等,比如长江三角洲区域内的沪宁、宁杭城际铁路,珠江三角洲区域的广深、广珠城际轨道等等。城际轨道旅行速度 160～250 km/h,平均站距相对于国家铁路较短,一般根据城市用地布局进行设置。因此,城际轨道在服务于都市区对外交通出行的同时,也承担了都市区内部一些重要组团之间的运输功能。

2) 城市轨道

(1) 市郊轨道系统

市郊轨道系统服务于市郊与中心城区之间的长距离出行(主要为通勤出行需求),站距大、速度快,旅行速度一般在 45 km/h 以上,服务范围较广。根据国外城市实践,市郊轨道系统根据服务范围又可以分为服务于远郊的通勤铁路以及服务于近郊的市郊快线,其中市郊快线联系中心城区与近郊新城组团(40 km 半径),并兼顾中心城客流,站间距 2～3 km,以 1 h 最长运程目标设定运营时速约 45～60 km/h,车辆最高速度达 160 km/h。

市郊轨道系统相对于城区轨道交通而言,适用于整个都市区、区域内重大经济区之间中长距离的客运交通,类似于法国 RER 线、德国 S-Bahn 等。东京、巴黎、莫斯科、首尔等城市城区轨道系统总里程均在 300 km 以内,仅伦敦、纽约达 400 km 左右,但这些城市都同样有着发达的、大规模的都市区快速轨道系统,以支撑整个大都市区空间的发展。

市郊轨道系统制式没有特别限定,可以根据线路的功能定位、沿线土地利用规划、自然条件、环境保护等综合确定,一般可以采用钢轮钢轨系统、磁浮系统等,车辆类型上可以采用地铁、轻轨车辆,或专用车辆。

(2) 城区轨道系统

城区轨道系统服务于城市 15～20 km 半径以内的城市化高度密集地区(中心城区)的出行,运量大、站距短、速度较慢。城区轨道按照服务功能又分为城区干线和局域线。城区干线服务于中心城区高强度、高密度的客流走廊,紧密衔接主副城,站间距 0.8～2 km,以 1 h 运程目标设定运营时速不低于 35 km/h,车辆最高速度 80～100 km/h。局域线服务于中心城区局部范围次级客流走廊,车辆最高速度 70～80 km/h,站间距 0.8～1.5 km,运营时速 25～35 km/h。

相对于都市区快速轨道系统来说,城区轨道交通运量大、站距短、速度较慢,平均线路长度不超过 40 km(伦敦 37 km、首尔 36 km、莫斯科 23 km、东京 24 km、巴黎 15 km)。

表 7-5　都市区建议轨道交通层次体系与功能特性

层　级	区　域　铁　路		城　市　轨　道		
	国家铁路	城际铁路	市郊轨道系统	城区轨道系统	
				城区干线	局　域　线
服务范围	国土层次远程交流	100～300 km 紧密联系圈及更远	中心城外围郊区新城与中心城之间的联系	中心城区高强度、高密度客流走廊服务	中心城区局部次级客流走廊服务
服务半径(km)	>200	50～300	20～100	20 左右	20 以下
车站间距(km)	50	10～20	2～5	0.8～2	0.8～1.5
最高时速(km/h)	350	250	120～160	80～100	70～80
旅行时速(km/h)	80～350	160～250	45～60	35～40	25～35

7.3 都市区轨道交通客流预测与线网规模

7.3.1 都市区轨道交通预测基本影响要素

传统的轨道交通预测工作主要面向中心城区开展,相关预测要素主要依据城市总体规划所确定的人口和规划用地布局进行,中心城区内部片区之间没有明显的差异性;而都市区用地布局呈现圈层式差别化特征,不同圈层内的经济水平、人口与岗位以及机动车发展水平均存在较大的差异性。因此,都市区轨道交通需求预测不能笼统处理,而应重点突出预测对象的层次性,不同层次轨道交通需求预测所考虑的预测要素构成和参数取值应更具针对性。都市区轨道交通需求预测应在把握都市区各个圈层预测要素的差异性基础上,分别对各个层级的轨道开展预测。

1)社会经济影响因素

社会经济参数是轨道客流预测模型的基础和前提条件,主要包括经济、人口、岗位和机动车等方面。社会经济参数的资料获取一般以国家和城市相关部门公布的统计数据为准,比如统计年鉴、公报,国民经济和社会发展规划等。

(1)经济发展水平

经济参数主要包括国内生产总值和产业结构,它们是用于衡量国民经济规模和经济结构的基本指标,具有统计口径一致、便于比较的优点。都市区核心区经济发展水平较高,经济活动频繁,由核心区逐步向外围扩散,经济发展水平也呈现梯度下降现象。

(2)人口规模与分布

对成熟的大都市区,由城市主中心出发,每 10 km 画一个圈,人口高密度连续分布的空间一般达到 20 km 半径圈层(密度在 5 000 人/km² 及以上级别),这个地区就是空间城市化程度最高、城市功能最集中的都市核心区。20 km 以外,人口密度快速下降。但是以人口与都市核心区(20 km 圈层)的高通勤率(一般不低于 10%)为标志,与核心区在经济社会发展上高度一体化的区域可以达到 40~50 km 圈层。这个与高密度的核心区形成鲜明对比的低密度、生态化的外围一体化空间,就是都市边缘区(都市外围地区)。就总量而言,高水平都市区的人口明显趋向于在第 1、2 圈层均衡地集中分布(基本都占全部都市人口的 30% 左右),第 3 圈层也占较高比重。在都市区演变的过程中,都经历了一个 10 km 圈层人口从绝对量上停滞并减少、比重快速下降,20~30 km 圈层人口大规模增加的过程。成熟大都市区人口的空间变化趋势如图 7-5 所示。

(3)就业岗位

就业岗位是大都市区通勤

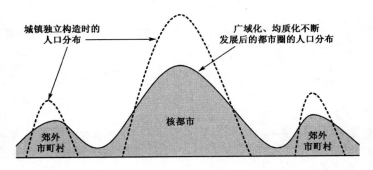

图 7-5 成熟大都市区人口的空间变化趋势

出行的终端,对于大都市区来说,在分析就业岗位的影响范围时,需要考虑大都市区通勤场概念。通勤场是比大都市区范围更大的功能上的城市地域概念,是指中心城市周边县区劳动力到中心城市往返的范围。随着交通条件的不断完善,许多城市的人口大量向郊区及周边地区扩散,通勤量和通勤距离均显著增大。图7-6是代顿、辛辛那提、哥伦布3个相邻城市的中心城市与西北太平洋岸四个层次之中的通勤场图。通勤场范围大小除了跟城市的规模大小、用地布局有关外,主要取决于城市的机动化水平以及交通设施发展状况。机动化出行比例高,城市路网功能完善、结构合理,用于通

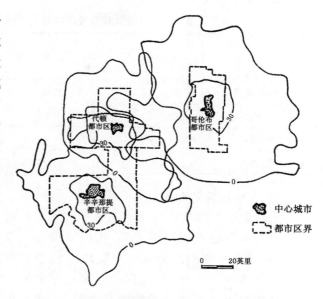

图7-6　辛辛那提、代顿、哥伦布3个中心城市的通勤场

勤出行的长距离、大运量高速铁路建设,都将大大扩展城市通勤场范围。

（4）机动车拥有量

都市区不同圈层的机动车拥有量增长存在着明显的区域差别。一般地,在车辆发展初期,都市区核心区机动车拥有量和使用量均占绝对多数,外围地区层路网欠发达,配套设施不齐备,车辆总量和户均车辆数均偏低;随着都市区的发展,人口逐步外迁,城市外围的交通条件不断改善,出行距离的增长刺激了外围地区居民的购车要求,机动车的增长速度逐步赶上并超过城市核心区;在小汽车普及化的后期阶段,城市核心区受到各种条件的制约,小汽车总量和户均小汽车拥有量趋于稳定,既有城市建成区车辆发展速度也逐步减缓,而城市外围地区仍可能保持小汽车拥有量的持续增长,表7-6、表7-7是典型都市区各圈层私人小汽车发展水平。图7-7是伦敦大都市区人均小汽车拥有率分布图。机动车发展规模的预测方法很多,包括时间序列法、相关因素法等,不同方法又包括很多拟合函数,目前比较常用的预测模型包括弹性系数模型、S增长曲线模型以及收入水平影响模型。

表7-6　巴黎大都市各区域私人小汽车拥有率分布

区　　域	核　心　区		中　圈　层		外　圈　层	
面积（km²）	29		2 031		9 951	
人口（万人）	62.2		816.9		187.0	
小汽车拥有率（veh）	户均	人均	户均	人均	户均	人均
1968 年	0.32	0.13	0.48	0.16	0.45	0.17
1982 年	0.47	0.25	0.81	0.32	1.13	0.37
1990 年	0.49	0.26	0.91	0.36	1.33	0.45

表7-7　伦敦大都市各区域私人小汽车拥有率分布（1990年）

区　　域	面积（km²）	人口（万人）	小汽车拥有率（veh）	
			户均	人均
中央伦敦	27	17.7	0.54	0.27
中心城其他	1 551	667.6	0.83	0.34
近郊区	8 807	475.3	1.22	0.48
远郊区	16 839	594.4	1.08	0.44

2）土地利用影响因素

土地使用类参数取值可以以国家和城市的规划部门公布的数据或资料为准，比如城市总体规划、分区规划和详细规划等。在使用过程中需要对这类参数进行细化，落实到交通小区。交通小区是轨道交通预测数据结构的基本单元，交通小区划分得越细，交通模型对该城市或地区的描述就越细致，但同时模型计算所需要的工作量就越大。因此，交通小区划分的数量与研究的层次有关，并不是所有层次的研究都要求更多的小区。一般而言，都市区核心区交通小区划分较细，越往外围小区划分越粗。

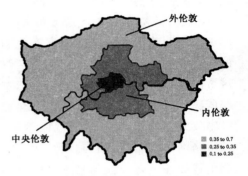

图7-7　伦敦大都市区人均小汽车拥有率分布（veh）

3）交通系统供给影响因素

交通系统影响参数包括道路系统、轨道系统、地面公交系统和其他相关交通系统。道路系统包括道路网络、停放车和交通状况等；轨道系统参数包括每条线路的站点位置、站间距离、换乘车站的换乘方式，线路的运营交路，轨道车辆的发车间距、运行速度、折返时间等。地面公交系统和轨道系统之间存在合作、竞争关系，也是轨道客流预测的重要参数。

7.3.2　都市区轨道交通客流预测方法

1）预测思路

根据对都市区轨道交通层次体系的分析，都市区轨道交通客流预测重点面向两个层次：市郊轨道和城区轨道的预测。目前对于轨道交通的客流预测，采用较多的是传统的四阶段客流预测法。这种客流预测方法由出行生成、出行分布、方式划分和交通分配四个阶段组成，是交通规划领域最广泛的方法，是半个多世纪以来一直作为交通需求预测的基本框架。与其他预测方法相比，这种预测方法更具有系统性、全面性，大部分城市采用四阶段模型预测法来进行轨道交通客流预测。

四阶段客流预测法均适用于市郊轨道和城区轨道的客流预测。但需要注意的是，城区轨道服务于高密度城市化地区，轨道运营初期往往具备较为成熟的客流；而市郊轨道则经常作为TOD发展模式的支撑主体，运营初期往往客流较小，随着外围新城或新区的发展成熟，客流也由引导期向稳定期演变，这一演变过程往往会经历一个较长的期限。因此,在都市区轨道客流预测过程中,要充分考虑市郊轨道与城区轨道在功能定位、客流演变方面的差异,合理预测不同发展阶段的客流规模。

2)预测方法

（1）四阶段客流预测法

四阶段客流预测法包括出行生成、出行分布、方式划分和交通分配四个阶段。出行生成预测是四阶段交通需求预测法的第一个阶段,也是交通需求分析工作中最基本的组成部分。出行生成预测,就是用与交通出行有关变量的函数形式,描述出研究区域内每一个交通小区的出行产生量和吸引量;用于出行生成预测的模型方法主要有交叉分类法、回归模型法和离散选择模型法。出行分布预测是指从起点小区到终点小区（OD）的交通量预测。是利用各交通小区产生量 G_i 和吸引量 A_j（i, j 为交通小区号码）,对全部 OD 推求 i、j 间的交通分布量 t_{ij};出行分布的预测模型方法总体上可以分为两类:增长系数法和综合模型法。增长系数法包括 Detroit 法、平均增长系数法、Fumess 法、Fratar 法等;综合模型法包括重力模型及机会介入模型。交通方式划分是把各交通小区之间的分布交通量分配给各个交通方式,从而在各自的交通网上进行分配,在轨道交通方式划分中就是获得公交OD 表;在交通方式划分中,Logit 模型是基本模型,是将非集计模型集计化使用,它的关键是效用函数及最大似然率估计。交通分配的目的是将已经预测出的城市轨道 OD 交通量按照一定的规则符合实际地分配到将来的轨道交通网络上去,求取网络中各轨道交通线路所应承担的交通量,从而为确定轨道交通设施规模服务,城市轨道交通设施的规划、设计和评价都是以交通分配结果为基础的。交通分配方法中有均衡分配和非均衡分配两大类。其中均衡分配是基于 Wardrop 平衡原理的交通分配方法;非均衡分配是不基于 Wardrop 平衡原理的交通分配方法,可分为全有全无、容量限制,增量加载交通分配、多路径交通分配和多路径,容量限制交通分配方法。

一些城市在交通生成中使用的方法如表 7-8 所示。

表 7-8　国内 9 大城市在交通生成中使用方法表

城市	出 行 生 成	出 行 分 布	方 式 划 分	交 通 分 配
北京	按出行方式、出行目的的交叉分类法	重力模型法	分阶段 Logit 模型法	多路径选择区分公交子方式 Logit 模型法
上海	出行生成:交叉分类法;出行吸引:回归分析法	重力模型法	Logit 模型法	最优战略法
广州	近期采用以人口和岗位确定小区吸引或产生率办法得到发生和吸引	本区—本区:增长系数法;本区—强连接区:修正分布系数法;本区—其他区:重力模型法	9 个出行链中采用效用比模型法;近期采用 Logit 模型法	近期采用多路径公交分配法
南京	根据出行特征分类确定每类的产生与吸引率,再考虑区域系数得到发生与吸引	双约束重力模型法	改进的 Logit 模型法	最优战略法
深圳	交叉分类法	综合效用重力模型法	二元对数模型法	多矩阵综合费用平衡分配

城市	出　行　生　成	出　行　分　布	方　式　划　分	交　通　分　配
杭州	根据用地不同、出行目的不同确定吸引率的方法得到发生与吸引	重力模型法	转移曲线法	最优战略法
武汉	交叉分类法	重力模型法	效用模型法	最优战略法

（2）其他客流预测模型与方法

为了解居民出行行为和交通系统的相互关系，一些城市在轨道客流预测中还结合交通行为模拟、交通价格弹性等理论建立其他一些预测模型，比如非集聚模型的客流预测、基于出行链的客流预测。由于这些理论模型需要大量的调查数据作为支撑，所以实际应用较少。另外关于轨道交通预测的其他一些方法还包括时间序列法、客流转移法等等。

时间序列法：根据历史发展趋势分析，结合现状，通过各种回归分析计算增长系数，从而确定规划年的客流规模。这种方法一般适用于城市第一条轨道交通单线客流的预测，尤其是城市规模比较小、客流走廊比较明显，或者城市形态呈带状组团式分布。

客流转移法：客流转移法适用于单一条公交走廊轨道交通的客流预测，通过将相关公交线路的现状客流和自行车流量等向轨道交通线路转移，得到基年轨道线路客流。然后按照相关公交线路的历史资料的增长规律，确定轨道线路客流的增长率，推算远期轨道线路的客流需求。

7.3.3　都市区轨道交通网络合理规模

1）都市区轨道线网规模特征

大都市区的用地布局一般呈现区域化特征，中心城建筑密度和容积率较高，外围区较低，郊区则更低。用地布局的区域差别化特征决定了轨道交通线网规模的差别化。

中心城区人口、岗位密度最高，城市用地紧凑，交通需求量最为集中，出行强度大。因此，需要高密度、小站距的轨道线路，包括地铁、轻轨等各类城区轨道线路共同构成，主要为城区服务，并与市域轨道、通勤铁路等紧密衔接。中心城区外围人口、岗位密度相对较低，城市用地相对宽松，交通需求量相对分散，因此出行强度相对较小。由于区域范围较广，因此出行距离相对较长，对出行的速度和拥挤水平要求相对较高。因此，近郊区一般采用中等密度的轨道线网，车站间距适中，轨道车站既要照顾沿线城镇的可达性，又要提高速度，以满足中长距离出行需求。市郊轨道一般是进出城区的长放射、支线型的轨道线路。

表 7-9　典型都市区轨道交通网络规模分布特征

区域	东　京		伦　敦		巴　黎		纽　约	
	人均轨道（m/人）	站点覆盖（千人/个）	人均轨道（m/人）	站点覆盖（千人/个）	人均轨道（m/人）	站点覆盖（千人/个）	人均轨道（m/人）	站点覆盖（千人/个）
核心区	0.041	39.635	0.086	06.079	0.066	12.400	0.032	27.847
中圈层	0.041	39.661	0.118	17.788	0.065	26.045	0.052	21.569
外圈层	0.059	36.417	0.147	25.000	0.320	12.500	0.065	37.200

2）轨道线网合理规模计算方法

轨道线网规模计算是根据城市发展规模及经济水平等相关因素，宏观上预测轨道线网规模，由于影响因素众多，从不同的角度可以采用不同的计算方法，一般是综合各种方法的预测结果，相互印证，从而确定合理的规模。

（1）出行需求分析法

规模体现为实现交通供给，从供给满足需求的角度自然产生了出行需求法。可以先预测规划年限的出行总量以及出行结构划分，最后得出轨道线网长度。

$$L = Q \cdot \alpha \cdot \beta / \gamma \tag{7-1}$$

式中：L——线网长度（km）；

　　　Q——城市出行总量；

　　　α——公交出行比例；

　　　β——城市轨道交通出行占公交出行的比例；

　　　γ——城市轨道交通线路负荷强度，万人次/(km·d)。

线网负荷强度的影响因素有社会的经济水平、都市区结构和线路布局等，国外都市区城际快速轨道系统日平均线路负荷强大，大部分在 0.5～2.0 万人次/(km·d) 之间，在经济发达的地区，人口密度高，城镇分布紧密，同时考虑到轨道交通造价高昂，都市区轨道交通线路平局负荷强度取值在 1.5～2.5 万人次/(km·d)。

（2）线网密度分析

该法先将规划区分为都市核心区、中圈层及外圈层等几个层次，分别求出各地的线网密度，再乘以用地面积，便得出线网规模。表 7-10 给出了国内外都市核心区线网密度值。

表 7-10　国内外城市核心区轨道线网密度

城　　市	核心区面积（km²）	线网密度（km/km²）
伦　敦	27	3.48
纽　约	23	3.48
巴　黎	29	3.76
东　京	42	2.60
北　京	62.5	1.76
上　海	120	1.67
广　州	45	1.66

7.4　都市区轨道交通线网衔接模式

轨道交通衔接方式总体可以分为枢纽换乘和线路共行两类。枢纽换乘本质上是轨道上的客流需要在不同轨道线路之间通过更换列车的形式完成出行。例如伦敦所有市郊线终点站都设置在地铁内环线上，通过在环线附近布置的 10 个铁路车站实现市郊铁路与地铁的换乘;莫斯科市郊铁路终端站都设置在地铁环线附近,并形成五个大型客运枢纽,每个枢纽内至少两条地铁线交汇。而线路共行则是乘客不用更换列车即可完成出行,衔接的本质是线路和列车之间的联系,例如日本私铁东急线与地铁浅草线直通运行、私铁东急目黑线通过地铁南北线及地铁三田线进入中心等。

7.4.1 都市区轨道交通线网"枢纽换乘"衔接模式

乘客出行的起终点分属于不同层级的轨道线网,需要在轨道站点换乘不同列车,这种面向客流的衔接称为枢纽换乘,是最常见的衔接方式。此种形式只需将两条或多条轨道线路在终点站或者中间站直接衔接,无需考虑不同线路车辆运行组织安排以及轨道制式等问题,但对于乘客而言,需要在换乘站进行线路转换才能到达目的地。如图7-8所示。

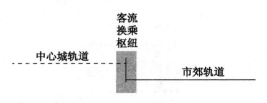

图7-8 枢纽换乘衔接模式示意图

1) 区域铁路与城市轨道系统的衔接模式

区域铁路与城市轨道的衔接主要通过城市综合客运枢纽。综合客运枢纽是不同客运网络的交汇点和运输转换处,是实现客运"零换乘"和一体化运输的核心,也是构建现代综合交通运输体系的关键。综合客运枢纽建设一般都有效结合了铁路客站、机场、公路长途客运站或者城市轨道客运站的建设。日本东京站是日本最大的客运枢纽站,也是东京都最大的客流中心之一,是一个轨道交通的集合体,高速铁路、既有线铁路、地下铁路在东京站全交织在一起,构成了一个理想和完善的城市轨道交通系统。

在运行模式上,由于区域铁路与城市轨道在管理体制、服务水平、技术配备方面的不同,还没有采取共线运营模式的先例。但区域铁路中的城际铁路与城市轨道中的市郊轨道,在国外已经有共线运营的成功经验。如德法边境萨尔布吕肯市由市中心到莱巴赫的轻轨线路,在爱森霍芬与德国铁路有限公司(DBGA)的城际铁路接轨,在爱森霍芬至莱巴赫段实施了共线运营。随着都市区的逐步发展,城际间轨道交通的模式也将进一步多样化,城际铁路、市郊轨道以及城区轨道等服务不同区域,承担不同功能的轨道系统将在大都市区陆续出现。因此,统一各种轨道交通之间的运营制式、规划预留不同系统之间的衔接换乘、实现不同系统之间的过轨运营,是都市区轨道交通发展规划迫切解决的问题。

2) 市郊轨道与城区轨道的衔接模式

都市区是城市各项活动最为集中的地区,轨道交通系统布局要能够支撑城市一体化的开发建设。欧美以及日本大城市都市区在中心城区完善的地铁系统基础上都同时拥有都市区快速轨道交通系统。

由于经历了不同的城市化发展过程,市郊轨道交通系统的布局模式也有所不同,总体上可以概括为三类:在市中心边缘设终点站、在市中心设终点站以及线路贯穿市中心。如图7-9所示。

(1)在市中心边缘设终点站

伦敦、巴黎等欧洲城市,以及日本东京、大阪早期,城市中心边缘有多个铁路车站,市

| 市中心外围设终点站 | 市中心设终点站 | 线路贯穿市中心 |

图 7-9　市郊轨道交通系统布局模式

郊轨道系统以其为起点向外围大都市区放射,服务于郊区居民与市中心的联系;车站通常有便捷的城区轨道线路相连,方便内外交通出行转换,如伦敦城区轨道环线都串联了六座以上的铁路车站。

（2）在市中心设终点站

纽约、莫斯科等城市,中心城规模较大(超过 1 000 km²),地铁与市郊轨道共同兼顾近郊新城轨道服务,远郊新城通过市郊轨道系统提供快速联系,市郊轨道一般接入城市中心。纽约的大中央车站（Grand Central Terminal）,芝加哥、华盛顿的联合车站（Union Station）,均深入城市核心地带,服务于中心城外围地区的通勤客流。

（3）线路贯穿市中心

区域快速轨道交通系统,如巴黎的快速铁路网交通系统（RER）、德国的地区间普速列车（S-Bahn）、日本私铁和国铁（JR 线）贯穿城市中心,与地铁线路直通运行,为大都市区范围服务。

市郊轨道与城区轨道不同的衔接模式,对城市发展以及交通服务的影响也不同。市郊轨道在市中心设置终点站,或者直接穿越市中心,属于线路中心外延型模式,这一模式有助于促进市中心的功能高度集聚,减少乘客换乘需求;市郊轨道在外围设置终点站,能够围绕外围的轨道站点进行高强度开发,促进外围地区功能提升,依托综合客运枢纽形成反磁力中心,缓解市中心的交通压力。

表 7-11　市郊轨道与城区轨道的衔接模式

衔接模式	对区域发展的影响			对交通服务的影响	
	城市功能		人口疏散	缓解市中心交通拥挤	减少换乘次数
	促进市中心功能高度聚集	促进外围地区功能提升			
线路向外延伸型	√				√
外围设终点站型		√	√	√	

（4）换乘枢纽点衔接型式

市郊轨道与中心城轨道如果没有引入对外客运枢纽进行衔接,二者将共同构建独立的换乘枢纽,型式可以分为对接换乘型和多点换乘型两种。

对接换乘是一种最简单的衔接方式,直接将大都市区不同层次轨道交通线路的终点站对接进行换乘。一类是两种层级的轨道交通线路终点站共同构成换乘站,将不同线路的终点站进行直接对接,不必制定统一的技术标准和站台设备,但是在采用对接换乘方式时,应结合城市内外交通走廊的具体属性作为具体位置选择的论证,如图7-10(a)所示;一类是选择接近终点站的某个周围具有大型客流集散点的中间站作为换乘站,承担起客流集散服务,便于对外交通客流的接驳和疏散,如图7-10(b)所示。

当市郊轨道线路与中心城轨道交通线路走向大致平行时,可以采用多点换乘的衔接方式,将市郊轨道尽可能地引入城市中心区,并与中心城轨道线网中的多条线路相交,形成多个换乘节点。这种衔接方式在增加市郊轨道交通线路覆盖范围的同时,也为乘客提供了更多的选择,减少了换乘次数,如图7-10(c)所示。多点换乘适合都市区内城市组团间以中短距离旅客运输为主的市郊轨道与中心城轨道交通的衔接,通过在不同层级的轨道交通线路的多处重合点设置联合换乘枢纽来实现衔接。

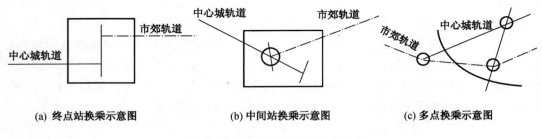

(a) 终点站换乘示意图　　　　(b) 中间站换乘示意图　　　　(c) 多点换乘示意图

图 7-10　市郊轨道换乘枢纽点型式

7.4.2　都市区轨道交通线网"线路共行"衔接模式

线路共行即不同层次的轨道交通线路发生直接联系。大都市区轨道交通线路共行方式在国外已经非常普遍,目的在于强化大都市区不同圈层轨道交通的整合,充分构建一体化的轨道交通线网,实现轨道交通客流的互通和高效。按照列车运行方式分为共轨直通和共道并行两类。

1) 共轨直通

此方式实现列车跨网运行,即两条或多条列车交路共用某一区段,如东京都京王线与新宿线、小田急线与地铁千代田线。根据共轨段长度,可以分为全区段直通和部分区段直通两类,如图7-11所示。全线直通容易造成线路运行效率下降,一般较少采用,适用于中心城外围具有密切联系的两个组团之间的联系。部分直通较为灵活,一般将市郊轨道引入城市副中心或者城市客运枢纽,强化外围郊区与中心城内部的联系。共轨直通方式可以提高轨道线网的利用效率,节约轨道交通建设资金;不同轨道线路共用通道也减少进入中心城的通道规模,避免过多轨道线路分割城市用地;对乘客而言,可以减少乘客换乘次数,将轨道引入城市中心,强化中心集聚能力;另外,市郊轨道与中心城轨道共轨直通还扩大了轨道服务范围。当然,共轨直通方式也存在明显的缺点:首先,共轨直通的基本前提是线路制式统一,否则需要对线路制式进行改

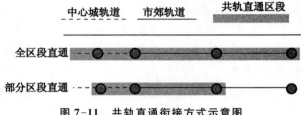

图 7-11　共轨直通衔接方式示意图

造;其次,不同交路形式的服务使行车组织变复杂,增加了运营风险。

实现共轨直通一般须具备以下条件:首先,基础设施条件满足要求,共轨段限界应满足不同层级线网上车辆运行的要求,站台长度、车站配线要能适应不同编组、不同长度的列车作业需要,如果组织列车越行,相关车站还需配越行线;其次,共轨段客流量相对线路客流总量应偏小、行车密度不大,否则共轨段将成为运能瓶颈。国外共轨直通方式主要应用于行车密度不高的市郊铁路或客流规模不大的中心城轨道;另外,共轨直通轨道的供电、信号等制式必须统一或兼容。日本许多城市的轨道共轨直通是在两条功能独立、分属于不同运营主体的线路上实现的,由于建设初期没有预留直通条件,轨道线路的制式、车辆等可能完全不同,因此,这些线路在共轨直通前进行了大量改造。我国轨道交通建设起步较晚,许多城市轨道交通建设刚刚开始,应提前预留衔接条件,统一制式,避免后期弥补产生建设浪费。

2)　共道并行

共道并行方式与共轨直通基本类似。共轨直通是列车可以在不同线路上运行,但如果两条轨道线路需要共同服务于某一区段,例如市郊轨道需要深入中心城内部,但是受轨道制式或运行组织限制,难以共轨直通的情况下,可以采用共道并行方式。共道并行是指两条线路共用一个引入通道,布设四轨,线路并行设站,相互独立运行,如图 7-12 所示。共道并行方式对线网制式没有要求,不同层次线网本

图 7-12　共道并行衔接方式示意图

质上没有发展联系,只是在一个通道中敷设了四轨,两条线路共用通道空间。共道并行方式可以充分节约用地、减少轨道对城市用地的分割,但缺点是对引入通道的空间宽度要求较高。

共道并行实施基本条件就是具有敷设轨道所需要的通道空间。由于此方式可以减少轨道对用地的分割,线路走向一致、空间位置接近的轨道线路都可以根据实际情况安排在一个通道内部,比如区域铁路、市郊轨道和中心城轨道都存在共道并行的可能性。

共道并行最基本方式是所有并行轨道平行敷设,如图 7-13 所示。这种方式线路相互独立,运行组织互不干扰,适合于所有层级的轨道线网。

另一种方式是在中心城用地开发密集地区,因为通道空间有限,可以采用交叉敷设的方式,即并行的两条轨道线路的相互穿插,如图 7-14 所示,这种方式可以以更小的通道安排线路,但缺点在于影响轨道线路的运行组织,适用范围不广,尤其是涉及到运行组织差异较大的线路,比如城际轨道与中心城轨道,在运行组织模式上差异较大,一般不采用。

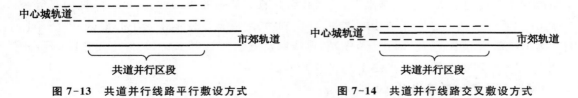

图 7-13　共道并行线路平行敷设方式　　　　图 7-14　共道并行线路交叉敷设方式

7.5 都市区轨道交通线网形态

7.5.1 都市区城市空间形态与轨道线网形态耦合关系

城市空间形态在宏观层面的具象表现主要包括城市用地布局、中心体系和开发密度三个方面,在轨道引导发展的大都市区,城市空间形态与轨道交通线网息息相关,二者相互作用、相互促进,城市用地布局优化、中心体系功能完善和提升以及开发密度的优化均需要以轨道交通为支撑,而完善的城市形态能够促进轨道客流集聚、提升轨道线网运行效能。

1) 城市用地布局与轨道线网形态

带状用地布局城市一般采用放射状轨道交通线网,放射状轨道线网与城市发展轴高度贴合,引导着城市空间轴向拓展,城市建设沿轴线加密,轴间控制开发,保留城市开敞空间;同时,放射状轨道线网在城市中心地区两两交汇,形成高密度轨道站点集群,这一模式有助于形成功能强大、充满活力的城市中心。同时,带状用地布局也有利于集聚客流、形成主客流走廊,支撑轨道交通发展。对于带状用地布局城市,一般不推荐建设环线。只有当带状城市中心区规模发展到一定范围,且放射线数量较多时,才可以考虑在中心区周围处建设半径相对较小的枢纽型环线,以分散城市中心客流压力。

团状用地布局一般选择格网状或环+放射状的轨道交通线网作为基本形态。格网状轨道线网过于均衡,线路相互连接性较差,容易造成换乘量加大;因此,为加强组团直达,在格网状基本形态的基础上,通过增加放射线来提升重要方向的直达,同时强化轨道交通线路在城市中心和大型换乘枢纽上汇合。如果是多中心的发展格局,可以增加串联各个中心的环线。

分散组团城市轨道交通网络一般根据组团布局结构,采用放射状轨道线网作为基础线网形态。依托放射状轨道线网强化中心组团与周边组团的快速联系。放射状轨道线路在中心区相交,一方面可吸引中心城客流进入轨道,另一方面可迅速疏解客流至周边组团。周边组团之间可根据交通需求强度确定是否需要设置环线。

2) 城市中心体系与轨道线网形态

城市中心与轨道线网可以形成耦合作用,即轨道线网与城市中心的内在相互作用的外部性最大化而形成的高度关联性,轨道线网为城市中心客流集聚提供运输支撑,城市中心高度集聚的客流又提升了轨道运行的经济性。因此,研究城市中心与轨道交通,是轨道线网形态研究的重要部分。

城市中心是城市客流最为密集的地区,是需要轨道线网强支撑地区。因此,国内外大城市在轨道线网基本形态的基础上,新增线路具有非常强的指向性和目的性,即向高等级城市中心汇集,形成分区差别化配置的轨道交通线网形态。日本东京中心地区(围绕综合客运枢纽形成的中心,约 3 km² 范围)轨道线网密度达到 2.96 km/km²;札幌薄野 CBD 占地 1.4 km²,轨道线网密度达到 3.14 km/km²。

3) 城市开发密度与轨道线网形态

正如城市中心与轨道交通的耦合作用一样,城市其他一些重要节点或地区,比如大型客运枢纽、公共服务设施密集地区等等,是城市客流的主要吸引源,单位面积的交通出行量非常大,这既需要轨道交通进行支撑,同时又可以提升轨道运输效率。因此,合理的城市开发模式应在空间上的密度差别化非常明显,依托轨道交通在中心、枢纽以及其他客流密集地区高强度开发,轨道交通表现出来的形态也是与城市开发密度正相关的网络,高密度开发地区具有高密度的轨道交通线网和高密集分布的轨道交通站点。

对于大都市区来说,由中心城向外围开发密度逐渐降低,轨道线网的密度也相应由高到低;而具体到中心城内部,重要功能区轨道线网密度高,其他一些产业、物流、低密度住宅地区轨道线网密度较低,城市用地开发以轨道交通车站为中心形成不同的同心圆结构,半径越小(轨道车站步行接驳的区域),建筑密度和建筑容积率越高,反之,半径越大(轨道车站需要通过其他交通工具接驳的区域),建筑密度和建筑容积率越低。从用地类型来看,一般来说,越靠近轨道交通车站的区域,商务、商业用地为主,其他区域居住用地为主。

7.5.2　紧凑型都市区轨道交通线网形态配置

城市空间形态与轨道交通线网形态存在耦合作用,二者相互影响、相互促进,基于轨道交通引导发展是一种低碳、高效的城市发展模式。紧凑城市是西方城市可持续发展的理念之一,其基本特征为城市高密度、功能混合和紧凑以及活动行为集聚化。城市高密度即为人口和建筑的高密度,功能混用即为城市功能的紧凑和复合,而集聚化即为城市各项活动的集聚化。高密度、高混合、高集聚的基本特征,本质上就是轨道交通引导发展的主导理念,因此分析紧凑型都市区空间形态特征以及合理的轨道线网形态选择,更具代表性。

1)　紧凑型都市区基本内涵与空间形态特征

紧凑型都市区是实现城市可持续发展和精明增长的理性模式,节约资源和能源消耗、推进公交优先和优化交通出行结构是紧凑型都市区发展的根本动力,基本特征表现为城市人口与建筑高密度分布、各类功能混用和紧凑、依托公共交通发展。紧凑型都市区空间构成中,轨道交通已经成为城市发展的不可或缺的组成要素,城市空间形态与轨道交通线网相互影响、互为促进,高密度、高混合、高集聚的紧凑型大都市区城市特征必须以轨道交通作为客运支撑,而紧凑型空间形态有利于客流集聚,促进轨道交通运行高效。

紧凑型大都市区空间形态特征表现为如下五个方面:

(1) 具有理性的生长边界,各空间圈层尺度合理

紧凑型大都市区空间拓展首先具有合理的空间尺度范围,城市理性的生长边界应该是轨道支撑下的合理通勤圈层范围,即 50～60 km 的圈层半径。而且,中心城规模也严格控制,即 15～20 km 的圈层半径,确保中心城轨道线路控制在合理长度以内(35 km 左右),并且城市大部分居民依托轨道交通出行时间基本控制在 45 min 以内。

(2) 中心城面状拓展、近郊区线性延伸、远郊区点状串联

中心城面状发展,结合自然地理条件,形成团块状或者组团式用地布局;近郊区与中心城连绵化发展、围绕轨道交通线性延伸,站点周边高密度开发;远郊区围绕轨道站点珠串式发展(飞地形式),强调保护外围郊区开敞空间。

(3) 多中心布局、分散式集聚

都市区紧凑型发展并不是强调单中心高度集聚,而是依托多中心强化"分散式集聚"。

我国人口密集、用地紧张,单中心模式往往会造成城市中心地区压力过大。"分散式集聚"的城市发展模式是适合都市区切实可行的发展模式,通过构建层次分明的城市多中心体系,服务于城市各个组团,分层次集聚各功能组团、各方向客流。

（4）用地功能混合、区内出行高比例

功能混合缩短出行距离,减少出行次数。紧凑型都市区鼓励将居住、就业、休闲以及公建用地等混合布局,城市用地围绕轨道交通枢纽高强度开发,鼓励高密度发展和土地功能混合,规模特别大的城市可以通过多中心布局,在更短的通勤距离内提供更多的工作,有效降低交通需求,减少能源消耗,并创造多样化、充满活力的城市生活。

（5）空间圈层密度差异明显、城市重要地区高密度开发

中心城人口与功能高度集聚,高密度开发,向外围密度逐渐降低;城市中心、客运枢纽以及其他交通便捷地区高强度开发,其他一些产业、物流、低密度住宅地区轨道线网密度较低。

2）紧凑型大都市区轨道线网形态配置

（1）中心城强化线网高覆盖,选择边际贡献高的线形组合线网

中心城内部团块状或组团式用地布局,客流需求呈现面状特征,中心城轨道应首先强化线网覆盖,提升密度。因此,基本形态的选择,格网状或者环＋放射状作为线网加密的主要选择,具体结合用地布局和道路网格局进行选择。但是,线网在实际布设中,该格网并非简单的增减平行线路,而是采用边际贡献较高的斜向 I 形或 L 形放射线在中心城灵活组合成格网,该线网编织手段一方面可以提升中心城线网密度,提高换乘效率,另外放射线延伸至近郊区,可以加强圈层通勤出行联系。线网加密过程如图 7-15 和 7-16 所示。

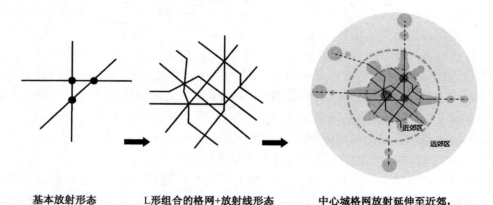

基本放射形态　　　L形组合的格网+放射线形态　　　中心城格网放射延伸至近郊,并衔接市郊轨道延伸至远郊区

图 7-15　基本放射形态组合的都市区轨道线网形态

（2）轨道快线与轨道普线协同组合,快速联系重要组团

中心城轨道涵盖轨道快线和轨道普线两个层次,在线网形态配置中,轨道快线一方面衔接中心城重要组团,另一方面根据需求放射状延伸至近郊区,加强近郊区与中心城的联系效率。如图 7-17 所示,中心城配置两条轨道快线 R1 和 R2 线,衔接了城市主要中心和大型客运枢纽,同时延伸至近郊区重要组团,与市郊轨道优先选择在大型客运枢纽换乘,或者在中心城边缘对接换乘。

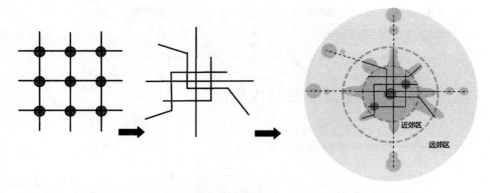

基本格网形态　　　　L形组合的格网+放射线形态　　　中心城格网放射延伸至近郊，
　　　　　　　　　　　　　　　　　　　　　　　　　　并衔接市郊轨道延伸至远郊区

图 7-16　基本格网形态演变的都市区格网放射形态

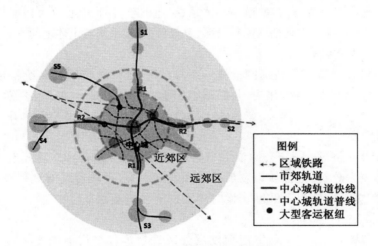

图 7-17　大都市区轨道交通线网形态配置示意图

（3）外围郊区以轴向放射轨道线路支撑，设置 Y 线收集客流

外围郊区以轴向放射形轨道线网作为基本网络形态，根据空间尺度，近郊区和远郊区线路应长短组合配置、分层次延伸。近郊区与中心城连绵化发展，与中心城的通勤出行需求最为强烈，因此，为提升近郊区出行便捷性，中心城放射线在通道允许的情况下，尽量由中心城内部重要枢纽或中心区引出，减少近郊区向心客流的换乘次数，比如利用中心城快线的延伸服务于近郊区，如图 7-17，中心城轨道快线 R2 线延伸至近郊区组团。

远郊区线路不宜过多引入中心城内部，重要方向线路可以引入中心城边缘大型客运枢纽或者与中心城轨道快线衔接。另外，远郊区轨道线路结合需求设置 Y 线收集客流、提升运营经济性，例如纽约市郊轨道大量采用 Y 线收集远郊区客流。Y 线的设置一方面需要考虑主线汇流段的运输能力，另一方面支线的设置不宜过长，如图 7-17 中的市郊轨道 S3 和 S4 线设置。

（4）灵活配置环线，提升网络换乘便捷性，强化中心功能互补

轨道交通环线能够提高网络换乘选择的灵活性和换乘效率，引导城市多中心发展，支

撑各级中心之间的功能互补。但环状网络适用于城市空间较大,具有强大市中心的大都市地区;另外,环状线路的设置要充分考虑城市用地布局,合理选择环线的位置和规模,以及环线构建模式。具体环线功能、位置、规模、构建模式参见本书10.3.3节。

7.6　都市区轨道交通线网布局规划

7.6.1　轨道线网布局规划控制要素

城市轨道交通线网布局与城市地理特征、形态结构、道路网络、客流走廊以及客流集散点等要素息息相关,一般涵盖"面、线、点"三个层次,其中"面"层控制线网形态与结构,包括城市的空间结构、用地布局、地形地貌以及城市发展战略等方面;"线"层控制轨道线路方向与路径选择,则涵盖对客流走廊以及交通通道(轨道交通引入空间)的分析;"点"层控制线网路径局部走向与站点设置,包括城市中心体系、交通枢纽、行政中心等大型客流集散点。"面、线、点"三个不同的层次基本表征整体和局部、宏观与微观、系统与个体之间的相关关系。

1)　"面"层控制要素

"面"层要素控制轨道交通线网整体形态与结构,提出轨道线网系统构成和功能层次,判断轨道交通线网基本架构,作为形成预选线网方案的基础。"面"层要素主要包括如下四个方面:

(1) 城市发展

包括对社会经济发展水平、城市人口与就业发展规模与分布、城市化发展水平等方面。通过该类要素分析,把握城市发展阶段和发展水平,是轨道线网规划必要性与可行性分析、线网合理规模判定以及线网建设时序安排的分析基础。

(2) 城市规划

包括城市战略规划、城市总体规划以及分区规划等各个层面确定的城市空间形态结构、土地利用布局、中心体系架构以及环境和文化保护等方面的规划意图与成果;城市规划是轨道线网规划最重要的分析控制要素之一,是确定轨道线网功能层次、网络形态结构、控制线网差别化密度的基本依据;也是轨道线网需求预测与评价的基础。

(3) 交通规划

包括城市交通发展战略规划、交通发展白皮书、综合交通规划以及各专项规划中确定的交通发展目标、发展模式、道路网络、交通枢纽、公交网络以及对轨道交通线网规划的概念方案等。交通规划控制要素是轨道线网规划发展目标、线网合理规模、轨道线路引入空间、轨道客流预测等方面的基础。

(4) 相关政策

包括城市和交通发展相关政策,比如公共交通优先、机动车需求管理、交通投资等方面。政策要素是轨道线网必要性与可行性判定、轨道发展战略与目标、功能层次体系等方面分析依据。

2)　"点"层控制要素

"点"层要素包括城市主要客流集散点,是确定轨道交通线路路径和站点布局的客流的发生和吸引点。客流集散点按照点的服务范围、功能定位以及集散客流特征可以进行分区、分级和分类,都市区不同圈层、不同用地性质的客流集散点,客流特征和需求强度也存在非常大的差别。城市轨道交通线网是否合理,很大程度依托于串联节点是否合理,大型客流集散点是研究轨道交通网络规划的基础和核心控制点,在线网布局规划中必须串联这些城市大型客流集散点,同时基于对客流集散点的规模等级、建设顺序和客流特征,以此作为轨道线网构架的控制点。

客流集散点最常用分类方法是按客流集散量规模分类,例如分为一、二和三级客流集散点;按所在功能片区划分,可分为中心商务区、商业中心、行政办公中心、居住区、科教区、工业区、对外交通枢纽、文化娱乐体育设施和旅游集散中心等类别,其与城市功能区的现状布局及规划密切相关,城市客流集散点应为日客流集散量达到 3 万人次以上的片区中心;按交通功能划分,可与不同等级公共交通枢纽对应,分为公交换乘枢纽、汽车客运站、铁路车站和机场等客流集散点。

表 7-12　基于土地利用性质的客流集散点分类

客流集散点分类	集散点包括范围	集散客流特征
交通枢纽	火车站、汽车站、机场	枢纽周转衔接客流
居住片区	大型居住片区	居民通勤、弹性客流
工业片区	工业园区、特色产业区	工人上下班及业务客流
行政中心	主要办公机构	职工上下班及公务出行
商业中心	大型商场、购物中心	购物消费客流
文化中心	文化中心区域	学习娱乐客流
医疗中心	大型医院	看病求医客流
体育中心	大型运动场馆	运动健身客流
旅游景点	主要旅游景点	旅游休闲客流

3)　"线"层控制要素

"线"层要素用于控制轨道线路的功能定位、布局方向和具体路径。"线"层要素主要包括两个方面:客流走廊和引入空间。

(1) 客流走廊

客流走廊是基于对城市居民出行空间分布特征分析,结合道路网布局、道路流量及客流集散点分布特征,构建出的反映城市客流流动特征的虚拟路径。客流走廊一般衔接了城市内主要客流集散点,根据客流规模可以分为主走廊和次走廊。客流走廊是确定轨道线网功能层次、线网构架和线路基本走向的基本判定要素。

(2) 道路引入空间

道路引入空间是基于城市道路的实体路径,用以分析轨道交通线路敷设工程实施条件。轨道交通线路路径的选择需要具备良好敷设条件的交通空间,包括道路空间、工程地质、沿线土地利用性质、文物保护等方面。

7.6.2 多层级轨道交通线网叠分规划法

1) 轨道线网叠分时机判定

不同层次线网具有不同的功能定位、发展目标以及技术要求，服务于不同空间层次交通出行需求，在线网布局规划中需要独立开展针对性的研究，例如中心城轨道重点在于提升线网密度、扩大线网覆盖，在线网布局设计中要强化线网布局形态、规模和线网效率的研究；市郊轨道沿放射状走廊布设，重点在于线路、站点与用地的协调关系研究，引导用地开发，提升通勤出行效率。同时，都市区各层次线网是有机组合的整体，需要在叠合状态下综合分析网络衔接、运行组织和服务水平。结合轨道线网规划的基本流程，分析大都市区轨道线网布局规划不同阶段需要对网络进行叠合和分离研究的阶段判断，如表 7-13 所示。

表 7-13 轨道线网布局规划不同阶段叠合和分离选择

规划阶段	叠合研究	分离研究
客流走廊甄选	√	√
引入空间分析	√	√
客流集散点判别		√
各层次线网初始方案生成		√
轨道站点布置	√	√
枢纽换乘衔接方案→线网优化	√	
共线直通衔接方案→线网优化	√	
轨道线网客流预测	√	√
线网综合评价→线网优化	√	√
线路运行组织→线网优化	√	

2) 叠分规划法总体流程

叠分规划法基本思想是"分层布局，叠合衔接，整体优化"，本质目的是既体现差别化特征、同时发挥整体网络效能。规划的总体流程如下，具体流程图参见图 7-18。

Step 1：背景要素分析

（1）解读城市发展战略规划、城市总体规划等上位规划以及交通系统相关规划，开展相关交通调查与资料收集；基于上位规划中确定的城市与交通发展模式和发展目标，分析轨道交通总体功能定位和发展目标；

（2）分析大都市区空间形态与圈层结构，分圈层的用地布局、人口与就业岗位特征以及交通出行特征，初步确定轨道交通线网总体布局形态结构、总体规模与分圈层规模；

（3）定性分析与定量判定相结合，构建交通预测模型，采用分配法，确定客流走廊的分布与规模；同时，基于道路网规划与用地开发、历史文化保护等基础资料，梳理轨道交通引入空间条件；

（4）对城市客流集散点进行分区、分类、分级梳理，把握客流集散点的流量规模。

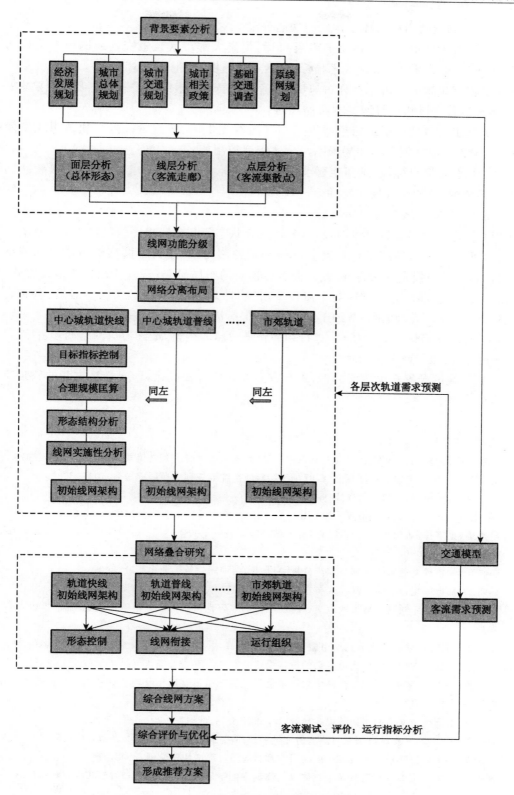

图 7-18 都市区多层级轨道交通线网叠分规划法流程图

Step 2:确定轨道线网体系构成与功能分级

(1) 结合大都市区各圈层交通发展目标,提出大都市区轨道交通线网体系构成与功能分级,确定各层级轨道交通技术指标(包括运营速度、站距等);

(2) 根据确定的客流走廊分布与规模,确定各层次轨道线网控制形态及运能要求;

Step 3:各层级轨道线网基本布局规划

(1) 基于对各功能层级轨道线网所在区域客流走廊、客流集散点与轨道引入空间的分析,确定该层级线网总体布局形态与分区密度控制;

(2) 结合速度目标值、站间距要求及网络控制形态及运能要求,得到该层级线路网络初始方案架构,并初步开展实施性分析;

Step 4:整体网络叠合布局规划

(1) 进行不同层级轨道线网叠合,分析叠合状态下各功能组团线网形态与密度;

(2) 面向各层级轨道运行速度和站间距等控制要求,进行不同层级轨道交通网络衔接分析,若以枢纽换乘衔接方式,则开展客运枢纽的布局研究;若以共线直通衔接方式,则开展运行通道(共轨或共通道)与站点设置研究,针对通道条件、运营组织难度、各运行功能层次运能要求、覆盖范围、节约土地资源、环保等因素,整体调整轨道线网;

(3) 考虑线路运行组织条件,进行相关轨道线路的调整,最终形成网络初步方案;

Step 5:轨道线网评价与优化

对整体线网开展轨道客流分析,进行方案综合评价及优化,形成最终推荐的轨道交通线网布局方案。

参考文献

[1] 南京市城市与交通规划设计研究院有限责任公司.南京市轨道交通线网规划(修编).南京:2010.

[2] 南京大学.《南京市城市总体规划(2007—2020)》城乡统筹规划专题研究报告.南京:2008.

[3] 周一星.城市地理学[M].北京:商务印书馆,1995.

[4] Caralampo Focas. The Four World Cities Transport Study[M]. London Research Center, 1998.

[5] 皇甫玥,张京祥,邓化媛.大都市区化:特大城市地区城市化的新特征——基于南京的实证研究[J].现代城市研究,2008(1):27-33.

[6] 陈必壮等.轨道交通网络规划与客流分析[M].北京:中国建筑工业出版社,2009.

[7] 杨明.大都市区轨道交通线网模式与布局研究[D].东南大学博士学位论文,2014.

[8] 陶志祥.区域城际铁路与城市轨道交通跨线运行的兼容性分析[J].城市轨道交通研究,2008,11(1):6-10.

[9] 翟长旭,周涛.区域轨道交通与城市轨道交通的衔接模式[J].都市快速交通,2009,22(1):36-39.

[10] 高飞.城市轨道交通与区域轨道交通的衔接模式研究[D].西南交通大学硕士学位论文,2010.

[11] 宗传苓,杨崇明,杨德明.基于粗糙集的市域快线与城际轨道交通衔接模式评价[J].交通运输系统工程与信息,2011,11(2):130-135.

[12] 蒋文.都市圈轨道交通网络衔接模式研究[D].北京交通大学硕士学位论文,2011.

[13] 方创琳,祁巍锋.紧凑城市理念与测度研究进展及思考[J].城市规划学刊,2007,7(4):65-73.

[14] 沈景炎.关于城市轨道交通线路长度的研究和讨论[J].都市快轨交通,2008,21(4):5-9.

[15] 程茂吉.紧凑城市理论在南京城市总体规划修编中的运用[J].城市规划,2012,36(2):43-50.

第8章 城市快速路规划

快速路系统规划是城市道路网规划的主要组成部分,也是城市总体规划必须优先研究的重要内容。城市快速路是满足城市远期快速交通需求的主要载体和城市道路网体系的主骨架,它是或引导、或制约城市空间结构调整和土地利用沿革的重要因素。对于缓解城市中心区交通压力,剥离中长距离快速交通需求,高效转换高、快速路交通流,实现城市内外交通的无缝对接,具有重要的现实意义。

8.1 快速路系统设置必要性及流程

8.1.1 快速路的功能

1)快速路与普通道路的区别

《城市规划基本术语标准(GB/T 50280—98)》定义快速路(express way)为"城市道路中设有中央分隔带,具有四条以上机动车道,全部或部分采用立体交叉与控制出入,供汽车以较高速度行驶的道路。又称汽车专用道。"《道路工程术语标准(GBJ 124—88)》定义快速路(expressway)为"城市道路中设有中央分隔带,具有四条以上的车道,全部或部分采用立体交叉控制出入,供车辆以较高的速度行驶的道路。"《城市道路工程设计规范(CJJ 37—2012)》定义"快速路应中央分隔、全部控制出入、控制出入口间距及形式,应实现交通连续通行,单向设置不应少于两条车道,并应设有配套的交通安全与管理设施。快速路两侧不应设置吸引大量车流、人流的公共建筑物的出入口。"而《城市快速路设计规程(CJJ 129—2009)》定义快速路为"在城市内修建的,中央分隔、全部控制出入、控制出入口间距及形式,具有单向双车道或以上的多车道,并设有配套的交通安全与管理设施的城市道路"。

从这些标准和规范可以看出,快速路与普通城市道路及高速公路相比,既具共性,又有区别:

(1)与城市一般道路相同,快速路修建在城市内,主要为城市交通服务,而高速公路主要是服务于城际交通,但对城市快速环路而言,它也承担部分过境交通的功能;

(2)快速路的工程设计标准要比一般城市道路更严格,各种控制措施要比一般城市道路更趋完备,从这种意义上说,它更像高速公路,但其标准仍较高速公路低,此外它仍与一般城市道路一样,工程设计包括各种管线、排水设施、照明设施等;

(3)快速路设计速度和通行能力均介于一般城市道路和高速公路之间。

2)快速路的功能

快速路结合了一般城市道路的特点和高速公路的优点,在大城市有很大的吸引力,特别是在城市规模不断膨大,私家车开始快速进入居民家庭的今天,它作为城市路网体系的核心,辅以其它普通等级道路,形成一个快速交通集散系统。这对城市交通运输系统结构的变革,对城市发展空间的引导、城市形态的布局、土地利用的强度,乃至对城市景观、城市文化生态等都有巨大的影响。

快速路的功能主要体现在以下几个方面:

（1）联络城市各个功能分区或组团,满足较长距离的交通需求

随着城市的发展及用地功能的再调整,城市在向分散的功能组团方向发展。生活居住、商业、机关办公、科技教育、工业等不同功能的分区或组团,分布在城市的各个方位,具有较长的空间距离。为保证城市的正常功能,提高城市的运行质量和效率,必须通过快速路系统,使城市各个组团之间的空间距离,从时间上加以缩短,使城市的概念从时空上得到统一。另外一些城市由于地理条件所限或历史的原因,被铁路、河流甚至山脉分隔成若干区域,在这些区域间建设高标准、大容量的快速路系统是消除地域分隔不利影响,使城市连接更紧密的重要措施。

（2）分离快慢交通和长短出行

城市交通需求是多元化的,特别是现代化城市,不同群体对交通速度的要求不同,居民出行距离也长短不一,且出行方式也趋于多样化。这就要求城市交通供给方面提供一个具有不同交通特性的运输系统。事实证明,那种快慢混杂、机非混行的交通系统对于各交通参与群体而言都是低效和难以容忍的。所以针对不同交通需求,提供不同交通设施,是现代城市发展的趋势。对大城市,既要保留适合慢行交通和近距离出行的自行车路网、步行系统,也要建立适当规模的适合快速交通和长距离出行的快速路网。

（3）屏蔽过境交通,提高交通安全

过境交通的混入,是造成许多城市路网特别是中心区交通压力增大、交通混乱的重要原因。通过采取适当的管理措施,将过境交通引入快速路系统之中,使之由城市外围快速通过,可以大大提高城市交通的运输效益和运行质量。因此,快速路系统可以起到城市中心区交通保护圈的作用。另外,高速公路与一般城市道路的设计速度差距很大,高速公路直接导入城市道路网系统,既给衔接道路带来巨大交通压力,也易发生由速度差而导致交通事故,因此快速路作为高速公路与城市道路之间的缓和与过渡,也起到提高交通安全的作用。

（4）调节城市路网交通量

按照现代交通观点,目的地不再单纯是空间距离的概念,而应体现在所选择交通工具的可达性、便利性和快捷性上,即时空的统一。由于快速路系统能够提供高效率和较高服务水平的交通环境,作为驾驶员出行的首选路径,必然会吸引大量的交通,即所谓的"磁性吸引"。随着现代化动态交通管理水平的提高,每一位驾驶员可以按照交通指挥中心的指挥,根据路网交通负荷的变化情况,及时调整自己的行驶路线,选择能够快速到达快速路系统的路径,以避开整个系统中比较拥挤的路段。从而使路网的交通量分配更为合理,路网负荷更趋于平衡,交通运行更为有序。

（5）快速疏解出城交通

大城市因为中心集聚作用很强,往往产生很大的对外交通量,当城市对外交通通道与城市自身交通主通道重合或相近时,内外交通的交织混杂往往带来交通的混乱和堵塞。在此情况下,可修建快速路,以分离城市内部交通与对外交通,快速疏解出城交通。

（6）形成城市建设的风景带，带动沿线的土地开发

快速路在城市交通体系中所起到的特殊作用，必将引导和制约沿线的城市建设布局及土地的综合开发利用，从而体现与快速路系统配套的城市设计风貌，形成城市建设一道亮丽的风景带。

（7）对城市土地发展起强烈的诱导作用

作为大运量的交通系统，城市快速路的出现会在很大程度上提高地区的交通供给水平，由此刺激交通需求的增长，服务地区呈现人口增加、土地开发强度增大的状况。往往是快速交通系统延伸到哪里，城市就随着发展到哪里。因此无论国内外的旧城区改造或新城区发展项目，往往需要修建快速路或快速轨道交通进行支持，这已经成为实现城市规划发展意图的一种有效手段。

（8）快速道路具有防灾作用

对大城市而言，城市快速道路是联系临近各个城市及连接市内主要地区的道路，一般路面宽阔。作为防灾功能，在发生火灾和地震时，对保证消防活动，防止火灾蔓延，作为避难场所及运输救援物资起着有效的作用。

8.1.2　快速路的交通特性

（1）汽车专用，路权专一化

为减少快慢交通混行，避免行驶混乱造成交通阻塞，同时提高道路服务水平和交通安全性，快速路一般禁止自行车、拖拉机、摩托车、行人等进入，同时某些城市对于靠近核心区的快速路还使用限制或分时段的控制措施，禁止货车驶入。快速路上的通行车辆基本为小汽车，相比一般城市道路，其路权专一化。

（2）通行能力较高，路网容量较大

城市快速路的规划红线较宽，一般均在 60 m 以上。主路双向可安排 6~8 条车行道，辅路双向也可安排 2~4 条车行道，如果快速路主线采用高架桥或隧道型式，地面可安排更多车道。更为重要的是，快速路系统采用连续流而非间断流的运行方式，控制出入口，这使得系统可以承受大容量的交通负荷。根据《城市道路工程设计规范（GJJ 37—2012）》，设计速度为 100 km/h 时，快速路基本路段单车道基本通行能力达到 2 200 pcu/h；80 km/h 时，达到 2 100 pcu/h；60 km/h 时，达到 1 800 pcu/h。

（3）设计车速较高，车辆连续快速行驶

快速路设计车速一般为每小时 60 km、80 km 或 100 km，比主干道几乎快了一倍，与主要相交道路采用立体交叉，匝道设计车速也达到每小时 30~40 km，也比一般道路交叉口转向车速几乎快出一倍，这就保证了车辆在快速路上能连续快速地通行。

（4）相交道路等级较高，出入口间距较主干道大

一般城市道路等级越高路网密度越小，相交道路的等级越高，出入口间距就越大。城市快速路一般仅与主干道通过立交相接，主干道一般与次干道和部分重要支路相接，而次干道密度大大高于主干道，因而出入口间距较主干道小。一般主干道交叉口间距在 300~500 m，而快速路相邻立交出入口间距一般在 1 km 以上，如果考虑主干道上的行人过街设施干扰，则快速路出入口间距优势相比主干道更加明显。这是快速路系统通行能力和服

务水平较高的重要因素。

（5）主要服务长距离的机动车出行

城市快速路的设置适用于快速疏解现代大城市中大型片区或组团间长距离、大流量机动车流或者穿越大中城市的过境车流。长距离即机动车出行距离至少超过 5～7 km；大流量即在高峰小时同一机动车交通走廊内，超过 5～7 km 的长距离单向机动车出行量至少要大于 1 000～1 500 pcu/h。

（6）配套辅路系统

因为快速路的路权专一化，货车、公共交通、非机动车、摩托车、行人交通等一般不能使用快速路，但城市交通运输系统中，确实有这部分交通需求，更为重要的是快速路是一个系统，需要有其它道路承担集散功能，因此就有必要为快速路配套辅路系统。辅路一般设置在快速路的两侧或一侧，亦可利用道路网中的次干道作为辅路。

（7）交通安全性较高

由于快速路实现了机动车与非机动车的完全隔离，基本分离了快慢交通之间的相互干扰，特别是快速路节点完全消除了一般道路上的冲突点，这些都大大提高了快速路交通参与者以及辅道交通参与者的安全性。

（8）环境要求高

城市快速路经过的区域基本为城市建成区，快速路车速和车流量比较高，因而在噪音、汽车尾气、视觉景观等方面的影响较大。这就要求快速路的布局和工程设计须充分考虑道路与周围环境的协调与配合，尽量减少这种负面的影响。

（9）工程实施难度和投资额度较大

城市快速路往往修建在城市建成区，一般是在已有主要道路上进行工程改造，势必涉及到工程拆迁，再加上快速路出入口立交工程，或隧道工程、高架桥工程，使得快速路成为投资巨大的城市基础设施项目。上海"申"字型高架道路，平均每公里造价约 2.85 亿元，而南京新建成的城东快速干道，平均每公里造价也达到了 3.2 亿元。

8.1.3　快速路系统设置必要性

城市发展与交通发展存在着相互制约、相互促进的作用，城市发展到一定程度，城市交通系统要发生与之适应的演变，快速路就是随着城市的不断演变发展、交通需求不断提升的情况下发展起来的。

由于历史原因，城市原有道路结构不合理，导致了长短距离、快慢速度交通混行，道路体系中缺乏适合于中长距离机动车交通的快速路系统，对于长距离出行机动车交通难以发挥其快速优势；缺乏适合于地区性交通的次级道路（次干路、支路），无法满足短距离、小范围出行交通需要，交通大量集中在城市干道上，不同交通方式、不同出行距离、不同速度的交通混杂，效率低下。快速路能够实现长短距离、快慢速度交通的分离，提高城市交通效率。客观上形成快速大容量的交通走廊，满足城市内部中长距离机动车交通、对外交通之需求。屏蔽过境交通，避免过境交通对城市的干扰，避免市内大量交通穿越市中心。

过境交通的混入，是造成许多城市路网特别是中心区交通压力增大、交通混乱的重要原因。将过境交通引入到快速路系统,使之由城市外围通过,减轻城市交通压力。同时,具有"保护壳"作用的城市内环快速路,能够屏蔽穿越市中心的交通。快速路的形成将有力地支撑或推进城市空间结构的合理调整。联系各功能组团或分区,支撑城市规模的合理扩展。

随着大城市的发展及用地功能的再调整,大城市不再追求高度集中的密集型布局,转向有机分散方向发展。居住、商业、工业、科技园区、对外交通枢纽等地域的分隔更加明显,空间距离更大。为了保证城市正常功能,提高城市的效率和活力,必须通过快速路使大城市各功能分区有便捷的联系,空间上的长距离从时间上加以缩短。快速路系统布局与土地利用相互作用关系明显,它的形成会带动周围地区土地开发利用。快速路的建设,将大幅改善沿线周围土地的可达性(特别是出入口周围地区),明显地推动土地的再开发。同时,快速路的建设会改变整个城市运输网络服务水平,提高城市的可达性,而这种可达性的提高在空间分布上的不均匀性,使有些经济活动会重新进行区位选择,从而导致城市空间结构的调整。

快速路系统的建立完善了市内交通与市际交通的有序衔接,扩大了城市的辐射吸引能力,提升城市区位优势。快速路系统不仅是城市内部道路网的主骨架,而且是区域城镇群路网的一部分,快速路系统与区域干线公路网有机衔接,扩大了城市的辐射吸引能力,提高城市在区域城镇群中的可达性,提升城市区位优势,并加强区域城镇群的经济联系,促进区域经济一体化的整合。

随着社会、经济的快速发展,城市土地利用呈现高密度的发展格局。在新一轮的城市总体规划中,很多城市提出了"中心区(或老城)—主城、新区—都市圈"的城市布局思路。作为缓解中心区交通压力、联系城市各分区及组团、实现区域联通的重要交通纽带,城市快速路的规划建设将有力地推进城市布局结构的合理调整,拓展城市的发展空间,改善城市的生活环境和生态环境;将大幅度地改善城市用地的不等价性,提高城市合理建设发展的可操作性,改善城市区域发展条件。

8.1.4　快速路的建设条件

《城市道路交通规划设计规范(GB 50220—95)》规定"规划人口在 200 万以上的大城市和长度超过 30 km 的带形城市应设置快速路"。该规范的条文说明进一步指出"对人口在 200 万以上的大城市,将市区各主要组团,与郊区的卫星城镇、机场、工业区、仓库区和货物流通中心快速联系起来,缩短其间的时空;对人口在 50~200 万的大中城市,可根据城市用地的形状和交通需求确定是否建造快速路,一般快速路可呈十字形在城市中心区的外围切过。"

对于 50~200 万人口规模的城市,其建设用地面积在 50~200 km²,人均建设用地面积在 100 m²/人左右。假设这些城市形态是圆形的,则其当量半径在 4~8 km 之间,而自行车的出行优势在 6 km 之内,因此,可认为 100 万人口规模是修建快速路的门槛。《江苏省城市综合交通规划导则(2011 年修订)》提出"快速路原则上只有 100 万人口以上的大城市才考虑规划建设"。对于组团型城市,当组团间距离超过 6 km,且组团间的交通流量较大(单向超过 1 000 pcu/h)时,应该修建快速路予以连接。

8.1.5 快速路网规划流程

与其它城市道路相比,快速道路在交通功能上有其独立性和完整性,但仍旧是城市道路系统的一部分,在进行城市快速路网布局规划时,仍需要有四阶段的交通预测及交通网络分配过程。规划流程图如图8-1所示,具体的大城市快速路网布局规划流程如下:

(1)确定城市规划快速路网规模

确定所规划城市未来年的快速路网合理规模范围,尽可能保证最终的快速路布局规划方案的规模在此范围之内。

(2)确定快速内环半径及包络范围

根据城市规划对城市中心的基本划分以及未来年各交通小区的交通发生吸引量的强度,基本明确快速内环需要包络的大体范围。再根据一定的方法确定快速内环的半径或长度,进而布局规划快速内环。

(3)确定交通单元规模

依据前面介绍的方法,确定中心边缘区、主城边缘区和城市外围区三级的交通单元规模。

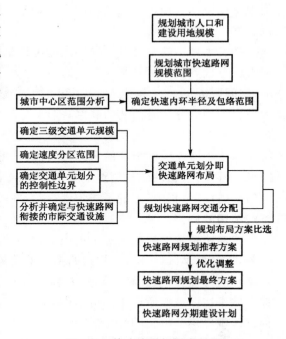

图8-1 快速路网规划流程图

(4)进行交通单元划分及快速路网布局

分析预测交通需求的生成与分布,确定交通单元划分的控制性边界;分析规划道路网的结构和干线道路网的连续性与阻隔性,确定快速道路系统的布局结构、初步确定交通单元划分边界。将规划城市快速道路网与市际交通网络进行有机衔接。

(5)进行规划快速路网的交通分配

根据快速路网布局方案,进行未来年高峰小时交通量分配。根据预期快速路车辆通行管理措施(可能禁行货车、摩托车等),按车种不同进行多次加载分配,得到未来年道路网交通量、道路负荷等指标,并以此适度调整优化快速路布局方案以确定合理可行的快速路车道数。

(6)进行布局方案的比选

前面得到的布局规划方案可能有几种,综合考虑快速路承担交通量比重、快速路网及整体路网的运行车速与饱和度、快速路连接道路的饱和度等指标,确定推荐布局规划方案。

(7)推荐布局规划方案的调整

将前面得到的推荐布局规划方案进行优化调整,借鉴和吸收其它方案的优点,同时考虑环境、文物保护等限制因素,进一步优化调整规划方案,得到快速路最终布局规划方案。

(8)确定快速路网分期建设计划

根据交通分配结果,分析各条规划快速路的交通需求强度来确定各自的实施紧迫性,同时分析城市空间发展方向及实施计划,要考虑快速路对城市土地开发利用的诱导作用,另外还要考虑工程实施的资金约束等限制条件,确定快速路分期建设计划,提前做好快速道路建设用地的控制及周边配套道路规划。

8.2　快速路网规模

影响大城市快速路网规模的因素很多,城市规模、形态、交通发展战略、经济发展水平等等。一般来说,城市规模越大,长距离的交通越多,而且城市对外集聚与辐射的能力越强,快速路网规模往往也就越大;而同样人口和面积的大城市,城市的布局形态不同,如组团型城市和单中心块状城市,前者的快速路网规模就应该比后者大;交通发展战略的指向性差异也能很大程度的影响快速路网的规模,比如以发展公共交通为导向的城市和以私人小汽车为主的城市,后者对于快速路网规模的需求更大;快速路的建设、养护和管理需要巨大的资金投入,因此经济发展水平的高低也会成为确定城市快速路网规模的掣肘。对于快速路网规模的确定主要有三种方法:密度法、供需平衡法和类比法。这些方法侧重点不同,优缺点也各异。

8.2.1　密度法

密度法,顾名思义就是根据快速路网的密度来推算快速路网的规模。一般情况下,城市建设区面积或规划建设用地面积是既定的,确定快速路网的密度,即得到快速路网的规模。

《城市道路交通规划设计规范(GB 50220—95)》建议人口规模大于 200 万的大城市,快速路网密度应在 $0.4\sim0.5\ \text{km/km}^2$;人口规模不大于 200 万的大城市,快速路网密度应在 $0.3\sim0.4\ \text{km/km}^2$。《江苏省城市综合交通规划导则(2011 年修订)》建议大城市的路网等级结构:快速路、主干路、次干路、支路长度比例约为 $0.3\sim0.5:1:1.5\sim2.5:3\sim5$,小汽车宽松发展区路网密度在 $5.0\sim6.0$,即快速路网密度为 $0.17\sim0.50\ \text{km/km}^2$。表 8-1 是部分大城市规划快速路密度情况。从表中可以看出,很多城市的规划快速路网密度都突破了国标上限。

表 8-1　部分国内城市规划快速路网密度

城　　市	规划快速路网密度(km/km²)	规 划 年 份(年)
天津市	0.51	2010
武汉市	0.65	2020
郑州市	0.51	2030
沈阳市	0.57	2010
无锡市	0.46	2020
烟台市	0.72	2020
常州市	0.59	2020
上海市	0.47	2020
杭州市	0.86	2020
北京市	0.36	2010

针对国内外大城市快速路布局一般为环形放射式的实际情况,可假设基本模式如图8-2。取图中任一由环线与射线构成的网格(即快速路所围区域),将其视为等面积的正方形网格。

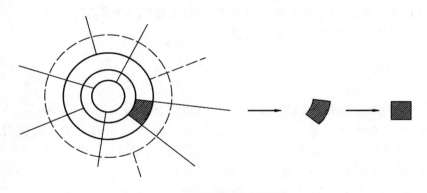

图 8-2 基本模式图解过程

假设正方形的边长为 d，则该正方形面积为 d^2，其周长（快速路长度）为 $4d$，但每段快速路，都是两个快速路网格共有的边界线，因此在计算具体某块正方形密度时，应将其周长减半，如式（8-1）：

$$\gamma = \frac{\text{长度}}{\text{面积}} = \frac{2d}{d^2} = \frac{2}{d} \qquad (8-1)$$

因此，快速路网格的大小成为决定其密度的关键。分析国内外资料后认为，快速内环长度宜为 25 km，包容范围约 50 km²；中环长度宜为 50 km，包容范围约 200 km²；外环长度宜为 78 km，包容范围约 489 km²。由快速路网分割形成的交通区域，内环快速路以内每个区域的面积宜为 5 km² 左右，其等价正方形边长约 2.24 km；内环与中环快速路之间每个区域的面积宜为 9 km² 左右，其等价正方形边长约 3 km；中环与外环快速路之间每个区域的面积宜为 20 km² 左右，其等价正方形边长约 4.5 km。北京市快速路网网格的大小一般在 4~10 km²，这也印证了关于网格面积的假设基本是可靠的。

出于快速路保护城市核心区，快出慢进的功能定位，一般大城市快速路射线不会伸入内环之内，因此内环快速路以内的网格面积可忽略。而计算内环与中环间网格密度时，内环线仅被算进一次。所以内环与中环之间，快速路密度为 0.833 km/km²；而中环与外环之间，快速路密度为 0.444 km/km²。根据各环带面积加权平均后，可得到大城市快速路网密度为 0.55~0.65 km/km²。故规模 L 可采用式（8-2）计算：

$$L = \gamma \times A \qquad (8-2)$$

式中：A——规划区域面积（km²）；

γ——快速路网密度（km/km²）。

8.2.2 供需平衡法

从快速路交通容量与快速路交通需求平衡角度出发，国内学者提出了基于"供需平衡"的合理快速路网规模确定方法，其基本思路如下：

（1）确定快速路网上日均运行机动车总量如式（8-3）所示

$$N_s = N\alpha\beta\gamma\eta(1+k)^n(1+\Delta) \qquad (8-3)$$

式中：N_s——快速路网上日均运行机动车总量（万辆）；

N——主城区现状机动车拥有量（万辆）；

α——机动车日均出行率，一般取 0.7；

β——城市主干道上日均车辆运行量占总出行量的比重，一般可取 0.7；

γ——快速路总长占干道总长的百分数；

η——快速路与其它干道对车辆吸引力的比值，据上海实践，可取 1.2～1.25；

k——主城区规划年内机动车平均增长率；

n——规划年限；

Δ——外来车辆进出主城区占出行车次占主城区自身车辆出行车次的百分比，一般地区取 20%，发达地区可取 30%～35%。

（2）根据空间容量原理计算城市规划快速路日均通行容量如式（8-4）所示

$$N_e = CL_e / \lambda K_d \phi \tag{8-4}$$

式中：N_e——快速路日均通行容量（万 veh·km）；

C——四车道快速路通行能力（万 veh/h）；

L_e——规划快速路等效长度（km）；

λ——高峰小时交通量占日均交通量比例，一般取 0.08～0.09；

K_d——方向不均匀系数，一般取 1.2；

ϕ——快速路的负荷不均匀系数，可取 0.85。

（3）根据供给与需求平衡原理，建立供需平衡模型如式（8-5）

$$N_e = DN_s \tag{8-5}$$

式中：D——快速路上车辆平均出行距离（公里）。

（4）由公式（8-3）～（8-5）得到：

$$CL_e / \lambda K_d \phi = DN\alpha\beta\gamma\eta (1+k)^n (1+\Delta) \tag{8-6}$$

即

$$L_e = DN\alpha\beta\gamma\eta\lambda K_d \phi (1+k)^n (1+\Delta)/C \tag{8-7}$$

由公式（8-7）得到的仅是以双向四车道为标准道路的快速路等效长度。双向六车道、八车道的快速路按通行能力等效系数折算成标准道路长度：

$$L_e = \sum_{1}^{3} K_i L_i \tag{8-8}$$

式中：L_e——意义同上；

$K_i (i=1,2,3)$——分别表示双向四车道、六车道和八车道的等效系数，分别取为 1.0、2.5/1.8 和 3.1/1.8。

$L_i (i=1,2,3)$——分别表示双向四车道、六车道和八车道快速路的总长度（km）。

8.2.3　类比法

类比法是根据国外大城市快速路所占城市道路的比例来推算国内不同规模城市快速

路规模的方法。世界银行研究报告收集了世界上 65 个城市(包括一些中国大城市)的人均道路长度和人口密度的资料,并建立了两者间的负指数函数模型;然后对 16 个国际城市及 113 个美国城市地区进行了统计分析,得到这些城市的快速路比例;最后根据人均道路长度与人口密度的关系以及快速路所占的比例,对中国典型大城市的快速路道路需求进行了测算。16 个国际城市及 113 个美国城市地区的城市道路构成情况见表 8-2。

表 8-2 部分城市及地区城市道路构成 单位:%

道路类型	16 个国际城市				113 个美国城市地区	
	16 个城市		12 个小汽车高拥有率城市			
	平均值	标准离差	平均值	标准离差	平均值	标准离差
快速路	1.71	1.65	2.40	1.65	2.93	1.15
干道:	16.31	7.44	15.53	5.88	15.67	4.00
主干道	n/a	n/a	n/a	n/a	6.35	2.13
次干道	n/a	n/a	n/a	n/a	9.32	3.08
连接道路	n/a	n/a	n/a	n/a	9.53	2.51
集散路	n/a	n/a	n/a	n/a	71.87	5.39

从表 8-2 看出,快速路所占的比例很少,而且相差不大,这其中的原因是这些道路用于沟通城市地区间的快速交通联系,并和城市地区性道路交通网络联成一体,高等级道路的建设不应该超过地区性道路网所能容纳的限度。

根据人均道路长度与人口密度的关系以及高等级道路所占的比例,对典型大城市的道路需求进行测算。这些假设中的城市具有我国大城市的一般特征:人口在 100 万以上,具有较高的人口密度,较低的人均道路长度,以及因政府控制所致的人口缓慢增长等。具体分如下三种典型城市:

典型城市 1:100 万的城市人口规模,人口密度 100 人/hm²,人均道路长度 0.39 m,人口的年增长率 5%,未来人口密度不变。

典型城市 2:250 万的城市人口规模,人口密度 150 人/hm²,人均道路长度 0.33 m,人口的年增长率 2%,2020 年人口密度下降至 100 人/hm²。

典型城市 3:500 万的城市人口规模,人口密度 200 人/hm²,人均道路长度 0.26 m,人口的年增长率 1%,2020 年人口密度下降至 150 人/hm²。

根据未来年人口密度的假设,对每种典型城市的道路长度做两组估计。

第一组估计:状态估计,假设城市未来道路网特征不变,或更确切地说,城市道路网密度不变(每平方公里城市建成区所拥有的道路长度)。

第二组估计:达到世界平均水平估计,假设城市扩大及人口密度降低的同时,每个城市努力提高人均道路指标以达到世界平均水平。

最后的城市道路长度需求估计结果见表 8-3。

表 8-3　不同规模的典型城市道路需求量估计

	城市人口（百万）	人口密度（人/km²）	城市用地面积（km²）	道路总长度（km）		快速路长度（km）	
				状态估计	达到世界水平估计	状态估计	达到世界水平估计
100 万人口							
1995	1.0	10 000	100	390	390	**8**	**8**
2000	1.3	10 000	128	500	580	**11**	**12**
2005	1.6	10 000	163	640	830	**14**	**18**
2010	2.1	10 000	208	810	1 190	**17**	**26**
2015	2.7	10 000	265	1 040	1 680	**22**	**36**
2020	3.4	10 000	339	1 320	2 350	**28**	**50**
250 万人口							
1995	2.5	15 000	167	810	810	**17**	**17**
2000	2.8	14 000	197	960	1 060	**21**	**23**
2005	3.1	13 000	235	1 150	1 380	**25**	**30**
2010	3.4	12 000	280	1 370	1 790	**29**	**38**
2015	3.7	11 000	337	1 650	2 330	**35**	**50**
2020	4.1	10 000	410	2 010	3 030	**43**	**65**
500 万人口							
1995	5.0	20 000	250	1 300	1 300	**28**	**28**
2000	5.3	19 000	277	1 440	1 570	**31**	**34**
2005	5.5	18 000	307	1 600	1 880	**34**	**40**
2010	5.8	17 000	341	1 780	2 250	**38**	**48**
2015	6.1	16 000	381	1 990	2 690	**43**	**58**
2020	6.4	15 000	427	2 230	3 220	**48**	**69**

注："达到世界水平估计"方案假设中国城市的人均道路长度在 2045 年赶上世界水平。

从表 8-3 可以看出,大城市快速路的需求量较低,一般大城市仅需建设 2～3 条快速路。一方面因为城市快速路的昂贵造价,尤其是在地价较高的城市中心区;另一方面这些快速路的侵入破坏了当地居民的日常生活,修建时受到当地居民的阻力较大。

8.3　快速路网布局

大城市快速路作为城市道路网系统的一个组成部分,在一般的道路网布局规划中,很少进行专项研究,而是与城市主次干道的布局规划进行统筹考虑。一般是依据现状的机动车交通走廊和预测规划年机动车出行 OD 前提下,定性地确定快速路网布局,然后通过交通分配得到一系列反映路网运行质量的指标,判断这些指标是否满足规划预期来决定初始布局方案是否需要调整。整个快速路的布局过程,较少涉及详细的定量分析。

8.3.1　快速路布局影响因素

（1）城市形态

城市形态与其道路网形态紧密相关,而作为城市交通运输主动脉的快速路更是与城市的布局形态相互影响。从国内外城市发展来看,一方面快速路推动了城市土地开发格局的变化,引导城市形态的变化,美国许多大城市形态的变化已经印证了这一点;另一方面城市的布局形态产生适合发挥快速路功能的交通需求,特别是在大城市进行功能疏解,城市形态朝组团式结构演变时,这种需求就更加迫切。

（2）地理条件

快速路在给城市提供快速疏解交通,保护核心区域的同时,一定程度上对城市社会经济产生负面影响,主要是割裂了道路两侧的社会经济交往,同时给两侧的环境造成破坏,而且快速路的横断面较宽,工程拆迁投入一般都很大。因此在进行快速路布局时,应结合城市地理条件,尽量利用地形,如河流、山川、湖泊等等,减少上述不利影响。

（3）城市功能分区

现代城市规划的功能分区思想尽管一直受到规划学界怀疑和批判,但这仍是目前城市规划的主流,只是由纯粹的功能分区开始转向复合型功能组合。从交通运输角度看,过分强调功能分区无疑会增加交通需求。但城市的功能分区很多时候是自发形成的,比如中心区以商业用地为主,而之外是居住和商业混合用地。在进行快速路的布局时,一定要考虑规划用地的性质和规模,两者基本决定了出行量,而功能分区或者用地的布局则决定了出行的方向,即土地利用的形态是产生长距离交通的源头,也是快速路布局的根本。

（4）快速路与高速公路的一体化

快速路作为高速公路与城市道路之间的缓和与过渡,一般与城市主干道及对外交通道路相连接,特别是作为疏解内部交通压力的放射性快速路,一般都与区域交通网络连接。而承担联络及过境双重交通功能的高速公路,一般也选择城市快速环路作为其分离不同属性交通的道路。因此区域交通网络,特别是高等级公路的布局对快速路的布局也有很大影响。

（5）交通流主流向的分布

城市快速路布局应与城市交通流主流向相一致,这是由快速路的功能与作用决定的。快速路提供大容量的快速通道,必须承担起城市交通主流向上大部分的长距离交通,从而减轻主流向上其它等级道路的交通压力,实现长短交通、快慢交通的合理分离,提高路网整体效率。

8.3.2 快速路布局原则

（1）与城市空间布局结构相适应

城市快速路是城市道路网的主骨架,而城市道路网与城市空间布局是紧密联系的。因此快速路的布局要与城市空间布局相适应,要与城市的总体规划相协调,与城市土地利用规划、空间发展规划相匹配。

（2）与周围道路网特别是基于高快路一体化理念的功能协调

从功能上讲,快速路具有交通性功能,而其它道路具有集散性功能;快速路承担长距离的交通,而其它道路承担短距离的交通。快速路布局时候,要考虑到其与周围公路网能否实现集散协调,实现快速路与区域和城市各类道路资源的有效整合。

（3）最大程度地吸引交通流

快速路具有大容量、高速度的特点，大城市建设快速路最根本的原因就是将长距离的大流量的交通转移到快速路上来，降低城区常规道路交通压力。所以快速路的布局应与城市交通流主流向的分布相一致，最大程度吸引交通流。

（4）最低限度地减少环境影响

快速路往往带来较大的汽车噪音和尾气，而常见的快速路高架型式还会对城市的空间景观带来破坏，进而隐性地割裂两侧的空间联系。所以快速路布局应尽可能减少对周围各种山水文脉，历史古迹，城市景观等的破坏。

（5）起到保护城市核心区的作用

城市核心区对机动车流和人流的吸引是最大的，交通压力也是非常大。快速路的布局应该起到保护核心区的作用，将穿越性交通从中心区分离出去，同时实现中心区交通的快出慢进，降低中心区交通压力。

（6）考虑到工程的可行性与经济性

快速路设计标准高，涉及很多影响工程施工的因素，工程投资也非常大。所以在快速路的布局时，就应提前考虑到工程实施的可行性和经济性，为以后的工程实施创造条件。

8.3.3　快速路布局形式选择

由于社会与自然条件、经济条件、建设条件的不同，各城市快速路系统的发展也不相同。城市快速路布局由于城市形态的差别而各不相同，城市形态有集中型与群组型，而这两种形态的城市由于用地状况的差别，快速路的布局也有很大差别。

1）圈层扩张型

这种形态的城市四周都存在着引导城市扩展的动力，城市呈现摊大饼式发展。几何特征通常为规整紧凑的团块状，它的紧凑度很高，城市伸展轴短，城市交通集中在市中心，随着城市不断发展，交通需求的逐步提升，市中心的交通压力也越来越大。一般需要通过修建环路来减少市中心的交通压力，环路的数量及其形式视城市用地规模、交通流量和流向而定。这种形态的城市快速路布局一般是环路加放射线，构成环放式快速路布局，如图 8-3。

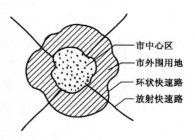

市中心区
市外围用地
环状快速路
放射快速路

图 8-3　块状城市快速路布局

这种快速路布局可以通过采取适当的管理措施，将过境交通引入快速路系统中，使之由城市外围快速通过，可以大大提高城市的运输效益和运行质量。因此，快速路系统同时也可以起到城市中心区交通保护圈的作用。使得快速环路真正起到转换城市内外交通，屏蔽过境交通的作用，而城市的出入交通可以通过放射线快速路便捷地实现。

2）带状扩张型

这种城市在特定的两端有着较强的城市扩展引导动力，城市呈现出条带状延伸发展。这种城市布局形态是受到自然条件或者交通轴线的影响而形成。有的沿江河或海岸绵延，有的是沿狭长的山谷发展，还有的沿陆路交通干线延伸。这类城市与自然能充分接触,用地拓展与交通流的方向性极强。这类城市的过境道路往往是城市的主要通道,过境交通穿城。这种过境交通汇集的通道在城市发展到一定程度应该规划为快速路,应避免在其周边设置吸引人流的商业服务设施,保护好其交通功能。快速路的数量视城市横向发展程度而定,如果其横向发展有限,只需要设置一条快速路,如图 8-4。在横向宽度提升后应该考虑规划两条甚至更多的纵向快速通道,并考虑横向的快速连接线,如图 8-5。

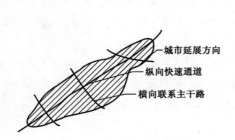

图 8-4　狭长型带状城市快速路布局

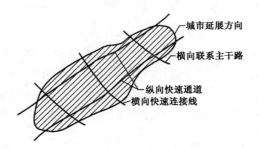

图 8-5　带状城市横向扩展后快速路布局

带状城市快速路选线布局时应该充分考虑快速路对城市用地的分隔作用,快速路选线要尽量利用城市中天然分隔物,如河流、山川等,最大程度减小快速路对城市经济活动的影响,使得快速路社会效益最大化。

3）星状扩张型

星状放射状城市形态是中心集聚型城市中比较符合可持续发展要求的城市形态。因为这种城市的中心区集中紧凑,避免了低密度蔓延造成土地资源浪费和城市对乡村景观的侵蚀;从中心区向外围,城市通过公共交通干线以指状延伸,可以不影响城市功能的同时满足规模扩张的需求。而且星状放射状城市的指状伸展轴之间还为绿楔提供延伸空间,增加城市斑块与基质的接触界面长度,便于内外环境交流。星状城市的快速路规划建设也很有必要,它的伸展轴之间必须通过环形快速交通连接,这样指状延伸轴之间的联系才能便捷,如图 8-6。

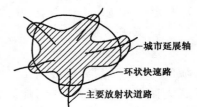

图 8-6　星状城市快速路布局

集中型城市快速路布局主要是要考虑解决城市中心区交通集聚的问题,为解决不同性质交通流向中心区聚集的问题,除了带状城市外一般考虑修建城市环形快速路将过境交通流与市内交通分隔开,同时对外交通可以通过环形快速路得以快速疏解。

4）蛙跳扩张型

组团式城市,这些城市由于自然条件或规划因素的影响,城市用地被分隔几块。进行城市规划时,结合地形把功能和性质相近的部门相对集中,分块布置,每块都布置有工作岗位和生活服务设施,形成相对独立的综合性组团。但是由于城市发展的不平衡性,交通流具有明显的潮汐现象,因此要加强组团间道路连结,使得各个组团融为一体。根据城市用地分块数量及其布局情况可以将群组型城市分为双块、带状群组、块状组群这三种形态。

（1）双块

由于天然分隔物（铁路、河流、山川等）的限制，城市新城区在旧城区的一侧发展，渐渐地就形成了双块布局形态。这类城市由于城市工业、仓储与商业居住区的分离，城市交通流具有明确的流量和流向，且具有一定的时间性。特别是在高峰时间里联系两块间道路交通流量明显加大。如果处理不好，很容易产生蜂腰。因此在规划时要特别注重联系两块之间道路的规划，城市发展到一定程度，两块之间需要快速路便捷的联系，如图 8-7。

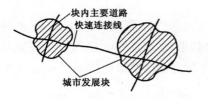

图 8-7　双块状城市快速路布局

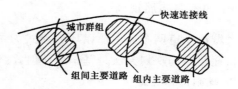

图 8-8　带状群组型城市快速路布局

（2）带状群组

带状群组型城市是由于城市的蛙跳演化形成的。城市新的聚集点在脱离老城区一段距离后发展，呈现不断的空间扩展，最终形成带状群组型城市。带状群组城市空间上新城区与老城区之间留有一定的距离，为适应城市发展的需求，必须有路网把他们密切联系起来，由于新城区功能的不完整性，群组之间的交通需求还是相当大的，为满足这种需求，应考虑用高等级道路将群组联系起来，如图 8-8。

带状群组型城市快速路布局与双块型城市快速路布局差异在于快速路是从城市外围通过，这是因为若带状群组城市快速路从市内穿行，交通会在中心组形成集聚，造成中心功能组交通压力过大，影响中心组团经济活动的正常展开。带状群组型城市组间交通联系是十分重要的，除快速路快速联系各组外，组内道路网的规划建设也十分关键。在群组发展到一定程度，应该在群组的两侧修建快速连接线，满足群组间的交通需求。

（3）块状组群

块状组群也称作星座状布局。它是一个城市内的若干分区，围绕着一个中心城区呈星座分布。这种布局形式因受自然条件、资源情况、建设条件和城镇现状等因素影响，使城市内各分区在生产、交通、运输及其他事业的发展上，既是一个整体，又有分工协作，有利于人口和生产力的均衡分布。这种形态城市交通问题主要发生在中心城区内部及其各城区与中心城区之间连接上。城市道路交通特征及其发展对策是块状与组团式两类型的综合，如图 8-9。

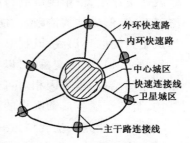

图 8-9　块状组群型城市快速路布局

这种形态城市快速路布局需要综合考虑中心城区交通疏散与各城区之间的交通衔接问题。因此一般在外围规划建设外围快速路环路，解决外围各个片区之间的连接问题；对于外围片区与中心城区的连接则可以通过放射状道路来解决，一般可以修建主干道，在交通压力较大情况下可以规划建设快速路，缓解衔接的交通压力。该形态城市容易造成中心城区交通的集中，使中心城区交通压力十分巨大，在中心城区外围修建内环快速路对于保护市中心十分关键。在道路衔接上应该注意与放射状道路连接的中心城区道路等级要相应降低,使到达交通尽量使用内环快速路实现到达交通的疏解,真正实现内环快速路的屏蔽作用。

城市受政治、经济、历史、地理等因素影响,呈现出多种布局形态,蕴含着不同的特征,在一定程度上反映了内在规律性。在快速路布局规划时研究考察城市的布局特点,才能使规划的快速路布局与城市形态充分结合起来,有助于规划出合理布局的快速路。

8.3.4 快速路布局规划

大城市干道网布局主要以环放射式为主,其内核旧城区多为方格网式。因此这里构建的快速路布局规划方法是基于环放射式路网结构的大城市快速路网布局规划。

1) 规划总体思路

城市快速道路一个重要的功能是剥离过境交通,特别是要缓解城市中心区的交通压力,实现中心区交通的快出慢进。因此进行快速路布局时,首先要考虑的是确定中心区的范围,即内环的包络面积,或可理解为内环的长度。内环过小,深入中心区,一方面造成对中心城区的破坏,在交通方面因为地面集疏散道路条件限制,反而会导致中心区交通压力陡升,另一方面就工程效益而言,也是非常低效的;内环过大,远离中心区,则内环作为缓解中心区交通压力的作用会大大降低。因此明确内环的大小是非常重要的。

由于快速路的技术标准决定了快速路对城市的用地布局具有极强的阻隔性,因此对于城市的用地布局而言,快速道路系统的规划建设必然使其形成相对独立的用地子区,用地子区内的道路网系统也因此而相对独立成网。这是快速道路系统规划结果的核心,也应该是规划思想的基础。这种因快速道路系统规划形成的用地子区可以暂称为交通单元。因此划分交通单元,确定“交通单元”的控制性边界可以作为城市快速路规划的总体思路。这种双重功能子区的形成不仅有利于各子区内交通需求的层次划分,使长距离的区域性交通出行、中距离的跨区交通出行和近距离的区内交通出行进入各自功能等级的路网系统,形成结构清晰、功能明确的分层次交通体系。而且各用地子区边缘的快速道路形成了封闭的环形线,既提高了快速道路系统的集散应变能力,又简化了方案的复杂性,特别是交叉口的立交桥,可以用顺向定向匝道代替工程量庞大的互通立交。即使对于城市的布局结构,也可因相对可达性的提高和子区边界的阻隔性,逐步分散高度集中的城市结构,疏解交通生成和吸引的集中分布。

城市快速路系统规划另一个思想基础就是城市布局结构与速度分区。前面已经阐述了城市快速路的布局形态必须与城市整体形态相互适应,因此可以认为快速道路系统的布局结构主要取决于城市布局结构,城市布局结构也直接决定了城市交通需求强度的分布。交通需求强度的分布反映到交通运作系统中的结果就是广义的速度分区问题。这不仅是现实的城市交通存在着区域速度不均衡问题,即使对于远景的交通规划,这种速度的分区也是合乎理性的。

城市快速道路系统规划的总体思路就是以城市布局结构和速度分区为基础,以交通单元划分为核心,形成区域划分的边界条件,以此作为快速道路系统规划的主要依据。

2）规划过程

（1）快速内环半径 R 值的确定

内环的交通作用在于缓解中心区交通压力，剥离穿越性交通，实现中心区交通的快出慢进，因此对于穿越性交通，要吸引其转向快速路，而其关键是旅行者对直接穿越和绕行费用（一般考虑为旅行时间）的比选。对于选择快速路绕行的旅行者，其旅行时间可表示为 $T_快$，则

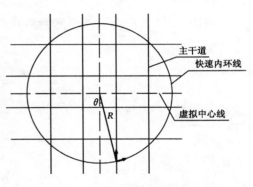

图 8-10　内环半径确定示意图

$$T_快 = (\pi - 2\theta)R/V_快 \qquad (8-9)$$

式中：$T_快$——选择快速内环而耗费的旅行时间；

　　　θ——旅行出发点与内环虚拟中心线形成的夹角；

　　　R——快速内环半径；

　　　$V_快$——车辆在快速路上的行驶速度。

对于选择主干道直行的旅行者，其旅行时间可表示为 $T_主$，则

$$T_主 = 2R\cos\theta/V_主 + \alpha \times \left(\frac{2R\cos\theta}{\mu} - 2\right) \times t \qquad (8-10)$$

式中：$T_主$——选择主干道而耗费的旅行时间；

　　　α——因交叉口而停车等待的概率，取 0.5～0.7；

　　　μ——交叉口平均间距，取 500～800 m；

　　　t——在交叉口等待的平均时间，30～50 s；

　　　$V_主$——车辆在主干道上的行驶速度。

要吸引穿越性交通至内环，则要求：

$$T_快 \leqslant T_主 \qquad (8-11)$$

根据公式(8-9)～(8-11)，可确定不同设计时速条件下快速道路内环线半径。以上得出的只是理论上的半径，在具体布局规划时要结合当地的实际情况，考虑景观、文物、地理条件等诸多因素，一般国内大城市的内环半径宜在 20～30 km。

（2）交通单元规模的确定

交通单元是指因快速道路网布局而形成的用地子区的大小，即快速道路网格内区域。所以，交通单元的规模是快速道路网格构成区域的面积，它由快速道路网的密度决定的。

首先将交通单元简化为一个矩形，简化模式如图 8-11。

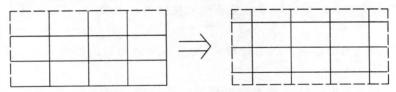

图 8-11　交通单元简化模式图

由图 8-11 不难看出参数关系如式(8-12)~(8-15)所示：

$$S = \sum_{i=1}^{n} S_i = n \cdot a \cdot b \tag{8-12}$$

$$L = D \cdot S \tag{8-13}$$

$$L = n \cdot (a+b) \tag{8-14}$$

$$a : b = 1 : 1.2 \tag{8-15}$$

因此：

$$D \cdot S = n \cdot (a+b)$$
$$a : b = 1 : 1.2$$

式中：S——城市规划用地面积；

S_i——初始交通单元面积；

a、b——交通单元边长；

n——划分交通单元数；

L——快速道路总长；

D——快速道路网密度。

以上由路网密度初始确定的交通单元规模没有考虑交通需求强度的影响。实际上城市的建设发展，不论是现在还是将来，由于区域开发强度的不同，对交通的需求也不是相对均等的，往往是由中心区向外围区的需求强度逐步递减。所以可以用速度分区的影响因素来调整初始确定的交通单元规模。

由于内环线包络范围已经确定了其交通单元，所以内环线之外的城市其它范围可采用三级速度分区，即中心边缘区、主城边缘区和城市外围区。三级速度分区的交通单元规模采用 1.5 倍的速度增长，将以路网密度推算的初始交通单元作为中心边缘区的交通单元规模。

交通单元是由快速路网格构成的，所以确定交通单元规模就必须考虑到快速路立交的最小间距，交通单元的边长要满足快速道路最小立交间距要求。

(3) 交通单元的划分

交通单元是快速路网网格对城市区划的结果，因此在得到交通单元的规模后，对交通单元进行重构划分，也就构成了城市快速道路规划网络。

交通单元的具体划分程序即快速道路布局规划过程如下：

① 分析城市总体布局的结构层次，确定交通分区的基本原则及标准——初步确定城市交通单元规模，对城市用地进行初始交通单元划分。

② 根据城市交通由中心区向外围区需求强度逐步递减的规律确定交通单元规模调整方法——根据速度分区原理对城市交通单元规模进行调整，确定城市不同区域的交通单元规模。

③ 分析预测交通需求的生成与分布，明确主要交通出行的期望线——确定交通单元划分的控制性边界。

④ 分析规划道路网的结构和干线道路网的连续性与阻隔性——确定快速道路系统的布局结构、初步确定交通单元划分边界。

　　⑤ 分析区域道路交通系统,包括区域道路交通网络和区域交通需求发展——确定城市快速道路网与市际交通网络的有机衔接。

　　⑥ 综合协调上述分析结果——确定交通单元划分边界,形成快速道路系统方案。

　　⑦ 通过计算机技术进行模拟运行,对快速道路系统进行比较和优化设计,并结合城市建设的可能性进行可行性和可操作性研究——初步验证规划方案的合理性。

　　⑧ 分析最终交通单元的划分规模——验证该种布局下快速道路系统规模与城市交通需求的适应性。

8.3.5　天津市快速路线网布局规划案例

1）内环规模

　　根据交通需求预测,至 2020 年天津市中心城区一日出行总量为 1 701.7 万人次,出行强度最大的地区由现状的小白楼地区向北扩大到 CBD、CCA 及老城乡地区;而机动车日出行总量为 333～412 万标准车次,出行强度最大的地区也在 CBD。

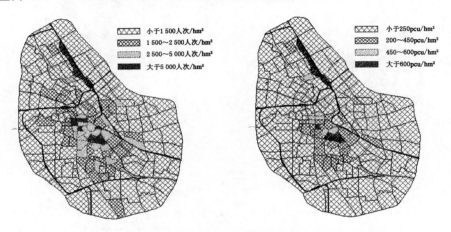

图 8-12　天津市 2020 年居民出行及机动车出行强度分布图

　　根据前面研究结果,并结合交通需求预测结果,基本确定内环长度在 20～30 km 之间,其所围范围是 CBD 外围边缘地区。

2）交通单元规模

　　已经确定了天津市快速路网密度在 0.55～0.65 km/km² 之间,规模在 200～240 km 之间。假定密度为 0.60 km/km²,规模为 220 km,则根据交通单元初始规模确定方法,初始确定的交通单元规模为 5 km²,则在三级速度分区下中心边缘区、主城边缘区和城市外围区的交通单元规模依次是 5 km²,8 km²,12 km²,据此进行天津市快速路规划。

3）交通单元的划分——快速路网布局规划

　　2020 年机动车出行(OD)空间分布呈中心放射形态,整体机动车出行重心偏于海河西侧,并以中心城区的南部及东南部较为集中,核心区仍为机动车出行高强度集中生成区,除此之外,在南开区和河西区均形成了明显的出行次重心。因城市向东、向南的用地扩展方向和行政文化中心、会展中心等城市中心功能的疏散,机动车出行的中心放射形态具有明显的方向性,并以此形成了东南—西北和西南—东北两条主要出行分布带,且主要分布带上的机动车出行强度以中心城区的南部和东南更加明显,因此将此两条出行带作为交通单元划分的控制性边界。

未来天津市区域公路网规划将以"9 通道＋2 环线＋4 射线"环放结构的公路主骨架,其中"通道"包括:京沈高速、京津塘高速、京津第二高速、G112 高速、津晋高速、京沪高速、津汕高速、唐津高速、海防高速;由京沪高速、津晋高速、津汕高速和京津第二高速各条高速公路的部分路段组成高速一环,由港文高速、海防高速部分路段、宝芦高速组成高速二环;"射线"包括:津蓟高速、津芦高速、津滨高速、京沪高速代用线。其中将与城市道路接驳的公路有:京津塘高速、京津第二高速、G112 高速、唐津高速、津晋高速、津蓟高速、津芦高速、津滨高速、京沪高速代用线等公路,规划快速路网将通过城市外环线将它们与市区道路相连接。天津市 2020 年机动车出行分布及干线公路网布局如图 8-13 所示。

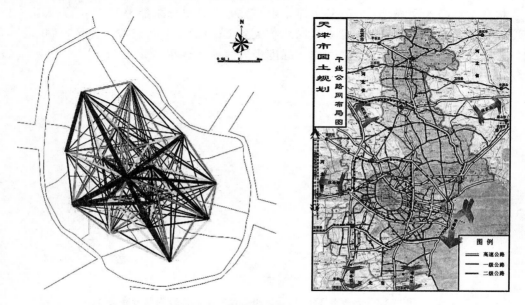

图 8-13　天津市 2020 年机动车出行分布及干线公路网布局

4）2003 年规划的快速路网布局方案

根据上述控制性条件及内环初步定位,初步确定的交通单元划分(即快速路网布局)方案:中心城区快速路系统由"一条快速环路、四条快速通道(两横两纵)和两条快速联络线"组成,全长约 145 km,包括外环线的长度为 216 km。2003 年天津市快速路网布局规划方案如图 8-14 所示。

（1）快速环路

快速环路长约 48.9 km,距中环线平均 2 km,距外环线平均 3 km,红线宽 50～80 m,其组成路段主要有(按顺时针方向):凌西道、简阳路、密云路、天平南路、天平北路、南仓道、淮东路、均富路、泰兴路、昆仑北路、昆仑路、昆仑南路、武陵路、黑牛城道等。

（2）二横二纵

二横:

北部通道利用西青道、志诚道,全长 13.1 km,红线宽 60～85 m;

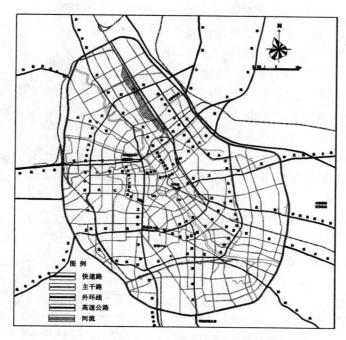

图 8-14　2003 年天津市快速路网布局规划方案

南部通道利用复康路、吴家窑大街、琼州道、大直沽西路、卫国道,全长 22.2 km,红线宽 50～80 m。

二纵:

西部通道利用京津路、河北大街、城厢中路(地下)、南门外大街、卫津路及卫津南路,全长 25 km,红线宽 50～70 m;

东部通道利用铁东路、新开路(或京山铁路三线新开辟道路)、张贵庄路,全长 24.2 km,红线宽 50～100 m。

(3) 两条联络线

为提高 CBD 及海河两岸地区的可达性,增加快速进出的通道,大沽南路和解放南路作为快速放射联络线。

大沽南路:外环南路至黑牛城道,全长 5.0 km,红线宽 60 m。

解放南路:外环南路至奉化道,全长 8.4 km,红线宽 50～70 m。

表 8-4　快速路规划明细表

路名	快速环路	一横	二横	一纵	二纵	卫国道	大沽南路
长度(km)	49	13.1	20.3	24.3	28.2	7.9	5.0
宽度(m)	60～80	60	50～60	50～70	50～100	60～80	60
互通立交(座)	18	7	6	8	12	3	3
分离立交(座)	30	7	8	10	12	4	3

备注:快速路系统规划立交 116 座,其中互通立交 43 座,分离式立交 73 座,已建成 9 座。

5）2010 年调整后的快速路网布局方案

由于城市空间拓展、土地利用特征以及外围公路运输网络的变化，天津中心城区快速路骨架路网调整规划为"二环十四射加联络线"，外环线升级改造及东北部调线工程为快速外环线的重要组成路段；津围快速路工程是十四条放射线之一。2010 年天津市快速路网布局规划调整方案如图 8-15 所示。

新外环线及津围快速路道路功能重新定位如图 8-16：

外环线除了担负截流组织过境交通的职能外，还肩负着吸引分流环外组团交通、内部临近区域交通的职能，交通量庞大、交通需求繁杂，尤其过境远运交通、长距离出行交通数量可观。对于旨在打造"全封闭、全互通、控制出入的快速生态景观环线"的外环线来说，道路等级定义为快速路是合适的。津围路作为"二环十四射"之一，担负着快速内环的补充、内外环联络线、中心城

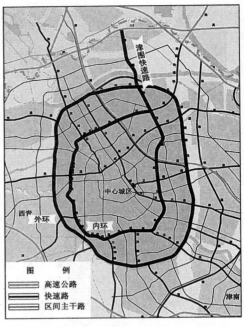

图 8-15　2010 年天津市快速路网布局规划调整方案

区放射线、加速中心城东北部区域发展等重要职能，中心城区、尤其是东北部区域的大规模城市交通和远运交通都需要依靠津围路来实现。

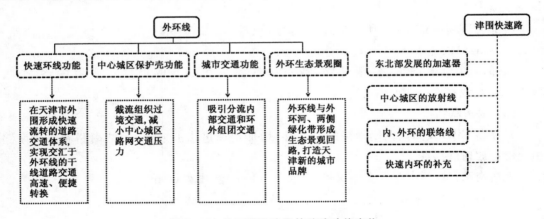

图 8-16　外环线及津围快速路功能定位

8.3.6　镇江市快速路线网布局规划案例

1）快速路概念规划方案

与城市布局、道路交通需求形态相对应，快速路网概念性规划方案主要由一横一纵两条轴线构成，每条轴线的详细情况及连接的交通源见表 8-5，快速路网概念性规划方案见图 8-17。

表 8-5 快速路网概念性规划方案

轴线	连接的交通源与高等级公路
横向主轴	高资、老城、南徐、丁卯、谏壁、大港、谷阳、沿江港口
	扬溧高速、京沪高速、沪宁支线、S241、泰州过江通道
纵向辅轴	谏壁、丁卯、谷阳、谏壁港
	沿江高速公路

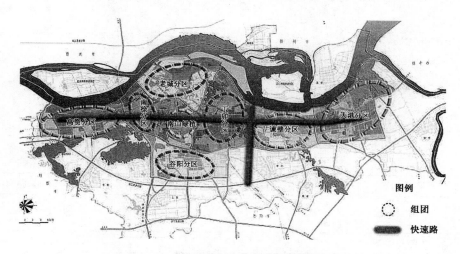

图 8-17 镇江市快速路网概念性规划方案图

2) 快速路可选线路分析

(1) 外围高等级公路接入

选线影响因素主要是出入口的交通量大小、接入口位置、道路衔接次序等。镇江市快速路与外围高等级公路衔接情况如表 8-6 所示。

表 8-6 外围高等级公路衔接表

公路名称	等级	相接道路	可选道路	道路交通负荷
扬溧高速	高速	长江路、G312	长江路、G312	0.50/0.73
S243	一级	朱方路	无	—
G312	一级	西环路、官塘桥路、沿江公路	沿江公路	0.58
沪宁高速支线	高速	G312	G312	0.75
S241	一级	通港路	无	—
京沪高速	高速	金港大道	无	—
泰州过江通道	高速	沿江公路	沿江公路	0.62

(2) 组团联络道路

选线的主要影响因素在于道路交通流量的支撑,道路的线位应位于组团的边缘,形成保护作用,同时考虑沿线的土地利用进行道路的筛选。规划道路网与组团间的关系如图 8-18,组团之间联络道路如表 8-7。

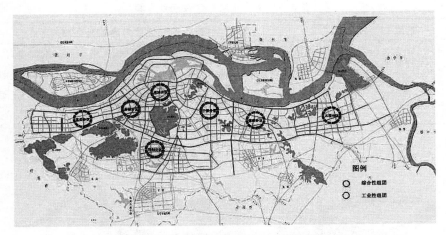

图8-18 规划道路网与组团关系示意图

表8-7 组团之间联络道路表

序号	联系组团	联系道路	可选道路
1	高资与老城	沿江公路—长江路、城中干道—南徐西路	沿江公路
2	高资与谷阳	G312	G312
3	老城与谷阳	檀山路—西环路、九华山路—黄山西路、官塘桥路—镇宝路	—
4	老城与大港、谏壁	禹山北路—临江路、镇大公路、镇澄公路、沿江公路	禹山北路—临江路、镇大公路、镇澄公路、沿江公路
5	大港与谏壁	临江路、沿江公路、镇大公路	沿江公路、临江路、镇大公路

（3）机动车走廊分析

由机动车流量图8-19可看出，整个城市的机动车走廊呈东西向主通道、部分南北向联络道路组成次要通道的特征。涉及的道路主要有沿江公路、长江路、禹山北路、临江路、G312、通港路等，值得注意的是，由于商业、居住用地的集中，以中山路为代表的城市旧中心区和以檀山路为代表的城市新中心流量较大，流量负荷均超过了1，但受用地条件的限制，将其改造为快速路在经济与可实施性上较差，本次规划通过在中心区外围构筑快速道路系统来分流中山路与檀山路的交通压力。

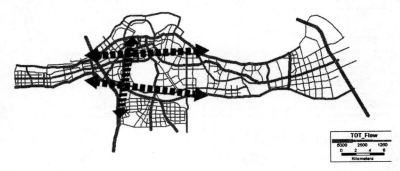

图8-19 城市未来机动车交通量分配图

3）快速路规划方案比选

针对镇江市带状组团式的城市用地布局形态,结合总规路网测试、快速路概念性规划方案、可选线路分析,建立城市各功能区间的快速通道,形成系统完善、与城市功能结构和土地利用相协调的道路主骨架系统,支持和保障城市的规划与建设。

（1）方案一:缓解目前日趋紧张的中心区交通拥堵,见图 8-20

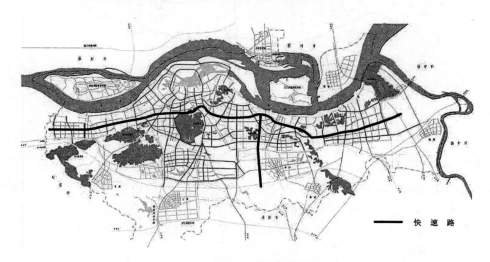

图 8-20　镇江市快速路系统规划方案一

路网形态:

一横:城中干道—南徐西路—南徐大道—天桥路—丁卯桥路—镇澄公路—镇大公路

一纵:横山东路—延伸线

方案特点:

① 结合城市带状布局特性,布置东西向快速路通道,规划适量南北联络线,支撑外围组团的发展与城市空间的拓展,同时带动港口发展;

② 紧密联系城市部分组团与分区,满足中长距离交通需求;

③ 规划快速路靠近南山国家级森林公园,对生态环境不利;

④ 由于快速路布设在目前城市中心区的外围,近期可迅速缓解城市交通紧张状况,但远期南徐新区、丁卯分区发展完善之后,高架快速路必将对城市内部交通与城市景观产生极大影响。

（2）方案二:适应城市远期交通发展需求,见图 8-21

路网形态:

两横:沿江公路—跃进路—长江路—东吴路—禹山北路—临江西路—临江东路;沿江公路—G312;

一纵:镇大公路—横山东路—横山东路南延线;

方案特点:

① 结合城市带状布局特性,布置东西向快速路通道,规划适量南北联络线,支撑外围组团的发展与城市空间的拓展;

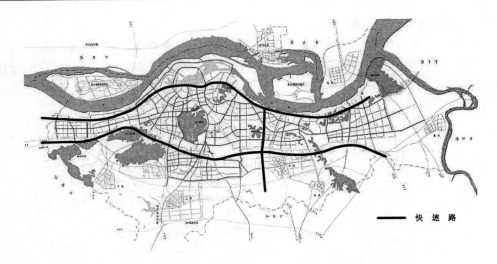

图 8-21　镇江市快速路系统规划方案二

　　② 屏蔽中心区过境交通,优化了中心区道路系统功能,但由于 G312 与城市目前中心区距离较远,对城市近期中心区交通拥堵缓解力度不够;

　　③ 快速路均从组团边缘经过,既疏解交通,又不对内部交通产生影响;

　　④ 城市适度向南发展的思路未能得到体现;

　　⑤ 长江路的定位与用地规划有冲突,建设形式及两侧用地较难控制;

　　⑥ 滨水地区建设地下快速路的难度较大,规划末期实施可能性不大。

　　(3) 方案三:最经济地解决城市未来可能的突出交通矛盾,见图 8-22

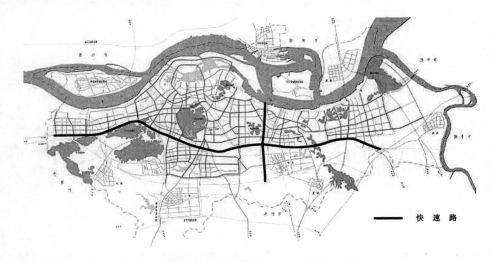

图 8-22　镇江市快速路系统规划方案三

路网形态:

　　一横:G312—沿江公路东段;

　　一纵:戴家门路;

　　二纵:横山东路—延伸线。

　　方案特点：

　　① 结合城市带状布局特性,布置东西向快速路通道,规划适量南北联络线,支撑外围组团的发展与城市空间的拓展,同时带动港口发展;

　　② 联络城市各个组团与分区,满足中长距离交通需求;

　　③ 疏解、屏蔽城市过境交通,承担城市内外交通转换;

　　④ 与城市核心区相隔较远,对中心区交通拥挤的疏解作用有限。

　　(4)方案四:缓解城市远期交通矛盾,适宜于远景路网拓展,见图 8-23

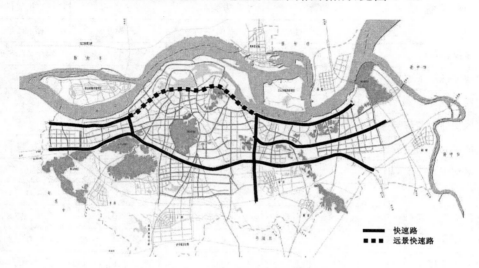

快速路
远景快速路

图 8-23　镇江市快速路系统规划方案四

路网形态:

一横:G312—沿江公路东段

一纵:戴家门路

二纵:横山东路—延伸线

一联:沿江公路西段

二联:临江路

三联:镇大公路—金港大道

远景预留段:跃进路—长江路—东吴路—禹山北路

方案特点:

　　① 结合城市带状布局特性,布置东西向快速路通道,规划适量南北联络线,支撑外围组团的发展与城市空间的拓展;

　　② 屏蔽中心区过境交通,优化了中心区道路系统功能,对城市近期中心区交通拥堵缓解不力;

　　③ 快速路系统与对外高等级公路连接顺畅,加强了镇江市对外联系;

　　④ 快速路均从组团边缘经过,既疏解交通,又不对内部交通产生影响;

　　⑤ 快速路串连主要的交通源,对缓解关键界面的通道压力有较强效果;

　　⑥ 城市适度向南发展的思路未能得到体现;

⑦ 预留跃进路、长江路、东吴路和禹山北路两侧用地,控制开发强度,预留作为远景快速路,保留远景路网扩展的可能性。

(5) 方案比选

由以上方案测试,从各个层面对快速路规划方案进行比选与评价如表8-8所示,根据上述评价结果,推荐方案四作为本次快速路规划方案。

表 8-8　镇江城市快速路规划方案评价

评价选项	方案一	方案二	方案三	方案四
路网结构	一横一纵	两横一纵	一横两纵	一横两纵三联
快速路规模(km)	58.7	95.7	55.3	97.8
快速路密度(km/km²)	0.27	0.45	0.26	0.45
路网布局合理性	中	良	中	良
对核心区交通的疏解与保护	中	优	良	优
主要功能区的交通可达性	中	良	中	良
快速路平均 V/C	0.82	0.60	0.68	0.58
骨架路平均 V/C	0.38	0.35	0.37	0.34
骨架路网平均车速(km/h)	42	48	50	46
核心区 V/C	0.42	0.32	0.40	0.32
关键界面负荷度	中	优	良	优
工程实施的可行性	中	良	优	良
工程经济性	良	中	优	中

8.4　快速路节点规划与设计

城市快速路节点是指某条快速的主路与辅路、其它相交道路或另外一条快速路实现交通流转换的点位,它具有连接城市快速路网和其它城市道路的功能,实现道路等级的过渡,而且节点设置合理与否还直接影响城市快速路网的运行。从许多大城市快速路的运行实践看,快速路网节点布局规划与交通设计的不尽合理使节点形成交通瓶颈,进而导致快速路交通不畅,是快速路主路及地面衔接道路形成交通堵塞的主要原因。从交通流的组织形式来看,城市快速路的节点分为三类,一是通过立交匝道实现交通转换,二是通过辅路出入口实现交通转换,三是主路与辅路合并为一个道路断面整体,然后通过车辆交织实现交通流转换。

8.4.1　快速路立交布设

城市快速路立体交叉按有无匝道连接上、下道路分为分离式和互通式两大类立交。分离式立体交叉,仅设隧道或跨路桥,上、下道路没有匝道连接。这种立体交叉不增占土地,设计构造简单,但上、下道路的车辆不能转道,多用于快速路与铁路、次干道、支路及部分主路的立体交叉。互通式立体交叉,除设隧道或跨路桥外,并设有匝道连接上、下道路。这种立体交叉设计构造较复杂,占地也多,但上、下道路的车辆可互相转道。快速路与快速路及主路的交叉多采用互通式立体交叉。

城市快速路系统中,比较常见的立交型式有菱形立交、环形立交、苜蓿叶形立交和定向式立交等。

（1）菱形立交

菱形立交是一种全互通式立交,可完成各个方向转向,立交型式简单,构筑物较少,布局紧凑,占地少,一般采用主线上跨相交道路方式,快速路方向行车基本顺畅,具体如图8-24(a)所示。菱形立交主要应用在快速路与次干道、支路及少数主干道相交,特别是在受建筑物限制无条件选择其它立交型式的情况下采用该型式。

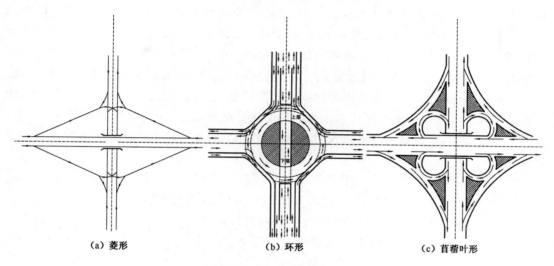

|（a）菱形　　　　　　　（b）环形　　　　　　　（c）苜蓿叶形|

图 8-24　立体交叉

菱形立交的缺点是桥下地面交通受信号灯控影响,通行能力有限,特别是在机动车和非机动车流量都较大时候,非常容易出现交通堵塞,排队车辆很多,进而影响匝道甚至是主线车辆的正常通行。

菱形立交不适合城市快速路与主干道相交处,仅适用于相交道路交通量较少的交叉口。针对菱形立交的以上缺点,可以采取以下改善措施:

① 菱形立交设计为三层,实现非机动车和行人与非机动车分层行驶,消除相互干扰;

② 增加桥下交叉口进口道车道数,进行多相位信号控制,提高交叉口通行能力;

③ 将菱形立交改为分离式菱形立交,分散普通菱形平面交叉处的冲突点,若能组织单向交通则桥下平面交叉口通行能力更大。

（2）环形立交

环形立交多数为主线下穿相交道路,主线方向行车基本顺畅,环形转盘上存在合流点、分流点、交织点,转盘主要解决转向车流问题,将不同方向车流在环道上利用交织运行,交通运行复杂(图 8-24(b))。环形立交占地少,主要用于城市用地紧张的交叉口,它的优点也带来了其局限性,即因为用地限制,转盘半径不可能很大,交织段往往不能满足车辆连续通行的要求,在快速路上,由于车辆在路段上通行速度较大,因此进入环道时不得不大幅降低车速,对车流的运行十分不利;再者,由于交织段较短,车流运行复杂,环形立交往往通行能力较低,设计通行能力是在正常运行的理想条件下的计算值,实际运行时很难达到,转盘本身的交织运行系统十分脆弱,容易发生由于某一交织点车流无法正常运行而导致整个环岛"锁死"现象,因而在快速路的立交选型中比较少用。在北京等地的快速路中,环形立交已经基本不再选用,对于早期修建的快速路环形立交也不断地改造为无交织的定向式、不完全定向式立交等。

(3)苜蓿叶形立交

苜蓿叶形立交构造层次少、工程造价低、造型美观、行驶识别性好,特别适合于快速路主线交通量很大、左转弯交通量相对较小的情况(图 8-24(c))。在实际设计中,由于城市用地限制,一般多采用长条苜蓿叶形立交,多数为快速路下穿相交道路,主线方向的交织区较长。苜蓿叶形立交的缺点是左转车辆必须利用环形匝道盘旋 270 度,且在狭小空间内集中了四个左转匝道,这些匝道均对接到快速路主线上,使得两匝道口间的快速路主线车辆之间产生相互干扰的加减速变化并出现交织,极易发生交通事故或产生交通混乱。更重要的是由于主线上,短距离内的连续两个左转匝道车流是先进入主线后离开主线,因此离开主线的车流不得不与刚进入主线的车流进行交织,这进一步增加了交织运行难度,降低了通行能力,在左转交通量较大时,这种矛盾尤为明显。对于已建苜蓿叶形立交的改善措施有:

① 主线上跨的长条苜蓿叶形立交可在桥区范围内将主、辅路完全隔离,主路只准直行,将交织集中在展宽后的辅路上,以改善交织秩序,保证直行车辆的顺畅;

② 将苜蓿叶形立交改造为半苜蓿叶半定向型组合式立交,即将部分流量较大的左转环形匝道改为定向式匝道,减少主线交织。

(4)定向式立交

快速路上经常使用的定向式立交有三种型式:部分定向式立交、全定向式立交和不完全定向式立交。

部分定向式立交对主要车流设置定向匝道,车流转向 90 度就能实现转弯,其它方向车流采用环形匝道等方法解决转向,这类立交由于其某方向主线也存在主线车流与转向车流先合流后分流的现象,所以难以避免堵塞。

全定向立交的所有转向都用定向匝道解决,从根本上消除了主线车流与转向车流先合后分的问题,因而其通行能力很大,且很少因立交本身原因发生堵塞,但在快速路体系中,全定向立交服务半径大,互通性强,从而吸引了大量的机动车在此转向,往往造成与其相联系的道路交通超负荷。另外全定向立交建成后,由于流量的不均匀,容易出现部分定向匝道流量少,另一部分匝道交通十分拥挤的现象,而对此现象又难以采用一定的工程措施加以改进,这显示出该型立交难以适应交通状况不断变化的缺陷。

不完全定向式立交不追求全互通,只在主要流向设置定向匝道,针对性强,能切实解决面临的紧迫问题,并针对未来的交通变化,其在改造方面的余地很大,适应性较强。部分定向式与不完全定向式立交最大的区别在于前者兼顾了全部车流转向,在主要车流转向设置定向式匝道,在次要转向设置环形匝道等低标准匝道来解决车流的转换,而后者只抓主要矛盾,仅通过定向式匝道解决主要方向的车流转向,其余方向的车流转向通过相邻立交来解决,避免立交处产生交通堵塞,体现立交之间的互补关系。

各类立交都有其优缺点和适用范围,但从已建成的快速路立交效果来看,环形立交交通运行效果最差,因而在新建的快速路立交中,环形立交已经非常少见;菱形立交因为占地小,拆迁少,快速路直行通畅的优点,因而比较常见,但是由于往往带来桥下交叉口交通拥堵问题,因而新建的菱形交叉口时一定要慎重,可针对交通流特点和当地用地条件,将普通菱形立交改进为分离菱形立交或三层菱形立交等。苜蓿叶也比较常见,同时很多快速路的苜蓿叶立交因为主线流量增加开始出现交织混乱而服务水平下降的情况,因此选用苜蓿叶形立交时,尽量要保证主线交织长度或将主线左转车辆的交织转移到专门设计的集散车道上,或将部分匝道改为定向式。相比较而言定向式立交最能适合快速路特点,也是以后快速路立交,特别是枢纽型立交的发展方向。

在进行快速路立交选型和设计时,还可以将相邻的几座立交作为一个立交群进行分析,一座立交并不需要所有转向功能,仅实现主要转向流量的互通,而将某些次要转向车流放到相邻的立交或路网中解决,以简化立交,节省投资,同时使快速路立交群兼备系统功能,体现整体优势。

8.4.2　出入口设置研究

城市快速路出入口分为两类,一类是与立交匝道相接的出入口(图 8-25(a)),另一类是与辅路相接的出入口(图 8-25(b),图 8-26)。快速路与其它道路的交通流转换通过车辆从出入口进出主线实现,也就是说,出入口的设置必然带来主线车流的分流合流并产生交织。因此出入口设置合理与否,直接关系到快速路主线运行质量。从许多地方大城市快速路运行实际来看,快速路主线上的交通拥堵主要是由于出入口设置的不合理而引起的,而这其中出入口设置间距不足是主要原因。出入口设置间距问题包含两层内容,一是快速路出入口设置的数量问题,二是交织长度的问题。出入口设置数量过多,间距过小,则主线车流需频繁的分流、合流、交织运行,严重影响快速路主线的通行能力和服务水平,同时出入口间距过短,会吸引大量的短距离车辆驶入快速路,这背离了快速路服务于长距离机动车交通的基本功能;反之,如果出入口过少,则大量的转向交通将在与出入口相接的其它道路交叉口附近集结,给周边路网和交叉口带来较大的交通压力,如果这种转向流量很大,还容易导致交叉口排队车辆延伸至出入口匝道,进而影响快速路主线车辆通行。因此合理布置出入口,是保证快速路系统正常运行的关键,在进行快速路出入口设置时应掌握以下几条原则:

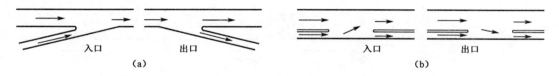

(a)　　　　　　　　　　　　　　　(b)

图 8-25　出入口类型

图 8-26   与辅道相接的出入口

（1）量出为入原则

出入口的设置必须以保证主路车辆正常运行为前提，要根据系统所能提供的出口分流能力，来安排系统各部分入口，出入口数量不一定一一对应，出口应多于入口，以控制入口流量略低于出口流量，充分发挥快速路效益。在必要时，可考虑在进口处设置信号灯，根据主路车流量变化，对进入主路的车辆进行有序的动态控制，以提高进入主路车辆的合流概率。

（2）先出后入原则

快速路系统正常运行的关键首先是确保出口的通畅，只有车辆能快速分流，才能为合流车辆提供运行空间，保证系统车辆运行的供需平衡，所以对于系统中交通量比较大的路段，特别是立交部分，应按先出后入的原则安排转向匝道，以避免产生交织。

（3）立交为主、路段为辅原则

为合理控制进出口间距，减少交织紊流对系统运行的影响，进出主路的车辆交通组织，应重点放在立交节点部分（互通式立交各转向交通出入口宜利用集散车道合并设置），一般应尽量减少路段上的开口，特别是进口，必须在路段上开口时，在保证出入口间距的前提下，还要采取必要的工程措施，减少与辅路交通间的相互干扰。

对于出入口间距应能保证主线交通不受合流分流交通的干扰，并为分合流交通加减速及转换车道提供安全可靠的路况条件。出入口间距由变速车道长度、交织距离及安全距离组成。《城市道路交叉口规划规范（GB 50647—2011）》规定快速路主线上相邻出入口最小间距，即图 8-27 所示的出口—出口间距、入口—入口间距、出口—入口间距和入口—出口间距应符合表 8-9 的规定。

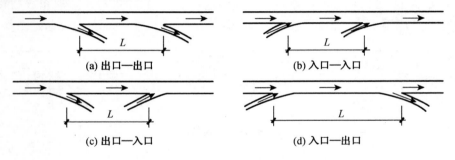

图 8-27   快速路主线上相邻出入口最小间距

表 8-9　快速路主线上相邻出入口最小间距 L　　　　　　　　单位:m

主线设计速度(km/h)	出入口布设型式			
	出口—出口	出口—入口	入口—入口	入口—出口
100	760	260	760	1 270
80	610	210	610	1 020
60	460	160	460	760

根据《城市道路交叉口设计规程(CJJ 152—2010)》,相邻匝道出入口之间的最小净距 L(如图 8-28 所示)应符合表 8-10 的要求。

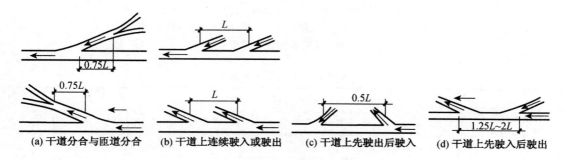

图 8-28　匝道出入口最小净距

表 8-10　相邻匝道出入口最小净距 L　　　　　　　　　　单位:m

匝道设计速度(km/h)	120	100	80	60	50	40
一般值	165	140	110	80	70	55
极限值	330	280	220	160	140	110

《城市道路交叉口规划规范(GB 50647—2011)》规定立体交叉减速车道宜采用直接式,加速车道宜采用平行式,分别如图 8-29、图 8-30 所示。变速车道长度的取值应符合表 8-11 的规定。变速车道渐变段长度取值具体参考《城市道路交叉口规划规范(GB 50647—2011)》的规定。

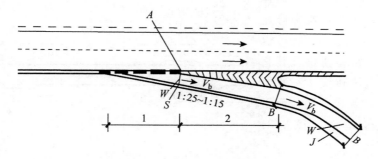

A—分流点;B—单车道匝道宽度;W——车道宽;S—路缘带宽;
J—紧急停车带宽;1—渐变段;2—减速段

图 8-29　直接式减速车道示意图

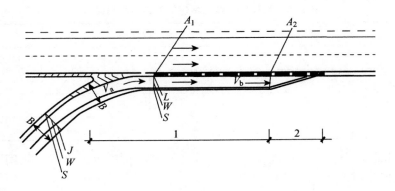

A_1—并流点；A_2—汇合点；B—单车道匝道宽度；W——车道宽；

S—路缘带宽；J—紧急停车带宽；L—出入口标线宽；1—加速段；2—渐变段

图 8-30 平行式加速车道示意图

表 8-11 变速车道长度

主线设计车速(km/h)	匝道设计车速(km/h)												
	30	35	40	45	50	60	70	30	35	40	45	50	60	70
	减速车道长度							加速车道长度						
100	—	—	—	—	130	110	80	—	—	—	300	270	240	200
80	—	90	85	80	70			—	220	210	200	180	—	—
70	80	75	70	65	60			210	200	190	180	170		
60	70	65	60	50				200	190	180	150			

8.4.3 出入口与地面交通衔接设置

　　前面对出入口进行了分类,其中第二类与辅道相接的出入口在城市快速路中还是比较常见的,特别是对于交叉口用地紧张,无法修建互通立交时,选择靠近辅道交叉口或在路段中修建出入口(或高架桥的上下匝道)也可实现快速路主路与辅路及其它周边路网的交通流转换。一般而言,这类出入口设置在主要地面干道交叉口附近,具体如图8-31所示。

　　从图8-31可以看出,这类出入口相当于一个简易菱形立交的功能,其优点是构造简单、占地少、

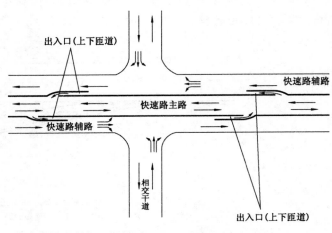

图 8-31 快速路出入口与辅道衔接示意图

适合车流集散特点,方便驾驶员选择出入快速路最佳点,特别适用于大城市主城区快速路沿线用地紧张,无法修建立交,而确实存在大量长距离交通在此转换的情况。但是这种衔接方案的缺点也是显而易见的。

(1) 干道交叉口与出入口重叠,车流量大,流向复杂,交叉口管制困难,高峰时段排队受堵无法避免;

(2) 出入口交织段车流复杂,有辅道的直行、左转、右转和主路出口左转、右转、部分直行共六种方向车流,要在宽度(一般至多辅路三车道,出入口两车道)、长度(目前大多数出入口距离交叉口仅有 100 m 不到的距离)均十分有限的交织段完成组合如此复杂的车流流向重新调整到位,其后果必然是车速下降直至堵塞(严重时交叉口堵死),交通事故隐患增加(互相挤擦,追尾碰撞),甚至可能直接影响快速路主路车流运行畅通程度(尤其是在出口受阻时)。

为缓解以上矛盾,在设计或改造快速路的辅路出入口(或高架道路上下匝道)时,可考虑以下几种措施:

(1) 根据转向流量大小比例设置出入口匝道位置,如图 8-32。出口匝道的位置宜按出匝道车辆左、右转交通量的大小布置;左转交通量大时,宜布置在靠近平面交叉口进口道左转车道与直行车道之间的位置上;反之,则宜布置在靠近右转车道与直行车道之间的位置上。入口匝道的位置宜按进入匝道车辆来自上游交叉口左、右转交通量的大小布置:来自左转的交通量大时,宜布置在靠近左转车来向与直行车来向之间的位置上;反之,则宜布置在右转车来向与直行车来向之间的位置上。

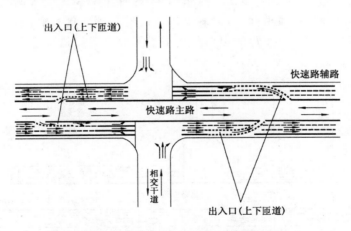

图 8-32　出入口(上下匝道)设置位置

(2) 设置远引左转。当出口匝道左转交通量较大,对下游交叉口通车影响较大且干道中央高架道路墩位中央带较宽时,可对匝道或交叉口进口道采取禁止左转、在交叉口下游做远引左转的管理措施;在墩位中央带侧必须有一条左转车道,左转车转弯的入口宜在对向进口道展宽段和展宽渐变段的范围以外,同时在交叉口进口道上游及出口匝道上须设有禁止左转标志及分车道悬挂的指路标志,如图 8-33 所示。

(3) 出入口设置在交叉口范围之外。出口匝道的出口段离下游平面交叉口进口道展宽渐变段起点宜大于 80 m;这段距离不足 80 m 且使匝道车流与干道车流换车道交织有困

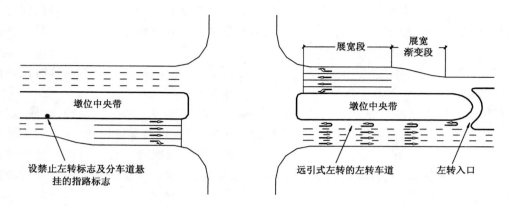

图 8-33 利用墩位中央带做远引左转的布设

难时,可在交叉口进口道部分分别设置地面进口道展宽和匝道延伸部分的展宽,并设置干路左转车道、直行车道和右转车道与匝道延伸部分的左转车道、直行车道和右转车道,但对此类进口道的信号相位必须采用双向左转专用相位。入口匝道的入口段宜布置在交叉口出口道展宽渐变段的下游,且最小距离不宜小于 80 m。

(4)不同转向的辅路车辆提前变更车道,减少出口道前方的交织,如图 8-34。当出口匝道的出口距离下游平面交叉口进口道展宽渐变段距离严重不足时,可通过设置标志标线,提前将辅路上的不同转向的车辆提前变更车道,进入各自转向车道,相当于将展宽段的白实线(车道功能划分线)延长至出口匝道后方,这样可减少地面车辆与匝道出口车辆之间的混合交织,即在出口匝道前方,只剩下出口匝道车辆变更车辆,和少量的辅路车辆变更车辆,从而减少了对出口匝道的出口距离下游平面交叉口进口道展宽渐变段距离的长度要求。

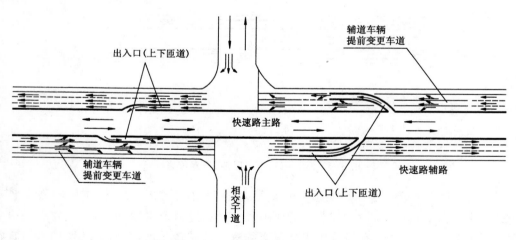

图 8-34 辅道车辆提前变更车道示意图

(5)修建辅道集散车道,利用交叉口周边道路实现车辆转向,如图 8-35。当出入口流量较大,相交道路流量也较大,而周边路网发达时,可通过辅道修建集散车道,同时利用周边路网疏解相交道路及快速路出口的左转交通量。

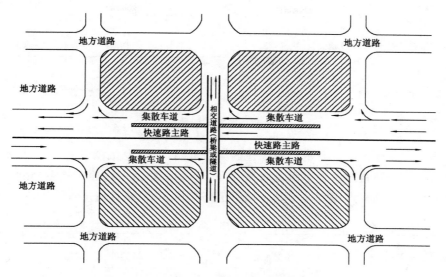

图 8-35　利用辅道及周边道路实现转向交通

8.5　快速路构造型式选择及车道设置

8.5.1　快速路构造型式选择

城市快速路一般由主路和辅路构成,根据主路与辅路位置关系不同,快速路的构造型式可分为:高架式、路堤式、路堑式、地平式和隧道式。

高架式——在地面以上修建高架桥,桥上空间作为快速路的主路,高架桥下面或两侧修建辅路,上下通过匝道桥连接,如图 8-36。高架式快速路往往修建在原有道路上方或在跨越河道、铁路时采用。高架式快速路的优点是占地少、通道通行能力大;缺点是造价高,对高架桥沿线建筑的噪音污染和汽车尾气污染较大,对城市景观有一定的破坏作用。

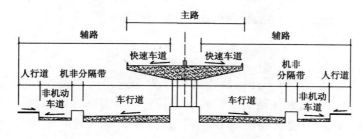

图 8-36　高架式快速路

路堤式——在地面以上铺设路基和路面,路堤作为快速路主路,两侧或一侧修建辅路,主、辅路通过简易上下匝道联系,如图 8-37。路堤式快速路适合修建在地质松软的平原地区。其优点是造价低,主、辅之间联系方便;缺点是占地很大。

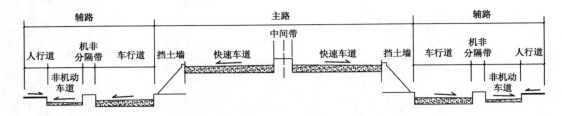

图 8-37　路堤式快速路

路堑式——在地面以下开挖路堑修建的城市道路，一般主路在地面以下，地面两侧或一侧修建辅路，主、辅路通过上下匝道联系，如图 8-38。路堑式快速路适合修建在排水无问题的山丘城市。其优点是方便与其它城市道路立体交叉；缺点是排水困难，占地较大。

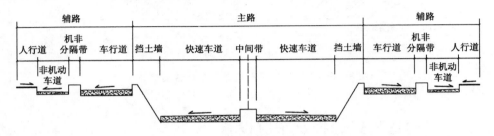

图 8-38　路堑式快速路

地平式——主路与辅路及两侧建筑地坪基本位于同一平面层次，车辆通过主路与辅路之间的绿化隔离带（或设施带）的进出口驶入或驶出主路，如图 8-39。地平式快速路适用于地势平坦的平原城市，以及规划红线较宽、横向交叉道路间距较大的城市外围与等级公路相连接的地区，新建城区用地比较富裕或结合城市改造拆迁较少的路段。其优点是主路与辅路之间的交通转换比较方便，工程造价较低；缺点是占地较多。

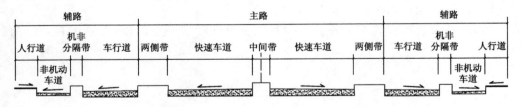

图 8-39　地平式快速路

隧道式——在地面道路以下开挖修建隧道作为快速路的主路，地面道路作为快速路辅路，一般通过立交或与地面辅路的交织实现与其它城市道路的联系，如图 8-40。在大城市主城区内，车流量很大，而道路红线较窄，拆迁困难的时候可考虑建设隧道式快速路。隧道式快速路的优点是对沿线建筑的噪音、尾气和景观影响较少，与辅路结合后，通道通行能力很大；缺点是造价很高，与其它城市道路衔接困难。

在工程设计中，进行快速路构造型式的选择时，要考虑具体地形地质、其它构筑物以及交通、投资等诸多因素。实际往往是针对不同路段的特点选用不同的构造型式。因此具体快速路的构造型式是组合型的，即同一条快速路中常采用多种构造型式。比如南京

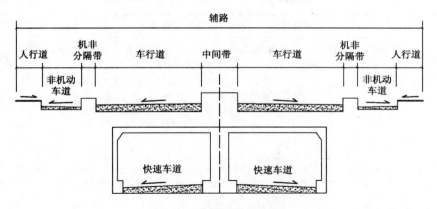

图 8-40　隧道式快速路

市的快速内环西线,采用的是高架式＋地平式的组合型式,而快速内环东线则采用了高架式＋地平式＋隧道式的组合型式。

在城市快速路的构造选择中,高架式、隧道式比较常见。这主要是因为快速路的修建很多情况下是针对大城市中心区边缘的长距离、大流量的交通,而在这些地方往往用地紧张,拆迁困难,故直接导致高架式和隧道式被选用的情况偏多。另外一方面,快速路之所以具备几倍于主干道的通行能力,主要是消除了交叉口对路段通行能力的影响,因此很多城市在考虑修建快速路时,是逢路口上跨或下穿,路段保留原有道路断面,即采用地平式。因此在资金约束条件下,地平式快速路也是很多城市的选择。高架式、地平式、隧道式这三种快速路型式的特点如表 8-12 所示。

表 8-12　三种主要快速路形式特点比较

快速路形式	高架式快速路	地平式快速路	隧道式快速路
与周边地块的联系	高架快速路一般设置地面辅道,项目周边地块可通过地面道路设置人行横道等进行沟通联系,但是空中人工构造物,对两侧用地在视觉上仍存在分隔,对周边地块的联系效果一般。	地面快速路为了防止横向道路车辆进出快速路,保证快速路车辆快速通行,需设置分隔护栏,两侧地块联系仅能通过地道或天桥,因此地面方案一般在郊区使用。	地道快速路一般设置地面辅道,项目周边地块可通过地面道路设置的人行横道等进行沟通联系。
景观效果	高架快速路属于人工构造物,一般均较为生硬,可结合桥梁结构选型,桥梁景观一并考虑。	地面快速路仅为一层,可通过绿化设置等进行景观设置,效果较好。	地道快速路位于地下,不存在视觉分隔,地面道路可通过绿化、照明等进行设计,效果好。
与周边路网衔接	地面道路可以设置平交口进行沟通。高架道路可通过设置枢纽或者是服务型立交沟通,与周边路网的衔接好。	快速路与横向道路可通过设置互通立交来沟通,但有辅道路段,沟通较为困难,立交设置复杂,与周边路网的衔接一般。	地面道路可设置平交进行连接,但是快速路位于地下,虽然可设置下挖匝道连接,但是服务型及枢纽立交位于地下难以实施。与周边路网衔接非常困难。

续表 8-12

快速路形式	高架式快速路	地平式快速路	隧道式快速路
环境污染	废气及噪声污染较大,需通过其他设施处理。	废气及噪声污染较大,可设置绿化带处理。	位于地下,环境污染可集中处理,噪音污染小
施工难度	桥梁结构较为复杂,但是有经验的施工单位均能够完成。	主要工程为路基,施工难度较小。	主要为地下结构,施工难度较大。
工程造价	较高	较低	高
使用范围	城市快速路的主要形式	郊区快速路的主要形式	市区核心地带可适当选用

8.5.2 快速路车道设置

1) 车道数

快速路主路的车道数主要根据规划年预测交通量、通行能力及设计服务水平而定。快速路的设计车速一般在 60~80 km/h 之间,这是因为快速路一般规划在城市建成区,用地条件受限制,往往采取高架、隧道或其与地平式的组合构造型式。但对于组团型城市,当快速路用于连接各组团之间时,或与过境高速公路对接时,特别是特大城市在城郊结合部建高速环路时,设计车速可放宽至 100 km/h。比如法国巴黎的高速外环设计车速达 100 km/h,华盛顿的外环则为 88 km/h,伦敦的 M25 环城高速公路以及天津的快速外环,其设计车速均≥80 km/h。

城市快速路虽然是控制出入口间距及型式,实现了交通流的连续性,但是出入口间距要远小于高速公路,车辆的交织及进出对通行能力有一定的影响;此外一般城市快速路的车流密度要远高于高速公路,在高峰时段更是超出其最佳密度,因此对通行能力也有一定影响。根据《城市快速路设计规程》,快速路一条车道的基本通行能力如表 8-13 所示。

表 8-13 快速路的基本通行能力

设计时速(km/h)	100	80	60
基本通行能力(pcu/h/ln)	2 200	2 100	1 800

快速路上的交通属于连续流,因此单向车道设计通行能力可按式(8-20)计算,结果见表 8-14。

$$C_D = C_B \cdot (V/C)_i \cdot N \cdot f_W \cdot f_{HV} \cdot f_P \tag{8-20}$$

式中:C_D——单向车道的设计通行能力(pcu/h);

C_B——基本通行能力(pcu/h),根据设计车速不同而异;

$(V/C)_i$——设计服务水平系数,快速路取三级,设计车速为 60 km/h、80 km/h 和 100 km/h 时,分别取为 0.77、0.83、0.91;

N——单向车道数;

f_W——车道宽度和侧向净宽对通行能力的修正系数;

f_{HV}——大型车辆对通行能力的修正系数;

f_P——驾驶员修正系数。

表 8-14　快速路的设计通行能力

设计时速(km/h)	100	80	60
设计通行能力(pcu/h/ln)	2 000	1 800	1 400

根据规划年预测交通量即可确定满足设计服务水平下的主路单向车道数。从以往的快速路交通量预测来看,双向四车道足以满足车流正常运行,但是从上海等地的实际运行看,原来的双向四车道的城市快速路越来越显示出其可靠性方面的缺陷。

由图 8-41(a)可以看出,当采用单向两车道,如果某一车道上的一辆车抛锚或发生交通事故,快速路的单向通行能力立刻锐减为原来的 1/2,起初是两个车道变成一个车道通行,但很快将演变为两个车队的头车互不相让而导致全线瘫痪的局面,可见单向双车道快速路运行可靠性是比较差的。而若采用单向三车道或以上,当一个车道出现了事故,其通行能力还保留了原来的 2/3,在交通量不大的情况下,交通流可以演变为饱和度较低的交通流,尚能维持道路的通畅。

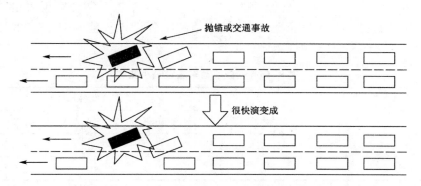

图 8-41(a)　单向两车道快速路可靠性分析图(黑块表示事故车辆,白块表示正常车辆)

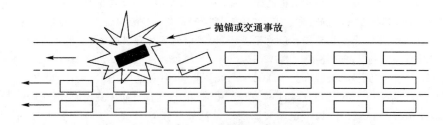

图 8-41(b)　单向三车道快速路可靠性分析图(黑块表示事故车辆,白块表示正常车辆)

因此,城市快速路主路车道数一般应按规划年预测交通量与其通行能力来确定,高架路的双向车道数以六车道为宜,至少应为 4 车道,当设四车道时,应考虑增设紧急停车带。

另外城市快速路出入口设置还应注意保持主线基本车道的连续性,同时在出入口分、合流处维持车道数的平衡。城市道路相关设计规范并没有给出城市快速路设置出入口时如何保持连续与平衡的标准,公路相关设计规范互通式立交设计要点中明确给出了车道数平衡的概念和出入口分、合流出车道数平衡公式(8-21):

$$N_c \geqslant N_f + N_e - 1 \tag{8-21}$$

式中:N_c——分流前或合流后的主线车道数;

N_f——分流后或合流前的主线车道数;

N_e——匝道车道数。

城市道路网较密、出入口间距比公路小,如果采用 $N_c = N_f + N_e - 1$ 来控制分流前或合流后的主线车道数,则在分、合流端口处由于交通紊流影响必将造成主线基本车道中最外侧一条车道通行能力大大降低;如果采用 $N_c = N_f + N_e$ 来确定车道数,则出入口处分、合流条件较好,有利于车流有序运行。在设置双车道匝道时,尤其要注意不要缩减车道数,可利用变速车道来调整出入口前后快速路主线的道路设施宽度。

2) 车道宽度

《交通工程手册》中规定:城市道路上供各种车辆行驶的路面部分,统称为机动车道,在道路上提供每一纵列车辆安全行驶的地带,称为一个车道。它的宽度决定于车辆的车身宽度,以及车辆在横向的安全距离。《城市道路工程设计规范(CJJ 37—2012)》规定机动车道宽度应符合表 8-15 的规定。

表 8-15　一条机动车车道最小宽度

车型及车道类型	设计速度(km/h)	
	>60	≤60
大型车或混行车道(m)	3.75	3.50
小客车专用车道(m)	3.50	3.25

参考文献

[1] 高奖. 大城市快速路规划与设计关键问题研究[D]. 东南大学硕士学位论文,2006.

[2] 东南大学,镇江市规划设计研究院. 镇江市城市综合交通规划研究报告[R],2009.

[3] 东南大学,中交第一公路勘察设计院有限公司. 天津市外环线升级改造、东北部调线、津围快速路工程划设计交通预测专题研究报告[R],2010.

[4] 建设部. 城市快速路设计规程(CJJ 129—2009)[S]. 北京:中国建筑工业出版社,2009.

[5] 建设部. 城市道路工程设计规范(CJJ 37—2012)[S]. 北京:中国建筑工业出版社,2012.

[6] 国家技术监督局,建设部. 城市道路交通规划设计规范(GB 50220—95)[S]. 北京:中国计划出版社,1995.

[7] 建设部,质检总局. 城市道路交叉口规划规范(GB 50647—2011)[S]. 北京:中国计划出版社,2011.

[8] 建设部. 城市道路交叉口设计规程(CJJ 152—2010)[S]. 北京:光明日报出版社,2010.

第9章 城市道路网规划

城市道路系统是组织城市各种功能用地的"骨架",也是城市进行生产生活的"动脉",是城市人的活动和物资运输必不可少的重要设施,同时还具有满足交通出行的需要、增进土地利用、提供公共空间而保证生活环境、防灾抗震等多种功能,是城市发展的重要支撑。城市道路网络布局是否合理,直接关系到城市是否可以合理有序地运转和良好地发展。

城市道路网络规划是城市交通规划的重要内容,是城市总体规划的深化,对于优化城市交通空间结构,引导城市用地开发和城市空间演变,协调交通与土地利用关系,具有重要意义。道路网规划应按照与道路交通需求基本适应、与城市空间形态和土地使用布局相互协调、有利公共交通发展、内外交通系统有机衔接的要求,合理规划道路功能、等级与布局。

9.1 城市道路网规划基本要求

9.1.1 城市道路网规划原则

城市道路作为城市中人的活动和物资运输必需的重要设施载体,首先应满足客货车流和人流的安全畅通。城市道路还应该满足城市发展各种要求。例如,能满足出行的需求、能增进土地的利用、能提供公共空间而保证生活环境、对火灾地震等灾害有抗灾功能、反映城市风貌、历史和文化传统等等。在进行城市道路网络规划时,应综合考虑上述功能,满足各项基本要求。

1)组织城市用地与空间布局,引导和促进城市发展,推动用地结构和产业布局调整

从城市规模来看,快速路和主干路是形成城市结构骨架的基础设施;从地区规模来看,道路起到划分邻里居住区、街坊等局部地块的作用。

城市各级道路是划分城市各分区、组团、各类城市用地的分界线。城市道路作为城市用地的重要组成部分,同时作为城市活动的技术支撑空间,尤其需要协调好与城市活动基本空间的关系,即协调好与公共设施用地、工业生产用地、仓储用地、居住用地等的关系。城市支路和次干路可能成为划分小街坊或小区的分界线;城市次干路和主干路可能成为划分大街坊或居住区的分界线;城市交通性主干路和快速路及两旁绿地可能成为划分城市分区或组团的分界线。因此,城市道路网系统应能适应今后城市用地扩展、空间结构以及产业布局的调整,便捷联系城市各主要功能区。

2)充分加强道路网络的系统性,满足城市交通运输的需求

满足交通运输要求是道路网规划的首要目标,系指随着城市活动产生的交通需要中,对应于道路交通需要的通过和进出交通功能,是行人与车辆来往的专用地。为达到此目标,道路网络系统应满足以下要求:道路网必须"功能清晰,结构合理",为组成一个合理的交通运输网创造条件,使城市各分区之间具有"方便、快捷、安全、高效和经济"的交通联系;道路的功能必须同毗邻道路的用地的性质相协调;城市道路系统完整、交通均衡分布;道路网络要有利于实现交通分流;道路系统应与对外交通有方便的联系。另外,应充分考虑公交发展需求,为公交优先发展提供条件。

3)构成与组织城市空间

城市道路空间是城市基本空间环境的主要构成要素,城市道路交通空间的组织直接影响城市空间形态。

4)注重与环境的关系,与城市景观相协调,满足市政工程管线布设的要求

城市道路作为城市带状景观轴线,对形成城市的视觉走廊,丰富城市景观都起到很好的效果。城市道路应与城市绿地系统、城市主要建筑物、街头绿地相配合,形成城市绿色系统的景观环境。因此,道路系统规划时,要满足城市绿地系统规划对道路绿化的要求。

城市道路是安排绿化、排水及城市其他市政工程基础设施(地上、地下管线)的主要空间。城市道路应根据城市工程管线的规划为管线的敷设留有足够的空间。

5)防灾减灾与应急通道

道路作为火灾、震灾发生时的避难场所,也是消防、应急救灾等的重要通道。因此,道路系统应具有避难道路、防火带、消防和救援通道等作用。

9.1.2　道路网规划内容与基本流程

城市道路网规划作为城市交通规划的重要组成部分,是对城市总体规划阶段路网规划的深化,同时,作为专项道路规划,也是城市控制性详细规划的主要内容。因此,不同阶段,道路网规划的内容有所区别。

1)规划内容

道路网规划主要分为以下六个方面的内容:制定城市道路网络的发展目标、发展策略,确定近远期道路网体系结构、布局和规模;确定城市骨架道路系统(由快速路、主干道、次干道组成),论证并确定道路等级、建设控制标准、道路红线、对应道路断面形式及交叉口形式与控制范围;原则确定支路的控制规模,设置标准、走向、控制要求;主要道路横断面推荐方案;确定互通立交的位置与红线控制范围,提出初步规划方案,跨线桥的位置与用地控制范围;确定交通设施布设的位置、标准与控制要求。

作为道路网专项规划,除了要满足主要内容研究深度的要求外,还需包括:在确定道路网络总体结构、道路网络主骨架的情况下,对不同等级的道路进行使用功能划分;对干道网中每一条道路,根据其等级及使用功能进行横断面设计(板块形式、是否设置非机动车道、非机动车道的宽度、人行道的宽度、隔离物的形式与宽度);确定道路红线控制范围;提出快速路、干道之间交叉口的型式(立交还是平面相交、采用何种型式的立交)并对主要干道之间的平面交叉口进行规划设计;对支路系统提出改善方案,确定支路的使用功能、支路的红线宽度,交通管理的要求(是否设置单行道、是否为非机动车专用路、支路与主要干道交叉口的交通组织与管理)。

2)规划流程

城市道路网规划涉及城市发展、土地利用以及交通系统等多方面的因素,因此,需要明确规划研究的基本思路,合理制定规划分析框架与流程。

道路网规划应按照以下规划思路开展(图 9-1):分析城市性质和功能定位,掌握城市未来发展趋势及对交通的支撑要求;开展道路交通调查与分析,结合区域、城市空间结构及主要交通源的分布,诊断现状道路交通发展存在的主要问题;结合区域协调发展及城市空间结构布局要求,以一体化的道路功能分级体系为基础,确定骨架道路所应连接的主要交通源以及空间布局的原则,研究道路网络结构布局;以城市用地性质、强度、空间结构与道路功能定位的关系分析为基础,制定快速路、干道系统的规划方案;通过交通预测模型对路网规划方案进行总体测试与评价,并根据测试与评价结果,优化调整规划方案。

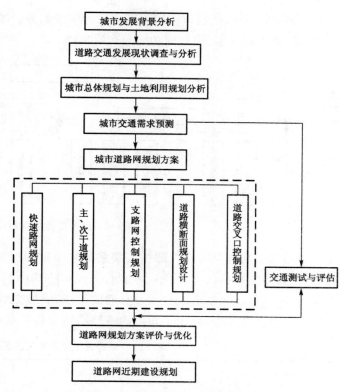

图 9-1 城市道路网络规划主要流程图

城市道路网规划技术分析框架具体分为三个阶段:

(1)准备工作

开展现状调查与资料收集、现状分析与问题诊断,并解读上位规划与相关专项规划,分析城市交通发展趋势。

(2)方案制定

建立城市交通模型,进行交通需求分析和预测,以交通需求为参考,制定城市道路网规划方案,包括道路功能分级体系、快速路系统、骨架路网布局、支路网控制性规划以及道路设施规划等方案。

(3)方案优化

利用交通模型对规划方案进行测试与评价,调整优化方案,并制定路网规划的近期实施方案。

9.2 城市道路功能与分类

9.2.1 道路功能分类指标

城市道路具有城市骨架、交通设施、城市空间、城市景观、市政空间与防灾减灾设施等六大功能(图 9-2),是城市空间不可或缺的组成部分。城市道路功能主要可分为广义道路功能与狭义道路功能,即空间功能与交通功能。

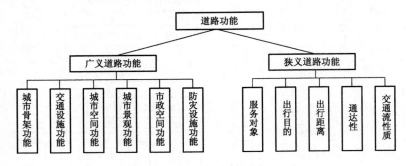

图 9-2　城市道路功能划分

道路网络系统只有在内部相互联系的各要素间形成合理的稳定的组合形态(如总体形态、等级结构和衔接方式等),才能有效发挥道路系统的整体性能。根据城市道路承担交通的本质特性,包括道路在城市交通的地位、承担交通流的出行距离、通过性或集散性、生存性或生活性等等,提出了相应的道路功能分级体系,见表 9-1。

表 9-1　城市道路交通功能关系表[11]

道路等级	快 速 路	主 干 路	次 干 路	支　　路
联系道路交通的区位特征	非相邻组团间及城市对外交通	邻近组团间及与中心组团间交通	组团内部交通	片区内部
功能及特性	高速　交通性　通过性　长距离　可达性弱　隔离性大　兼有货运　交叉口间距大　机动车流量大　不直接为两侧用地服务			低速　生活性　集散性　短距离　可达性强　不需隔离　客运　交叉口间距小　非机动车流量大　直接为两侧用地服务

目前主要依据 1995 年施行的《城市道路交通规划设计规范(GB 50220—95)》(以下简称《规范》)作为指导,结合《道路工程术语标准(GBJ 124—88)》以及各城市的实际情况,将道路分类为快速路、主干道、次干道和支路四类。

快速路主要联系城市各功能片区或组团、快速疏解跨区间长距离大运量机动车流,既提高路网的总体容量和快速疏解能力,又减轻主次干路网的交通压力和交通污染的影响。快速路应尽量保证其交通流的连续性。主干路是交通性道路,承担跨区间中、长距离机动车交通流的输送。城市主干路可以是景观性道路。快速路和主干路共同构成城市交通的主骨架和主动脉,也是城市机动车交通的主通道。

城市次干路的交通功能是为主干路和快速路承担交通分流和集散。因此,次干路兼具交通性和生活性两种主要功能。

支路如同人体的毛细血管,主要为地区或地块的出入交通或通达交通服务。

道路功能分类发展的演变更多地考虑了道路在路网中的地位、交通功能以及沿线建筑物的服务功能等因素。《规范》对各类道路的设计标准、道路两侧用地、交通管理等都提出了具体的要求(表 9-2)。

表 9-2　我国城市道路划分与主要技术指标

道路类别	级　别	设计车速 (km/h)	双向机动车 道数	车道宽度 (m)	分隔带 设置	横断面形式
快速路		60～80	≥4	3.75～4	必须设	双、四幅路
主干道	Ⅰ	50～60	≥4	3.75	应设	单、双、三、四
	Ⅱ	40～50	≥4	3.5～3.75	应设	单、双、三
	Ⅲ	30～40	4	3.5～3.75	可设	单、双、三
次干道	Ⅰ	40～50	≥2	3.5～3.75	可设	单、双、三
	Ⅱ	30～40	2	3.5～3.75	不设	单幅路
	Ⅲ	20～30	2	3.5	不设	单幅路
支路	Ⅰ	30～40	2	3.5	不设	单幅路
	Ⅱ	20～30	2	3.25～3.5	不设	单幅路
	Ⅲ	20	2	3.0～3.5	不设	单幅路

注:除快速路外,每类道路按照所占城市的规模、设计交通量、地形等分为Ⅰ、Ⅱ、Ⅲ级。大城市应采用各类道路中的Ⅰ级标准;中等城市应采用Ⅱ级标准;小城市应采用Ⅲ级标准。

根据道路等级的交通服务功能,规范对道路等级也进行了较为完整的定性规划要求,具体见表 9-3。

表 9-3　道路等级定性规划要求列表

道路类别	规　划　要　求
快速路	(1) 快速路与其他干路构成系统,并与城市对外公路有便捷联系 (2) 机动车道应设中央分隔带,在无信号管制交叉口中央分隔带不设断口,机动车道两侧不应设非机动车道 (3) 与快速路交汇的道路数量应严格控制,快速路与快速路和主干道相交应设置立交 (4) 快速路两侧不应设置公共建筑出入口,并应严格控制路侧带缘石断口 (5) 快速路不应占道机动车停车 (6) 快速路机动车道两侧考虑港湾式公交站点设置
主干道	(1) 主干道上机动车与非机动车应分道行驶,交叉口间分隔带应连续 (2) 主干道两侧不应设置公共建筑出入口,并应严格控制路侧带缘石断口 (3) 主干道断面分配应贯彻机非分流思想,将非机动车逐步引入主干道,支线主干道主要为机动车交通服务 (4) 主干道不应占道机动车停车 (5) 主干道机动车道两侧应考虑港湾式公交站点设置
次干道	(1) 次干道两侧可设置公共建筑物,并也设置机动车与非机动车停车场 (2) 次干道机动车道两侧应设置公交站点和出租车服务站

续表 9-3

道路类别	规 划 要 求
支路	(1) 支路应与次干道和中心商业区、居住区、工业区、市政公用设施用地、交通设施用地等内部道路连接 (2) 支路不能与快速路直接连接,在快速路两侧的支路需要连接时应采用分离式立交 (3) 支路应满足公交线路行驶要求 (4) 在市区建筑容积率大于 4 的地区,支路网密度应为全市平均值的两倍

针对道路功能的交通与服务特性,对城市道路分类及功能也进行了界定:

交通性道路:以满足交通通过性为主要目的,承担城市主要交通流及对外交通联系,特点是车速快、流量大、道路线形平顺、要求避免频繁引入交通吸引源、避免行人频繁过街、与生活性用地合理隔离。

生活性道路:以满足城市生活性交通要求为主要目的,以步行和自行车交通为主、道路两侧多布置生活服务性质建筑、有良好的公共交通服务条件。

9.2.2 道路分级与功能分析

城市用地特征决定了交通需求的强度,城市空间格局决定了交通需求的分布。城市道路功能除交通功能外,还有城市土地利用的区划功能。城市道路功能分类应充分认识城市道路的影响因素(图 9-3)。

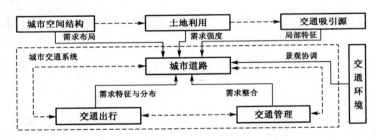

图 9-3 城市道路功能分类影响因素与相互关系

基于目前将城市道路分为快速路、主干道、次干道、支路的分类方法,针对城市道路分级影响因素和分级要素,提出将城市道路划分为 4 级 8 类:快速路Ⅰ、快速路Ⅱ、主干道Ⅲ、主干道Ⅳ、次干道Ⅴ、次干道Ⅵ、支路Ⅶ、支路Ⅷ,具体见表 9-4。

表 9-4 城市道路功能分级分类表

功能分级	快 速 路	主 干 道	次 干 道	支 路
Ⅰ	城市对外联络通道			
Ⅱ	城市组团间联络通道			
Ⅲ		组团间辅助通道、城市交通走廊		
Ⅳ		组团内部主要骨架道路		

功能分级	快 速 路	主 干 道	次 干 道	支 路
V			部分快速路与主干路的集散道路	
VI			城市生活性道路、疏散道路	
VII				出入与联系道路,次干路联络道路
VIII				特殊道路或街巷内部道路

"4 级 8 类"的城市道路分级体系,见表 9-5,全面覆盖了城市道路类型,共同支撑着城市道路交通网络,其中快速路 I、快速路 II、主干道 III、主干道 IV 构成了城市干道网,是城市格局的主骨架;次干道 V、次干道 VI 起着衔接骨架路网与下一级支路之间的集散交通,承接城市快慢交通的转换与集散;支路 VII、支路 VIII 构成了城市小区内部的集散交通,承担了城市交通出行起终点的转换。各级道路相互独立、相互衔接,承担各自道路功能,共同支撑城市交通与城市活动,实现城市活动的有序运转。

表 9-5　城市道路分类与功能对应关系

道 路 分 级	道 路 分 类	道 路 功 能
快速路	I	城市对外、长距离交通联系
	II	城市组团间快速、中长距离交通联系
主干道	III	城市内部、组团之间中长距离交通联系
	IV	城市组团内部交通联系
次干道	V	城市组团间快速路与主干路衔接及内外部交通集散
	VI	城市组团内部道路衔接与交通集散
支 路	VII	出入集散交通,次干路联络道路
	VIII	内部联系道路

9.2.3　城市道路功能分级配置体系

1) 城市道路分级依据

以《规范》的四级道路分级体系为基准,保持城市道路等级划分的延续性,借鉴国内外相关规范所提出的分级依据,面向道路的使用性能,体现"公交优先",从规划、设计、使用一体化的角度提出城市道路分级依据,见表 9-6。

(1)公交优先

道路功能等级划分及分级配置都需考虑公交优先。公共交通在各类道路上都应体现一定的优先权,提高公交可达性,保证道路在使用管理上对公共交通优先。

表9-6 城市道路分级配置表

	分项	快速路		主干路		次干路		支路	
		I	II	III	IV	V	VI	VII	VIII
规划	道路性质	城市对外联络通道	组团之间联络通道、城市交通敏感区的保护壳	组团之间的辅助通道、城市交通走廊	组团内部主要骨架道路	部分快速路与主干路的集散道路	城市生活性道路、流散道路	出入与联系道路、次干路联络道路	特殊道路或街巷、内部道路
	交通流性质	长距离交通、机动化交通、连续		中长距离交通、机动化交通为主、连续		中短距离、机动化交通、不连续	中短距交通、机动非共用、不连续	短距离、非机动交通为主	
	道路里程比例(%)	5~10		15~20		20~25		55~60	
	承担交通流比例	30~50		25~40		20~30		10~15	
	道路间距(m)	5 000~8 000		1 600~2 500		350~650		150~250	
	车辆使用控制	限制自行车、摩托车，可通高速公交，主要为各类机动车服务		限制自行车，主要供小汽车、公交车使用		限制过境车辆使用，主要供小汽车、公交车使用	限制过境车辆使用，可使用自行车，公交车使用	限制过境车辆，部分限制机动车使用	
设计	设计车速(km/h)	80	60	60	50	40	30	30	
	道路分隔形式	封闭，中央分隔带	中央分隔带	中央分隔带	中央分隔带或划线分隔	快慢分隔		不分隔	
	道路红线	50~60	50~60	50~60	40~50	30~40	24~40	24	6~20
	双向机动车道数	6、8	6、8	6、8	6、8	4、6	2~6	2、4	2、3
	自行车道形式	无		与人行道共板	与人行道共板、局部独立	与人行道共板、局部独立	划线分隔或独立	机非合用	独立或机非合用
	道路断面形式	两幅路	两幅路或四幅路	两幅、四幅路	两幅、三幅路	三幅路	一幅路、三幅路	一幅路	
使用	道路接入	禁止		禁止	严格控制	控制	可接入	可接入	
	路边停车	—		禁止	禁止	禁止	短时停车	允许	允许
	公交线路设置	公交快线		主干干线路	主干线路与少量区域内部线	主干线路与区域内部线路		公交支线	
	公交站形式	不设站		港湾站	港湾站	港湾站	路抛站	路抛站	路抛站
	出租车扬招	—		禁止	禁止	禁止	允许	允许	允许
	两侧用地开发	很低		低	低	中	中~高	高	高

（2）整体协同与落实规划功能

贯彻道路规划、设计、建设、管理四者结合的"四位一体"思想，规划阶段所确定的道路功能和等级，需要通过制定相应的设计标准以及使用管理进行强化与保证。快速路应保证机动车快速通行，主干道机动车优先同时考虑非机动车和行人的通行，次干路考虑机动车与非机动车并重，支路则需充分考虑慢行交通需求。

（3）区域差别

区分旧城道路改造与新区新建道路间不同的交通特性。考虑旧城与新区土地开发模式、限制条件完全不同，道路服务对象、服务水平及建设标准等都应存在着一定的差异。

2）公交导向的城市道路分级配置体系

城市道路与公交线路之间的协调点是城市道路设施，从城市道路分级与公交线路分级进行整合出发，进一步优化城市道路功能分级，在合理配置道路资源的同时更好地落实公交优先。

9.3　道路网规划技术指标

9.3.1　路网规模指标

道路网规模指标对指导城市道路网络规划、进行道路建设水平评价具有重要作用。现行《规范》中所提的表示城市道路网建设水平指标包括路网密度、道路面积率、干道网密度等，并提出了不同规模城市关于这些指标的标准推荐值。

1）路网规模指标相关性

城市道路网规划指标之间存在一些相互影响、相互作用的关系，如图 9-4 所示。

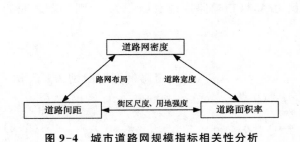

图 9-4　城市道路网规模指标相关性分析

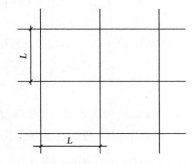

图 9-5　道路间距与路网密度的关系

（1）道路间距与路网密度的相关性

《规范》制定过程中考虑通过加密路网可以更好地解决城市交通问题，提出城市道路"小间距、高密度"规划的观点；但在规范推荐的道路网密度中没有得到落实。许多城市的旧城道路网布局多为方格网形，可以推算路网密度与道路间距之间存在的关系，见图 9-5。

计算围合区域的路网密度，边缘的道路是两个小区所共有，按照一半的长度进行折算，则路网总长度为 $8L$，围合区域的总面积为 $2L \times 2L = 4L^2$，按式（9-1）计算得到：

$$\omega = \frac{8L}{4L^2} = \frac{2}{L} \tag{9-1}$$

式中：ω——i 级道路的路网密度（km/km^2）；

L——i 级道路的道路间距（km）。

按照这种关系对现行规范所提出的大中城市路网密度指标计算道路间距，得表 9-7。

**表 9-7 根据《城市道路交通规划设计规范》(GB 50220—95)建议
大中城市路网密度得出的不同等级道路的路网间距**

道路级别	主干路	次干路	支路	干路合计	主次支合计
建议路网密度（km/km^2）	0.8～1.2	1.2～1.4	3.0～4.0	2.0～2.6	5.0～6.6
道路间距(m)	1 600～2 500	1 400～1 600	500～600	770～1 000	300～400

注：根据规范要求的路网密度，按照方格网道路进行推算可以得出不同等级道路的路网间距。上述计算假定在方格网道路情况下，如果路网形式不同，区位不同路网间距应当有所不同。

以 200 万人口以上的城市为例，参照《规范》规定的道路密度折算，主干路的道路间距为 1 600～2 500 m，大于城市规划中 700～1 200 m 的间距控制指标；次干路的道路间距为 1 400～1 600 m，考虑与主干路的关系，则道路间距为 770～1 000 m，明显大于城市规划中 350～600 m 的间距控制标准。

《规范》所提的指标与规划所要达到的目标之间存在偏差，直接导致城市规划中确定道路网骨架的依据与交通规划者所遵循的道路网密度等评价指标难以协调；同时，依据《规范》推荐值，主次干路的间距 770～1 000 m 远大于公交站点布设的最佳站距，实施公交优先、提高公交服务水平等目标难以实现。

(2) 道路面积率与路网密度的相关性

路网密度与道路面积率是线与面的关系，两者之间通过道路红线宽度进行衔接、存在定量的对应关系。

设道路面积率为 λ，城市建设用地面积为 A，城市道路用地总面积为 S，则三者之间的关系可以表示为式(9-2)：

$$S = A \cdot \lambda \tag{9-2}$$

设城市道路网密度为 x，道路级配为 $\alpha_1 : \alpha_2 : \alpha_3 : \alpha_4$，各级道路的宽度分别为 d_1、d_2、d_3、d_4，则城市道路网的总长度 L 可表示为式(9-3)：

$$L = A \cdot x \tag{9-3}$$

城市道路用地总面积 S 可表示为式(9-4)：

$$S = L \cdot d = \frac{Ax}{\alpha_1 + \alpha_2 + \alpha_3 + \alpha_4}(\alpha_1 d_1 + \alpha_2 d_2 + \alpha_3 d_3 + \alpha_4 d_4) \tag{9-4}$$

式(9-2)与式(9-4)联立，可得道路面积率与路网密度之间的关系表示为式(9-5)：

$$\lambda = \frac{x}{\alpha_1 + \alpha_2 + \alpha_3 + \alpha_4}(\alpha_1 d_1 + \alpha_2 d_2 + \alpha_3 d_3 + \alpha_4 d_4) \tag{9-5}$$

《规范》所推荐的道路网密度与道路面积率之间存在一些冲突。当前各大城市总体规划中确定的快速路或主干路的红线宽度都明显超过了《规范》推荐的道路宽度,因此在总量上难以有效的进行平衡。以一个建设用地面积为 100 km^2 的大城市为例,各级道路密度都按规范推荐取值,快速路红线 60 m,主干路红线 40～60 m,次干路 30～40 m,支路 24 m,计算得到城市道路面积为 15.8～24.8 km^2,道路面积率为 15.8%～24.8%,超过了《规范》推荐的 8%～15%。若单纯调整道路面积率,还需要考虑城市整体用地平衡。

2) 道路面积率

道路面积率是指城市道路用地面积(包括道路面积、交通广场、停车场和其它道路交通设施用地,不包括居住区内部及大院内部道路)与城市用地面积之比。它是城市道路宽度和密度的综合指标,是城市道路网规划的一个重要技术指标。影响城市道路面积率的主要因素有远景预测车流量、街道绿化规划、各种地下管线在道路内综合布置的要求、街道日照的要求、街道景观的要求等方面。

很多机动化程度较高的欧美城市二十年前道路面积率就已经稳定在 20% 以上,在道路网布局方面,这些城市基本上都采用了"窄而密"的布局模式。如纽约曼哈顿岛道路面积率高达 35%,华盛顿市区道路面积率高达 43%。高的道路面积率可缓解城市交通堵塞。道路面积率越高,道路相对越多,便可以满足车辆的行驶需求,交通堵塞自然会减少。过高的道路面积率也会不利于城市的环境的建设。高的道路面积率引起交叉口增多,潜在引起交通堵塞,道路面积过高,城市绿化面积就会减少。

图 9-6 列出了一些城市道路面积率。《规范》的推荐指标:城市道路用地面积应占城市建设用地面积的 8%～15%,对规划人口 200 万以上的城市,宜为 15%～20%。规划城市人口人均占有道路用地面积宜为 7～15 m^2,其中:道路用地面积宜为 6.0～13.5 m^2/人,广场面积宜为 0.2～0.5 m^2/人,公共停车场面积宜为 0.8～1.0 m^2/人。但因各种因素很多城市达不到这一标准。

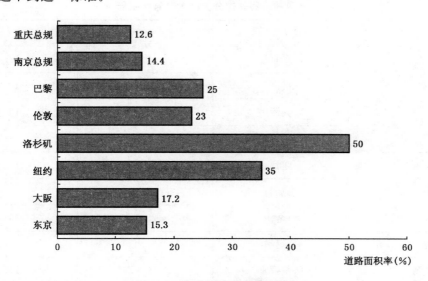

图 9-6　各大城市道路面积率

随着城市用地开发强度的提高、机动化出行需求的加大、混合用地开发趋势的明朗等,笔者认为需要对《规范》要求进行调整,建议大城市宜为15%~20%,特大城市道路面积率可提高到25%左右,但道路面积率不宜超过30%,以免造成资源浪费或城市用地的不平衡。

3）道路网密度

道路网密度是指城市统计区域内道路总长度与统计区域用地面积的比值,主要有平均道路网密度和总道路网密度(简称道路网密度)。平均道路网密度是指各级道路长度与城市用地面积的比值。确定道路网密度指标的依据主要是道路网总体布局、是否需要组织单行线、居住区的规模和安排、道路交通自动化控制的要求、公交线网密度、原有道路网状况。

美国 AASHTO(American Association of State Highway and Transportation Officials)推荐的城镇干路网密度为2.5~5.0 km/km²,城镇道路网总密度为10~15 km/km²,其城市道路网密度和面积率很高,一般都超过了10 km/km²,详见表9-8。如东京都23区路网密度高达18.8 km/km²,名古屋市区路网密度高达18.4 km/km²。日本这些城市的道路网密度指标约为《规范》推荐值的2~3倍。主要原因有:这些城市在资本原始积累阶段进行建设时,为提高土地利用价值,往往通过增加道路网密度来增加临街店铺面积,这样城市的道路间距很小,城市街道网形成的用地单元仅适合布置单体建筑;道路一般不设置非机动车道,并且人行道普遍较窄,所以国内城市道路要比他们同类型的道路宽十多米,即使在同样道路面积率的情况下,国内城市道路网密度要比国外城市低很多;大多国外城市在旧城区改造过程中特别注重支路街巷,尤其是保留连续性、系统性的街巷,所以国外把5~7 m的道路计入城市道路;城市内部军区、院校、医院、机关等大院较少,并且把居住区的道路也计入了城市道路。

表9-8　国外部分大城市道路网指标

国　家	城　市	人均道路面积(m²/人)	路网密度(km/km²)
日　本	东京	10.3	18.4
	横滨	15.5	19.2
	大阪	14.2	18.1
	名古屋	22.8	18.1
美　国	纽约	28.3	13.1
	芝加哥	45.9	18.6
	旧金山	25.3	36.2
德　国	慕尼黑	13.4	6.99
西班牙	巴塞罗那	8.8	11.2
奥地利	维也纳	26	6.28

现状大中城市的道路网密度普遍较低（见表 9-9），总密度达不到国标规定的低限 5.4 km/km²。造成城市现状道路网密度极低的重要原因有：城市道路网缺乏支路一级道路；城市干道尤其是次干道尚未完全发育；统计口径较小，即现行城市道路统计方法未将居民区、大院内道路及宽度不足 12 m 的道路统计入城市道路。

表 9-9　我国部分城市的道路网指标

| 城市 | 年份 | 各级道路密度（km/km²） | | | | | 道路网密度 |
		快速路	主干路	次干路	支　路	道路级配	
南京	2005	0.3	0.8	0.7	0.72	0.38 : 1 : 0.88 : 0.89	2.52
镇江	2007	—	1.07	0.48	0.56	1 : 0.45 : 0.52	2.11
无锡	2007	0.05	1.00	1.09	2.51	0.05 : 1 : 1.09 : 2.51	4.65
苏州	2005	0.3	0.7	0.8	1.14	0.47 : 1 : 1.13 : 1.63	3.30
扬州	2007	—	0.67	1.18	1.17	1 : 1.76 : 1.75	3.02
滁州	2008	—	1.613	1.118	0.608	1 : 0.67 : 0.37	3.34
连云港	2006	—	1.58	1.39	1.05	1 : 0.88 : 0.66	4.02
常熟	2007	—	0.85	0.80	1.14	1 : 0.94 : 1.34	2.79
昆山	2005	—	1.16	0.96	1.53	1 : 0.83 : 1.32	3.65
武进	2010	0.20	0.95	0.68	0.68	1 : 4.8 : 3.4 : 3.4	2.51
福州	2009	0.25	1.19	0.83	1.61	0.21 : 1 : 0.7 : 1.35	3.88
石家庄	2007	—	1.85	1.61	1.27	1 : 0.87 : 0.69	4.73

注：数据来源于各城市综合交通规划研究报告。

高密度道路网有利于形成连续的步行与机动车分流系统，营造祥和安全的步行气氛和提高机动车的运行速度。高密度道路网有利于组织单向交通，减少交叉口的数目及交通复杂度；有利于分流干道交通压力，使交通流均衡分布在整个道路网；还有利于次要道路在机动车非高峰时间为机动车路边临时停车创造条件。高道路面积率可缓解城市交通拥堵，但是过高的道路面积率不利于城市环境建设。因此，对路网规模的确定需结合城市具体情况确定。

确定路网的合理密度本质上是一种建立城市最佳路网的途径。在"人—车—路"的关系中，依托"路"计算能容纳的"车"，以满足和达到为"人"服务的目的。即以运送人和货物为目的的机动化交通为媒介，通过城市机动化客货运交通需求与道路设施提供的机动化通行能力匹配程度得到城市道路网密度的合理推荐值。笔者采用交通总体供求平衡方法，考虑整个城市范围内平衡土地利用、公共交通与道路网相互之间的定量关系，计算确定"公交优先"战略实施过程下基于未来特征年交通需求的合理路网规模。

（1）城市交通需求预测

城市未来的道路资源与轨道资源有限，而城市交通需求又占用了一定的时间与空间。因此，相对于城市交通需求量（人次或 pcu）来说，城市交通需求周转量对分析城市道路的需求供给状况更有意义，在进行交通需求预测过程中需要加入机动车出行距离的影响。

考虑到未来城市机动化发展趋势的影响,主要考虑城市中的机动车交通周转量,而不考虑自行车与行人的影响。

① 城市客运周转量预测

城市客运交通预测分为城市居民出行预测、城市流动人口出行预测、城市对外及过境客运交通预测三部分。在城市客运需求预测的过程中考虑机动化出行的比例与居民平均机动化出行距离的影响,得到城市未来的客运周转量。

市内交通周转量的计算公式见式(9-6):

$$D_{内} = \sum_{i=1}^{n} E f_i d_i \tag{9-6}$$

式中:$D_{内}$——市内客运交通周转量((万人·km)/d);

E——城市居民、流动人口的出行量(人次/d);

f_i——采用第 i 种机动化交通方式的出行量占出行总量的比例(%),一般直接分为公共交通与小汽车交通;

d_i——采用第 i 种交通方式的机动化出行距离(km)。

以 2020 年镇江市的客运需求预测为例,居民出行总量为 446.68 万人次/d;流动人口出行总量为 66.16 万人次/d;出行总量为 512 万人次/d;结合居民与流动人口的出行方式比例以及人均机动化出行距离,确定城市内部未来客运交通需求周转量为 2 785(万人·km)/d。

出入境与过境交通需求的计算公式见式(9-7):

$$D_{外} = W d_1 + G d_2 \tag{9-7}$$

式中:$D_{外}$——对外及过境交通需求((万人·km)/d);

W——城市对外客运量(万人/d);

G——城市过境客运量(万人/d);

d_1——城市出入境客运量在城市范围内的平均出行距离(km);

d_2——城市过境客运量在城市范围内的平均出行距离(km)。

依据现状出入境与过境客运量和预测的客运增长率,预测镇江市的出入境客运量为 45.3 万人次/d、过境客运量为 57.1 万人次/d;结合出入境客运与过境客运在镇江市区范围内的平均出行距离,考虑城市范围向外扩张等因素影响,取机动化出行距离分别为 15 km、18 km,得到城市出入境客运的机动化出行总量为 680(万人·km)/d、过境客运的机动化出行总量为 1 028(万人·km)/d。

将内部客运需求、对外客运需求、过境客运需求总量累加,得到未来客运出行需求总量见表 9-10。

表 9-10　2020 年客运交通出行总量　　　　　　单位:(万人·km)/d

	内部客运周转量	出入境客运周转量	过境客运周转量
机动化出行总量	2 785	680	1 028
总　量	4 493		

② 城市货运周转量预测

城市货运交通预测分为城市内部货运交通需求预测、城市出入境货运交通需求预测、城市过境货运交通预测三部分。在城市货运需求预测过程中考虑货运出行距离的影响，得到城市未来的货运周转量。

城市内部货运需求预测根据城市用地与货运量之间的关系模型计算，推到各个交通小区之间的发生量和吸引量模式，通过车型结构与载重进行折算，结合现状调查数据得到城市未来内部货运车辆出行距离，推算城市内部货运周转量。

城市出入境与过境货运交通需求预测以调查数据为基础，预测货运增长率，结合城市发展所影响的货运车辆出行距离，推算城市未来出入境与过境的货运周转量。

将内部货运需求、对外货运需求、过境货运需求总量累加，得到未来货运出行需求总量见表 9-11。

表 9-11　2020 年镇江市货运交通出行总量　　　单位：(万 pcu·km)/d

	内部货运周转量	出入境货运周转量	过境货运周转量
机动化出行总量	102	42	128
总　　量	272		

③ 城市交通需求总量

城市交通总需求是城市未来年客运交通需求量与货运交通需求量的汇总，镇江市 2020 年城市交通需求总量汇总如表 9-12。

表 9-12　镇江市客、货运交通需求总量

需求类表	单　　位	2020 年交通需求总量
客运需求总量（周转量）	（万人·km)/d	4 493
货运需求总量（周转量）	（万 pcu·km)/d	272

(2) 轨道交通最大供给水平预测

① 城市轨道交通线网的合理规模

采用轨道交通未来承担的交通需求来推算网络规模，对于轨道交通线网合理规模的分析详见第 10 章城市轨道交通线网规划。本节主要采用服务水平法测算城市轨道交通线网规模。该方法主要类比其他轨道交通系统发展比较成熟的城市的线网密度来确定线网合理规模。轨道线网密度反映了轨道的覆盖面，世界上部分城市的轨道网络密度见图 9-7。

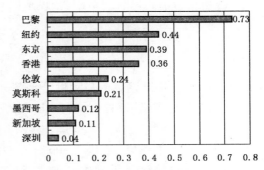

图 9-7　国内外部分城市的轨道网络密度（km/km²）

从城市规模、带状形态出发，确定城市每平方公里的轨道线网里程在 0.15～0.25 km 之间。镇江市近期城市建设用地规模约为 210 km²，远期用地扩建有限，确定城市远期的规划用地范围为 310 km²，据此可以推算镇江市远期轨道网络合理规模约为 60～80 km。考虑到轨道交通建设年限的影响，近期镇

江市轨道交通建设里程为 18 km。

② 轨道交通负荷强度的确定

轨道负荷强度是指轨道每日每公里平均承担的客运量,它是反映轨道网络运营效率和经济效益的重要指标。世界上部分城市的轨道负荷强度见图 9-8。

由图 9-8 可知,欧美城市的轨道负荷强度大多小于 1.6 万人次/(km·d);亚洲城市的轨道负荷强度大都在 1.4~3.2 万人次/(km·d)之间。

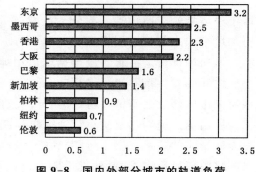

图 9-8 国内外部分城市的轨道负荷强度(万人次/(km·d))

参考国内外轨道建设,结合镇江城市的实际状况,采用以轻轨方式为主。确定镇江的轨道交通客流强度为 1.5~2.0 万人次/(km·d)。建设的初期城市轨道交通的吸引强度不足,2020 年轨道交通的客流强度应调整为 1.0~1.5 万人次/(km·d)。

③ 轨道设施的最大供给水平

由轨道网络的合理发展规模及轨道负荷强度,通过公式 9-8 推算城市未来轨道设施的最大供给水平。

$$C_R = L_R \cdot B_R \cdot D \tag{9-8}$$

式中:C_R——轨道设施的最大供给水平((万人·km)/d);

L_R——轨道网络规模(km);

B_R——轨道负荷强度(万人次/(km·d));

D——人员乘轨道出行的平均出行距离(km)。

通过公式 9-8 计算,镇江市未来轨道交通设施的最大供给水平为 270(万人·km)/d。

(3) 道路设施的最大供给水平预测

分析城市道路网合理级配,预设道路总里程为 A,计算道路交通设施供给水平。

$$C_H = \frac{\left(\sum_i L_i \cdot N_i \cdot C_i\right) \cdot \gamma}{P} \tag{9-9}$$

式中:C_H——道路设施的最大供给水平((万 pcu·km)/d);

L_i——i 等级道路的总里程(km);

N_i——i 等级道路的平均车道数;

C_i——i 等级道路的单车道通行能力(pcu/h);

γ——道路综合利用系数,取 0.5;

P——高峰小时系数,取 0.1。

由上述公式所得的结果为城市道路设施所能提供的最大供给水平,用于承担城市大部分的客运量与所有的货运量。

(4) 交通供求平衡分析

① 城市客运需求中需要减去轨道交通设施承担的量,得到城市道路设施需要承担的

客运周转量。

② 由城市未来特征年的交通方式结构,主要是考虑公共交通与小汽车的分担量,计算剩余的客运周转量需要多少的道路设施来承担。

③ 城市货运需求要全部由道路设施承担,汇总城市客货运需求量,可得到城市未来特征年必须供给的道路设施水平(万 km/d)。

④ 结合上述道路设施最大供给水平进行平衡,得出城市未来特征年所需要的道路设施总量,并结合城市建设用地计算城市未来各级道路网的密度。

按照《规范》推荐值得到镇江市道路网总体供应能力为 1 954(万 veh·km)/d,大于满足 2020 年城市交通所需的 1 314(万 veh·km)/d,因此根据《规范》推荐值构建的路网可以满足镇江未来二十年的交通发展需求。

目前中小城市建设轨道交通的可行性较小,只有少数经济发达地区正在规划轨道交通,对于中小城市道路设施供给水平的分析不考虑轨道交通的影响。但是中小城市非机动化出行比例较高,因此,利用交通供需平衡方法计算道路设施供给水平时必须考虑非机动化出行需求。

以现行《规范》推荐值作为基准,分析路网规模与城市交通需求的适应性,分析结果如表 9-13。

表 9-13　道路网规模与城市未来交通需求适应性

城　　　市	深　圳	沈　阳	镇　江	马鞍山
特征年	2 030	2 020	2 020	2 020
道路设施供给量 ((万 pcu·km)/d)	7 445	4 635	1 954	843
道路设施需求量 ((万 pcu·km)/d)	12 773	4 423	1 334	402
匹配度	0.58	1.05	1.46	2.10
评价结论	无法适应	可靠性差	适应	运行良好

结果表明,《规范》所提出的道路网密度推荐值在未来一段时间内(20 年左右)可以适应一般大城市交通发展的需求,但对特大城市的适应性与可靠性均较差;考虑目前各大城市均处于城市化高速发展期,城市规模将有进一步扩大的趋势,因此现行指标对未来的适应性需要考虑。

城市干道网一旦成形,在城市道路沿线用地逐步成熟之后,路网继续扩容的空间极其有限,考虑到城市未来交通需求发展的随机性与不可预知性,且考虑到公共交通发展需求,有必要适当提高大城市尤其是特大城市道路网密度的推荐值。

路网密度的提高还需要考虑城市总体用地平衡、交通需求管理等因素的影响,在未来 20 年机动化逐步发展成熟之后,交通需求增长的幅度有限,交通需求总量的限制将影响交通设施的供给量。

考虑现行规范指标对四个城市进行测试之后的结果,提出城市各级路网密度与道路间距推荐值如表 9-14。

表 9-14　城市各级路网密度与道路间距推荐值

城市规模（万人）	道路级别	快速路	主干路	次干路	支路	干路合计
>50	路网密度（km/km²）	0.4～0.6	1.2～1.4	1.4～1.8	4～5	2.6～3.2
	道路间距(m)	3 500～5 000	1 100～1 400	700～1 200	250～400	550～650
<50	路网密度（km/km²）	—	1.4～1.6	2.2～2.4	5～6	2.6～4.0
	道路间距(m)	—	800～1 100	600～750	150～250	450～600

9.3.2　路网等级结构

　　道路网络等级结构是否合理，直接影响路网功能的发挥，进而影响着城市交通系统的总体容量。城市道路网所具备的合理级配，应该能够保证道路交通流由低一级向高一级有序汇集，并由高一级道路向低一级道路有序疏散，如图 9-9，从而通过不同等级道路交叉口间距的控制及不同出行距离交通的分流来提高道路网运转效率。

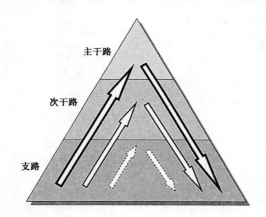

图 9-9　合理道路级配的金字塔状示意图

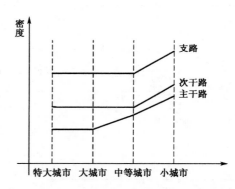

图 9-10　各级道路密度随城市规模变化图

　　通过指标组成演变进一步分析，城市规模不同，指标组成有差异。由于城市规模越小，人的平均出行距离也越短，对低等级道路的需求也越大。因此，各级道路（除快速路）密度均随城市规模的减小而增大，快速路是特例，如图 9-10。

　　大城市、带状城市或组团式城市具备建设快速路的前提条件，而中小城市只有通过加大干路密度，才能疏导那部分大城市、带状城市、组团式城市可以通过快速路疏导的过境交通及组团间交通。因此，中小城市干路密度应大于大城市，且增幅大于支路密度的增幅，如图 9-11，干路和支路长度比例随城市规模减小而增大。200 万人口以

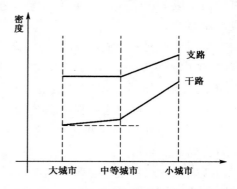

图 9-11　干、支道路密度随城市规模变化图

上的城市、200万人口以下的城市、20～50万人口的城市和20万人口以下的城市的干支比例分别达到1：1.52、1：1.52、1：1.46和1：1.14。《规范》中道路密度的参照标准严格考虑了城市规模对各级道路需求的影响。

多数城市路网级配不合理，由干路到支路基本成由高到低的趋势，路网结构出现倒"三角"、"纺锤形"，而不是"金字塔"形，如表9-9所示。

合理的道路网等级比重类似金字塔，各等级道路要匹配形成完善的道路网体系，低等级的次干道和支路所占比重就要相应较大。图9-12的值可供参考。

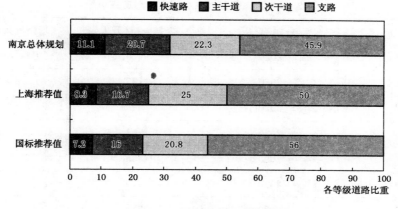

图9-12　各城市道路比重图

《规范》城市道路分级的同时对级配组成也进行了相应的规定。国内外道路规划方面的规范不约而同的规定以金字塔状作为城市道路级配的基本特征。根据《规范》给定的各级道路密度，可以大致推算出道路等级级配比例，见表9-15。200万人口以上的城市道路级配约为快速路：主干路：次干路：支路=1：2：3：8；50～200万人口的城市道路级配约为快速路：主干路：次干路：支路=1：3：4：10；20～50万人口的城市道路级配约为主干路：次干路：支路=1：1：3；20万人口以下的城市道路级配约为干路：支路=1：1。

表9-15　规范规定的不同规模城市道路网密度及级配比例

城市规模（万人）	道路密度（km/km²）				道路级配
	快速路	主干路	次干路	支路	
＞200	0.4～0.5	0.8～1.2	1.2～1.4	3～4	1：2：3：7.5
					1：2.4：2.8：8
50～200	0.3～0.4	0.8～1.2	1.2～1.4	3～4	1：2.7：4：10
					1：3：3.5：10
20～50	—	1.0～1.2	1.2～1.4	3～4	1：1.2：3
					1：1.2：2.5
5～20	—	3～4		3～5	1：1
					1：1.3

注：同一城市规模下的道路级配上行为低密度下的级配，下行为高密度下的级配。

笔者认为 50 万人口以上的城市的路网等级结构:快速路、主干路、次干路、支路长度比例约为 1∶2∶3∶6~7,次干路、支路里程应占城市规划道路总长的 70%以上。50 万人口以下的城市路网等级结构:主干路、次干路、支路长度比例约为 1∶2∶6,支路里程最低应占城市规划道路总长的 60%以上。

由于长期的历史发展、城市形态结构及具体特征不同,规划过程中应采取弹性机制,不一定完全按照推荐值执行。许多城市在路网规划过程中也突破了《规范》的限制,灵活确定路网等级结构,见表 9-16。

表 9-16　我国部分大中小城市规划道路级配

城　市	规 划 年 限	规划人口(万人)	道路网规划级配
马鞍山	2020	120	1∶3∶4∶6
镇江	2020	105	1∶2.9∶3.0∶7.7
滁州	2020	95	1∶4∶5∶8
青岛	2020	505	1∶2.3∶2.6∶6
无锡	2020	465	1∶2∶3∶7
常州	2020	260	1∶2∶3∶7
徐州	2020	220	1∶2∶3∶8
连云港	2030	200	1∶3∶4∶10
海口	2020	175	1∶3∶4∶7
昆山	2020	165	1∶3∶4∶9
威海	2020	145	1∶3∶4∶7
扬州	2020	124	1∶2∶2.5∶6
淮安	2020	120	1∶3∶5∶6
常熟	2020	82	1∶4∶5∶15
江阴	2020	42.8	1∶1.2∶3

注:数据来源于各城市综合交通规划研究报告。

9.4　分区路网指标

9.4.1　城市用地类型与功能分区

城市功能分区的形成主要是由于同一种土地利用方式对用地空间和位置需求相同,导致同一类活动在城市空间上的聚集,从而形成各种功能区。要保证城市各项活动的正常进行,必须把各功能区的位置安排得当,既保持相互联系,又避免相互干扰。各功能片区之间应有便捷的交通联系。要保证居住区、城市的行政文化中心及其他大型公共活动

中心、工业区和火车站、港口码头、飞
机场之间有便捷的交通联系；同时，又
要尽量避免居住区和城市中心区被铁
路分割。图9-13 是某城市规划功能
分区结构图。

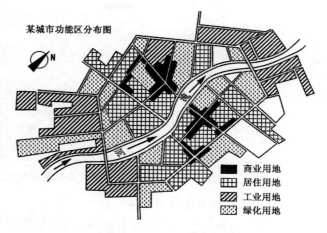

某城市功能区分布图

商业用地
居住用地
工业用地
绿化用地

图 9-13　某城市功能分区结构图

考虑大规模产业集中布置和基础
设施建设成本上的要求，通常将城市
功能集中布置，不同性质用地在空间
上相互分离。目前功能分区比较集中
的主要有商业区、工业区和居住区。
在功能分区条件下，工业区主要集中
布置在城市的远郊地区，商业区则聚
集在城市中心区，居住区分布在工业
区和商业区中间，从而形成了商业—居住—工业的由内而外的功能性显著的用地模式。
规划师和政府决策者逐渐认识到功能分区的弊病，要保证城市各项活动的正常进行，必须
通过用地性质的调整，合理调控各功能区之间的交通需求，减少不必要的交通出行。因
此，在原来的功能分区思路上提出了改善措施，在保证分区主体功能的前提下，适度规划
其它功能，如在工业分区内适当安排部分居住和商贸用地。

9.4.2　中心区道路网密度

城市中心区道路网主要结合用地布局、建筑规模等进行组织，不同的中心区模式有不
同的交通体系，但限于空间轮廓和建筑机理的缘故，道路网多呈规整的方格网形。公交线
路的布设与组织需要规整的路网为基础，即道路网密度应能支持相应公交规划指标的实
现。传统的中心区主要以老城为基础发展起来，路网格局基本定型，在土地资源稀缺的条
件下，很难增加路网规模。因此，基于公交优先战略实施，确定公交优先所需的路网密度，
指导中心区路网设施利用的优化和管理。

1）道路网密度影响因素

城市道路网密度是道路设施供给水平的体现，合理的道路网密度对应一定阶段道路
交通需求。道路交通设施规模涉及城市不同层面的发展需求，包括城市用地布局、综合交
通网络结构、运输系统构成以及交通管理等，不同层面对路网的影响和决定作用不同。道
路网系统是中心区的重要组成部分，而由于中心区本身地位和功能的复杂性，导致道路网
密度的影响因素较为复杂。笔者从系统设计、交通设施、运输组织和交通管理四个层面归
纳分析了中心区道路网密度的影响因素，如图 9-14 所示。

合理的交通运输结构是土地资源稀缺的中心区可持续发展的关键因素。对于缓解
交通拥堵和节能减排，公共交通都具有较为明显的优势。提供完善的公共交通系统是
中心区交通发展的重点。因此，公共交通线网布局也是中心区道路网密度的重要影响
因素。

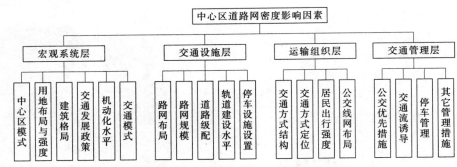

图 9-14　中心区道路网密度影响因素

2）公共交通与道路网关系

公交线路依附于道路网而存在,协调公交规划与城市道路网规划需要以统一的道路网规划标准为载体,公交优先发展中所提出的道路设施建设标准与规模需求是确定公交优先下城市道路网合理密度和间距的基础,见图 9-15。

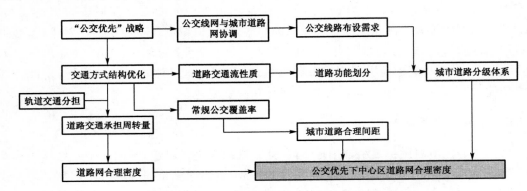

图 9-15　公交优先下道路网与公共交通的关系

3）公交线网布设对道路网密度的要求

"公交优先"战略提出了公交分担率目标与常规公交站点覆盖率目标,中心区应适当提高,这将影响道路交通流分担比例与城市道路间距、各级道路衔接情况等,因此对道路网密度与各级道路间距均有影响。

（1）基于公交站点覆盖率的道路间距

公交站点覆盖率是衡量公共交通服务水平的重要指标,见图 9-16,《建设部关于优先发展城市公共交通的意见(建城[2004]38 号)》提出公共交通站点覆盖率按 300 m 半径计算,建成区大于 50%,中心区大于 70% 的要求;公共交通站点覆盖率按 500 m 半径计算,建成区大于 90%。

因此,选取中心区公交站点 300 m 覆盖率大于 70%、500 m 站点覆盖率 100% 作为中心区公共交通线

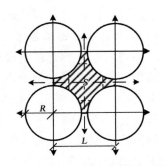

图 9-16　公交站点覆盖率示意图

图中:

R——公交站点覆盖半径,取 300 m 或 500 m;

L——道路间距(m);

S——某种公交站点覆盖半径下未能覆盖的面积(m^2)。

路配置的基本要求。

结合公交线网分布,在对公交站点布设进行相应假定前提下,建立公交站点覆盖率与道路间距的定量关系,分析公交站点覆盖率的目标值所要求实现的道路网密度。

假设:

假设1:为了发挥公交线路转换功能,便于居民换乘,将公交站点布置在交叉口处;

假设2:考虑中心区道路建设标准,假设公交线路主要布设于干道,探讨干道合理间距。

分别以公交站点 300 m 与 500 m 覆盖率目标值进行干道间距的推导。

① 公交站点 300 m 覆盖率

目标为中心区内公交站点覆盖率大于 70%。

根据图 9-17 和图 9-18,取 $L < 300$ m、300 m $\leqslant L \leqslant 600$ m 和 $L > 600$ m 三种情况计算满足公交站点覆盖率大于 70% 要求的干道间距应小于 636 m。

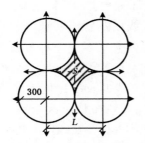

图 9-17　公交站点 300 m 覆盖率示意图(1)　　**图 9-18　公交站点 300 m 覆盖率示意图(2)**

② 公交站点 500 m 覆盖率

通过计算可知,满足公交站点 500 m 覆盖率为 100% 的干道间距应不大于 886 m。

在上述假设情况下,计算得到满足公交站点 300 m 与 500 m 覆盖率的干道间距应不大于 636 m。

(2) 路网密度与公交线网密度的匹配

公交线网密度是公交线网规划的关键指标,也是影响路网密度的重要因素。《规范》所提的最佳公交线网密度偏低,需要对合理公交线网密度进行分析,并进而分析城市道路网合理密度的匹配值。

① 最佳公交线网密度分析

《规范》中根据城市公共汽电车的运行速度和步行速度,以居民非车内时间最短为控制性指标,计算不同线网密度下的非车内时间曲线,得出城市最佳公交线网密度约为 2.5～3.0 km/km²,相当于公交线网间距 0.6～0.8 km。城市中心区居民密度高,客流集中、线路重复多、线网密度较高。

最佳公交线网密度与城市单位建设用地上运行的公交车辆数的平方根成正比,公交车辆数应当与公交客运量成正比,如果公交出行比例增加,公交车辆数随之增长,最佳线网密度也随之增加。通过对《规范》计算方法的修正,笔者认为 50 万人口以上的城市的最佳公交线网密度中心区应以 4～5 km/km² 为宜,站距为 400 m,在保证站距的情况下,城市中心区的公交线网密度还可以进一步加大。考虑到中心区的公交需求较大,按上限取值,选择 4～5 km/km² 作为中心区常规公交线网密度的合理推荐值。

②　干路网密度的确定

为满足最佳公交线网密度的实现,必须具有相应的道路网作为载体。城市公交线网的布设受城市中能够通行公交车辆的道路网密度制约,城市公交线网密度的合理性受其与城市道路(能通行公交车辆)密度相适应的程度影响。

基于公交站点覆盖率的城市道路间距的推导主要假设公交线路设置在城市干道上,以此为基础得出干道间距建议值;从整个公交线网层面上分析城市公交线路可以布设在部分城市支路上,则最佳公交线网密度与城市干道网密度不完全相等,最佳公交线网密度应该介于干道网密度与道路网密度之间。

公交线路分级中将常规公交分为公交直达快车线、公交干线、公交支线、公交辅助线,考虑到快速路上布设公交直达快车线的影响较小,常规公交只考虑后三种。依据公交线路分级,公交干线承担大中运量的客车通行、服务于主干路与次干路,支线主要承担小运量的客车通行,主要服务于次干路与支路,作为公交干线以及轨道交通等的集散线路,公交辅助线是表示公交发展水平较高之后集散居住区内公交乘客的一种方式,主要服务于片区内的公交服务,主要运行在支路上。

结合对公交线路功能的判断分析,公交干线:公交支线的长度比例大致为 1：1.5,公交辅助线数量较小,视城市规模与布局而定。假设公交支线布设于次干路与支路的比例相同,考虑公交线路重复系数的影响(《交通工程手册》中推荐的公交线网重复系数以 1.25～2.5 为宜,且公交大多在干路上重复),可估算公交线网密度中布设于干路与支路上的比例大致为 2.5：1。

由于最佳公交线网密度为 4～5 km/km²,城市未来公交系统发展成熟之后干路上基本全部需要布设公交线路,则由中心区最佳公交线网密度可以推算干道网密度的要求为 2.86～3.57 km/km²。

中心区土地开发强度与容积率较高,人流、货流均较大,在商业分区活动的人群其出行目的以购物、休闲、餐饮等弹性出行为主,主观上要求道路的可达性较好,因此对低等级道路的需求要高于其它分区。出行可以按照由支路开始的逐级递升而后又逐级递减的路径选择方式。另一方面,中心区内对临街面的数量的要求较高,道路功能的重心已不仅仅在于其交通功能,更多的赋予其增强两侧土地活力、增加临街面长度促进经济发展的功能。

城市中心区存在一些建设标准较低的道路,考虑到分级的影响,不能作为支路纳入,但可以发挥城市道路的作用;在商业区交通规划中应重点改善道路建设标准,使街巷道路尽量为城市交通服务,提升商业区的路网规模。中心商业区在面向公交线路的规划中重点在于通过道路的改造覆盖公交盲区,对街巷道路也应该充分利用,充分提高公共交通的可达性。

9.4.3　工业区道路网密度

工业区由于集中较多的工厂与企业,交通需求的规律性较强,公共交通主要为企业职工上下班出行服务,因此工业区公共交通发展的重点是提高公共交通的覆盖程度,达到国家相关规范与标准要求,同时为工业区内部出行提供良好服务。

由于工业区道路网型式基本采用简单明了的方格网,便于公交线路的布设,笔者提出以公交站点覆盖率作为估算工业区道路网规模的方法。

（1）公交站点覆盖率导向的道路间距

按照《建设部关于优先发展城市公共交通的意见（建城[2004]38 号）》要求,结合工业区的公交需求特征,选取工业区公交站点 300 m 覆盖率大于 50％、500 m 站点覆盖率大于 90％的目标作为工业区公共交通发展的基本要求。

假设:

假定 1:为了发挥公交线路转换功能,便于居民搭乘或换乘,将所有的公交站点布置在交叉口处;

假定 2:考虑工业区的建设模式,假设公交线路主要布设于干道,计算干道合理间距。

采用中心区干道网计算方法,分别以公交站点 300 m 与 500 m 覆盖率计算干道间距,得到满足公交站点覆盖率的干道间距 $L \in$（500 m, 577 m）。

由于假设公交线路布设于干路、且公交站点布置在交叉口上,计算所得的结果偏低,可适当提高。

（2）工业组团路网规模与规划重点

工业区由于种类不同,对厂房面积、用地规模的要求也各不相同,基本上厂房面积和用地规模较大。在这种情况下,工业区内部的道路只能供企业使用,预先规划的支路由于工业企业的原因而不存在。若工厂的规模进一步扩大,甚至有一些次干路都被包围在工业企业内,企业的出入口直接联系着主干路。

在这种情况下,工业区内的支路密度会很低,而次干路密度也需视工业种类而定,若为大型化工企业或钢铁类企业,则次干路密度也会很低,即工业区内的道路级配特征与商业区、居住区均不相同,干路与支路比值偏高。

如图 9-19,若工业区被离单元格 A 最近的四条次干路围合,则由 A 出行至四条中任意一条次干路使用的道路均为内部道路,不计入城市道路之列,出行直接利用次干路。对于某些规模特别大的工业企业,若厂区四周是主干路,则次干路密度也会下降。

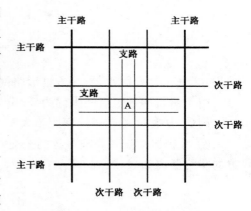

图 9-19　工业区路网布局图

推算工业区的干路间距在 600～650 m 之间,根据道路间距与路网密度的关系,推算工业区干路密度为 3～3.3 km/km^2,路网密度约为 5～6 km/km^2。工业区路网规划的重点在于提高道路的建设标准,在路网密度偏低的情况下能达到道路面积率的需求。

9.4.4　居住区道路网密度

居民日常的出行效率主要用出行时间来衡量,居住区内部交通系统与外部公交系统衔接过程中最能体现出行效率的是居民步行到公交站点的时间。为了方便住区居民采用步行方式就可到达公交枢纽进行交通换乘，受步行距离的限制（步行速度大约为 3～4 km/h），从居民的交通出行方面考虑，从家门口到最近的交通站点所用的时间最好控制在 5～10 min 以内。

居住区内部的用地布局通常以方格网式布局为主，居民住宅依次布置排列，因此居民的绕行距离短，围合居住区的道路间距直接影响了居民的步行时间。

结合《规范》和公交发展特征采用基于居民出行效率的路网规模估算方法。

1）基于居民出行效率的道路间距

（1）方法思路

《规范》所提的覆盖率指标表示公交站点的用地覆盖率，且指标的获取是以站点为圆心画圈得到，与居民实际出行的路径长度不一致；公共交通的服务水平是否提高在于居民出行是否迅速便捷，因此需要将站点覆盖率指标通过合理途径转化为居民步行到站时间指标。

假设如下：

假定 1：为了发挥公交线路转换功能，便于居民搭乘或换乘，将所有的公交站点布置在交叉口处，见图 9-20；

假定 2：街区内部道路网完善，可方便接入街区外围道路网；

假定 3：由于一般早晚高峰时期的公交乘客为青壮年，因此步行速度较高，可达到 1.1 m/s 左右。

按居民步行到站时间来推算道路间距。

（2）间距推导

① 考虑居民选择距离最近的公交站点乘车，居民从住宅区（阴影部分）至最近公交站点 A 的步行距离如式（9-10）所示：

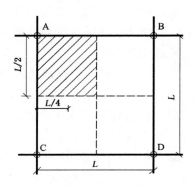

图 9-20 居住区周边道路布局图

$$l_1 = \frac{L}{4} + \frac{L}{4} = \frac{L}{2} \tag{9-10}$$

式中：L——站点间距，也是方格形路网的间距（m）。

由于步行的最短时间大约为 5 min，则步行到站距离 l_1 应不大于 330 m；

因此，居住区外围道路间距不大于 660 m；

② 考虑居民选择距离最远的公交站点乘车，居民从住宅区（阴影部分）至最远公交站点的步行距离如式（9-11）所示：

$$l_2 = \frac{L}{4} + \frac{L}{4} + \frac{L}{2} + \frac{L}{2} = \frac{3L}{2} \tag{9-11}$$

步行到站的时间控制在 10 min 之内，则步行到站距离应满足 $l_2 \leqslant 660$ m，因此，居住区外围道路间距不大于 440 m。

③ 从保证公共交通吸引力的角度出发，有必要把居民步行至公交站台的时间限定在 5～10 min 之内，即居住区外围的道路间距应不大于 440 m。

居住区围合道路间距为 440 m，考虑到《城市居住区规划设计规范（GB 50180—93）》

中规定居住区级道路与城市支路同级，则所讨论的外围道路应为支路，所以居住区外围的道路间距不大于 440 m，根据道路间距与路网密度的关系，居住区周边的道路网密度为 4.5 km/km²。结合对道路间距的概念界定，分析居住区级道路的性质与定位，对计算结果进行反馈。

2）居住区级道路性质

道路间距是城市各级道路中心线之间的距离，包括所包围小区的宽度、建筑物后退距离以及道路宽度等，如图 9-21 所示。由于建筑物后退距离以及道路宽度均可以遵循相关标准，可以在道路间距与街区规模之间建立一定关系。

以居住区为例，探讨居住区内部道路为城市交通服务的可行性。《城市居住区规划设计规范（GB 50180—93)》(2016 年版）中指出，居住区级道路一般是用以划分小区的道路，在城市中通常与城市支路同级。

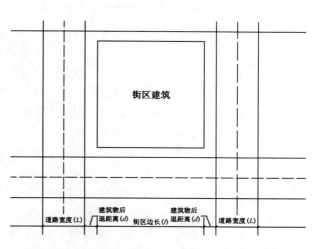

图 9-21　城市道路间距与街区规模之间的关系示意图

居住组团一般被小区道路分隔，并与居住人口规模（1 000～3 000 人）相对应，配建有居民所需的基层公共服务设施的居住生活聚居地。按人均建筑面积 30 m² 计算，居住区规模是 30 000～90 000 m²，街区的边长为 173～300 m，加上道路宽度 30 m 与两边建筑物后退距离各 6 m，道路间距为 215～342 m，因此，应将居住小区级道路定义为与支路同级的道路是合理的。

居住小区的道路间距为 215～342 m，且以支路进行分隔是合理的；而居住区级道路应定义为与城市次干路同级。

3）居住组团路网规模与规划重点

基于居民出行效率得到的道路间距为干道网间距，但由于步行时间是由调查估算所得，且假设公交站点完全布设于交叉口处，计算所得的干道间距值偏低，可适当提高。

依据用地与居住区建筑物规模的计算可知，居住区级道路应与次干路同级，而街区的边长推算为 550～670 m，居住小区级道路与支路同级，道路间距为 215～342 m。

由结论得，围合居住区的道路间距为 450～600 m，与次干路同级，则可推算得出居住区的干道网密度为 3.3～4 km/km²；依据道路级配，以及居住小区级道路的间距可推算居住区的路网密度为 7.5～9 km/km²。

围合居住区的道路通常与次干路同级，而居住区内部的支路一般较少可以让城市交通利用，因此一般居住区的路网规模较本次推荐值偏低。

笔者认为规划中应逐步消除"大院文化"的影响，适当开辟合理的居住区内部道路为过境交通服务、为整个城市交通系统服务，提高城市道路网密度、提高城市交通运转效率。

9.4.5 分区路网级配

1）功能分区思想对道路级配的影响

功能分区的城市布局思路对于道路等级配置的影响主要体现在不同性质用地的规模和封闭性对出行使用道路的影响。

居住区若沿用西方的"邻里单位"和"居住小区"的安排方式，则必然在该分区内出现大量封闭式的居住小区，其结果是居住小区内部道路只能供业主使用，预先规划的支路由于居住小区的原因而失去其功能。倘若居住小区的规模进一步扩大，甚至一些次干路都被淹没在小区内，小区的出入口直接联系主干路。

工业区和居住分区存在类似的问题。由于种类不同，工业企业对厂房面积、用地规模的要求一般较大。在这种区域支路密度会很低，而次干路密度也需视工业种类而定，若是大型化工企业或钢铁类企业，则次干路密度也会很低。

商业区是人流、货流均较大的区域，在商业区活动的人群出行目的以购物、休闲、餐饮等弹性出行为主，对道路的可达性要求较高，因此对低等级道路的需求要高于其它分区。另一方面，商业区内对临街面的数量的要求较高，道路功能的重心已不仅仅在于其交通功能，更多的赋予其增强两侧土地活力、增加临街面长度促进经济发展的功能。

不同的城市功能分区，由于用地模式各异，会导致各级道路密度、道路级配等方面存在一定差异。一般的规律是：支路和次干路密度，商业区＞居住区＞工业区；主干路密度各功能分区相差不大；快速路密度，商业区＜居住区＜工业区。

2）城市分区道路等级配置指引

借鉴国内部分城市所做的城市分区的路网规划，得到城市各功能分区的道路等级配置如表 9-17 所示。

表 9-17　部分城市功能分区道路等级配置表

城　市	特征区	性　质	干路网密度（km/km²）	支路网密度（km/km²）
镇江	南徐分区	商业	3.21	4
	老城分区	居住	2.19	3.5
	谏壁分区	工业	1.94	3
滁州	城南组团	商业	3.27	4
	城西组团	居住	2.73	3.5
	城北组团	工业	2.32	3
扬州	商业中心	商业	3.0～4.0	7.0～14.0
	一般居住生活区	居住	2.0～3.0	3.5～4.0
	工业开发区	工业	1.5～2.5	2.5～3.5
高邮	商业中心	商业	2.3～3.0	4.0～5.0
	一般居住生活区	居住	2.0～2.5	3.5～4.5
	工业开发区	工业	1.7～2.5	2.5～3.5

城　市	特征区	性　质	干路网密度 （km/km²）	支路网密度 （km/km²）
昆山	商业中心	商业	3.0～4.0	7.0～14.0
	一般居住生活区	居住	2.3～3.0	3.0～4.0
	工业开发区	工业	2.3～3.0	2.0～3.0

注：数据来源于各城市综合交通规划研究报告。

不同规模的城市其居住、商业以及工业分区的干支路密度均较为接近，区别主要体现在商业分区的支路密度相差较大，但考虑商业区 7～14 km/km² 的支路密度实施难度较大，推荐 4～5 km/km² 的支路密度，最终得到城市分区道路等级配置指引如表 9-18所示。

表 9-18　城市功能分区道路等级配置指引推荐值

分　区　类　型	干路网密度：支路网密度
商业区	1∶1.8～2.5
居住区	1∶1.5～2
工业区	1∶1.0～1.5

9.5　城市道路网络布局规划

9.5.1　城市布局结构与道路系统的关系

城市道路网布局形式和城市空间发展形态是相辅相成的关系。城市空间形态的变化起源于城市地域空间结构的演化和波动，城市地域空间结构的演变是城市地域功能结构变化的直接反映和最终结果。城市地域功能结构变化的主要影响因素是地域的土地价格和利用方式，某一地区的土地价格和利用方式很大程度上取决于该地区的空间可达性。城市道路网络和城市空间可达性是相互依存、彼此依赖的。在某一特定时间，交通网络的结构和能力影响城区内部交通的便捷程度，即交通系统的特性决定了遍及市区的空间可达性。某一城市空间可达性的变化对该地区的土地利用具有直接影响，反映土地价格的地租曲线是一个随距离变化的减函数，随空间可达性变化的增函数，某一特定区位的土地潜在使用能力随其空间可达性的变化而变化。所以，一方面城市道路网络的结构和布局必须以城市现状土地利用为基本立足点，另一方面，城市道路网络规划应有意识的与未来城市规划土地利用布局相结合，充分发挥交通的先导作用，诱导城市结构功能和土地利用的发展。

随着城市发展实行适度疏散的策略，通过城市结构和功能关系的调整与重组，通过"对日常活动进行功能性集中"和"对这些集中点进行有机的分散"，把大块紧密的城区逐步演变为若干松散的、相对独立的交通分区。

1）用地可达性及相容性

按照不同的交通需求和不同性质交通的功能要求，合理地布置不同类型和功能的道路，组织好组团内的交通、跨组团的交通、生活性的交通和交通性的交通，形成道路系统与规划结构的合理的配合关系，简化和减少交通矛盾。

城市各级道路应成为划分城市各分区、组团、各类城市用地的分界线，满足组织城市各部分用地布局的"骨架"功能可达性。比如城市支路和次干路可能成为划分小街坊或小区的分界线；城市次干路和主干路可能成为划分大街坊或居住区分界线；城市交通性主干道和快速路及两旁绿带可能成为划分城市分区或组团的分界线。

城市各级道路应成为联系城市各分区、组团、各类城市用地的通道。比如城市支路可能成为联系小街坊或小区之间的通道；城市主干路、次干路可能成为联系城市各分区、组团的通道；公路或快速路又可把郊区城镇与中心城区联系起来。

道路两旁的土地使用决定了联系这些用地的道路上将会有什么类型、性质和数量的交通，决定了道路的功能，道路的功能必须同毗邻道路的用地（道路两旁及两端的用地）的性质相协调，各类交通设施的相容性如表 9-19，主要交通设施对区位设施的相容性如表 9-20；同样确定了道路的性质和功能，也就决定了道路两旁的土地应该如何使用。如果某条道路在城市中的位置决定了它是一条交通性的主干道，那么就不应该在道路两侧（及两端）安排可能产生或吸引大量人流的生活性用地，如居住、商业服务中心和大型公共建筑；如果是生活性次干道，则不应该在其两侧安排会产生或吸引大量车流、货流的交通性用地，如大中型工业、仓库和运输枢纽等。

表 9-19　各类交通设施的相容性特征

交通设施类型		集散规模	安全	安静	空气质量	景观	可识别性	特殊限制
专用道路	快速路	◇	△	△	△	△	◆	严格出入控制
	自行车专用道	○	◇	□	◆	◇	□	适当出入限制
	步行专用道	△	◆	◆	◆	◆(■)	▲	—
	地上公交线路	◆	■(◆)	■	◇	■(●)	◇	出入限制
	地下公交线路	◆	◆	◆	◆	◆	△	—
分隔型道路	主干路	■	▲	▲	▲	▲	◇	出入控制
	次干路	□	○	●	○	●	■	—
混行道路	机非混行（支路）	●	●	□	□	□	●	—
	人非混行（支路）	▲	□	■	◆	◇	▲	—
机　场		—	—	△	○	▲	—	净空控制
铁路车站		—	—	△	●	▲	—	—

◆最优　◇次优　■较优　□中上　●中下　○较差　▲次差　△最差

注：① （……）表示高架交通设施的特征；
　　② 视觉干扰主要区分于交通设施的高架、地面或地下形式，与设施类型无关。

表 9-20　主要交通设施对区位设施的相容性关系

交通设施		区 位 设 施														
		居　住				商　业			办公		公共服务		工　业		仓储	休闲娱乐
		低强度		高强度		集中	分散		集中	分散	内务	外勤	一般	高新		
		高档	低档	高档	低档		高档	低档								
专用设施	步行道	★	○	★	○	★	★	○	★	○	★	○	○	★	○	★
	自行车道	○	★	★	★	★	★	★	★	★	★	○	★	★	○	★
	快速路	#	★	★	★	#	#	★	#	○	#	★	★	○	★	○
	公交设施	○	★	★(○)	★	★	★	★	★	★	★	○	★	★	★	○
非专用设施	支　路	★	★	★	★	★	★	★	★	★	★	★	★	★	★	★
	次干路	★	★	★	★	★	★	★	★	★	★	★	★	★	★	★
	主干路	#	★	#	★	★	★	★	★	★	★	★	★	★	★	★
	常规公交	○	★	★	★	★	★	★	★	★	★	★	★	★	★	★
	准公交	★	★	○	○	#	★	★	○	★	★	○	★	★	★	★
	大容量公交	○	★	★	★	★	★	★	★	○	★	○	★	★	○	★

注：① ★相容：促进作用，○一般：没有明显的促进、危害倾向，#不相容：抑制作用
② 准公交：指线路或站点不固定的小型公交设施
③ （……）内指高架设施的相容性

2）城市交通系统的层次性

经济的发展和生活水平的提高必然引起城市交通的发展；反之，城市交通的繁忙又一定程度上反映了城市的繁荣。不同类型的交通对道路有不同的功能要求和使用要求，多种类型交通在同一道路断面上的混杂必然产生相互影响，从而降低道路使用效率和交通效率，同时成为不安全因素。因此，在城市交通日益发展的情况下必须寻求新的高效率的城市交通系统。如同生产力发展到一定阶段就要求生产关系发生变革一样，城市交通发展到一定程度就必然要求交通结构、运输结构和道路结构进行变革，不但要求发展新的交通工具，修建新的道路，而且还要求合理而高效率地组织交通。为了充分发挥各种交通工具和道路设施的效率，就要把不同功能要求的交通组织到不同的运输系统和道路系统中去。

（1）交通性交通与生活性交通的分流

表现为城市道路按交通性和生活性的分类或按疏通性和服务性的分类，把"骨干性"的繁忙交通与"枝节性"的宜人交通分离开来；

（2）快速交通与一般常速交通的分流

包括在同一平面和不同平面上的分流，表现为城市道路分为快速道路系统和常速道路系统，以及道路客运交通与轨道客运交通的分离，中远距离的快速交通同短距离的常速交通分离开来；

（3）机动交通、非机动交通及步行交通的分流

通过对道路功能结构分析，确定每条道路的主导交通，表现为城市道路系统中设置机动车专用路、自行车专用路和步行专用路等。

9.5.2　城市道路网布局形式与选择

城市道路网络系统是由于城市的发展,为满足城市交通出行、土地利用、产业发展及其他要求而形成的,是影响城市发展与交通的重要因素。其布局与形态取决于城市的结构形态、地形地理条件、交通条件及不同性质和强度的用地分布等。

由于社会与自然条件、建设条件的不同,各城市道路系统的发展也不相同。路网形态受到城市发展历史、地形地貌等多方面因素的影响,延续性很强。随着城市发展速度的加快,特别是新区建设力度的加大,许多大中城市正在突破既有的路网格局,可以结合城市发展空间模式和现代化交通发展趋势,通过路网整合形成更合理的路网形式。无论采用哪种路网形式都必须注意老城路网的保护规划及中心城与新区的联系通道。

9.5.3　道路网络布局规划流程

道路网络布局规划中,从技术上可采用先确定道路网规划指标和道路网空间布局形式,然后进行道路网系统性分析,再布置专用道路系统,最后进行调整优化的过程;工作流程上应采取先进行全市性骨干路网规划,再按分区划分进行分区路网调整规划。

1)道路网规划指标的确定

道路网布局规划中首先需要明确的是规划指标,主要有人均道路用地面积、车均车行道面积、道路网密度、道路等级结构、道路网连结度、非直线系数等。

2)道路网空间布局形式

在社会经济、自然地理等条件的制约下,不同城市的道路系统有不同的发展形态。仅仅从每种道路网布局的特点出发难以决定其优劣与取舍,规划中应尊重已经形成的道路网格局,考虑原有道路网的改造和发展,从城市地理条件、城市布局形态、客货运流向及强度等方面确定城市的道路网布局,不应套用固定的模式。道路网空间布局形式的确定是一个定性分析与定量分析相结合的过程。

3)道路网系统性分析

道路网的系统性表现在城市道路网与城市用地之间的协调关系、与对外交通系统的衔接关系以及道路网系统内部各组成要素之间的协调配合关系。道路网布局的系统分析有以下几个方面的内容:

(1)城市道路系统与城市用地布局的配合关系

主要分析城市各相邻组团间和跨组团的交通解决情况、主要道路的功能是否与两侧的用地性质相协调、各级各类道路的走向是否适应用地布局所产生的交通流及是否体现对用地发展建设的引导作用等。

(2)城市道路网与对外交通设施的配合衔接关系

主要分析城市快速道路网与高速公路的衔接关系、城市常速交通性道路网与一般公路的衔接关系、城市对外交通枢纽与城市交通干道的衔接关系。考虑到高速公路对城市交通有着重大影响,在规划的层次上应将高速公路交通影响分析纳入交通规划研究内容。

(3)城市道路系统的功能分工及结构的合理性

主要分析道路网中不同道路的功能分工、等级结构是否清晰、合理,各级各类道路的密度是否合理等。为保障交通流逐级有序地由低一级道路向高一级道路汇集,并由高一级道路向低一级道路疏散,应避免不同等级道路越级相接。

4）道路网布局的调整与优化

经过以上过程所初步制定的道路网布局需经过检验。检验的标准是制定的道路网布局结构是否能满足道路交通需求。根据检验结果提出修改意见,进行道路网规划方案的调整优化。

9.5.4　干道网布局规划

城市中干线道路网的形式,不仅影响着城市的空间拓展与发展方向,而且对确立城市形态和区域地位有着重要意义。城市道路网在形成过程中受到地形地貌以及历史文化的影响,其类型各异。

城市干道网主要指《规范》中的快速路、主干路和次干路组成的骨干路网。快速路布局规划详见本书第 8 章,本节主要介绍主干路和次干路的布局规划。

城市主干路网是城市道路网络的骨架组成部分,是串连各城市组团和组团内各分区的主要交通通道网,并具有划分分组团(片区)和居住区的作用,在整个城区内应该形成完整的网络。主干道具有划分城市片区及交通区块的作用,又是城市中重要的疏通性道路,是快速路与其他常速道路联系衔接的纽带。主干路与快速路组成城市的主要交通性道路骨架,是城市总体规划中道路系统规划的重点。

主干路网的基本作用是处理汽车交通,其特征是城市之间的交通、市内主要交通等较长出行的交通。为此,应优先考虑交通功能,以较高的标准设计,并以构成简单的路网为宜。路线位置要避开幽静的住宅区,对沿线环境及土地利用必须充分考虑。

主干路设计车速一般为 40～60 km/h,布置 4 条以上机动车道,交通流量特别大的道路可以考虑布置 6～8 条车道。主干路上机动车与非机动车应实行分流,主干路两侧不宜设置吸引大量人流、车流的公共建筑物出入口。主干路与主干路相交时,一般采用立交或平交方式,近期交通量较大交叉口采用信号控制时,应为以后修建立交留出足够的用地;主干路与次干路、支路相交时,可采用信号控制或交通渠化。

次干路网是城市组团内的基础性路网和分组团(片区)的道路骨架,并具有划分小区和主要街坊的作用。次干路网不一定要与相邻组团的次干路条条连接,应该在组团内形成较为完整的网络。

次干路作为介于城市主干路与支路间的车流、人流主要交通集散道路,宜设置大量的公交线路,广泛联系城内各区。次干路两侧可以设置吸引人流与车流的公共建筑、机动车和非机动车的停车场地、公交车站和出租车服务站。次干路与次干路、支路相交时,可采用平面交叉口。

9.5.5　支路网控制规划与建设标准

支路对城市交通与市民生活具有重大作用,是解决区域细部交通需求、分担干线交通的有效手段,不仅维系着城市功能的正常运转,而且对社会经济发展起着重要作用。大部分城市道路网规划中缺乏对城市支路网规划的重视,使城市普遍缺乏支路系统,不能有效分流主次干道的交通压力,成为导致城市交通拥堵的主要原因。为此,科学规划城市支路网系统,健全完善城市交通微循环系统,形成主干路、次干路和支路等合理分工的城市道路网系统,是解决城市交通问题的重要手段。

支路是次干路与居住区、工业区、市中心商业区、市政公用设施用地和交通设施用地内部道路的连接线,是为局部地块用地服务的道路,有利于土地的高效集约利用,支路承载的混合交通提高了汽车、公交、自行车和步行等多种交通方式的可达性,促进两侧土地混合开发和多种功能的集聚,提高土地开发的可能性和效益。发达的支路系统不仅可以优化城市交通结构,使路网功能和结构更为清晰合理,还使公交系统更为便捷。《规范》明确规定"支路应满足公共交通线路行驶的要求"。

1)支路功能分析

(1)通达性功能

支路在城市路网中连接小区道路与主次干道,分流干道上部分交通流,方便区内和区间短途出行。

(2)防灾设施功能

防灾设施功能是指城市支路的避难、防火带、消防、救援通道等作用。在城市土地高强度开发的今天,道路设计中应该避免安全隐患,这也是人性化设计的重要方面。

(3)公共空间功能

支路提供的公共空间功能包括保证通风、采光等生活环境,方便城市管线架设或埋设,某些路段还可以提供路边停车或作为人们休憩场所等。

(4)勾画城市功能

遍布于城市各个角落的支路,对城市特色和历史文化的延续产生一定影响。支路的合理设计可以把文化古城的古树、古巷、古桥、古宅等有机的串连起来,有益于历史文化的传播和旅游资源的开发;把近现代建筑的新理念用于支路设计,同样会使城市焕发新的气息。

2)规划基本原则

支路网规划是一项复杂而细致的工作,需要对城市特征、用地形态、道路网现状等信息有较深入的了解。明确支路网规划的基本原则,是开展工作的第一步。

(1)注重规划的系统性

支路网规划必须保证规划的路网具备骨架层的整体路网形态,适应今后城市用地的扩展、交通结构的变化要求,为交通管理的智能化提供可能。

(2)注重规划的层次性

支路网规划的层次性是指支路规划时也要进行功能分类。依据支路主要担负的功能,规定相应的技术标准,只有这样支路才能真正发挥其功能。支路功能见表 9-3。

(3)注重规划的差别性

各个地区因交通区位、土地利用性质和强度不同,其支路网布局、规模、断面和功能有其自身的特点,对于商业区、居住区和工业区应采取因地制宜、差别化对待的原则。

(4)注重规划的有序性

支路网规划建设应逐步发展,不能片面追求一步到位,也不能迁就现状而任其无序发展,应该统一规划,分期有序建设。

（5）注重保护城市风貌,保护人文和生态环境

在注重城市传统风貌及历史文脉的延续与现代化经济发展之间找到最佳的结合点。

（6）注重合理的路网密度,使与城市整体路网协调

以国标为依据,结合城市实际情况,确定可行的支路建设标准,保证干支道路的比例协调和衔接顺畅,从而达到减轻城市干道交通的目的。

（7）充分利用现有支路、过河通道等设施

在不破坏支路网整体形态的基础上,考虑利用或改造现状的支路、交叉口、过河通道等设施,节约建设费用,引导土地开发。充分预计未来小汽车发展的速度,为适应机动化发展留有余地。

3）规划的基本程序与方法

（1）调研分析

一般需要搜集的资料包括城市总体规划、城市交通专项规划、城市道路系统规划等。

（2）确定支路网总规模

依据规范,通过与同类城市类比或参照标准,结合城市实际,合理确定支路网的密度、与主次干道的比例等规模指标。

（3）网络结构布局

根据城市交通规划确定的干道网和支路网规模,并对现状交通进行分析,进行系统网络规划,尤其是支路骨架层的确定,提出若干规划方案。

（4）评价与选择

从网络的可达性、易达性、通达性和相容性等方面,对规划方案进行评价和比选。

（5）路网方案逐步深化

最终的方案应该是技术、经济和环境上可行且相对优化。规划是一个逐步细化的过程,从分区规划到控制性详细规划阶段需要不断修正完善。

4）支路网规模

支路在城市道路中占有很大的比重,在城市分区规划时必须保证支路的路网密度。支路网规模应与城市用地功能区划和用地性质紧密结合,采用区域差别化设施供给策略配置支路网规模,一般支路网密度呈现中心商业区＞居住区＞工业区。《规范》对支路网规模的规定如下:

人口200万以上城市的支路网密度指标为3~4 km/km²,在市区建筑容积率大于4的地区,支路网密度应为全市平均值的两倍;市中心区的建筑容积率达到8时,支路网密度宜为12~16 km/km²;一般商业集中地区的支路网密度宜为10~12 km/km²。5万以上人口城市应为6~10 km/km²,1~5万人口城市应为8~12 km/km²,1万以下人口城市应为12~16 km/km²。

5）支路网规划注意事项

支路规划涉及的面较广,在规划过程中应满足下列要求并注重一些实际问题的解决:

（1）支路网规划应注重支路网密度的增加,为交通机动化留有余地。

（2）提高支路宽度标准,注重不同规划地块间支路网的衔接。

（3）对支路功能可进一步分析，包括交通性支路、单行道、非机动车专用道及历史街区保护街巷等，明确功能定位。

（4）支路的断面设计应结合不同分区特征，进行相应设计，包括人车分离、机非分离、人车共存和宁静化道路设计等。

（5）将保护城市历史古迹、维护城市特色放在首要位置，不可片面追求线形的平顺。

（6）分析具体支路的运行功能时，建议对车流构成进行必要的调查和分析，尤其要注意大型建筑和规模较大社区的出入口道路。

（7）在支路连接时，避免错位交叉口、"K"字型交叉口、五路以上的多路交叉口，避免出现断头路，尽量利用现有的支路进行改造。

（8）沿河、沿山体道路要考虑空出必要范围的绿地和公益活动设施用地。

（9）随着城市中心区的不断扩展，中心区原来拥有的一些工厂、学校、机关等大院将会迁往城市外围，新的土地开发客观上要求加密支路。

9.6　城市道路设施规划设计

9.6.1　城市道路横断面规划设计

城市道路横断面是指垂直于道路中心线方向的断面，通常由车行道、人行道、绿带和分车带等部分组成。近期横断面宽度，通常称为路幅宽度；远期规划道路用地总宽度则称为红线宽度。红线是指城市中的道路用地和其它用地的分界线。

城市道路横断面规划设计的主要任务是根据道路的功能、红线宽度、两侧用地以及有关交通资料，同时综合考虑建筑艺术、绿化环境、秩序管理、管线布置等方面要求，确定以上各部分的宽度，合理规划道路横断面，在适应交通需求的前提下尽可能提高土地资源利用效率，保障交通有序安全，体现以人为本。

1）城市道路横断面组成要素分析

（1）机动车道宽度及车道数

机动车道宽度由几条车行道宽度组成，是车速的函数，一般在 3.20～3.80 m 之间变化。道路等级不同，行驶车速不同，车型比例不同，车道所处的位置不同，相应的车道合理宽度也不同。《城市道路工程设计规范（CJJ 37—2012）》规定一条机动车道宽度应符合表8-15的规定，即设计速度大于 60 km/h 时，大型车或混行车道为 3.75 m，小客车专用道为3.5 m；设计速度不大于 60 km/h 时，大型车或混行车道为 3.5 m，小客车专用道为3.25 m。

对于城市快速路，双向六车道机动车道宽度建议按25～26 m规划设计，双向八车道机动车宽度建议按30～31 m考虑；对于城市主干路，机动车道宽度按照平均每个车道宽度 3.5 m 规划设计，能够满足车辆正常运行的要求；对于城市次干路，机动车道宽度按照平均每个车道宽度 3.3 m 规划设计，能够满足要求；对于城市支路，如考虑公交车通行时，其车行道宽度需按照平均每个车道宽度 3.5 m 规划设计；如考虑以小汽车为主时，平均每个车道宽度可以按照 3.3 m 考虑，也能够满足车辆正常运行的要求，对于非机动车交通为主的街巷道路,平均每个车道宽度建议按照 3.0 m 来考虑。

(2) 非机动车道宽度及车道数

一般以自行车作为非机动车道的设计车辆。自行车道路网应由单独设置的自行车专用道、城市干路两侧的自行车道、城市支路和居住区的道路共同构成一个能保证自行车连续行驶的交通网络。

非机动车道宽度包括非机动车车辆宽度、车辆的摆动距离以及与侧石或分隔设施的安全距离。一条自行车车道宽度为 1 m,靠路边和靠分隔设施的一条车道侧向安全距离为 0.25 m。自行车车道路面宽度应按车道数的倍数计算,车道数应按自行车高峰小时交通量确定。

快速路:一般在快速路上不考虑设置非机动车道,对与快速路平行流向的非机动车流可利用由与快速路平行的支路改造成的非机动车专用道路。

主干路:主干路上近期应考虑设置非机动车道。对于近期非机动车流量较小的道路,非机动车道可以考虑近期宽度按 3.5 m 规划设计,远期作为公交专用道;近期非机动车流量较大的道路,非机动车道宽度可以考虑近期宽度按 5.5 m 规划设计,远期可以作为一条公交专用道和路边停车带。

次干路:次干路上应考虑设置非机动车道,根据非机动车可能的服务范围,一般非机动车道宽度考虑为 3.5 m 以上。

支路:从交通功能上看,支路是道路交通系统"通达"功能实现的主要支柱,同时应考虑在加大支路网密度的同时,设置必要的非机动车出行网络系统。考虑到支路的道路红线宽度约 20 m 左右,考虑非机动车道宽度为 3.5 m 以上。

(3) 人行道宽度及车道数的确定

人行道的宽度设置应考虑与道路沿线用地性质相匹配、满足道路下管线敷设所需宽度的要求。对于不同类别、不同性质的道路应具有不同的城市宽度。

快速路:由于道路沿线主要是交通用地,所以一般不考虑设置人行道。但对于有些城市将快速路与主干路功能合并设置时,则需要按照主干路人行道标准考虑。

主干路:对于主干路,应以交通功能为主,两侧避免商业开发和限制出入,因此,没有必要考虑设置过宽的人行道,只需满足城市绿化、管线敷设以及适当的行人通行宽度,建议其宽度为 3~4 m。对于景观性道路可以根据沿线用地情况及绿化要求适当加宽。

次干路:对于次干路,由于其沿线用地主要为商业或单位出入口,必须考虑适当规模的城市人行道宽度,以满足居民出行及出入需要,宽度至少为 4 m。对于生活性次干路,宽度至少为 5 m。

支路:对于支路等级道路,人行道宽度至少为 3 m。在步行街区或历史文化街区,道路宽度主要包括人行道宽度、隔离设施及公用设施宽度。

(4) 公交专用道设置

公交专用道的设置形式:

公交专用道设置形式主要有三种:沿内侧车道设置的公交专用道;沿外侧车道设置的公交专用道;仅设置于交叉口进口道处的公交专用道。

公交专用道的设置尺寸:

公交专用道宽度与一般车道宽度的确定基本一致,取决于设计车速、车辆宽度和运营特征。典型的公交车辆宽度为 2.5 m,因此推荐公交专用道的宽度值为 3.0～3.5 m;考虑侧向净空的影响,沿道路中央或沿路侧设置的公交专用道,宽度应稍大一些,取 3.5 m 左右,路中设置的公交专用道可取 3.0 m;对延伸到交叉口进口道停车线处的公交专用道,其宽度应作相应的调整。即在交叉口处外围通行区域内,公交专用车道的宽度可随车速的降低减至 3.0 m 左右。由于公交车辆在停靠站附近的车速较低,因此停靠站处的车道宽度可以适当压缩,取 2.8～3.0 m,以减少对道路空间资源的要求。

(5) 分车带

分车带按其在横断面中的不同位置及功能,可分为中间分车带(简称中间带)及两侧分车带(简称两侧带),分车带由分隔带及两侧路缘带组成,侧向净宽为路缘带宽度与安全带宽度之和;分隔带包括设施带和两侧安全带,分隔带最小宽度值系按设施带宽度为 1 m 考虑的,具体应用时,应根据设施带实际宽度确定。《城市道路工程设计规范》(CJJ 37—2012)规定分车带的最小宽度应符合表 9-21 的要求。

表 9-21　分车带最小宽度

类别		中间带		两侧带	
设计速度(km/h)		≥60	<60	≥60	<60
路缘带宽度(m)	机动车道	0.50	0.25	0.50	0.25
	非机动车道	—	—	0.25	0.25
安全带宽度(m)	机动车道	0.50	0.25	0.25	0.25
	非机动车道	—	—	0.25	0.25
侧向净宽(m)	机动车道	1.00	0.50	0.75	0.50
	非机动车道	—	—	0.50	0.50
分隔带最小宽度(m)		2.00	1.50	1.50	1.50
分车带最小宽度(m)		3.00	2.00	2.50(2.00)	2.00

(6) 人行道绿化带及路侧绿化带

为保证行道树的存活率,单行行道树树穴宽度一般为 1.5～2.0 m,同时,根据国内一些城市经验,当人行道绿化带宽度≥1.5 m,能满足设置市政设施如路灯、杆线灯、电话亭等要求。因此,建议人行道绿化带宽度为 1.5～2.0 m,有条件时取大值。

对于不同等级、功能、性质的城市道路,路侧绿化带要求也不同。一般,次干路宽度为 1 m,主干路 2 m,有特殊要求如路边停车时,至少应为 4 m。预留轨道交通空间时,考虑到交通走廊空间及减少噪音影响,至少为 30 m。

2) 规划原则

(1) 横断面布置与道路功能协调。如交通性干道应保证足够的机动车车道数和必要的分隔设施,实现双向分流、人车分流以保障交通安全;商业性大街应保证足够宽的人行道。车行道应考虑公交车辆临时停靠的方便。

(2) 横断面布置要与当地地形地物相协调。

(3) 横断面形式与各组成部分尺寸的确定需考虑道路现状形式、两侧建筑物性质等,并结合道路交通量(目前和远期的车流量、人流量及流向等)、车辆组成种类、行车速度、地下管线资料等综合分析研究确定。

(4)横断面布置应充分发挥绿化的作用,保证雨水的排除,避免沿路的地上、地下管线、各种构筑物以及人防工程等相互干扰。

(5)横断面布置需要满足近远期过渡的需求。

3)横断面形式与选择

城市道路由机动车道、非机动车道、人行道及分隔设施等组成。横断面可选用单幅路、双幅路、三幅路、四幅路四种型式;路面分隔设施可为绿岛或隔离墩(栏)。

(1)单幅路

单幅路即"一块板"道路,所有车辆在同一车行道上混合行驶。在交通组织上有两种方式:一种是在车行道上划分出快、慢车行驶的分车线,机动车在中间行驶,非机动车在两侧行驶;另一种是不划分车线,车道的使用可以在不影响安全的条件下予以调整。如图 9-22 所示(图中尺寸均为示意,单位:m)。一块板道路横断面型式优缺点:占地少,节省投资,但各种交通流混合在一起,不利于交

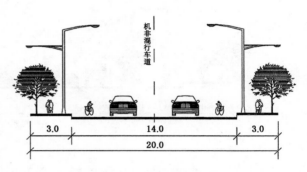

图 9-22　单幅路横断面形式

通安全,尤其是机动车、非机动车和行人这 3 种交通流中,人流是弱势群体,且移动的随意性较强,易造成交通事故。仅适用于机动车交通量不大,非机动车较少的城市次干路、支路以及用地不足拆迁困难的旧城改造的城市道路上。

(2)两幅路

两幅路即"两块板"道路如图 9-23 所示,在行车道中心用分隔带或隔离墩将车行道分成两半,对向机动车分向行驶。各自再根据需要确定是否划分快、慢车道。两块板道路横断面型式优缺点:对向机动车流已分隔,比较安全。但同向机动车和非机动车之间没有进行分隔,存在一定的交通隐患。故这种型式适用于城市快速路、机动车交通量较大且非机动车流量较小的城市主干道和次干道。

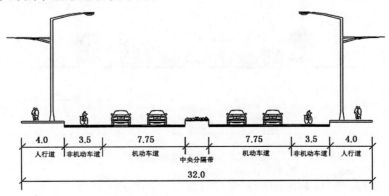

图 9-23　机非混行双幅路横断面形式

（3）三幅路

三幅路即"三块板"道路如图 9-24 所示，中间为双向行驶的机动车道，两侧设置分隔带将机动车和非机动车分隔，分隔带外侧为非机动车行车道和人行道。三块板道路横断面型式优缺点：将同向机动车、非机动车及行人进行了分隔，路段安全性高，在分隔带上布置绿化，一方面有利于夏天遮阳、布置路灯等，另一方面将减少机动车对自行车及行人的干扰。但对向机动车之间存在一定的交通隐患。同时，由机动车流和非机动车流所产生的混合交通流在交叉口范围产生一定的交通阻塞，降低了道路通行能力。故这种型式适用于机动车和非机动车交通流量均较大且道路红线大于或等于 40 m 的城市主干路和次干路。

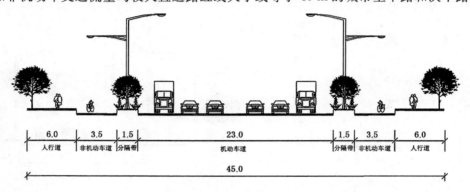

图 9-24　三幅路横断面形式

（4）四幅路

四幅路即"四块板"道路如图 9-25 所示，在三幅路的基础上，设置中央分隔带将对向行驶的机动车进行分隔，实现机动车、非机动车、行人各行其道。四块板道路横断面型式优缺点：不但将同向机动车、非机动车和行人进行了分隔，还将对向行驶的机动车进行了分隔，确保了路段上所有交通流的安全顺畅。但这种断面占地多，投资大。故适用于机动车车速较高，双向六车道及以上，非机动车较多的城市主干路。对于城市快速路来说，因其车速快，并要求沿线所有交叉口均采用立交型式，行人过街通过人行天桥或地道，故快速路不应该采用有非机动车道的四块板形式。

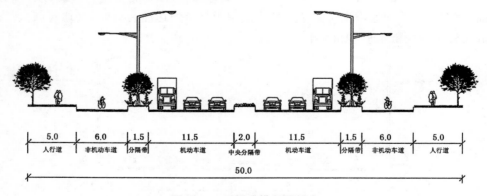

图 9-25　四幅路横断面形式

各级道路横断面对应的断面形式宜符合表 9-22 规定。

表 9-22　不同等级道路适用断面形式

断面形式 道路类别	单幅路	双幅路	三幅路	四幅路
快速路		√		√
主干路			√	√
次干路	√	√		
支路	√			

9.6.2　城市道路交叉口控制规划

城市道路的通行能力往往不决定于路段而取决于网络系统结点即道路交叉口的通过能力。交叉口范围内路面的交通负荷一般为两相交道路交通量之和,如两条交通量相等的道路相交,则交叉口的交通负荷为相交道路的 2 倍,这就是交叉口总是拥挤阻塞形成瓶颈难以通过的根本原因。而传统的交叉口设计很少注意这个问题,没有从网络系统的总体平衡考虑,将交叉口范围内路段予以拓宽,相反却在四周兴建一些吸引大量人流的大型商贸单位,从而加剧了交叉口地区的拥堵。

1)　道路交叉的分类及其选择

根据《城市道路工程设计规范(CJJ 37—2012)》,城市道路交叉宜分为平面交叉和立体交叉两类,应根据道路交通网规划、相交道路等级及有关技术、经济和环境效益的分析合理确定。

(1)平面交叉口

应按交通组织方式分类,并应满足下列要求:

A 类:信号控制交叉口

平 A_1 类:交通信号控制,进口道展宽交叉口。

平 A_2 类:交通信号控制,进口道不展宽交叉口。

B 类:无信号控制交叉口

平 B_1 类:干路中心隔离封闭、支路只准右转通行的交叉口(简称右转交叉口)。

平 B_2 类:减速让行或停车让行标志管制交叉口(简称让行交叉口)。

平 B_3 类:全无管制交叉口。

C 类:环形交叉口

平 C 类:环形交叉口。

平面交叉口的选用类型应符合表 9-23 的规定。

表 9-23　平面交叉口选型

平面交叉口类型	选型	
	推荐形式	可选形式
主干路—主干路	平 A_1 类	—
主干路—次干路	平 A_1 类	—

平面交叉口类型	选型	
	推荐形式	可选形式
主干路—支路	平 B_1 类	平 A_1 类
次干路—次干路	平 A_1 类	—
次干路—支路	平 B_2 类	平 A_1 类或平 B_1 类
支路—支路	平 B_2 类或平 B_3 类	平 C 类或平 A_2 类

（2）立体交叉口

应根据相交道路等级、直行及转向（主要是左转）车流行驶特征、非机动车对机动车干扰等分类，主要类型划分及功能特征宜符合表 9-24 的规定，分类应满足下列要求：

A 类：枢纽立交

立 A_1 类：主要形式为全定向、喇叭形、组合式全互通立交。宜在城市外围区域采用。

立 A_2 类：主要形式为喇叭形、苜蓿叶形、半定向、定向—半定向组合的全互通立交。宜在城市外围与中心区之间区域采用。

B 类：一般立交

立 B 类：主要形式为喇叭形、苜蓿叶形、环形、菱形、迂回式、组合式全互通或半互通立交。宜在城市中心区域采用。

C 类：分离式立交

立 C 类：分离式立交。

表 9-24　立体交叉口类型划分及功能特征

立交类型	主线直行车流行驶特征	转向（主要指左转）车流行驶特征	非机动车及行人干扰情况
立 A_1	快速或按设计速度连续行驶	经定向匝道或经集散、变速车道行驶	机非分行，无干扰；车辆与行人无干扰
立 A_2	快速或按设计速度连续行驶	一般经定向匝道或经集散、变速车道行驶，或部分左转车减速行驶	机非分行，无干扰；车辆与行人无干扰
立 B	快速或按设计速度连续行驶，次要主线受转向车流交织干扰或受平面交叉口左转车冲突影响，为间断流	减速交织行驶，或受平面交叉口影响减速交织行驶，为间断流	机非分行或混行，有干扰；主线车辆与行人无干扰
立 C	快速或按设计速度连续行驶	—	—

城市道路立交类型选择，应根据交叉节点在城市道路网中的地位、作用、相交道路的等级，并应结合城市性质、规模、交通需求及立交节点所在区域用地条件按表 9-25 选定。

表 9-25　立体交叉选型

立体交叉口类型	选型	
	推荐形式	可选形式
快速路—快速路	立 A_1 类	—
快速路—主干路	立 B 类	立 A_2 类、立 C 类
快速路—次干路	立 C 类	立 B 类
快速路—支路	—	立 C 类
主干路—主干路	—	立 B 类

注:当城市道路与公路相交时,高速公路按快速路、一级公路按主干路、二级和三级公路按次干路、四级公路按支路,确定与公路相交的城市道路交叉口类型。

2）立体交叉口控制性规划

（1）立体交叉设置条件

高速公路与城市各级道路相交时,必须采用立体交叉。快速路与快速路相交,必须采用立体交叉;快速路与主干路相交,应采用立体交叉。主干路与主干路交叉口的交通量超过 4 000～6 000 pcu/h,相交道路为四车道以上,且对平面交叉口采取改善措施、调整交通组织均收效甚微时,可设置立体交叉。两条主干路交叉或者主干路与其它道路相交,当地形适宜修建立体交叉,且技术经济比较合理时,可设置立体交叉。道路跨河或跨铁路时,可利用桥梁边孔修建道路与道路的立体交叉。

（2）立交形式选择

城市道路立体交叉口的形式选择,应符合以下规定:

整个道路网中,立体交叉口的形式应力求统一,其结构形式应简单,占地面积少;

交通主流方向应走捷径,少爬坡和少绕行;

非机动车应行驶在地面层上或路堑内;

当机动车与非机动车分开行驶时,不同的交通层面应相互套叠组合在一起,减少立体交叉口的层数和用地。

（3）立体交叉用地控制要求

各种形式立体交叉口的用地面积和规划通行能力宜符合表 9-26 规定。

表 9-26　立体交叉口规划用地面积和通行能力

立体交叉口层数	立体交叉口匝道基本形式	机动车与非机动车有无冲突	用地面积（万 m²）	通行能力（千辆/h）	
				当量小汽车	当量自行车
二	菱形	有	2.0～2.5	7～9	10～13
	苜蓿形	有	6.5～12.0	6～13	16～20
	环形	有	3.0～4.5	7～9	15～20
		无	2.5～3.0	3～4	12～15
三	十字形	有	4.0～5.0	11～14	13～16
	环形	有	5.0～5.5	11～14	13～14
		无	4.5～5.5	8～10	13～15

立体交叉口层数	立体交叉口匝道基本形式	机动车与非机动车有无冲突	用地面积（万 m²）	通行能力（千辆/h）	
				当量小汽车	当量自行车
三	苜蓿形与环形①	无	7.0～12.0	11～13	13～15
	环形与苜蓿形 ②	无	5.0～6.0	11～14	20～30
四	环形	无	6.0～8.0	11～14	13～15

注：① 三层立体交叉口中的苜蓿形为机动车匝道,环形为非机动车匝道;
② 三层立体交叉口中的环形为机动车匝道,苜蓿形为非机动车匝道。

3）平面交叉口控制性规划

在城市道路系统中,除快速路系统和个别主干路上的立体交叉口外,城市中的道路交叉口基本上均为平面交叉口。平面交叉口有"十"、"X"、"T"、"Y"、"环形"等多种形式。应根据相交道路等级、分向流量、公交站点设置、交叉口周围用地性质,确定交叉口型式及其用地范围。

（1）平面交叉口设置要求

平面交叉口必须进行渠化规划设计,必须通过增加交叉口进口道车道数来弥补时间资源的损失,使交叉口通行能力与路段通行能力相匹配;交叉口渠化改造和规划建设必须考虑系统性,不能孤立改造某个交叉口,将交通矛盾转到其它交叉口;尽可能利用平面交叉口渠化来挖掘既有设施潜力,尽量不建立交;平面环形交叉口可采用"环交＋信号灯"控制方式。

（2）环交设置应满足下列要求

机动车与非机动车混行的环形交叉口,环道总宽度宜为 18～20 m,中心岛直径宜取 30～50 m,其规划通行能力宜按表 9-27 的规定采用。

表 9-27　环形交叉口的规划通行能力

机动车的通行能力（千辆/h）	2.6	2.3	2.0	1.6	1.2	0.8	0.4
同时通过的自行车数（千辆/h）	1	4	7	11	15	18	21

注：机动车换算成当量小汽车数,非机动车换算成当量自行车数。

规划交通量超过 2 700 pcu/h 的交叉口不宜采用环形交叉口。环形交叉口上的任意交织段上,规划的交通量超过 1 500 pcu/h 时,应改建交叉口。

（3）平面交叉口用地控制要求

城市道路平面交叉口的规划用地面积宜符合表 9-28 规定。

（4）交叉口范围红线拓宽

车辆通过交叉口的可通过时间一般相当于路段可通车时间的一半,导致交叉口进口道上每条车道的通行能力不到路段通行能力的一半。因此,平面交叉口规划设计须使进口道通行能力与其上游路段通行能力相匹配,可采取增宽交叉口处的红线宽度,在交叉口进口道增加车道等措施。

表 9-28　平面交叉口规划用地面积　　　　　　　　　　单位:万 m²

城市人口（万人）相交道路等级	T 字形交叉口			十字形交叉口			环形交叉口		
	>200	50～200	<50	>200	50～200	<50	中心直径（m）	环道宽度（m）	用地面积（万 m²）
主干路与主干路	0.60	0.50	0.45	0.80	0.65	0.60	—	—	—
主干路与次干路	0.50	0.40	0.35	0.65	0.55	0.50	40～60	20～40	1.0～1.5
次干路与次干路	0.40	0.30	0.25	0.55	0.45	0.40	30～50	16～20	0.8～1.2
次干路与支路	0.33	0.27	0.22	0.45	0.35	0.30	30～40	16～18	0.6～0.9
支路与支路	0.20	0.16	0.12	0.27	0.22	0.17	25～35	12～15	0.5～0.7

平面交叉口进口道的展宽段长度和宽度应根据规划交通需求量和车辆在平面交叉口的排队长度确定。表 9-29 提供了平面交叉口规划红线宽度增加值和展宽段长度指标。平面交叉口出口道红线可增宽 3 m,增宽长度视道路等级取 60～80 m,渐变段取 30～50 m[13]。

表 9-29　新建平面交叉口进口道规划红线宽度增加值和长度[14]　　　　单位:m

交叉口相交道路	规划红线宽度增加值			进口道规划红线长度					
				展 宽 段 长 度			展宽渐变段长度		
	主干路	次干路	支路	主干路	次干路	支路	主干路	次干路	支路
主干路与主干路	10～15	—	—	80～120	—	—	30～50	—	—
主干路与次干路	5～10	5～10	—	70～100	50～70	—	20～40	20～40	—
主干路与支路	3～5	—	3～5	50～70	—	30～40	15～30	—	15～30
次干路与次干路	—	5～10	—	—	50～70	—	—	15～30	—
次干路与支路	—	3～5	3～5	—	40～60	30～40	—	15～30	15～30
支路与支路	—	—	3～5	—	—	20～40	—	—	15～30

参考文献

［1］国家技术监督局,建设部. 城市道路交通规划设计规范（GB 50220—95）［S］. 北京:中国计划出版社,1995.

［2］建设部. 城市道路工程设计规范（CJJ 37—2012）［S］. 北京:中国建筑工业出版社,2012.

［3］建设部. 城市道路交叉口设计规程（CJJ 152—2010）［S］. 北京:光明日报出版社,2010.

［4］中国公路学会《交通工程手册》编委会. 交通工程手册［M］. 北京:人民交通出版社,1998.

［5］《建设部关于优先发展城市公共交通的意见》（建设部建城［2004］38 号文件）.

［6］过秀成. 交通工程案例分析［M］. 北京:中国铁道出版社,2009.

［7］王炜,徐吉谦等. 城市交通规划理论及其应用［M］. 南京:东南大学出版社,1998.

［8］文国玮. 城市交通与道路系统规划（新版）［M］. 北京:清华大学出版社,2007.

[9] 叶茂,过秀成等.大城市中心区合理干道网密度研究[J].交通运输系统工程与信息,2010(3):130-135.

[10] 李星,过秀成,叶茂,等.面向公交优先的城市道路分级配置体系研究[J].交通运输工程与信息学报,2010,8(3):93-98.

[11] 江苏省城市道路网规划设计指标体系研究[R].南京:东南大学,2009.

[12] 石飞.城市道路等级级配及布局方法研究[D].南京:东南大学博士学位论文,2006.

[13] 陈小鸿,黄肇义,汪洋.公交导向的城市道路网络规划方法与实践[J].城市规划,2007(8):74-79.

[14] 杨晓光.城市道路交通设计指南[M].北京:人民交通出版社,2003.

第 10 章　城市轨道交通线网规划

城市轨道交通是大型城市基础设施项目,对城市的建设和发展有较大的影响,在项目投资前阶段,国家需要对轨道线网规划、初步(预)可行性研究报告、可行性研究报告及初步设计进行审批。其中,轨道交通线网规划是城市总体规划中的专项规划,在城市规划流程中,位于综合交通规划之后、专项详细控制性规划之前。作为项目建设的前提,轨道交通线网规划对建设项目的选择和规划条件的提出、与其他交通方式的衔接和协调及与市政工程的配套都有直接作用。

10.1　城市轨道交通线网规划任务及内容

10.1.1　规划任务及原则

1)规划任务

轨道线网规划应基本做到"三个稳定、两个落实、一个明确"。"三个稳定"即线路起终点(走向)稳定、线网换乘结点稳定、交通枢纽衔接点稳定;"两个落实"即车辆基地和联络线的位置及其规划用地落实;"一个明确"即各条线路的建设顺序和分期建设规划明确。城市轨道交通线网规划任务在于优化区域轨道交通衔接,带动区域协调发展,提升城市地位;完善轨道交通线网层次体系,合理确定线网发展规模,支撑城市发展;优化轨道交通网络布局,引导城市空间结构调整,协调城市用地开发;改善城市交通方式结构,明确轨道交通枢纽布局规划,构筑一体化的交通体系。

2)规划原则

城市轨道交通线网规划应以城市综合交通规划等上位规划为基础,结合城市空间结构优化、用地功能布局调整,以及外部发展环境的变化,对轨道交通线网进行优化和完善,主要规划原则如下。

(1)以既有线网规划为基础,确保既有线网布局总体稳定

轨道交通线网规划应在既有线网规划研究的基础上,结合最新城市发展规划战略目标、用地结构等来规划调整城市轨道交通线网,其中线路在城市规划管理中已进行了严格的用地控制,原则上不对其进行重大调整。

(2)满足城市主干客流的交通需求,尽量方便乘客换乘

轨道交通建设的根本目的是满足城市发展现状和未来交通需求,优化城市空间结构和交通结构,应以交通需求分析为基础,通过交通分析模型测试优化调整轨道交通线网,使轨道交通能够最大程度上承担客流走廊的交通需求,尽量减少乘客的换乘

次数。

（3）与城市总体规划修编互动，适应城市空间布局

轨道线网规划与城市总体规划同步修编，规划线网要与城市主要发展轴相适应，强调其对城市布局调整和土地开发的引导作用，特别是围绕城市各级中心体系的构建形成多线换乘枢纽，提高人口与就业岗位密集地区的轨道线网密度，通过轨道交通串联城市各大客流集散点，促进城市整体运行效率的提升。

（4）与区域铁路、轨道网络相衔接，构建一体化轨道交通线网

应强化轨道交通与区域综合客运枢纽的衔接，通过构建一体化的交通体系，扩大区域辐射范围，提升城市地位。

10.1.2 规划技术内容

1）规划范围及年限

规划范围一般与城市总体规划范围相一致。在规划范围内，还应进一步明确重点研究范围，即轨道交通线路最为集中、规划难点也最为集中的区域。重点研究范围应根据具体城市的特点确定，但一般选择为城市中心区。

规划年限分为近期和远景。近期规划主要研究线网重点部分的修建顺序以及对城市发展的影响，因此年限应与城市总体规划年限一致。远景规划是研究城市理想发展状态下轨道交通系统合理的规划。一般可以按城市总体远景发展规划和城区用地控制范围及其推算的人口规模和就业分布为基础，作为线网远景规模的控制条件。

2）规划技术内容

城市轨道交通线网规划研究主要分为4个阶段：前提与基础研究、轨道交通需求预测阶段、线网构架研究和实施规划研究。

（1）前提与基础研究阶段

主要对城市自然和人文背景加以研究，从中总结指导轨道交通线网规划的技术政策和规划原则。主要研究依据应是城市总体规划和综合交通规划等。具体研究内容包括城市现状与发展规划、城市交通现状与规划、城市工程地质分析、既有铁路利用分析和建设必要性论证等。

（2）轨道交通需求预测阶段

该阶段是线网架构研究的基础，主要是交通模型构建的过程，其目的是合理匡算线网规模。主要内容包括：客运交通生成预测、客运交通分布预测、方式划分预测及线网合理规模匡算等。

（3）线网构架研究阶段

线网构架研究是线网规划的核心部分，主要是方案构思、交通模型测试和方案评价3个工序的循环过程，其目的是推荐优化的线网方案。主要内容包括：线网方案的构思、线网方案客流测试、线网方案的综合评价。

（4）实施规划研究阶段

实施规划是轨道交通是否具备可操作性的关键，集中体现轨道交通的专业性，主要研究内容是工程条件、建设顺序、附属设施的规划等。具体内容包括：车辆段及其基地的选

址与规模研究、线路敷设方式及主要换乘节点方案研究、修建顺序规划研究、轨道交通线
网的运营规划、联络线分布研究、轨道交通线网与城市的协调发展及环境要求、轨道交通
和地面交通的衔接等。

10.2　城市轨道交通需求预测

10.2.1　预测基础及基本框架

1）预测准备

建立交通需求预测模型需要的基础数据分为两类：第一类为社会经济与土地使用方
面的数据，该类数据描述研究区域各交通小区的人口、居民家庭、就业岗位以及分类别的
土地使用情况；第二类为交通网络数据，用来描述研究区域的交通系统情况，包括道路网
络和公交网络等系统的数据。

对于规划人口超过 100 万人的城市，应利用本城市 5 年之内进行的居民出行特征调
查和 3 年之内的其他交通调查数据进行模型的标定和检验。规划人口低于 50 万人的城
市、或者规划人口在 50 万人至 100 万人之间且非机动化方式在客运交通结构中达到 70%
以上的城市，重要的模型参数应通过居民出行特征调查数据进行标定，一般模型参数在分
析论证的基础上可从相似城市借用。

2）预测内容

在线网规划阶段有四项工作需要客流资料的支撑：①规划、建设城市轨道交通系统的
必要性论证；②各规划线的运量等级、系统规模和相关的用地控制；③线网方案的评价和
选择；④线网的分期发展实施方案的制定。

该阶段的客流研究工作称之为"全网客流估算"，应计算的指标包括全网和各线指标，
除换乘站的换乘量之外，不需计算其他各站点乘降量。采用全网客流估算的原因是远景
年的用地规划资料不易落实，各类车站（含道路公交）的站位不易准确确定，交通网络在发
展中的可变因素难以确定。

3）预测方法

城市轨道交通客流量预测基本上采用四阶段法，即利用居民出行调查资料，在预测城
市客运总需求的基础上通过交通方式划分预测城市轨道交通的客流量。

四阶段法是通过居民出行调查，掌握现状全方式的出行分布；在此基础上预测未来年
的全方式出行分布，然后通过方式划分和交通分配预测得到轨道交通 OD，即可计算出轨
道交通客流量。该方法结合土地利用规划分析城市轨道交通客流，能较好的反映城市远
期客流分布，且精确度相对较高，缺点主要在于对数据的要求高、操作复杂。这种预测方
法是目前轨道交通客流预测的主要方法。其中方式划分模型是轨道客流预测精确与否的
关键，本节主要采用了 RP 调查与 SP 调查相结合的方法进行了轨道交通方式比例的预
测，轨道客流预测流程如图 10-1 所示。表 10-1 反映了各阶段交通需求预测的内容及常
用模型。

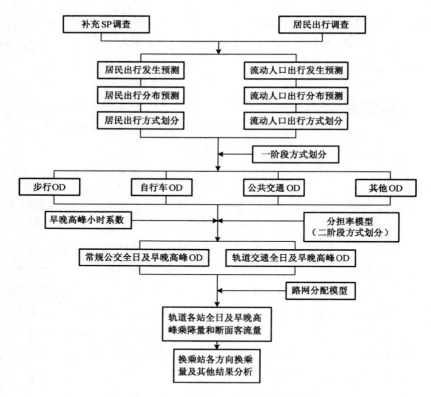

图 10-1　轨道交通客流预测流程

表 10-1　轨道交通客流预测各步骤结构

项　目	内　容	模　型
① 发生吸引交通量的预测	根据每个地区的人口等社会经济指标，预测该地区未来的出行发生量和吸引量。	拟参考国内其它城市居民出行调查资料，通过数据拟合，分析出行率与人均 GDP 及第二产业的关系，进而推荐合理的出行率。或采用增长系数法或回归模型计算交通生成量。
② 分布交通量的预测	将按上述方法预测得到的发生吸引交通量用于总体控制，再根据以各地区地理条件、交通条件为参数的模型公式，预测各小区间的分布交通量，并编制 OD 表。	可根据城市特征采用增长系数法、重力模型法、机会介入模型法及系统平衡分析法。
③ 各种交通方式交通量的预测	根据能够反映各种交通方式和交通条件的交通方式分担率模型公式，对 OD 表按各交通方式进行划分。	随着轨道交通的开通，小汽车、公交车的客流向城市轨道交通转移。因此，拟采用二阶段的步骤，即把出行者的出行分为固定地使用某种方式的部分和可能选择多个选择枝的部分，出行量的竞争选择部分可通过分担率模型进行划分。模型包括分担率曲线法、线性回归模型、Logit 模型等。
④ 分配交通量的预测	将轨道交通 OD 表分配到轨道交通线网，集合各条路线的不同区间，预测出各条轨道线路的客流量。	分别推算从二轮车（自行车、助力车和摩托车）、公交汽车、非公交机动车转向轨道的转换量；将轨道交通 OD 表采用网络流分配方法在轨道网（轨道网＋道路网）上进行分配计算。

10.2.2　轨道交通需求预测

1）出行生成预测

（1）出行发生预测

分析居民出行调查资料，统计现状各交通小区单位面积对各出行目的的出行发生量，考虑各交通小区的地理位置、用地状况、建筑状况等，将规划与现状进行类比分析，确定规划各交通小区的各类用地对各种出行目的的出行发生权。

利用出行发生权重及规划各交通小区面积，用式（10-1）可计算出未来交通区、各种出行目的的居民出行发生量。

$$U_{jk} = \alpha_j \frac{M_{jk} \cdot A_j \cdot k_{jk}}{\sum_j \alpha_j M_{jk} \cdot A_j \cdot k_{jk}} \sum_j T_{jk} \qquad (10\text{-}1)$$

式中：α_j——交通区 j 所属大区的区位影响率；

$\quad U_{jk}$——交通区 j、出行目的 k 的出行发生量（人次/d）；

$\quad M_{jk}$——交通区 j、出行目的 k 的出行发生权；

$\quad A_j$——交通区 j 的用地面积（m^2）；

$\quad k_{jk}$——交通区 j 的 k 类用地容积率；

$\quad T_{jk}$——交通区 j、出行目的 k 的出行发生量（人次/d）。

（2）出行吸引预测

① 上班出行吸引

用式（10-2）计算未来交通区居民上班出行吸引量：

$$U_j = \frac{E_j}{\sum_j E_j} \sum_j T_j \qquad (10\text{-}2)$$

式中：U_j——交通小区 j 的上班出行吸引（人次/d）；

$\quad E_j$——交通小区 j 的就业岗位（个）；

$\quad T_j$——交通小区 j 的上班出行量（人次/d）。

② 弹性、回程出行吸引

分析居民出行调查资料，统计现状各交通小区单位面积对各出行目的的出行吸引量，以此为基础，考虑各交通小区的地理位置、用地状况、建筑状况等，将规划与现状进行类比分析，确定规划各交通小区的各类用地对各种出行目的的出行吸引权。

利用出行吸引权重及规划各交通小区面积，用式（10-3）可计算出未来交通区、各种出行目的的居民出行吸引量（就学、弹性、回程）。

$$U_{jk} = \alpha_j \frac{M_{jk} \cdot A_j \cdot k_{jk}}{\sum_j \alpha_j M_{jk} \cdot A_j \cdot k_{jk}} \sum_j T_{jk} \qquad (10\text{-}3)$$

式中：α_j——交通区 j 所属大区的区位影响率；

$\quad U_{jk}$——交通区 j、出行目的 k 的出行吸引量（人次/d）；

M_{jk}——交通区 j、出行目的 k 的出行吸引权；

A_j——交通区 j 的用地面积（m^2）；

k_{jk}——交通区 j 的 k 类用地容积率；

T_{jk}——交通区 j、出行目的 k 的出行吸引量（人次/d）。

2）出行分布预测

（1）区内交通分布预测

基于用地面积的区内交通分布预测模型，如式（10-4）。

$$T_{ij} = K \cdot G_i^{\alpha} \cdot A_i^{\beta} \cdot S_i^{\gamma} \tag{10-4}$$

式中：T_{ij}——i 小区内交通量（人次/d）；

G_i——i 小区发生交通量（人次/d）；

A_i——i 小区吸引交通量（人次/d）；

S_i——i 小区面积（km^2）；

K——修正系数；

α——发生交通量参数；

β——吸引交通量参数；

γ——面积参数。

（2）区间交通分布预测

采用双约束重力模型，如式（10-5）。

$$T_{ij} = \frac{K_i K_j P_i A_j}{f(t_{ij})} \tag{10-5}$$

具体模型参数可详见第三章。

3）方式划分预测

方式划分预测模型应以基年出行调查数据为基础，预测将来交通方式划分的构成。若基年出行调查数据是在无轨道交通情况下的调查数据，若以此为基础建立包含轨道交通方式在内的预测模型，模型可靠度较差。

轨道客流量主要包括机动车及非机动车向轨道交通的转移量、步行向轨道交通的转移量及轨道交通诱增的客流量，其中步行向轨道交通的转移的比例较小，考虑到模型计算的复杂性，故可考虑略去；而影响到轨道交通诱增客流量的因素较为复杂，可采用分阶段预测的方法跳过轨道交通诱增量计算，先假设规划特征年没有轨道交通的前提下的各种交通方式的比例，计算各种交通方式向轨道交通转移的比例，其中主要分析使用交通工具的交通方式向轨道交通转移的比例。

方式划分预测模型可采用两阶段的预测步骤，如图 10-2 所示（A. 无轨道交通时的各交通方式比例结构预测；B. 轨道交通方式结构预测），进行规划年轨道交通方式预测。

A. 无轨道交通时的各交通方式比例结构预测。采用转移曲线法预测步行、自行车、公交车及非公交机动车的比例结构。

B. 轨道交通方式结构预测。建立基于时间价值的客流转移率模型计算自行车、公交车及非公交机动车向轨道交通转移的比例，从而预测规划年城市轨道交通比例。

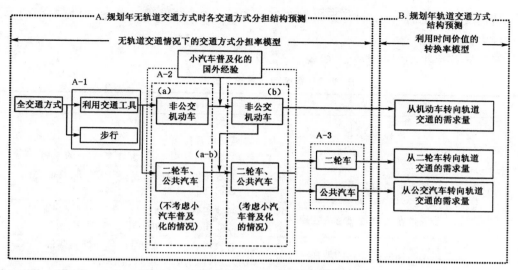

图 10-2　轨道交通出行方式分担模型结构

（1）无轨道交通情况下交通方式分担率模型

无轨道交通情况下的预测，是假定现在利用的交通方式持续到将来的情况下的预测，统计出不同目的不同移动距离段的交通方式分担率，根据其趋势拟合分担率模型。

（2）有轨道交通情况下交通方式转移率模型

客流转移率模型主要考虑时间效用和票价效用作为影响其他交通方式向轨道交通转移的主要因素，模型假设在具有同等经济能力（个人收入）的情况下，轨道交通的方式选择关系也基本相同。

基于非集计理论建立方式选择模型如式（10-6）：

$$P_{in} = \frac{e^{V_{in}}}{\sum\limits_{j \in A_n} e^{V_{jn}}} = \frac{1}{\sum\limits_{j \in A_n} e^{V_{jn}-V_{in}}} \quad i \in A \tag{10-6}$$

式中：P_{in}——出行者 n 选择方式 i 的概率；

　　　V_{in}——出行者 n 选择方式 i 的效用函数中的固定项；

　　　A_n——出行者 n 的选择方案的集合，当城市中现状没有轨道交通方式时，出行者的选择方案为现有交通方式加轨道交通方式。

效用函数的固定项 V_{in} 采取参数向量 θ 和特征向量 X_{in} 的线性函数。

未来可能向轨道交通方式转移的交通方式主要有二轮车、公共汽车、非公交机动车，各选择方案对出行者的效用可以用式（10-7）函数形式表示。

$$V_{in} = a_i \cdot t_i + b_i m_i + c_i \tag{10-7}$$

式中：t_i——出行者选择方式 i 的出行时间；

　　　m_i——出行者选择方式 i 的出行费用；

　　　a_i, b_i——效用函数解释性变量系数；

　　　c_i——交通方式 i 的固有哑元变量；

　　　i——交通方式编号。

特征变量确定后,将交通行为调查获得的 RP 与 SP 数据代入模型,对模型中的参数利用极大似然法进行标定。

客流转移率模型的基本公式如表 10-2 所示。

表 10-2　客流转移率模型的基本公式

项　目		内　容
转向轨道交通的客流转移率模型(非集计 Logit 模型)基本公式		$P_r = \exp V_r / (\exp V_r + \exp V_m)$ P_r:轨道交通转换概率 V_r:轨道交通的效用;V_m:交通方式 m 的效用
效用函数	二轮车向轨道交通的转换	轨道交通的效用(V_r)说明变量:所需时间、票价 二轮车的效用(V_m)说明变量:所需时间
	公共汽车向轨道交通的转换	轨道交通的效用(V_r)说明变量:所需时间、票价 公共汽车的效用(V_m)说明变量:所需时间、票价
	机动车向轨道交通的转换	轨道交通的效用(V_r)说明变量:所需时间、票价 机动车的效用(V_m)说明变量:所需时间

(3)模型检验

① 模型变量重要性检验

效用函数中特征变量 t_i 及 m_i 的重要性采用 t_k 统计量检验,当 $|t_k| > 1.96$ 时,有 95% 的概率可以肯定 t_i 及 m_i 为影响选择概率的主要因素之一。

② 模型实用性检验

利用实际选择行为结果与模型计算结果是否一致来判断模型实用性,采用命中率指标进行检验,当命中概率大于 80% 时,认为模型实用。对于已存在的交通方式,实际选择结果利用 RP 数据;对于尚未存在的轨道交通方式,选择结果利用 SP 数据。

10.2.3　基于非集计模型的轨道交通需求预测

本节以苏州为例,介绍城市轨道交通需求分析技术在实际项目中的应用。

1)规划背景

苏州市位于长江三角洲发展主轴即沪宁城镇聚合轴与连通城镇聚合轴的交点之上,是苏锡常都市圈的中心城市之一。苏州工业园区处在与作为苏州市主要发展方向的上海进行联络的城市东部位置上,是承担今后城市发展重任的地区,与老城及周边地区协调整合后,将成为苏州市又一新城市中心。为了工业园区将来的发展,强化与老城、高新区等市内各地区的联络,应提供以轨道交通为主的高品质的交通服务。为保证苏州工业园区轨道交通线网建设的合理性,在此背景下进行苏州市工业园区轨道线网规划,为苏州市轨道线网调整提供意见。相关规划条件和内容如表 10-3 所示。

表 10-3　苏州市工业园区轨道线网规划内容

项　目	内　容
规划对象地区	苏州规划范围,包括工业园区、中心区、相城区、高新区及吴中区,重点为苏州市工业园区
规划特征年	2020 年
基础数据	苏州市居民出行调查(2006 年)及补充交通调查(2008 年)

2）出行总量预测

随着社会经济的发展,城市化水平以及人们生活水平的提高,居民的弹性出行总量及占整个出行的比重都保持着持续增长,从而导致居民人均出行次数的增加;与此同时,高龄化的发展和在家工作的增加对居民的出行次数有着一定的制约作用,有出行者的出行比例将会有所下降,苏州市规划年交通分目的出行率设定如表 10-4 所示。

表 10-4　苏州市规划年交通分目的出行率的设定

交通目的	未来变化动向
上班	由于第三产业的发展和在家工作比例的增加,上班出行率将会有所下降
上学	出行率今后也不会有太大变化
弹性(生活购物、探亲、文娱、公务、其它)	调查结果无法统计到的潜在出行的存在、预计今后随着城市发展,出行将会频发化
回程	出行率今后也不会有太大变化

影响居民平均出行率的因素主要有人均 GDP、第二产业比例、建筑用地面积、GDP 总量等,通过对各因素进行相关性分析,选用人均 GDP 和第二产业的比例为影响居民平均出行率的指标,参考国内其他城市的出行数据,拟合得到人均出行次数与人均 GDP、第二产业比例之间的关系。

设定苏州城市居民人均出行次数为 2.35 次/人·d,规划年基于上班、上学、弹性、回程的出行率分别为 0.4,0.16,0.71,1.08 次/人·d,合计居民(包含城镇人口和暂住人口)出行总量为 1 175 万人次/d;流动人口人均出行次数为 3.0 次/人·d,流动人口出行总量为 150 万人次/d,合计出行总量为 1 325 万人次/d。

3）出行生成预测

(1) 城市居民出行产生

通过苏州市用地发生吸引源调查标定各用地类型的发生吸引权重,如表 10-5～表 10-8 所示,用式(10-1)可计算出未来交通区、各种出行目的的居民出行发生量。

表 10-5　交通大区区位影响系数表

规划区域	中 心 城 区					外 围 区			
交通大区	1	2	3	4	5	6	7	8	9
区位影响系数	1.2	1.5	1.2	1.0	1.0	0.8			

表 10-6　基于上班目的的分类用地各种目的出行发生权

用地类型	公 用 设 施 用 地						
	行政	商业	文化	体育	医疗	科研	其他
发生权	0.01	0.02	0.01	0.01	0.01	0.01	—
用地类型	居住用地	对外交通用地	广场用地	社区邻里用地	市政设施用地	工业用地	仓储用地
发生权	0.90	—	0.01		0.01	0.01	—

表 10-7　基于上学目的分类用地各种目的出行发生权

用地类型	公用设施用地						
	行政	商业	文化	体育	医疗	科研	其他
发生权	—	—	—	—	—	—	—
用地类型	居住用地	对外交通用地	广场用地	社区邻里用地	市政设施用地	工业用地	仓储用地
发生权	1	—	—	—	—	—	—

表 10-8　基于弹性目的的分类用地各种目的出行发生权

用地类型	公用设施用地						
	行政	商业	文化	体育	医疗	科研	其他
发生权	0.02	0.03	0.02	0.02	0.02	0.01	—
用地类型	居住用地	对外交通用地	广场用地	社区邻里用地	市政设施用地	工业用地	仓储用地
发生权	0.85	—	0.01	—	0.01	0.01	

（2）流动人口出行产生

流动人口按照不同出行目的大致可分为对外港站和其它目的两大类，参考表 10-9 所示的流动人口出行发生权，以式（10-1）计算规划年交通小区流动出行发生量。

表 10-9　流动人口分类用地出行发生权

用地类型	公用设施用地						
	行政	商业	文化	体育	医疗	科研	其他
发生权	0.10	0.15	0.05	0.05	0.15	0.02	—
用地类型	居住用地	对外交通用地	广场用地	社区邻里用地	市政设施用地	工业用地	仓储用地
发生权	0.05	0.55	0.05	—	0.02	0.08	

（3）城市居民出行吸引

以式（10-2）计算上班出行吸引量，并参考表 10-10 及表 10-11 所示的出行吸引权，利用此权重及规划各交通小区面积，用式（10-3）计算规划交通小区分目的居民出行吸引量。

表 10-10　基于上学目的的分类用地各种目的出行吸引权

用地类型	公用设施用地						
	行政	商业	文化	体育	医疗	科研	其他
发生权	—	—	—	—	—	0.2	—
用地类型	居住用地（重点中小学）	对外交通用地	广场用地	社区邻里用地	市政设施用地	工业用地	仓储用地
发生权	0.8	—	—	—	—	—	

表 10-11　基于弹性目的的分类用地各种目的出行吸引权

用地类型	公 用 设 施 用 地						
	行政	商业	文化	体育	医疗	科研	其他
发生权	0.15	0.25	0.10	0.10	0.15	0.03	0.02
用地类型	居住 用地	对外交通 用地	广场 用地	社区邻里 用地	市政设施 用地	工业 用地	仓储 用地
发生权	—	0.05	0.03	0.02	0.05	0.02	0.03

（4）流动人口出行吸引

计算未来交通区流动出行吸引量如图 10-3 所示，相关计算方法参考基于弹性目的的分类用地各种目的出行吸引权。

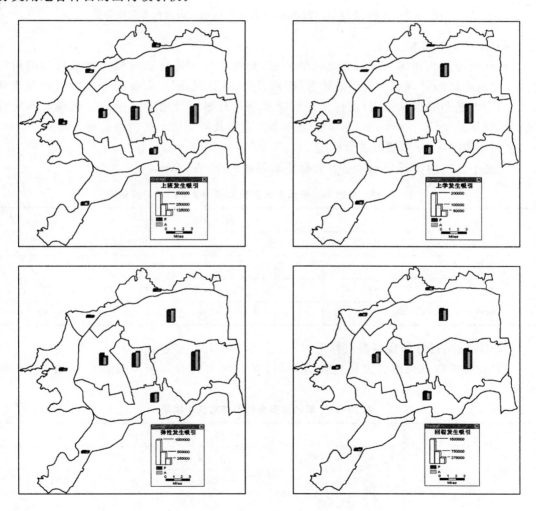

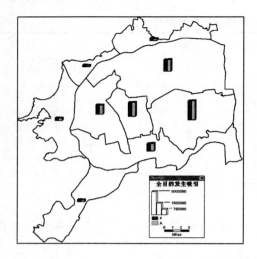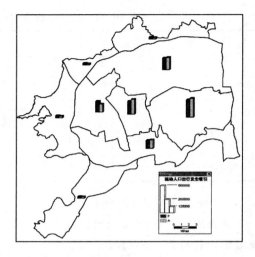

图 10-3　上班、上学、弹性、回程、全目的及流动人口出行发生吸引量

4）出行分布预测

将苏州市现状和规划路网节点间的距离、交通小区与现状和规划路网节点号的对应关系、交通小区内部现状和规划阻抗值（距离）输入计算机,通过各交通小区内居民和流动人口的产生量和吸引量预测,运行交通网络规划软件进行交通分布重力模型参数标定并进行规划年的预测,计算出 2020 年各交通小区之间及各交通小区内部交通分布量。

（1）区内出行分布模型参数标定

交通小区区内出行分布模型参数标定结果如表 10-12 所示。

表 10-12　交通小区区内交通量预测模型参数的标定结果

目　的	参　数			
	K	α	β	γ
上班	0.018	0.729	0.521	0.223
上学	0.035	0.802	0.448	0.248
弹性	0.017	0.712	0.496	0.286

（2）区间出行分布模型参数标定

利用 2006 年苏州市居民出行调查资料,对区间出行分布模型参数标定如表 10-13 所示。

表 10-13　双约束重力模型参数标定结果

出行目的	参　数		
	a	b	c
上班	111.297	1.284 6	0.094
上学	113.652	1.893 6	0.124
弹性	108.691	1.786 2	0.118

5）模型参数检验

采用 2008 年工业园区企业调查结果对分布模型进行校核,分工业园区与其它大区之间的出行分布校核和工业园区内部出行分布比例进行校核。

（1）区间校核

区间校核结果如表 10-14 所示,区间模型校核精度为 0.66,基本符合模型精度要求。

表 10-14　区间校核结果

居住地		沧浪区	平江区	金阊区	高新区	吴中区	相城区
园区实际	比例（%）	34.2	14.0	11.8	12.9	18.8	8.5
预测结果	比例（%）	28.1	10.1	8.7	12.9	18.8	17.9

（2）区内校核

按照图 10-4 所示的工业区交通中区划分,区内校核结果如表 10-15 所示,区内模型校核精度为 0.703,符合模型精度要求。

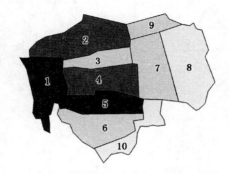

图 10-4　工业园区交通中区

表 10-15　区内校核结果

居住号		1	2	3	4	5	6	7	8	9	10
园区实际	比例（%）	24.5	14.0	2.2	14.9	20.9	2.0	3.8	7.1	5.8	4.7
预测结果	比例（%）	21.3	16.2	3.9	16.8	18.6	3.5	4.8	7.2	4.6	3.1

6）模型结果分析

如图 10-5 所示,在苏州市上班 OD 分布中,交通区内部出行占 76.87%,工业园区和中心区之间出行量最大,且具有明显的方向不均匀性,中心区至工业园区工作出行占总 OD 对的 80% 以上。区内出行为上学 OD 的主体,交通大区区内出行比例为上班出行的 96.8%,其中工业园区、中心区及相城区出行比例较大。交通大区区内弹性出行占总弹性出行的 64.96%,工业园区与中心区弹性出行达 30 万人次,且方向不均匀性较低,中心区和相城区弹性出行达 20 万人次,且方向不均匀性较高。区内回程比例约占总回程出行人次的 72.9%,总出行人次达 540 万人次。流动人口出行主要集中在中心城区,占流动人口总出行人次的 90% 以上。

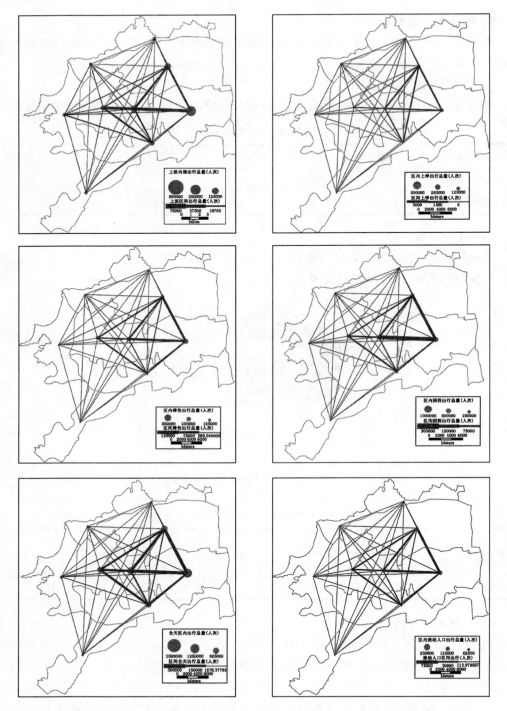

图 10-5　上班、上学、弹性、回程、全目的及流动人口出行 OD 分布图

7）方式划分预测

　　方式划分阶段以现状出行调查数据为基础，预测将来交通方式划分的构成。若以现状为基础建立包含轨道交通方式在内的预测模型，在模型的可靠性方面存在一定的问题。

因此,本预测采用两阶段的预测步骤(A. 无轨道交通时的各交通方式交通量预测;B. 轨道交通需求预测),进行规划年交通方式划分的预测。

（1）无轨道交通情况下的交通方式分担率模型

无轨道交通情况下的预测,即假定现在利用的交通方式持续到规划年的情况下的预测,城市居民及流动人口交通方式分担率模型如表 10-16 及表 10-17 所示,得到城市居民交通方式分担率、流动人口交通方式分担率以及城市居民和流动人口混合交通方式分担率分别如表 10-18、表 10-19 以及表 10-20 所示。

表 10-16　苏州市居民交通方式分担率模型

目的	A-1 徒步和利用交通工具的分担	A-2 非公交机动车和公交车、 二轮车的分担	A-3 公交车和二轮车的分担
上班	$y = 1/(1 + 0.032 * \exp(0.003 * x))$ $R^2 = 0.95$	$y = 0.16x^{0.4}$ $R^2 = 0.91$	$y = 0.48x^{0.138}$ $R^2 = 0.98$
上学	$y = 1/(1 + 0.054 * \exp(0.006 * x))$ $R^2 = 0.93$	—	$y = 0.46x^{0.132}$ $R^2 = 0.92$
弹性	$y = 1/(1 + 0.005\,5 * \exp(0.003 * x))$ $R^2 = 0.95$	$y = 0.52x^{0.095}$ $R^2 = 0.93$	$y = 0.432x^{0.133}$ $R^2 = 0.91$
回程	$y = 1/(1 + 0.005\,1 * \exp(0.004 * x))$ $R^2 = 0.91$	$y = 0.139x^{0.43}$ $R^2 = 0.96$	$y = 0.458x^{0.132}$ $R^2 = 0.90$
备注	y:步行/(步行＋利用交通工具)(%) x:距离(km)	y:非公交机动车/(利用交通工具)(%) x:距离(km)	y:公共汽车/(公共汽车＋二轮车)(%) x:距离(km)

表 10-17　苏州市流动人口交通方式分担率模型

A-1 徒步和利用交通工具的分担	A-2 非公交机动车和公交车、二轮车 的分担	A-3 公交车和二轮车的分担
$y = 1/(1 + 0.002 * \exp(0.004\,5 * x))$ $R^2 = 0.96$	—	$y = 0.21x^{0.35}$ $R^2 = 0.93$
y:步行/(步行＋利用交通工具)(%) x:距离(km)	y:非公交机动车/(利用交通工具)(%) x:距离(km)	y:公共汽车/(公共汽车＋二轮车)(%) x:距离(km)

表 10-18　城市居民交通方式分担率　　　　单位:%

目的	徒步	自行车	非公交机动车	公交车
上班	16.23	22.94	28.03	32.79
上学	21.42	36.58	—	41.99
弹性	24.52	23.66	29.16	22.65
回程	21.33	23.18	25.40	30.09
全目的	21.43	24.22	25.20	29.15

表 10-19　流动人口交通方式分担率　　　　　　　单位:%

徒　步	非公交机动车	公　交　车
25.47	31.80	42.73

表 10-20　城市居民及流动人口混合交通方式分担率　　　　单位:%

目的	徒　步	自行车	非公交机动车	公　交　车
全目的	21.89	21.48	25.95	30.69

(2) 轨道方式转换率模型

在预测规划年轨道交通需求时,使用表 10-2 所示的转换率模型预测由二轮车、公共汽车以及机动车转向轨道交通的需求量。

① 出行目的细分

针对不同出行目的的城市居民方式选择结果,进行出行目的的划分,并假定各细分出行目的群体的离散选择模型的结构一致,将出行目的划分为上班、上学、弹性及回程四种出行目的。

如表 10-21 所示,出行目的细分方案的 χ^2 检验值(显著性水平 5%)大于 14.067,表明分出行目的对城市居民进行细分较为合理。

表 10-21　出行目的细分方案合理性检验

统　计　量	出行目的细分
$L(\beta)$	$-2\,100$
$L(\beta_1)$	$-1\,023$
$L(\beta_2)$	$-1\,105.6$
$-2\times\left[L(\beta)-\sum\limits_{s=1}^{s}L(\beta_s)\right]$	66.1
$\chi^2_{n(0.05)}$	14.067

注:$L(\beta)$ 为出行目的细分前居民总体离散选择模型的对数似然函数值;
　　$L(\beta_1)$、$L(\beta_2)$ 分别为各细分出行目的居民群体离散选择模型的对数似然函数值。

② 客流转移率模型参数标定

以苏州市 2008 年轨道交通意向调查为基础建立其他交通方式转向轨道交通的客流转移率模型,采取交通行为调查的 RP 和 SP 数据对模型参数进行标定,得到参数值及检验值如表 10-22 所示:

表 10-22　轨道交通方式转移率模型参数估计

目的	被转换对象	效用函数解释性变量系数		交通方式 i 的固有哑元变量	检验结果	时间价值(a_1/a_2)	
		a_1（所需时间）（min）	a_2（票价）（元）	c（常数项）		（元/min）	（元/h）
上班	二轮车	−0.015 2	−2.398	8.226	2.7	0.006	0.380
	公共汽车	−0.029 2	−0.425	1.406	3.1	0.069	4.122
	非公共机动车	−0.051 1	−0.855	4.297	3.6	0.060	3.586
上学	二轮车	−0.285	−19.544	71.413	3.2	0.015	0.875
	公共汽车	−0.161	−1.127	1.723	2.9	0.143	8.571
弹性	二轮车	−0.023 6	−1.756	8.249	4.3	0.013	0.806
	公共汽车	−0.067 3	−0.402	2.015	4.1	0.167	10.045
	非公共机动车	−0.071 5	−0.386	1.896	3.9	0.185	11.114
回程	二轮车	−0.089 9	−0.252	1.589	2.6	0.357	21.405
	公共汽车	−0.186	−0.246	1.273	2.8	0.756	45.366
	非公共机动车	−0.679	−0.929	2.419	3.2	0.731	43.854

从模型的标定结果来看,费用和时间的参数值均为负值,这与实际情况是相符合的;并且检验结果中 $|t_k| > 1.96$,各影响因素所对应参数的 t 检验满足模型要求。

按命中率计算方法进行计算,得到全体命中率为 90.23%,二轮车、公共汽车、非公交机动车、轨道交通的命中率分别为 88.6%,89.7%,91.2%,90.7%,命中率大于 80%,模型实用性较好。

③ 模型结果

分析苏州市规划年各交通方式的比例结构如表 10-23 所示。

表 10-23　B 阶段交通方式分担率结果　　　　　　　　单位:%

交通方式	步　行	自行车	非公交机动车	公交车	轨　道
比例结构	21.63	16.52	22.29	18.03	21.53

10.2.4　线网合理规模分析

轨道交通线网合理规模的影响因素有:城市规模、城市交通需求、城市财力因素、居民出行特征、城市未来交通发展战略与政策和国家政策等。其中,城市发展的规模又包含城市人口规模、城市土地利用规模、城市经济规模、城市基础设施规模四个方面。轨道交通规模可以从宏观上判断一个城市大概的轨道交通规模范围,不能作为轨道交通各条线路布线的依据。

1）服务水平法

将规划区分类,类比其他轨道交通系统发展比较成熟的城市的线网密度,或通过线网形状、吸引范围和线路间距确定线网密度,确定城市的线网规模。

2）出行需求分析法

预测规划年全方式出行总量,并根据拟定线路客流密度确定城市轨道交通线网规模,具体公式如式(10-8)。

$$L = Q \cdot \alpha \cdot \beta/\gamma \tag{10-8}$$

式中:L——线网长度(km);

Q——城市出行总量(万人次/d);

α——公交出行比例;

β——轨道交通出行占公交出行的比例;

γ——轨道交通线路负荷强度(万人次/km·d)。

未来居民出行总量 Q 如式(10-9):

$$Q = m \cdot \tau \tag{10-9}$$

式中:m——城市远景人口规模(含常住人口和流动人口)(万人);

τ——人口出行强度(次/人·d)。

3）吸引范围几何分析法

根据轨道交通线路或车站的合理吸引范围,在不考虑轨道交通运量并保证合理吸引范围覆盖整个城市用地的前提下,利用几何方法来确定轨道交通线网规模。该法是在分析选择合适的轨道线网结构形态和线间距的基础上,将城市规划区简化为较为规则的图形或规则图形组合,以合理吸引范围来确定线间距,在图形上按线间距布线计算线网规模。在分析影响城市轨道交通网络规模的主要因素的条件下,建立线网规模与各主要相关因素的模型,确定本城市到规划年限所需的线网规模,如式(10-10)。

$$L = b_0 \cdot P^{b_1} \cdot S^{b_2} \tag{10-10}$$

式中:L——城市轨道交通线路长度(km);

P——城市人口(万人);

S——城市面积(km^2);

b_0, b_1, b_2——回归系数,如对世界 48 个城市轨道交通系统进行回归,其中:$b_0 = 1.839, b_1 = 0.640\,13, b_2 = 0.099\,66$。

10.3 城市轨道交通线网形态选择

10.3.1 线网基本形态

城市轨道交通线路受城市空间形态、用地布局、建设条件等因素影响,线路间相互组合形成了特定的线网形态结构。基本的线网结构可以总结为三种类型:放射状、网格状、环状,各种线网形态对比分析如表10-24所示。

表 10-24　轨道交通线网形态对比分析

形态	模　式	优　点	缺　点	典型示例
放射状		网络结构简单； 便于到离市中心的出行； 支撑强中心形成； 适合实际交通需求最大的主要走廊	不同线路间缺少换乘机会； 外围地区之间联系不便； 中心区服务较为重复。	伦敦 莫斯科 东京 巴黎 芝加哥 首尔
网格状		能够提供多种换乘方案； 服务密度分布较为均匀； 适合覆盖大范围城区。	网络结构复杂； 造成多次换乘； 受地形和城市结构约束。	墨西哥城 巴塞罗那 纽约 大阪
环状		提高线路间换乘的可能性； 增强网络连通性和可达性； 适合于多中心布局的城市。	除非沿高需求走廊布设，否则会增加出行里程； 不利于往返中心区的交通出行。	莫斯科 东京 伦敦 马德里 首尔 柏林 名古屋

10.3.2　线网形态组合

在选择轨道交通线网形态过程中要考虑线网编织的合理性,高效的轨道交通线网既要满足出行方向的多种选择,亦需尽量降低出行中的换乘量,而任意一种线网形态很难同时满足两方面的要求,大城市和特大城市功能结构复杂,轨道交通线网通常是几种形态的组合体。

网格状线网提供了多种换乘可能,但线路连接性较差,不适合作为全网的基本形态,否则造成换乘量加大;通过利用放射线与网格状变形后的"L 形"线路组合进行线网编织,同时轨道交通线路在城市大型换乘枢纽上汇合,可以增加乘客出行方向的选择,特别是不同层次线路之间的换乘选择。

因此,大城市通常是各种网格状变形线网高密度覆盖中心区,放射线提供外围地区与中心区的联系,如墨西哥城的"格网＋放射状"线网;另外部分城市增加环线可串联多条放射线,提高换乘便捷性以及线网整体性,如图 10-6 中莫斯科的"环形＋放射状"线网以及图 10-7中大阪的"格网＋放射＋环形"网络。国内外部分城市轨道线网结构如表 10-25 所示。

表 10-25　国内外部分城市轨道线网结构

城市	线网结构	线网里程 (km)	线路数	站点数	环线长度 (km)	环线站点	环线类型
伦敦	环形＋放射	408	11	268	22.5	27	共享环
纽约	格网＋放射	370	26	468	—	—	—

城市	线网结构	线网里程（km）	线路数	站点数	环线长度（km）	环线站点	环线类型
东京	环形＋格网＋放射	304	13	285	34.5（山手线）、40.7（大江户线）	29 38	独立环（JR环）、勺型环
莫斯科	环形＋放射	327	12	196	19.4	12	独立环
首尔	环形＋格网＋放射	975.4	20	645	48.8（中央线），71.2（2号线）	43 28	独立环
马德里	环形＋格网＋放射	294	13	284	23	27	独立环
上海	环形＋格网＋放射	548	14	337	33.8	26	共享环
巴黎	环形＋放射	215	16	384	25.9	25 28	分离环
墨西哥	格网＋放射	201	11	175	—	—	—
北京	环形＋格网＋放射	527	18	318	23（2号线），57（10号线）	18 45	独立环
柏林	环形＋放射	152	9	170	35	27	共享环（S-Bahn）
大阪	环形＋格网＋放射	130	9	101	21.7	19	共享环（JR）
名古屋	环形＋格网＋放射	89	6	83	26.4	28	独立环

图 10-6　莫斯科"环线＋放射"线网

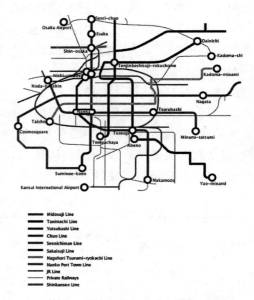

图 10-7　大阪"格网＋放射＋环形"线网

10.3.3　线网形态选择

网格状、放射状通常是各大城市线网的基本元素,环状线的设置则要因地制宜。

国际大都市轨道环线运营的经验表明,环线能够提高网络换乘选择的灵活性,引导城市多中心发展,但环状网络适用于城市空间较大,且具有强大市中心的大都市地区;另外,环状线路的设置要充分考虑城市用地布局,合理选择环线的位置和规模。

1) 环线功能定位

轨道交通环线在提高放射状线路之间换乘方便性的同时,需要串联大型客流集散点,以确保本线客流效益。城市轨道环状线设置,从功能上可分为两类,如表 10-26 所示,一是交通枢纽联络型,通过轨道环线串联多个对外交通枢纽,支撑城市内外综合交通体系;二是城市重点地区联络型,轨道环线串联城市重要中心,诱导城市结构从一极集中向多中心发展。

表 10-26　环线功能分类

分类	交通枢纽联络型	城市重点地区联络型
环线模式图	（交通枢纽环线模式图）	（城市重点地区环线模式图）
典型城市	东京山手环线、伦敦地铁中央环线、莫斯科地铁 5 号线、马德里地铁 6 号线	东京都营大江户线、首尔地铁 2 号线、名古屋市营名城线

2) 环线位置及规模

城市轨道环线的设置,通常有两种类型:

(1) 位于城市中心区范围的环线

环线规模在 25 km 左右,如伦敦(中央环线,22.5 km)(图 10-8)、莫斯科(5 号线,19.4 km)、马德里(6 号线,23 km)、北京(2 号线,28 km),主要起到分流中心客流功能。

(2) 位于中心区外围、城区边缘的环线

环线规模在 35 km 左右,如东京(山手环线,34.5 km)(图 10-9)、上海(4 号线,33.8 km)、柏林(S-Bahn 环,35 km),主要起到引导城市片区中心的形成与发展作用。

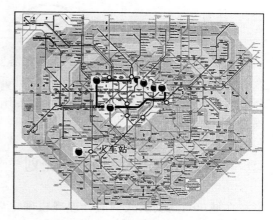

图 10-8　伦敦轨道交通环状线设置

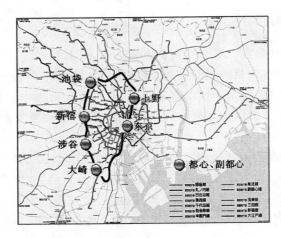

图 10-9　东京轨道交通环状线设置

3）环线构建模式

轨道环线的构建通常有两种模式，一是在重点地区之间用一条轨道线路连接，形成真正意义上的环线；二是格子状、L 型线路组合形成环状线。

如表 10-27 所示，按照具体运营模式，环状线又可分为四种：独立环线、共享环线、勺型环和组合环。

表 10-27　环状线运营组织模式

组织模式	图　　示	典型城市
独立环	⬭	北京、莫斯科、东京、首尔、马德里、名古屋
共享环	⬭	上海、伦敦、柏林、大阪
勺型环	⬭	东京、芝加哥
组合环	⬭	巴黎、汉堡

完整环线（含独立环和共享环）运营需要有足够的客流相支撑，通常都串联了众多的大型客流集散点，包括综合交通枢纽、城市重点发展地区等，如伦敦中央环线、莫斯科 5 号环线均串联了 6 个以上的铁路车站，东京山手环线沿线形成了中心城区一个都心、五个副都心。

10.4　城市轨道交通线网规划

在城市轨道交通线网的合理规模确定后，进行线网的初始方案架构。结合主要交通走廊、主要客流集散点和线网功能等级等要素，构建初始轨道线网集，并在初始轨道线网集的基础上进行方案评价,遴选出最优的轨道线网。

10.4.1　客流走廊及集散点判别

1）客流走廊识别

客流走廊反映城市的主客流方向,其识别有以下方法:

方法一:经验判断法——根据城市人口与岗位分布情况,设定影响范围,通过对线网覆盖率的判断来确定线路的走向。此法较为简单,但仅考虑了人口密度的分布情况,忽视了人员出行行为的不同。因此在线网布设时可能与实际客流方向不完全吻合。

方法二:出行期望经路图法——规划年出行预测得到远期全人口、全方式 OD 矩阵;将远期 OD 矩阵按距离最短路分配到远期道路网上得到出行期望经路图;按出行期望经路图上的交通流量选线,产生初始线网。

方法三:两步聚类识别法——先通过动态聚类,将所有的交通流量对分类成 20～30 个聚类中心,而后通过模糊聚类法,以不同的矩阵选择合适的分类,并进行聚类计算,最后可获得交通的主流向及流量并结合走廊布局原则及方法确定客流走廊。

方法四:期望线网法——也可称为蜘蛛网分配技术。这里的期望线有别于城市交通规划中通常使用的期望线,更多的考虑了小区之间的路径选择,期望线网可以清晰的表达交通分区较细情况下理想的交通分布状况。它是连接各交通小区的虚拟空间网络,在该网络上采用全有全无分配法将公交 OD 矩阵进行分配,从而识别客流主流向确定交通走廊。

2）客流集散点判别

主要客流集散点是在确定轨道交通线路骨架后,确定轨道交通线路具体走向的主要依据。客流集散点按照性质分为交通枢纽、商业服务行政中心、文教设施、体育设施、旅游景点和中小型工业区等,主要参考城市总体规划进行判别。

10.4.2　初始轨道交通线网构建

轨道交通初始线网架构的研究方法主要有两类,一种是以定性分析为主、定量分析为辅的线网规划方法,一种是以定量分析为主、定性分析为辅的线网规划方法。

1）点线面要素层次分析法

以城市结构形态和客流需求的特征为基础,对基本的客流集散点,主要的客流分布,重要的对外辐射的方向及线网结构形态,进行分层研究,充分注意定性分析和定量分析相结合,快速轨道工程学与交通测试相结合,静态与动态相结合,近期与远景相结合,经多方案比较而成。"点"代表局部、个体性的问题,即客流集散点、换乘节点和起始点的分布;"线"代表方向性问题,即轨道交通走廊的布局;"面"代表整体性、全局性的问题,即线网的结构和对外出口的分布形态。

2）功能层次分析法

根据城市空间结构和组团功能划分,将整个城市的轨道交通网按功能分为三个层次,即骨干层、扩展层、充实层,骨干层与城市基本结构形态吻合,是基本线网骨架,扩展层在骨干层基础上向外围扩展,充实层是为了增加线网密度,提高服务水平。

3）逐线规划扩充法

以原有的快速轨道交通路网为基础,进行线网规模扩充,以适应城市发展。为此,必须在已建线路的基础上,调整规划已有的其他未建线路,扩充新的线路,并将每条线路依次纳入线网,形成最终的线网规划方案。

4）主客流方向线网规划法

在现状与规划道路网上进行交通分配确定主客流的方向,按照近期最大程度满足干线交通需求,远期引导城市空间发展的要求提出初始线网规划方案。

10.4.3　基于主客流方向线网规划法的轨道线网初始构建

本节以苏州市工业园区为例,采用最短路分配模型对苏州市轨道客流走廊进行分析,并对客流集散点进行详细分析,如图 10-10 所示。

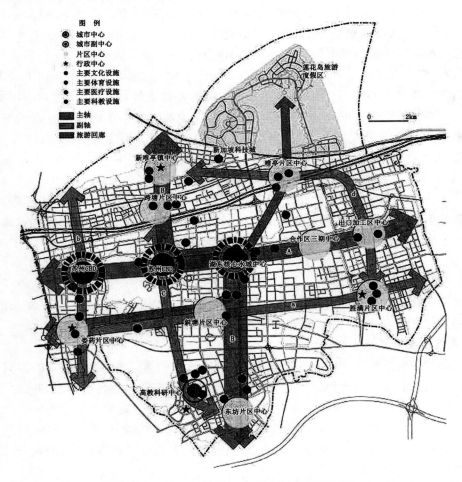

图 10-10　苏州市主要客流走廊及主要集散点分布图

结合城市轨道交通线网基本形态,确定苏州市轨道交通初始线网如表 10-28 及图 10-11 所示。

表 10-28　工业园区轨道站的配置方案各基本因素

轨道因素		方案 1：棋盘型	方案 2：钥匙型	方案 3：棋盘＋钥匙型	方案 4：棋盘＋钥匙型（高密度）	方案 5：中心区环状型	方案 6：L 型环状
线路数量		6（东西 2、南北 4）	6（东西 3、南北 3）	7（东西 4、南北 3）	7（东西 4、南北 3）	5（东西 3、南北 1、环形 1）	8（东西 3、南北 5）
全长（工业园区内）(km)		116	126	125	117	105	144
全长（苏州市规划区）(km)		300	320	310	310	300	310
轨道密度 (km/km²)	工业园区	0.40	0.44	0.43	0.41	0.39	0.50
	开发中心区	0.54	0.54	0.62	0.68	0.65	0.71
	CBD、CWD	1.08	1.20	1.13	1.13	1.90	1.35
轨道密度 (km/万人)	工业园区	0.92	1.01	1.00	0.94	0.84	1.15
住宅地覆盖率	工业园区	70%（87 万人）	68%（85 万人）	70%（87 万人）	74%（93 万人）	72%（90 万人）	76%（95 万人）
与工业园区外的连接	广域交通节点　高铁站衔接	D 线	C 线	F 线	F 线	C 线	D 线
	与老城区等的连接　园区西侧断面	6	5	7	7	6	5
	与昆山市区以及上海虹桥机场的衔接	A 线、B 线、E 线	A 线、B 线	A 线、B 线、G 线	A 线、B 线、G 线	A 线	A 线、B 线、G 线
既定规划的适用性	轨道 1 号线延伸	A 线	A 线	A 线	A 线	A 线	A 线
	轨道 2 号线延伸	E 线	—	D 线	D 线	C 线	F 线
	轨道 3 号线的改善	东区段的改善、老城区东西轴的更改	东区段的改善、东西轴的更改、南北向的改善	东区段的改善、老城区东西轴的更改	东区段的改善、老城区东西轴的更改	东区段的改善、老城区东西轴的更改	东区段的改善

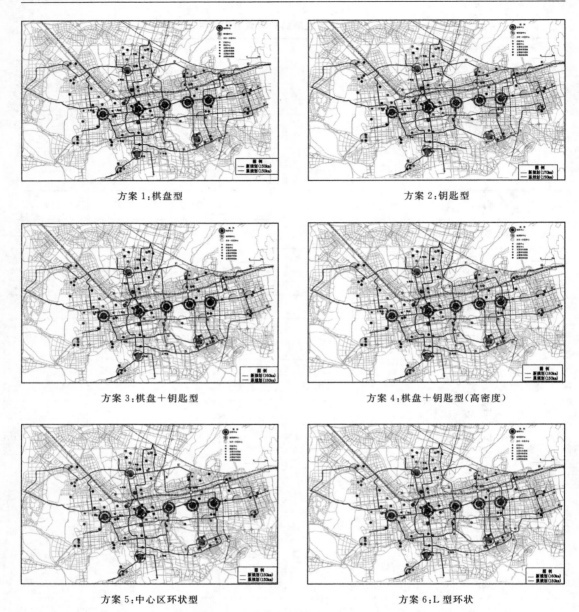

方案1:棋盘型　　　　　　　　　　　　　　方案2:钥匙型

方案3:棋盘+钥匙型　　　　　　　　　　　方案4:棋盘+钥匙型(高密度)

方案5:中心区环状型　　　　　　　　　　　方案6:L型环状

图10-11　苏州市轨道交通初始线网方案集

10.4.4　基于综合评分法的城市轨道交通线网方案评价

1)评价准则确定

为全面评价轨道交通线网,制定以下5个方面的准则:

(1)结构特征

线网的结构特征是指线网的空间尺度特性和协调性。好的轨道线网规划方案应具有良好的覆盖性和合理的线网结构,并在此基础上,与其他交通系统有较好的协调与衔接。

（2）线网的运营效果

线网运营效果分为运营成果与运营效率,线网应承担较大的客运量和具有较好的服务水平,并具有较高的运营效率。

（3）线网的实施条件

线网实施包括以下两个方面:轨道交通线路实施的工程难度较低;形成近期线网的结构、实施及运营条件较好。

（4）线网的社会效益

轨道交通线网所取得的社会效益主要反映在:由于轨道交通线网的修建带来居民出行时间的节省、出行质量的提高以及由于轨道交通承担了大量的客流从而对城市道路交通的改善等。

（5）战略发展目标

轨道交通线网规划要服从城市总体规划,符合城市用地发展方向,并与城市交通规划战略相吻合,以促进规划目标的实现,开发新的城市增长点。

2）评估指标遴选

（1）轨道线网的总长度

规划轨道交通线网各条线路长度之和,是宏观评价快速轨道交通静态线网的投入性指标,长度在功能和效果相同的条件下越短越好。

（2）轨道线网所承担的日客运总量

规划年度轨道线网各线客运量之和,它反映了快速轨道线网的客运效果和作用。在轨道规模相同的情况下,轨道线网承担的客运量越大越好。

（3）轨道线网所承担的客运量占公交总客运量的比例

轨道交通在大城市公共交通结构中起着骨干作用,轨道线网在城市公交总运量中承担的比例是这种骨干作用的体现。若承担比例过低,可能是线网规划不合理;线路单一未形成网,致使客流吸引强度不够;或发展轨道交通的必要性不足等。一般认为快速轨道线网所承担的公交客运比例应不低于 30%。

（4）轨道线网的直达率和一次换乘率

轨道线网的直达率和一次换乘率是衡量乘客直达程度的指标,也是衡量轨道线网布局和车站布局的合理程度的指标。其值分别为利用轨道出行可以直达目的地的人次和在轨道线网中需中转换乘一次方能到达目的地的人次占轨道交通线网总出行人次的比例,直达率越高的线网越好。

（5）线路的负荷强度

线路上的客运量要与其运能相适应,一般通过线路客流负荷强度来衡量,是反映运营效率和经济效益的一个重要指标。

（6）轨道线网平均运距

城市轨道主要承担城市主客流方向上的中、远程乘客,可缩短这部分乘客的乘车时间,有利于尽可能地吸引客流。轨道线网的平均运距定义为乘客利用轨道交通的出行距离的算术平均值。

3）基于综合评分法的城市轨道交通线网评价

综合评分法是分别按不同指标的评价标准对各评价指标进行评价,采用加权相加或相乘,求得总分的方法对方案进行排序,本节以苏州市工业园区为例,给出了基于综合评分法的城市轨道交通线网评价流程。具体评价体系及计算方法如图10-12及表10-29所示。

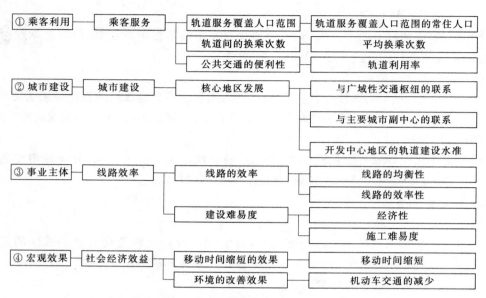

图10-12 轨道交通线网综合评价体系

表10-29 苏州市工业园区轨道交通线网评价指标计算方法

评 价 项 目			评价指标计算方法
第一层次	第二层次	第三层次	
① 乘客服务	轨道服务覆盖人口范围	轨道服务覆盖人口范围的常住人口	轨道每1 km的服务覆盖人口范围的常住人口(覆盖范围按照700 m计算)
	轨道间的换乘次数	平均换乘次数	轨道网各线路间的换乘出行数/全轨道乘用出行数
	公共交通的便利性	轨道利用率	轨道利用出行数/全部交通模式的出行数
② 城市建设	工业园区的发展	与广域性交通枢纽的联系	从工业园区重要城市副中心(CBD、CWD、湖东水城中心、高教科研中心)至广域交通枢纽(苏州站、高铁站、城际铁路(工业园区站、唯亭站、高教区站))所需换乘次数的平均值
		与苏州市内主要城市副中心的联系	从工业园区重要城市副中心(CBD、CWD、湖东水城中心、高教科研中心)至工业园区外城市副中心(老城、高新区、相城区中心、吴中区中心、CBD、CWD、湖东水城中心、高教科研中心)所需换乘次数的平均值
		开发中心地区的轨道建设水准	CBD、CWD地区的轨道总长/地区面积

评 价 项 目			评价指标计算方法
第一层次	第二层次	第三层次	
③ 线路效率	线路的效率性	线路的均衡性	同一路线内对应高峰时间交通量的所需运输能力与总运输量之比率
		线路的效率性	轨道利用客流量/轨道长度
	建设难易度	经济性	项目费用/轨道长度 轨道每 1 km 的建设单价参考
		施工难易度	施工难易度较大之处的数量
④ 社会经济效益	移动时间缩短的效果	移动时间缩短	每 1 次出行的移动时间缩短效果（min）： $(T_b - T_a)/$ 全交通方式的出行数 T_b：无轨道时的全出行移动时间 T_a：有轨道时的全出行移动时间
	环境的改善效果	机动车交通的减少	机动车行驶车公里的削减量（veh·km）：$QL_b - QL_a$ QL_b：无轨道时的机动车行驶车公里 QL_a：有轨道时的机动车行驶车公里

各方案高峰小时需求预测结果如图 10-13 及表 10-30 所示。

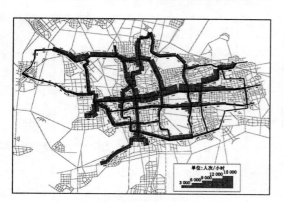

方案 1：棋盘型

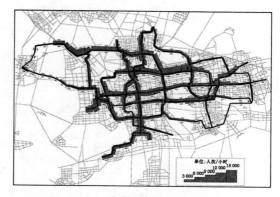

方案 2：钥匙型

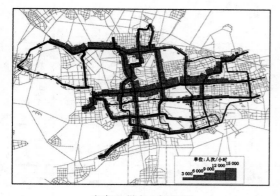

方案 3：棋盘＋钥匙型

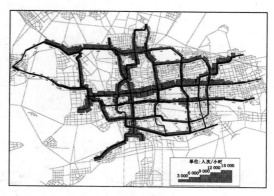

方案 4：棋盘＋钥匙型（高密度）

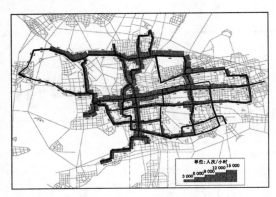

方案 5:中心区环状型　　　　　　　　　　方案 6:L 型环状

图 10-13　轨道交通线网需求分析图

表 10-30　轨道交通线网评价结果

评价层次			评价指标							
第一层次	第二层次	第三层次	单位	评价范围	方案 1	方案 2	方案 3	方案 4	方案 5	方案 6
① 乘客服务	轨道服务覆盖人口范围	轨道服务覆盖人口范围的常住人口	万人/km	工业园区	0.75	0.67	0.70	0.79	0.86	0.66
	轨道间的换乘次数	平均换乘次数	回	工业园区	1.37	1.32	1.33	1.35	1.36	1.32
	公共交通的便利性	轨道利用率	%	工业园区	20.1	22.6	22.3	21.5	21.2	22.8
② 城市建设	工业园区的发展	与广域性交通枢纽的联系	回	苏州市规划区	17	21	16	16	16	15
		与苏州市内主要城市副中心的联系	回	苏州市规划区	12	11	10	8	12	11
		开发中心区的轨道建设水准	km/km²	工业园区	0.54	0.54	0.62	0.68	0.65	0.71
③ 线路效率	线路的效率性	线路均衡性	—	工业园区	0.47	0.42	0.44	0.46	0.45	0.41
		线路效率性	万人/km	工业园区	0.79	0.81	0.81	0.84	0.91	0.72
	建设难易度	经济性	亿元	工业园区	454	483	499	489	447	574
		施工难易度	处	工业园区	6	6	6	6	6	6

评价层次			评价指标							
第一层次	第二层次	第三层次	单位	评价范围	方案 1	方案 2	方案 3	方案 4	方案 5	方案 6
④ 社会经济效益	移动时间缩短的效果	移动时间缩短	min/次	工业园区	2.06	2.57	2.52	2.36	2.28	2.62
	环境的改善效果	机动车交通的减少	万台·km	工业园区	672	695	693	685	682	697

对评价层次进行权重分配,得到各评价层次权重比为 23∶24.5∶35∶17.5,分析各方案的综合评价结果如表 10-31 所示,选取方案 4 为轨道交通线网最优方案。

表 10-31　轨道交通线网方案综合评价结果

第一层次	第二层次	第三层次	方案 1	方案 2	方案 3	方案 4	方案 5	方案 6
① 乘客服务	轨道服务覆盖人口范围	轨道服务覆盖人口范围的常住人口	6.0	5.4	5.6	6.4	6.9	5.3
	轨道间的换乘次数	平均换乘次数	6.2	6.4	6.3	6.2	6.2	6.4
	公共交通的便利性	轨道利用率	8.4	9.5	9.4	9.0	8.9	9.6
② 城市建设	工业园区的发展	与广域性交通枢纽的联系	7.6	6.1	8.0	8.0	8.0	8.6
		与苏州市内主要城市副中心的联系	6.0	6.6	7.3	9.1	6.0	6.6
		开发中心区的轨道建设水准	5.2	5.2	6.0	6.6	6.3	6.9
③ 线路效率	线路效率性	线路的均衡性	9.1	8.1	8.5	8.9	8.7	7.9
		线路的效率性	12.2	12.6	12.6	13.0	14.2	11.2
	建设难易度	经济性	5.8	5.4	5.3	5.3	5.9	4.6
		施工难易度	5.9	5.9	5.9	5.9	5.9	5.9
④ 社会经济效益	移动时间的缩短效果	移动时间缩短	7.8	9.7	9.5	8.9	8.6	9.9
	环境的改善效果	机动车交通的减少	7.2	7.5	7.5	7.4	7.3	7.5
合　　计			87.3	88.5	91.8	94.7	92.9	90.2

10.5 城市轨道交通实施性规划

10.5.1 联络线布局规划

所谓联络线是指各自独立运营线之间的辅助线,或为调度两线路之间的车辆的通道,可作为临时运营线和后期线路建设的设备运输通道。联络线在线网中的作用和两线的交叉条件决定了联络线的布置形式,主要有以下三种形式:

1) 单线联络线

在两条交叉的线路,或者在两条相近的平行线路之间,仅为车辆送修或调配运营车辆需要而设置的联络线,一般采用单线联络线。

2) 双线联络线

作为临时运营正线使用的联络线应采用双线,根据列车行车组织的要求,双线联络线又分为与正线平面交叉和立体交叉两种形式。立体交叉的联络线工程量大、造价高,采用的形式要慎重研究。

3) 联络渡线

联络线布置形式如图 10-14 所示,两条线路采用同站台平行换乘方式时,其车站可采用平面双岛四线式车站或上下双岛重叠四线式车站,这种车站可采用单渡线将两条线路连通。

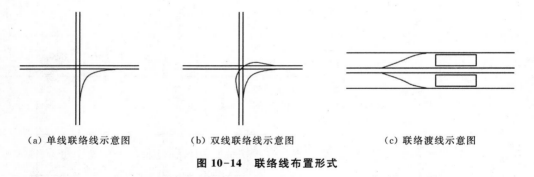

(a) 单线联络线示意图　　　(b) 双线联络线示意图　　　(c) 联络渡线示意图

图 10-14　联络线布置形式

作为辅助线的联络线主要设置原则如下:

(1) 为大修车辆进出设置的联络线,要尽可能设在最短路径的位置上,同时要考虑到工程实施的可行性。

(2) 要考虑线网的建设顺序,使后建线路通过联络线从先建的线路上运送车辆和设备;联络线的布局,应从线网的整体性、灵活性和运营需要综合考虑,使之兼顾多种功能,发挥最大的经济效益。

(3) 应根据工程条件考虑和其他建设项目的关系,在确保联络线功能的同时,减少对其他项目的影响;联络线应尽量在车站端部出岔,便于维修和管理。困难情况下也可以在区间出岔,但应避免造成敌对进路;联络线的设置应考虑运营组织方式,要注意线路制式及限界的一致性。

10.5.2 线路敷设方式规划

轨道交通线路一般采用 3 种敷设方式,即地面、高架和地下,线路敷设方式的规划基本要求如下。

(1) 线路敷设方式应根据城市总体规划的要求,结合城市现状以及工程地质、环境保护等条件;线路敷设的位置,应尽量选择在道路红线以内,以避免或减少对道路两侧建筑物的干扰。当线路偏离红线而进入建筑区的地段,应统一配合规划或作特殊处理。

(2) 线路敷设方式在旧城市中心区建筑密度大的地区,应选择地下线。为了节省工程造价在其他地区应尽量选用地上线,但必须处理好对城市景观和周围环境的影响。地上线应选择道路红线较宽的街道敷设,其中高架线(包括过渡段)要求道路红线宽度一般不小于 50 m(困难情况下,区间可降至 40 m),地面线要求道路红线宽度为 60 m。

(3) 线路的敷设方式还要从整个线网协调统一考虑,尤其是在线网上的交织(交叉)地段,要处理好两线间的换乘或相互联络的问题。

10.5.3 车辆段及综合基地规划

车辆段及相关基地可统称为车场。它是城市轨道交通系统中承担车辆检修、停放以及各种运营设备保养维修的重要基地,是线网规划中不可缺少的关键组成部分。车场设置条件往往决定了整条线路的可行性,车场规划要按照以下要求进行。

(1) 车场规划的重点是根据规划线网进行车场选址,确定各段的合理分工及建设规模,达到控制建设用地的目的。根据规范要求,每条线路宜设一个车辆段。当一条线的长度超过 20 km 时,可设一个车辆段和一个停车场。在技术经济合理时,可两条线路共用一个车辆段。

(2) 车场应靠近正线,以利于缩短出入线长度,降低工程造价;各车场线路应尽可能与地面铁路专用线相接,以便车辆及物资运输,部分车场不具备上述条件时,也可通过相邻线路过渡。

(3) 各车场任务和分工必须从全网角度统筹规划、合理布局、有序发展。试车线长度应根据场地条件和城市规划要求确定,在可能条件下,应尽量长一些。

(4) 全线网车辆的大修任务应集中统一安排,可选定在几个车辆段增设车辆大修任务,不单设大修厂;培训中心可以灵活设置;车场用地性质应符合城市总体规划,要求注意环境保护。

10.5.4 线网建设时序规划

城市轨道交通系统的线网规划基本是一次完成,然后根据情况变化作调整、完善。但线路项目建设只能逐步进行。一般是先建设贯通市中心的直径线,因为从轨道交通线网体系和运输效率的角度看,先建设贯穿城市中心的线路比较理想。然后是放射线,改善线网的通达性。第三是环线,使线网的流通性、可达性、机动性、覆盖率等指标均有较好的改善。

轨道交通建设是一项长期、庞大的工程,在一定的资金、人力、物力等客观条件下,分期建设规模和顺序应充分考虑与城市经济、人口发展、土地开发、重点项目建设以及交通需求紧密结合。

（1）线网实施规划应分步实施，必须有重点、有层次，先建设核心层，再向外延伸，循序发展。

（2）实施顺序要讲究实效，应充分考虑工程的连续性和运营的效益性水平，未来的线网实施规模，更应注意需求因素和对城市综合实力的分析。各条线网规划的实施，必须同时考虑车场的配置、列车组织方案以及所需要的配套线路工程。

10.5.5 车站站位及换乘设施规划

车站位置的确定是十分复杂的，一般车站最终位置的确定只有在可行性研究甚至初步设计阶段才可以完成。在线网规划阶段，选择车站位置应从下面两方面考虑。

（1）为了获得较好的客流吸引量，车站应与既有或规划的客流集散点、道路系统和其他交通方式枢纽靠近，并与周边土地利用性质和发展意图相匹配。

（2）满足运营在最短站间距、旅行速度、列车牵引特性等方面的要求，满足工程可实施方面的要求，如线路、土建、设备或施工组织等。

依据站点在城市中所处的位置及其周边地区开发功能进行划分，如表 10-32 所示。

表 10-32　轨道交通站点分类

地域	站点分类	分 类 说 明
综合换乘枢纽		城市对外交通的主要客运站场，如机场、火车站、长途汽车站等，与轨道交通共同形成城市大型综合交通换乘枢纽
主城	公共中心型	通常为市级商业中心，大型公建设施较多，人流、客流密集，一般有两条以上轨道线路形成换乘
主城	通勤型	周边以居住人口或就业岗位为主，客流以上下班通勤出行为主
主城	中间型	中间一般车站
主城	交通接驳型	位于主城边缘，服务范围较广，可能含其他市内交通设施，常形成地区交通枢纽
新区	轨道端点型	通常位于轨道交通线路的转角处或终端站，服务于周边较大范围，为片区接驳型车站
新区	公共中心型	新区商业中心，可辐射整个新区甚至更外围城镇
新区	通勤型	周边通常为大规模的居住区或工业区，日常客流较为稳定
新区	中间型	其他一般站点

不同类型的轨道交通站点对换乘设施的配置需求不尽相同，换乘设施的配置主要受到两方面因素的影响：站点所属地域和外部空间。

（1）在主城区范围内，轨道线网密度较高，轨道交通方式的吸引范围将逐渐由间接吸引变化到直接吸引，由此带来在此范围内的乘客将会主要采用步行进行换乘，以常规公交和自行车作为辅助换乘方式。

（2）在外围地区，轨道交通线网密度较低，随着出行距离的增加，居民对换乘的容忍度相对增加,其出行依靠交通工具的可能性也逐步加大,轨道乘客采用常规公交和自行车或其他交通工具进行二次换乘的比例将会大大提高。

（3）同时车站的外部空间也决定了换乘设施的配置空间,如在城市公共中心的轨道交通站点,由于外部空间条件的限制和复杂的交通环境,站点周边不宜设置独立的换乘场站,而应以过路停靠换乘为主。而在城市外围地区,站点周边用地条件相对宽松,可考虑设置换乘场地,集中解决轨道交通换乘问题。

如表 10-33 所示,根据不同站点的分类,结合交通组织要求,研究各种换乘形式在各类站点的适应性,作为车站换乘设施配置的总体导向。

表 10-33　轨道交通换乘方式适应性分析

换乘模式	换乘方式	适 应 性
直达换乘	步行换乘	作为直达换乘方式以及其他换乘方式的间接过程,各类型车站都必须确保合适的步行空间
临时停车换乘	公交中途停靠	各类型站点均应该配置,尽量设置港湾车站
	出租车中途停靠	除城市公共中心车站不宜设置,其他尽量采用港湾式停靠
	小汽车接送换乘	在城市郊区车站较为常见,对外综合枢纽可设置专用临时停车滞留空间,一般车站宜采用路边临时停靠
停车换乘	非机动车停车换乘	城市公共中心车站不宜设置,其他站点均需配置
	公交首末站	在轨道交通服务空白区设置,车站一般为交通接驳型
	小汽车停车换乘	常见于具有较大范围集结点的车站,一般在市中心区的外围,对商业中心车站严格控制
	出租车停车候客	在对外综合换乘枢纽集中设置,接驳站配置少量出租车候客位

根据站点换乘方式适应性分析的研究,对站点换乘设施的配置原则可概括如表 10-34 所示。

表 10-34　轨道交通站点换乘设施配置

地　域			综合换乘枢纽	主城区				外围新区			
车站类型				公共中心型	通勤型	中间型	交通接驳型	轨道端点型	公共中心型	通勤型	中间型
换乘设施类型	上下车站台	公交车	●	★	★	★	★	●	★	★	★
		临停接送	★	●	●	●	★	★	●	●	●
		小汽车	★	×	×	●	★	★	×	●	●
		非机动车	★	×	★	●	★	★	●	★	★
	停车场	公交车	★	×	●	×	●	●	×	●	×
		临停接送	●	×	×	×	●	●	×	×	×
		小汽车	★	×	●	×	●	●	×	●	×

注：★表示必须,●表示可选,×表示不需

10.5.6　轨道交通线网运营规划

轨道交通线网运营规划的目的是进一步对线网布局的合理性进行验证。如果说线网构架规划完成了结构布局、线路走向和换乘点的确定,那么运营规划就是要研究每条线的运量等级、运行方式与运行路线,并形成不同运量等级的运行系统和规模。因此运营规划应研究各线运量等级、运营组织方式及不同等级的运营方式。

各线运量等级的划分应根据地形条件和运量需求,分别选择大运量或中运量的轨道交通系统,相互衔接成网,并与公共汽电车配合有序,共同组成公交客运系统。轨道交通制式的选择应充分考虑国情,尽可能采用成熟技术,立足国内设备,减少工程投资。从运行的经济、调度的方便灵活、车辆设备和零件的统一配置、维修技术一致性等方面考虑,轨道交通各线应尽可能采用统一制式。如果因运量要求,需采用大运量和中运量两种轨道交通制式,从运行的经济考虑,每种制式都应具有一定的规模。在规划阶段,对轨道交通的型式要研究多种可能方案。

10.5.7　轨道交通和地面交通衔接规划

建立地面与轨道交通一体化衔接体系主要内容包括:

(1)指导轨道交通站点周围土地规划,促进城市对外交通站场合理布局,支持城市空间发展和地区中心的形成,提供一个高效的公共交通运输网络。

(2)根据交通衔接点的交通量,规划不同等级、不同规模的客运枢纽,发挥各种交通集聚效应,加强系统间的有效衔接,以扩大轨道系统服务范围,提高公交整体运输能力,使公共交通出行比例稳步增长,确立公共交通在城市交通的主导地位。

(3)提供良好的换乘空间和设施,通过对站点进行综合设计,合理组织换乘客流和集散人流的空间转移,达到系统衔接的整体化。

(4)不断优化城市内部公共交通线路和站点布置,主动创造就近换乘条件。

10.5.8　轨道交通用地控制规划

1)轨道线路走廊规划用地控制

轨道线网建设用地控制范围分为严控区和影响区两级。严控区为快轨线(正线及辅助线)敷设范围,其宽度为 50 m 的带状控制区:

(1)在严控区 50 m 的建筑红线内严禁规划建设对带状空间的占用。如果所经路段的建筑红线小于 50 m,在城市中心地区宜严格控制新建建筑物,而在城市边缘地区应将道路红线拓宽至 40 m,并且建筑红线不得小于 50 m。

(2)对快轨线路的地面线及高架线,宜对道路中央分隔带、人行道的最小宽度做出限定,以预留快轨线路铺设的控制用地。对地面线,道路中央分隔带最小宽度 15~20 m,人行道 6~7 m 以上;对高架线,控制道路中央分隔带最小宽度 2 m,人行道 6~7 m 以上。

(3)当快轨线路偏离道路以外地段,宜结合分区规划或做专项研究确定其保护范围。此外,在建筑红线范围内,对大型地下管线或构筑物、高架道路、立交路口、过江(海)桥隧等应统一规划,减少快轨建设时的拆迁浪费。

（4）影响区作为工程实施的影响范围,在结合城市道路规划红线的基础上,按道路中线两侧各 50 m 为界进行控制;在影响区范围内,可以布设部分快轨车站、车站出入口、风亭,以及其它快轨工程附属设施,还要考虑施工场地、工程安全、快轨与城市建筑结合等问题。

2）轨道车站规划用地控制

在线路走廊规划用地控制基础上,宜同时考虑地面交通与轨道交通衔接所需用地,根据不同车站的类型划分,提出相应的用地控制指标如下:

（1）综合换乘枢纽

综合枢纽站一般为多种交通方式汇集点,在结合城市公共交通规划及相关规划中,公交和社会车辆场地一般按不小于 10 000 m² 控制,同时对枢纽内需进行详细综合规划布局,合理组织人流、车流的换乘。

（2）交通接驳站

交通接驳站主要位于市级中心或地区中心,客流换乘量较大,公交主要为某一扇面方向的地区提供服务,常规公交与快轨的接驳可采用总站或规模较大的中途站两种形式。视车站的功能、地理位置及周边路网状况,端点站的规模一般在 3 000～5 000 m²,中途站需提供 3～4 个车位或线外有超车功能的港湾式停靠设施。对特大型接驳站,场站规模控制指标宜取大值。

（3）一般换乘站

一般车站为轨道交通线路中间站和常规公交线路中间站之间的换乘点,需要提供轨道交通与常规公交的换乘场地,有条件时可设置港湾式停车站。而社会停车场根据所处位置,其面积要求有所不同,在中心区只考虑自行车停放,且宜采取紧凑型布置。位于外围城区的相关轨道车站,应考虑小汽车停放,面积宜大一些。

位于轨道车站旁边的公交首末站场地应集中在 1～2 处设置,便于公交之间的换乘,社会停车场宜因地制宜,分散在轨道车站周围。考虑到轨道交通车站所在区域的不同,停车场设置的功能和规模有所不同,如在城市中心地区,主要考虑以自行车为主的换乘停车;而在城市边缘或外围地区,则需考虑小汽车的换乘停放。

参考文献

［1］过秀成,吕慎.基于合作竞争类 OD 联合方式划分轨道客流分配模型研究[J].中国公路学报,2000,13（4）:91-94.

［2］过秀成,吕慎.大城市快速轨道交通线网空间布局[J].城市发展研究,2001,8(1):58-61.

［3］毛保华,姜帆等.城市轨道交通[M].北京:科学出版社,2001.

［4］纪嘉伦,李福志.城市轨道交通线网规划方案综合评价指标体系研究[J].系统工程理论与实践,2004,24(3):129-133.

［5］陈峰,刘金玲,施仲衡.轨道交通构建北京城市空间结构[J].城市规划,2006,30(6):36-39.

［6］刘迁.城市快速轨道交通线网规划发展和存在问题[J].城市规划,2002,26(11):71-75.

［7］沈景炎.城市轨道交通线网总体规划的研究与评价[J].都市快轨交通,2003(5):1-7.

第 11 章　城市公共交通规划

11.1　城市公共交通规划分类

城市公共交通系统对城市各种活动有重要影响,包括居住、工业、商业、服务等,与土地规划、城市形态、区域特性及生活方式有密切关系。公共交通设施需要规划支持,以满足城市发展需求,并协调与其他交通系统的关系,以保障公共交通系统的建设和运行。城市公共交通规划有三类,即:

(1) 城市综合交通规划中的公共交通规划。作为上层规划的一部分内容,一般属于狭义规范概念的范畴。

(2) 针对公共交通系统中的一部分进行的公交专项规划。如:轨道交通系统规划、快速公交系统规划、常规公交规划、轨道交通系统接运公交线网规划、出租车发展规划等。一个专项规划又可能着重于需求预测、线网、场站布局等一个或几个方面的内容。

(3) 独立的城市公共交通规划。一般属于广义规划概念的范畴。特定城市的公共交通规划,需要根据城市的特点和性质,确定规划的目标和主要内容。整个城市的公交规划可能由若干个专项规划组成。

就规划期限而言,城市公共交通的近期规划一般适用于 3～5 年内公交线网的部分改变,针对现有公交系统的存在问题,提出相应的调整措施。近期规划注重规划的操作性和可实施性,考虑到长期以来居民出行习惯,对现有线路不做大的变动,仅对部分线路进行优化,以及调整运行方式及时刻表,制定专用道、场站等基础设施的建设计划和车辆购置与更新计划。中期规划的规划年限为 5～10 年,更注重从系统和网络的角度上进行优化,可以较快付诸实施。远期规划是对 10～20 年内的城市公共交通系统远景发展做出轮廓性的规划安排,重点包括线网结构、场站枢纽规划以及政策研究。由于公交线路对城市各种因素的变化较为敏感,故远期公交网络规划注重换乘枢纽和公交走廊的规划。

公共交通规划应根据城市发展规模、用地布局和道路网规划,对公交发展现状进行调查分析,识别现状存在的问题;通过建立模型,深入分析现状需求,预测未来公交需求,把握公交发展势态;基于客流预测,根据城市社会经济发展阶段及政策环境等,研究分析公共交通系统构成、车辆规模、线网规划、场站设施布局等;根据公共交通配流测试和评价规划方案,经过政府部门、企业社会公众意见咨询,提出最终规划方案并制定实施计划。

11.2　公交系统规划

11.2.1　公交需求影响因素

公交需求受到城市形态、拓展模式的直接影响，且与公交设施规模、形式以及交通管理、价格政策等诸多因素有关。

1）直接因素

人口特征和变化：包括区域人口的一般增长、外来移民、老龄化、旅游人员、大学城引起的大学生集聚等。

经济条件：包括就业和未就业水平、人均收入以及私家车拥有水平。

其他替代方式的费用和可利用性：费用主要有燃油费用、通行费用、停车费用以及停车位可利用性、出租车费用、燃油税、汽车购买和养车费用，以及工作单位提供通勤福利的可利用性。

土地利用、开发模式和政府相关政策：包括土地开发密度、城市开发引起的工作单位和住宅区相对位置的变化、分区管制及政府政策。

出行条件：气候和天气状况、交通拥挤程度和道路通行能力、由于重要的建设项目而导致的交通中断等。

公共政策和公交补贴：包括空气质量要求、汽车尾气排放标准、政府对公交的财政补贴强度。

2）间接因素

价格和各种交通方式的可利用性：主要指出行者关于对私家车使用的费用、公交的费用、停车费用的比较和衡量。

各种交通方式的服务质量：包括行驶时间、便利性、舒适度、服务可靠性、安全性等。

各种交通方式的出行特征：即出行距离和目的、出行人数、目的地。

出行者的社会和人口统计特征：包括收入、出发地和目的地的位置、社会身份和地位。

11.2.2　公交需求分析

公交需求分析涉及的客流预测通常含有多方面的内容，由于公共交通系统规划通常是城市综合交通的组成部分，或者是依据城市综合交通规划的专项规划，客流预测的核心内容主要集中在交通结构的变化分析、公交需求总量预测和公交网络的客流分析，包括：城市客运系统需求总量、公共交通系统客运量、客运方式划分，客运总量和公交客运量的分布，公交客运量在线路网上的分配以及轨道交通线路运量、站点客流预测等。

公交客运量预测作为城市交通需求预测的主要内容，通常沿用四阶段模型方法获得：土地使用决定出行生成；功能布局决定出行分布；使用成本决定方式划分；设施条件决定网络客流强度。即从全方式居民出行生成预测入手，至居民出行分布预测，再至居民的交通方式划分,从而得出规划年的公共交通出行分布 OD 预测。对于外部条件变化较小、出行结构比较稳定的城市,特定客运方式较短时间的客流预测如公共汽(电)车运量分析,也可以采用比较简便的趋势预测方法。具体详见本书第三章交通需求分析。

11.2.3 公交系统构成

城市公交系统构成指根据城市的特征和发展目标,规划公交系统的规模和主导模式,各公交子系统的功能、服务定位和运行目标,预测各子系统的客运量,作为规划、建设各类公共交通基础设施的依据。公交系统一般由公共汽车、快速公交、地铁、轻轨和出租车等交通方式构成。各城市应结合城市空间结构、用地布局、公交客流特征研究与城市发展适应的公共交通系统构成。对于拥有轨道交通、快速公交等大容量公交系统的特大城市和大城市,构建以轨道交通(快速公交)线路为骨架,普通公交线路为主体,分工明确、功能互补、换乘便捷的多层次、一体化的公交线网模式。对于只有常规公交线路的中小城市应以发展常规公交系统为核心,构建城乡公交与城市公交合理衔接的一体化大公交网络模式。

不同于常规公交(地面公共汽车)与城市的其他交通方式共同使用道路空间,城市快速公交和轨道交通要求相对独立的通行空间,且各类子系统的基础设施如轨道/车道、车站等均为专用,其形式的选择、规模的确定、设施的布局,须通过专项规划进行控制。由于客流强度与基础设施条件的差异,城市公交系统主要有三种模式:以轨道交通为主导、以轨道交通和快速公交共同主导、快速公交主导。

究竟采取何种模式,应由实际交通情况决定,主要考虑交通量和走廊内的出行特征这两个因素。具体的公交走廊分析方法见本书第四章。在交通压力大的区域,高峰小时单向断面流量大于 3 万人次/h,走廊内客流出行距离较长或者道路用地高度紧张,地铁是最佳选择;如果单向客流量小于 2.5 万人次/h,综合考虑投入和系统的实际效能,快速公交在诸多方面都要优于轨道交通。各种大运量交通系统的比较见表11-1 所示。

表 11-1　各种大运量系统比较

方　式	地　铁	轻　轨	BRT
投资额(亿元/km)	5~6	1.5~2	0.5~0.7
单向乘客运输量(万人/h)	3~4	1~2	1~2
运行速度(km/h)	30~40	30~40	20~30
立项到开工时间(年)	3~5	2~3	1
立项到完工时间(年)	5~6	3~4	1~2
系统灵活性	低	低	高

快速公交与轨道交通一样需要较大的资金投入,须有充足的客流保证其正常运营。根据各等级交通需求走廊客流强度,可将客运交通需求走廊分表 11-2 所示的四个等级。

表 11-2　公交客运走廊分级与适宜的交通模式分析

走廊等级	走廊类型	断面单向客流量 （人次/高峰小时）	适宜交通方式
一级走廊	高强度	＞30 000	地铁
二级走廊	次高强度	10 000～30 000	轻轨、BRT
三级走廊	中等强度	5 000～10 000	BRT、常规公交
四级走廊	低强度	＜5 000	常规公交

11.3　快速公交规划

快速公交(Bus Rapid Transit,简称 BRT)投资及运营成本比轨道交通低,而运营效果接近于轨道交通,是一种介于轨道交通与常规公交之间的新型交通方式。快速公交规划的主体包括交通调查、综合分析、方案设计和方案评价四个步骤,规划主要内容包括:BRT线网布设;BRT 应用形式的确定;BRT 运营设施规划(专用道、换乘枢纽、车辆、中途站点、运营方式);保障措施(管理政策、土地开发政策等);BRT 规划方案评价。

快速公交规划是依据城市的交通发展策略,以构建合理的公交系统为主体的多层次客运交通结构为目标,明确快速公交的服务标准、功能定位、发展规模和建设策略;完成快速公交线网规划、场站枢纽布局、专用道和站点规划,提出适用于快速公交的运营机制、投融资体制和管理保障措施。

本节下述内容主要是以快速公交为公交系统的主导作为规划方法的基础。

11.3.1　BRT 网络规划

1）线网结构

BRT 线网结构形式一般根据各城市的地形结构、土地利用情况、道路网布局和主客流方向等因素确定。典型的 BRT 线网结构形式有三种:放射形、放射＋环形、棋盘形。各结构形式的优缺点见表 11-3。

表 11-3　典型线网结构优缺点分析

结构类型	优　点	缺　点
放射形	郊区乘客可以直达市中心;从一条线路至另一条线路只需进行一次换乘	增加市中心的过境客流量和市中心的线路负荷;从某郊区至相邻郊区的乘客需绕行,增加了出行时间
放射＋环形	除具备放射形的优点以外,环线起到疏解市中心客流的作用,减轻市中心区的线路负荷	相邻郊区之间的乘客需进行两次换乘
棋盘形	线路网布局均匀,纵横线间的换乘方便,在路网覆盖范围内连通性好;客流分布均衡且交叉点分散,换乘客流分散	线路走向单一,对角线、平行线间换乘次数较多

（1）放射形

放射形结构的线路网由若干直径线组成，所有的线路都经过市中心向外呈放射状。一种是单中心向外放射（如图 11-1），另一种是放射网（如图 11-2）。前者由于所有的线路交于一点，换乘枢纽的设计和组织存在困难，现已很少使用，大部分城市 BRT 线网较多采用后一种形式，如美国的匹兹堡 BRT 线网[3]（图 11-3）。

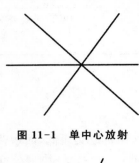

图 11-1　单中心放射

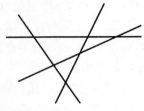

图 11-2　放射网

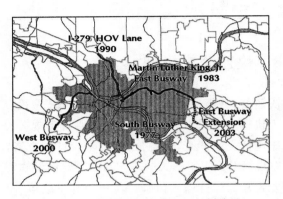

图 11-3　美国的匹兹堡 BRT 规划线网

（2）放射＋环形

当放射形线路网规模较大时，可在放射形的基础上增加一条环线，以弥补放射形线路网的不足。环线布设在客流密度较大的地方，并尽量多贯穿大的客流集散点。墨西哥莱昂市 BRT 线网（图 11-4）是典型的放射＋环形结构。

（3）棋盘形

由若干纵横线路组成线路网，主要是由城市的道路网呈棋盘形决定（如图 11-5），如波哥大是典型的棋盘形 BRT 线网（图 11-6）。

——— BRT主干线
——— BRT次干线
——— 普通线路

图 11-4　墨西哥莱昂市规划 BRT 线网

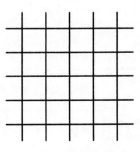

图 11-5　棋盘形结构

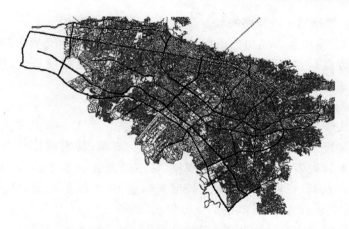

图 11-6　波哥大规划 BRT 线网

2）线网规模

（1）BRT 线网规模指标

① 线网总长度

采用式(11-1)计算：

$$L = \sum_{i=1}^{n} l_i \qquad (11\text{-}1)$$

式中：l_i——BRT 线网中第 i 条走廊的长度(km)；

　　　L——线网的规模(km)。

L 可以估算总投资规模、总运输能力、总运营成本、总体效益等，并可据此决定相应的管理体制与运作机制。

② 线网密度

采用式(11-2)计算：

$$\sigma = L/S \text{ 或 } L/Q \qquad (11\text{-}2)$$

式中：σ——单位人口拥有的线路规模或单位面积上分布的线路规模；

　　　S——BRT 线网规划区面积(km^2)；

　　　Q——BRT 线网规划区的总人口。

σ 是衡量城市 BRT 服务水平的一个主要因素，是一个总的 BRT 线网密度(km/km^2 或 km/万人)，实际中由于城市区域开发强度的不同，对交通的需求也不是相对均等的，往往是由市中心区向外围区呈现需求强度的逐步递减，因此线网密度也应相应递减。评价 BRT 线网规模的合理程度需按不同区域(城市中心区、城市边缘区、城市郊区)分别求取密度。

③ 线网日客运周转量

采用式(11-3)计算：

$$P = \sum_{i=1}^{n} p_i l_i \qquad (11\text{-}3)$$

式中：P——线网日客运周转量(人·km/d)；

　　　p_i——第 i 条 BRT 线路的日客运量(人/d)；

l_i——BRT 线网第 i 条线路的长度(km)。

P 是评估 BRT 系统能力输出的指标,表明 BRT 在城市客运交通中的地位与作用、占有的份额与满足程度。它涉及 BRT 运营企业的经营管理,是线网长度、能源消耗、人力、专用道和车站设备维修及投资等生产投入因子的函数。

(2)BRT 线网规模计算方法

线网规模取决于城市规模、城市形态以及社会经济发展水平等诸多因素,即城市发展规模、交通需求、居民出行特征、未来交通发展战略与政策、国家政策等。其中,城市发展规模又包含城市人口规模、城市土地利用规模、城市经济发展水平、城市基础设施规模等方面。国内外城市 BRT 规划采用线网总长度来衡量 BRT 线网规模,计算方法主要有服务水平法、出行需求分析法、吸引范围集合分析法、回归分析法。

服务水平法先将规划区分为几类,例如分为中心区、中心外围区及边缘区,然后或类比其他 BRT 发展比较成熟的城市的线网密度,或通过线网形状、吸引范围和线路间距确定线网密度,来确定城市的线网规模。后一类方法也可归为吸引范围几何分析法。优点是借鉴了其它城市的经验,计算简单;但是存在类比依据不足的缺点。

按分析角度的不同,出行需求分析法可分为两种。一种是先预测规划年限的全方式出行总量,然后根据线路客运密度确定所需的 BRT 线网规模。这种方法是按 BRT 承担出行的比例来确定的,故又称之为分担率法。另一种是先预测规划年限的全方式出行总量,然后对各路段的交通量进行分析,找出那些交通需求超出道路运输能力的路段,在这些路段上拟建 BRT,以此推算所需 BRT 网络的规模,故又称为容量控制法。这种方法思路清晰,但在计算过程中存在许多不确定因素。

吸引范围几何分析法在分析选择合适的 BRT 线网结构形态和线间距的基础上,将城市规划区简化为较为规则的图形或者规则图形组合,然后以合理吸引范围来确定线间距,最后在图形上按线间距布线再计算线网规模。特点是能够保证一定的服务水平,且由于城市规模比交通量容易控制,受不确定因素干扰少。缺点是未考虑 BRT 运量的限制,且假定将合理吸引范围覆盖整个城市用地会导致线网规模偏大。

回归分析法先找出影响城市 BRT 网络规模的主要因素(如人口、面积、GDP、人交通工具拥有率等),然后利用其它 BRT 发展比较成熟的城市的有关资料,对线网规模及各主要影响因素进行数据拟合,从中找出线网规模与各主要相关因素的函数关系式,然后根据各相关因素在规划年限的预测值,利用此函数关系式确定本城市到规划年限所需的线网规模。这种方法有较强的理论根据,但具体应用时存在着难以寻找合适的拟合样本,拟合精度较差等问题。

3)线网布局

BRT 线网布局阶段的方法主要以四阶段法为主,通过对定量分析的改进,形成了以下基本流程。

(1)初始线网生成

在 BRT 线网的合理规模确定后,既可进行线网的初始方案架构。BRT 的初始线网集是在城市总体规划和道路网规划的指导下,针对 BRT 规划的基本目标,考虑若干影响因素提出的,以作为后续客流测试及最终评价的基础。以覆盖主要交通走廊和主要集散点为主旨,满足城市客流分布的内在规律,同时认识其对城市发展的导向作用。

① 潜在交通出行走廊的识别

详见本书第四章的 4.3.1 节公交客流走廊规划方法。

② 主要枢纽点的确定

确定 BRT 线网初始方案的走向之后,关键是确定 BRT 线网枢纽点的位置。城市客运枢纽点包括两大类:一类是确定型枢纽点,一类是待定型枢纽点。确定型枢纽点是由城市总体规划确定的大型客流集散点,待定型枢纽点是城市范围内换乘量大的地点。

(a) 确定型枢纽点选址方法

确定型枢纽点主要包括:行政中心点,如市中心、区中心;交通枢纽点,如火车站、机场、客运港口、公交站场;文化商业点,如大型公园广场、旅游点、体育场馆、商业中心、商业街;大型企业点,如大型工矿企业和事业单位;大型社区,如居住人口在 10 万人以上的居住中心。

分析各客流枢纽点的相对重要度 K_i,排定确定型城市客流枢纽点在城市中的地位,从而确定 BRT 线网初始方案中枢纽站点的设置。确定型客流枢纽点的相对重要度指标 K_i 应体现现状的客流量、在城市中的重要性以及城市发展规划中地位如式(11-4)。

$$K_i = \alpha_i \cdot \beta_i \cdot v_i / \max_{j=1}^{n}(v_j) \qquad (11-4)$$

式中:K_i——第 i 个客流枢纽点的相对重要度指标;

α_i——第 i 个客流枢纽点在城市中的区位系数;

β_i——第 i 个客流枢纽点在城市发展规划中的地位;

v_i——第 i 个客流枢纽点现状的日均客流量;

n——城市大型客流枢纽点的总数。

其中 α_i 和 β_i 由专家评判法综合确定,在 0～1 之间取值。K_i 值大的在确定 BRT 线网初始方案的枢纽站点时优先考虑。

(b) 待定型枢纽点选址方法

对于待定型枢纽点,BRT 枢纽站点设置的位置至少包括两个方向或两种方式的客运交通线路,通常位于道路网的节点附近,即分析 BRT 待定型枢纽站点的选址问题转变成选择道路网的节点问题。道路网节点既是道路的交叉点,同时也是该点周围用地交通生成量和吸引量的集中点。城市用地的交通生成量和吸引量,分摊到路网的各个节点上,各点都有交通需求。

故待定型枢纽点选址方法的基本思路是:在简化的城市道路网上,从 i 节点出发到 j 节点,按广义最短路径寻找最短路径和次短路径,记录下各路径的节点号,并累计记录各节点按最短路径和次短路径经过的次数 E,由此分析城市道路网络节点的重要度指标 (A_1, A_2),按节点重要度由大到小排列道路网节点,结合城市用地规划综合决策 BRT 枢纽站点的设置。

城市道路网的简化:简化的道路网通常只包括城市快速路、主干道和次干道,对于组团式结构的城市而言,简化的路网应能反映组团式结构的城市的交通特征,因此简化的路网是由联系组团间出行的城市交通干道和各组团内的主要城市交通干道组成。

节点重要度指标 (A_1, A_2) 的确定如式(11-5):

$$A_1, A_2 = [E_1(I) + E_2(I)]/2N(N-1) \qquad (11-5)$$

式中：A_1——规划枢纽入选指数，当 $A_1 > C$ 时入选；

$\quad A_2$——现状枢纽入选指数，当 $A_2 > C$ 时入选；

$\quad E_1(I)$——最短路途经节点 i 的次数之和；

$\quad E_2(I)$——次短路途经节点 i 的次数之和；

$\quad C$——枢纽入选指数标准，视具体城市而定，通常取 $C = 0.2$；

$\quad N$——整个路网节点数（计算 A_1），出行量大的节点数（计算 A_2）。

由 A_1，A_2 来判别道路网节点是否入选，同时按 A_1，A_2 由大到小排定入选的道路网节点。

综合决策待定型枢纽站点的设置：以 A_1 和 A_2 定量指标确定的枢纽地址，只是选定了枢纽地址的范围，不一定将枢纽设在该节点，同时考虑城市总体规划、城市公交规划和入选点附近的用地及其周围环境条件，综合分析、判断，确定入选的待定型枢纽点。

在 BRT 线网规模和线网宏观结构的控制下，结合分析所得城市客运交通走廊和客运枢纽点，确定 BRT 线路具体走向和站点的设置，产生 BRT 线网的初始方案。

（2）具体走廊支撑道路选择

BRT 初始线网确定后，需要确定 BRT 线网优化方案和具体 BRT 走廊支撑道路，至少需要具备以下基本条件：

道路条件。BRT 系统应设置专用路或专用车道，专用车道有三种设置形式，详见下节 11.3.2。BRT 系统的专用车道宽度不应小于 3.5 m，故应考虑单向具备两条以上的机动车道（一条作为公交专用车道，其余的车道供其它机动车使用）、道路宽度达到要求或规划中有改扩建计划的道路作为 BRT 走廊的支撑道路。

交通条件。设置公交专用车道的道路，公交车流量应达到一定的标准（占总流量的比例大于 20%），一方面使专用道绿灯信号得到充分利用；另一方面保证公交车在交叉口前能消除两次排队现象。对于公交客流量也应有一定的要求，具体标准可参考表 11-4 中部分南美城市来确定。

表 11-4　南美部分城市 BRT 走廊全天与高峰小时运量

城　　市	全天运量（人次）	单向高峰小时	
		配车数（veh）	运量（人次）
厄瓜多尔，基多	170 000	40	8 000
哥伦比亚，波哥大	800 000	—	27 000
巴西，库里蒂巴	340 000	40	11 000
阿萨斯	290 000	326	26 100
法勒普斯	235 000	304	17 500

11.3.2　BRT 专用道规划

1）BRT 专用道设置形式

根据不同的设置位置，BRT 专用道可划分为：沿路外侧设置的 BRT 专用道；沿路内侧设置的 BRT 专用道；沿路中设置的 BRT 专用道。

① 路外侧 BRT 专用道

这种 BRT 专用道设置在道路的外侧边缘，可以采用划线隔离，也可以物理隔离，是最普遍的一种专用道设置形式，见图 11-7。

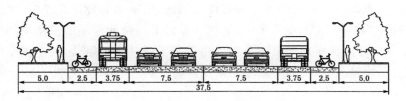

图 11-7(a)　路外侧型 BRT 专用道路权分配示意图

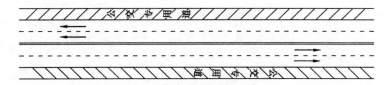

图 11-7(b)　路外侧型 BRT 专用道

路侧 BRT 专用道的停靠站一般设置在人行道上或机非分隔带上，乘客等候、上下车及出行比较方便，不需要穿越马路，保障了乘客的出行安全，且对路幅要求低，实施方便易行，投资少。专用道设置在路侧，更有条件设置港湾停靠站，减少公交车辆的停车对社会车辆产生的干扰，方便公交车辆超车。但是如果不采用物理隔离，公交车辆易受到社会车辆的干扰，尤其是出租车的任意停靠影响专用道的正常运行。

② 路内侧 BRT 专用道

BRT 专用道设置在与道路中央分隔带相邻的车道上，通过路面标线隔离，见图 11-8。一般适用于中心区以外、交叉口间距比较大、道路宽度条件较好的路段，道路中央要有分隔带，或设置在高架道路下面具有干线条件的路段上。这种方式的公交停靠站一般设置在中央分隔带上，利用分隔带的宽度提供乘客候车所需要的空间。

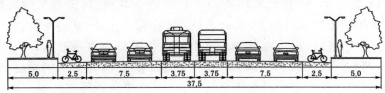

图 11-8(a)　路内侧型 BRT 专用道路权分配示意图

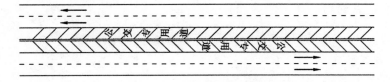

图 11-8(b)　路内侧型 BRT 专用道

路内 BRT 专用道可以减少公交车辆路侧所受的干扰,但是车辆沿中央分隔带行驶并且停靠,乘客上下车需穿越两次道路,安全性较差。且由于道路中央分隔带宽度有限,不方便设置人行天桥或地道,增设行人过街信号又将给正常的车流造成延误。

由于交通规则是车辆靠右侧行驶,公交车辆的车门也都开在右边,中央式 BRT 专用道不方便乘客上下车。若利用中央分隔带作停靠站,则车门应设计在左侧,要求整条公交线路都设有这种类型的 BRT 专用道,或者说停靠站都在路的左侧。从车辆调度的角度来看,如果城市中这种左侧车门的公交车和普通公交车同时使用运营,则左侧车门的公交车只能行驶在固定线路上,无法随时调用到其他线路上。

③ 路中 BRT 专用道

BRT 专用道设置在道路每个方向上的中间车道上,通过路面标线进行隔离,见图 11-9。

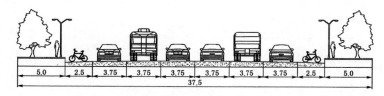

图 11-9(a)　路中侧型 BRT 专用道路权分配示意图

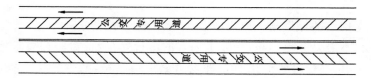

图 11-9(b)　路中型 BRT 专用道

由于车辆行驶时不受路边因素干扰,可以高速行驶,且 BRT 专用道可以一直延伸到交叉口,减少公交车与社会车辆的交织,也便于为公交车辆提供优先通行信号。但公交车停靠需变换车道,对社会车辆的正常行驶产生干扰,故这种形式的 BRT 专用道最好设置在无停靠站的路段,如交叉口间距较短的路段或大站快车的情况。

2) BRT 专用道在交叉口处理

在交叉口设置立交,将 BRT 专用道和交叉口完全分离,可以避免所有的交织冲突。但是在中心区受用地限制和景观影响,大多只能采用隧道形式,造价昂贵,使用范围有限。

在信号交叉口的进口道中,有一个或多个进口道为公交车辆专用,其他社会车辆(不包含特殊车辆)不允许进入,则为 BRT 专用进口道。它保证公交车辆在交叉口同社会车辆分离,红灯时不需排在其他社会车辆之后等待,而直接到达停车线处,这样就能够在绿灯亮的时候以第一时间通过交叉口,减少 BRT 车辆在交叉口的延误。

11.3.3　BRT 站点规划

1) 中途站点

(1) 站点设置形式

① 无非机动车道的 BRT 中途站点设置

没有非机动车道时,BRT 中途站点就可以沿路侧设置在人行道上,根据具体的道路和交通条件可以设计成直线式停靠站和港湾式停靠站。

直线式停靠站即无港湾式,靠路右侧设置公交专用道或沿路中设置公交专用道,公交车要经过一段交织段变换车道至路边停靠。这种形式的停靠站没有超车设施,设置在道路宽度有限、不易拓宽的路段,要求公交车上、下客流量较少,高峰时间公交车的到达不出现拥挤现象。

港湾式停靠站可以将道路在局部拓宽,也可以压缩人行道,使公交车在原有车道外停靠,预留出超车道。这种停靠站对道路宽度要求较高,但因为有超车道,能够保证公交专用道的畅通,减少公交车辆的延误,同时避免公交车对社会车辆的干扰,保证社会车辆的正常运行。

② 有非机动车道的 BRT 中途站点设置

停靠站设置在机非隔离带上,为直线式,如图 11-10。这种形式的停靠站对非机动车没有干扰,但对其他社会车辆干扰较大。适用于道路宽度有限、非机动车流量较大、机动车流量不大的路段。

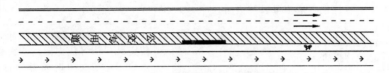

图 11-10　机非分隔带上直线式停靠站

将道路在停靠站的断面处向外拓宽,非机动车道向路边侧移,公交专用道的右侧相应拓宽,停靠站设置在公交专用道与非机动车道之间,形成港湾式,如图 11-11。这种形式的停靠站通过道路断面拓宽设置了公交车辆的超车道,对非机动车干扰不大,对其他社会车辆干扰也很小,适用于道路宽度可以适当改造的路段。

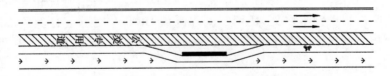

图 11-11　机非分隔带上右拓宽港湾式停靠站

道路宽度不变,BRT 专用道向两侧拓宽,右侧占用部分非机动车道,形成港湾式,左侧占用部分社会车辆的车道,相邻社会车辆的车道也相应向左侧偏移,宽度减小,停靠站设置在公交专用道与非机动车道之间,如图 11-12。这种形式的停靠站通过占用两侧相邻车道而提供公交车辆的超车道。由于占用了部分非机动车道,对非机动车的干扰较大;而社会车辆只是改变行车方向,相邻车道宽度是渐变的,所受干扰不大。此种形式适用于道路宽度有限、非机动车流量不大的路段。

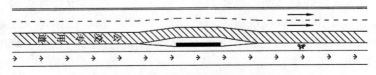

图 11-12　机非分隔带两侧拓宽港湾式停靠站

（2）站点设置位置

中途站点设置位置可以选择在交叉口进口道、出口道、路段中间三种位置，不同的设置位置会对站点周边的车辆和行人产生不同的影响，路中央型 BRT 专用道其站点对于其他车辆影响较少，本节主要研究路边型 BRT 专用道的中途站点，分析不同的站点设置位置的优缺点（表 11-5）和适用条件。

表 11-5　路边型 BRT 专用道车站在交叉口不同地点设置的优缺点

站点设置位置	优　点	缺　点
出口道	将右转车辆和 BRT 车辆的交织减小到最少； 通过提供专用道给社会车辆使用增加了额外的右转通行能力； 减小了右转车辆视距受阻的问题； 通过交叉口减速缩短了 BRT 车辆的减速距离； 如交叉口信号优先等措施可以被应用。	有可能因为站点处停靠 BRT 车辆过多导致交叉口拥堵； 直行车辆视距受干扰； 对于过街行人可能产生视距问题。
进口道	当出口道的交通压力较大时，可以减少干扰； 当红灯时允许乘客上下客； 当交叉口宽度足够时 BRT 车辆可以变道行驶。	增加了与右转车辆的交织冲突； 使交叉口信号优先应用变得复杂化，假如站点位于停车线附近或者是右转车道上会降低效率或需要一个额外的信号。
路段中间	将行人和车辆的视距问题减小到最少； 可以减少候车区的乘客拥挤情况。	需要额外的距离来限制附近的停车； 增加行人过街的绕行距离。

进口道设置站点适用于路段客流量和公交车流量都比较大、整体交通状况比较良好、在高峰时段内对于路边停车禁止的情况；出口道设置站点主要适用于路边车道为 BRT 单独享有、路边停车在高峰小时（或全天）禁止、交叉口 BRT 享有信号优先等情况；路段中间设置站点在实际应用中并不多见，适用于城郊区域 BRT 专用道上有多条线路经过、需要大片上下客面积的情况以及两个交叉口之间的间隔比较长，同时在路段中间有客流集散区域的情况。

2）换乘枢纽

对于 BRT 换乘枢纽规划，需要遵循以下几条原则：尽可能将 BRT、公交驳运线路、小汽车隔离，并给予其他交通方式与 BRT 换乘的优先权；多方式之间的换乘设施和 P＋R 设施（Park & Ride）可以设置在 BRT 线路的一边或者两边，最好设置在 BRT 通向市中心的一侧；在规划中尽可能缩短乘客的步行距离并减少乘客与公交车辆之间的交织冲突；对不同方式的到达者客流量加以调查，以确定 BRT 站台的规模，不同方式主要包括：步行、自行车、公交接运线路、摩托车、出租车、P＋R 和私家车等；一般规定一个 BRT 停车位每小时可以停靠 6 辆 BRT 公交车，当 BRT 与接运线路之间的联系比较快捷、方便时，其运营能力会更大。同时一个 BRT 车位与接运线路之间的联系最好不超过 2～3 个，否则会将大大增加 BRT 候车区域的面积；对于客流量较小或受规模限制的枢纽，BRT 车辆可以在同一位置上下客，但是对于大运量的枢纽站点，需通过上下客分离，实现乘客的快速上车，其先后顺序为：首先在下客区下客，然后在特定区域维护，最后到上客区上客；换乘枢纽一般设置在常规公交线路相交或接近 BRT 站点处，当存在多条接运线路时，尽可能提供路外换乘设施。

根据 BRT 走廊和接运线路的相交情况，有以下两种换乘枢纽平面布置示意图（图 11-13，图 11-14）。图 11-13 的情况适用于 BRT 与接运线路之间的换乘量不是很大时，可以设置于路边或路外，乘客换乘需要经过楼梯，增加了换乘距离。

图 11-14 的情况适用与 BRT 与接运线路之间的换乘量较大时，通过 BRT 与接运线路之间的共享站台，可以快速地实现换乘，其换乘距离相对第一种布置要减少很多。

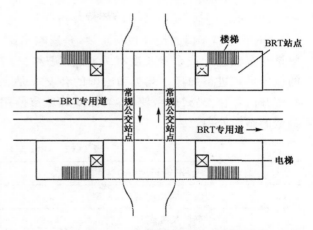

图 11-13　BRT 与接运线路相交时换乘枢纽平面布置图

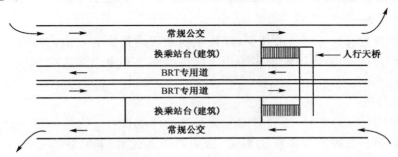

图 11-14　BRT 与接运线路平行时换乘枢纽平面布置图

11.3.4　BRT 车辆选择

（1）车辆配备

BRT 运营车辆应优先选用环保节能、新能源的公共汽车或无轨电车；并应按 BRT 系统级别进行选配，以特大型公共汽车或无轨电车为主，辅助配备大型公共汽车或无轨电车，要求符合表 11-6 中规定。

表 11-6　BRT 系统级别及车辆配备

特征参数	BRT 系统级别		
	一级	二级	三级
运送速度（km/h）	≥25		≥20
单向客运能力（万人次/h）	≥1.5	≥1.0	≥0.5
主要车辆配备	18 m 特大型铰接式公共汽车或无轨电车	14～18 m 特大型铰接式公共汽车或无轨电车	10～13.7 m 大型和特大型公共汽车或无轨电车
辅助车辆配备	10～13.7 m 大型和特大型公共汽车或无轨电车	10～13.7 m 大型和特大型公共汽车或无轨电车	—

（2）车门设置

BRT 车辆车门的设计也很重要,是影响车站上下客时间的重要因素。首先是车门的数量与车辆选配或车身长度有关,具体见表 11-7 所示。其次是车门的位置,应根据车站的设置形式进行选择。北美和法国的公交车是右侧开门的;澳大利亚和英国的公交车是左侧开门,适合岛式站台使用;圣保罗等城市使用的公交车是双侧门设置,可以适合不同类型的站台使用。

表 11-7　BRT 车辆车门数量

车辆长度（m）	车辆车门数量（个）
10≤车辆长度≤12（大型）	≥2
12＜车辆长度≤13.7（特大型）	≥2
14≤车辆长度≤18（特大型铰接式）	≥3

（3）动力系统

公交车辆应具有良好的动力性能,保证车辆运行的速度和安全,并注意环保,鼓励使用"清洁"车辆。目前,欧美国家很多采用了压缩天然气和电力系统的"双动力"清洁能源车辆作为营运车辆。

（4）车辆外观

除了车辆的运营特点外,还要考虑公交车辆的外观设计。合适的快速公交车辆的外观设计不仅能提升快速公交系统的形象,增加对乘客的吸引力,还能进一步美化城市市容,成为城市的一道风景线。

11.4　常规公交规划

常规公交与轨道交通、BRT 一起构成城市客运系统的不同层次、不同功能、不同服务水平、多元化的整体。在轨道交通、BRT 未能覆盖的区域内,它是城市骨干客运系统;在城市轨道交通、BRT 所覆盖的区域内,它是集散客流的接驳方式。需要结合城市轨道交通、BRT 的实施进程,以城市客运枢纽为基本依托,逐步调整常规公交布局结构,通过均衡线网负荷、减少复线、填补空白、合理设站、完善换乘等措施,依托城市道路网形成覆盖面广的常规公交网络。

11.4.1　公交场站规划

城市公共交通场站的规划主要包括公交首末站、中途站、枢纽站、停车场、保养场、修理厂、调度中心的布局规划。公交场站建设必须统一规划、系统建设、逐步实施,以安全、方便、迅速、舒适的服务满足居民出行的需求。

1）　场站体系构成及规划原则

（1）首末站

首末站的主要功能是为线路上的公交车辆在开始和结束营运、等候调度以及下班后提供合理停放场地的必要场所。它既是公交站点的一部分,也兼具车辆停放和小规模保养的用途。首末站应与旧城改造、新区开发、交通枢纽规划相结合,并应与公路长途客运站、火车站、客运码头、航空港以及其他城市公共交通方式相衔接。首末站设置应根据综合交通体系的道路网系统和用地布局,按以下原则确定:

① 选择在紧靠客流集散点和道路客流主要方向的同侧;

② 临近城市公共客运交通走廊,便于与其他客运交通方式换乘;

③ 宜设置在居住区、商业区或文体中心等主要客流集散点附近;

④ 在火车站、客运码头、长途客运站、大型商业区、分区中心、公园、体育馆、剧院等活动集聚地或多种交通方式的衔接点上,宜设置多条线路共用的首末站;

⑤ 长途客运站、火车站、客运码头主要出入口 100 m 范围内应设公共交通首末站;

⑥ 0.7~3 万人的居住小区宜设置首末站,3 万人以上的居住区应设置首末站。

（2）中途站

公交车辆的中途站点规划在公交车辆的起、终点及线路走向确定以后进行,规划的原则为:

① 中途站应设置在公共交通线路沿途所经过的客流集散点处,宜与人行过街设施、其他交通方式衔接;

② 中途站应沿街布置,站址宜选在能按要求完成运营车辆安全停靠、便捷通行、方便乘车三项主要功能的地方;

③ 在路段上设置中途站时,同向换乘距离不应大于 50 m,异向换乘距离不应大于 100 m;对置设站,应在车辆前进方向迎面错开 30 m;

④ 在道路平面交叉口和立体交叉口上设置的车站,换乘距离不宜大于 150 m,并不得大于 200 m;

⑤ 郊区站点与平交口的距离,一级公路宜设在 160 m 以外,二级及以下公路宜设在 110 m 以外;

⑥ 几条公交线路重复经过同一路段时,其中途站宜合并设置。站的通行能力应与各条线路最大发车频率的总和相适应。中途站共站线路条数不宜超过 6 条或高峰小时最大通过车数不宜超过 80 辆,超过该规模时,宜分设车站。分设车站的距离不宜超过 50 m;

⑦ 中途站的站距宜为 500~800 m,市中心区站距宜选择下限值,城市边缘地区和郊区的站距宜选择上限值。

（3）枢纽站

公交枢纽站是公共交通线网和运营组织的核心,是客流转换和保障运输过程连续性的关键节点,是发挥多方式衔接联运和各自优势的重要环节,是车辆停放、低级保养、抢修及调度的重要场所。

多条道路公共交通线路共用首末站时应设置枢纽站,枢纽站可按到达和始发线路条数分类,2~4 条线为小型公交枢纽,5~7 条线为中型公交枢纽,8 条线以上为大型公交枢纽。

（4）停车场

停车场应具备为线路运营车辆下线后提供合理的停放空间、场地和必要设施等主要功能,并应能按规定对车辆进行低级保养和小修作业。停车场应包括停车坪（库）、洗车台

（间）、试车道、场区道路以及运营管理、生活服务、安全环保等设施。其规划原则为：

① 停车场宜分散布局，可与首末站、枢纽站合建；

② 停车场用地应安排在水、电供应、消防和市政设施条件齐备的地区；

③ 停车场可通过综合开发利用，建地下停车场或立体停车场；

④ 在用地紧张的城市，停车场可向空间或向地下发展。

（5）保养场

保养场应具有承担运营车辆的各级保养任务，并应具有相应的配件加工、修制能力和修车材料及燃料的储存、发放等功能。保养场应包括生产管理、生产辅助、生活服务和安全环保等设施。

城市建立保养场的数量应根据城市的发展规模和为其服务的公共交通的规模确定。保养场应按企业运营车辆的保有量设置，并应符合下列规定：①当企业运营车辆保有量在600辆以下时，可建1个综合性停车保养场；保有量超过600辆，可建1个大型保养场；②中小城市车辆较少，不应分散建保养场，可根据线网布置情况，适当集中车辆在合理位置建保养场；③中、小城市的保养场宜与停车场或修理厂合建；低级保养和小修设备较少时，保养场宜与停车场合建。

保养场选址应符合下列要求：①大城市的保养场宜建在城市的每一个分区线网的重心处，中、小城市的保养场宜建在城市边缘；②应距所属各条线路和该分区的各停车场均较近；③应避免建在交通复杂的闹市区、居住小区和主干道旁，宜选择在交通流量较小，且有两条以上比较宽敞、进出方便的次干道附近；④保养场附件应具备齐备的城市电源、水源和污水排放管线系统；⑤应避免建在工程和水文地质不良的滑坡、溶洞、活断层、流砂、淤泥、永冻土和具有腐蚀性特征的地段；⑥应避免高填方或开凿难度大的石方地段；⑦应处在居住区常年主导风的下风方向。

（6）修理厂

修理厂宜建在距离城市各分区位置适中、交通方便、交通流量较小的主干道旁，周围有一定发展余地和方便接入的给排水、电力等市政设施的市区边缘。中小城市的修理厂宜与保养场合建。修理厂的建设应进行环境评价，其内容应包括噪声、废气排放、污水排放和固体废物等。

（7）调度中心

调度中心应具备运营动态管理、调度、监控和公共信息服务等功能。应配置调度工作平台、通信设施、在线服务设施和救援车辆等设备，包括若干调度终端、视频显示系统及机房等。

调度中心应与公交企业的调度体制相协调，可根据交通方式特征，按不同类型或隶属关系分别建设总调度中心和分调度中心：①总调度中心应为总公司系统的指挥中心，应能监视、监控及调度系统的所有运营车辆和指挥各分调度中心、线路调度室，并应具有临时取代分调度中心或线路调度室的调度职能的功能，总调度中心宜选址在靠近其服务的线网中心处；②分调度中心应为分公司系统的指挥中心，应接受并执行总调度中心的命令和指挥各线路调度室，应能监视所辖区域、线路的运营车辆，并应具有临时取代线路调度室的职能的功能，分调度中心的工作半径不应大于8 km，且宜与大型枢纽站或停车场合建。

2）场站分区布局策略

城市内各区域间的发展差异较为明显，且未来规划的发展方向也各有侧重，为了结合各片区的发展特点，实施差别化布局策略，使场站的空间布局更加合理，宜根据各片区的功能特征和一体化程度采取不同的布局策略，如表 11-8 所示。

表 11-8　片区用地条件及公交场站布局策略

用 地 条 件	布 局 策 略
用地紧张、土地协调难度大	设置深港湾站，优先满足公交客流中转换乘场站的用地；结合城区改造，满足部分车辆服务型场站用地。
土地价值较高，新规划区有用地条件	保证必要的换乘枢纽和首末站设施用地
现状用地相对宽裕，新开发片区有用地条件	规划预留公交场站用地；配套自身的车辆服务性场站，弥补其他片区的场站用地不足。

3）场站用地标准及规模

（1）首末站

首末站的规模应按线路所配运营的车辆总数确定，并应符合下列规定：

① 每辆标准车首末站用地面积应按 100～120 m^2 计算；其中回车道、行车道和候车亭用地应按每辆标准车 20 m^2 计算；办公用地含管理、调度、监控及职工休息、餐饮等，应按每辆标准车 2～3 m^2 计算；停车坪用地不应小于每辆标准车 58 m^2；绿化用地不宜小于用地面积的 20%；用地狭长或高低错落等情况下，首末站用地面积应乘以 1.5 倍以上的用地系数；

② 当首站不用作夜间停车时，用地面积应按该线路全部营运车辆的 60% 计算；当首站用作夜间停车时，用地面积应按该线路全部运营车辆计算；首站办公用地面积不宜小于 35 m^2；

③ 末站用地面积应按线路全部运营车辆的 20% 计算，末站办公用地面积不宜小于 20 m^2；

④ 当环线线路首末站共用时，其用地应按上述两点合并计算，办公用地面积不宜小于 40 m^2；

⑤ 首末站用地不宜小于 1 000 m^2。

（2）中途站

中途站包括停靠区以及候车亭、站台、站牌及候车廊等设施。

① 候车亭高度不宜低于 2.5 m，候车亭顶棚宽度不宜小于 1.5 m，且与站台边线竖向缩进距离不应小于 0.25 m；站台长度不宜小于 35 m，宽度不宜小于 2 m，且应高于地面 0.25 m；候车廊廊长宜为 15～20 m，客流较少的街道上设置中途站时，应适当缩短候车廊，且廊长不宜小于 5 m，也可不设候车廊；

② 在大城市和特大城市，线路行车间隔在 3 min 以上时，停靠区长度宜为 30 m；线路行车间隔在 3 min 以内时，停靠区长度宜为 50 m；若多线共站，停靠区长度宜为 70 m；

③ 在中、小城市，停靠区的长度可按所停主要车辆类型确定。通过该站的车型在两种以上时，应按最大一种车型的车长加安全间距计算停靠区的长度；

④ 停靠区宽度不应小于 3 m；

⑤ 中途站宜采用港湾式车站，快速路和主干路应采用港湾式车站，港湾式车站沿路缘向人行道侧呈等腰梯形的凹进不应小于 3 m，长度按照停靠区规定计算。

（3）枢纽站

枢纽站设计应坚持人车分流、方便换乘、节约资源的基本原则。宜采用集中布置，统筹物理空间、信息服务和交通组织的一体化设计，且应与城市道路系统、轨道交通和对外交通有通畅便捷的通道连接。枢纽站进出车道应分离，车辆宜右进右出。具体的用地和布置要求为：

① 站内宜按停车区、小修区、发车区等功能分区设置，分区之间应有明显的标志和安全通道，回车道宽度不宜小于 9 m；

② 发车区不宜少于 4 个始发站，候车亭、站台、站牌及候车廊等设施的设计按照中途站的要求执行；

③ 换乘人行通道设施建设根据需要和条件，可选择平面、架空、地下等设计形式；

④ 枢纽站应设置适量的停车坪，其规模应根据用地条件确定；具备条件的枢纽站，除应按照首末站用地标准计算外，还宜增加设置与换乘基本匹配的小汽车和非机动车停车设施用地；不具备条件的枢纽站，停车坪应按每条线路 2 辆运营车辆折成标台后乘以 200 m² 累计计算；

⑤ 办公用地应根据枢纽站规模确定。小型枢纽站不宜小于 45 m²；中型枢纽站不宜小于 90 m²；大型枢纽站和综合枢纽站不宜小于 120 m²；

⑥ 绿化用地应结合绿化建设进行生态化设计，面积不宜少于总用地面积的 20%。

大型枢纽站和综合枢纽站应在显著位置设置公共信息导向系统，条件许可时宜建电子信息显示服务系统。公共信息导向系统应符合现行国家标准《公共信息导向系统设置原则与要求第 4 部分：公共交通车站（GB/T 15566.4—2007）》的规定。

（4）停车场

停车场用地面积应根据公交车辆在停放饱和的情况时，每辆车仍可自由出入而不受周边所停车辆的影响确定。

停车场用地面积宜按每辆标准车 150 m² 计算。在用地特别紧张的大城市，停车场用地面积不应小于每辆标准车 120 m²。首末站、停车场、保养场的综合用地面积不应小于每辆标准车 200 m²。在设计道路公共交通总用地规模时，已有夜间停车的首末站、枢纽站的停车面积不应在停车场用地中重复计算。停车场的洗车间（台）、油库用地应按有关标准的规定单独计算后再加进停车场的用地中。

停车场用地按生产工艺和使用功能宜划分为运营管理、停车、生产和生活服务区。生产区的建筑密度宜为 45%～50%，运营管理及生活服务区的建筑密度不宜低于 28%。各部分平面设计应符合下列规定：

① 运营管理应由调度室、车辆进出口、门卫、办公楼等机构和设施构成；

② 车辆进出应有安全、宽敞、视野开阔的进出口和通道；

③ 停车坪应有良好的雨水、污水排放系统，应符合现行国家标准《室外排水设计规范（GB 50014—2006）》（2016 年版）规定；

④ 停车坪应有宽度适宜的停车带、停车通道,并在路面采用划线标志指示停车位置和通道宽度;

⑤ 停车场应建回车道和试车道,其用地面积宜为 26～30 m²/标准车。

在用地紧张的城市,停车场可向空间或向地下发展。多层停车库的建筑面积宜按100～113 m²/标准车确定。其中停车区的建筑面积宜为 67～73 m²/标准车,保修工间区的建筑面积宜为 14～17 m²/标准车,调度管理区的建筑面积宜为 8～10 m²/标准车,辅助区的建筑面积宜为 6～7 m²/标准车,机动和发展预留建筑面积宜为 5～6 m²/标准车。

（5）保养场

保养场用地应按所承担的保养车辆数计算,并符合表 11-9 的规定。

表 11-9　保养场用地面积指标

保养能力（辆）	每辆车的保养用地面积(m²/辆)		
	单节公共汽车和电车	铰接式公共汽车和电车	出租小汽车
50	220	280	44
100	210	270	42
200	200	260	40
300	190	250	38
400	180	230	36

当保养场与停车场或修理厂合建时,其用地面积应在保养场的基础上,按停车场停车面积、修理厂修理车间的用地要求增加所需面积。

（6）修理厂

修理厂应根据运营车辆数及其大、中修间隔年限计算修理厂的规模、厂房面积等。大、中修间隔年限由各城市按本地具体情况确定。修理厂用地按所承担年修理车辆数计算,宜按 250 m²/标准车进行设计。

（7）调度中心

总调度中心用地面积不宜小于 5 000 m²,设施建筑面积不宜小于 5 000 m²。分调度中心每处用地面积按 5 000 m² 计算。

11.4.2　公交线网规划

城市常规公交线网规划问题通常是网络优化调整问题,而不是线网的重新规划问题,线路一旦运行并形成相对稳定的客流,通常情况下不宜做出较大变动。公交线网规划主要考虑的因素有交通需求、道路网条件、场站条件、车辆条件、政策因素以及公交运行效率因素等。

1）公交线网规划方法

城市公交线网优化的思路通常有两种模式:解优法和证优法。解优法就是根据对城市交通需求的预测,通过求待定目标函数的最优解,获得优化线网;证优法就是对一个或几个线网备选方案进行评价,证实或选择较优方案,如图 11-15、图 11-16 所示。

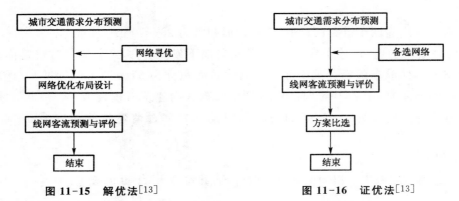

图 11-15　解优法[13]　　　　图 11-16　证优法[13]

实践应用中,两种方法常结合使用:分析现有公交网络和线路状况,确定地面公交线网的功能、定位,特别是当城市公交系统的骨干线路增加时,如地铁和 BRT 投入运行,制定地面公交线网调整策略与目标;根据服务需求与线路功能构建分层次线网;根据客流分布特征,确定地面公共交通走廊,布设主干线路;以客运交通枢纽为核心,调整地面公交线路,理顺轨道线路、主干线路、区域线路的关系;增加调整区域线路和驳运线路,扩大新城区、中心镇、集镇地区的公交线路覆盖面;调整与轨道交通平行的线路,增加接驳线。

公交线网规划与优化的阶段分为:公交线路备选方案集的产生、公交线网规划优化方案的产生。

(1) 公交线路备选方案集的产生

在分析评价原公交线网与客流分布特点基础上,考虑到要保持公交服务的连续性,保留原线网中的合理线路作为规划方案的备选线路集的一部分。

结合预测的公交 OD 分布情况,通过逐步扫描法,得到的 OD 量较大的 OD 点对之间的客流选择路径作为备选线路集的一部分。

考虑实际公交客运特点,充分汲取公交运营企业的意见,将企业提出的公交线网新增、调整的某些线路选入备选线路集。

(2) 公交线网规划优化方案的产生

公交线网优化方案的产生过程通常采用的是一个操作性较强的交互式优化过程,如图 11-17 所示。首先将原公交线网中合理的线路保留下来作为规划网的一

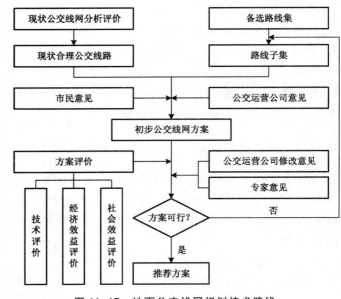

图 11-17　地面公交线网规划技术路线

部分,这考虑到了居民公交出行及公交线网规划的连续性,原公交线网绝大部分合理而又具有较好的公交运营效益的线路是近期公交规划网中的相对稳定的部分,这与城市绝大部分区域人口分布、用地情况相对稳定这一特点相适应。其次,从备选线路集中选取不同的公交线路子集与上述相对稳定的线路集一起构成一个公交线网规划初始方案。初始方案首先从以下三个宏观因素来确认:

各片区及各小区的公交线网覆盖是否与其公交需求相适应;公交线路各主要走向的出行分配是否与此方向上的客流量相匹配;公交线路总条数是否达到或接近规划目标。

然后对此方案进行线网评价、客流分析,特别是对各条备选线路进行综合效益分析。线路综合效益分析主要包括此线路的社会效益、线路的营运效益、线路的预测客运总量以及线路的城市交通功能。经过分析评价,剔除不合理线路,从备选线路集中选取新的公交线路,再次形成一公交线网方案,得到下一次迭代的公交线网规划初始方案。优化过程如此迭代下去,直至组成备选线路集的各条线路的效益或评价均满意或可接受为止。必要时对此方案作适当的局部性调整,最后输出公交线网规划推荐方案。

公交线网规划的前期工作一般包括确定主要公交换乘枢纽的位置和选取常规公交线路起讫站点。由图 11-18 中土地利用特征、管理部门政策以及现状客流量情况确定换乘点和场站,并进行线路和站点设计。实际应用中,其规划方法一般有两种:逐条布线的线网规划方法和全网最优的线网规划方法。这两种方法的目标都是使公交线网运载的客流量最大,乘客总的出行时间最小,其主要表现方法就是要使公交线网上运载的直达乘客量最大。全网最优的线网规划方法的目标是公交网络客流效益最优,其函数复杂,影响因素和约束条件众多,求解方法繁琐,使该方法在实践中应用较为困难。尤其是在网络较为庞大时,该方法的求解甚至变得不可能。逐条布线法是根据某一个或几个指标,在可行路线集中,逐条找出最优的公交线路,叠加成完整的公交线网,思路简单、直观、方法上切实可行,是目前使用较多的一种方法。但由于它逐条布线,成网后缺乏合理反馈,生成的线网往往从整体上讲并不是最优的,且线网比较分散,难以形成"以点带面"的服务格局。

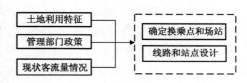

图 11-18　地面公交线网设计内容

2) 公交线网规划要素与指标

公交线路网络结构主要有 4 种常见形式[1](即多方式结构、放射状结构、网格和无缝换乘结构、脉冲式结构)。多方式网络可以通过多种公交出行方式的配合来协调长距离和短距离出行;放射状网络旨在为中心区提供公交服务,例如中心商务区(Central Business District,简称 CBD)。网格和无缝换乘结构优势在于进入公交系统方便,但是也需要很多换乘,因此,这种网络方式中的换乘是基于时间的并且倾向于多线路车辆进站时间同步;最后一种网络结构是类似脉冲式的,在这个系统中,所有线路首站均始于同一个中心节点,这个节点便是换乘点,这种方式通常适用于小型城市。

具体到公交线网规划的要素而言,服务标准及所需数据如表 11-10 所示。

表 11-10   公交线网规划要素及所需数据[1]

指　标	所 需 数 据
线路长度	平均运行时间;出行距离
站距	人口密度;服务类型;某个既有站点的乘客数
线路开行方向	平均运行时间;出行距离;乘客 OD 计数
区间车	站的平均乘客数
线路覆盖范围	人口数据;土地利用数据;公众意见
重叠线路(重复系数)	—
线网结构	平均乘客 OD 数;人口数据;公众意见
线路连通性	线路网和合理的换乘点
服务时长	单线和区域时刻表
载客量(拥挤度)	站点或最大断面平均乘客数
最大发车间隔	平均乘客数;公交企业和政府规定
最小发车间隔	平均乘客数;可用车辆数
换乘	平均乘客数;换乘次数;等待时间
候车亭	站点平均上车乘客数;老年人和残疾人数量
准点率	发车和到站时间的车载计时
同步换乘	某个时刻乘客 OD 数;行车时刻表
乘客安全	基于平均乘客数和行驶里程的事故统计

3) 公交线路分级优化

根据线路功能和服务客流特征,将公交线路分为公交主干线、次干线和支线,如图 11-19 所示。在地面公交网络中,应以承担中短距离出行的次干线和支线为主。地面公交线路分级优化的基本思路是:先主后次、分层、分级布设,优化成网。

主干线路是城市公交网络中的骨架线路,主要承担中心城区内

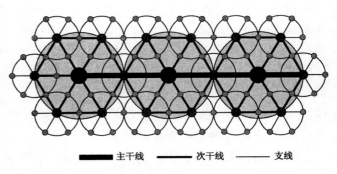

━━━ 主干线　━━ 次干线　── 支线

图 11-19   公交线路分级

的主要客运走廊、中心城区与各外围组团之间的联系、中心城区与市域的重点城镇之间的联系、各外围组团之间的联系、以及各外围组团与市域重点城镇之间的联系;这些线路主要沿公交专用道以及城市主干路行驶;主要承担中长距离的居民出行。主干线路又分为快速公交线路和常规公交线路。客流较大的组团内部也用主干线路连接,主干线路通过公交枢纽场站连接起来。

次干线路、支线是城市公交网络中的基本线路,是对主干线路的补充和完善,主要承担中心城区内的次要客运走廊、各外围组团内部的主要客运走廊运输;主要承担中短距离的居民出行,并承担与主干线路、地铁、公路及铁路等枢纽点的衔接换乘。在其设置上,应依据主干线路设置,并以良好的换乘相匹配。

补充线路则可分两种情况,一种以填补空白或公交稀疏区域为主,满足边远地区市民出行交通需求。另外一种是以满足特殊群体出行的交通需求为目的与其它线路共同构成完整的线网体系,为市民提供形式多样、功能齐全的公交服务,提升公交的吸引力。可见,不同层次线网在整个网络中的作用和功能是不同的,公交线网在布设时也该逐层展开。公交线网布设首先要根据城市的发展趋势和城市主要客运走廊分析确定主干线路走向,然后再设置次干线路,最后再布设补充线路以填补公交空白区域,接驳短距离出行。

（1）主干线路布设

公交主干线路服务于长距离的大型集散点之间、各功能区之间的联系,流量大、速度快、发车频率高,为保障安全、可靠、高效的服务,可以被赋予一定的时空优先权,如开设公交专用通道,交叉口设置公交专用进口道和公交专用相位等。常规公交主干线布设在快速路和主干道上,分为大站快车线和普通线两种类型。具体布设方法:

根据交通大区公交出行 OD 矩阵、城市路网和公交枢纽等,根据经验或实际调查,确定主干线开线标准,设定各种约束条件的初始值;

将各 OD 对按客流量从大到小排序,对于 OD 量大于主干线开线标准的起终点,检查现有线路中是否有直达线路,有则保留,否则,考虑布设新线;

在起终点间按蚁群算法寻找最佳路径,布设线路;

进行配流检验,并看其是否满足干线直达运送标准,是否满足约束条件,若满足,则该线路为公交主干线层中的第一条线路;

对剩下的 OD 点对,重复上述过程,直到剩余乘客 OD 量低于主干线开线标准;

重复系数修正。一条公交线路确定后,为尽可能避免在以后布设线路时与此重复,应引进重复系数,重复线路条数过多,会造成其他的公交服务盲区,使单条线路断面流量降低,从而影响公交线路的效率。

（2）次干线路布设

公交次干线路对主干线网起补充作用,与主干线路要有较好的换乘,起到接驳主干线路客流的作用,服务于中等距离的公交出行,服务水平较主干线路次之。以交通中区公交客流 OD 矩阵为基础,应用“逐条布设,优化成网”方法确定次干线路,所产生的公交线路中可能有与主干线路重复的线路,因此,要对生成的公交次干线路进行检查,删除与公交主干线路完全重复的线路。公交次干线主要承担相邻组团之间,市中心与片区中心之间的中距离出行。一般布设在城市主干道和次干道上。公交次干线的布设方法:

根据交通中区公交出行 OD 矩阵、城市路网和公交枢纽等,根据经验或实际调查,确定次干线路开线标准,设定各种约束条件的初始值;

将交通中区 OD 对按客流量从大到小排序,对于 OD 量大于次干线开线标准的起终点,检查线路中是否有直达或换乘 1 次的线路,有则保留,否则,考虑布设新线;

取 OD 量较大的起终点对,确定起终点间的换乘点,起点与换乘点之间、换乘点与终

点之间采用蚁群算法寻找最佳路径,布设线路;

进行配流检验,并看其是否满足次干线直达运送标准,是否满足约束条件,若满足,则该线路为公交次干线层中的第一条线路;

对剩下的 OD 点对,重复上述过程,直到剩余乘客 OD 量低于次干线开线标准;

重复系数修正。方法与主干线重复线修正方法相同。布设过程中,若线路大部分被主干线路覆盖,则该条线路不予保留。

(3)公交支线布设

公交支线一般布设到中小街道公交空白区,最大限度地接近居住、就业地点。支线布设方法与次干线布设方法相同,仅仅换乘次数限制上有所区别,次干线换乘次数不超过 1 次,支线换乘次数不超过 2 次,在布线过程中应尽量减少与上一级线路重复。公交支线是为了提高公交系统的覆盖率和服务质量,提高公交吸引力。对已经生成的主干线网和次干线网进行检查,对照小区公交 OD 矩阵、公交线网密度以及公交站点覆盖率等评价指标,填补公交空白区域,加密公交线网。

4)公交线网近期优化调整

调整公交线路有两种主要途径:单条路径或一组路径的调整;网络层面上的调整。对于第一种途径,调整时要使路径简化,提供新的出行模式,使换乘方便或者减少换乘,减少线路迂回或以其他的方式改变线路结构。

目前还没有从网络层面上评价公交线路"优劣度"和公交线路集的清晰、实用且可量化的评价标准。唯一可以理解的是,公交线路应同时着眼于三个角度:乘客角度、公交企业角度和社会或政府角度。此外,当衡量某条公交线路的优劣度时,也应考虑以下四条准则:① 乘客等待时间最小;② 车辆空座时间最小;③ 与选择最短路径的时间偏差最小;④ 车队规模最小。前面三条准则可通过乘客小时来衡量,最后一条可采用车辆数来衡量。相关研究将公交线路典型问题汇总后,得表 11-11。

表 11-11　公交线路典型问题汇总表[2]

线路典型问题	评判指标
线路重叠	重复系数/通道满载率
迂回绕行多	非直线系数
效益不佳	车公里载客量
过于拥挤	满载率、客流方向不均衡系数
线路过长	线路长度
运行不可靠	到站不规律指数、运送速度、延误、候车时间

(1)公交线路布局优化常用方法

公交线路布局优化调整的方法通常包括取消线路、局部改线、线路延伸、线路截短、线路拆分等措施[2]。

① 取消线路

当公交线路稳定后客流过小、运营效益较差时,以及走廊内两公交线路重叠比例过高,而两条线路平均满载率又较低时,可以将客流小、效益不佳的线路取消,通过其他线路换乘或者设置支线的方式满足出行服务。

② 局部改线

a. 降低重叠

如图 11-20,对于重叠较长的两条线路,在两条线路重叠路段均不饱和的情况下,可以考虑对其中一条线路进行走向调整,一方面降低重复系数,提高线网服务范围,另一方面可以改善线路运营效益。

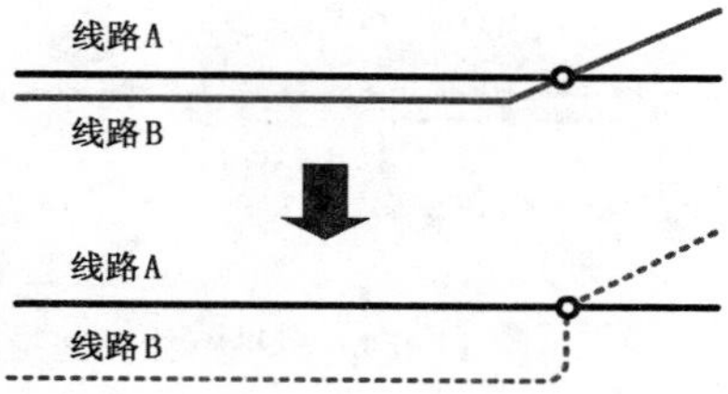

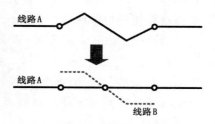

图 11-20　公交线路降低重叠方法

b. 裁弯取直

如图 11-21,适用于非直线系数较高的线路。通常对于非直线系数高于 1.4 的线路,局部路段上下客流量较少时,可以考虑对线路进行取直,减少线路的不合理绕行,提高运行效率和效益。公交线路裁弯取直时还需要考虑原有线路途经地区的公交出行,尽可能利用其他线路代替。

③ 线路延伸

对于新建地区,可以通过适当延伸周边已有的线路不长、客流较少的线路通达,提高公交服务范围。此外,对于如同图 11-22 所示的两条公交线路,如线路 A 长度适中,可考虑将线路 A 适当延伸,进一步强化其功能,同时调整第二条公交线路,加大线网覆盖范围。

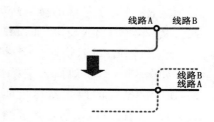

图 11-21　公交线路裁弯取直方法

④ 线路截短

对于线路过长的线路(如超过 14 km),当线路一端上下客站点客流很少时,应考虑将客流较少的路段截短,降低线路长度,提高线路运营效率,对截断的线路部分可增加地区性支线,或利用其他线路代替。

⑤ 线路拆分

如图 11-23,对长度较长,同时客流特征具有两条线路的特征(主要表现为线路客流量断面呈现"双峰"模式)的线路采用。这种公交线路大多是线路中部穿越商贸集中的地区,两端联系居住区,大部分乘客公交出行是以商贸区为目的,出行距离短。

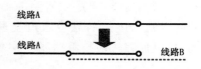

图 11-22　公交线路延伸方法

图 11-23　公交线路拆分方法

(2) 与轨道线(快速公交)相关线路优化方法

对于在轨道线(快速公交)走廊内的公交线路可采取的优化调整措施包括切断、撤销或缩短、局部调整、合并、设置新线等几种。

① 平行线路

短平行线:如图 11-24,在不调整线路的情况下采取措施将地面公交终点站与轨道交通(快速公交)车站相衔接。取消重叠路段,在拐点车站将地面公交终点站与轨道交通(快速公交)相衔接。

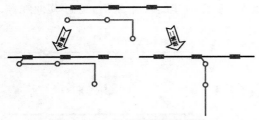

图 11-24　短平行线调整措施

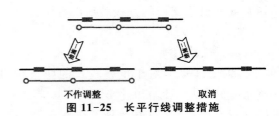

图 11-25　长平行线调整措施

长平行线：如图 11-25，不调整线路，仅改变运营方式，高峰时段对轨道交通作补充。撤销地面公交与轨道交通线路相平行的区段。

② 与轨道线（快速公交）形成"之"字型线路

短"之"字型线：如图 11-26，将处在平行路段上的某个地面公交站与相邻的轨道（快速公交）车站相衔接，使公交线路换乘站尽可能靠近轨道（快速公交）车站的出入口，加强接驳换乘功能。

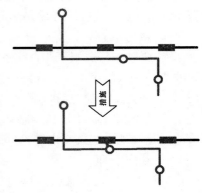

图 11-26　短之字形线路调整措施

长"之"字型线：如图 11-27，将处在平行路段两端的两个地面公交过站分别与两个轨道交通（快速公交）车站相衔接，使长之字型线的换乘站尽可能靠近轨道交通（快速公交）车站的出入口，以加强其驳运功能。

③ 与轨道线路（快速公交）相交线路的调整

如图 11-28，将地面公交站与轨道交通车站相衔接，使十字型线的换乘站尽可能靠近轨道交通（快速公交）车站出入口，以加强接驳换乘功能。

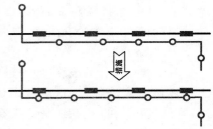

图 11-27　长之字形线路调整措施

如图 11-29，与轨道（快速公交）线路形成"丁"字型的线路优化方法将线路终点站与轨道交通（快速公交）车站相衔接，通过对线路的细微调整，使丁字型线的终点站尽可能的靠近轨道交通（快速公交）车站出入口，以加强接驳换乘功能。

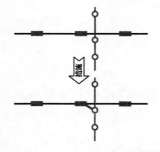

图 11-28　十字形交叉线路调整措施

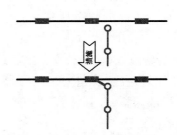

图 11-29　丁字形交叉线路调整措施

④ 与轨道（快速公交）形成环状交叉的线路

方法 1：如图 11-30 中措施一，对线路不做调整，仅加强两端点的公交站与轨道（快速

公交)交通车站的换乘衔接,在局部地区为轨道
(快速公交)线路提供了驳运功能,同时在两个
站点之间形成高峰时段的补充。

　　方法 2:如图 11-30 中措施二,截断并调整
线路,实质上形成两条独立的公交线路,扩大驳
运吸引范围,加强公交站与轨道交通(快速公
交)车站的换乘衔接。

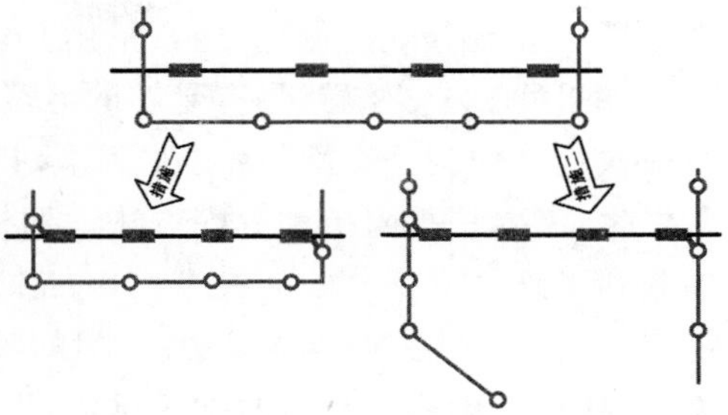

图 11-30　环形交叉线路调整措施

11.4.3　公交网络客流分配

　　线网客流预测与评价:城市公交线网客流预测是将预测得到的城市公共交通需求分
布量(OD 矩阵)分配到拟采用的公共交通网络上,确定公共交通网络中每一条公共交通线
路的断面客流量及站点上下客流量。从而对设计的公共交通网络布局方案进行网络形态
及交通质量等多方面的评价。无论是一个完全新规划的网络,如城市轨道网;还是在一个
已有的地面公共汽电车网络基础上调整网络结构和线路走向,或增加新的线路,是否能够
改善网络的服务性能、提高网络的服务能力,需要通过客流在网络上的分配,获取线路运
量、满载率、运送速度、换乘次数和出行时间等指标,才能对网络可选的方案做出评价。

1)公交网络客流分配方法

　　公交网络模型是通过客流分配定量测试规划方案的关键,需要一个完善的公交基础
信息系统来支持,并根据现状系统运行状况和规划调整不断更新。公交基础数据包括公
交网络(线路和站点)数据、公交客流数据、公交行车数据和其他数据(交通小区划分、道路
网络、城市用地、人口分布)等。

　　早期的公交客流分配采用最短路径(全有全无)分配方法,假设公交乘客总是选择出
行时间最小的公交线路。由于公交网络普遍存在复线路段,随后提出了吸引线路集,即共
线的概念。基本思想是:如果在公交网络的 2 个节点之间存在 n 条可供乘客选择的公交
线路,乘客为了使期望的总出行时间最小,一般只考虑其中的 $m(m<n)$ 条公交线路,称为
对乘客具有吸引力的线路的集合,乘客将搭乘最先到达的 m 条公交线路中的 1 条。一般
称这 m 条公交线路为共线。共线的概念将公交网络的客流分配与道路网络的流量分配区
分开来,将公交乘客出行从单一线路选择发展到多条线路选择,为之后的客流多路径分
配、用户平衡公交网络分配等方法奠定了基础。

　　针对多模式多线路的选择,客流分配又引入了策略概念。乘客的出行策略为出行者
为到达目的地所必须遵守的规则结合,实质上是对乘客公交出行行为特征的归纳总结,最
终作为模拟乘客公交路径选择的规则集合:选择总出行成本最小的路线和出发时刻。出
行成本包括出行时间与乘行费用,出行时间包括车内与车外时间,以及出行者由于公交系
统运行可靠性的预留时间。公交乘客出行过程中,乘客出行总时间包括步行到站时间、离
站时间、起点站候车时间、车内时间、换乘步行时间、换乘候车时间。公交客流分配的目的
在于重现公交运输网络中各路线上的客流量,是公交需求模型技术和公交线网优化规划
的关键。客流分配的实质是对网络上公交出行者选择路径的模拟。客流分配模式实质将
公交 OD 分配到有效路径上的准则,将公交阻抗转换为效用函数,利用效用函数确定每条

有效路径客流分配的比例,通常采用 Logit 模型,具体公式详见本书第三章交通需求分析。

如果所有公交线路具有足够的运载能力、能满足所有需求,可以将公交 OD 按合理路径一次性分配到公交网络中去。实际上,在客流高峰由于线路运能不足而引起的拥挤时常发生,需要调整阻抗和分配方法。拥挤多模式公交网络客流分配是考虑容量限制、分级加载和多路径概率分配的模型。每加载部分公交 OD 量时,各有效公交出行路径的阻抗都需根据公交线路各路段上已分配的流量,更新线路阻抗,并将拥挤路段移出合理路径集。同时,考虑拥挤线路的乘客逗留,重新计算换乘次数和站上等候时间。

2)公交网络布局方案评价

(1)线路断面流量检验

在公交线网优化过程中,各条线路是逐条布设的,因此得到的结果并不是线网整体最优。另外在优化过程中难以考虑全部约束条件,如对整个线网的约束及与客流量有关的约束需在线网客流分配后考虑,因此网络确定后各条线路的实际吸引客流量与前述逐条计算的线路断面流量有差别,需重新对全网的公交乘客 OD 量进行分配及对线路的各断面流量进行检验。按 EMME/2、TransCAD 等公交分配方法将公交乘客 OD 量分配到网络上,计算各线路断面流量和断面客流的不均匀系数,若不满足要求,则应重新调整线网,重复上述步骤,直到满足要求。

(2)公交线路停靠能力检验

按上述方法确定了线路断面流量后,便可根据断面流量计算每条线路的公交车交通量及配车数。式(11-6)计算一条线路的公交车交通量为

$$N = Q_{max}/(R \cdot r) \tag{11-6}$$

式中:Q_{max}——线路最大断面流量(人次/h);

　　　R——公交车辆额定载客数(人);

　　　r——公交车满载率(%)。

若一条路段上同时有几条公交线路通过,并在同一路段上设站,此时,该路段的公交车停靠交通量为停靠的各线路的交通量之和,各路段的公交车停靠交通量必须小于它的公交车停靠能力。公交线路的停靠能力主要取决于车辆的停靠时间、减速加速时间。因此,停靠能力与车型、车辆长度、车门数有关。当某一路段上同一站点停靠的公交线路较多时,通常一个站点不能满足停靠要求,此时可设置多个同名站点分散停靠交通量。多个同名站点的停靠能力如式(11-7):

$$D = D_1 \cdot i \cdot K_i \tag{11-7}$$

式中:D_1——只设一个同名站点的停靠能力;

　　　i——同名站点的个数;

　　　K_i——同名站点的利用系数。

同一路段上设置多个同名站,可以提高停靠能力,但给乘客换乘带来不便,一般认为同名站点数不宜超过 3 个。如果在公交网络中某些路段的停靠交通量大于该路段的停靠能力,则必须对网络进行调整,改变某些线路的走向,以满足停靠要求。K_i 的建议取值为:

$$K_i = \begin{cases} 1 & i = 1 \\ 0.8 & i = 2 \\ 0.7 & i = 3 \end{cases}$$

（3）其他约束条件的检验

计算线路长度、线网密度、非直线系数等指标，若不满足要求，则应对方案进行调整。对于较短的线路，可以采用人工并线的方法，以满足营运要求；线网间距大的区域，可以适当补线；对于非直线系数较大的线路，可以通过部分拉直的方式，改善线形指标。这样，反复修改调整，形成一个功能明确、层次清晰、结构合理的公交网络。

11.4.4　公交车辆配置

1）公交车辆发展规模

（1）根据公交客运量确定

① 计算车辆生产率

公交车辆的生产率高低直接决定所需公交车辆数目的多少，其值取决于公交车辆的核定载客量、满载率、平均运行速度和车辆运营时间，用式（11-8）进行计算。

$$M_x = M \cdot J_r \cdot V_z \cdot h \tag{11-8}$$

式中：M_x——平均一辆公交车每天的工作效率（人・km/veh）；

　　　M——公交车辆的载客量（人）；

　　　J_r——公交车辆满载率（%）；

　　　V_z——车辆平均运行速度（km/h）；

　　　h——公交车辆的运行时间（一般为 12～16 h）。

② 计算日乘客周转量

公交车辆的配置是为了满足居民公交出行的需求，所以要进行公交配车规模预测须掌握居民公交出行客流量，用式（11-9）计算日乘客周转量。

$$M_z = QL_c \tag{11-9}$$

式中：M_z——日乘客周转量（人次・km）；

　　　Q——日公交客流量（人次）；

　　　L_c——平均乘距（km）。

③ 计算理论配车数

根据计算得到的日乘客周转量和车辆生产率来计算理论配车数目，如式（11-10）所示。

$$W = M_z/M_x \tag{11-10}$$

④ 计算实际配车数

为保证公交车辆的日常保养、应急使用，实际配车数量往往高于理论配车数。式（11-11）计算得到的实际配车数，为标准公交车辆。

$$W' = W/r \tag{11-11}$$

式中：r——公交车辆有效利用率（%）。

（2）参考规范标准

《城市道路交通规划设计规范（GB 50220—95）》规定：城市公共汽车和电车的规划拥有量，大城市应每 800～1 000 人一辆标准车，即每万人公交车拥有量 10～12.5 标台。中、小城市应每 1 200～1 500 人一辆标准车。

2）单条公交线路运力配置

一条公交线路应配置的车辆数 W，按式（11-12）计算：

$$W = \left(\frac{2L}{v_y} + t\right)n \tag{11-12}$$

式中：L——公交线路长度（km）；

$\quad\quad t$——该线路首末站中转休息时间（h）；

$\quad\quad v_y$——公交车辆运营速度（km/h）；

$\quad\quad n$——发车频率（车次/h）。

线路的配车数应以完成运送乘客为准，如式（11-13）所示：

$$U \geqslant Q \tag{11-13}$$

式中：U——运送能力，$U = m * n$（人次/h）；

$\quad\quad m$——车辆的额定载客数，为座位数加规定的站立人数，铰接车 129 人，单节车 72 人；

$\quad\quad Q$——高峰小时线路的最大客流量（人次/h）。

11.5　公交优先发展保障体系

广义上理解，"公交优先"泛指一切有利于公交发展的政策和措施。包括公共财政和投资政策，基础设施系统建设政策与公共交通设施用地安排，交通管理政策和交通管制措施，公交优先的政策与措施、公共交通的道路使用权优先措施。

11.5.1　公交服务设计

考虑到公交需求的影响因素，以及出行者对于公交服务的要求，公交规划中通常采取如下措施用于改善公交服务质量[1]。

1）服务调整或改善

具体包括措施有：增加线路覆盖率；重建线路；改进时刻表/线路协调；提高服务频率，增加服务时间；提高可靠性/准点率；提高行驶速度和减少停站；定制服务；改进乘客设施；新型/改进的车辆；提高安全性。

2）部门间关系建立和协调

具体包括措施有：高校以及中小学校的公交服务规划；交通需求管理策略；私人投资建设的活动中心或者小区的公交服务规划；区域内、部门之间的政策协调；与其他交通部门的协调；公交辅助设施设计的完善。

3）收费和票价结构

具体包括措施有:提高支付的便利性;区域内统一支付;简化票价结构;降低票价。

关于公交服务设计,主要有以下四个方面:

(1) 新的服务形式:提高运行速度,包括发展大站快车线、小区线以及轨道交通或者快速公交系统;吸引新的乘客,例如提供区间车、电话约车服务。

(2) 区域服务:提高线路覆盖率,扩大服务范围,整合环线和长距离综合运输服务;增加服务时长,提供夜班车、周末班车、假日班车等服务。

(3) 开辟新线以及调整线路:新的定线策略,包括联络线、快线、支线、跨区线等;线路调整,有线路延伸、缩短、改线、小区线、地方线等;线路间进行换乘协调。

(4) 改善设施:增加或者改善公交停靠站点及换乘枢纽处的乘客设施;增加车辆设备,采用新的车型;改善车辆和停车站点安全装置,增加安全防范和预警。

11.5.2　公交优先技术

公交优先技术泛指在交通控制管理范畴内,公交车辆在道路上优先通行的各类措施。

1）公交站点优先

公交站点通常设在远离交叉口的位置,这样,公交车不会引起交通堵塞,方便车辆进出,减少与行人的冲突。而设在交叉口附近的公交车站点,更适合要掉头的公交车辆和单行车道。其他有效的策略还包括禁止站点附近停车、发车优先权(减少与其他车辆的交会时间)、将车站内人行道延伸(便于车辆出站和乘客乘车)。

2）交叉口优先

在交叉口,公交优先权分为被动式和主动式两类。交通工程中通常在交叉口给予被动式优先权,以达到如下四个目标:取消公交车辆的禁止掉头,使公交线路更加灵活;在有信号灯的交叉口,为正在行进的公交车延长绿灯间隔;将绿灯间隔在同一周期内分为两部分通过;通过停、让两种交通标志为有公交通行的道路提供公交优先权。主动式优先权可使公交车辆获得交通信号灯信息,通常采用以下三个方法:公交车到来之后,直接赋予优先权;根据车辆排队情况,决定优先权;优先权只赋予晚到的公交车。

3）专用车道优先

车道的优先权可以根据以下三项进行分类。

专用车道类型:缘侧专用车道;缘侧半专用车道(只和掉头车辆共享);专用隔离带车道(设有车站安全岛);设于道路中央的公交车专用车道;公交车场(只限于行人和公交车);专用快速路车道;专用匝道(为了公交车在交通堵塞时能进入一个快速路/高速路);拥挤支路(用于分流交通瓶颈的专用车道)。

与交通流交会:顺向公交车专用道(有人行道标志,此措施存在实施难度);反向公交车专用道(易于实施);

运营周期:单高峰运营;双高峰运营;永久运营。

其他使用率较高的车辆也可以使用公交车辆专用道(出租车或者合乘车)。

许多新技术的发展也推动先进的公交系统的建设,美国交通部将这些系统分为 5 类:第一类由车队管理系统组成,包括自动车辆定位系统(AVL)、公交运营软件、通信系统、地理信息系统、自动乘客计数系统（APC）以及公交优先系统；其他类包括：出行者信息系统、电子支付系统、需求管理系统和智能公交车辆。

智能实时乘客信息系统，根据出行前信息能够改变一天中某个时段的出行需求，并引导乘客获得较好的服务。出行中信息可以降低乘客的不确定性，以改善服务可靠性。当前的通信技术支持不同媒介发布出行者信息：手机、进站系统、公交站点的可变信息显示屏、视频或者音频车载系统。

需求响应型公交（Demand-responsive Transportation，简称DRT）是辅助客运系统服务中的一种类型，辅助客运系统服务定义为那些处于私人汽车和传统固定线路之间的公交服务。需求响应型公交一般也称为电话拨叫乘车服务（dial-a-ride），是辅助客运系统服务的中间过渡类型。需求响应型公交的路线根据用户的要求而变化，提供合乘（一般为门到门和路边到路边）服务，并且以点到点为基础。需求响应型公交的点到点服务可以按照多起点对多终点、多起点对少终点、少起点对少终点、多起点对单一终点等形式运行。当需求响应型公交为一组指定的或特殊的乘客组提供服务时，常称为专门化运输。最常见的专门化运输是为老年乘客或残疾人提供预先安排好的点到点服务。在1991年颁布的《美国残疾人法案》（Americans with Disabilities Act，简称ADA）中，许多专门化运输规划针对的是那些难以使用固定线路服务的残疾人乘客，根据《ADA》的规定，需求响应型公交服务要满足以下要求：辅助客运系统或针对残疾人的特殊服务要与给正常乘客所提供的固定路线服务水平相当。

11.6 出租车发展规划

11.6.1 出租车功能定位

出租车属于公共交通，因此出租车的服务对象不具任何特定性，可以为任何一个愿意乘坐而且能够负担起的乘客提供相应的服务；出租车与私家车相比具有相当高的共享性，一辆出租车完成的客运周转量相当于8~10辆私家车的量。

在具有一定发展规模的城市中，公交体系已经发展的非常完善，承担居民出行的主体是轨道交通、BRT或者常规公交，出租车定位为辅助系统，其完成的客运量占公共交通完成运量的比例控制在15%以内。

11.6.2 出租车发展规划流程

出租车发展规划指确定出租车行业发展目标，并制定达到该目标的步骤、方针及方法的过程。出租车发展规划以满足人口规模增长和城市用地空间拓展对出租车出行需求方面的要求，同时还应综合考虑城市社会、经济、城市整体交通发展目标以及出租车出行方式与城市其它客运交通方式之间的关系。因此，出租车发展规划要与上位规划（如城市总体规划、城市综合交通规划等）、政策等保持一致。城市出租车发展规划内容主要有：

对城市出租车现状进行调查，收集出租车企业的经营管理情况、乘客出行行为决策等信息、租价体系、服务网点设施选址情况等，对城市出租车系统运行特征整体把握。

出租车交通发展战略:分析出租车交通系统发展的外部环境和内部运行状况,明确出租车在城市客运系统中的功能定位,并提出相应的发展策略。

出租车运力发展预测与车型结构:构建符合城市发展实际的运力规模预测模型,结合与同类城市的类比分析,对出租车运力发展规模进行预测,确定合理的出租车车型结构比例。

出租车租价体系构建:综合分析出租车租价性质、特点及影响因素,考虑出租车行业的供求关系,构建合理的租价体系及油价联动机制。

营运站点及服务网点规划:规划出租车营运站点,消除在路抛式运营模式下出租车随意调头带来的安全隐患;分级布局出租车服务网点,解决司机在运营中的"三难"和车辆的维修保养问题。

出租车经营管理策略:分析国内外出租车经营管理制度,探讨各种管理模式的利弊。对出租车市场进行充分调研及对现行的经营管理体制进行分析,结合实际,分阶段提出切实可行的经营管理策略。

近期规划实施方案:结合运力发展规模预测结果,研究近期是否需要扩容,并提出相应的近期规划实施方案,包括扩容实施策略(如需扩容)、扩容实施计划、车型结构比例、经营模式、准入与退出机制、租价体系。

11.6.3　出租车发展规模

出租车发展规模预测主要在调查分析的基础上,结合相关的资料数据,采用宏观与微观预测相结合、定性与定量分析相结合、常规方法与数学模型相结合的多种组合预测方法进行。

(1) 预测方法和模型

用于出租车交通发展规划的主要预测方法:供需平衡预测法、比例法、神经网络预测分析法等。

出租车的运输需求与供给是一对相互联系、不可分割的概念,若供大于求,则道路上就会出现大量的空驶车,造成道路资源浪费,车辆利用率低,易造成出租车行业的不稳定;若供小于求,则会产生打车困难的情况,给出租车乘客造成不便。因此,考虑实际的出租车运输需求来确定出租车总量供给是十分重要的。供需平衡法即从出租车所完成的城市居民和流动人口出行周转量入手,结合出租车空驶率,对城市出租车拥有量进行计算。

比例法是通过收集国内同类城市的出租车拥有量,参考国外城市的出租车拥有量,然后结合城市商贸、旅游、文化交流等活动以及城市规模、经济水平等主要影响因素,确定规划年城市的出租车万人拥有量,再根据规划年的人口预测值,得出出租车的预测结果。

神经网络预测法需要先对城市公共交通需求总量进行预测,由规划年出租车的分担率确定出租车承担的客运量,考虑具体参数的确定得出规划年的出租车总量。

(2) 预测方法优缺点

采用不同的预测方法对同一个城市的出租车发展规模进行预测的结果是不同的,由于各种方法都有其本身的局限性,使得其不同方法预测的结果存在一些差异。为更全面地反应出租车未来的发展状况,尽量准确的得到一个城市未来年的出租车发展规模,预测方法的选择非常重要。表 11-12 为上述各种预测方法的特征。

表 11-12　预测方法评价表

常用预测方法	特　征	优　点	缺　点	综合评价
供需平衡预测法	从出租车所完成的城市居民和流动人口出行周转量入手，并结合出租车空驶率，对城市出租车拥有量进行计算的方法。	从一个城市的实际客运需求出发，所用参数均为最新调查结果，符合实际。	参数的确定具有不确定性，因此不同的人预测的结果会有很大差距。	当参数的选定符合实际时，预测结果相对准确些
指数平滑预测法	对出租车历史数据作预处理（平滑）后，找出一定规律，对未来发展进行的一种判断。	由于是结合出租车历年的发展情况，因此在其它因素既定的情况下，应用此法的预测结果也必将符合出租车的发展趋势。	考虑的影响因素太少，没有把出租车当成一个与社会、经济等各方面因素都有关系的行业。	相比供需平衡法，准确性要差些。
比例预测法	采用各种类比方法，确定未来年的出租车拥有量，然后根据人口的预测值，得出未来出租车的发展规模。	从宏观上揭示了在一定经济条件和交通结构条件下人们对出租车按一定比例的需求。	未来经济发展和交通结构具有不可控性，因此仅根据人均拥有率的多少来推算出租车规模，依据不足。	如果未来的经济等因素确定的话，其结果比较符合实际。
神经网络预测法	通过分析数据之间的内在联系规律来进行宏观预测	神经网络法具有容错性、智能性、高维性、自组织等特性，特别适用于需要同时考虑许多因素下的不精确和模糊的信息处理问题。	需要收集历年多个指标的数据资料，常常会因数据收集不全而影响预测结果。而且具体到出租车的规模，还必须在预测的基础上考虑出租车与公交的分担比例，比例确定的大小将直接影响预测的最终结果。	预测结果较为客观。

供需平衡法是从城市实际客运需求出发，所用参数均为最新调查结果，如果参数确定客观合理，得出的结果将比较符合城市出租车发展的实际情况。神经网络预测法主要是通过分析数据之间的内在联系规律来进行宏观预测，该方法自身具有容错性、智能性、高维性、自组织等特性，特别适用于需要同时考虑许多因素下的不精确和模糊的信息处理问题。推荐选用供需平衡法或者神经网络法进行出租车的总量预测，再结合各种影响因素综合确定出租车的发展总量。

11.6.4　出租车租价制定

出租车行业是资金密集型产业，资金占用大，周转速度慢，投资回收期长，在确定租价时，需首先全面考虑各项固定成本投入，管理税收部门各项收费，以及出租车公司、驾驶员的合理收益。在成本分析中，还应适当考虑出租车运营的伴随成本及社会影响，并记入总成本中。生产价格的另一个决定因素是运输供求平衡，因此在制定租价时还要重点考虑出租车行业的供求关系，这样才能制定出合理的租价。

1）固定成本计算

固定成本 S_f 要包括经营权有偿使用费、车辆折旧费、出租车公司管理费用、道路使用费、保险费、车辆检测费、客管费、客座附加费等,将各种固定成本投入、收费相加即得固定成本 S_f。

② 变动成本计算

变动成本 S_c 由驾驶员工资、燃油费、税费、汽车维修保养费、管理费用等构成。

③ 出租车供求关系对租价的影响

出租车的需求量与出租车费率的关系可以通过对该城市居民、流动人口对出租车费率满意程度的调查得出。乘客对接受现行价格有习惯性,一般租价和乘客满意程度是成反比的,呈线性关系,见式(11-14)。

$$Q = a + b \cdot X \qquad (11-14)$$

式中:Q——出租车需求量;

$\quad\quad X$——出租车租价;

$\quad\quad a$、b——线性系数。

制定出租车费率应以运输成本为导向定价,以价值规律为基础,考虑到出租车企业的经济效益,驾驶员的收益,先以成本为基础,计算盈亏平衡点票价和企业获利最大的票价,再考虑到公交行业的社会效益,在成本定价的基础上重新调整,使企业自身效益和社会效益相结合,使出租车发挥最大的社会效益并取得最大收益。

设总收入如式(11-15)所示

$$T = Q \cdot X \qquad (11-15)$$

由式(11-14)、(11-15)得式(11-16)所示

$$T = (a + b \cdot X) \cdot X \qquad (11-16)$$

成本与运量之间的关系为式(11-17)所示

$$T = S_f + Q \cdot S_c \qquad (11-17)$$

式中:T——总成本;

$\quad\quad S_f$——单位车固定成本;

$\quad\quad S_c$——单位车变动成本。

将式(11-14)代入式(11-17)得式(11-18):

$$T = S_f + (a + b \cdot X) \cdot S_c \qquad (11-18)$$

④ 起步价、公里价确定

出租车年行驶总里程 L,有载率 P,则平均公里收费应为式(11-19)所示

$$F = T/(L \cdot P) \qquad (11-19)$$

出租车的公里价 F_k 就可取 F,如式(11-20)所示;设起步公里取 x 公里,则起步价 F_s 可取 $a \cdot F \cdot x$,即式(11-21),其中 a 是修正系数,可根据该地区发展出租车的政策方案确定,范围为 $0.90 \sim 0.11$。

$$F_k = F \qquad (11-20)$$

$$F_s = a \cdot F \cdot x \qquad\qquad (11-21)$$

由公式(11-19)可知,平均公里收费与有载率 P 成反比关系,有载率 P 在确定出租车费率过程中相当关键,因此必须尽可能地提高出租车有载率。有载率的提高对节约能源、改善道路环境、减少污染及降低出租车伴随成本作用明显。

11.6.5 出租车营运站点

根据营运站点的功能将出租车营运站点分成四级:一级服务网点、二级服务网点、停靠站、上下站。

(1)一级服务网点

一级服务网点要求实现的功能比较齐全,集修理、保养、加油、停车、休息、餐饮以及清洗更换车座套、清洁消毒等服务为一体,一般应该主要包括车辆修理保养车间,车辆清洗装置,出租车座套换洗装置,规模合理的停车泊位,能供出租车司机就餐的饭厅,有条件的情况下可以设置加油加气装置等。

服务网点由于功能齐全、占地面积较大,可规划在城市边缘用地比较宽松,而且交通容易组织,调度方便的地区,其进出口应面向交通流量较少的次干道为宜。

(2)二级服务网点

二级服务网点的主要功能是为出租车司机吃饭和如厕停车提供方便,规模不需要很大,能供 3~5 辆出租车停靠。国内城市的出租车多采用路抛制运营方式,随着 GPS 定位系统在出租车业的普及和出租车调度中心的建立,电话叫车实时调度的运营方式将会逐渐成为出租车运营的主流方向,二级服务网点的功能可以转化为停车待调点,出租车辆在此排队等候调度中心的调度。因此,二级营运站点的规划应该分时期进行规划。

二级服务网点的建设结合道路和沿街建筑的新建、改扩建,建设一批港湾式的或置于建筑物内部、建筑物周边的候客站;在宾馆、饭店、商厦、医院、公园等公共服务和活动中心、社区中心设置出租车候客站;此外可以在城市对外公路铁路交通枢纽、城市公共客运交通枢纽处设置二级服务网点。

(3)出租车停靠站和上下站

出租车停靠站是允许出租车临时停放,并顺序排队载客的站点;出租上下站是供出租车乘客上下车使用,出租车"即停即下,即上即走"的站点,其功能类似于公交停靠站点。

城市主干路出租车站点的设置原则是确保不影响主干路交通顺畅的前提下,以设置出租车上下站为主,并且要保证出租车的停靠对交通流的影响程度最小。出租车上下站应设置在与次干路交叉口的出口以及需求量较大的车站、医院、大中型企事业单位、宾馆等附近,在管理上必须是即停即走的方式。

城市次干路肩负有城市交通性和生活性双重功能,以设置"不允许出租车停靠标志"和"出租车上下客站"相结合的方式来确保城市次干路的有序交通。可在城市次干路通行能力较低或者交通条件较差的路段或交叉口设置出租车的禁停标志,其它道路条件相对宽松的次干路可设置出租车上下站。

城市支路一般为生活性道路,应尽可能满足居民的出租车出行需求,出租车驾驶员在确保交通安全和有序的条件下可以"招手即停"。

11.6.6　出租车准入退出机制

1）出租车市场准入机制

（1）经营权投放模式

政府如何投放出租车经营权，不但涉及到对公共资源的配置是否公平合理，也直接影响到政府的调控手段、监管效果和出租车行业的健康稳定发展。国内目前出租车经营权投放模式有审批制、拍卖制、招投标制和定额收取经营权使用费四种。

无偿审批通过政府审批直接签发出租车营运牌照，一般不收费或者象征性收一点；简单、方便、容易操作；不是依据资源优化配置原则，受到人为因素的影响；适用于出租车市场发育还不成熟的中小城市。

拍卖是通过竞价方式投放出租车营运牌，部分大中城市开始这种形式的实践；对于公平竞争、优化资源配置效果明显。采取公开形式，监督机制容易到位；适用于出租车市场已经发育起来的大城市以及部分中等城市，出租车需求规模较大。

招投标是主管部门根据一定的程序对投标者所列举的申请条件按照一定的标准进行综合评比，将经营权发放给条件最好的申请者；通过竞争来发放出租车经营权，是一种有效竞争、择优选取的遴选机制；采取公开形式，监督机制容易到位。

定额收取经营权使用费是审批制与有偿使用制的一种混合衍生形式，在保证审批制特征的同时，又通过收取使用费形式获得一定的财政收入；从政策导向上看，定额收取经营权使用费并不是国家所倡导的经营权投放模式，将逐步被招标、拍卖等形式替代。

（2）准入主体和经营方式

在大、中城市，考虑到出租车管理的成本，包括信息的成本，道德风险的成本，车辆维护与保养的成本，管理的技术风险（如定位与调度的问题），车辆尾气的检测等等，加上消费者的市场选择，准入主体应当定位为公司，通常经营模式有个体经营、挂靠经营和公司化经营三种。

个体经营模式出租车市场产生期时较为普遍，上海、北京、温州等城市均存在过个体经营，但个体经营自主经营、自负盈亏，驾驶员经营风险大，当经营成本、政策有较大变动时，容易成为社会的不稳定因素，各城市基于规范市场、便于管理的角度出发，现已限制或者取消个体经营的发展。

挂靠经营模式出租车市场发展期较为常见，目前苏州、南京等城市出租车经营模式均以挂靠经营为主，但经营权和所有权分割，难于进行规范化统一化管理。

公司化经营模式是出租车市场相对成熟稳定期较为常用，公司化经营模式下经营权和车辆所有权归公司所有，驾驶员拥有车辆的使用权并向公司缴纳一定的费用，这种经营模式下公司可以对驾驶员进行规范化的统一管理，同时也降低了驾驶员承担的经营风险，上海出租车已实行公司化经营，南京、苏州、无锡等城市也正积极地向公司化经营模式改革。

2）出租车市场退出机制

（1）退出原则

市场稳定原则：出租车退出涉及到公司、司机、乘客等多方面利益关系，影响范围广，是市场较为敏感的时期,应坚持市场稳定的原则,减少易引起不稳定的事件发生;如果运力退出过程中,某一利益主体的利益会发生很大变化,则会有不稳定隐患存在,为消除该隐患,就需要在运力退出时采取鼓励性政策。

连续性原则:为保证市场运营的连贯性,运力投放紧接运力退出之后,因此运力的退出应与出租车市场的长远发展目标相一致,合理地安排时间的进程,且在运力退出的过程中就应考虑到接下来的运力投放的问题。

效益原则:退出机制谋求的是优胜劣汰,促进社会资源的优化配置,对于企业来说,要具体问题具体分析,综合考虑多方面的因素,尊重历史,慎重对待。

（2）退出途径

市场退出的途径主要有三种:一是达到退市标准而被强制退市;二是主动退出,即经出租车行业管理部门批准,企业通过并购与重组在一定范围内退出市场;三是自动退出,即企业因破产、解散等原因退出市场。我国目前的实行的退出机制较多的是政策性的强制退出,从出租车行业的功能定位和发展方向来看,应通过加强主动退出机制的建立来完善出租车市场退出机制,通过企业并购与重组,提高出租车行业服务质量。

（3）退出程序

建议构建完善规范统一的出租车市场退出程序,做到既利于实际操作,又能体现效能。考虑到各城市出租车经营方式的不同,有的以个体经营为主,如温州;有的以公司化经营为主,如上海;也有的城市两种经营模式并重,将城市出租车市场退出程序分为个体出租车经营者退出程序和出租车公司退出程序。

① 个体出租车经营者退出程序

主动退出:出租车经营者向有关部门提出退出申请,包括申请退出的原因或车辆报废凭证等相关文件;有关部门收到退出申请后,通过调查分析,做出核准退出或不予退出的决定。

强制退出:出租车市场监管部门对出租车个体经营者进行监管,定期进行考核,对于在退出标准以内的车辆,强制其退出市场,监管流程如图11-31所示,其中退出标准的制定主要以安全和服务质量作为决定条件。

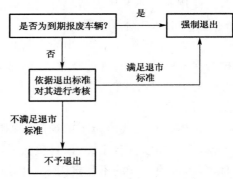

图11-31　个体出租车经营者退出程序

② 出租车公司退出程序

与服务质量招投标准入方式相对应的出租车经营者服务质量综合考评标准对出租车企业进行考核,退出标准可对应于服务质量招投标准入中的具体条件而定,具体过程如图11-32所示。出租车企业被强制退出时,行业主管部门收回其拥有的经营权。

（4）退出车辆处理

车辆退出出租车市场后,一般不允许在本地

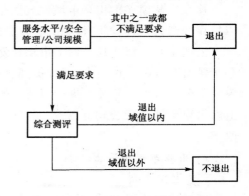

图11-32　出租车公司退出程序流程

转为非营运性车辆,现有的退出车辆处理方式主要有以下两种:① 已经完全报废的出租车辆,在公安部门的把关下报废,到某一固定地点封存或者销毁,不再投入使用;② 对尚有使用价值的出租退出车辆:a. 转入其它城市继续作为营运车辆使用,适用于对出租车辆车况要求较低的地区;b. 转入外地二手市场进行交易,作为非营运性车辆使用。

11.7 城乡公交规划

城乡公交规划应当基于地区城乡一体化发展进程与公共客运交通发展历程分析,研判地区公共客运交通所处城乡一体化进程的发展阶段,了解公共客运交通发展的规律性与延续性。分析未来城市和城乡交通发展环境与要求,明确城乡公交发展趋势及要求,提出城乡公交发展定位与一体化发展战略,进行相关政策制定、设施规划、运营组织规划等研究。

11.7.1 城乡公交系统规划

城乡公交系统规划是对区域范围内的城市与城乡公共交通规划的宏观构架。协调城乡空间规划、交通体系规划等上位规划对城乡公交的发展要求,准确定位,确定城乡公交发展目标与城乡公交统筹规划战略,以及区域范围内与其他交通方式的协调。

1）总体战略

城乡公交总体战略规划需要分析区域运输与城镇空间及产业结构互动关系,城乡公交演变规律及发展趋势,把握城乡公共交通供需特征,在预测总量及分布的基础上,准确定位,明确发展战略任务与目标,制定发展战略及对策,并且确定城乡公交设施总体规模与布局结构。发展战略主要有基础设施先导战略、城乡一体化战略、市场化战略、地域差别化战略。

2）发展政策

统筹发展政策规划是为进一步落实城乡公交发展战略,达到预期目标而制定相应的政策措施与行动保障。城乡公交发展基本政策主要有交通基础设施引领政策、规费与价格引导政策、资金筹措政策与法律法规指引政策。

3）片区战略

片区城乡公交战略规划是针对地区重要片区,如次级中心城区、重点中心镇、重要功能区而提出的,要在服从和适应总体战略规划的基础上,明确片区城乡公交的功能定位、发展战略与总体规模,并初步开展公交基础设施规划,与战略规划下一层的设施规划衔接。

11.7.2 城乡公交设施规划

1）城乡公交线网规划

城乡公交线网规划主要包括确定城乡公交线网布局、线网总体规模、线路布设及与城市公交线网衔接方式。根据不同地域分布的居民出行需求(客流强度、出行高峰时段分布等方面)的差异性,提供分级线网服务,考虑城镇布局形态、道路网形态等因素,确定线网的布局结构。在分析客流需求基础上,确定线网总体规模,包括线网总长度、线网密度、线网日客运周转量等,明确城乡公交走廊,分级布设城乡公交线路。同时考虑线网如何与城区其他客运方式实现对接,合理换乘以提高运输效率。

(1) 城乡公交分级线网布设

城乡居民乘坐城乡公交的客流强度与地域分布有关,根据不同区域内的居民出行需求(客运量强度、出行高峰时段分布等方面)差异,提供分级线网服务。依据各级线路不同的功能,将线路划分为主干线、支线和补充联络线三个等级。三层线路的功能如下:

主干线路主要承担大型集散点之间联系(以县城—乡镇线路最为常见),大多沿县域内的国、省、县道设置;速度快、发车频率高、服务水平较好。

支线对主干线网起补充作用,与主干线路要有较好的换乘,起到接驳主干线路客流的作用,线路深入各行政村。

补充联络线的主要目的是填补各乡镇之间的线路空白,同时也能加强乡镇之间、乡镇—村的联系,提高客运线网覆盖率。

以上三层城乡公交客运线路互相补充、互成体系,构成一体化公交线网。在具体规划布设时应按各层次线路的功能进行,采用"先构建主干线,再确定支线,最后以补充联络线完善整体线网"的城乡公交线网布局规划思路:① 将全县(市)的城镇作为结点,以国省县道为载体,构建以县城为中心的放射形客运主干线,形成县(市)域内城乡公交骨架网,作为客流运输的主通道;② 将各乡镇作为独立规划区域,以乡镇的集镇段为中心,规划镇辖区内的镇—村线路,即在主干线的基础上生成"毛细血管",进一步提高线网的可达性;③ 选取县域内较大的乡镇结点,根据这类乡镇在地理、经济、交通等方面的相互密切程度,规划镇—镇线路,既可满足部分镇—镇间横向出行需求,又可提高线网覆盖率。

(2) 城乡公交布局结构

城乡公交线网主要有放射形、树形、环形、网络形四种空间分布形态,各种形态的优缺点分别如图 11-33~图 11-36,表 11-13 所示。线网结构的选择与县(市)域形态、城镇体系、公路网络等有密切的关系,往往是几种结构复合存在。网络形线网一般出现在快速城市化地区,乡镇经济、村域经济大力发展,公路网建设较为完善,交通出行量形成规模。

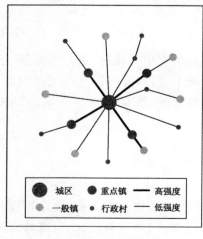

图 11-33 放射形线网

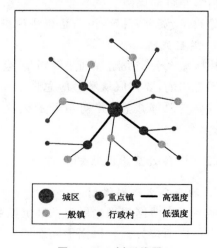

图 11-34 树形线网

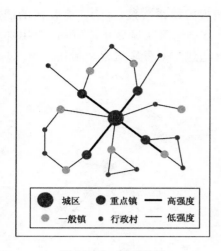

图 11-35　环形线网

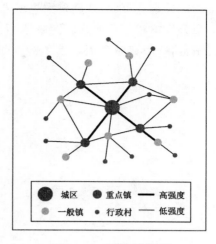

图 11-36　网络形线网

表 11-13　城乡公交线网布局结构表

线网布局结构	特点及适用范围	缺　点	公交线路强度分析
放射形	用于中心城区与外围郊区、周围城镇间的交通联系,有利于促进中心城区对周围地区的辐射,方便乘客进城,减少进城换乘次数,便于车辆调度与停车管理;与大多数城市的放射形客流 OD 分布相适应	线网整体连通度低,横向乡镇间联系不便,容易把换乘客流吸引到城区,增加城区枢纽交通组织的压力	主城区—重点中心镇之间及其延伸线路有高强度公交联系
树形	适应城镇体系中的中心城区、中心镇、一般镇、村四级等级体系分布以及道路网络结构而形成公交线网,提高城区与中心镇的辐射能力,有利于形成分区分级的网络以及分区的客流集散组织,城区和中心镇间可以形成高频、快速的发车运营服务	换乘系数偏高,若衔接系统效率低会造成村民进城区时间(换乘等候)与经济成本(换乘买票)增加,中心镇需要建设客运站作为集散中心	主城区—重点中心镇之间有高强度公交联系,强度往往由主城区、中心镇往下递减
环形	用于镇—镇、镇—城间的横向联系,可以减轻中心镇处换乘压力。而且这种布局结构具有通达性好,非直线系数小,加强横向交通联系,提高覆盖率的特点	建设线路数量多投资大,对路网建设要求高,绕行时间大	镇—镇、镇—城区间有较高强度公交联系,均衡整个网络客流分布
网络形	重要城镇间的直达交通联系,通达性好,运输效率高,促进形成网络化线网结构	建设线路数量多投资大,对路网建设要求高	重要镇之间有高强度公交联系

（3）城乡公交与城市公交衔接模式

城乡公交与城市公交二者的衔接模式在很大程度上由城市的面积和人口规模、城市的布局形态、土地利用、城市交通的畅通情况、对外客运枢纽分布等因素决定。结合城乡公交线网规划的实践总结出分方向边缘衔接、穿越式衔接两种模式,如图 11-37 所示。分方向边缘衔接指城乡公交线路在城市中心区边缘的公交换乘枢纽与城区公交衔接,换乘枢纽多为对外客运枢纽,线路按照进城方向选择较近的枢纽衔接,多为一个片区的线路集中在一个公交枢纽衔接换乘。穿越式衔接指城乡公交线路从城区中心穿过,合用部分城区公交站台,一般在城市中心或穿越的另一侧城区边缘与对外客运枢纽衔接。

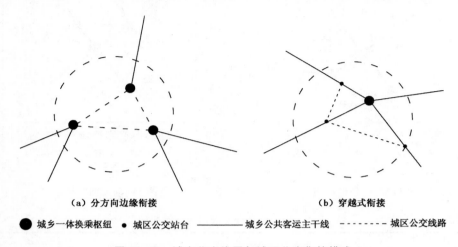

（a）分方向边缘衔接　　　　　　　　　　（b）穿越式衔接

● 城乡一体换乘枢纽　　• 城区公交站台　　—— 城乡公共客运主干线　　------- 城区公交线路

图 11-37　城乡公交线网与城区公交衔接模式

2）城乡公交场站布局

场站布局规划内容主要包括场站布局与规模、场站建设方式等方面,重点进行城区与城乡、重点街镇等主要客流集散点处的公交换乘枢纽的布局。

（1）客流集散中心

由于农民生产、生活方式特点,运营线路上在一些地点往往有比较稳定的客流,上下客比较频繁,形成客流集散中心。一般根据以下几种类型初选客流集散中心:① 市、县政府所在地;② 镇、乡政府所在地;③ 重要厂矿企业、大型农牧业基地、经济开发区;④ 大型集市所在地;⑤ 重要交通枢纽所在地;⑥ 旅游资源点等。综合考虑各种影响因素,如规模、经济实力、三产水平、交通条件、地理区位等,进行结点重要度分析,从而使确定的集散中心能准确反映其在公交客运线网中的作用。

一般地,县城（乡镇）的中心往往集散区域内的城乡公交客流,是乡镇客运站所在地,一般位于重点镇,起到集散和转换片区内旅客作用,在片区内部形成支线公交线网,通过乡镇客运站结点联系乡镇和县市主城区,形成城镇干线公交网络。在广大农村地区农民居住往往以自然村为单位,比较分散,村民乘车习惯到村口等待,这种方式使得线路在村口有比较稳定的上下客点。农民购物、销售农产品一般要到集市完成,在一些农村集贸市场往往也形成比较固定的上下客点。企事业单位、学校等有固定的人员流动,也会形成固定的上下客点。

（2）场站布局及规模

根据线路运营的特点及客流集聚特点,建立城乡公交枢纽站、乡镇等级客运站、候车亭、招呼站（简易站牌）、终点站回车场、停车保养场的场站体系,从而达到乡镇有等级站,大村有候车亭,小村有招呼站。城乡公交发展较为成熟阶段实现"镇镇有等级站,村村有候车亭"。图 11-38 为城乡公交典型站点布置图。

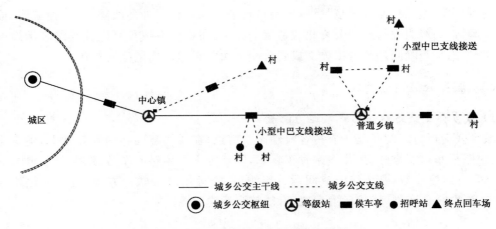

图 11-38　城乡公交典型站点布置图

中心城区城乡公交枢纽站一般为城镇间公交的起点站,多数结合长途客运汽车站、火车站等对外客运枢纽或者其他城市公交换乘枢纽布置,实现与城市公交的无缝衔接。由于城镇间公交主要服务于农村居民的进出城,线路需在城区范围内沿途布置1~3个停靠点,在城区内集散客流,停靠点选择城市公交停靠站,在管理体制协调的基础上逐步推进城区和城乡客运场站资源的共享。

在一些区域重点镇建设乡镇等级客运站,用作城乡公交车辆停靠、乘客换乘、车辆维修、夜间停车,也可作为区域内客流集散场所。根据农村客运结点重要度分析,客流集散中心考虑农村公交网络辐射功能的需要,按重要度分为2~3个层次的客运结点,选取第一层次或者第一层次和部分第二层次的客运结点建设区域农村客流集散中心,实现农村客流集散与转换功能。乡镇等级客运站规模的确定,考虑协调乡镇发展和乡镇特色,协调客流特点和城镇公交场站网络体系、综合运输发展、场站总体规模需要,逐层推进。一般是四级站、五级站,若日发量达2 000人以上应建成三级客运站。客流量达不到五级要求的客流集散中心,建设简易车站,用作集散乘客、售票、停放和发送客运班车功能,车站规模设施较等级站简单。

候车亭、招呼站(简易站牌)是城乡公交中途停靠站。在一些国省道或一二级公路上需建设成公路港湾式候车亭。候车亭既有集聚客源、支撑城乡公交网络的作用;又有为出行者提供候车服务,起到遮风挡雨、避晒等的作用;同时可以规范城乡公交车辆定点停车上下客。站点宜选择布设在各乡镇、中心村,站点设置应根据客流的集散量多少,沿途主干公路设置港湾式停车站,并规划建设具有统一标准形式的公交停靠站,或者设置简易站牌,站点附近可以通过小型客运出租车(出租摩托车、面的、小四轮)接送乡村的乘客到达站点,扩大城镇公交的覆盖与服务范围。

终点站回车场主要设置在城乡公交通村线路的终点站,用作车辆掉头、供司乘人员短时间休息。建设数量根据各镇通村线路以及用地的具体情况确定。

城乡公交停车保养场可与城市公交停车保养场统一考虑,也可分散在乡镇客运场站,在三级及以上客运站配备车辆保养点,在二级及以上客运站设置车辆修理点;城乡公交停车场地设置综合考虑司机的住宿位置、上班的方便性、公司管理的方便性以及安全等因素,停放在中心城区公交停车场站(一般为城市公交向农村延伸的线路,司机住城区)或者等级客运站(一般为农村班线公交化改造后的线路,司机住乡镇里),因此等级客运站的规模,需要考虑是否晚间停放城镇公交或者公交公司能否租用场地停放车辆。

11.7.3 城乡公交运行组织

1)城乡公交线路组织形式及运力配置

城乡公交运行组织是基于农村客流动态性特点,在线网空间布局的基础上,确定运营方式、线路行车组织方式;优化线路发车频率,以确定主干线路配车数,结合行车组织形式灵活确定支线配车数,基于线网空间运行组织形式,运用多线联运方式,整合优化片区车辆配备;选取合适车型,优化运力配置,有效整合运力资源。

（1）线路组织形式

城乡客流的时空分布特征直接决定城乡公交线路的组织方式。线路组织需要以经营主体规模化、集约化为基础,明确各种类型线路运营方式为前提,基于客流特征和变化规律,在既有线网布局的基础上进行线路组织与行车调配。由于农村地区乡镇分片区聚集特征,地域差异性可以采取分片区运行组织方式,并融合片区、统筹区域城乡公交线路运行组织实现区域整合。

片区线路组织一般采用下列方式:一条或多条同向城乡主干线路与其相应的衍生支线在空间上形成一个片区,进行统筹组织。空间上,采用按线定位和划片区组织相结合,即以城区到乡镇的主干线定位片区,乡镇到村及村村之间可形成多点放射型或区域内环型线网结构,使得镇—村、村—村线路与主干线形成一个整体。镇—村支线根据客流时间分布的差异性,采用"V"型或"O"型行车组织,对两条或多条支线进行整合,如图11-39和图11-40。"V"型支线行车与城乡主干线端点联系,形成"Y"型行车组织方式,实现多条线路客流的集散与换乘,如图11-41所示。时间上,根据不同线路的客流特征采用不同的发车时刻表,兼顾冷、热线路,设置夜宿班线和高峰加密线路。服务类型上,体现农村居民出行特征,设置赶集线、旅游线、特殊服务专线等。

图11-39 支线"V"型组织

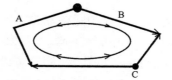

图11-40 支线"O"型组织

图11-41 干支线"Y"型组织

（2）运力配备

城乡公交主干线运营方式与城市公交类似(有些地区的城乡公交主干线已实施了公交化改造),可以借鉴城市公交配车方法进行干线配车,并对基本测算公式进行运送能力、发车频率修正。

由于客流波动性较大,对城乡公交线网中的支线配车一般不能用通常的配车方法,根据实地调查与相关经验总结,可以按照整体配车,局部调整的方法进行,即对主干线路所通向的片区或组团进行整体性配车。支线配车与行车组织密切相关,存在数量上的不固

定性,主要服从于片区整体行车调配计划。主要配车策略有以下几种情况:

①　对于片区内部线路,即二级线网的支线配车,应当与线路运营方式相适应,对于公交化运营线路可按照干线配车方法进行配车;

②　对于每日仅开几趟班车,体现社会公益性的支线班车可以根据所在片区干线的客流服务时间差,灵活调用主干线路的运营车辆,做到资源的充分高效利用,避免重复投入造成浪费;

③　对于道路条件不太理想、距离较偏远的行政村支线线路,应当根据运量需求和客流特征进行动态的运力配备,在框定局部运力的基础上采用符合技术标准的小客车(6 至9 座)进行营运,可根据当地群众出行需要,核定线路,适当固定班次(如早中晚"三班制"方式),或与其他支线开展联合行车组织,以解决偏僻村庄、山区群众的出行。

支线的运力配备应体现灵活性,结合片区(乡镇)的支线条数、道路状况、客流条件等因素综合考虑,充分考虑主干线的车型、配车数等条件,既能满足农村地区乘客的出行需求,又能保障资源的共享与高效利用。

(3) 车型配置

城乡公交车型的选择应当体现城市发展的阶段和特色,注重市场的不同培育期对车型的不同要求。一般地,可以根据各区县线网布局层次和干支线的服务性质及强度对线路车型进行分类,即分为干线车型、支线车型和特殊服务车型三类。

干线车型选取与干线的运营方式(一般为公交化运营)相适应,车辆采用符合公交车辆技术标准的车型,并根据客流流量和发生频率选择车体构造形式,注重节约成本;支线车型选取与支线运营方式相适应,若为公交化运营可采用与干线类似的选型方法,若为班线运营,则可根据客流需求选取符合技术标准的小型客车,提高灵活应变性;特殊服务车型是针对特定线路的服务对象和时段,如旅游、应急和夜宿线等,配置专用车型来提高服务的针对性和服务质量,满足特殊的出行需求,选型时可适当提高车型档次。

具体车型选取要考虑车价与票价的协调,权衡好车辆成本(包括维修保养、投资回报期等)和居民的承受能力;注重车辆自身性能的提高,在保证安全的前提下提高舒适性;考虑站场容纳能力和车辆实载率,选取适宜车长,明确投放更新;与企业经营方式相适应,展现车型优势,树立品牌,注重环保和信息化建设。

2) 城乡公交一体化改造

城乡公交一体化改造包括城乡客运班线公交化改造、整合客运经营主体、协调管理体制、一体化改造设施建设及制定保障政策等内容。具体发展策略包括明确管理职责划分、整合经营主体、优化线路运行组织方式、制定一体化的政策规费;启动实施、逐步完善提高、全面实施、分阶段进行城乡公交一体化建设;客运班线公交化改造,重点在经营主体整合、场站建设(场站位置的确定、港湾式候车亭的设置等)、票制票价确定等内容。

参考文献

[1] Acishai Ceder 著,关伟等译. 公共交通规划与运营——理论、建模及应用[M]. 北京:清华大学出版社,2010.

[2] 南京市城市与交通规划设计研究院有限责任公司. 城市公交线网优化技术指南[R],2009.

［3］陈旭梅.城市轨道交通网络分析［D］.西南交通大学博士学位论文,2001.

［4］范东涛,杨涛.城市交通流主流向两步聚类筛选方法研究［J］.中国公路学报,1997(4):85-90.

［5］上海城市交通规划研究所.上海轨道交通规划方案交通分析［R］.跨入 21 世纪的中国城市交通——城市交通规划设计作品集,2000.

［6］王亿方,过秀成,胡军红.城市快速公交实施条件及发展策略研究［C］.2004 海峡两岸智能运输系统学术会议论文集,2004.

［7］潘昭宇,王亿方.公交优先政策下快速公交系统(BRT)发展策略研究［C］.第五届交通运输领域国际学术会议论文集,2005.

［8］王亿方.快速公交系统规划方法研究［D］.东南大学硕士学位论文,2005.

［9］GTZ. Training Course:Mass Transit［R］.2004.

［10］国家技术监督局,建设部.城市道路交通规划设计规范(GB 50220—95)［S］.北京:中国计划出版社,1995.

［11］建设部.城市道路公共交通站、场、厂工程设计规范(CJJ/T 15—2011)［S］.北京:中国建筑工业出版社,2011.

［12］过秀成,姜晓红.城乡公共客运规划与组织［M］.北京:清华大学出版社,2011.

［13］王炜,杨新苗,陈学武.城市公共交通系统规划方法与管理技术［M］.北京:科学出版社,2002.

［14］建设部.快速公共汽车交通系统设计规范(CJJ 136—2010)［S］.北京:中国建筑工业出版社,2010.

第12章　停车规划

12.1　停车规划概述

随着城市人口规模的增加、经济的发展和产业的升级,国内城市的机动车数量已从缓慢增长阶段进入快速增长阶段。机动车保有量的增加和使用率的提高使城市在停车泊位需求总量上急剧增加,局部区域内停车供需矛盾表现得尤为突出。停车规划应当适应城市停车需求日益增长的趋势,缓解停车矛盾突出区域的问题,综合考虑城市社会、经济以及交通发展的中长期目标,对停车需求的发展予以引导,在交通系统内部实现停车系统与公交系统、道路网系统的协同发展,在宏观层面促进交通系统与社会、经济、环境等系统的综合平衡。

12.1.1　规划原则

(1)停车规划应当落实建筑物配建停车场为主、路外公共停车设施为辅、路内公共停车设施为补充的供给结构,保证城市不同片区内各种停车供给设施相协同;

(2)停车规划应保证停车设施供给和管理之间相协同,使停车设施规划与管理规划保持一致;

(3)停车规划应确保停车系统与道路网系统、公交系统等其他交通系统相协同,保证停车设施容量与道路网容量相匹配,保证停车设施和管理规划与道路网布局、公交枢纽布局等相协调;

(4)停车规划应注重停车系统和用地间的协同,以城市总体规划和分区规划为依据进行设施布局,满足不同区位、不同类型和不同开发强度用地的停车需求。

12.1.2　规划内容及流程

停车规划包括城市停车发展策略规划、停车设施规划和停车管理规划等内容。其中,停车发展策略规划通常在综合交通规划和停车专项规划中予以明确,对停车设施的布局规划和停车管理措施的调整规划起到纲领性的指导作用。停车设施规划主要包括路外公共停车设施规划和配建停车设施规划两种,前者是综合交通规划和停车专项规划中需要确定的主体内容,通常以总体规划或控制性详细规划中的用地布局为参考依据,充分考虑停车发展策略的要求,采用需求分析方法和布局选址方法规划路外公共停车设施,对上位规划中的路外公共停车用地进行调整,以确保上述用地能够满足未来发展的要求;后者通常以现状的建筑物停车需求调查为基础,通过聚类分析、趋势分析、类比分析等方法确定目标年建筑物的分类、需求率计算的指标以及各片区中不同建筑需求率的范围,为建筑物配建停车设施的建设提供依据。停车管理规划是在停车发展策略中提出管理策略,包括停车建设管理体制、停车收费方案、停车诱导等具体内容。

路外公共停车设施规划依托总体规划和控制性详细规划均可完成,在总体规划阶段仅仅能够确定设施的大体位置和规模,在控制性详细规划阶段,各种用地类型的划分更加精细,所处位置和容积率等因素也相对确定,该阶段所制订的路外公共停车设施布局选址方案将更加明确。配建停车设施规划应当依托于控制性详细规划进行方案的制订或修订,这有利于配建停车设施规划中建筑物的分类和控规中的用地分类保持一致,也有利于对不同区域的停车供需状况进行更精确的测算,进一步依据测算结果对各方案进行调整和修正。

本章内容主要包括城市停车发展策略、停车需求预测、路外停车设施规划和建筑物配建停车设施规划的理论与方法。具体规划流程如图 12-1 所示。

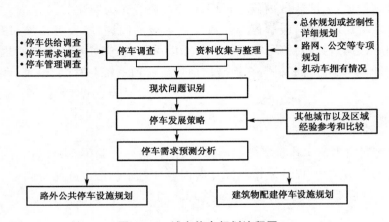

图 12-1　城市停车规划流程图

12.2　停车规划调查与分析

停车调查与分析是停车场规划与设计的前期准备工作之一,为停车规划提供详实、可靠的基础数据,通过对这些数据的分析、计算可以了解停车设施供给水平、停车需求特性以及驾车者的行为规律,识别现状问题,为停车设施规划与管理提供实际参考。根据不同的调查目的和对象,需要选取适当的调查方法和特性指标来进行分析。

1)主要调查内容

停车调查包括停车供给调查、停车需求调查和停车管理调查等三方面内容,调查的对象包括建筑物、停车设施和停车个体等三种类型。其中,停车供给调查和停车管理调查均是针对停车设施,具体内容包括停车设施的位置和类型、设施内车位的供给数量和形式、停车配建标准、停车设施规划管理的主管机构、路外公共停车场建设的融资机制、单体设施的管理主体、设施内收费制度、车辆准入制度、经营情况等。停车需求调查通常分成两种:①面向建筑物或停车设施所作的需求调研,具体包括车辆到达和离开规律、停车时长分布特征、实时泊位需求等调查内容;②针对停车个体选择行为或选择偏好所作的调研,具体包括停车目的、停放时长、停车设施与目的地间的步行距离等客观选择情况的调查,以及基于假设情境或面向容忍度所作的意向选择调查。

以停车设施规划为导向时需要重点调研的内容主要集中于停车需求的调研,从中获取不同类型停车设施的利用率、周转率、高峰泊位需求影响因素以及个体停车选择因素等,上述各要素将直接影响到分区停车需求的测算和设施规划方案的制订。

2）调查方法

城市停车设施的供给和管理情况需要通过相关部门的公示文件和统计资料获知,也需要选取典型的停车设施进行个案的调研。通常情况下,城市对外开放停车设施的泊位供给情况可以通过城市交通管理部门的统计数据获取,而不对外开放的部分需要选取样本进行补充调研。为了解停车供给现状所产生的原因,可通过城市规划部门搜集城市历年的建筑物停车配建标准以及路外公共停车设施的投融资方式资料。停车管理中涉及的职能架构及分工可通过城市专设的停车管理办公机构进行了解;停车收费信息不仅需要从城市公示的收费条例和各停车场公示的收费标准中了解,还有必要通过停车设施管理人员了解面向不同停车需求所采取的收费措施;停车设施准入情况既可通过交通管理部门的统计资料予以判断,也可选取典型的停车设施进行调查核实。

停车需求的变化情况较为丰富,所采用的调查方法主要有连续式调查法、间断式调查法和问询式调查法等三种类型[1]。

选择调查方法时应综合考虑以下因素:

(1)调查目标要求:目标单一的可以选择相应简单的方法;调查要求多、内容广时,宜采用多种方法的组合。

(2)调查范围:确定调查范围为一条路、一个停车场或是一个区域。

(3)调查时间:包括车辆停放高峰时段在内8 h以上,或是依据调查目的不同,仅调查高峰时段停车情况。

(4)调查过程人力、物力及设备条件,完成调查的时间要求。

(5)调查对象:机动车、非机动车或者两者都做调查。

(6)调查要求的精度。

在对整个城市进行停车设施及停车实况调查时,可以先根据不同的调查目的,对需要调查的典型停车场进行分类,然后采取实用的方法。也可以组合这三种方法,比如在高峰平峰停车需求差异较大时,在高峰时段采用连续调查的方法,而在平峰时采用间歇式调查的方法。调查时应根据所要达到的目标灵活加以应用,相应的表格设计也可灵活多样,以方便记录和统计为原则[1]。

12.3　停车策略规划

城市停车系统的发展需要实现系统内部的供需平衡,也需要和公交系统、道路网系统的发展相协同,共同服务于城市客流和货流的空间位移,最终实现城市的可持续发展。在确定城市的停车发展策略时,除了要考虑城市现状凸现的停车问题外,也应当对停车系统自身的发展要求、其它交通系统的发展策略、城市的发展经验以及国家的发展政策等进行全面的分析。本节归纳总结城市停车发展策略,并从中选取停车分区方法做具体介绍。

12.3.1 停车发展策略

1)分区差异化供给管理策略

分区供应策略就是根据交通特征的差异划分停车分区,相应明确不同分区的停车设施供应对策。根据差别化的停车设施供需关系,对不同分区分别采取限制供应、平衡供应和扩大供应,制定相应的停车设施供应对策。

对于不同分区采用停车设施需求调整系数确定该分区的停车设施供应量。停车设施需求调整系数定义为分区停车设施供应量和预测需求量的比值。对限制供应地区采取停车设施供应量小于预测需求量的策略,即停车设施需求调整系数小于1;对于平衡供应区采取停车设施供应量近似等于预测需求量的策略,即停车设施需求调整系数约等于1;对扩大供应区采取停车设施供应量大于预测需求量的策略,即停车设施需求调整系数大于1[2]。

（1）限制供应地区供应策略

限制供应地区应制定停车设施指标的上限,停车设施需求调整系数可取0.8~0.9;对某些特殊地段可低于0.8。对该区域限制供应自备车位,可以调控车辆拥有的空间分布;限制供应公共车位,可以调控车辆使用的空间分布。通过限制停车设施的供给规模,使人们减少小汽车出行,更多地选择公共交通、自行车或步行等绿色交通方式,达到调控交通、优化土地利用的目的。优化停车供应结构,实现停车设施错时使用;鼓励或要求配建停车设施对社会公众开放,最大限度提高停车设施利用率,缓解该地区停车设施不足的问题。充分发挥停车价格杠杆作用,调节限制供应区的停车需求,鼓励出行者使用便捷的公交系统,并通过提高停车收费改善停车经营状况。

（2）平衡供应地区供应策略

平衡供应地区应制定停车设施指标的区间值,停车设施需求调整系数可取0.9~1.1。对该区域要按照供需平衡的要求供应停车设施,达到平衡城市交通强度和土地利用强度、平衡道路交通和停车交通、平衡自备车位与社会空间的目的。在平衡供应地区,既要高度重视配建停车设施建设,实现配建停车设施供需的平衡,也要切实加强公共停车设施的建设,实现公共停车设施供需的平衡。对平衡供应区停车收费定价应综合考虑车位建设的投资回报、停车经营盈利和使用者的经济承受能力,使停车建设与经营成为市场经济行为。充分运用价格杠杆调节停车需求,提高各类停车设施的运转效率,达到停车需求和供应的相对平衡。

（3）扩大供应地区供应策略

扩大供应地区应制定停车设施指标的下限,停车设施需求调整系数可取1.1~1.3。对该区域应以建筑物配建停车设施为主导,充分重视各类停车设施的建设,可使停车设施供应适度超前。通过停车设施的扩大供应引导小汽车的拥有和使用向该类地区集中,均衡城市交通流,并在交通空间上改善公交不易覆盖区域的机动性。对于一些停车换乘设施可考虑适当扩大泊位供应,以鼓励停车换乘,引导小汽车向公共交通方式的转换。对扩大供给区可实行停车低收费和计次收费的方法,提高停车设施利用率。在城市外围轨道交通和公共交通换乘车站提供足量、低费用乃至免费的停车泊位,鼓励车辆出行者换乘轨道交通和公共交通。

2)分类差异化供给管理策略

(1)停车设施差异化供给策略

停车设施差异化供给策略就是要在停车分区的基础上,合理确定各个分区的路外公共停车设施、路内公共停车设施、建筑物配建停车设施等各类型停车设施的比例和规模,通过停车设施不同类型的供应来达到调控优化分区土地利用、交通流分布、交通方式结构等目的。在停车设施规划中,应该始终贯彻以建筑物配建停车为主、路外公共停车设施为辅、路内公共停车设施为补充的分类供应原则。针对不同城市以及城市的不同区域,根据实际情况合理确定各类型停车设施的供应结构比例。

"限制供应区",重点对停车矛盾突出的区域进行改造,对新开发地区按规划要求适当补充建设公共停车设施。

"平衡供应区",贯彻以配建设施为主的供应策略,根据道路交通供需特征等具体情况来灵活调整公共停车设施与路内停车设施的比例。

"扩大供应区",在确保建筑物配建停车为主体的前提下,适当提高路内停车设施供应比例,引导小汽车适度发展,提高道路空间的资源利用率。

以配建停车设施为主、路外公共停车设施为辅、路内公共停车设施为补充的供应体系是从根本上解决城市停车问题的核心和关键。各区域建筑物配建停车泊位、路外公共停车泊位、路内停车泊位的建议结构如表 12-1 所示[2]。

表 12-1　各区域停车泊位供应结构表　　　　　单位:%

泊 位 供 应	建筑物配建停车泊位	路外公共停车泊位	路内停车泊位
限制供应区	70～80	12～18	2～8
平衡供应区	75～85	10～15	5～10
扩大供应区	75～85	8～12	8～12

(2)停放个体差异化供给策略

停放个体差异化供给策略体现在满足居住区保有车辆的基本停放需求,以保障我国小汽车产业的发展;限制以工作出行为目的的车辆停放需求以缓解交通压力,提高停车设施的使用效率;合理满足商业、服务业及旅游业地区公共建筑物的弹性停放需求,以优化车辆出行结构。

(3)停放时段差异化供给策略

车辆停放的高峰和平峰差距大,则停车设施利用率会受到较大的影响。停放时段差异化供给策略就是根据不同出行目的的停车需求时间分布特征,针对停车设施和停车周转率时间差异性较大的特点,明确不同时段的停车设施供应对策,以调控道路交通流的峰谷值,调节区域交通流量的时间分布,减缓高峰时段的交通压力,并提高停车设施利用率。

在高峰、平峰时段收取不同停车费用是一个有效的分时段供应策略,它将导致停车者择时停车或缩短停车时间。分时定价包括两个方面：①按停放单位时间累进收费，对于城市中心区，鼓励缩短停放时间，提高停车泊位的周转率，对短时间停放定低价或不收费，对长时间车辆定高价；②不同时间段区别定价，高峰时间高收费，非高峰时间低收费。

3）停车泊位共享策略

不同的土地利用性质，在一天或一周中会有不同的停车需求高峰，这使得相邻用地之间泊位共享成为可能。在城市停车设施规划中，如能将停车需求高峰时刻不同的一些用地相邻布置，统一规划停车设施错时使用，实现停车泊位之间的共享，提高停车设施利用率，节约停车设施总用地。如公共建筑的配建停车设施夜间可向周边居民停车开放，居住区停车设施白天可向社会停车开放，综合性建筑内停车设施也可错时使用。泊位共享策略可以有效地缓解停车供需矛盾，有助于提高配建停车位利用率，还可以合理获得直接经济效益，使现有的停车设施资源得到充分的利用。

停车泊位的错时使用，最重要的是要具体进行不同时段的停车需求调查，得到具体的数据，这样才可以进一步实施泊位共享。根据美国的调查，在工作日需求方面，办公与零售、旅馆与娱乐、零售与娱乐、办公与宾馆可以错时停车；在季节需求方面，学校与短期培训、需求高峰不同的季节消费品销售可以错时停车。一个区域内，不同类型建筑物之间可以利用不同的停车时间需求高峰实现泊位共享，如表 12-2 所示[3]。

表 12-2　不同的建筑物停车设施一览表

工作日高峰	晚间高峰	周末高峰
银行	娱乐场所	商店、大型商场
学校	餐馆、饭店	公园
工厂	剧院、电影院	超市
医院	休闲健身场所	休闲健身场所
办公楼	—	—
科研机构		

4）停车产业化发展策略

停车产业化是大城市停车建设发展到一定阶段的产物，它是汽车产业发展、人民生活质量提高的保障，是加快停车设施建设、提高停车管理水平、优化配置停车资源的要求，也是可持续发展的需要。大城市实施停车产业化发展策略的作用在于：①筹集停车设施建设资金，减轻政府财政负担，加快停车设施建设；②引入市场机制，提高建设、管理水平和停车设施利用效率，降低成本，改善服务；③将停车作为交通需求管理的重要手段，缓解大城市交通压力。停车产业化越来越受到政府的支持，在最新的汽车产业发展政策中，已经明确提出"制定停车场所用地政策和投资鼓励政策，鼓励个人、集体、外资投资建设停车设施"[4]。

5）科技化发展策略

科技化策略为停车产业发展提供良好的技术环境，包括停车诱导技术、立体车库技术以及停车场自动收费管理技术等。充分利用网络、短信、广播、可变情报板等多种途径建立停车设施信息系统，完善智能化停车诱导系统，为停车场使用者出行前的停车决策和出行过程中停车泊位的选择提供依据。鼓励停车设施向占地少、安全性能好、存取方便的立体机械化形式发展,提高停车设施的集约化和自动化水平。提倡建设停车场自动收费管理系统,推行 IC 卡付费方式;引进咪表等路内自动停车收费管理设备,提高停车泊位管理的效率。

6）法制化管理策略

法制化管理策略是建立科学合理的停车发展体系的保障。稳定、透明的法规体系可以规范政府、企业和市民的行为,保证公开、公平和公正,维护各方的利益,也是保持城市交通持续、稳定和高效运行的重要手段。应当在现有停车相关法律法规的基础上,制定一套完整的停车规划、建设、管理的政策和法规体系,为城市停车市场的发展和停车秩序的管理建立一个健全的法制环境。

12.3.2 停车分区

1）停车分区类型

城市停车分区是对不同区域制定和实施差异化的停车设施供应策略和停车管理、经营措施,引导城市停车需求在时间和空间上均衡分布。其中,城市中长期停车专项规划中确定的停车分区通常是基于城市总体规划和综合交通规划,旨在不同分区中提出相对综合的停车发展策略,与城市区位规划、用地布局以及其他交通系统的规划相协调,其划分单元通常较大。面向近期改善的停车管理分区是针对建成区停车矛盾相对突出的区域,划分单元相对较小,各分区提及的改善措施相对具体,且以停车收费、停车场准入机制等管理措施的调整为主。本小节介绍的停车分区划分方法主要是针对前一种分区类型。

2）影响因素

停车分区受到城市总体规划、城市交通发展战略、城市人口、就业情况、城市道路供应水平、城市交通设施状况、城市中心区交通状况、公共交通发展水平、城市交通枢纽等因素的影响,其主要研究内容如表 12-3 所示。

表 12-3 停车分区划分主要研究内容[2]

研 究 对 象	主 要 分 析 内 容
城市总体规划	城市总体用地布局状况,城市交通发展的战略和目标等
城市交通发展战略	城市采用的交通发展战略,包括公交优先战略、小汽车发展战略以及城市的其他交通发展战略
城市人口、就业情况	城市居住人口的分布、密度;流动人口的分布、密度;就业岗位的分布、密度
城市道路供应水平	分区道路网长度、道路网密度、道路网结构等指标
城市交通设施状况	城市的机动车拥有情况、交通设施供应水平、交通管理设施情况等
城市中心区交通状况	中心区交通需求和供应状况,交通运行质量等
公共交通发展水平	公交设施发展水平、公交服务水平、大众满意度等
城市交通枢纽	交通枢纽的规划布局、交通枢纽类型和主要换乘方式等

3）划分方法

受人口分布、就业岗位、土地利用、交通政策、交通发展战略和道路系统供应水平等因素的综合影响，以及城市发展背景的差异，通常难以通过单一影响因素的分析来得出一种通用的停车分区方法。可采用因素法和经验法来进行停车区域划分，这两种方法的适用范围分别介绍如下：

（1）因素法

将影响停车分区的因素按一定特征进行归类，并用每一类特征来表达不同停车特征分区的方法，可分为"单一因素"和"综合因素"两类方法。因素法的优点是简单易行，缺点是停车分区仅与所考虑的因素有关，存在一定的片面性；因素法宜将城市划分为相对独立的区域，不易于规划管理的落实。

当某种单一因素的变化能够表征停车特征的差异，或者多种因素对停车特征的影响具有较强的相关性而可以用一种因素来表征停车特征的差异时，可以用该单一因素作为停车分区划分的依据；当多种因素对停车特征都有相关影响且无明显主要因素时，可以考虑按综合因素进行停车分区。衡量一种因素对停车特征的影响程度可用主成份分析法来确定。

因素法适用于城市布局没有明显的物理界限如河流、铁路、快速路等分割或城市功能分区不够明显的情况，城市区域可以明显按一种或几种因素划分为不同的区域，区域个数不宜过多，相同类型的区域在地理界限上不宜过于分散。

（2）经验法

城市停车矛盾复杂，城市区域按一种或几种因素进行的划分会将城市划分为比较零散的区域；城市功能分区明显，各功能分区之间存在明显的物理界限的分割，由物理界限分割而形成的区域内停车特征较为类似。

经验法简单易行，但也是以因素分析为基础；因素法分析更为细致，但划分区域不便于管理。可以经验法为主划分分区，以因素法对划分结果进行分析校验，做必要的调整[2]。

国内已有多个城市正在进行或已经完成了新一轮的配建标准的修订，配建指标分区的思想已经被普遍的接受。每个城市的分区依据各不相同，如北京依据城市土地利用状况，从内到外分成三类地区[5]；上海根据道路网特性，按内环、外环的自然分界分成三个区域；南京从历史文化保护的角度，分成老城区和其他区域等。国内部分城市停车配建指标分区示意见表 12-4 和图 12-2。

表 12-4　国内部分城市停车配建指标分区情况[6]

城　　市	分 区 依 据	区 域 类 别
北京	城市土地利用	一类区、二类区、三类区
上海	道路网特性	内环以内、内外环之间、外环以外
南京	历史文物保护	老城区、其他区域
深圳	公共交通利用程度	中心城区、外围区
香港	城市发展	发展密度一、二、三、四区

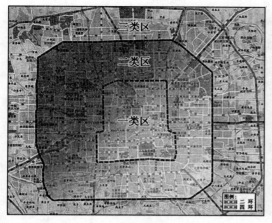

北京(2005)

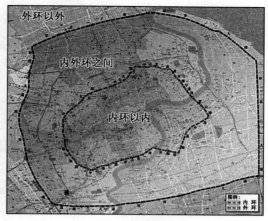

上海(2006)

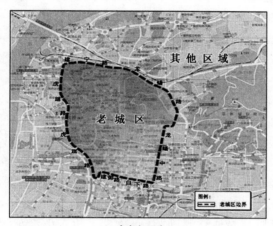

南京(2003)

图 12-2　国内部分城市停车配建指标分区[6]

12.4　停车需求分析

12.4.1　停车泊位总需求及分布

　　停车需求分析是城市停车设施系统规划的重要内容,也是制定停车场设施建设方案及停车管理制度的重要基础。停车需求分析建立在停车设施调查与分析的基础之上,它要求对停车系统的现状进行全面分析研究,掌握其发展的内在规律,并运用科学的方法正确分析停车需求的发展趋向。

　　1）影响因素

　　停车需求分析的准确程度既影响到规划和管理部门相应的停车政策的制定,也是对停车设施进行选址和泊位建设的依据,在需求分析之前有必要对影响城市停车设施需求量的各个因素进行研究。影响停车需求的因素包括城市和区域土地利用的开发强度、进入区域的机动车流量和交通发展引导性策略等。

（1）城市土地利用

城市土地利用是在城市的社会历史发展过程中逐渐形成的，它受土地自然因素的影响，也与社会、经济、文化等方面密切相关，城市中任何一种土地利用都可以视为产生停车需求的源点。

城市土地的总体利用是一个综合、复杂的概念，通常难以直接定量表述，在研究中更多的使用一些间接的、具有代表性的指标加以反映，如城市的人口指标、土地使用面积、各产业产值等等，其中相关性较为显著的是城市社会经济发展水平以及城市人口状况[1]。

（2）机动车数量

城市机动车数量是影响停车需求的最重要的因素，从静态的角度看，机动车保有量的增加直接导致了停车需求的增加，统计结果表明每增加一辆注册汽车，将增加 1.2～1.5 个停车泊位需求；从动态角度看，区域内平均机动车流量的大小会影响该地区停车设施的总需求量，及停车设施的高峰小时需求量。

（3）交通政策

弹性出行中机动车分担比例与宏观交通政策存在密切关系。影响停车需求的政策主要包括：

① 改变出行方式竞争力的政策

我国近年制定了"公交优先发展"战略。不同类型的公交线网覆盖范围日益扩大，线路和场站的布设逐渐形成统一的系统，线路间换乘向"无缝化"方向发展；道路布设公交专用车道，交叉口公交车辆优先通行，公交票价下调，发车频率提高，车厢条件得到改善。这些改变在一定程度上提高了公共汽车的出行比例，影响了私人小汽车的使用量。

② 减少机动车出行的政策

部分城市实施的车牌尾号通行规则，有效减少了私人小汽车和单位车的出行量；"成品油税费改革"措施体现了"多用多消费"的收费宗旨，也在一定程度上引导机动车出行向其他方式转变。

③ 停车分区政策

包括在中心城区内的核心区域设置停车收费下限，通过经济杠杆减少进入核心区域的交通量，或者通过减少核心区域的泊位供给量改变常住居民进入核心区的出行方式等。

④ 泊位共享策略

实施停车泊位共享策略是解决中心城区混合用地停车矛盾的途径之一。停车泊位共享策略，就是利用停车高峰需求量发生时段的不同，引导不同用地建筑物共用同一停车场，以减少泊位供给，提高泊位利用效率[7]。

停车分区政策及泊位共享策略具体可参见 12.3 节。

2）停车泊位需求预测模型

国内外普遍采用的停车需求预测方法以集计类为主，其中较成熟的方法有用地分析模型、相关分析模型、机动车 OD 预测法、交通量-停车需求模型等。表 12-5 列出了四种常用的预测方法的使用前提、调查内容、技术方法和要求及各自的优缺点。

表 12-5 常用停车预测方法比较

预测方法	用地分析预测	相关分析预测	机动车 OD 预测	交通量-停车需求预测
前提条件	有详细的人口、就业规划资料	有详细的人口、就业及城市经济活动等规划相关资料	已做城市交通规划研究，并有完整的 OD 数据	预测地区用地功能较均衡、稳定
所需调查内容及要求	① 停车特征调查，土地利用性质调查 ② 调查若干个不同用地性质的区段、建筑物	① 停车特征调查 ② 人口、就业、城市经济活动及土地使用等多个指标的现状调查或收集	停车特征调查	① 停车特征调查 ② 地区各出入口交通量分时段分车型的调查或收费 ③ 地区封闭性停车量调查（分时段、车型）
技术方法	根据不同土地利用特性所产生的停车需求量和交通影响函数推算机动车停车需求量	认为停车需求总量与区域的社会经济指标间存在密切的关系，根据相关变量若干年的历史资料，利用回归分析计算出各变量的回归系数值，并进行统计检验	考虑了区域停车泊位需求量与该区域的机动车吸引量之间具有较高的相关性，根据近远期预测的机动车 OD 数据，推算机动车停车需求量	根据地区吸引交通流量推算机动车停车需求量
优点	此方法预测的高峰停车需求量与用地特性密切相关，在空间分布上可信度较高；生成率模型为对城市土地使用类型的进一步细化分析提供了可能和手段	此方法考虑的相关因素较多，预测方法较严密	两变量间仅需通过停车周转率和利用率进行换算，机动车吸引量可通过"四阶段"预测法的前三阶段获取，停车周转率和利用率等特征参数可通过典型停车场调查获得，具有较强的可行性	方法简单，思路明确
缺点	在研究土地使用类型多而混合的城市区域时，回归数据易受其它因素干扰；适用于规划年土地使用变化不大的城市研究区域；不能体现政策对停车需求的影响	多元回归模型需标定多个系数，方法较复杂，调查工作量大，实用性不广；预测年限较短；只能预测宏观区域范围内的停车泊位需求，预测结果较为宽泛	OD 数据多为工作日需求预测结果，无法兼顾停车高峰需求出现在周末的情况；未考虑停车泊位的使用权问题，实际应用中略显粗糙	只能适合于范围较小、用地性质较简单地区，预测年限较短

停车需求预测是基于已有的数据资料和规划目标，通过对以上介绍的常用停车需求预测方法的适用性进行分析，选用适合的方法进行预测。采用单一方法预测的结果与实际都有一定偏差，为了提高预测的精度，一般在预测中远期停车需求时通常采用两种预测方法相结合的思路。

12.4.2 建筑物配建停车场需求分析

1）影响因素分析

（1）主体建筑物类型

配建停车场的车辆停放特性与其所服务的主体建筑物类型有关，在分析停车需求之前应确定建筑物的特性。不同类型的建筑物对应的用地性质、土地开发强度、出行吸引特性不相同，这影响了就业人员及其出行目的的分布，进而决定了建筑物停车需求量和车辆停放特性。

各种类型的建筑物所吸引的机动车出行目的是不同的，其配建停车设施的车辆停放特性也有较大的差异。通常将居民交通出行目的分为上班、上学、公务、购物、文体、访友、看病、回程及其他类，其中上班、公务、回程的车辆停放时间较长，车位周转率较低；购物、文体的停放时间较短，车位周转率较高。

（2）主体建筑物所处区位

区位是指为某种活动所占据的场所在城市中所处的空间位置。城市是人与各种活动的聚集地，各种活动大多有聚集的现象，占据城市中固定的空间位置，形成区位分布。区位是城市土地利用方式和效益的决定性因素，城市中不同区位的土地利用的方式、强度和格局是不一致的。

城市中不同功能和性质的土地利用共同组成了城市生产力的布局和结构体系，在这一体系中，不同区位的土地利用所进行的社会、经济、文化活动的性质和频繁程度不同，表现出的停车需求也有很大的差异。城市建筑物所处区位的不同，由其所产生的停车需求的空间分布特征也存在较大的差异。例如，与其它区域相比，中心区完善的功能、高强度的土地利用和大量的就业岗位使之成为城市各类活动汇集的焦点，其停车需求远比城市其它区域大，城市的停车问题往往主要集中在中心区的停车问题上。对于属于同一种类型的多个建筑物，若其在城市中所处区位不同，也将会产生不同的停车需求率。

（3）主体建筑物级别

城市用地（公共建筑物）通常是按城市用地结构的等级序列相应的分级配置的，一般分为三级：①市级，如市政府、全市性的商业、宾馆、博物馆、大剧院、电视台等；②居住区级，如综合百货商场、街道办事处、派出所、街道医院等；③小区级，如幼儿园、中小学、菜市场等。同一类型中的不同级别的建筑物其规模也存在着差异，通常级别越高的其建筑物规模越大。

公共建筑物的这种分级设置对其停车需求水平及车辆停放时空分布的影响较为显著，例如住宅的停车需求受该住宅区居民经济收入和机动车保有量的制约，故不同级别的住宅停车需求不同[8]。

2）预测方法

建筑物停车设施配建指标的计算也即对各土地使用的停车生成率的计算和求解，主要步骤为[1]：

（1）建筑物用地类型样本的选择

在进行建筑物停车生成率研究时，需要对相同用地类型的大量样本进行调查，为了保证调查结果的准确性并在分析时排除其它因素的干扰，样本选择时必须注意：①调查区域相对独立,用地类型单一;②调查建筑物在该类土地利用中具有典型性,不具有特殊的、在该类用地中仅其自身才有的性质;③可以获得该建筑物土地使用的特征指标,如建筑面积、就业岗位数、座位数等;④该建筑物拥有较充足、供其独自使用的停车设施。

(2)建筑物用地指标的选择

建筑物的停车生成与动态交通需求一样,也是土地开发利用的结果,在进行停车生成率分析时应选择能较好反映土地利用性质情况的自变量进行回归计算。根据《城市用地分类与规划建设用地标准(GB 50137—2011)》规定,我国城市用地可划分为 10 个大类、46个中类、73 个小类,各典型用地类型对建筑物配建停车生成率相关性较好的用地指标见表 12-6 所列,在确定了建筑物用地类型后,根据表 12-6 选择不同用地指标作为自变量分别进行一元或多元回归分析,找出与停车需求量相关性最好的参数。

表 12-6　土地利用-停车需求相关指标对应表

典型用地类型	停车需求用地指标
居住用地	建筑面积
医疗卫生用地	员工数量、床位数、日就诊人数
工业、仓储用地	员工数量、建筑面积
影院、展馆等娱乐用地	座位数量、建筑面积
交通枢纽用地	高峰小时、平均客流量
道路广场用地	建筑面积
市政、办公用地	员工数量、办公面积
教育文化用地	教职工人数、学生人数
商业用地	建筑面积

(3)车种换算

对建筑物配建停车调查的结果,应以小汽车为计算当量,换算成标准泊位进行现状统计。参照《都市停车库设计》,车辆换算系数以及停车泊位占用面积见表 12-7。

表 12-7　车辆换算当量系数表

车　型	小　型	中　型	大　型
车辆换算系数	1.0	2.0	2.5
占用泊位面积(m^2)	15.7	34.4	53.4

(4)停车需求率预测模型

在通过对未来建筑物停车需求率影响因素详细分析以及建筑物分类的基础上,建立如式(12-1)的停车需求率的预测模型:

$$P_i = G_i \times k \times \rho_i \qquad (12\text{-}1)$$

式中:P_i——第 i 类性质用地的未来年停车需求率;

　　　G_i——第 i 类性质用地的现状停车需求率基准值;

  k——有效供给系数,根据国内外经验,在停车需求为停车场总数的 85% 时,停车场
    运行效率最高,停车场实际车位数应取需求的 120%;

  ρ_i——各类用地性质建筑物的停车需求增长率。

  各类用地性质建筑物的停车需求增长率用式(12-2)计算:

$$\rho_i = \frac{\alpha_i \times \beta_i}{\gamma_i} \tag{12-2}$$

式中:α_i——机动化水平调整系数;

  β_i——区域差别调整系数,以中心区为基准区,取值为 1.0,周边区域适当放宽;

  γ_i——公共交通服务水平调整系数。

  该模型适用于不同区域内各类用地性质的建筑物未来年停车需求率的短期预测和分析。

12.4.3　换乘停车设施需求分析

1)影响因素分析

(1)小汽车出行者选择行为

  P+R 出行者绝大多数属于小汽车拥有者,每次出行都可以在公共交通、小汽车之间
进行选择,而非"受限制用户"。可以将城市小汽车出行者看作未来 P+R 方式的潜在用
户群。小汽车出行者选择 P+R 方式出行的行为不仅受到各种客观因素的制约,其自身
的性别、年龄、收入以及驾车心理压力、对道路拥挤的忍受程度等主观因素也起着不可或
缺的作用,主客观因素的协同作用驱使出行者选择 P+R 方式出行。

(2)城市公交服务水平

  公共交通是整个 P+R 出行过程的一个重要组成部分。"公交出行时间必须大于总
出行时间的 50%"作为一个重要的 P+R 布局准则在美国和英国都得到了证实。通常
P+R 的出行时间由三个部分组成:开车到达 P+R 的时间、公交候车时间、乘坐公交车的
时间。公交的发车频率、运行速度将直接影响 P+R 需求。调查发现与公交服务水平相
关的其它特性也对 P+R 需求产生影响,例如:公交票价、车内拥挤状况、线路的非直线系
数、准点率等。

(3)城市交通政策

  P+R 将停车作为政策调节的工具,是通过供给来引导出行需求以获取交通模式新平
衡的一项政策。城市停车政策对 P+R 需求将产生深刻的影响。城市交通政策主要包
括:改变交通模式竞争能力的政策,减少出行需求的决策,对交通设施使用权的政策等。
其他相关的配套措施包括:公交优先策略、拥挤收费、信息诱导等,这些措施的实施直接改
变了某种出行方式的出行环境和出行空间,或者间接地改变了公共交通与小汽车交通间
的竞争关系,必将对 P+R 的需求产生重大影响。

(4)P+R 设施特性

  设施特性对 P+R 需求的影响可从可达性、可用性、经济性、方便性、舒适性、安全性
等方面进行分析。设施的可达性包括两个方面:用户为使用 P+R 设施而绕行的距离不
宜太长以及到达设施的交通条件良好。设施的可用性指该设施的潜在用户得到设施服务
的可能性或者是用户选择该设施时不被拒绝服务的概率,这与设施的容量限制密切相关。

设施的经济性、方便性、舒适性等则是影响 P+R 换乘系统效用的重要因素。

2）需求预测方法

停车换乘需求预测是停车换乘系统规划与设计过程中具有重要意义的一项工作。换乘需求量预测准确与否,对停车换乘设施规划与设计的影响巨大。目前的需求预测模型可归纳为两种:面向城市整体的需求预测模型和基于备选点位置属性的用地需求预测模型。前者是将停车换乘看作一种出行方式,在交通方式间效用差的基础上确定停车换乘分担率,后者将停车换乘设施作为一种特殊的交通设施,通过多元回归方程建立待建设施规模与影响因素之间的定量关系。

（1）面向城市整体的需求预测模型

指基于区域交通需求预测模型基础上的 P+R 需求预测技术,它是将 P+R 的需求预测纳入到城市交通网络中,在城市总体或局部区域交通预测的基础上进行的。基于区域交通的需求预测模型按照预测思路的不同可以划分为三类:P+R 三阶段预测法、一体化预测法和两级决策需求预测法。

① P+R 三阶段预测法

在 P+R 设施覆盖区域确定的基础上,逐步完成 P+R 出行发生预测、P+R 出行分布预测以及 P+R 需求量分配预测。P+R 出行发生预测即确定每个交通小区内 P+R 潜在用户发生量和吸引量;P+R 出行分布预测是在上一步的基础上,利用区域交通需求预测模型的预测结果确定各个交通小区之间的出行交换量,得到 OD 矩阵表;P+R 需求量分配预测是将上步预测得到的 P+R 需求总量分配到各个备选设施,由此得出每个设施的需求量和规模大小。与传统的四阶段预测方法不同的是,P+R 三阶段预测法无需进行方式划分,此外,这种方法利用区域模型的输出值作为其输入值。该方法缺少严密的统计方法,预测结果受建模者主观影响程度大。

② 一体化预测法

一体化预测法是将 P+R 出行看作链状出行,直接在区域模型中进行建模预测。方式划分模型是基于效用函数而建立的,模型的逻辑性强,标准化程度高。这种方法要求研究区域所建立的模型比较完善。

用效用理论解释交通选择行为,就是出行者在特定的选择条件下,选择其所认知到的选择方案中效用最大的方案。一个出行者,选择第 i 种出行方式的效用通常由所选择的出行方式的出行时间和成本来决定。基于这样的理论假设,出行者将在出行起终点间选择最经济最快速的出行方式。模型通常以多项 Logit 形式出现。停车场与市中心之间的公交服务水平、道路条件是不同的,模型中的系数随停车场布局的不同而改变,针对某个具体停车场的模型可通过不断的反复试验和实地调查而得到。

③ 两级决策需求预测法[9]

a. 应用随机效用理论建立二项 Logit 模型(Binary Logit model,简称 BL 模型),从未来年各种方式(近期小汽车方式)出行特征以及向 P+R 转移的特点出发,对每种出行方式阻抗与 P+R 方式阻抗间相互关系有充分的研究和认识的前提下,建立概率转移模型,根据该概率和相应出行方式的出行量计算出 P+R 方式出行总量。b. 以停车设施的可用性作为需求量的分配依据,利用网络均衡理论和超级网络方法,建立 P+R 需求分配模型,计算出 P+R 方式出行总量在各个停车场的分配量,并在进一步考虑出行者选择行为受 P+R 设施容量限制影响以及混合交通网络(包含小汽车方式和 P+R 方式)的基础上,建立可变需求下的分配模型和混合交通下的组合分配模型,从而丰富和扩展 P+R 需求分配模型,使该模型能够更加有效地描述出行者的 P+R 出行行为。

基于区域交通的需求预测模型是将 P+R 视为一种出行方式,直接假设一个方式分担率或者是通过实际调查获知出行者对某种方式的偏好或由两种竞争方式间的效用差来决定方式划分的。用这一模型来预测 P+R 需求这种方法不能抛开整个交通系统的建模技术,其中 P+R 需求的准确性主要取决于在整个交通系统模型中所使用的方式划分模型。这一模型还可以用来制定区域的 P+R 政策以及需求影响因素分析,如中心区停车收费、提高小汽车的运行成本和公交票价的调整等以区域或走廊为对象的预测。

(2)面向备选点服务范围的回归分析模型

该模型根据停车设施的吸引范围、土地使用状态、居民的社会经济等特征来推算用户数量。模型的核心技术就是通过多元回归方程建立待建设施规模与影响因素之间的定量关系。早期的用地模型主要集中在对用地特性的评价和相邻道路交通量的预测上,认为 P+R 的停车需求与相邻干道的交通量呈一定比例关系,而不考虑区域范围内的其它因素,诸如方式划分、设施间竞争关系等。1972 年普渡大学利用多个城市的数据建立了一个多元回归模型。模型中的主要变量有:设施规模、设施灵活性和可靠性以及停车成本、公交类型、城市规模。但该模型的应用中发现三分之二的预测值是设施的设计特性的函数(设施规模、布局、便利性),尤其是设施规模作为一个解释变量包含在了预测模型中。通常设施的需求量不应该由规模来决定而是通过需求来决定设施规模。为了克服这一缺陷,后来开发的模型将重点都集中在设施的服务特性上,并在模型中增加了设施间的竞争关系这一影响因素。模型通常是多元回归方法或者是在传统四阶段区域预测模型的基础上建立的。

基于备选点位置属性的用地需求预测模型更多地应用在某一具体备选地址的评价上。如美国在 70 年代末,鲍里斯·普西克拉夫等人研究了起点在居住区和终点在市中心区或 CBD 的走廊内的轨道通勤乘客流量预测方法。主要考虑了以市中心为圆心的扇形区域内人口密度或数量,每户家庭汽车拥有量,市中心区和 CBD 的楼地板面积、就业人数,车站的吸引范围等指标。该方法对土地使用和居民社会经济特点考虑得比较充分,但不同方式间在出行时间和出行费用上的效用差别考虑不足。对于不属于居住区和市中心区内部的出行量,如通过市中心、在 CBD 间或居住区间流动等出行量无法推算。

12.5 路外公共停车设施规划

路外公共停车场布局规划是城市停车设施系统规划的重要组成部分,它与动态交通规划有着密切的联系,又有其自身的特点。它以城市停车总体规划的目标和停车者的行为决策为基础,以满足停车设施服务指标为目的,以有限的区域资源条件为约束,以决策部门的倾向性为指导,是一个多指标、多约束的综合系统工程问题。

12.5.1 路外公共停车设施功能分类

路外公共停车设施根据其功能不同主要分为两类:停车换乘设施(P+R)与候补型停

车设施。

（1）停车换乘设施（P+R）

停车换乘（P+R）是一种交通需求管理的过渡政策，是引导小汽车向公共交通方式的转换、降低人们对小汽车的依赖、提高公共交通使用效率、缓解城市道路拥堵、调整城市交通出行结构和交通流时空分布的最有效措施之一。停车换乘设施主要发挥截流的功能，这类停车设施即可分布在城市外围，也可分布在城市中心区。

停车换乘停车场一般被归类为交通方式间转换设施，符合多交通方式和多式联运的定义。它们为出行者在小汽车与公共交通方式之间的转换或者在单占有率车辆和高占有率车辆（HOV 或合乘车）之间的转换提供特定的场所。合理规划的停车换乘设施可以服务于更多类型的交通方式的转换，增加停车换乘设施的灵活性，更好地融合于周围的地区和环境，满足未来城市居民出行的高效率要求。停车换乘设施可以服务的其它交通方式包括：步行、自行车、辅助客运系统、合乘车和合用的通勤车、城际公交、航空、城际铁路及其它交通方式。

（2）候补型停车设施

候补型停车设施主要有两种：①针对已建成的停车供需矛盾突出的区域建设路外公共停车场，产生新的泊位以满足当前或近期的停车需求，缓解供需矛盾；②在新建成的小区周围建设路外公共停车场，由此预留一定的停车泊位以满足未来的停车需求。

12.5.2　路外公共停车设施布局规划

1）影响因素

（1）服务半径

即停车者从停车场到目的地之间的距离。国内外研究表明，停车者的步行时间以 5～6 min，距离为 300 m，最大不超过 500 m 为宜。

（2）车辆的可达性

指汽车到达（驶离）停车场地的难易程度，车辆可达性主要由停车场出入口的设置决定，不同道路等级、不同交通流状况对停车场的出入口有较大的影响。车辆可达性越好，停车场的吸引力也越大。

连接停车场出入口与城市干道网的道路，其通行能力应适宜于承受由停车场建成后所产生的附加交通量，出入口附近的道路应有足够的空间提供给车辆因进、出停车场所产生的排队等候，对车辆可达性的研究也就是对停车场地的出入口以及邻接道路动态交通的研究。

（3）建设费用

包括征地拆迁费用、建筑费用以及环保等的总费用。它和停车场的使用效率一起，在很大程度上决定着停车场的社会经济效益。

（4）总体规划的协调及与城市规划的协调性

停车场选址应考虑其规划范围内未来停车发生源在位置和数量上的变化，以及城市道路的新建和改造，做到规划的连续性和协调性。在停车场的使用年限内，停车场选址应与所在地区的城市规划和交通规划相适应。

（5）保护城市文化、古建筑和景观

为满足未来旅游交通的需求，应当在城市内名胜古迹、郊区风景旅游点附近设置停车场。考虑到城市文化、古建筑以及景观的保护等问题，停车场的选址应当与被保护对象具有适当的距离。

（6）公共空间的有效利用

充分利用公共设施（如公园、广场等）的地下空间，既可以有效利用空间，又可以有效地解决城市景观的问题。

以上这些因素相互影响、相互制约，在应用时必须根据城市条件以及当前的主要矛盾，有针对性地取舍。例如，很多发达国家（如日本和法国）较多的采取在公共设施的地下建设停车场的做法，但地下停车场的建设费用通常较高，发展中国家很难普遍采用。

2）布局规划方法

公共停车场规划布局通常包括刚性布局、半刚性布局和弹性布局等三种类型。采用不同弹性程度的规划布局方法，能够做到宏观与微观结合，刚性和弹性并举，规划成果中既有必须执行的明确内容，又有城市停车发展的弹性空间，避免规划方案过于偏重刚性或弹性，能够很好地解决城市不同区域、不同建设开发进程中的停车问题，保持动态、滚动的科学态度，实现资源合理配置和城市停车可持续发展的最终目标。

（1）刚性布局

在刚性布局模式下，规划停车设施的用地、规模与型式等已经确定。每个刚性点均充分考虑了停车需求、建设规模、征地范围、建设用地范围、控制容积率、出入口方位、资金投入产出以及实施效果综合评价。采用刚性布局方法设置的停车设施应主要分布在机动车停车设施供需矛盾集中、车辆乱停乱放现象最严重的地区，这类停车设施可以直接用于指导近期建设或试点，解决急迫的停车问题。刚性布局的停车设施一经确定，原则上不得更改。其供应量宜占公共停车总供应量的30%左右，主要应分布在老城区和中心城区。

（2）半刚性布局

半刚性布局是指某一片区域总的泊位供应量已经确定，具体停车场用地、形式或规模、控制容积率、出入口方位等基本确定，但有待根据区域开发建设情况最后落实。半刚性停车场具体运作时可由规划管理人员根据实际情况协调确定。该类停车设施主要布置在城市建设用地尚有一定不确定性和弹性的城区，供应量宜占总供应量的20%～30%。

（3）弹性布局

弹性布局是指在某个较大范围的区域内，停车泊位供应规模基本确定，泊位的实现形式可以因地制宜、灵活多样，由多个分散的停车设施共同承担。停车泊位的实现更多地依赖土地开发的类别、规模和进程，拟定的点位和规模可用作规划管理时参考，也可用于停车设施用地控制。停车设施实现的形式可以是单独的停车场（库）、也可以是配建停车场（库），可以是地面、也可以是立体车库。弹性布局设施的供应量宜占总供应量的40%～50%，主要分布在城市新建地区、外围城区或城市边缘区。

利用上述三类布局方法设置的停车设施在建设时间上没有绝对的先后顺序，任何选址方便、条件适合的停车设施均可在近期先行建设，但对于刚性布局法确定的停车设施而言，其所在区域的现状停车矛盾相对突出，停车设施的前期选址工作准备较充分，最适合短期内进行建设。

3）选址模型

（1）概率分布模型

该模型从概率选址的角度出发，其假设前提为：每个停车者首先考虑停泊最易进入的停车场地，如无法停泊，则考虑下一个最易进入的场地，如仍无法接受，则继续下去，直至获得一个可接受的场地为止。

将区域内所有停车场按顺序排列，最易进入的编号为 1，次易进入的编号为 2，依次类推，可以用一组整数 1，2，…，m 来表示区域内的停车场地。

假设停车者考虑第一个场地时接受的概率为 P，拒绝的概率为 $1-P$，如果第一个场地被拒绝，则用同样方式考虑第二个场地，不断重复此过程，直至选中某场地为止，可以得到下述公式：

① 选中第 m 个停车场地的概率为式（12-3）所示：

$$P(m) = P \cdot (1-P)^{m-1} \qquad (12\text{-}3)$$

若有 N 辆车有停车意向，则进入第 m 个停车场地的车辆数见式（12-4）：

$$N \cdot P \cdot (1-P)^{m-1} \qquad (12\text{-}4)$$

② 前 m 个停车场地都未被选中的概率见式（12-5）：

$$P_r(m) = (1-P)^m \qquad (12\text{-}5)$$

选中前 m 个停车场地中一个的概率见式（12-6）：

$$P_a(m) = 1-(1-P)^m \qquad (12\text{-}6)$$

（2）渐进优化选址模型

渐进优化选址模型的目标是使规划小区内所有泊车者到其临近停车场的广义距离（车行距离乘以适当的权系数）之和最小，并且使每个泊车者都距其所属停车生成小区的停车场的广义距离最近，从而达到整个规划小区内系统最优。

渐进优化选址模型进行停车场规划大致划分为小区划分、停车场选址两个方面：

① 停车小区划分。将规划小区划分为若干个更小的单元，即停车生成小区。一个停车生成小区只有一个公共停车场，这个公共停车场只为本停车生成小区的停车生成点服务。实际选址规划中，停车生成小区的划分需综合考虑多方面的因素，如规划小区内的路网格局，主要停车生成点的分布，公共停车场的服务半径（即步行距离），停车场容量和经济因素等。

② 停车场选址。确定停车生成小区的划分，既确定了每一个待选停车场的服务区域范围，对任选一个停车生成小区 $A_i(i=1, 2, 3, \cdots, k)$ 建立选址模型。运用迭代法，寻找到规划小区 A 内 k 个停车生成小区 $A_i(i=1, 2, \cdots, k)$ 各自的最优停车场位置 $P_i(i=1, 2, \cdots, k)$。

实际上，从整个规划小区来看这一结果并非最优，有可能该生成小区内的一个或几个停车生成点实际距离另一个相邻停车生成小区的 P 更为接近。对规划小区内的所有停车生成点与所有 P 的距离进行比较，如果产生上述情况，就将这些停车生成点划入该相邻停车生成小区,得到一个全新的停车生成小区划分,然后再次划分,重复上述步骤进行选址。不断重复进行划分—选址—比较—划分,最终可达到整个规划小区的系统最优,即各停车生成小区内任何一个停车生成点都距离本小区停车点 P 最近。

(3) 多目标决策模型[8]

① 约束型模型

考虑多个目标对区域停车设施泊位分配及建造型式等的影响,在约束条件下实现整体的优化,即"总步行距离 T 最短、总建造成本 C 最低、总泊位供应 H 最大"。模型的目标向量为 $G_2 = (T, C, H)$,决策变量为 A_{ij},$i \in n$,$j \in m$。目标函数见式(12-7)。

$$\begin{cases} T = \min\left(\sum_{i=1}^{n} \sum_{j=1}^{m} t_{ij} A_{ij}\right) \\ C = \min\left(\sum_{j=1}^{m} B_j P_j \lambda_k + P_j E_k\right) \\ H = \max\left(\sum_{j=1}^{m} P_j\right) \end{cases} \tag{12-7}$$

约束条件如式(12-8)所示:

$$\begin{cases} \sum_{i=1}^{n} A_{ij} = P_j \\ \sum_{j=1}^{m} A_{ij} = d_i \\ \sum_{j=1}^{m} (B_j P_j \lambda_k + P_j E_k) \leqslant C_{\max} \\ \sum_{j=1}^{m} P_j \geqslant H_{\min} \\ P_{\min} \leqslant P_j \leqslant P_{\max} \\ A_{ij} \geqslant 0, \ i = 1, 2, \cdots, n; \ j = 1, 2, \cdots, m \end{cases} \tag{12-8}$$

式中:T——区域内停车者步行至目的地的总步行距离;

　　　C——规划区域假设总投资;

　　　H——规划停车场泊位总量;

　　　P_j——第 j 个停车场的泊位供应量;

　　　d_i——第 i 个功能小区的停车需求量;

　　　A_{ij}——第 i 个需求点到第 j 个停车场的停车数量;

　　　$P_{\min}$,$P_{\max}$——每一停车场建造泊位数的下限和上限;

　　　t_{ij}——第 i 个需求点到第 j 个停车场的距离;

　　　B_j——第 j 个停车场规划位置的土地单位造价,$j = 1, 2, \cdots, m$;

　　　E_k——第 k 种停车场建造型式的泊位单位造价;

　　　λ_k——第 k 种停车场建造型式每泊位占用的土地面积系数;

C_{max}——总投资上限；

H_{min}——规划部门给出的泊位总量的最低满意值。

模型旨在找出目标向量的非劣解集，将求出规划区域内最优停车场建设的数目以及各个停车场的泊位供应量。

② 无约束型模型

用于解决不给出任何位置限制的停车场规划，该模型适用于对区域土地使用较少或是新兴城市中的停车设施选址。无约束选址模型中，各种土地使用尚未进行或正在进行，为停车设施提供了更自由的空间，理论上将获得比约束模型更好的选址效果。

无约束选址模型的目标与约束型相同，也是"总步行距离 T 最短、总建造成本 C 最低、总泊位供应 H 最大"。但是规划停车场的位置坐标也是决策变量，模型解集中既有停车场位置坐标解集，又有规划停车场的最优数目和各停车场的泊位供应量。

上述几种模型的优缺点总结如表 12-8 所示：

表 12-8　常用选址模型比较

模型	优　点	缺　点
概率模型	形式简单	将每个停车者的停车意向都表达为概率 P，且顺序选择，未考虑选择停车场的随机性；假设距区域中心距离越短就越容易进入，而停车者在实际停车时更多考虑的是距目的地最近的停车场
渐进优化选址方法	考虑了停车场的可达性对停车者的影响因素；采用综合选址的方法，减少了因小区划分不当而造成规划结果不准确的可能性	需要对大量的模型参数进行标定，且计算过程较为繁琐，在实际应用中受到限制
多目标决策模型	约束型模型考虑多个目标对停车设施泊位分配及建造方式等的影响，在约束条件下实现整体的优化；无约束模型可解决不给出任何位置限制的停车场规划，适用于对区域土地使用较少或是新兴城市中的停车设施选址	算法复杂，计算量大

12.5.3　停车换乘设施布局选址

停车换乘设施的布局选址是路外公共停车设施规划的重要组成部分。合理的布局选址方案能够有效引导小汽车交通方式向公共交通方式转换，提高公共交通方式的分担率，促进城市交通结构的优化，并且减轻中心区道路网的交通压力。作为一种重要的需求管理手段，P+R 设施在布局选址时主要依据以下几条原则：

（1）兼顾道路网及轨道线网规划

轨道线网和城市道路干道网的布设均已考虑到城市客流走廊的分布，P+R 设施作为衔接道路网和轨道线网的关键节点，应兼顾两网的布设方案，实现小汽车方式和轨道方式间顺畅、高效的换乘，为主要走廊上轨道线网和道路网间客流的合理分担打下基础。

（2）依托于城市规划格局

城市的规划格局包括单中心圈层式结构、轴向发展结构、团状结构和组团结构等几类。不同的城市格局拥有其独特的用地布局特征,进而决定了人口分布和交通分布特征。P+R设施的选址应考虑不同片区的范围和区位等级,兼顾各片区的交通压力和换乘要求,明确不同换乘设施的服务对象,形成分层次的停车换乘体系。

(3)与停车分区规划相吻合

停车分区策略中明确了不同分区所应采取的政策措施,诸多差异化的供给和管理措施能有效引导交通方式结构的调整,均衡各分区内部交通的负荷度。换乘设施的选址应遵循停车分区规划方案,与差异化的停车策略共同构成停车需求管理体系。

(4)适应路网负荷的变化

换乘停车设施应当设置在拥挤路段的上游,以达到缓解道路负荷的目的。由于道路网的饱和度和拥堵发生的区段随城市的发展和交通设施的建设将产生一定的变化,停车换乘设施的布设应适应道路网负荷的扩散和转移,使得城市发展不同阶段的路网均能够保持较高的服务水平。

(5)保证用地的适用性和经济性

停车换乘设施的选址应充分参考城市土地规划中的用地布局方案,其中除路外公共停车场布局方案可纳入备选点之外,还可将广场、绿地等可兼容使用的土地纳入考虑范围,以丰富备选点集合,有利于对用地布局方案进行反馈调整。停车换乘设施还应注重设施的利用效率,以尽可能少的选址满足出行需求结构的转换,保证停车换乘设施投资效益的最大化。

根据上述布局原则,可采用下述流程进行停车换乘设施的布局选址:

(1)综合城市规划的空间格局和停车分区规划方案建立停车换乘设施的层次体系,明确各层次设施的服务范围;

(2)基于城市土地规划方案和轨道线网、道路网规划方案,确定停车换乘设施备选点的集合,初步确定各备选点的建设规模和建设成本;

(3)在缺少换乘设施布设的条件下,采用12.4.3节介绍的"四阶段"需求分析方法测算道路网负荷,结合测算结果和(1)中确定的层次体系,从备选点集合中确定几种停车换乘方案;

(4)以社会总出行效用、建设成本等为评价指标,采用模糊层次分析法对各方案进行综合评价,依据评价结果对方案进行调整;

(5)分别采用(1)~(4)步确定近期方案和远期方案,确保两方案之间的协调。

12.6 建筑物配建停车设施规划

建筑物配建停车场是指为满足主体建筑的停车需求而建设的车辆停放场所。它的服务对象包括该建筑的所属车辆以及该建筑吸引的外来车辆,它兼有满足出行终端停车(即基本停车需求)和出行过程停车(即社会停车需求)的双重功能。国内外城市发展经验表明,配建停车场承担城市停车总需求的80%~85%,是城市停车设施的主要组成部分。

随着城市经济的高速发展、规模的日益扩大,城市机动车拥有量呈现出高速持续增长的态势,建筑设施停车吸引的强度也不断增加。作为城市停车设施供应的主体,配建停车场容量不足容易引发各种问题：车辆不同程度的乱停乱放、占用城市道路公共空间停车、占用居住区绿地停车等。根据社会经济的发展和城市建设管理的需要，城市规划和公安交警等相关职能部门制定了一系列有关建筑物配建停车场规划、建设、管理的政策法规，但不同职能部门执行配建标准的滞后和相互之间的不一致，给城市开发造成了阻碍，也给城市管理带来了新的矛盾。因此，对配建停车场进行系统的规划具有重要的意义。

配建指标建议值的制定是一个实践性很强的工作，必须立足于城市现状情况调查与分析，综合考虑各种影响因素，还需借鉴国内外其他城市的修订经验。我国城市建筑物配建指标建议值的制定流程如图 12-3 所示。

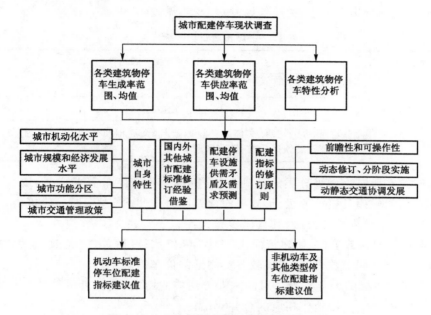

图 12-3　建筑物配建指标值的制定流程图

12.6.1　建筑物分类及指标选取方法

国外对于配建指标体系中的建筑物分类做了比较详细的研究，其中以美国的研究最为代表性。美国交通工程师协会（ITE）数十年来根据积累的大规模的调查样本数据，对各类建筑物停车需求及配建指标开展了详细的连续研究，已连续 3 次推出系统的建筑物停车生成率研究报告，其建筑物分类不断全面和细化，从第 1 版的 5 大类和 26 小类演进为第 3 版（2005 年）的 10 大类和 75 小类（10 大类包括交通枢纽、工业/农业、居住、旅馆、休养/娱乐、公共机构、医疗、办公、商业、服务业），每一大类又进行详细的小类划分，如居住类建筑就细分为独户、两户、多户、公寓旅馆、可出租公寓、汽车旅馆等。内容非常详尽，美国各个城市制定的配建指标也都以此作为建筑物分类和停车需求的基础，根据本地区的实际停车需求和停车发展政策制定地方标准。

国内对配建指标体系中的建筑物分类研究始于 1989 年颁布的《停车场规划设计规则（试行）》，实施十多年来，表现出建筑物分类粗糙、类别不全、不适应市场经济条件下建筑物使用性质多样化的要求等问题，越来越不适用于当前的我国城市的实际情况[10]。国内一些大城市(如北京、上海、南京、广州、深圳、成都、宁波等)已先后结合各自的发展要求相继修订了公共建筑物停车配建标准,其建筑物分类方法缺乏共性,偏重于各个城市的实际情况。不同城市其规模、性质、职能是不一样的,其建筑物类型也存在着差异。

　　城市建筑物分类方法一般如下:①按照用地性质、建筑性质、使用对象、建筑类型的相似和差异分出建筑物大类,称为一级分类;②分析各类建筑停车需求特征,按引出停车需求差异的因素,如规模、区位、等级、形式等进一步分子类,称为二级分类[11]。

　　一级分类:城市土地利用性质是划分建筑物类型的基础,在居住用地、工业和仓储用地、公共设施用地这三大类性质用地的基础上,按照用地性质、建筑性质、使用对象、建筑类型的相似和差异分出以下 11 类建筑物一级分类,见表 12-9。

表 12-9　城市建筑物一级分类

城市用地分类	城市建筑物一级分类
居住用地	住宅建筑
工业和仓储用地	工业建筑
公共设施用地	商业建筑、办公建筑、文体公共设施建筑、交通枢纽建筑、医疗卫生类、文化教育类、宾馆类、餐饮娱乐类、游览场所类

　　二级分类:在建筑物一级分类的基础上,分析各类建筑停车需求特征,按引出停车需求差异的因素,如规模、区位、等级、形式等对建筑物进一步分子类,形成建筑物二级分类。二级分类可采用聚类分析的方法,其具体步骤为:

　　① 选取不同的基数单位,如建筑面积、户数、床位数、客房数、座位数、学生数、设计旅客容量或用地面积、职工数等,分析比较各类用地的停车需求率。

　　② 确定配建指标的分类标准。对同一大类性质的用地,以相近的停放特征和停放需求率为主要依据,对部分用地作相应的合并、分解。

　　③ 对部分用地类型的停车需求率按照建设项目开发规模进一步细化分级,通常用于住宅、办公、商业等机动车出行率较高的用地类型。以不同的基数单位为 X 轴(通常为建筑面积),对应的停放需求率为 Y 轴,生成相应的停放需求率曲线,根据曲线的态势(通常必须为 n 次多项式,$n \geqslant 3$),并参照其他城市分类标准及数据的可把握性,选取恰当的分级界定标准。

　　④ 配建指标的用地类型分类(级)结果的优劣,可以用同类用地停放需求率之间的相关程度来检验。若分类(级)恰当,则样本间的相关程度就显著。

　　针对分类后的每一种类型的建筑物,统计其停车需求调查结果和选用的土地使用指标,利用相关软件(如 Excel 等)对以上数据进行回归分析,拟合出最逼近调查数据的回归方程。

　　对于土地使用指标 S 的选取需要其能较好反映土地开发利用情况,还要兼顾适用性和可操作性,通常需要统计某一个建筑物的多个土地使用指标如建筑面积、就业岗位数、客房数等分别进行回归分析,以找出与停车需求量相关性最好的土地使用指标。

　　反映建筑物分类(级)以及土地使用指标选取结果的优劣的标准是上述回归分析得出的相关系数 R^2,具体数值可通过相关软件(如 Excel)直接给出。相关系数 R^2 的数值范围是 0 到 1 之间,如果为 1 则说明样本之间具有很好的关联作用,若为 0 则说明样本之间没有相关性。上述针对分类后的每一种类型的建筑物的回归分析得出其相关系数 R^2 的具体数值,若越接近于 1 则说明建筑物分类(级)结果越合理,反之,说明分类结果不合理,需要重新分类或选取其它的土地使用指标进行统计回归分析。

在进行回归分析时,可以计算有关的统计参数对回归结果进行分析。这些参数包括:回归参数的标准误差值、估计值的标准误差值、F 统计值、回归平方和、残差平方和等。

⑤ 考虑实际操作的可行性,调整用地分类结果。

一般地,城市建筑物分类及配建指标基数单位如表 12-10 所示:

表 12-10　配建建筑物分类与计算单位

建筑物类型	分类(等级)	单　　位
住宅	别墅、商品房、经济适用房、廉租住房	车位/户
	集体宿舍、未分套型住宅	车位/100 m² 建筑面积
酒店、宾馆	住宿部、餐饮娱乐部	车位/客房
办公	机关行政办公楼、金融外贸办公楼、普通写字楼	车位/100 m² 建筑面积
	餐饮、娱乐	车位/100 m² 建筑面积
商业	综合商业大楼、仓储式购物中心、批发交易市场、独立农贸市场、配套商业设施	车位/100 m² 建筑面积
医院	综合医院、专科医院	车位/100 m² 建筑面积
	住院部、疗养院	车位/床位
文化体育设施	体育场馆	车位/100 座位
	展览馆、会议中心	车位/100 m² 建筑面积
	博物馆、图书馆	车位/100 m² 建筑面积
	影剧院	车位/100 座位
学校	幼儿园、小学、中学、中专、职校、技校、高等教育	车位/100 师生
游览场所	城市公园、主题公园、风景名胜区、旅游度假村	车位/公顷占地面积
交通枢纽	飞机场、火车站、长途汽运站、大型公交枢纽、港口	车位/100 m² 建筑面积
工业	厂房、仓库	车位/100 m² 建筑面积

12.6.2　机动车标准停车位配建指标

1) 配建指标的制定原则

（1）立足现状调查和需求分析

配建指标的制定是一项实践性要求很高的工作,必须立足于城市中各类建筑物的停车设施供需现状调查分析,提出适合城市实际发展状况的配建停车指标。

（2）充分借鉴国内外其他城市的修订经验

停车问题是国内外各大城市曾经和正在面临的普遍问题,许多机动化进程较快的城市在发展中探索出对配建指标修订的宝贵经验非常值得借鉴,一些城市通过对配建指标的修订成功缓解了停车矛盾的困扰,要通过对这些城市指标体系和指标值的分析比较,借鉴其先进的研究理念、研究方法和研究成果。

（3）指标的前瞻性和可操作性

基于配建停车在城市交通设施中扮演的重要角色,配建指标的制定要注重前瞻性,不能仅仅以满足当前的停车需求为目标,还需要考虑到近期内随着城市的发展所带来的停车需求,适度超量配置,以避免将来配建泊位扩建所产生的困难。可操作性是配建指标最基本的要求,是配建标准能否在实践中得到实施和推行的关键。配建标准是政府职能部门用于指导配建停车场规划、建设、管理的重要依据,应结合城市土地开发的实际情况,提高配建标准的完备性、建筑物分类的合理性、量化指标的科学性,保证指标的可操作性和严密性。

（4）动态修订和分阶段实施

建筑物的停车需求是不断增长的,而建筑物的结构是相对不变的,配建指标的制定应是一个动态的过程,根据城市不同发展阶段的停车需求和策略变化,定期进行一次系统的停车需求研究和对现行标准的分析检查,根据实际情况对指标进行相应的修正,以保证配建标准的合理性。

（5）促进动静态交通协调发展

城市动态交通和静态交通相辅相成,互为依存,必须考虑停车位供应对区域动态交通的影响和不同区域道路网络的承受能力。在城市中心区,土地开发已经趋于极限,交通资源的挖掘也十分有限,如果提供过多的停车设施,其吸引的大量机动车交通量必然会导致道路网络的瘫痪,也不利于公共交通的发展和城市交通战略目标的实现。作为城市停车主体的配建停车,应注重与动态交通的协调发展。

2）单一用地类型配建指标制定方法

建筑物分类与分级通过了相关性检验后,统计每一类型建筑物调查样本的停车需求预测结果,计算出该类型建筑物的停车生成率最大值、最小值以及均值等重要指标。每一用地类型的众多建筑物因其各自所处的区位、建设规模、交通管理政策等因素的不同,其停车需求是各不相同的,甚至差别很大,数据离散性较大[11]。具体分析方法可参见12.4节。

3）混合用地类型配建泊位数量计算方法

在国内许多城市中,商业类、办公类、宾馆酒店类、餐饮娱乐类、居住类建筑之间混合开发的现象较为常见,这种混合开发通常包括横向混合和纵向混合两种模式。对于横向混合模式,国内各个城市在其城市规划管理技术规定中对城市用地性质的可兼容性（即各种性质的用地上可建设的建筑物类别）做出了明确的规定,其混合种类比较固定;纵向混合模式是在同一建筑物内实现众多业态功能的混合。对这种混合用地配建停车泊位时,应当充分考虑不同用地或业态间实现停车泊位共享的可能性,适度地降低停车配建标准,节约建筑开发成本,减少用地开发面积。不同建筑或业态间实现共享的条件主要包括以下三点:

（1）停车后步行距离

片区范围内的不同建筑之间距离适中,该距离应当在各种建筑物使用者心理可接受的停车后最大步行距离范围内。

（2）不同用地动态停车泊位需求的互补性

应当综合分析区域内相邻建筑物或混合建筑中不同业态停车泊位需求的动态变化特

征,对特性上存在互补的建筑物考虑配建泊位的折减。

（3）不同用地的对外开放特性

城市中部分用地对外呈现拒绝的姿态,例如军事用地、政府办公用地、科研院所、大学、工厂等单位大院通常不允许外来车辆进入,因而也不存在对外共享的可能性。

混合用地停车泊位配建标准值的计算仍可参照单一用地性质配建泊位数的计算方法,所不同的是,对于能够实现共享的各建筑而言,其配建指标值的确定不应参考一天中停车泊位需求的最大值,而应当考虑一天中各建筑动态停车泊位需求的叠加效果,确定叠加总和的最大值在各建筑间的分配,对单一建筑的配建指标进行适度的折减。各城市应当根据停车调研资料的分析确定不同建筑类型混合条件下的折减幅度,并纳入停车配建指标体系中作专项说明[11]。

4）交通枢纽站点对停车配建指标的影响

交通枢纽站点吸引了部分客流,其周边建筑物的停车需求相对其他区域较少,国内部分城市在此方面专门做出了规定。

（1）北京

北京市 50% 以上的用地面积在距离地铁站中心点 500 m 范围内的下列开发项目,可相应减少配建停车位供应量:一类区住宅项目可减少 10% 的车位供应量;二类区住宅项目可减少 5% 的车位供应量;一类区办公项目可减少 15% 的车位供应量;二类区办公项目可减少 10% 的车位供应量;一类区商业项目可减少 10% 的车位供应量;二类区商业项目可减少 5% 的车位供应量。

（2）香港

香港轨道交通周边私人住宅发展项目根据"需求指标"（泛指支付能力）及"易达性"两个系数调整上述之"通用泊车标准"。"需求指标系数"反映拥有私家车的倾向主要跟随住宅面积大小而改变;"易达性系数"反映出邻近铁路站 500 米范围内的发展项目的泊车位需求,会比一般地区少 15%。

（3）广州

在 2007 年《广州市停车配建指标实施检讨》（以下简称《报告》）中提出,建议广州市距离地铁站中心点 500 m 范围内的办公、商业、住宅等性质的建筑物,减少 5%～20% 的配建泊位供应,并且应增加轨道交通站点的配套非机动车位数量,鼓励多方式的停车换乘[6]。

12.6.3　非机动车及其他类型停车位配建指标

1）非机动车停车位配建指标

非机动车标准停车位指标的建筑类型同机动车配建指标一致。

在对非机动车配建指标进行修订前应面向各类建筑物的现状非机动车停车需求进行调查研究。考虑到现阶段非机动车的实际拥有率和使用率较高以及非机动车作为重要的绿色交通工具,其近期配建指标应在既有停车配建标准基础上基本维持不变,远期指标滚动修编时结合各城市的非机动车发展趋势进行调整。同时还应考虑,商品住宅指标根据实际需求维持现有标准水平;办公、商业类现状指标计算方法较难操作,指标单位可直接按照建筑面积计算,指标应充分考虑职工停车需求和顾客、来访车停车需求;依照现状需求和经验借鉴,调整宾馆、学校、公园等建筑非机动车配建指标;一些建筑的配建指标为参考值,在规划时应视具体情况根据专项交通影响分析研究确定;建筑物的非机动车配建指标远期随着车辆发展趋势作定期修订。

非机动车配建指标修订是在调查的基础上(参考现状需求值)参考现行非机动车配建指标以及国内其他城市的同类配建指标经验。在配建建设模式上,各类建筑应尽量采用地下车库或半地下车库的形式建设非机动车停车设施,并且保留未来转换为机动车地下停车设施的可能。

2)其他类型停车位配建指标

现行停车配建指标规定的其他类型停车位包括:残疾人专用停车位、装卸货车位、出租车位、旅游巴士停车位和救护车位[6]。

(1)残疾人专用停车位

现行残疾人专用停车位配建指标大多参考国外成功经验,对于超过 50 个泊位的公共建筑配套停车场,按停车位总数的 1‰~2‰ 设置残疾人专用停车位。部分城市新建项目已设置了残疾人专用停车位,但使用率不高。随着小汽车交通的普及,残疾人专用停车位的需求量将不断增大。

(2)装卸货泊位

现行配建指标针对旅馆、办公、商场规定了装卸货泊位的配建指标。部分城市新建项目已设置了装卸货车位,但现行配建指标在使用过程中存在着标准定得过高和建筑类型不够全面等问题,需要根据各个城市的实际需求不断进行调整。

(3)出租车上落客泊位

为避免出租车或小汽车临时占道上落客影响道路交通秩序,应在道路用地以外设置港湾式出租车停靠站和相应数量的出租车上落客泊位。小汽车临时等候和出租车临时等候的性质和特征相近,在确定泊位需求时一并考虑。

现行配建指标对旅馆、办公、商场、影剧院、餐饮、娱乐、影剧院、学校、医院和交通枢纽等建筑提出了相应的路外出租车上落客泊位指标,建筑物分类比较全面。考虑到出租车和私人小汽车的使用将越来越普遍,宜适当提高指标值。此外,交通发展战略规划纲要提出,原则上地铁站应设置港湾式公交停靠站和出租车上落客区。

(4)旅游巴士停车位

旅游巴士停车位配建指标包括文化、体育、餐饮、娱乐等多种场所的旅游巴士上落客泊位指标,其值应根据各个城市实际需求不断优化调整。

(5)救护车位

救护车位指标可根据医院按床位数或医院建筑面积进行计算。

12.6.4 部分城市停车配建指标体系

建筑物停车配建指标体系的制定需要充分研究停车需求的变化趋势,从加强指标的科学性和合理性出发,对于不同区域、不同使用性质和不同规模的建筑物停车指标进行分类设置,才能将指标的配置落到实处。停车规划时需要结合城市停车需求特点,通过和相似城市进行类比,最终得出城市的配建指标体系。下面选取国内不同规模城市的配建指标体系作为示例,供国内交通规划人员参考[1]。

1）特大城市：广州市（2007 年城市总人口 760 万）现行指标见表 12-11～表 12-13

表 12-11　广州市建筑物配建小汽车停车泊位修订建议指标

建筑物类型	分类（等级）		单位	实施细则（2001）	建议指标（密度区）			
					一区	二区	三区	四区
住宅	普通住宅	户均建筑面积≤80 m²	泊/户	0.25～0.5	0.2～0.25	0.25～0.3	0.25～0.3	0.2～0.3
		80 m²＜户均建筑面积≤120 m²	泊/户		0.25～0.3	0.3～0.4	0.3～0.5	0.3～0.5
		户均建筑面积＞120 m²	泊/户		0.3～0.4	0.4～0.5	0.4～0.8	0.4～0.8
	宿舍		泊/100 m²建筑面积	—	0.12～0.16	0.15～0.2	0.15～0.2	0.15～0.2
	别墅		泊/户	1～2	1～2	1～2	1～2	1～2
旅馆	酒店、宾馆		泊/客房	0.5 泊/100 m²建筑面积	0.25～0.4	0.25～0.4	0.3～0.5	0.3～0.5
	招待所		泊/客房		0.1～0.12	0.1～0.12	0.1～0.15	0.1～0.15
办公	行政办公		泊/100 m²建筑面积	0.7	0.6～0.8	0.6～0.8	0.6～0.8	0.6～0.8
	商务办公	S 建＞50 000 m²	泊/100 m²建筑面积		0.3～0.5	0.4～0.6	0.4～0.6	0.3～0.5
		15 000 m²＜S 建≤50 000 m²	泊/100 m²建筑面积		0.4～0.6	0.5～0.7	0.5～0.7	0.4～0.6
		S 建＜15 000 m²	泊/100 m²建筑面积		0.5～0.7	0.6～0.8	0.6～0.8	0.4～0.8
商业	商场	S 建＞40 000 m²	泊/100 m²建筑面积	0.6	0.3～0.5	0.4～0.6	0.4～0.6	0.4～0.7
		S 建≤40 000 m²	泊/100 m²建筑面积		0.45～0.6	0.5～0.7	0.5～0.7	0.5～0.8
	批发交易市场		泊/100 m²建筑面积		0.4	0.4	0.5	0.5
	大型仓储式超市		泊/100 m²建筑面积		0.7～1.0	0.8～1.2	1.0～1.5	1.0～1.5
	农贸市场		泊/100 m²建筑面积	0.3	0.3	0.3	0.3	0.3
	餐饮		泊/100 m²建筑面积	1.0	0.9～1.2	1.0～1.3	1.2～2.0	1.2～2.5
	娱乐		泊/100 m²建筑面积	—	0.6～0.8	0.7～0.9	0.8～1.2	0.8～1.2

建筑物类型	分类（等级）	单位	实施细则（2001）	建议指标（密度区）			
				一区	二区	三区	四区
体育场馆	一类体育场	泊/100 座位	3～5 泊/100 m² 建筑面积	—	4～6	5～7	5～7
	二类体育场	泊/100 座位		3	3	3	3
	影剧院、会议中心	泊/100 座位		3	3～5	3～5	3～5
	展览馆	泊/100 m² 建筑面积	—	0.5	0.5～0.6	0.7～0.8	0.7～0.8
	图书馆、博物馆	泊/100 m² 建筑面积		0.4	0.4～0.5	0.5～0.6	0.5～0.6
游览场所	文物古迹、主题公园	泊/100 m² 建筑面积	—	0.04～0.12	0.04～0.12	0.04～0.12	0.04～0.12
	一般性城市公园、风景区	泊/100 m² 建筑面积		0.01～0.05	0.01～0.05	0.01～0.05	0.01～0.05
学校	小学	泊/100 学生	2～3	0.6～0.8	0.6～0.8	0.6～0.8	0.6～0.8
	中学	泊/100 学生	3～4	0.4～0.6	0.4～0.6	0.4～0.6	0.4～0.6
	大、中专院校	泊/100 学生	8～12	5～6	5～6	5～6	5～6
医院	门诊部、诊所	泊/100 m² 建筑面积	0.2～0.35 泊/100 m² 建筑面积	0.3～0.4	0.3～0.4	0.3～0.4	0.3～0.4
	住院部	泊/床位		0.1～0.12	0.1～0.12	0.1～0.12	0.1～0.12
	疗养院	泊/床位	—	0.08	0.08	0.08	0.08
交通枢纽	火车站	泊/100 名设计旅客容量		3	3	3	3
	汽车站	泊/100 名设计旅客容量		3	3	3	3
	客运码头	泊/100 名设计旅客容量		10	10	10	10
	机场	泊/100 名设计旅客容量		—	—	40	40

注：① 凡新建、改建、扩建的建筑总面积大于 500 m² 的建筑物，必须按照本标准配建或增建机动车停车泊位；
② 城市规划密度区的划分详见《广州市城市规划条例实施细则》的有关规定，番禺区、花都区参照相应密度分区的配建指标执行；
③ 表中幅度值为建议的停车配建指标的范围（详见使用说明栏），没有规定幅度范围的为推荐的最低标准；
④ 一类体育场馆指大于 15 000 座的体育场或大于 4 000 座的体育馆，二类体育场馆指小于 15 000 座的体育场或小于 4 000 座的体育馆；
⑤ 体育场馆、展览馆、游览场所、交通枢纽等停车泊位设置标准应根据建筑物的容量、所处位置、交通环境进行独立的交通影响评估决定配建泊位数；
⑥ 工业用地、仓储用地等未列入此表的用地类型的停车泊位数量应视专项规划设计的结果而定；
⑦ 综合性建筑应按各类性质和规模分别计算并统加，多功能、综合性的大型公共建筑，停车场泊位的设置数量应考虑公用停车泊位的可能性，或按各单项标准总和 80% 计算；
⑧ 超过 50 个泊位的停车场，需要设置一定比例的残疾人专用停车泊位；
⑨ 装卸货泊位、出租车泊位、旅游巴士停车泊位、救护车等特殊停车泊位数量，以及摩托车、自行车停车泊位数量应按各自的配建指标要求计算。

表 12-12　广州市装卸货车泊位、出租车泊位、旅游巴士泊位、救护车泊位建议指标

泊位类型	建筑物类型	建 议 指 标
装载货车泊位	旅馆	每 5 000～10 000 m² 建筑面积设置一个装卸货车泊位
	办公	每 5 000～10 000 m² 建筑面积设置一个装卸货车泊位
	商场	每 3 000 m² 建筑面积设置一个装卸货车泊位；超过 15 000 m² 建筑面积时，每增加 5 000 m² 设置一个装卸货车泊位
出租车泊位	旅馆	每 80～120 个客房设置一个出租车泊位
	办公	每 3 000 m² 建筑面积设置一个出租车泊位；超过 10 000 m² 建筑面积时，每增加 5 000 m² 设置一个出租车泊位
	商场	每 3 000 m² 建筑面积设置一个出租车泊位；超过 10 000 m² 建筑面积时，每增加 5 000 m² 设置一个出租车泊位
	餐饮、娱乐	每 500～700 m² 建筑面积设置一个出租车泊位
	影剧院	每 200～400 个座位设置一个出租车泊位
	学校	每 300～500 名学生设置一个出租车泊位
	医院	每 5 000～8 000 m² 建筑面积设置一个出租车泊位
	交通枢纽	每 300～400 名旅客容量设置一个出租车泊位
旅游巴士泊位	旅馆	每 300 个客房至少设置一个单层旅游巴士路边停车泊位
	游览场所	每处游览场所至少设置 1～5 个旅游巴士泊位
	学校	幼儿园，至少设置 1～2 个学校巴士泊位 中小学、大学等，至少设置 3 个学校巴士泊位
救护车泊位	医院	每 100 床位设置一个救护车泊位

注：① 各类型停车泊位不足一个时按照一个泊位设置；
　　② 各类批发交易市场、工业厂房、仓库等用地类型的装卸货车泊位按照具体生产条件确定，故此表未将其列入；
　　③ 交通枢纽类型火车站、汽车站取较低值，机场、客运码头取较高值。

表 12-13　广州市建筑物配建摩托车、自行车泊位建议指标

建筑物类型	分类（等级）		单　位	摩 托 车	自 行 车
住宅	普通住宅		泊/户	0.50	1.0
	宿舍		泊/100 m² 建筑面积	0.25	2.0
	别墅		泊/户	—	—
旅馆	酒店、宾馆		泊/客房	0.25	0.25
	招待所		泊/客房	0.25	0.25
办公	行政办公		泊/100 m² 建筑面积	1.0	1.0
	商务办公	S 建＞50 000 m²	泊/100 m² 建筑面积	1.0	0.5
		15 000 m²＜S 建≤50 000 m²	泊/100 m² 建筑面积	1.0	0.5
		S 建＜15 000 m²	泊/100 m² 建筑面积	1.0	0.5

建筑物类型	分类（等级）		单 位	摩托车	自行车
商业	商场	S 建＞40 000 m²	泊/100 m² 建筑面积	0.3	1.0
		S 建≤40 000 m²	泊/100 m² 建筑面积	0.3	1.0
	批发交易市场		泊/100 m² 建筑面积	0.3	1.0
	大型仓储式超市		泊/100 m² 建筑面积	0.3	1.0
	农贸市场		泊/100 m² 建筑面积	0.3	1.0
餐饮			泊/100 m² 建筑面积	1.0	1.0
娱乐			泊/100 m² 建筑面积	1.0	1.0
体育场馆			泊/100 座位	10	10
影剧院、会议中心			泊/100 座位	10	10
展览馆			泊/100 m² 建筑面积	1.0	1.5
图书馆、博物馆			泊/100 m² 建筑面积	1.0	1.5
游览场所	文物古迹、主题公园		泊/100 m² 建筑面积	0.5	0.5
	一般性城市公园、风景区		泊/100 m² 建筑面积	0.12	0.25
学校	小学		泊/100 学生	—	20
	中学		泊/100 学生	—	60～80
	大、中专院校		泊/100 学生	—	60～80
医院	门诊部、诊所		泊/100 m² 建筑面积	2	3
	住院部		泊/床位	0.1	0.1
	疗养院		泊/床位	0.1	0.1
交通枢纽	火车站		泊/100 名设计旅客容量	2	0.5
	汽车站		泊/100 名设计旅客容量	2	0.5
	客运码头		泊/100 名设计旅客容量	10	10
	机场		泊/100 名设计旅客容量	5	—
工厂、仓库			泊/100 职工	5	20

注：① 摩托车、自行车的配建指标近期按表中推荐值执行，远期随着摩托车数量的减少，可相应降低配建标准（表中配建指标不适用于番禺区、花都区）；

② 摩托车和自行车泊位合并设置时，每个摩托车泊位面积为 2.5 m²，每个自行车泊位面积为 1.5 m²；

③ 摩托车地下停车库的设计技术条件应尽可能符合相关建筑设计规范对小汽车通行的要求，满足未来将摩托车泊位数改建为小汽车泊位的需要。

2）中等城市：常熟市规划指标体系（规划 2020 年中心城区人口 70 万）见表 12-14 ～表 12-16

为了体现古城以静制动的停车管理政策，针对古城内部分设施的停车配建指标设置高限，以达到控制泊位供应总量的目标，限制古城内小汽车的使用。

表 12-14 常熟市建筑物配建停车设施最低控制指标

一级分类	二级分类	基数单位	机动车		非机动车
			其他区域	古城	
住宅	平均每户建筑面积≥200 m² 或别墅	车位/户	1.5	1.2	0.5～1
	120 m²≤平均每户建筑面积<200 m²		1	0.8	1.5
	80 m²≤平均每户建筑面积<120 m²		0.8	0.6	2
	平均每户建筑面积<80 m²		0.4～0.6	0.3～0.4	3
	集体宿舍	车位/100 m² 建筑面积	0.2		4
酒店宾馆	—	车位/客房	0.3		0.4～0.5
办公	机关行政办公	车位/100 m² 建筑面积	1.0		3
	其它办公		0.6	0.5	3
餐饮娱乐	—	车位/100 m² 建筑面积	1.8	1.2	3
商业	大型商场	车位/100 m² 建筑面积	1.0	0.6～0.8	5
	大型超市		1.2	0.8	5
	配套商业设施		0.3	0.2	3
	专业市场和批发市场		0.6～1.0		6
医院	门诊部	车位/100 m² 建筑面积	0.8		3
	住院部	车位/床位	0.2		2
学校	小学、幼儿园	车位/100 教工（师生）	12		10
	中学和中专	车位/100 教工（师生）	15		70
	职高和技校	车位/100 教工（师生）	15		70
	大专院校	车位/100 教工（师生）	25		60
其它建筑	体育场馆、展览馆、博物馆、图书馆、影剧院、公园、交通枢纽、工业厂房	根据建筑项目的交通影响分析确定配建泊位			

注：① 经济适用房按平均每户建筑面积<80 m² 指标进行控制；
② 酒店宾馆配套的餐饮、娱乐、商场设施停车位另计；
③ 学校机动车配建指标采用"车位/100 教工"，非机动车采用"车位/100 师生"；
④ 综合性建筑工程配建停车位总数按照各类性质及其规模分别计算后，按其累加值的80%计算。

表 12-15 其他车型折合成小型车车位或者自行车车位换算值

车型	机动车							非机动车		
	二轮摩托	三轮摩托	微型车	小型车	中型车	大型车	铰接车	自行车	三轮车	助力车
车位换算值	0.2	0.7	0.7	1	2	2.5	3.5	1	2.5	1.5

表 12-16　装卸、出租车与无障碍车位设置最低控制指标

建筑物类型	计 算 单 位	装 卸 车 位	出租车车位	无障碍车位
住宅	车位/10 000 m²	0	0.4	每 100 个车位设置一个
饭店、宾馆	车位/100 客房	0.5	1.0	
办公	车位/10 000 m²	0.2	1.0	
商业场所	车位/10 000 m²	1.0	2.0	
餐饮、娱乐	车位/1 000 m²	0.3(娱乐免设)	0.3	
医院	车位/100 床位	按需要增加救护车位	1.0	
工业	车位/10 000 m²	1.0	0	

3) 小城市：句容市规划指标体系（规划 2020 年城市人口规模 30 万人）见表 12-17

表 12-17　句容市建筑物配建停车设施标准

建筑物性质	分　类	计 算 单 位	机动车配建泊位	非机动车配建泊位
办公	—	车位/100 m² 建筑面积	0.6	3
商业、金融	—	车位/100 m² 建筑面积	0.7	7.5
娱乐、餐饮	—	车位/100 m² 建筑面积	1	5
医院	—	车位/100 m² 建筑面积	0.3	3
住宅	一类居住区	车位/户	1	1
	二类居住区	车位/户	0.6	2
学校	小学	车位/100 师生	0.4	20
	中学	车位/100 师生	0.5	50
	高等教育	车位/100 师生	1	50
宾馆	一类	车位/客房	0.4	1
	二类	车位/客房	0.2	0.8
工业厂房	—	车位/100 m² 建筑面积	0.2	50/100 名职工
其它建筑	大型交通建筑或交通枢纽、综合市场、批发交易市场、仓储式超市（大卖场）、展览馆、体育场馆、歌剧院、公园和市民广场	由建设项目的交通影响分析进行确定		

参考文献

［1］过秀成.城市停车场规划与设计[M].北京:中国铁道出版社,2008.

［2］张泉,黄富民,曹国华,李铭,王树盛.城市停车设施规划[M].北京:中国建筑工业出版社,2009.

［3］肖飞,张利学,晏克非.基于泊位共享的停车需求预测[J].城市交通,2009(3):73-79.

［4］何峻岭.大城市机动车停车产业化发展关键问题研究[D].东南大学硕士学位论文,2006.

［5］於昊,杨涛,刘小明,钱林波.北京市停车分区与差别化政策研究[J].现代城市研究,2006(10):66-71.

［6］广州市交通规划研究所,广州至信交通顾问有限公司.广州市停车配建指标实施检讨［R］.2007.

［7］冉江宇,过秀成,陈永茂.中心城区机动车停车泊位需求预测框架［J］.城市交通,2009(6):59-65.

［8］陈峻,周智勇,梅振宇,何保红.城市停车设施规划方法与信息诱导技术［M］.南京:东南大学出版社,2007.

［9］何保红.城市停车换乘设施规划方法研究［D］.东南大学博士学位论文,2006.

［10］何保红,陈峻,王炜.城市建筑物停车场配建指标探讨［J］.规划师,2004,20(8):73-75.

［11］凌浩.城市机动车停车位配建指标及相关政策研究［D］.东南大学硕士学位论文,2006.

第13章 步行与自行车交通规划

为满足居民对出行路权、安全、可达和环境等需要和诉求,建设更加人性化、精细化的城市步行与自行车交通系统,本章致力于构建城市步行与自行车交通规划框架,在步行与自行车交通调查分析与需求预测的基础上,从"空间-网络-设施-环境"展开不同层面的步行与自行车交通规划内容。

13.1 概述

步行与自行车交通规划是城市交通规划的重要组成部分,但从综合交通体系规划到各交通专项规划,以及地区交通改善规划均不属于法定规划,没有强制性的内容使得交通规划难于落实。城市总体规划、控制性及修建性详细规划都属于具备法律效力的法定规划。要有效改善和避免交通规划难于落实的情况,应将步行与自行车交通系统规划的理念、方案和控制内容纳入相应的法定规划中,从根本上改变城市交通发展模式,最终实现"公交优先、步行与自行车友好"的绿色出行结构。城市步行与自行车交通规划框架如图13-1所示包括四个方面的规划内容。

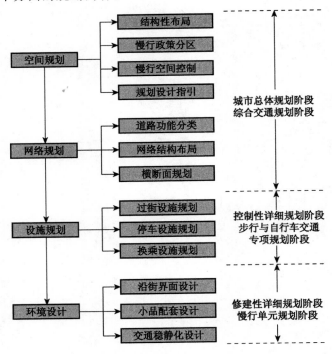

图 13-1 城市步行与自行车交通规划框架

1）步行和自行车交通空间规划

首先结合具体城市的规模和特征，明确步行与自行车交通在城市综合交通体系中的地位和作用。对于大城市，特别是已经建成轨道交通系统的大城市而言，步行和自行车交通应重点发展与公共交通接驳的"最后一公里"；对于中小城市而言，如果通勤距离在自行车可接受出行范围内，则可将自行车交通作为主导交通方式；对于拥有良好生态和自然条件的城市来说，可大力发展步行与自行车交通使其成为健身、休闲的重要活动载体。差异化的功能定位将直接影响到不同城市对待步行与自行车交通设施的组织思路，从而在总体规划中对相关设施布局和空间预留产生重大影响。借助总体规划阶段综合交通体系规划中较为翔实的交通需求预测模型以及对土地利用空间布局的较好掌握，应在总体规划阶段对步行与自行车交通的空间组织形式进行梳理，同时为了体现不同区域间的差异化发展策略和规划设计要求，需要明确步行与自行车交通分区，为下位规划打下基础。

2）步行和自行车交通网络规划

现有规划体系中，大都以"车本位"为指导理念根据机动车交通的通行条件作为主要判定标准来制定红线宽度，使得步行与自行车交通的规划完全依附于机动车道路体系之上，而与实际的步行与自行车需求完全脱离。一些城市快速路的步行与自行车空间十分宽阔，但实际使用效率却不尽如人意，而次、支道路的步行与自行车空间狭窄，与其承担的繁复的生活性功能不相匹配，步行与自行车体验极差。因此，应在综合交通体系规划中，以实际步行与自行车需求为根基，建立独立于机动车道路分级系统的步行与自行车道路系统，明确步行与自行车道功能分类、网络结构和布局。

3）步行和自行车交通设施规划

步行与自行车交通设施规划是针对步行与自行车交通的道路横断面、过街设施、停车设施、换乘设施等各类节点设施的新建、改建计划，例如在城市中心区、商业步行街区、滨河地区等城市的重要地段，通过步行与自行车过街设施、步行与自行车通道等步行与自行车交通设施规划和设计来塑造高品质的步行与自行车空间。将控制性详细规划及法定图则和社区步行与自行车交通系统及设施设计规划相结合，借助控制性详细规划的法定效力，强制性落实步行与自行车交通设施建设，为步行与自行车交通设施的建设需求提供法律支撑。控制性详细规划法定图则中，涉及步行与自行车交通相关的内容主要包括道路系统的确定、红线断面、地块出入组织、交通开口、停车设施布局要求及城市设计指引方面的公共空间与设施环境要求。

4）步行和自行车交通环境设计

良好的步行与自行车出行环境是在规划设计层面提高步行与自行车出行品质的重要抓手。步行与自行车环境设计要素包括路面铺装、无障碍设施、标志系统和照明设施等基础设施，为步行者提供公共服务的服务设施，以及环境小品、绿化景观、沿街建筑等营造氛围的景观要素。步行与自行车交通的环境设计主要针对上述环境要素制定设计指引，例如地面铺装、指引标识形式；空间高宽比、沿线建筑的围合密度、沿线建筑底层使用方式；路灯、休息座椅、零售亭、景观小品、绿化等设施布置间距和相应形式的控制要素。同时采用交通稳静化措施改善步行与自行车出行环境，保障居民出行安全，在人车共享交通设施资源的基本前提下对道路结构进行改进，形成更注重慢行、游憩、景观等功能的街道结构。

步行与自行车出行环境设计的内容应纳入修建性详细规划中的建筑布局、空间形态、场地设计、环境景观等方面以提升步行与自行车出行空间品质和出行者的感观体验。

13.2 步行与自行车交通调查分析

13.2.1 步行与自行车交通调查内容

步行与自行车交通调查的对象涵盖出行空间使用状况,以及与之有关的内容,其调查内容主要包括:基础规划资料、出行调查资料和设施相关资料。

1) 基础规划资料

(1)城市基础资料

经济社会状况。反映城市居民收入、各行业产值等,直接决定中心区产业布局与经济承受水平,间接影响步行及自行车方式选择、步行空间品质等,主要包括:人口总量、分布、构成以及增长状况等;国民经济指标(国民收入、各行业产值、投资状况);产业结构及布局;运输量及各种运输方式的比重;交通工具拥有量及构成。社会经济现状数据可以在政府相关部门获取。

自然地理情况。包括地理位置、地质、地形地貌、气候气象、地面水环境、地下水环境、土壤和水土流失、动植物与生态等。这些方面直接影响居民步行方式、步行时间及步行感观,从而间接影响步行和自行车方式的选择。

人文情况。主要包括名胜古迹保存状况、人文习俗与地区传统建筑特色等,这些内容直接影响居民生活方式与美观价值、城市形象与历史承载,间接影响步行需求、步行空间选择等。

(2)城市规划基础资料

步行与自行车交通系统规划、建设与管理属于城市规划中的一个环节,因此必须在已批准的相关规划的基础上进行步行与自行车交通系统规划设计。已完成综合交通规划的城市,可收集综合交通规划成果以及基础资料汇编,并根据基础年限要求进行补充。

城市总体规划确定了城市用地布局结构,直接影响其道路交通布局与功能分区,间接影响居民出行目的、距离与方式选择。

控制性详细规划控制土地利用性质及布局、容积率、建筑高度、建筑密度、绿化率、各个交通分区就业岗位数、就学岗位数等方面,直接影响到土地开发强度与功能复合程度,同时影响交通设施数量规模,间接影响居民步行与自行车交通需求。

修建性详细规划控制各区域建筑布局、空间形态、场地设计、环境景观等方面,直接影响中心区内外部空间品质,间接影响居民步行与自行车出行感观体验。

此外交通专项规划、景观专项规划、市政专项规划均对步行与自行车交通体系有直接或间接的影响。

(3)综合交通基础资料

道路设施现状。包括城市道路长度、道路网形态、等级结构、密度、道路交叉口、停车场等。

公共交通现状。包括公交公司运营管理发展状况调查、公交线网发展现状调查、公交基础设施现状调查三个方面。公交公司运营管理发展状况包括公交公司运营主体、公交线路的经营模式、公交运营时间、票价等;公交线网发展现状包括公交线网长度、站点个数及分布、公交线网现状布局等;公交基础设施现状调查包括场站设施(公交首末站、中途站点、停车场、保养场、维修厂等)和公交车辆发展状况。

客运枢纽现状。客运枢纽数量、布局、规模、功能、运量、班线班次、管理体制等。

2) 居民出行调查

步行及自行车出行特征是最直接反映居民出行状况的数据,其应该包括路段步行流量、步行速度、骑行速度、静态活动分布状况与特色活动分布状况等。考虑到步行网络的可持续发展,而通勤与休闲步行有自己的活动时间与空间需求,因此为保障中心区步行网络 24 小时活力,步行特征建议时间分段调查。上述内容大部分可以通过现场踏勘与观察调查汇总归纳,但居民出行结构与出行目的、频率需要制定问卷抽样调查,在各交通接驳点发放。

3) 步行与自行车交通设施相关内容

步行与自行车系统的设施配置与环境质量关系到步行与自行车交通空间的品质,有助于提高步行与自行车交通空间的吸引力,在为居民提供舒适步行环境的同时,潜移默化中可以促进居民驻足、交流、观演、游憩等行为活动的发生。因此步行与自行车系统设施的调查与分析有助于合理完善环境设施,对步行与自行车活动的安全性、连续性以及活动舒适性有着重要意义。

(1)服务设施配置

服务设施配置主要包括座椅、邮箱、报刊亭、垃圾筒等,通过现场踏勘调研需要了解服务设施落点是否满足服务要求,同时还要对服务设施的造型是否与环境相符合进行评价,此外需要特别关注残疾人等弱势群体服务设施设置合理性。服务设施的合理设置直接影响步行活动连续性、舒适性与美观度,尤其是座椅的位置会影响到居民的逗留,从而引发交流、休憩、观演等活动。

(2)景观设施配置

景观设施配置调查主要包括绿地植被分布状况,铺地的样式及材料,雕塑、喷泉、广告、标志物等小品摆放位置及造型特色,值得关注是的照明设施布局,其不但影响空间夜景特色、步行舒适性,更影响到步行活动吸引度及安全性。此外建筑底层界面也属于步行环境相关性内容的重要部分,需要调查建筑底层界面是否具有连续性与吸引度,以及界定的街道空间尺度,因其直接影响到步行感观与步行连续性。

13.2.2　步行与自行车交通调查方法

国内外典型的步行与自行车交通调查方法主要包括 PABS 调研方法与 PLPS 调研方法。

1) PABS 调研方法

PABS (Pedestrian and Bicycling Survey)是一种面向社区的步行和自行车调研方法,该调查能用来分析社区中步行和自行车出行规模、目的、使用者属性和频率等特征。

PABS 包括的问题主要围绕以下几个主题：①受访者是否在过去的一周、一月中步行和自行车出行，用以分析在社区中谁使用步行和自行车出行方式。②在过去的一周中多少天使用步行和自行车完成不同的出行目的，采用天数而不是出行数可以使得问题更加容易回答。这些问题能提供步行和自行车的使用频率信息。③在一周中平均有多少天是使用步行和自行车上下班或上下学的，这个问题可以提供步行和自行车出行行为的数据以避免仅调查过去一周的出行容易造成的偏差。通勤的数据对于交通规划师来说是非常感兴趣的。

2） PLPS 调研方法

PLPS(Public Life Public Space)调研方法包括对公共生活（Public Life，PL）和公共空间（Public Space，PS）两方面的调研，可以审视城市步行和自行车交通的现状和未来的需求，指导步行和自行车交通规划设计，确定近期示范重点，评估项目实施效果，调整技术思路。其中，公共生活调研又可分为行人流量统计和停留活动统计两个子项，通过了解人对城市公共空间以及步行、自行车设施的使用模式和规律，发现问题并进行客观分析评价。公共空间调研重点关注为行人、骑车者提供的活动和停留场所，如街道、过街设施、广场、公园等。

（1）公共生活调研

行人流量统计：采用路旁人工观测的方法，全日分时段进行，类似于机动车断面流量统计。机动车断面流量通常是城市的常规数据，行人流量统计能够提供可比较的补充数据，以便更好地理解街道使用者的优先级，理解街道在地区中的等级以及使用时间维度分布。

停留活动统计：公共生活分析描绘了人们对街道、广场、公园和交通节点全日随时间变化的使用规律，同时还提供了其他资料，例如在城市中，人们在哪里行走、如何行走、在哪里坐（站）或进行各种固定的活动，包括休闲活动、街头摆摊、儿童游玩等，以及其他在公共空间积极参与的活动。

（2）公共空间调研

公共空间调研包括对公共空间若干特定方面的评估，调研内容因项目而异，一般包括：公共空间质量，交通可达性，街道家具的位置和数量，沿街立面质量，使用人群的性别和年龄分布，违章穿越道路，沿途行走、骑车的通畅性等。

13.3　步行与自行车交通需求分析

13.3.1　步行与自行车交通需求影响因素

步行和自行车的影响因素可以分为五个：土地利用和建筑环境、设施覆盖率和类型、自然环境、社会经济、认识度，可以帮助规划师和分析师能尽可能去挖掘步行和自行车的潜能。

1） 土地利用和建筑环境

在步行和自行车行为塑造上，城市规模、大小是最基本的影响因素，其中又包括：密度

（人口、就业）、多样性（土地利用混合度）、设计（保证行人可达性，例如行人设施、交叉口类型、人行道）、站点密度（公共交通覆盖率）。

2）　步行与自行车交通设施

设施方面的影响包括设施类型、设施安全性、爬坡道、交叉口等，对于任何一种出行方式来说，首要考虑的是出行距离和出行时间，第二个重要因素是与机动车的冲突安全。

3）　自然环境

在机动车出行中，人们较少考虑是否需要上坡、雨天、温度、舒适度、白天黑夜，相反，因为步行和自行车出行受人的体能影响，这些因素，就显得重要。自然环境对步行和自行车有显著影响，又可细分为：气候、温度、冰雹、黑暗、地形。

4）　社会因素

就步行而言，男性和女性步行去上班的接受度相似，但相比女性，男性很少愿意步行去娱乐、锻炼等。步行和自行车比例随着年龄和收入下降，一些深入研究显示，女性和老人更关注交通安全、环境创造的人身安全以及交通网络。

5）　认知度

认知度与前面都有相关性，这一因素与人息息相关。虽然，这一影响因素与社会因素有相似性，但是它更主要的是反映出行者的选择感受，而社会影响因素更多反映客观事实。

13.3.2　步行与自行车交通需求分析方法

步行与自行车交通需求分析可以分为两大类：一类是基于方式分析，另一类是基于设施分析，两类分析的本质差异是是否基于传统的四阶段模型。步行与自行车交通需求分析的基于方式分析是对传统四阶段模型的改进，模型内容包括出行生成、出行分布、方式划分、交通分配、设施流量；步行与自行车交通需求分析的基于设施分析是直接得出设施流量，下面将对两种类型的步行与自行车交通需求分析模型进行介绍：基于方式分析——基于出行链模型、基于 GIS 的步行可达性模型，基于设施分析——自行车路径选择模型和直接需求模型。

1）　基于出行链模型

此模型是基于出行链建立的四阶段模型。与传统四阶段模型相比，模型使用一个高度分解的建模方法，从地块层级的个人出行生成和方式选择来说明自行车和行人出行选择的影响因素，特别是土地利用和通过本地及区域可达性测算出的网络连通度。该模型强调了步行和自行车路网特征在计算出行时间方面的重要性，以及步行和自行车路网特征是测算可达性和设计有效路网的关键。

基于出行链模型的构建需要家庭和个人的社会属性以及每次出行目的、出行方式和出行目的地经纬度位置，调查应包含步行和自行车出行；地块或地点土地利用详细数据；路网信息，包括步行和自行车设施以及用于创建每条线路权重阻抗的线路特性信息，比如设施类型、设施等级；使用包含所有街道路段和交叉口以及人行道编号和标高的单独行人路网；公交站点位置、每个出行起终点对之间的公交步行可达性和出行时间特性等数据。

2） 基于 GIS 的步行可达性模型

基于 GIS 的步行可达性模型量化用地和路网服务水平对行人出行需求的影响；依靠 GIS 的工具和数据，来创建"可达性"的关系，其可以被用来解释/预计自行车出行需求；计算步行可达性评分，可以作为一种手段，用于估计地区的步行出行量和比例；通过改变用地（类型和活动位置）或路网，步行可达性的变化可以计算出，并转换成步行出行和方式划分的数量变化。

该模型完全依赖于 GIS 工具和数据，来创建土地利用活性、路网可达性和方式选择之间的关系。该模型的关键点在于步行可达性得分，来估计步行潜力和方式选择。可达性关系从下列数据的整合中获得：出行调查数据，包括出行方式、出行目的、出行时间、出行距离、出行起讫点的地理信息（经纬度、地块或街区位置）；社会经济数据，人口数、岗位数；GIS 路网，包括步行和自行车所有道路和潜在小径。

3） 自行车路径选择模型

自行车路径选择模型通过观察 GPS 记录的骑行者行为数据，将路网、直线率、设施类型、梯度、转弯、交叉口延误以及交通风险等作为自行车路径选择影响因素，开发自行车路径选择模型。

该模型能够评价设施和路网设计特性；使实际观测的出行生成数据来量化可选择线路的物理属性；辨别出行者性别或出行目的之间的差异；权重计算和线路选择可用于设施、路网的设计或可选方案的比选优化，有助于设计建设更好的自行车系统；权重属性可以使出行阻抗更敏感，反映道路特性对出行时间的重要性。该模型不足之处是只分析自行车；只分析路线选择，而不是自行车方式的全面选择或者有关自行车可达性的目的地选择；不预测设施流量。

4） 直接需求模型

该类模型一般是一个特定的地点或规划定制开发，用于预测一个节点的步行或自行车需求水平，辅助交通安全研究或者评估工程建设项目。由于此模型与当地的环境及出行水平相关且需要从头开发，因此建议在以下情境下使用直接需求模型：对研究中的特定区域和特定设施的现有条件校准较好；模型包含的变量的敏感性与模型使用的决策有关；模型不是从一个地区或研究区域转移到另一个区域；模型受双向出行的影响，从区域出行者调查中还原行人或自行车数量、人口统计数据以及选择特性。

由于相关规模和自行车方式特殊处理的限制，传统的基于出行模型未解决的设施使用或需求问题，此模型可以弥补这一缺失；为路段或交叉口安全研究和设计提供步行和自行车需求预测；辅助步行和自行车路网规划和设施规划设计。该模型避免了四阶段模型构建的复杂性；提供了一种测量住宅区与非住宅区项目开发对行人和自行车活动水平及通行能力需求影响的方法；基于观测到的当地步行和自行车行为而不是个人记录的出行；提供特定时间段（比如早高峰或周末）的出行预测。不足之处是不考虑出行者或出行特征，没有将活力水平与出行生成、方式或目的地选择等决策要素进行关联，而是考虑了有相关性的开发水平、出行生成点、公交使用水平、人口或就业群体等环境因素。

13.4 步行与自行车交通空间规划

13.4.1 步行与自行车交通空间布局

1） 步行与自行车交通空间布局形式

目前的步行与自行车交通规划关注点大都集中于局部地块或地段的技术性和景观性设计，如中心区商业步行区，健身绿道等，对于城市整体步行与自行车交通空间的组织和规划理论尚处于起步阶段。从空间协调发展的角度出发，引导以人为本、以提高人的出行舒适性为目标的步行与自行车交通规划，构建步行与自行车交通空间组织。根据城市空间层次的划分，以及城市步行与自行车交通需求特性，步行与自行车交通空间布局形式可以分为下列几个空间层次。

（1）慢行区

慢行区就是按照城市干道及自然环境等步行与自行车交通系统的分割因素科学划分的拥有一定规模的城市慢行区域，区域内有系统的步行与自行车交通设施及与之匹配的步行与自行车交通空间规划。在慢行区内，通过低等级道路网、快速路及主次干道上的人行设施以及少量的自行车专用道，为居民的短距离出行提供独立、安全的步行与自行车道路空间。对于跨越慢行区的出行需求，则考虑通过步行与自行车交通与公共交通接驳的方式来解决。

（2）慢行核

慢行核，又称慢行节点，即步行与自行车交通发生吸引的核心区域，是区内步行与自行车交通的核心（主要步行与自行车出行目的地）。慢行核的设计在城市步行与自行车交通规划中占有重要的位置，作为充满步行与自行车交通魅力的区域，为人们提供舒适的出行和活动空间，进而改变人们的传统出行观念，降低机动车尤其是私家车的出行频率。慢行核在步行与自行车交通规划中不仅是功能分区的重要依据，也是网络规划的重要控制点。

结合上海、杭州等城市步行与自行车交通规划中的研究成果，进一步梳理了五类慢行核。

校园核——高等院校及非住宿类中小学；

社区核——高密度居住社区；

商业核——商业街区；

景观核——历史风貌区、风景名胜区；

交通核——轨道交通站、常规公交枢纽站等重要换乘设施。

通过步行与自行车交通系统的精心设计，打造三类城市魅力区：城市吸引核——风景名胜中心、中心商业商务区；城市活力核——高等院校及非住宿类高级中学、职业中学；城市和谐核——大型居住社区、社区活动中心等；慢行核内的交通设施的路权分配步行与自行车交通处于绝对优先地位。充分体现人性化，与城市风貌、景观及城市教育、创意、休闲.观光、旅游以及商业紧密结合。

（3）慢行廊道

虽然快速交通支撑着城市的发展，也提高了城市的效率，但是明显割裂了城市空间，进而限制了城市魅力空间的易达性与共享性，这在城市的旧城区表现的尤为突出，主要表现为对传统设计的分割，对城市文脉的破坏。在营建城市慢行区与城市慢行核的同时，我们还需要规划一些慢行廊道，沟通城市各个魅力点与魅力区，让城市步行与自行车交通更具活力。慢行廊道是供徒步、自行车等慢速交通方式通行的线形廊道，这些廊道连通各个慢行区及其内部的慢行核，进而构成城市慢行系统的网络结构。

慢行廊道，又称慢行带、慢行轴，是慢行系统中占据主导地位的线性联通空间，也起到了串联慢行核的重要作用。慢行廊道主要依托城市道路网，结合山系、绿带及河流水系形成结构化通廊，具有良好景观的高品质慢行空间，并一定程度结合旅游、休闲、生态等综合功能展现城市独特地域或人文景观。常见的形式有城市风貌慢行带、滨水慢行带、林荫慢行带、山海慢行带等。我国许多城市都具有丰富卓越的自然和人文景观，如能结合慢行廊道建设，将这些人文景观更加充分地展现出来，对于提升生活品质、展现城市特色、提高城市知名度等都具有积极的作用，例如南京的明城墙环城风光带、苏州环城水系、天津海河沿岸景观带等。城市慢行空间结构示意图如图 13-2 所示。

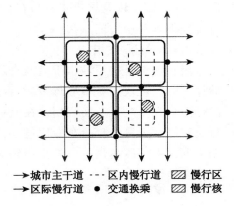

→ 城市主干道　--- 区内慢行道　▨ 慢行区
→ 区际慢行道　● 交通换乘　▨ 慢行核

图 13-2　城市慢行空间结构示意

从服务对象的角度看慢行廊道包括两部分：自行车道及步行道。在步行与自行车交通量大的路段上，建议自行车道与步行道分开设立，对于步行与自行车交通量较小的路段或慢行核内以休闲、健身为主导功能的慢行通道，可将二者合并设置。

2）步行与自行车交通空间布局与公交系统的协调

重视步行与自行车交通的合理地位和作用，并发挥其方便、绿色、可达性高的特点，对城市交通的长远发展至关重要。在倡导"公交优先、步行与自行车交通友好"的发展背景下，城市步行与自行车交通空间布局应与城市公共交通系统相协调，在完善接驳功能的同时，提升公共交通系统的使用效率和舒适度，从而促进城市可持续交通的发展。

（1）步行与自行车交通空间沿公交轴线布局

TOD（Transit-oriented Development）即以公共交通为导向的发展模式，是新城市主义的主要思想之一，其核心在于交通和土地使用的整合，宣扬用地功能混合、密度梯度分布、提倡绿色出行。空间布局上经常将公交（尤其是轨道交通）站点作为中心，将住宅、零售、办公、开放空间和公共设施等有机结合在一个适合步行的环境中。近年来，TOD 模式也逐渐成为我国城市建设趋势之一，规划理论界从城市交通、土地利用等方面对其进行了一定探讨，并在北京、广州、上海、济南等城市的概念规划中进行了初步的应用探索。

公交轴线，是指公共交通中承担主要客流运送的大运量交通，一般以轨道交通为骨架。相较于以小汽车出行为主导的城市空间呈现出的无序蔓延状态，TOD 模式在城市空间组织上通过公交轴线引导城市功能布局,使城市空间活动沿公交走廊组织。做好步行与自行车交通系统与公共交通系统的衔接,应在步行与自行车交通空间上予以关注和控制,注重用地和交通一体化的发展,从而使城市布局紧凑多样。

（2）步行与自行车交通空间多中心聚集发展

多中心聚集发展,是指在步行与自行车交通空间布局上形成多中心集聚发展的空间布局,城市除了传统市中心形成慢行中心以外,沿着公交轴线向外发展的过程中,一般在两条或多条公交轴线交叉和接驳的区域形成了另外的城市慢行中心。产生城市多个慢行中心的原因是城市的多中心发展是解决现代都市人口和交通压力的一个重要方法,公共交通的发达和便捷使步行与自行车交通空间多中心发展成为可能,在公交轴线的交叉点或者汇合处,慢行中心分布较为密集甚至相互有重叠,这主要有两方面原因,一是城市中心原本肌理上形成的慢行核促使城市原有中心形成公共交通核心枢纽和起始点,二是越来越发达的公交系统形成越来越多的交通枢纽,从而产生大量慢行核,这两者是互为存在条件的。之后,随着大运量公共交通的逐步发展和延伸,慢行中心的分布也随着公交轴线向城市各个方向疏密有序地分布延伸。

3）步行与自行车交通空间布局与城市绿地的协调

城市绿地泛指存在于城市内部或者周边的较大型自然或者人工自然环境因素,通常有绿地、水体、农田等,在城市规划中通常承担限制城市无节制扩张,优化城市空间格局和自然环境的作用。理论上说,在交通轴线规划和实施的时候,会确立及强化作为城市自然环境的绿色开敞空间范围,明确城市空间发展和自然环境之间的相互关系和空间格局,使城市紧凑、健康可持续地发展。城市沿公交轴线呈现多中心发展,城市中心之间以城市绿地嵌入,注重自然景观的步行与自行车交通可达性的同时,又不破坏城市自然景观的发展。

在这种空间特征下,城市步行与自行车交通系统也随着城市空间发展而在宏观上呈现出被城市绿地分隔的空间格局。但同时,城市绿地又作为城市大型绿色开敞空间,常常进行专项休闲旅游规划以提供城市居民和外来人员休闲旅游,接触自然,在这些专项规划之中,通常包括有低密度的休闲旅游性步行与自行车交通空间网络,这些景观休闲功能为主的步行与自行车交通网络通常也具有很高的公交可达性,但有别于城市功能区的步行与自行车交通空间布局,这些绿色空间的步行与自行车交通布局并不以紧凑布局和多样性功能布局为主,而是强调与自然环境贴合的空间布局和舒适宜人的出行感受。

13.4.2　步行与自行车交通政策分区

城市不同片区由于承担的城市功能、步行与自行车交通出行特点以及出行需求存在差异,其内部的步行与自行车交通系统构成也应有所区别,这就对步行与自行车交通分区管理规划提出了要求。步行与自行车交通政策分区应体现城市不同区域之间交通特征的差异,确定相应的发展战略和政策,提出差异化的规划设计要求,以克服目前步行与自行车交通规划政策设计在一些区域应用时难以落实、针对性不强的问题。

步行与自行车交通政策分区依据不同片区的功能特征、现状存在的主要问题将相似性较强的区域划分为统一分区,设定相同的发展目标,采取相同的管理政策和措施,促进区域步行与自行车交通环境整体优化。作为步行与自行车交通系统差别化规划的第一步,其主要目的是实现"分区引导"的差异化管理模式。

1) 政策分区原则

结合步行与自行车交通系统规划发展目标,政策分区应以城市功能区划分为基础,重点考虑地区用地布局、步行与自行车交通出行需求特点、公共服务设施分布、交通设施配置、地形地貌等因素,并遵循下列原则:

(1) 功能一致原则

相同的用地功能具有类似的步行与自行车交通出行特征及需求,对步行与自行车交通设施和环境的塑造差别性也不大;

(2) 交通分割原则

考虑到日常短距离步行与自行车交通出行活动一般不会跨越高等级道路、大型桥梁、铁路、河流等障碍,分区划分应尽量以这类障碍为界;

(3) 速度一致原则

每个政策分区内交通方式结构相近,对于交通的速度需求基本一致。

2) 政策分区发展策略

在数据缺乏的情况下,可依据各区域特征进行政策分区。根据各地实践经验,政策分区主要可分为步行与自行车交通主导发展、步行与自行车交通优先发展区和平衡发展区、一般发展区四类,如表 13-1 所示。各类区域特征描述如下,区域的划分可参照但不局限于以下特征:

表 13-1 各类步行与自行车交通政策分区区域特征

指标	步行与自行车交通主导发展区	步行与自行车交通优先发展区	步行与自行车交通平衡发展区	步行与自行车交通一般发展区
步行与自行车交通出行比例(%)	根据休闲道标准规划、建设	≥60	≥55	≥50
区内机动车限速(km/h)		≤40	≤60	≤60
步行与自行车路网密度(km/km²)		≥16	≥12	≥6
步行与自行车交通空间占道路空间比例(%)		≥60	≥50	≥30
自行车公共租赁点 150 m 半径覆盖范围(%)		≥50	≥40	≥30
公交线路网密度(km/km²)		≥3.5	≥3.0	≥2.5
公交站点 300 m 半径覆盖范围(%)		≥70	≥60	≥50

(1) 步行与自行车交通主导发展区

步行与自行车交通主导发展区以绿地公园为主,绿地与广场用地承担着周边居民早晚健身、休憩娱乐的需求,是市民活动的聚集区。步行与自行车交通出行需求、出行环境要求高。

这些区域内应大力倡导步行与自行车交通,以打造高品质步行与自行车交通环境为目标;构建景观步行与自行车交通网络,综合运用各类稳静化措施,尽量减少过境交通穿越,通过铺装形式、沿街建筑小品、休闲设施、标志标识的系统设计来提升公共活动空间的品质和活力。

（2）步行与自行车交通优先发展区

出行距离较短,步行与自行车交通出行活动密集度高,步行与自行车交通网络密度高且设施完善,充分体现步行与自行车交通优先权的地区。内部用地以商业、居住、行政办公、医疗卫生、文化娱乐为主,是市级的综合服务中心。在用地高度混合的城市中心区域,上班、上学、购物等活动的步行与自行车交通出行比例较大;大型公共设施如医院、剧场等以及主要交通枢纽如火车站、轨道和公交枢纽等用地对步行与自行车出行有较强的吸引力,周边步行与自行车出行活动拥有流量大且持续性强的特点。

区域内应保障步行与自行车交通优先;合理疏导机动车交通,缓解交通压力,处理好核心区小汽车停车与步行与自行车交通空间的矛盾,实施机动车和步行与自行车交通运行空间的分离;鼓励步行与自行车交通方式以及公交和步行与自行车交通组合方式出行,便捷枢纽内部以及和外部的换乘衔接,注重商业步行环境品质的提升以及步行与自行车交通和公共交通的有序衔接;配建高密度步行与自行车交通网络满足接驳换乘需求;保障步行与自行车交通通行路权,设置集散广场、立体过街设施等,构建多样、连续的步行与自行车交通网络系统。

（3）步行与自行车交通平衡发展区

步行与自行车交通出行活动密集程度较高,在步行与自行车交通优先的原则下兼顾其他交通方式的区域,配置一定步行与自行车交通设施。此类区域拥有一定规模的居住用地,同时也兼有商业、行政办公以及其他公共服务设施,通勤及休闲步行与自行车交通需求较大,安全与交通稳静化要求较高。

该类区域总体发展策略强调"快慢分离",减少步行与自行车交通与机动车的冲突为主,保障步行与自行车交通空间;应重点解决停车对步行与自行车出行的干扰问题、公交与步行和自行车交通接驳问题;注重区内步行与自行车交通网络与公共活动中心、配套学校等的衔接,保障良好的通达条件与通行环境;综合运用各项稳静化设计措施,实现机动车交通量和通行速度的"双减",塑造安宁交通。

（4）步行与自行车交通一般发展区

步行与自行车交通出行活动聚集程度弱,在满足步行与自行车交通需求的基础上应给予步行与自行车交通基本保障的区域。该类区域以工业、仓储用地为主,兼有配套商业用地。步行与自行车交通需求以通勤出行为主。应重点协调步行和自行车交通与其他方式的关系、保障步行与自行车交通的基本路权,以及安全、连续、方便的基本需求。

该类区域总体上体现"步行与自行车交通保障",即机动车与步行和自行车交通协调发展,减少步行与自行车交通网络与货运线路的冲突,保障交通安全;步行与自行车交通网络与公交站点衔接便利;加快滨河步行与自行车交通道路网络与跨河通道建设。构建轨道站点周边与商业区步行网络,考虑上下班时的人流疏散。自行车公共租赁点与就业场所、公交枢纽站点结合设置。

13.4.3　步行单元指引

政策分区从宏观发展策略上对步行与自行车交通活动进行了划分,但由于步行出行具有区别与机动化出行的特殊要求,设施规划和环境设计更需要体现差异化、人性化、精细化的要求,因此需要进一步划分步行单元,即更小的步行分区,才能针对性地提出规划设计指引,指导具体的设施规划和环境设计。

在步行单元划分边界时应尽量避免跨越航道、铁路等自然障碍,结合自然屏障和道路进行分割,鼓励单元内部的步行交通优先;选择步行适宜的尺度范围(500～800 m),尽量体现土地混合利用特征,倡导短距离的步行交通与中长距离的步行换乘;结合城市功能区布局,确定城市重要的步行活动区域,明确城市需要重点建设的步行系统范围;研究单元内部步行系统的规划要素、设计方法和设计指引,建立相应的标准,考虑现有规划分区,包括行政区划、控规分区、交通规划分区以及政策分区等,作为下位规划和详细设计蓝图中步行系统规划建设的基本要求和目标。

按照步行适宜尺度、用地类型与功能差异,在政策分区的基础上划分步行单元,根据主导用地类型将步行单元分类为商贸步行单元、居住步行单元、混合功能步行单元、交通枢纽步行单元、文化与旅游步行单元、科研办公步行单元、工业仓储步行单元等步行单元,各类步行单元的功能定位如下:

(1)商贸步行单元

城市规划体系划分的各级商业中心区,聚集了城市重要的商业、商务及文体娱乐活动,是整个城市步行系统网络的核心区域。在这一区域内,步行应该占到整个出行方式比例的40%～50%。这一区域必须强化步行的设计理念,全面贯彻"步行优先"的设计原则,合理地疏导机动车交通,加强交通管制,缓解交通压力,重点解决停车问题、公交与步行接驳问题。提倡土地的混合使用,步行设施和环境建设必须采用高标准,进行统一规划,结合公共绿地,构筑连续的、多样的步行网络系统。

(2)居住步行单元

在以居住为主的步行单元中,步行出行方式应该占整个出行方式比例的20%～30%,出行目的以上学、购物、休闲健身以及接驳其他交通方式为主。因此,应全面贯彻步行优先的设计原则,通过以人为本的道路设计和对机动车的交通管制,同时考虑老人、小孩、残障人士等弱势群体的步行出行需求,高标准的建设区域内安全的步行网络系统,结合区域内公共空间的建设和步行设施环境品质的改善,营造环境优美、安静舒适的自由步行街区。

对于大型的居住街区,在有条件的情况下,应提供区域内的穿越步行通道,以满足周边功能区步行联系的需求。适当的增加公共空间,强化区域的门户节点,建立与周边区域关系良好的步行联系,通过加强管理与维护,对内部步行环境进行改善,有效的缓解路边停车难问题,构筑舒适、多样的步行空间网络。

(3)混合功能步行单元

在国内许多老城区及历史片区中,混杂着商贸、文化、居住等多种功能的用地,这类地区的历史文化内涵和城市生活的多样性是城市最宝贵的财富之一。在混合功能的步行单元中,不同地块根据实际情况的不同,步行在整个出行方式中所占的比例也会有所差异,但应该达到20%～30%。步行系统的设计应兼顾不同功能的需要,整体梳理,增强公共空间和步行设施环境配套的建设,根据街道两边不同的用地功能,可以采取不同的步行设计标准和设计方法,但应保持区域步行系统的整体延续性,对机动车交通与步行交通线路进行全面规划,加强交通管理,特别是停车地统一管理,形成安全便捷地步行网络系统。

（4）交通枢纽步行单元

该类步行单元通过设计整合枢纽的场站设施、道路设施、人行设施、各种建筑设施以及其他物理设施,其步行出行比例应该在 25％～30％之间,同时尽可能增加枢纽单位面积的利用率,缩短乘客的步行距离,减少交通流间的相互干扰,使得人流、车流在换乘枢纽有序、安全、畅通地流动,各种交通方式之间衔接紧密。交通换乘空间整合设计由里及外可以分为三个部分:轨道车站、换乘枢纽设施以及道路疏解系统。

（5）文化与旅游步行单元

城市的历史街区及各类风景名胜区。风景区步行单元应该根据风景区的保护等级要求,制定不同的步行出行比例。从实现景区可持续发展的要求出发,通过强化交通管制,完善公交环城系统建设等来减少机动车进入景区,创造安静、安全的步行环境。完善景区内部步行网络以及对外衔接部分,提高现有步行系统的连续性和完整性。

（6）科研办公步行单元

大中院校、科研机构聚集区。单元内步行活动以休闲、交流性出行为主,对步行环境的视觉景观要求较高。区域内应强调步行系统与办公、生活、休闲设施的畅达连接,强化休闲型步行道网络的构建,重点创造宁静化步行环境,规划优美、宜人、高可达的休闲型步行活动场所。

（7）工业仓储步行单元

在这类步行单元中,步行所占比例比较低,大约在 10％～20％之间,单元内步行活动以厂区内的出行和厂区与工业邻里的联系为主。货物运输对行人安全和步行环境干扰较大,处理好货运交通与步行交通的矛盾,建立区域内安全的步行网络系统,重点处理道路人行过街的安全问题,加强步行设施和环境的建设,营造多样性的步行活动空间,以提升整个区域的步行环境品质。

13.4.4　自行车区块划分

自行车空间规划需要在政策分区的基础上,分析自行车使用、自行车出行、时空分布特征等现状,结合城市自行车交通的发展环境和自行车交通需求预测结果,根据边界、用地、面积和短距离出行比例进行区块划分。

自行车区块划分是自行车交通系统内部进行自我改善,充分发挥自行车交通近距离出行的优势,将城市划分为若干个自行车交通区块,强化区块内出行的功能,限制跨区块的自行车交通出行,从规划的角度调控,使自行车交通成为城市近距离出行的主导方式,充分发挥自行车近距离交通优势,使其成为公共交通的合理补充。在分区内全方位组织自行车交通,充分利用街巷和居住区及大院内部道路,开辟相对独立的自行车通道,增大区内的自行车路网密度,提高路网的连通性,以提高区内自行车交通的吸引力。相对减少通往邻区及跨区的等级路,在保证连通性的基础上使中长距离出行的自行车交通受到一定的制约。

在自行车交通区块划分应遵循自行车的出行特性和居民的出行规律,依据主要功能分区的分布、自行车交通 OD 量分布、城市的地理、铁路、河流、山脉等分隔,将城市进一步划分为若干区块。自行车区块划分的主要考虑因素包括：

（1）城市功能分区及组团布局是自行车分区的第一层次主要架构，自行车出行主要发生在城市主要功能组团内部，跨组团的长距离出行需要加以限制；

（2）城市用地性质自行车出行主要发生在居住用地和工作用地（包括行政办公、商业金融、教育医疗等），可考虑以大型居住区或者就业岗位集聚地为自行车出行的主要发生源，以 0～3 km 出行半径范围划分自行车交通核；

（3）特殊点

高等院校及非住宿类中学、职业中学等公共机构也是自行车出行较为活跃的区域，大型公交及轨道换乘枢纽是限制自行车长距离出行的重要方式，在其周边自行车交通量较大，应考虑其分布范围划分自行车交通区；

（4）边界

自行车区块划分应选择自行车难以跨越的屏障阻隔，包括江、河、湖泊、铁路、快速路以及交通性主干路等；

（5）车流

根据自行车需求分析结果，可考虑短距离（0～3 km）自行车出行 OD，将流量分布较为集中的区域划分在区内进行组织。

自行车的区块划分可分为高频生成区以及休闲运动区两种。高频生成区主要结合通勤自行车交通需求以及城市土地利用性质、用地容积率等进行划分，在区内以城市支路网和街巷道路为基础，采用高密度的自行车道路连接区内的自行车核，满足自行车到各用地单元的可达性；相邻区加强自行车与公共交通的衔接，满足自行车中短距离的出行，提高自行车出行者在相邻区间的出行便捷性；跨区自行车出行主要为长距离的出行，可通过有限的通道，将跨区的自行车出行转化为"自行车＋公共交通"模式，弱化此类出行，跨区联系仅需要满足自行车出行的连通性。

休闲运动区主要根据自行车休闲旅游出行 OD 量，结合城市的风景名胜、绿地、水系以及历史文化等资源设置。休闲运动区需要加强与城市居住区、生活区和公共服务区的联系，形成连续可达、覆盖广泛、使用便捷的网络化自行车休闲交通网络体系。

13.5 步行与自行车交通网络规划

13.5.1 步行交通网络规划

1）步行出行强度影响因素

步行交通网络规划需要基于人的尺度，如果将步行活动发生最频繁的道路作为步行交通网络中最为重要的道路，那么道路的重要程度与道路等级并不存在必然的联系，很可能较低等级的道路步行活动发生的频率会高于较高等级的道路。因此步行网络规划很难在城市整体的层面开展，目前一些国内城市在城市整体的层面开展的步行网络规划也仅仅只是规划了一些大尺度的步行廊道。鉴于此，城市步行交通规划中通常会在步行政策分区以及步行单元的基础上展开，以便在当前的步行交通规划和下位专项规划中提出全面细致的步行网络规划方案。

从满足步行交通需求的角度出发,步行活动强度应该是决定步行道等级最根本的要素。影响步行活动强度的因素多种多样,其中,在步行网络组织时应重点考虑与城市形态相关的要素,来辅助构建分级体系。与城市形态及步行网络相关的主要因素如下。

（1）临街土地利用

作为影响步行活动强度最重要的因素。临街的商业用地会产生大量的步行交通和商业活动,相比居住用地,步行活动强度往往较高,而居住用地步行活动强度又高于工业用地。另外,建筑密度与容积率高、地块尺度小、街道稠密的区域往往步行活动强度更高。

（2）建筑设计要素

可能影响步行活动强度的建筑设计要素包括建筑高度、体量、尺度与临街道路关系、入口朝向、退线、底层使用等。在步行活动强度高的区域,建筑往往更加临街且面朝街道,能够步行从街道上直接进入建筑的入口;建筑与街道空间通过零售摊点,建筑底层商户的透明玻璃、拱廊、提供户外的座位等形成交互;建筑会沿着街道形成街墙,建筑设计元素往往有趣、富有吸引力、符合行人的尺度。而在步行活动强度低的区域,建筑会更大幅度的后退道路红线,面朝街道的往往是围墙等无活力的界面。

2）步行道路功能分类

由于步行出行的特性与机动出行特性的不同,使得机动道路的功能分类不能很好的适应步行道路的网络功能。对步行道路功能分类的识别能够帮助满足步行网络多样性的维持和功能结构的完整性。

（1）步行廊道

步行廊道是区域内道路中步行需求较大、连通度与可达性较高的道路,构成了城市步行交通网络的主要骨架。所属道路机动等级较高,机动车流量较大且路幅宽度宽。

（2）步行集散道

步行集散道周边道路网络密度高,公交站点与轨道交通站点可达性较好,处于路网拓扑结构中承上启下的位置,主要承担单元内轨道站点/公交枢纽间的短途出行及接驳交通,以及向主廊道集散的步行需求。串联区域内高强度的慢行核如轨道站点、公园广场等,两侧建筑出入口较多,行人与建筑有一定的联系。街道界面应较为友好。

（3）居住步行道

居住步行道的服务对象多为周边居民、通勤者或购物者,此类人群多以步行交通方式为主要出行方式,人流量较高且街道上步行活动与公共活动发生频繁。一般位于用地密集区域,周边用地以居住和商业办公为主,路幅宽度较窄。

（4）商业步行道

商业步行道周边呈商办为主的混合开发类型,土地利用混合度高,出行吸引强度大。多处于步行廊道围合中,机动交叉口密度较大,需要考虑机动出行对步行的影响,应避免依托于红线宽度较宽的干路设置廊道,优先选择次干路或支路为商业出行人流服务。

（5）步行巷道

步行巷道处于拓扑结构中的末端,与整体步行交通网络连通度不高。周边步行网络密度稀疏,地区步行出行比例较低且需求较少,人行流量较低,街道界面缺乏活力,主要为地区步行出行提供基本的服务保障。在设置时应着重考略步行交通与机动交通在路段及交叉口的冲突问题,优化时空资源,保障行人安全。

（6）步行休闲道

步行休闲道主要沿河流或绿道布局.连通重要慢行核与绿地、河岸。一般远离快速路和主干道。也可用于在外围区加密休闲道并提高建设标准,将其构建为带状公共空间。

3) 步行交通网络结构

步行交通网络功能结构的等级递进关系明显要弱于效率为主的机动交通网络。以步行廊道为例,步行廊道在步行交通网络中承担了整体的疏通功能,但步行交通出行的大多数目的不是为了直接、快速地到达目的地,步行廊道也不需要像机动交通网络中快速路那样实施较高等级的设施配置原则。居住步行道和商业步行道分属于不同的网络功能,在城市系统和交通系统中起到的作用都有着一定的差别,在空间环境构建和设施配置要求上都有着明显的差异,因此在步行交通网络组织时也应将两者剥离对待。

4) 步行交通网络布局

（1）步行交通网络空间布局

在步行网络规划时,应考虑到道路所属的政策分区和步行单元性质,依据道路自身属性以及在步行网络发挥的作用进行合理的分级分类。在步行主导发展区内,以休闲性步行交通网络为主,兼顾与步行廊道和集散道的连通性能,最大程度的发挥休闲性步行交通网络的部分交通功能;步行优先发展区内,以步行廊道为框架,集散道为过渡,商业步行道为支撑;步行平衡发展区中,以居住、行政和科研用地为主,末端道路基本为居住步行道性质,由步行巷道的连通增加可达性;步行一般发展区中可对步行廊道和集散道的布设进行硬性控制,末端道路规划视具体情况而定。步行网络空间布局如图 13-3 所示。

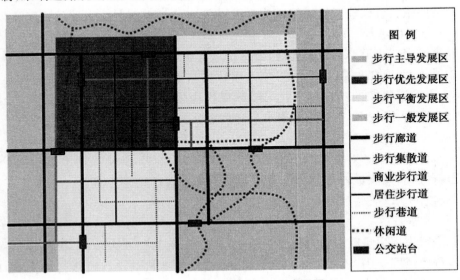

图例

- 步行主导发展区
- 步行优先发展区
- 步行平衡发展区
- 步行一般发展区
- 步行廊道
- 步行集散道
- 商业步行道
- 居住步行道
- 步行巷道
- 休闲道
- 公交站台

图 13-3　步行交通网络空间布局图

（2）步行交通网络布局控制指标

对中心区等步行出行强度较大的步行单元,步行道网络密度可参考表 13-2,密度不足时,可通过加密支路、增设行人专用路等方式提高步行道网络密度。

表 13-2　主要步行单元的步行道网络密度和步行道间距建议值

步行单元	网络密度（km/km²）	平均间距（m）
中心区步行单元	≥13	≤150
公共设施区步行单元	≥11	≤180
居住区步行单元	≥10	≤200
交通枢纽区步行单元	≥10	≤200

注：步行道网络密度与间距统计包括各级城市道路和街巷。

13.5.2　自行车交通网络规划

1）　自行车交通网络规划原则

自行车交通结合了机动性和可达性，与其他交通方式都有所区别。因此在自行车交通网络规划时应注意以下几点原则。

（1）与其他交通方式相协调

自行车的空间资源与机动车、行人之间存在较大的冲突，需要通过合理的空间资源分配，强化机动车路边停车管理等规划管理措施，保障自行车的合理通行权，同时限制自行车违章行驶和停放，减少自行车对其他交通方式的干扰。

（2）与自行车停车换乘设施相衔接

自行车道与自行车停车换乘设施的良好衔接能够提高停车和换乘设施的效率，同时能够最大程度避免违章停车现象的存在，减少管理成本。

（3）与自行车交通流量相协调

自行车道路布局应结合自行车交通流量进行布局，与自行车主流向保持基本一致，减少不必要的绕行，形成网络，并具备较高的连通性，并且机动车道的技术标准要能满足自行车通行的较高服务水平。

（4）充分依托机动车道路，改善自行车道

利用现有的道路设施条件，通过断面改造、添加隔离、宣传教育等方式，对自行车出行进行合理的引导和管理，改善自行车通行条件。

2）　自行车道路功能分级

自行车道路分级的主要目的是明确不同道路的自行车功能和作用，体现自行车道路级别与传统城市道路级别之间的差异性和关联性，并提出差异化的规划设计要求。自行车道路级别主要由其在城市自行车交通系统中的作用和定位决定，考虑现状及预测的自行车交通特征、所在自行车交通分区、城市道路等级、周边建筑和环境等要素综合确定。按功能、重要性及交通强度等因素，将自行车道路划分为廊道、集散道、连通道、休闲道等五个等级，以期达到"主次搭配、级配分明"的发展目标。

（1）自行车廊道

自行车廊道作为自行车交通网络的骨架道路，依托城市干路建设，作为慢行区之间自行车交通主廊道，贯穿城市主要的居住区、就业区，以满足城市相邻功能组团间或组团内部较长距离的通勤通学联络功能。廊道具有自行车交通快速、干扰小、通行能力大的特点,作为自行车道路网络的骨干通道,其设置应具有连续性和贯通性,为自行车提供相对舒适、安全的通行空间。处理好自行车与机动车之间的冲突,廊道路段应结合人行横道设置自行车过街空间,交叉口设计时应考虑自行车的优先通行。

（2）自行车集散道

自行车集散道主要是服务分区内部短距离出行,经过分区内部主要客流聚集点,承担分区内部主要客流。作为慢行区内连通各廊道的次级自行车道,具有分流和汇集廊道上的自行车交通流的作用。主要为功能区内部自行车交通需求服务,并保证各交通区与自行车廊道之间的联系,是区域与常规公交换乘枢纽的联系通道。其线路贯通性、车道宽度、隔离设施等建设标准均低于廊道。

（3）自行车连通道

自行车连通道是联系住宅、居住区街道与干线网的通道,是自行车路网系统中最基本的组成部分,对增强自行车的"达"的作用明显。主要起到连接慢行区内各个地块,不需要考虑贯通性,只需要保证连通性。以城市支路网和街巷道路为基础,要求路网密度较大,深入片区内部。基本上选用划线分隔的自行车道和混行的自行车道形式。

（4）自行车休闲道

连接公园绿地、滨河绿地的弱交通性、强休闲性自行车道,可以在既有道路上改建形成,也包括风景区、沿河绿化带内的新建自行车道。自行车休闲网络主要服务于较长距离的休闲健身出行,主要功能包括:满足快捷方便、连续安全的到达大体量的休闲旅游资源的需求,同时还需要承担部分非休闲性质的交通。自行车休闲道要求提高此类自行车道的遮蔽率,建设成为林荫大道。

（5）自行车巷道

一些老城区和历史城区的支路网和街巷路网密度较大,支路系统主要由支路和弄堂组成,自行车微循环路网是通过构建自行车专用道网络,充分挖掘小街小巷的自行车交通潜力,一方面使自行车交通形成一个独立的子系统,实现机非运行系统的空间分离,减少不同交通因子之间的相互干扰;另一方面是使自行车流量在路网中均衡分布,以减轻主、次干路上自行车交通的压力和满足日益增长的自行车交通发展需求。

根据自行车道在道路中所占的比例,各级道路的自行车优先权依次为:自行车休闲道＞自行车连通道＞自行车集散道＞自行车廊道,道路等级和路权要求如表13-3所示。

表 13-3　自行车道路等级与需求特征表

自行车道路等级	功能定位	需求分析	自行车路权	道路类型	单向通行能力（辆/h）
自行车廊道	区域性自行车区之间,高标准建设的自行车专用道,自行车区与轨道交通换乘枢纽的连接通道	自行车主流向交通出行	相对优先	自行车专用道	3 600～7 200
自行车集散道	相邻自行车区之间或自行车区内的自行车集散道路,自行车区内与常规公交换乘枢纽的连接通道	自行车的中、短距离的出行	保证通行	自行车专用道、划线分隔的自行车道	2 000～3 000

自行车道路等级	功能定位	需求分析	自行车路权	道路类型	单向通行能力(辆/h)
自 行 车 连通道	区内生活性出行的自行车道路	区内短距离、生活性交通	通达即可	划线分隔的自行车道、机非混行道	1 000~2 000
自 行 车 休闲道	倡导自行车健身文化、亲近自然	休闲、运动性交通	机非分离	沿河道、风景区、公园景点和大型绿地附近等有宽度富裕的道路	1 500~2 250

3）自行车交通网络布局

（1）自行车交通网络空间布局

自行车廊道尽量沿期望走廊和左右 300 m 内的平行道路布设，并且尽量穿过慢行核和换乘枢纽等控制点。廊道穿过的慢行核主要包括大型居住区、学校、商业、办公、行政中心，换乘枢纽包括：一级和二级换乘枢纽。可根据交通区位和出行模式确定廊道网形态，结合用地性质和截面流量确定廊道间距，考虑控制点和车流走廊确定廊道布局，在道路现状的基础上调整廊道布局，最后确定廊道工程标准。

自行车集散道和连接道结合自行车交通的重要流向，依附于自行车廊道进行衍生，平行于廊道或者联系廊道进行布设，主要控制点为慢行核及一级、二级换乘枢纽。以单个慢行区作为规划区域，沿着重要的交通流向，联系一定规模的居住地与就业、就学点，可根据慢行区的性质和廊道布局决定集散道密度。

自行车休闲道组织应结合城市绿地、水系和历史文化等资源，主要控制点为慢行核、公园、绿地、河岸等。应结合沿河绿带和水运巴士码头，由滨湖、沿江区域沿河流水系向区内带状绿地渗透，并与风景区道路和自行车租赁点相衔接，联系主要的高等院校区、生活区和公共服务区，形成连续可达、覆盖广泛、使用便捷的网络化自行车休闲交通体系。

自行车微循环道路网络沿期望走廊，填补骨干道路网络空隙，联系慢行核与一级、二级换乘枢纽。以单个慢行区作为规划区域，沿着重要的自行车流量走向，连接自行车骨干路网，分散主要流向的自行车流量，或连接慢行核与自行车骨干道路，增加自行车道路网络的可达性。

自行车交通网络空间布局模式如图 13-4 所示。

（2）自行车交通网络布局控制指标

在城市道路网中，城市高速路是城市组团间高速便捷的干线通道，一般不承担自行车交通流量。历史城区的自行车系统的路网布置主要是依附于城市主干路、次干道、支路和街巷路网。主次干路的自行车道路路权相对较为明确，而密集的街巷和支路网提供了大量的可选的自行车通行空间。历史城区的道路网络组织有利于为居民提供多种路径，多种可能性的选择，同时有利于满足公交线路的布局要求，为公交和自行车便捷提供条件。对各类自行车骨干道路网络密度与间距指标建议值见表 13-4。

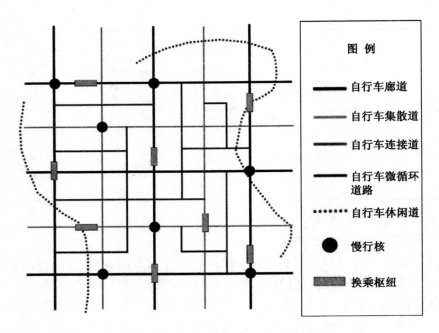

图 13-4　自行车交通网络空间布局图

表 13-4　各级自行车道密度与间距建议值

自行车道路类别	密度指标（km/km²）	道路间距（m）
廊道	1.1～1.8	800～1 500
集散道	2.6～3.7	400～600
连通道	12～17	100～150
休闲道	—	—

注释："—"表示不作具体要求。

13.6　步行与自行车交通设施规划

13.6.1　步行道路空间分配

在各模式的道路空间分配中，应始终将步行与自行车的通行空间与通行安全作为设计考虑的首要要素。

1）专用路权

在道路空间允许的情况下，应当优先设置专用人行道。通过铺装、高差以及硬质隔离等形式明确行人通行空间。人行道空间与应建筑退线统一布局，以形成良好社会活动空间。在建筑前区应保持至少 3 m 的人行道空间，其中通行空间至少 2 m，街道家具带至少 1 m。步行道路空间专用路权示意图如图 13-5 所示。

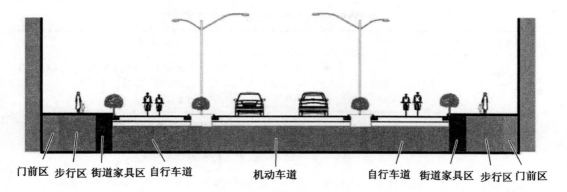

图 13-5　步行道路空间专用路权分配示意图

2）共享空间

在道路空间不允许时,可设置所有交通方式共板的断面形式,但必须遵循速度层化原则,在同一空间内的速度区间不应跨越三个,即需要通过交通宁静化等手段对自行车和机动车进行限速。这样的道路不仅为行人提供了行走、活动的场所,也允许街边商业的摊位设置以及机动车和自行车的缓慢行驶。当道路宽度小于 7.5 m 时,建议使用如图 13-6(a)所示的断面形式,当道路宽度大于 7.5 m 时,也可以借鉴共享形式,遵照速度层化原则保留步行与自行车共享区域。

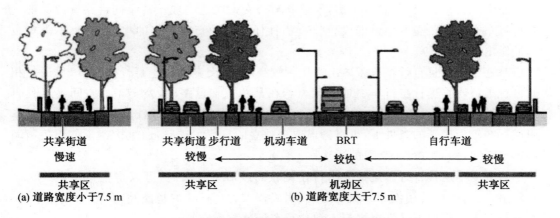

图 13-6　道路空间共享路权分配示意图

13.6.2　自行车道路断面协调

在道路断面中主要考虑自行车道与其他交通方式之间的隔离形式。人行道在条件允许的情况下建议采用高差隔离的方式,不允许时优先考虑铺装隔离,尽量需要避免人机共板的情况以保障步行出行者的人身安全。

1）自行车道与机动车道协调

自行车道设置在道路两侧路缘石之间,与机动车存在机非绿化隔离带分隔、机非隔离栏分隔、机非划线分隔、机非混行四种形式,如表 13-5 所示。自行车道与机动车道应尽可能采用物理隔离方式,在道路交通量小且路内停车需求不大的区域可采用划线隔离。

表 13-5　自行车道与机动道隔离形式

隔离形式	特点	适用条件
机非绿化隔离带分隔	安全性和舒适性最高	机动车流量大或自行车流量大;道路宽度较富裕,即设置绿化隔离带后自行车行驶空间宽度不小于 3.5 m;机动车双向 4 车道及以上的干路
机非隔离栏(墩)分隔	安全性和舒适度略低	机动车流量较大或自行车流量较大;路段设置隔离栏(墩)后自行车行驶空间宽度不小于 2.5 m;机动车双向 4 车道及以上的干路和重要支路
机非划线分隔	自行车道受机动车行驶和停放侵占普遍	自行车行驶空间宽度为 2.0～2.5 m 的次干路和重要支路,或自行车行驶宽度为 1.5～2.5 m 的一般支路
机非混行	安全度和舒适度最低	道路交通量较小;自行车行驶空间宽度不足 2 m 的一般支路

2)　自行车道与公共交通协调

（1）与公交专用道协调

在道路断面相对比较窄时,公交专用道与自行车道的路权矛盾显得较为突出,自行车与公交专用道在路权上的协调应当考虑路段上自行车流量与公交客流之间的关系。主要包括以下三种情况:

道路资源富裕时,保留自行车道,改善其与公交枢纽之接驳。富余的道路资源能够支撑起自行车交通与公交专用道的设置没有牺牲任何一种交通方式的出行利益,不需对自行车道做出调整。

道路宽度不足且自行车长距离出行比例较高时,公交专用道进行优先配置,可通过相邻的自行车道改善进行自行车交通分流。若在某些主干道路段,公交车道空间不足且自行车多为过境出行,可考虑缩短自行车道宽度增加利用相邻的支路网和街巷规划自行车专用道。在较为极端的条件下,可以考虑取消独立的自行车道路,通过构建干道周边微循环自行车路网,提高自行车交通的通达性。

道路宽度不足且自行车短距离出行比例较高或流量较大时,可以将自行车道改为公交专用道,自行车道采用人非共板的形式,明确行人和自行车的道路路权,减少相互干扰。该类自行车道的断面形式需根据行人和自行车量慎重确定。

（2）与公交站点协调

公交车辆进出站特别是延边式车站对自行车交通的干扰程度比较严重。处理好自行车道路与公交站点的协调,建议采用物理隔离形式改造自行车道停靠的公交站点,通过公交站点外绕自行车道模式,减少公交站的停靠对自行车交通的影响,保障骑行者的出行舒适性、便捷性和安全性。自行车与公交站点协调形式见表 13-6。

表 13-6　自行车与公交站点协调形式

类型	特点	适用条件
A	港湾式车站。通过压缩路侧带设置而成,各通行主体的路权独立	机动车双向 4 车道及以上的干路;机动车流量、自行车流量较大;人行道和自行车道总宽度不小于 9 m

类型	特点	适用条件
B	港湾式车站。通过与交叉口展宽段进行一体化设计设置而成,各通行主体的路权独立	设置在有展宽设计的交叉口出口;最外侧机动车道与路侧带间总宽度不小于 9 m
C	港湾式车站。通过压缩机动车道和自行车道设置而成,各通行主体的路权独立	机动车双向不小于 6 车道;压缩后机动车道宽度不小于 3.0 m,公交停靠区域宽度不小于 2.75 m,公交候车廊宽度不小于 1.5 m、自行车道宽度不小于 1.5 m
D	沿边式车站。占用 1 条机动车道设置公交停靠区,占用部分自行车道设置公交候车廊	机动车双向 6 车道及以上的干路;机动车流量不大,采用沿边式公共汽车站不会对道路交通产生较大影响;路侧带宽度不足 9 m,无法改造为形式 A,B,C;自行车流量、行人流量较大
E	沿边式车站。自行车在通过公共汽车站前进入人行道行驶,绕过公共汽车站后驶回自行车道。采用不同铺装进行人非分离,进出人行道处设置缘石坡道	一般设置于次干路及以下等级道路;路侧带宽度不小于 9 m;难以采用形式 A
F	沿边式车站。自行车在通过公共汽车站前进入人行道行驶,绕过公共汽车站后驶回自行车道。人非混行,进出人行道处设置缘石坡道	一般设置于次干路及以下等级道路;路侧带宽度为 7.5~9.0 m

3)　自行车道与路内停车协调

对于城区中存在大量的路内停车位,机动车的停车空间严重占用了自行车道路路权。协调好自行车通行与路内停车的关系,保障自行车道的畅通性和连续性,对于保障独立的自行车道空间具有重要意义。自行车与路内停车协调形式见表 13-7。

表 13-7　自行车与路内停车协调形式

关系	适用条件
取消停车	沿街建筑设有配建停车场或路外公共停车场,且未被充分利用; 沿街近期建设公共停车场,且基本满足停车需求; 交通拥堵的旧城区,且道路沿线机动车流量或自行车流量较大; 沿线路内停车位零星分布,且主要为弹性停车需求服务; 设置路内停车位导致自行车道宽度无法满足需求,即干路自行车通道不足 2.5 m(极限为 2 m),支路自行车通道宽度不足 1.5 m
调整停车	就近开辟路外停车场或结合道路绿化空间设置停车场; 机动车流量小,车道数较多,在机动车道或辅路设置路内停车位; 在有大量临时停车需求的位置考虑设置即停即走停靠带
保留停车	保障自行车通道宽度满足需求,即干路自行车通道宽度不小 2.5 m(极限为 2 m),支路自行车通道宽度不小于 1.5 m; 道路两侧以刚性停车需求为主,且路外停车场十分有限

4)　自行车道与人行道的协调

自行车道与人行道处于同一平面,即"人非共板"车道时,自行车道与人行道的关系存在人非绿化隔离、人非隔离栏(墩)分隔、人非共板但分区、人非共板且混行四种形式,见表13-8。当条件不允许自行车与人行道之间设置物理隔离时,尽量使用不同色彩铺装对路权进行区分,避免自行车与行人混行。

表 13-8 自行车与人行道隔离形式

隔离形式	特点	适用条件
人非绿化隔离	路权明晰且无相互干扰,行人和自行车安全性、舒适度、通行环境最好	机动车流量大或自行车流量大;道路宽度较富裕,即设置绿化隔离带后自行车行驶空间宽度不小于3.5 m;行人通行空间宽度不小于3 m、人非绿化隔离带宽度不小于1.5 m、行道绿化带宽度不小于1.5 m;机动车双向4车道及以上的干路
人非隔离栏(墩)分隔	路权明晰且无相互干扰,行人和自行车安全性、舒适度好	机动车流量较大或自行车流量较大;道路宽度不足以设置人非绿化隔离;设置宽0.5 m的行人通行空间宽度不小于3.0 m,行道树绿化带宽度不小于1.5 m
人非共板但分区	路权明晰但容易相互侵占	无法机非共板且设置独立自行车道;路段路侧带宽度不小于7 m,即自行车行驶空间宽度不小于2.5 m、行人通行空间宽度不小于3.0 m、行道树绿带宽度不小于1.5 m
人非共板且混行	路权不明晰,易混行,且管理难度大	道路交通量较小;无法机非共板;路侧带中自行车行驶空间不足2 m

13.6.3 过街设施规划

1) 过街设施布局

过街设施布局规划须与慢行区和慢行核相结合,统筹考虑行人过街需求与城市的用地格局,城市的路网形态、城市的社会经济发展等因素之间的关系,同时还要考虑与城市步行及自行车交通系统、公交、轻轨和地铁等各种交通方式之间的有效换乘与衔接。

采用分区域分级分层次差异化的规划思想,针对不同的步行与自行车交通发展区进行"分区引导"的差异化管理模式,步行与自行车交通主导发展区、优先发展区、平衡发展区和一般发展区过街需求量呈梯状分布,考虑布局形态分别以点状、线状和面状为主,见表13-9。

表 13-9 过街设施布局形态

区域划分	过街系统考虑重点	布局形态
步行与自行车交通主导发展区	公园、广场出入口	面状为主
步行与自行车交通优先发展区	大型商业区、步行街等	线状为主,兼有线状
步行与自行车交通平衡发展区	主要交通干道	线状为主,兼有点状
步行与自行车交通一般发展区	主要人流吸引点	点状为主

(1) 步行与自行车交通优先发展区

步行与自行车交通优先发展区出行距离较短,网络密度高,在用地高度混合的城市中心区域,上班、上学、购物、休憩娱乐等活动步行与自行车出行比例较大,内部用地以商业、居住、行政办公、医疗卫生、文化娱乐为主,是市级的综合服务中心。步行与自行车交通优先发展区过街设施布局必须统筹考虑行人过街需求,注重与其他步行设施、步行通道、步行走廊等形成一个完善的步行网络系统,还要非常注重与公交站点、轨道站点、停车设施形成高效的衔接,同时还要能有效与商业建筑、下沉式地下广场、地下购物空间等有效结合,使得城市空间开发、土地利用规划和行人过街系统多项功能得到最大化发挥,在核心区集中体现以人为本的公共活动空间要求。

（2）步行与自行车交通平衡发展区

步行与自行车交通平衡发展区行人过街需求主要集中于主要交通干道两侧,同时兼有少量呈零星状分布,过街设施布局时主要考虑线状分布,从整体线路统筹考虑,对主要交通干道两侧及其影响区域内重要人流吸引点和交通流量进行调查,同时还要兼顾考虑城市轨道线路、公交线路、公交场站等的影响,注重各种交通方式的高效衔接,同时根据人流吸引点的分布,可以适当设置部分点状分布过街设施。

（3）步行与自行车交通一般发展区

区域以居住、工业、仓储用地为主,兼有配套商业用地。步行与自行车交通需求以通勤出行为主。行人过街需求也随之比较零散,成零星状分布。过街设施规划主要考虑点状分布的过街设施,对现状过街需求量比较大的地点以及交通事故频发路段进行调查,对过街设施设置进行必要性验证分析,最后确定过街设施选址地点。

2）　过街设施间距

过街设施间距的设置,满足步行与自行车的过街需求,不至于产生过大的绕行,其间隔要体现人性化要求;兼顾城市用地、道路等级、过街便捷性、机动车运行速度和安全要求。对于城市中心商业区由于人流量较大,道路两侧交流频繁,过街需求较大,行人过街设施的设置间距相对较小,而对于城市一般地区由于人流量相对较小,过街需求不大,行人过街设施的设置间距相对较大;城市边缘地区和城市郊区则多根据道路等级要求,重要人流吸引点等零散分布;城市中心商业区的行人过街设施间距通常小于城市一般地区的行人过街设施间距。一般来说,越接近于城市或区域中心,过街需求量越大,则对过街设施的便捷性要求越高,间距要求越小。路段过街最大间距应满足表 13-10 要求。

表 13-10 城市道路过街设施最大间距　　　　　　　　　　单位:m

道路等级、类型	居住、社会服务设施用地	商业、办公	对外交通	绿地与广场	工业仓储
主辅路形式地面快速路	400	450	500	600	700
高架或地下快速路的地面道路	300	350	400	500	700
主干路	200	200	300	350	600
次干路	150	150	250	300	500

3）　过街设施选型

（1）选型的影响因素

行人过街设施的作用是平衡行人和机动车的路权。当行人过街需求量大,过街等候时间小于行人的心理极限等待时间时,为了减少行人过街对机动车流的干扰,考虑设置人行横道,使有过街需求的行人在规定地点过街,以免干扰车流行驶的通畅性。当行人的过街需求量很大,机动车行驶速度快、流量大,行人无法找到可利用的车头时距时,考虑设置交通信号灯,平衡行人和机动车的通行权。当行人需求量超过了平面过街设施的通行能力时或行人的等待时间超出心理极限范围时,考虑到行人可能在车流中穿越或者在机动车干道边缘等待,这种情况不仅干扰机动车行驶,而且行人存在潜在危险,可以考虑设置立体人行过街设施。根据城市道路特性、车流特性和行人过街的特点,影响行人过街设施选型的因素主要有以下三个:

道路的几何形式包括道路的宽度、车道数以及道路的分隔形式。道路宽度和车道数影响行人的过街距离和行走时间。因此在选择过街设施的类型时应将其考虑在内。

车辆的运行状况指机动车流量、车速和密度,这三者决定了平均车头时距和平均车头间距。车头间距和车头时距决定行人穿越机动车流可能性和冲突程度;道路的行驶限速直接影响车辆的制动距离,与行人的安全性有较大关系。

行人过街需求包括行人过街流量及过街的行为和心理特性。行人过街需求要求过街设施的形式和通行能力要与其相适应。

(2)过街设施设置条件

① 平面过街设施

平面过街设施设置的条件主要有:

主干路相邻交叉口间距≥500 m、或次干路相邻交叉口间距≥400 m时,应根据道路两侧的行人过街需求规划设置平面过街设施;

企事业单位、商场、娱乐场所、居住区等人流集散点附近,应优先考虑设置信号控制人行横道;

当满足下列条件之一时,不宜设置无信号控制人行横道:

a. 机动车交通的瓶颈路段;

b. 弯道或驾驶员视距不良的地点;

c. 信号交叉口沿干路方向 100 m 范围内;

d. 道路的机动车限制速度≥50 km/h 时。

路段人行横道处交通流量达到如表 13-11 所示的标准时,可设置人行横道信号灯和机动车信号灯;

当相邻的灯控路口间距大于 500 m 时,路段中单方向的自行车流量达到 700 辆/h,且机动车流量达到表 13-11 中的 80%时,应设置人行横道信号灯和机动车信号灯。

表 13-11　信号控制人行横道设置要求表

双向行驶道路			单向行驶道路			
单向车道数(条)	单向机动车流量		双向行人流量	车道总数(条)	单向机动车流量		双向行人流量

单向车道数(条)	高峰小时(pcu/h)	连续 12 小时(pcu)	高峰小时(人/h)	车道总数(条)	高峰小时(pcu/h)	连续 12 小时(pcu)	高峰小时(人/h)
1	450	4 000	700	1	700	4 000	900
≥2	550	5 000	700	≥2	700	5 000	900

② 立体过街设施

人行天桥与地道的设置应结合城市道路网规划,适应交通的需要,并应考虑由此引起附近范围内人行交通所发生的变化,且对变化后的步行交通进行全面规划设计。立体过街设施的设置条件包括:

进入交叉口总人流量达到 18 000 人/h,或交叉口的一个进口横过马路的人流量超过5 000 人/h,同时在交叉口一个进口或路段上双向当量小汽车交通量超过 1 200 pcu/h;

进入环形交叉口总人流量达 18 000 人/h,交叉口的当量小汽车交通量达2 000 pcu/h 时;

行人横过市区封闭式道路或快速干道或机动车道宽度大于 25 m 时,每隔 300～400 m 应设一座;

铁路与城市道路相交路口,因列车通过一次阻塞人流超过 1 000 人次或道口关闭时间超过 15 min 时;

路段上双向当量小汽车交通量达 1 200 pcu/h,或过街行人超过 5 000 pcu/h 时;

有特殊需要可设专用过街设施;

复杂交叉路口,机动车行车方向复杂,对行人明显有危险处。

人行天桥和人行地道两种型式各有其适用性和优缺点,对天桥或地道的选择应根据城市道路规划,结合地下水位影响、地上地下管线、周围环境、工程投资、施工期间对交通和附近建筑物的影响及建成后的维护条件等因素综合考虑。

4) 过街设施选址

根据人行过街设施规划总体原则、布局依据与设施类型选择标准,在步行过街需求与交通条件适应性分析的基础上,结合步行系统规划的目标、策略和整体安排,提出人行过街设施总体配置方案。

(1) 立体过街

过街天桥或地道的设置应根据城市道路规划,结合地下水位影响、地上地下管线、周围环境、工程投资、施工期间对交通和附近建筑物的影响及建成后的维护条件等因素综合考虑。人行立体过街设施的规划宜整体考虑,并根据上述因素确定独立设置或统一设置。

立体过街设施规划应综合考虑与商业、公交枢纽等的衔接。衔接地下商场和轨道交通地下车站的地下步行通道必须能满足人流的需要,确保集散安全、有序。为保障过街安全,在机动车交通量大且地面行人空间不足的商业中心区、公交枢纽可采用空中步行走廊。空中步行走廊宜串联多个建筑物,设置顶棚,考虑安全、美观、舒适等,且应满足昼夜通行的要求。立体过街设施需设置残疾人无障碍设施,符合《无障碍设计规范(GB 50763—2012)》的要求。

(2) 平面过街

① 路段平面过街

为保障行人过街顺畅、便捷,人行横道过街的位置与道路两侧行人过街需求较大的出入口之间的距离不宜超过表 13-12 要求,并应设置行人过街提示标志,中小学校、医院门口应尽量设置行人过街信号控制。

表 13-12　过街位置距出入口距离 单位:m

位置	推荐	困难条件下
距地面公交站和轨道站出入口	≤80	≤130
距中小学校、医院门口	≤80	≤150
距居住区、大型商业设施、公共活动中心的出入口	≤100	≤200

一般情况下,自行车与行人共用路段过街设施;如自行车流量较大,可在人行横道一侧设置自行车过街,采用彩色铺装或喷涂,并设置醒目的自行车引导标志,与行人分隔空间路权。

当人行横道长度超过 16 m 时(不包括自行车道),应在中央分隔带或道路中心线设置行人过街安全岛,安全岛宽度不应小于 2 m,困难情况下不应小于 1.5 m。

人行横道线有平行式和斑马式两种。在有行人(或盲人)信号灯控制的路口或路段应设平行式,其他路口或路段应设斑马式。人行横道的最小宽度为 3 m,并可根据行人数量以 1 m 为一级予以加宽,在前后 75～100 m 应设置车辆限速、警示和行人指路标识。具有两条及以上车道的道路,机动车停止线距离人行横道线不宜小于 3 m,以提升外侧机动车道视野、减少交通信号交替时可能导致的行人与机动车冲突。居民区及商业区行人过街流量较大的区域,支路路段人行横道可适当抬高 8～10 cm,提升行人过街的可视性,降低机动车车速。路段过街宜设置行人过街信号灯,在行人流量较小的区域可采用无信号控制,应相应设置行人让行标志。可采用触摸式或定时控制的行人过街信号灯,安装在人行横道外 1.0 m 范围以内,采用定时控制的行人过街绿灯信号相位间隔不宜超过 70 秒,不得大于 120 秒。路段平面过街设施应遵循无障碍原则,过街处和安全岛应设置缘石坡道,便于儿童车、轮椅及残疾人通行。

② 交叉口平面过街

根据交叉口形状与空间、进入交叉口的行人、自行车和机动车交通量等情况,组织行人和自行车在交叉口的过街方式,保证行人和自行车过街安全、顺畅、便捷。

交叉口内安全岛设置要求同路段过街安全岛。右转导流岛设置应综合考虑交叉口形状、空间条件以及行人和自行车交通量,行人与自行车过街需求较大的交叉口不宜设右转导流岛。如果设置右转导流岛,其大小应综合考虑行人、自行车过街的等候空间要求。为保障交叉口范围内的行人和自行车安全通行,应采取适当的隔离措施并满足视距要求。一般在交叉口渠化范围内的机动车道和自行车道之间、自行车道和人行道之间设置隔离设施,可采用护栏隔离;在交叉口内以路面标线标示行人、自行车和机动车通行路权、自行车左转待转空间等,保障行人和自行车通行空间。交叉口内和交叉口停车视距三角形区域内严禁设置视线障碍物。距停车线 25 m 范围内,绿化高度宜小于 0.5 m;距停车线 50 m 范围内,应对驾驶员视线水平高度 5.5 度仰角区内的绿化枝叶适当剪除。交叉口渠化范围上下游 20 m 以内及未渠化交叉口 50 m 以内,不得设置路内停车位。

具有两条及以上车道的道路,机动车停止线距离人行横道线不宜小于 3 m,以提升外侧机动车道视野、减少交通信号交替时可能导致的行人与机动车冲突。行人过街绿灯信号相位间隔不宜超过 70 秒,不得大于 120 秒。鼓励行人过街与机动车右转的信号相位分离设置,并实行行人过街信号优先。交叉口平面过街处、安全岛和右转导流岛应设置缘石坡道,满足无障碍通行要求。

鼓励自行车过街与机动车右转信号相位分离设置,并对自行车过街信号实行优先。鼓励将交叉口处的自行车停止线靠近交叉口设置;自行车有单独信号控制、且实施信号优先的,可将自行车停止线布置在机动车停止线之前。

环岛的交通组织应优先保障行人过街的安全,环岛各相连道路入口处应设置人行横道,行人过街需求较大的应设置行人过街信号灯,并与机动车信号灯相协调。

③ 交叉口转角空间

无自行车道的交叉口转角路缘石转弯半径不宜大于 10 m,有自行车道的路缘石转弯半径可采用 5 m,采取较小路缘石转弯半径的交叉口应配套设置必要的限速标识或其他交通稳静化措施。

交叉口转角路缘石应缓坡处理,坡面宽度大于 2.0 m 时应设置阻车桩,防止机动车进入,保护行人安全。

交叉口转角空间设置交通设施、绿化和街道家具时不应影响行人通行和机动车视距。视距三角形限界内,不得布设任何高出道路平面标高 1.0 m 且影响驾驶员视线的物体。

13.6.4　自行车停车设施规划

1) 自行车配建停车设施规划

市区尤其是中心区内的商业、集贸、餐饮、公共娱乐中心等公共建筑,往往吸引了大量的自行车停车。然而,由于这些公建往往没有预留足够的自行车专用停车场,大多数停车需求只好以占用门前场地、附近人行道等方式解决,容易导致行人道、自行车道交通混杂,加剧了当地交通的混乱状况。

配建停车场是最直接、最方便的停车场,为了避免占用道路用地,建议要求城区内部的公共中心、商业中心、集贸市场等人流较多的公共建筑,必须严格执行相应的配建指标,配建相应的自行车专门停车场。

表 13-13 为国家公安部、建设部等部门对大型城市公共建筑制订的自行车停车位配建标准。

2) 自行车公共停车场规划

自行车停车应该首先考虑到其便利性,并且在不影响城市交通和市容的前提下对其进行规划,应遵循以下原则:自行车停车场地应尽可能分散、多处设置,采用中小型为主,以方便停车。同时,切合实际,充分利用车辆、人流稀少的支路、街巷或宅旁空地;自行车停车场应避免其出入口直接对着交通干道或繁忙的交叉口,对于规划较大的停车场地,尽可能设置两个以上的进出口,停车场内亦应作好交通组织,进出路线应明确划分并尽可能组织单向交通;停车场的规模宜视需要与实际场地大小确定,停车场地的形状也要因地制宜,不宜硬性规定或机械搬用。固定式车辆停放场地应设置车棚、车架、铺砌地面,半永久式和临时停车场地也应设明显的标志、标线,公布使用规则,以方便停车和交警执法;对于车站、公交站场等繁忙的交通换乘地点,应按规定设置足够的自行车停车场地,以方便转乘、换乘;停车点到目的地的距离不宜大于 50 m,不得大于 100 m。

表 13-13　各类建筑物配建自行车停车位标准

建筑物类型	指标单位	公、建部标准	国家规范
办公楼	车位/100 m² 建筑面积	2.0	2.0
商业	车位/100 m² 营业面积	7.5	7.5
影剧院	车位/100 座位	15.0	25.0
展览馆	车位/100 m² 建筑面积	—	1.5
图书馆	车位/100 m² 建筑面积	—	10.0
餐饮、饭店	车位/100 m² 建筑面积	—	3.6
宾馆	车位/客房	—	0.05～0.2
医院	车位/100 m² 建筑面积	—	1.5～2.5
体育馆	车位/100 m² 座位	20	20
旅游景点	车位/100 m² 游览面积	—	0.5
火车站	车位/高峰小时每100 客流量	4.0	4.0
客运码头	车位/高峰小时每100 客流量	—	2.0
农贸市场	车位/100 m² 用地面积	—	15
住宅	车位/户	—	2.0

各类大型公建服务的自行车停车场,应根据服务对象及用地条件,采用适当分散与集中相结合的原则进行布设。原则上应在主体建筑用地范围之内,确有困难的亦应在附近设置,使各方来车都可以就近停放,避免穿越干道。根据不同类型公建(如商业、金融、文娱、行政、餐饮等)对顾客吸引的高峰时间的差异,可以将一些停车高峰时间互补的公建停车场进行共用,以充分利用停车空间,提高停车位使用效率。

对固定停车场地应有车棚、车架,铺砌地面,规划好排水和进出通道,在划分停车区时每区应为 20～40 个停车位,停车带应有明显的标志。半永久式和临时停车场地应充分利用树木地形,防止日光直晒,也应设明显的标志、标线,公布使用规则,以方便停车和交警执法。

停车场的出入口应有良好视距,距离行人过街天桥、地道和桥梁隧道必须大于 50 m,距交叉口须大于 80 m,对有 50 个车位以上停车场的出入口应不少于 2 个并至少有 2.5～3.5 m 宽的通道,以保证每个出入口能满足一对相向车辆进出的需要。出入口通道的纵坡应保证自行车推行上下的安全;场内通道的纵坡度要平缓,应在 0.4%～4% 之间;停车坪内坡度,考虑到排水和自行车不滑倒的要求,一般在 0.2%～3% 之间。场内地面应尽可能加以铺装,以利于排水和环境卫生。

场内交通线路应明确,尽量单向行驶,使线路不发生交叉冲突。停车场地的形状也要因地制宜,不宜硬性规定或机械搬用。可根据用地形状来设计交通线路,近似长方形的用地可布置成主线通道式,近似正方形的用地可布置成主、支线通道式。停车带和通道应有显著的标志（如用油漆或混凝土色块划线并设编号牌等），以便车辆存取和出入。车辆宜分区停放，各区停放的车辆数一般控制在 40～50 辆。

13.7　步行与自行车交通环境设计

13.7.1　步行环境设施要素

1）基础设施

步行环境中的基础设施主要指与步行道路直接相关的、为步行者提供基本出行服务的设施，对步行出行品质有所影响的要素包括路面铺装、无障碍设施、标识系统和照明设施。

（1）路面铺装

机动车道与自行车道的路面出于对轮胎磨损和性能的考虑，采用水泥和沥青路面的形式。而步行道路是直接服务于人的出行，路面铺装旨在为行人提供安全、舒适、便捷的道路基础，因此对于步行环境中路面铺装的研究应包括以下几方面。

一是路面的平整度，不平整的情况包括地砖错位、缺失、损坏以及污痕严重等。二是防水性，如果铺装材料的透水性较差，在多雨雪或潮湿的地区道路的耐久性会较低，从而产生凹凸不平、唧泥、积水等现象。三是防滑性，下雨下雪等恶劣天气条件下步行道路应提供基本的防滑功能以保证出行者的安全。四是辨识度，主要指在起止点、转折处、分岔处等决策点已有无障碍设施上路面铺装材料的质地、颜色等的变化区分度。

（2）无障碍设施

步行道路上的无障碍设施不仅为残疾人服务，使步行道路便于和有助于残疾人使用，间接的也为所有行人改善了出行环境，比如缘石坡道的服务对象除了轮椅外，也可以为婴儿车、购物车或是行李提供便捷出行服务。

步行交通系统中的无障碍设施涉及的地点包括人行道、人行横道、人行天桥及地道、公交车站等场所，设施包括缘石坡道、盲道、轮椅坡道、音响提示装置、升降平台等出行相关设施。缘石坡道是位于人行道口或人行横道两端，为了避免人行道路缘石带来的通行障碍，方便行人进入人行道的一种坡道，在各路口、出入口及人行横道两端都必须设置；盲道是在人行道上或其他场所铺设的一种固定形态的地面砖，使视觉障碍者产生盲杖触觉及脚感，引导视觉障碍者向前行走和辨别方向以到达目的地的通道，分为行进盲道和提示盲道；轮椅坡道主要配合台阶使用，在坡度、宽度、高度、地面材质、扶手形式等方面方便乘轮椅者通行的坡道；音响提示装置是通过语音提示系统引导视觉障碍者安全通行的音响装置，主要安放在过街等处；升降平台主要是指在步行环境中方便乘轮椅者进行垂直或斜向通行的设施。

（3）标识系统

步行环境中的标识系统是有助于确定行人交通空间需求，补充交通信息的可视手段。清晰的标识系统使出行者能够清楚的知道目标地点并能系统规划行程，选择合适的出行路径，而信息混乱的标识系统往往使人晕头转向走错或绕路，严重影响步行感知和体验。

作为规划者与出行者交流的媒介,标识系统的设计核心就是信息表达的清晰性和易理解性,除此之外,分析一个区域指示系统的优劣也可从其他方面去考虑,如道路指引的系统性、系统设计的规范性、视觉效果的多样性、艺术效果的活泼性、图文指引的生动性等,也可以从指示标志的设置密度、各类型设施比例等量化指标判别。

(4)照明设施

道路照明是步行出行者夜晚活动的重要设计要素,高水平的照明不仅可以减少行人的交通事故率提高安全性,还能够降低犯罪率保护出行者的人身安全。

街道照明的形式除了传统的路灯外,还可通过泛光灯、景观灯(雕塑等建筑物上的灯光)来实现。照明的水平取决于光源的类型(灯以及其反射装置)、设置高度、支撑灯柱的空间等,一般的规范中采用照明单位来作为评判标准,如市区支路要求的平均照度为 3 流明/m。

2) 服务设施

步行环境中的服务设施是指位于道路空间内为步行者提供公共服务的设施,对步行出行产生直接或间接影响的包括遮蔽设施、垃圾桶、座椅、公厕、报刊亭/邮箱等。服务设施是使用主要涉及宏观的布局和微观的设计上,布局上需要分析密度是否能够满足使用需求,而设计上需要分析是否人性化及方便使用。公共设施齐全且维护完善、间距合理,可以很好的提升步行环境质量,为步行出行者提供更好的服务,从而提升步行感知体验,提高城市步行出行率。

遮蔽设施是指为步行出行者提供遮挡雨水、阳光的舒适空间的设施,包括自然的行道树树荫和人工建造的雨棚、屋檐、骑楼等。连续、有效、美观的遮蔽设施系统能有效提升步行空间品质。

垃圾桶的设置主要是为了保持步行环境的清洁卫生。考虑到室外空间的温度、湿度、光照等自然条件影响,材料和外观的选择在密闭性、透气性、防风防雨性以及景观协调性方面都要有所考虑。

座椅设施是提升步行环境品质的重要元素,形式除了专门设计的独立座椅外,还可结合花坛、喷泉等公共构筑物的边沿灵活设计,在公交站点、公共建筑出入口等人流量较大的路段和场所应重点布设,在材料选择上应考虑舒适、透水、易干等特性。

公共厕所、报刊亭、电话亭、ATM 机、邮箱等都既是便民服务设施,又是某些步行出行中的中间或最终目的地,因此其密度和服务水平对整体步行环境的影响都不容小觑。

3) 街道景观

步行环境中的街道景观主要指环境小品、绿化以及铺装、照明、沿街建筑等共同营造的步行环境中的景观氛围。具体的景观设施上包括街道家具和绿化设施,在感知上也包括了清洁度、噪音等。

(1)环境小品

环境小品指步行空间内与整体环境融合,满足人们情感需求的小型建筑物,包括雕塑、喷泉、亭子或者是有设计感的指示标志、灯具、垃圾桶等。环境小品是提升步行环境景观舒适性和愉悦性的不可或缺的要素。

单独环境小品的评价由于其艺术特性导致的主观性而较为困难,因此在分析时主要关注整体的街道氛围营造。一方面是步行环境的文化特色氛围,如上海城隍庙、广州骑楼、北京琉璃厂等就具有深刻独特的文化底蕴。环境氛围的营造可以是历史积淀,也可以是现代气息,围绕有一定识别性的主题对环境小品进行设计和组织,使出行者能够理解和体会其中文化。在兼顾经济实用的前提下,应综合考虑地面铺装、植物配植、照明、标识及城市家具的美观性,力求体现当地环境特色,彰显地方文化特质。

（2）绿化系统

与步行环境有关的绿化系统是城市绿地的组成部分之一,模式上一般采用乔木、灌木、地被植物等组合形式,除了设施带、分隔带中的绿化外,也包括广场绿地、街边盆景等。

绿化效果一般使用绿地率、绿化率等定量指标评价。但从对步行出行感知的影响上来说,绿地面积、植被盖度、绿地的开放性和可进入性、植物种类、植被密度及高差协调等都会影响绿化的效果。

（3）人居环境

步行环境中的人居环境要素包括了步行环境的清洁度、噪声影响等。

清洁度是指步行出行者对整体步行环境,包括地面、街道家具以及净空等要素整体清洁卫生程度的感知,路面的垃圾、电线杆上的"牛皮癣"、墙体上的杂乱涂鸦都有可能破坏整体环境的清洁度。

噪声主要是考虑步行环境的宁静程度,在机动化日益严重的今天,现代化的扩音喇叭、汽车刺耳的鸣笛都会破坏步行者的出行体验和感受。安静怡人的环境能够使人放松自我、心情平和,嘈杂的噪声不仅影响人们正常交流,更可能对行走在步行空间中的人们造成健康上的危害。

步行环境分析对象与布局设计要求如表 13-14 所示。

表 13-14　步行环境分析对象与布局设计要求

分析对象		分析内容	
		布局	设计
基础设施	路面铺装	完整性	平整度、防水性、防滑性、辨识度
	无障碍设施	设置密度、间距	缘石坡道、盲道、轮椅坡道、音响提示装置、升降平台
	标识系统		清晰性、易理解性、道路指引的系统性、系统设计的规范性、视觉效果的多样性、艺术效果的活泼性、图文指引的生动性
	照明设施		光源的类型(灯以及其反射装置)、设置高度、支撑灯柱的空间
服务设施	遮蔽设施		连续、有效、美观
	垃圾桶		密闭性、透气性、防风防雨性、景观协调性
	座椅		舒适、透水、易干
	便民服务设施		服务水平
街道景观	环境小品	氛围营造	
	绿化系统	绿地率、绿化率、绿地面积	植被盖度、绿地的开放性和可进入性、植物种类、植被密度及高差协调
	人居环境	清洁度、噪声影响等	

13.7.2 自行车环境设施要素

自行车环境中的环境设施主要指与自行车道路直接相关的、为骑行者提供基本出行服务的设施,对骑行者出行品质有所影响的要素包括标志系统和照明设施。

1) 路面铺装

自行车道对于铺装平整度的要求与步行道相同,但对于图案样式与质感变化的要求稍低。在自行车道的重要决策点处,包括起止点、转折点或机非潜在冲突的路口或路段等,可变换颜色,采用彩色铺装的形式,提示使用者注意前方路况或行驶安全。采用不同颜色的彩色自行车道的路面铺装可将机动车道与自行车道清晰地进行分隔,既减少了不必要的隔离设施、节约了道路空间,又比传统划线分隔更加清楚明朗,且建设费用低廉。

2) 照明设施

自行车道照明可选择与机动车道或人行道协同考虑,采用"多杆合一"的建设理念,不宜重复设置,造成资源、用地的浪费,起到提升道路空间品质的作用。只有当机动车道较宽或专用自行车道须单独设置自行车道照明设施的时候,才考虑设置单独的照明设施。在许多人流、自行车流与机动车流出现冲突的地点,如平面无控过街设施、道路级别较低的交叉口,需要设置照明设施。

3) 标识系统

标识系统主要通过发布重要公共信息,有效地引导骑行者获悉到达目的地的最佳路径及距离。标识系统中的公共信息标识尤为重要,其中包括路名指示标识、门牌号标识、环境指示标识等,有固定型、悬挂型、独立型等形式。公共信息标识的设计应清晰明确、一目了然、尺度适宜(以宽 0.5～1.0 m,高 2.4 m 为宜),以正确地对骑行者进行引导;对于特殊的地段,如复杂路口、交通换乘处等,应设置更加突出醒目的标识,以确保骑行者及时了解路况,选择正确的道路;在自行车交通空间与机动车道相交并且有一定冲突的地段,标识必须明确突出,以起到警告驾驶人的作用,以免骑行者受到伤害;自行车道也需要明确,以保证骑行者的通行,进出前都应有标识提示,自行车道的标线要连贯、完整,并在特殊路段用颜色加以区别,保证骑行者以及其他人的安全。

13.7.3 步行与自行车交通环境设计指引

1) 步行和自行车空间

步行和自行车道路的横断面分区应清晰,主要包括建筑前区、行人通行带、设施区、自行车区、绿化带等。自行车道与机动车道之间的分隔宜采用绿化带,设施带或绿化带的宽度不得小于 0.5 m,有行道树的不得小于 1.5 m,并应满足表 13-15 中不同街道家具的最小净宽要求。各种设施布局应综合考虑,避免设施与树木间的干扰。步行与自行车交通空间宜与建筑退让空间、街边公园和广场空间协调衔接,形成有机融合、舒适宜人、特色鲜明的步行、自行车交通空间环境。

表 13-15　不同街道家具的最小净宽　　　　　　　单位:m

护栏	路灯、垃圾箱、邮箱、报刊栏、咪表、小型变电箱、电线杆、小型设备箱、指示牌	座椅、电话亭	报刊亭、设备箱、变电箱、检修井	自行车停车设施、常规公交车站站台	快速公交车站站台、人行天桥楼梯、人行地道出入口、轨道车站出入口
0.25~0.5	0.5~1.0	1.0~1.6	1.6~2.0	2.0~2.5	3.0~6.0

2）　道路景观

（1）道路绿化

道路绿地率宜针对不同道路红线宽度选择,一般不小于 20%~30%,休闲游览性道路、滨河路及有美化要求的道路可在 40% 以上。应考虑为人行道和自行车道提供绿化遮阳,提倡多功能用途的绿化景观配置。依据道路功能,确定种植位置、种植形式、种植规模,选用适当的树种、草皮、花卉,并合理组织。

（2）小品

小品设置应与周边的环境相协调,并符合行人的观赏角度与距离特点。

（3）景观协调

绿化和景观设计应符合交通安全、环境保护、城市美化等要求,并应与沿线城市风貌协调一致。立体过街设施出入口景观应与道路构造及周边环境协调一致。

生活性主、次干路的景观应能反映街道特色和商业文化氛围。景观设施宜多样化,绿化配置多层次且不强调统一,尺度应以行人视觉感受为主。

支路应反映社区生活场景、街道的生活氛围。景观设施小品宜生活化,绿化配置宜生动活泼、多样。

滨水道路应以亲水性和休闲服务为主,有条件时,在道路和水岸之间宜布置绿地,保护河岸的生态景观。对于有防洪要求的河流,应处理好与人行道、自行车道和防洪等相关内容的衔接。

风景区道路应避免大量挖填,应保护天然植被,景观设计应以借景为主,将道路和自然风景融为一体。

步行街应以宜人尺度设置各种景观要素。景观设施以休闲、舒适为主,绿化配置应多样化,铺砌宜选用地方材料。

3）　服务设施

步行系统(含自行车系统)的服务设施包括遮阳、照明、标识、休憩等多类设施。设置位置和密度应与所在道路的功能相适应,根据使用人数、使用频次、使用方式、服务半径确定合理间距,人流密度较大区域,如交通枢纽、商业区、景区景点、大型文化体育设施等,其场所周边人行道上公共服务设施的密度可适当加大。服务设施的设置不得占用行人通行带和自行车通行空间。各类设施的设置不得妨碍行车视线,城市道路交叉口转角、地铁出入口、公交车站、人行过街设施、地块机动车出入口等密集人流集散区域,不得设置除交通管理设施、导引标识、照明设施和废物箱等必要设施以外的其他设施。各类设施应统筹协调、适当组合,结合人流密度集中布置或均匀布置,减少对公共空间的占用。

（1）引导设施

为了保证行人（自行车）交通通畅、便利、安全，防止交通事故发生，行人（自行车）系统应设置必要的交通标识，各标识应能准确体现含义，引导行人（自行车）顺利通行。人行（自行车）交通标识布置要保证行人（自行车）通行的连续性，构成完整的交通标识系统，为行人（自行车）提供通行服务。交通标识和标线的名称、图形、颜色、尺寸、设置地点等，应遵循现行《道路交通标志和标线（GB 5768—2009）》和《城市道路交通标志和标线设置规范（GB 51038—2015）》标准。各类交通标识、标线等交通安全设施应保持标识面的清晰、整洁，具有良好的可视性，避免障碍物的遮挡。新建、扩建、改建人行道（自行车道）时，应能保证标识系统与行人（自行车）系统同步规划、同步设计、同步施工、同步使用。

a. 标识系统

人行（自行车）系统交通标识主要分为三类：指示标识、引导标识、确认标识。各类标识设置原则如下：指示标识设置在交通换乘及道路交叉口位置，引导标识设置在道路行进方向发生改变的位置，确认标识结合目的地识别方便性的需求设置。人行（自行车）标识系统要体现"空间引导"效应，应能指示最佳路径方向与距离，命名应能体现城市文化特色，宜与公共设施形成城市空间中的景观。各种人行（自行车）标识应能满足不同使用者的视野要求，高度应不低于 1.5 m，内容和含义清晰，并且根据需要可设置照明或采用反光、发光标识。标识的外观应符合人们习惯，宜采用易于识别和理解的图案，尤其对于儿童和老人，应能让其更容易识别和理解。广场或者大型活动集散地应设置人行标识系统，标识系统应同时能兼顾弱势群体，帮助行人（自行车）顺利进出场地。公交或轨道交通枢纽换乘站应合理设置人行（自行车）标识系统，同时宜配备语音等辅助手段，帮助行人（自行车）换乘。绿道标识系统设计宜结合沿线景观统一布局，宜进行一体化设计，集约化布置。因市政管线和设施改建、维修等，需进行路面施工的，施工期间，要安排行人临时通行空间，同时应设置隔离设施和指示、警示标识。

b. 标线系统

交通标线包括路面标线、突起路标和立面标记三类，交通标线的设置应参考《道路交通标志和标线（GB 5768—2009）》和《城市道路交通标志和标线设置规范（GB 51038—2015）》的相关规定。交叉口、人行横道可通过特殊标线、彩色铺装等方式增强可认性。交叉口或者路段过宽而致使行人无法实现一次性过街时，应在导流区用标线设置行人等待区。接近路口的路段应使用标志、标线提醒机动车减速，保证行人通行的安全。广场应按人流、车流分离的原则，布置分隔、导流等设施，并采用交通标识与标线相结合的方式，指示行车方向、停车场地、步行活动区。

（2）照明设施

照明设施应按照安全可靠、技术先进、经济合理、节能环保、维修方便的原则进行，满足《城市道路照明设计标准（CJJ 45—2015）》的要求。应根据亮度要求，采用的灯具无眩光控制标准，并具有良好的诱导性。曲线路段、交叉口、铁路道口、广场、停车场、坡道、路段转弯处等特殊地点应比平直路段连续照明的亮度高、眩光限制严、诱导性好，能保证视障者顺利通行。照明灯具应根据自行车横断面形式、宽度、照明要求布置。照明设施选址应能和周围沿线景观协调一致，灯杆灯具的色彩和造型应符合街道景观的基调。自行车停车场照明设计应根据场地规模、铺装材料及绿化布置等情况分别采用双侧对称布灯、周边式布灯等常规照明或高杆照明。

（3）无障碍环境设施

人行系统应体现道路使用者"人人平等"的原则，创造行人通行的无障碍环境。人行系统应根据通行要求设置无障碍设施，设计要满足现行《无障碍设计规范（GB 50763—2012）》的规定。无障碍环境设计应保障行人通行的连续性，应重点考虑人行设施与公共区域非公共区之间的衔接，以及设施设计与使用间的完整性，具有可达性、安全性、便利性与舒适性。无障碍环境设施应符合乘轮椅者、拄盲杖者及使用助行器者的通行与使用要求，设施在设计上应强调直接性、简单性及便利性。无障碍环境设施设计宜结合周围景观成为整体空间环境设计的一部分。交叉口、街坊路口、单位出口、广场入口的人行道、人行横道及桥梁、隧道、立体交叉等路口应设缘石坡道。城市中心区道路、广场、步行街、商业街、桥梁、隧道、立体交叉及主要建筑物地段的人行道应设盲道。人行天桥、人行地道、人行横道及主要公交车站应设提示盲道，公交站牌应配置盲文标识。人行天桥、人行地道及轨道交通车站出入口应设置无障碍设施。城市主要道路的人行横道宜设置过街音响信号；设有安全岛的路段，安全岛的尺寸应能满足轮椅使用者通行。无障碍设施的标志系统应采用国际通用无障碍标志牌，城市主要地段的道路和建筑物宜设盲文位置图。

（4）遮挡设施

针对气候特征，考虑为行人和自行车提供必要的遮挡设施。可采用人工或绿化遮阳形式，遮挡设施的设置应分别满足城市道路各类交通的净空限制要求。

（5）休憩设施

休憩设施以街道坐具为主，尽量布置在人行道的绿化区，并保持一定间距。

（6）环卫设施

废物箱设置应符合《城市环境卫生设施规划规范（GB 50337—2003）》要求。

（7）公共厕所

城市道路沿线公共厕所设置应符合《城市环境卫生设施规划规范（GB 50337—2003）》要求。

13.7.4 交通稳静化技术

交通稳静化技术指通过系统的硬设施（如物理设施等）及软设施（如政策、立法、技术标准等）来降低机动车对居民生活质量及环境的负效应，将鲁莽驾驶行为转变为人性化驾驶行为，改变行人及自行车环境，是保障行人与自行车安全的有效手段之一。

其核心思想是在人车共享交通设施资源的基本前提下对道路结构进行改进，形成更偏向于步行与自行车出行、游憩、景观等功能的街道结构。因此推动交通稳静化措施的落实将改善步行与自行车交通出行环境，保障居民出行安全。交通稳静化技术的作用主要体现在：

（1）降低机动车的负面效应，降低机动车在车速、能源损耗、污染、城市蔓延等方面的负面社会性与环境性影响；

（2）改变驾驶人行为，减少驾驶机动车的侵略性，增加对道路上自行车骑行者的尊重；

（3）改善行人及自行车的用路品质，借由鼓励市民以步行与骑自行车替代机动车辆出行，来增加道路的安全性与用路人的安全感，并且获得美化街道环境的机会。

交通稳静化措施主要包括工程性以及非工程性措施。工程性措施指通过设置减速带等工程手段来降低车辆的车速或者对交通量进行控制，进而实现交通稳静化；非工程措施指的是教育、执法等方式的应用。

一般稳静化设计应用于居住街区等步行与自行车交通比例较高的地区，旨在营造宜人的交通环境。在稳静化措施的规划设计过程中，应当结合各城市道路空间的状况以及居民出行的习惯，选择适当的稳净化措施。

1）工程性措施

包括流量管制措施、速度管制措施及其组合控制措施，主要目的是降低车速和控制交通量。

流量管制多数采用设置路障的方式，以造成驾驶员行驶不便而减少穿越性交通量；速度管制设施包括水平式、垂直式以及路宽缩减式。其中垂直式主要是在路面垂直方向强制机动车减速（如减速带等），水平式是在道路侧向方向施加影响迫使机动车谨慎慢行（如隔离岛等），路宽缩减式方法运用驾驶员视觉及心理紧张达到减速效果。

（1）流量管制措施

流量管制措施主要通过改变交通流的流向以及限制或禁止某些特定的交通流，减少机动车交通量。仅适用于居民区和学校，鉴于对紧急特种车辆的考虑，在稳静化措施选择时，流量控制一般不优先考虑，在应用之前，必须经过详细的调查与规划，确保有其他紧急车辆通道以及对周围的道路网影响不大才予以实施。

（2）速度管制措施

① 水平式

水平式是指采用改变传统的直线行驶方式以降低车速。典型措施包括交通花坛、交通环岛、曲折车行道、变形交叉口等。

交通花坛是设置在交叉口中心位置的圆形交通岛，车辆沿其周围逆时针环绕行驶；一般适用于社区内部，特别是交通量不大，注重降低车速和交通安全的地点；交通环岛比交通花坛大，设置在交通量较大、车速较高的交叉口，各个进口处都设置了导流岛，车辆通过时逆时针环绕行驶，为来自不同方向的交通流分配路权；曲折车行道指通过有意的将道路改造曲折线形，迫使车辆不断左右变换从而达到减速慢行的目的；变形交叉口应用在 T 型交叉口，它通过一系列球状物，改变 T 型交叉口直行进口道的线形，使直行车流由直行通过变为转弯通过。

② 垂直式

垂直式速度控制措施是把车行道的某一段抬高，达到降低车速的目的。典型措施包括纹理路面、减速丘、减速台、减速垄、凸起交叉口等。

纹理路面采用压印图案或者交替使用不同性质铺路材料来铺设不平坦的道路，该路面常应用于人行横道、整个交叉口或者社区的全部道路，适用于行人活动频繁，且可忽略噪音影响的主要街道区域；减速丘是横穿车行道的一块圆拱形凸起区域，其纵断面可以是圆曲线、抛物线、正弦曲线。其造价相对较低，行人、自行车相对容易通过，能有效地降低车速；减速台是一种纵向拉长的平顶减速丘，用砖或者具有纹理的材料建造，其平顶宽度可容纳一辆客车停留。适用于既需要控制车速，又需要考虑大型车行驶舒适性的地点；减速垄是横布于路面上的条形凸起障碍物，属于道路强制减速装置，由橡胶减速垄单元组成，主要布设在道路的行人密集路段和陡坡、急弯、桥头、厂区道路和低等洞口等行车危险路段；凸起交叉口是指整个交叉口采用砖块或其他材料铺设垫高，通过改变交叉口的高度，使驾驶人更易于辨认人行横道，提前减速，这种设施适用非信号控制的交叉路口。

③ 路宽缩减式

车道断面窄化是指采用缩短车道断面宽度降低车速。其典型措施包括交叉口瓶颈化、中心岛窄化和路面窄化。

交叉口瓶颈化是指交叉口处两侧路缘向中间延伸，从而减少交叉口的进口宽度。通过缩短行人穿越交叉口距离和凸起的交通岛使得机动车容易注意行人，是一种"行人化"交叉口，适用于行人活动频繁，且不宜使用垂直速度控制措施带来噪声的地点；路面窄化是在行人过街处，通过拓宽人行道或绿化带来延伸路缘，以窄化道路断面的一种方式，通常分为单车道窄化和双车道窄化，配以人行横道标线，即"安全人行横道"，适用于需要限制速度，而且又不缺少路边停车泊位的地点；中心岛窄化是在街道中线上设置凸起的中心交通岛，以窄化两侧的车行道，一般应用于双车道道路，中心岛进行绿化以提高视觉美感；适用于社区出入口处和街道较宽、行人过街需要较长时间的地点。

（3）组合控制措施

不同静化设施各有其优缺点，通常需要几种静化措施的组合使用达到降低车速和减少交通量的交通稳静化目的。其组合的应用方式包括：

➤　同一路段采用垂直与水平设施组合应用，也可与景观工程相配合设置。

➤　依据设施的强度分别设置于交通静化区内，其中与区外连接路口应设置减速效果较弱的设施，避免区外车辆转入区内时瞬间减速所造成的安全问题。当在区内中心，即可设置较强的设施。

➤　速度控制措施和交通量控制措施组合使用，发挥各自的优势，其具体有多种方式：中心岛与减速台的组合，凸起交叉口与交叉口瓶颈化。

2）非工程性措施

包括公众意识、公众参与等的培训与教育、交通立法执法及交通稳静化安全措施等。

（1）立法执法

交通稳静化必须要有法律的支持。通过强制的公共权力执行让人们重新获得街道与社区意识。强制的速度限制措施包括雷达测速板、路面标线、交通标志以及增加交警数量。强制措施需要由公安交通管理部门基于道路交通法规制定的交通条例来实现。

（2）公众意识及公众参与

交通稳静化的顺利实施需要得到绝大部分居民的有力支持及政府的认同。

坚持"以人为本"的规划理念，在城市步行与自行车交通规划、城市控制性详细规划中落实交通稳静化实施方案或者提出相关的规划指引，为交通稳静化措施的实施提供规划上的依据。

　　引导居民逐渐转变传统的以小汽车为主导的理念。首先可以在一些居住区、学校附近、景观旅游区域选择一些容易被人接受的交通稳静化措施进行实施,并在交通标志标识方面给予驾驶员提醒,然后根据实施效果逐渐拓展交通稳静化措施的种类和实施的范围。

　　建立并鼓励公众参与机制。公众参与机制是成功推动交通稳静化区发展的关键,主要表现在咨询与宣传教育两个方面。在交通静化设计前期交通调查的阶段,向当地居民宣传交通稳静化理念,介绍交通稳静化实施的目的以及具体措施等;在制定交通稳静化措施期间应听取当地居民、专家、学者等的意见与建议,并最终确定最佳方案。

参考文献

[1] 东南大学.江苏省城市慢行系统规划编制研究报告[R].江苏省住建厅科技计划项目,2014.

[2] 邓一凌.步行性分析与步行交通规划设计方法研究[D].东南大学博士学位论文,2015.

[3] 崔莹,过秀成,邓一凌等.历史文化街区步行性分析方法研究[J].交通运输工程与信息学报,2015,(1):51-57.

[4] 江苏省住房与城乡建设厅.江苏省城市步行与自行车交通规划导则[S].2013.

[5] 叶茂,过秀成,徐吉谦,等.基于机非分流的大城市自行车路网规划研究[J],城市规划.2010.(10):56-60.

[6] Gehl J, Gemzøe L. Public spaces-public life[M]. Arkitektens Forlag, 2004.

[7] Kuzmyak J R, Walters J, Bradley M, et al. Estimating Bicycling and Walking for Planning and Project Development: A Guidebook[M]. Nchrp Report, 2014.

[8] Raford N, Ragland D R. Space Syntax: An Innovative Pedestrian Volume Modeling Tool for Pedestrian Safety[R]. Safe Transportation Research & Education Center, UC Berkeley. 2003.

[9] TAN D, WANG W, LU J, et al. Research on Methods of Assessing Pedestrian Level of Service for Sidewalk[J]. Journal of Transportation Systems Engineering & Information Technology, 2007,7(5):74-79.

第14章 城市物流系统规划

城市物流是以城市为主体的,为满足城市需求所发生的物流活动。城市物流系统由基础设施、信息平台和政策三大要素组成,通过实现物品运输、储存、包装、搬运、流通加工、配送及信息处理等功能,以保障城市功能的正常发挥。

城市物流系统规划是根据城市的外部环境、城市的经济发展状况和功能定位,以及城市现有物流状况和未来物流需求,从城市的整体利益的角度出发,合理配置城市物流资源,建立起一个适合城市发展需要且有效率的城市物流系统建设方案的过程。城市物流系统规划主要包括物流基础设施平台、物流公共信息平台及物流发展政策保障平台的构建,本章重点介绍物流基础设施规划。

14.1 城市物流系统规划基本要求

14.1.1 城市物流系统规划原则

不同的城市发展水平各异,发展环境也千差万别,但城市物流的发展有其内在规律。为了保证城市物流系统的正常有效运行,集约利用资源,城市物流系统规划时需要遵循以下原则:

1)城市物流规划应与城市总体规划一致

城市物流规划应该与城市总体规划的功能、布局相协调。使城市物流系统与产业调整、城市功能转变协调发展。

2)城市物流规划以市场需求为导向

城市物流系统规划必须遵循市场化规律,使物流系统总体的经济运行取得最佳效益。只有根据市场需求,才能规划合理的物流基础设施、构建高效的信息平台、出台到位的物流政策,使整体物流系统发挥其系统功能,实现物流功能的合理化。

3)城市物流系统规划应具有前瞻性

城市物流系统是为城市经济发展和居民生活需求服务的,应立足于城市当前的经济发展要求和居民生活需求,也应着眼于将来的发展趋势和需求变化,使资源最大限度地发挥作用。

4)整合城市物流资源,实现城市物流方式优势互补

当城市物流资源分散在不同企业或不同部门时,各种城市物流要素很难充分发挥作用。只有在全社会范围内对各种城市物流要素进行整体的优化组合和合理配置,才可以最大限度地发挥各种物流要素的作用,提高整个城市的物流效率。

14.1.2 城市物流系统规划内容

城市物流系统规划运用系统论的观点，把物流各个子系统联系起来作为一个整体进行综合规划，充分发挥其系统功能，实现物流系统功能的合理化。城市物流系统规划以城市物流发展现状分析、城市物流需求预测以及城市物流发展环境分析为前提基础，主要内容包括物流基础设施规划、物流信息平台规划和物流政策保障平台规划。图 14-1 为城市物流系统规划的框架示意图。

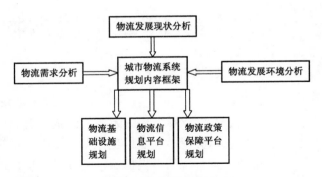

图 14-1 城市物流系统规划框架示意图

1）物流基础设施规划

物流基础设施是物流活动的载体，是物流合理化的基础，主要包括物流通道和物流节点。物流基础设施规划是城市物流系统规划的硬件部分，主要包括城市物流节点的空间布局规划和城市物流通道规划两部分。

2）物流信息平台规划

城市物流信息平台是城市物流系统的软件部分。物流信息平台规划就是根据物流业发展战略目标和城市定位，在分析各种物流信息平台的功能及技术需求基础上，提出城市物流信息平台的框架结构、功能模块和技术要求等。

3）物流政策保障平台规划

物流政策保障平台规划是制定与社会主义市场经济制度和城市物流产业发展相适应的法规框架和政策体系，目标是为城市物流的发展创造良好的软环境，同时也担负着为物流基础设施规划和物流信息平台规划的实施提供政策保障的任务。

14.1.3 城市物流系统规划流程

城市物流系统规划的步骤：①制定合理的城市物流系统规划目标，并确定规划的指导思想；②分析当前城市物流发展状况，明确城市物流的发展阶段和存在问题；③在物流需求预测和发展环境分析的基础上，提出城市物流系统的战略定位、规划实施的战略步骤及阶段性战略目标；④在战略目标的指导下，进行城市物流节点的空间布局，包括物流节点的选址、规模、功能设计等，并进行城市物流通道的规划设计；⑤结合现代物流发展趋势和物流信息服务主体对信息平台的需求，提出城市物流信息平台的建设规划方案；⑥为确保城市物流系统规划的实现，进行物流政策保障平台规划。

结合以上城市物流系统规划的步骤，其技术分析框架具体可分为三个阶段：

（1）目标建立：根据城市区位特征和现代物流在城市社会经济中的地位及作用，结合城市的发展趋势，合理制定城市物流系统规划的目标和指导思想。

（2）准备工作：通过收集城市社会经济发展、物流市场供需现状、交通基础设施及政府物流政策等资料,进行归类整理、数据统计,剖析城市物流系统存在的问题,并分析其发展环境和物流需求,提出相应的战略目标和战略步骤。

（3）方案形成:提出若干个城市物流系统的规划可行方案,包括城市物流节点的空间布局、城市物流通道设计和物流信息平台规划等方案,通过建立方案评价体系,对方案进行优化调整,制定分期实施计划。

14.2　城市物流节点布局规划

14.2.1　城市物流节点分类

1）城市物流节点类型

物流节点是物流网络中连接物流线路的结节之处,是物流基础设施的主体。物流系统中的活动,如包装、装卸、保管等,都是在节点中完成的。物流节点对整个物流网络的优化起着主要作用,它不仅执行一般的物流职能,而且越来越多地执行指挥调度、传达信息等神经中枢职能,是整个物流网络的灵魂所在。根据节点的服务需求、服务功能、服务范围等要素的不同,将城市物流节点分为三个层次:物流园区（Logistics Park,简称 LP）,物流中心（Logistics Center,简称 LC）,配送中心（Distribution Center,简称 DC）,即用“物流园区—物流中心—配送中心”来组成城市的多层次物流节点体系[1]。

（1）第一层——物流园区

物流园区是几种运输方式衔接形成的物流活动的空间集聚体,是在政府规划指导下多种现代物流设施设备和多家物流组织机构在空间上集中布局的大型场所,是具有一定规模和多种服务功能的新型物流业务载体。它按照专业化、规模化的原则组织物流活动,园区内各经营主体通过共享相关基础设施和配套服务设施,发挥整体优势和互补优势,进而实现物流集聚的集约化、规模化效应和促进载体城市的可持续发展。物流园区的特征主要有:

① 成片的物流用地。既然是园区,就应该有成片的土地,这些土地是城市规划的一部分,承担城市物流功能。

② 完善的物流服务功能。能实现货物运输、分拣包装、储存保管、集疏中转、信息服务、货物配载、业务受理、通关保税等各种物流服务功能。

③ 众多的物流企业。就像高新技术开发区汇集很多高新技术企业一样,物流园区汇集了众多的物流企业。一个城市不可能建设很多物流园区,因此大量的物流企业集中到园区,企业之间功能互补,可以发挥整体优势。

④ 统一的物业管理。由于园区用地、基础设施甚至信息平台是众多物流企业共享的,需要统一管理,降低投资与运营费用,让专业物业管理公司为物流企业提供物业服务。

⑤ 良好的政策环境。为吸引物流企业进入园区,物流园区一般都享受一定的优惠政策,如低廉的土地使用费与房租、税收与管理费用的减免、贷款支持等。

（2）第二层——物流中心

物流中心是指以现代信息和技术手段为支撑,主要从事物流活动的经济实体或地域空间。根据《中华人民共和国物流术语标准》的定义,物流中心是指接受并处理下游用户的订货信息,对上游供应方的大批量货物进行集中储存、加工等作业,并向下游用户进行批量转运的设施和机构。

物流中心是企业优化分销渠道、完善分销网络、进行业务重组的结果,同时也是第三方物流理论得到应用的产物。城市物流中心的有效衔接作用主要表现在实现了公路、铁路等多种不同运输形式的有效衔接。综合物流中心对提高物流水平的作用主要表现在缩短了物流时间,提高了物流速度,减少了多次搬运、装卸、储存环节,提高了准时服务水平,减少了物流损失,降低了物流费用。

(3)第三层——配送中心

配送中心,是指商品集中、出货、保管、包装、加工、分类、配货、配送、信息的场所或经营主体。国家标准对配送中心的定义是:从事配送业务的物流场所或组织。配送中心总的来说是一种末端的物流节点设施,通过有效的组织配货和送货,使资源的最终端配置得以完成。

配送中心有自用型和社会化两种主要类型。自用型配送中心由制造商、零售商经营,主要服务于自己的产品销售或自有商店的供货。社会化的配送中心,也称"第三方物流",是由独立于生产者和零售商之外的其他经营者经营的。配送中心是物流流通网络中的结点,处于物流网络的不同位置或不同空间范围,就会产生不同的用地规模要求。按照空间服务范围的不同,配送中心一般有地方性配送中心和区域性配送中心两种,前者主要服务于一个城市,甚至城市局部地区的生产和消费物流;后者的服务范围较大,是跨城市的,或者覆盖一个较大的空间范围乃至一个国家。

表14-1从规模、服务半径、功能、物流特点等多方面对物流园区、物流中心和配送中心进行比较。

表 14-1　物流园区、物流中心、配送中心的区别和联系[1]

比 较 项 目	物 流 园 区	物 流 中 心	配 送 中 心
综合程度	综合性强	带有一定综合性	专业化和局部范围
服务对象	主要面向整个城市	主要面向局部地区	主要面向特定用户
规模	大	中	较小
功能	综合功能	主要是分销功能	主要是配送功能
服务半径	大规模、大范围	较大规模、较大范围	小规模、小范围
运输方式要求	多种运输方式	主要是公路运输	主要是公路运输
位置	远离市中心	城市周围	城市内部
服务范围	城际物流	市域物流	特定用户物流
物流特点	处理大批量、少批次、多品种的商品	处理大批量、少批次、少品种的商品	处理小批量、多批次、多品种的商品
在供应链中位置	上游是供应商 下游是物流中心	上游是物流园区 下游是配送中心	上游是物流中心 下游是客户

此外,城市物流节点还包括公路货运场站、铁路货运场站、港口等,这些传统的货运枢纽一般承担物流节点的中转、运输等服务功能,是区域物流与城市物流衔接的主要场所。在物流节点布局规划中也往往依托这些货运枢纽,通过适当的整合形成新的城市物流节点,将其更好地纳入到城市物流节点体系之中,也可单独作为城市物流节点体系的补充。

2) 城市物流节点类型的确定

在物流节点布局规划过程中,需要根据物流节点体系对备选节点的类型进行划分,划分依据主要根据节点物流需求水平和物流供给能力进行综合判断。

(1) 节点物流需求水平

节点物流需求水平指市场(客户)对各种不同种类及服务水平的物流业务的现实或未来需求的程度,包括市场环境和物流特征两个方面。物流市场环境主要指城市工商企业的数量及规模以及未来的市场增长率,影响未来的物流需求,不同的物流需求特征对于物流服务的类型的选择会有较大的差异,可选取多批次程度、物流需求规模、物流需求增长速度等指标表征节点物流需求水平。

(2) 节点物流供给能力

节点物流供给能力指由物流节点借助外部的环境所能提供的物流服务,所属区域周边环境与未来发展决定了对不同物流服务需求所能提供的供给能力和服务水平,包括交通发展条件和未来物流设施用地。是否具备与物流业务模式相匹配的交通条件影响物流需求的大小,不同的节点类型对用地的扩展性的差别以及土地的价格也影响着未来物流节点的供给能力的适应性,可选取多式联运情况、区域交通条件、城市交通条件、土地价格及用地可扩展性等指标表征节点物流供给能力。

在城市物流节点类型划分时,由于影响物流节点类型的划分指标多数为宏观的指标,难以定量化,可对指标进行等级划分,采用专家评分法将指标量化,作为物流节点分类的依据。通过 SPSS 等软件的聚类分析功能,再结合对物流节点类型的定性判断,最终得出物流节点类型划分结果,为物流节点布局的科学定位提供必要的决策参考。

14.2.2 城市物流节点选址

物流节点选址是指在一个具有若干供应点及需求点的经济区域内选择一个地址设置物流节点的规划过程,以实现物流成本最小化、物流量最大化、服务最优化和发展潜力最大化的目标。下面主要给出物流园区(中心)、配送中心及对外货运枢纽各类物流节点选址的影响因素及选址模型。

1) 物流园区 (中心)选址

(1) 物流园区(中心)选址影响因素

影响城市物流园区(中心)选址的主要因素有交通区位因素、物流需求因素、基础设施因素、价格因素和可持续发展因素。①交通区位因素主要包括所处地理位置、拥有的交通方式、是否靠近主要交通出口和货物转运枢纽、与市场联系是否便捷等。②物流需求因素主要包括紧邻开发区、工业区等具有大规模物流需求的地区。③基础设施因素主要包括物流节点内部具备原有的仓库、货场、停车场、加工车间等可以在新建设的园区(中心)内利用的设施。④价格因素,包括人力资源价格和土地资源价格,受土地所处地段影响较大。⑤可持续发展因素主要包括自身实力、自然环境、对城市干扰、物流园区(中心)的发展空间等。

(2) 物流园区(中心)选址模型

物流园区(中心)选址模型主要有连续模型与离散模型两类,实际应用中多选用离散模型。离散模型认为物流园区(中心)是有限的可行点中的最优点,代表方法有:Baumol-Wolfe 模型、Elson 模型和非线性混合 0-1 规划模型等[2]。

Baumol-Wolfe 模型是以总费用(运输费用、运送费用与可变费用之和)最小为目标。模型的优点:①考虑物流节点运营的批量效益,将可变费用表征为凹函数;②可以估计选定物流中心的流量;③模型还提供了一种简单易行的启发式算法;④能评价流通过程的总费用(运输费用、运送费用与可变费用之和)。该模型不足是求出的最优解可能出现物流节点过多;没有考虑建设费用和现有的设施水平对物流节点的选址影响。

Elson 模型弥补 Baumol-Wolfe 模型的缺陷,考虑物流节点的固定费用和容量限制,将物流节点的固定费用列入目标函数,将容量限制及个数限制列入约束条件。但是 Elson 模型将目标函数中可变费用改为线性关系处理,目的是使模型具有线性混合 0-1 整数规划的结构,可以使用线性混合 0-1 整数规划软件求解,但这种做法否定了物流节点运营的批量效益,不及 Baumol-Wolfe 模型优越。

非线性混合 0-1 规划模型既采纳了 Baumol-Wolfe 模型可变费用表征为凹函数的做法,又吸收了 Elson 模型考虑物流中心固定费用和容量限制的优点,非线性混合 0-1 规划模型更加接近实际,但缺乏考虑物流节点的建设费用和现有物流节点设施水平对选址的影响。

在借鉴以上模型基础上,增加考虑物流园区(中心)的建设费用和设施水平等因素,构造物流园区(中心)综合选址模型。

① 模型图示

物流园区(中心)选址模型的基本图示如图 14-2 所示。

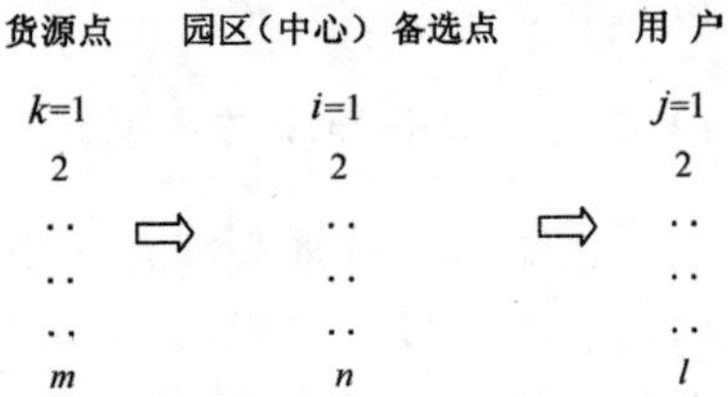

② 基本条件

物流园区(中心)选址模型基本假设为:

a. 由供货点到物流园区(中心)、由园区(中心)到用户的运费均为线性函数;

图 14-2 物流园区(中心)选址模型的基本图示

b. 物流园区(中心)的可变费用为其流量的凹函数;

c. 物流园区(中心)的容量及个数有限制;

d. 物流园区(中心)的建设费用是流量的线性函数;

e. 扩建的园区(中心)有一个固定现有价值,新建的中心现有价值为 0。

物流园区(中心)选址模型已知条件如下所示:

a. 货源点的个数 m、位置及可供量 $A_k(k = 1, 2, \cdots, m)$;

b. 物流园区(中心)n 个备选点的位置,最大容量 $M_i(i = 1, 2, \cdots, n)$ 及允许选定个数的上限 P;

c. 用户的个数 l、位置及需求量 $D_j(j=1, 2, \cdots, l)$；

d. 备选园区（中心）的现有价值。

③ 模型的构造

构造的物流园区（中心）综合选址模型（L）的形式见式（14-1）~式（14-7）所示：

$$\text{Min} \quad f(x_{ijk}, Z_i) = \sum_{k=1}^{m} \sum_{i=1}^{n} c_{ki} x_{ki} + \sum_{i=1}^{n} \sum_{j=1}^{l} h_{ij} x_{ij} + \sum_{i=1}^{n} Z_i v_i (W_i)^\theta$$

$$+ \sum_{i=1}^{n} Z_i k_i W_i + \sum_{i=1}^{n} Z_i F_i - \sum_{i=1}^{n} Z_i G_i \tag{14-1}$$

$$\text{s.t.} \begin{cases} \sum_{i=1}^{n} x_{ki} \leqslant A_k & k=1, 2, \cdots, m \tag{14-2} \\[2mm] \sum_{i=1}^{n} x_{ij} \geqslant D_j & j=1, 2, \cdots, l \tag{14-3} \\[2mm] \sum_{k=1}^{m} x_{ki} = \sum_{j=1}^{l} x_{ij} & i=1, 2, \cdots, n \tag{14-4} \\[2mm] \sum_{k=1}^{m} x_{ki} \leqslant Z_i M_i & i=1, 2, \cdots, n \tag{14-5} \\[2mm] \sum_{i=1}^{n} Z_i \leqslant P & i=1, 2, \cdots, n \tag{14-6} \\[2mm] x_{ki}, x_{ij} \geqslant 0 & i=1, 2, \cdots, n; j=1, 2, \cdots, l; k=1, 2, \cdots, m \tag{14-7} \end{cases}$$

式中：c_{ki}——由货源点 k 到园区（中心）i 的单位运费(元/t)，$k=1, 2, \cdots, m$；$i=1, 2, \cdots, n$；

x_{ki}——由货源点 k 到园区（中心）i 的运量(t)，$k=1, 2, \cdots, m$；$i=1, 2, \cdots, n$；

h_{ij}——由园区（中心）i 到用户 j 的单位运费(元/t)，$i=1, 2, \cdots, n$；$j=1, 2, \cdots, l$；

x_{ij}——由园区（中心）i 到用户 j 的运量(t)，$i=1, 2, \cdots, n$；$j=1, 2, \cdots, l$；

x_{ijk}——由供货点 k 经园区（中心）i 到 j 的运量(t)；

v_i——园区（中心）i 的可变费用系数；

F_i——园区（中心）i 的固定费用（与规模无关）(元)；

M_i——园区（中心）i 的最大容量(t)；

W_i——园区（中心）i 的流量(t)；

P——可选定园区（中心）的最大数目；

Z_i——$Z_i = \begin{cases} 1 & \text{园区（中心）} i \text{ 被选中} \\ 0 & \text{园区（中心）} i \text{ 未被选中} \end{cases}$，$i=1, 2, \cdots, n$；

D_i——用户 j 的需求量(t)；

A_k——供货点 k 的供货能力(t)；

k_i——园区（中心）i 的单位建设费用(元)；

G_i——园区（中心）i 的现有价值(元)。

a. 目标函数（14-1）中可变费用 $\sum_{i=1}^{n} Z_i v_i (W_i)^\theta$ 是凹函数，它的指数 θ 可取 0.5；

b. 目标函数(14-1)中的 $W_i = \sum_{k=1}^{m} x_{ki} = \sum_{j=1}^{l} x_{kj}$ $(i = 1, 2, \cdots, n)$ 为园区(中心)i 的流量;

c. 约束条件(14-2)、(14-3)表示供求约束;

d. 约束条件(14-4)表示流量平衡约束;

e. 约束条件(14-5)表示物流园区(中心)的容量限制;

f. 约束条件(14-6)表示物流园区(中心)的数目限制。

该选址模型是一个非线性混合 0-1 规划模型,可按照一般运筹学求解方法求解,但过程十分复杂,可采用具有"分解—过滤"模式的启发式算法进行求解。

3) 配送中心的选址

(1) 配送中心选址的影响因素

配送中心的选址是指在一个具有若干供应点及若干需求点的经济区域内,选一个地址设置物流配送中心的规划过程,以求通过物流配送中心汇集、中转、分发,直至输送到需求点全过程的总体效益最佳。

影响配送中心选址主要有经济环境和自然环境两大因素。其中经济环境因素主要考虑货流量的大小、货物的流向、城市的扩张和发展、交通条件及经济规模的要求等。①配送中心的根本目的是降低社会物流成本,需要以足够的货流量为条件。②货物的流向决定着物流配送中心的工作内容和设备配备,在货物的流向分析上要考虑客户的分布和供应商的分布。③既要考虑城市扩张的速度和方向,又要考虑节省分拨费用和减少装卸次数。④交通的条件是影响物流的配送成本及效率的重要因素之一,选址宜紧临重要的运输线路,以方便配送运输作业的进行。⑤尽量靠近货运站,以保证有较好的车源提供,减少管理营运费用。⑥考虑配送中心员工的来源、技术水平、工资水准等因素。

此外,地理及气候等自然环境因素也会影响配送中心的选址,如物流配送中心周边不应有产生腐蚀性气体、粉尘和辐射热的工厂,应避开风口,防止加速露天堆放商品的老化,还要考虑用地大小与地价等。

经营不同商品的物流配送中心对选址的要求不同,也应加以考虑。如果蔬食品物流配送中心应选择入城干道处,以免运输距离拉得过长,商品损耗加重;冷藏品物流配送中心一般选择在屠宰场、毛皮处理厂等附近;通常建筑材料物流配送中心的物流量大、占地多,可能会产生环境污染问题,应选择在城市边缘、交通运输干线附近;石油、煤炭及其它易燃物品物流配送中心应满足防火要求,选择城郊的独立地段。

(2) 配送中心选址的模型

物流配送中心选址模型一般采用 Baumol-Wolfe 模型、CFLP 模型、多产品模型和动态模型等。其中 Baumol-Wolfe 模型计算较为简单,但存在不能保证必然得到最优解的缺点;CFLP 模型适用于单个物流配送中心仓库容量有限、用户的地址和需求量及设置物流配送中心的数目均已确定的情况;多产品模型适用于不同商品在网络中的某些节点生产能力有区别的情况,在该模型中,节点的能力、需求量及流量是按产品的类型相区别的;动态模型适用于需求量及需求地区分布等影响选址决策的因素随时间变化的情况。具体的模型及算法本章不再赘述。

4）对外货运枢纽的选址布局

（1）公路货运枢纽

公路货运枢纽是道路货运市场承托双方交接的场所,是运力和运量需求信息集中的所在地,是道路货运的信息中心,公路货运场站的合理布局将有效促进现代物流业的发展。公路货运场站布局规划需在土地利用、劳动力资源、城市交通及城市生态环境等约束条件下,考虑现有场站布局、产业布局、综合交通发展规划和城镇体系规划等因素,公路货运场站的布局应遵循以下原则。

① 与城市布局相协调

从地理位置的角度看,资源分布、地区产业结构、工农业生产布局、消费品的分布及其规模,对货运枢纽有着决定性的影响。因此枢纽的布局要与现有行政区划、城市发展轴线、城市组团分布相协调。

② 与城市主要货源点和货运集散点相结合

公路运输枢纽货运站场的选址要尽量靠近货源集散点。为方便货物的集散、仓储、中转,物流中心和一般货运站应尽量位于货源相对较为集中的地区,靠近铁路货运站、商品流通比较集中地区、主要的工业区域、商品交易区域及货物集散地等等。

③ 靠近交通主干道出入口

公路是配送中心供、配货的主要货运方式,靠近交通便捷的干道进出口便成为配送中心布局的主要考虑因素之一,但同时货运枢纽选址也要尽量减少货运车辆对路网现有交通流的影响。

④ 货运枢纽布局尽量位于市区边缘

货运枢纽周边的工业区是货运运输的主要受货、供货和配送对象。靠近市场、缩短距离、迅速供货是货运枢纽布局的主要考虑因素。根据货运枢纽的不同层次,站址选择要适当远离市区,最大限度地减少对城市交通的干扰和对城市环境的污染。并且物流企业以效益为宗旨,一般占地面积较大,地价的高低对其区位的选择有重要影响。

⑤ 充分利用现有货运站场

在公路运输枢纽货运站场布局中,在充分考虑货源生成点、外部环境的条件下,结合实际情况,采取现有站场的更新改造和新建站场相结合的方法,充分利用现有站场,使现有站场通过改扩建纳入公路运输枢纽;新建公路运输枢纽货运站场的选址要尽量避免拆迁费、减少土地占用和补偿费,遵循公路运输枢纽货运站场新旧兼容、减少用地和节约投资的原则。

（2）铁路货运枢纽

在城市铁路货运枢纽布局中,站场位置起着主导作用,线路的走向也是根据站场和站场、站场与服务地区的联系需要而确定[2]。

在小城市,一般设置一个综合性货运站和货场即可满足货运量的要求;在大城市则需根据城市的性质、规模、运输量、城市布局(如工业、仓库的分布)等实际情况,分设若干综合性与专业性货运站场及综合、专业性相结合的货运站。货运站的位置既要满足货物运输的经济、合理性要求(即加快装卸速度、缩短运输距离);也要尽量减少对城市的干扰。

① 货运站应按照其性质分别设于服务区内,以到发为主的综合性货运站(特别是零担货场),一般应深入市区,接近货源和消费地区;以某几种大宗货物为主的专业性货运

站,应接近其供应的工业区、仓库区等大宗货物集散点,一般应在城市外围;不为本市服务的中转货物装卸站则应设在郊区,接近编组站和水路联运码头;危险品(易爆、易燃、有毒)及有碍卫生的货运场站,应设在市郊,并设有一定的安全隔离地带,还应该与主要使用单位、储存仓库在城市同一侧,以免造成穿越市区的交通。

②货运站应与城市道路系统紧密结合,应与城市货运干道联系。货运站的引入线应该与城市干道平行,并尽量采用尽端式布置,以避免与城市交通的互相干扰。

③货运站应与市内运输系统紧密配合,在其附近应有相应的市内交通运输站场、设备与停车场。

④货运站与编组站之间应有便捷的联系,以缩短地方车流的运行里程,节省运费,并加速车辆周转。

⑤货运站应充分利用城市地形、地貌等条件,并考虑留有发展余地。

(3)港口货运枢纽

港口是城市对外重要的货运枢纽设施,特别是沿海国际性大型集装箱港口、深水泊位港口对城市的发展具有重要的战略意义和支撑作用。

影响港口布局的因素包括自然因素和社会经济技术因素两方面。入港航道要有足够的深度和宽度;平原地形对港口提供淡水、平面布置有利,但航道往往容易淤积;社会经济技术因素方面,腹地条件和城市依托影响较大,腹地范围越广,经济越发达,对港口建设越有利,另外还需要完善的配套设施和高效率运作服务。

河港的选址要求河宽水深,位于或靠近城市、陆路交通便利的地方;海港要求有背风、避浪、水深的海湾,与其他交通干道系统有方便联系的地方。

14.2.3　城市物流节点服务功能定位

城市物流节点的功能从服务的目标范围角度,可以定位为国际型、区域型和市域型3种。结合物流节点系统的特征及影响因素分析,不同服务目标范围的物流节点的服务功能如表14-2所示。

表 14-2　城市物流节点服务功能一览表[3]

服务目标范围		服务场所位置	物流节点服务功能
国际物流	国际物流服务	依托港口	保税仓储、报关、商品展示、物流加工、临海工业、包装、拼箱拆箱、公海运输转换、铁路运输转换及相关管理办公服务
		依托机场	保税仓储、报关、商品展示、物流加工、临空工业、包装、拼箱拆箱、快递、公航运输转换及相关管理办公服务
		依托公、铁车站	保税仓储、报关、商品展示、物流加工、包装、拼箱拆箱、公铁运输转换及相关管理办公服务
	国际物流运输服务	依托港口、机场、公铁车站	海运、航空运输、铁路运输、公路运输

服务目标范围		服务场所位置	物流节点服务功能
区域物流	铁水联运	港口与铁路货站结合点	铁路运输、铁海运输转换、仓储、加工
	铁路运输	铁路货站	铁路运输、卡车集疏货物、仓储、加工
	空公联运	公路货站与机场的结合点	航空物流的集中、分拨
	公铁联运	公路货站与铁路货站的结合点	公铁运输转化、卡车集疏货物、仓储、加工
	公路运输	公路枢纽站	卡车集疏货物、仓储、加工
市域物流	供应链物流管理	依托工业园区	采购、运输、仓储、配送
	商业配送	城市中心边缘地区	仓储、加工、配送

从服务的目标市场来分析，可以定位为综合型和专业型两类。如果物流节点的周边集聚某一行业的企业，比如工业企业、商贸企业等，或者服务的产品类型较为单一，比如灯具、花木、医药或建材等，则这类物流节点一般定位为专业型物流节点；否则，定位为综合型的物流节点。

14.2.4　城市物流节点的规模

1）物流节点的总体用地规模

城市物流节点总体规模确定时，主要考虑进驻物流节点的第三方物流和自营物流的作业情况，其中第三方物流（3PL），指生产和销售企业为了集中精力搞好主业，将原来附属于自身的物流活动，以合同方式委托给专业的物流服务企业，同时通过信息系统与物流服务企业保持密切联系，以达到对物流全过程管理和控制的一种运作方式。

物流节点总体规模确定采用公式（14-8）：

$$S = L \times (i_1 \times i_2 + i_3)/(365 \times \lambda) \tag{14-8}$$

式中：S——物流节点需求总规模（hm^2）；

　　　L——特征年适宜进入物流节点的预测物流量（$10^4 t$）；

　　　i_1——特征年 3PL 市场占全社会物流市场的比例；

　　　i_2——特征年 3PL 通过物流节点发生的作业量占 3PL 作业量比例；

　　　i_3——自营物流进驻节点作业的比例；

　　　λ——单位生产能力用地参数（$t/(hm^2 \cdot d)$）。

（1）i_1 的取值

结合现状第三方物流占全社会物流量比重，考虑第三方物流的发展趋势，来确定比例系数 i_1 的取值。一般取值在 20% 左右。城市社会经济发展快，市场成熟度高，物流市场需求大，则 i_1 取值可以略大于 20%；反之，取值应小于 20%。

（2）i_2 的取值

比例系数 i_2 是进入物流节点的第三方物流量占全部第三方物流市场比重的估算值，取值为 60%～80%。城市经济总量大，市场化程度高，物流市场需求大，则取大值；反之取小值。

（3）i_3 的取值

一些批发零售企业,比如大型连锁超市等零售企业的配送中心也有进驻物流节点的可能,取 1%～3%。

（4）λ 的取值

城市物流节点规划 λ 的取值一般为 150～250 t/hm^2·d。结合具体城市经济发展情况,若城市经济水平越高,对周边地区影响辐射强,则 λ 取大值;反之取小值。

2）物流节点的建设数量

在确定城市物流节点总体建设规模的基础上,依据整合现有物流资源、满足环境合理性、适度超前建设等原则,并参考国内部分城市已建或者筹建的物流节点情况,以确定物流节点的建设数量。

3）物流园区的建设规模

在确定城市物流节点的规模时,既要参考国内外已建成的物流园区的经验,同时应结合城市的实际情况,综合考虑空间服务范围、货物需求种类及需求量、依托枢纽运输能力、城市用地现状、规模效益等多方面因素。同时,物流节点的用地开发需要逐步推进,在确定了初期土地开发规模后,一般都预留后期扩展用地,为规模扩大预留发展空间。

14.3　城市物流通道规划

14.3.1　城市物流通道的分类

1）城市物流通道

城市物流通道包括所有满足城市货物流动的物理性基础服务设施,是由各功能层次的城市物流通道连接城市内主要的物流节点,通过相应的运输组织输送达到一定规模的、双向或单向物流的高度集成化的系统。城市物流通道的主体构成即为连接物流发生点和吸引点的运输线路,包括铁路、道路、航道、航空等多种运输方式线路及其组合,本书研究城市物流通道主要由公路和城市道路组成,是由高速公路、城市快速路、交通性主干道、次干道等不同功能的道路多样组合而成的路径系统。

2）城市物流通道类型

根据通道连接节点及服务功能的不同,物流通道分为以下几类,见表 14-3,具体讲解如下：

（1）区域性物流通道

连接城市节点或大型物流节点的通道。区域性物流通道通常由多种运输方式线路组成,对于道路来说,主要由高速公路和城市快速路组成。

（2）主集散物流通道

连接不同层次物流节点或连接物流节点与市区主要物流集散点,承担高等级物流节点的物流集散功能。主集散物流通道主要由城市快速路、交通性主干道组成。

（3）次集散物流通道

连接主集散物流通道与市区主要物流集散点或需求用户的主要配送通道,是由多功能物流节点与单一功能物流节点或用户之间实现需求转换的路径,主要由城市主干道和次干道组成。

（4）一般配送通道

连接物流集散点与用户,或用户与用户的物流通道,主要由城市次干道组成。

表 14-3　城市物流通道的功能及构成

通 道 类 别	主 要 功 能	道 路 构 成
区域性物流通道	连接城市物流节点、综合运输枢纽场站及大型物流园区	高速公路、城市快速路
主集散物流通道	连接不同层次物流节点或连接物流节点与主要物流集散点	城市快速路、交通性主干道
次集散物流通道	连接主集散物流通道与集散点或用户	城市主干道、次干道
一般配送通道	连接集散点与用户或用户与用户之间	次干道

14.3.2　城市物流通道空间形态

1）物流通道空间形态设计要素

城市物流通道空间形态设计主要取决于物流需求分布形态、城市形态和路网形态。

（1）物流需求分布形态与物流通道

城市物流需求分布形态决定了物流运输的流量与流向,城市物流通道要按照货物的主要流向来布局,同时尽可能覆盖主要的物流源点。将各个物流源点抽象为节点,物流通道则是在有限个离散点中选择不同的连接方式进行布局。城市物流需求的分布形态,其离散与集聚程度等,直接影响着物流通道布局的匹配状况。

物流需求分布形态分为基于资源特性的物流需求分布、基于城市宏观形态布局的物流需求分布、基于道路网形态的物流需求分布、基于产业结构的物流需求分布和基于交通区位的物流需求分布等。一般而言,基于资源特性的物流需求与基于产业结构的物流需求分布特征相类似,不同功能的资源、产业布局均对物流需求有重要影响,重要资源集聚地、产业集聚区等均是重要的货物发生源和吸引源,物流节点配置较高,因而也是高等级物流通道设置的主要地区,次一级的资源集聚地、规模较小的产业集聚区通过集散型物流通道连接。

（2）城市形态与物流通道

城市形态主要通过通道线路长短、等级高低等因素影响物流费用,进而影响通道布局。带状城市是呈长椭圆带形发展的城市,它有沿交通轴线向外延伸的趋势。带状城市交通集中,交通主流向明显,通常采用快速路作为城市物流主通道,担负着城市内部及过境运输需求。物流通道布置在城市的纵深方向,通道的数量及等级由城市的物流需求及带状城市的长度和宽度所决定。团状城市的物流通道多采用环线和经线两种,环线通道通过阻隔外围交通与中心区交通,将市中心的交通引导出去;径向采取大运量的物流通道以满足物流需求。组团状城市物流通道可分为两部分:第一部分是组团内部的物流通道;

第二部分是组团间的物流通道,两部分应相互联通,并与城市对外物流通道相联系,成为快速、高容量的通道。

（3）路网形态与物流通道

城市路网是物流通道的基础,路网形态直接影响物流通道的空间形态。方格状路网形态下的物流通道的主要为城市快速路以及货运性主干道,并利用次干路及城市支线连接城市快速路以及货运性主干道不能覆盖地区的物流需求,从而满足城市物流发展的整体需要。方格式的道路网形态,可能导致物流通道的通行效率有一定的降低,城市内部的物流主通道往往需要穿越城市主城区,从而给城市的交通带来一定压力。环形放射式道路网下的城市物流通道系统布局,与团状结构城市形态对应的布局形式相对应。环线走廊主要采用内环线和外环线,位于市中心外围的内环通道主要作用是不让穿越市中心的或市中心区活动的货运交通进入市中心,并将径向道路交通量疏散至其它道路上;位于城市次中心外围的外环通道主要作用是便捷地联结各个次中心,并为过境交通服务。自由式道路网形态下的城市的物流通道布局往往与物流的发生点与吸引点相关,物流通道的布局需要综合考虑城市的地形、水系及现有物流节点的布局、物流的发生与吸引点等诸多因素,没有统一的布局方法。

2）物流通道空间布局模式

城市物流通道的布局模式是物流需求形态、城市空间形态及路网形态的有机耦合,是为了物流节点之间的有效连通,实现合理布局。借鉴城市交通网络布局的发展模式,城市物流通道系统基本布局模式主要有树权形、星形、环形、方格网和完全图形。

树权形通道是大型物流节点之间用骨架物流通道连接,大型物流节点与小型物流节点之间仅通过次要物流通道连接的布局模式。树权形物流通道布局主要特点是连接各节点的通道里程最小,分工明确,但系统可靠性差。可应用于物流需求较少及物流节点较小的物流通道,对带形城市具有较好的适应性。

星形通道是由连接一个大型物流节点和多个小型物流节点的空间布局模式,其中心节点功能集聚性强,层次结构性较好。对团状城市和放射形路网具有较好的适应性。

环形通道是多个物流节点通过物流通道串接而成环状,其相邻节点的可达性较好,但对环形通道能力要求较高,适用于团状、组团式城市和环形路网。

环形加放射的布局模式是物流主通道构成环状,由次要物流通道连接物流主通道与物流结点的空间形态。此种形态节点之间可达性好,网络可靠性高,通道疏解能力强,适用于团状、组团式城市和环形加放射的路网结构。

方格状形态是节点与通道联系形成方格网,节点的可达性及网络的可靠性均适中,适用于团状城市和方格网的路网形态。

完全图形即各物流节点之间均有通道相连,节点可达性好,运输费用节省,适用于大规模物流节点间的通道,对不同城市及路网形态均有较好的适应性。

14.3.3 城市物流通道的规划设计

物流通道系统设计是在物流通道空间形态设计的基础上,与城市道路网、物流需求特征相结合,进行具体的线路选择,是空间形态的具体落实。

作为城市道路规划的补充和参考,城市物流通道设计主要通过调查分析、定量与定性相结合的方法确定。首先根据物流需求分布形态、城市形态和路网形态进行城市物流通道的空间形态设计,选择相适应的空间布局模式,然后结合城市物流节点的布局、节点功能定位、节点之间关系和货物源流进行物流通道的系统设计,主要包括连接大型物流节点、服务区域性物流及市域内外物流转换的主骨架设计、服务城市内部物流的支撑网络设计[4]。

1) 物流通道主骨架设计

城市物流通道是城市物流需求的空间形态集中分布的结果,其布局需要根据物流节点的货物源流确定。从整个城市的可持续发展以及城市交通客运组织等角度来看,物流通道规划的数量与规模是有一定限制的。因此,需要将货流交通分布集中和归并,从而确定城市物流通道系统主框架在城市中的区位和强度。

物流通道主骨架设计首先应用四阶段需求预测方法分析各物流节点的流体、载体、流量、流向、流程、流速、流效,重点对流向特征、物流通道的时空消耗特征进行判断,应用聚类分析方法将具有类似特征的物流量归并,从而确定货物主流向,结合路网形态来设计物流通道主骨架。聚类分析方法详见专业书籍,此处仅对聚类中心及聚类距离确定方法进行介绍。

聚类分析首先要确定聚类中心,主要采用物流周转量最大的节点作为初始聚类中心,初始聚类中心的数量以 15～25 为宜。物流周转量是表征物流对通道设施的占用,计算见式(14-9):

$$C_{ij} = Q_{ij} \cdot d_{ij} \tag{14-9}$$

式中:C_{ij}——节点 i 到节点 j 之间的物流周转量(t・km);

　　　Q_{ij}——节点 i 到节点 j 之间的物流量(t);

　　　d_{ij}——节点 i 到节点 j 之间的物流距离(km)。

聚类距离的确定及计算主要考虑出行者对物流通道利用程度,在空间上表示为该次出行在通道上的投影长度和出行起终点距离通道的距离,如图 14-3 所示。

聚类距离计算公式(14-10)为:

$$a_{ij} = \begin{cases} 1, & d < \dfrac{2(d_1 + d_2)\cos a}{2 - \cos a} \\ \dfrac{2a}{\pi}, & d \geqslant \dfrac{2(d_1 + d_2)\cos a}{2 - \cos a} \end{cases} \tag{14-10}$$

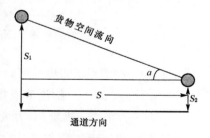

图 14-3　聚类距离确定示意图

式中:a_{ij}——节点 i 至节点 j 之间物流量至聚类中心的"距离"(km);

　　　a,S——节点 i 与节点 j 之间物流量在聚类中心的夹角(°)和投影(km);

　　　S_1,S_2——节点 i、节点 j 分别至聚类中心的距离(km)。

按照距离最小原则进行归类后,同属一类的物流量流向和流量空间距离很近,当物流流向比较明确,特别是规划区范围呈狭长地带,或运输集散中心比较明确时,可采用力多边形求合力的方法，以运量、周转量、交通量或行程时间为权，则合力方向即为道路的干线方向。

按照上述方法选择出的货流主流向为数条几何直线，反映出城市货流将倾向于向这些直线方向聚集，结合城市路网形态及道路等级水平，选取高等级道路确定物流通道的主骨架。

2）支撑网络设计

物流通道主骨架是联系物流供需双方的干线通道，并不能满足于供需双方直接相连，且在通道主骨架设计时将众多物流量的流向归并，物流通道主骨架难以有效服务于物流需求地，因此需要支撑网络完善物流通道。

支撑网络的布局需考虑以下原则：主骨架与次要通道相连通；所有通道互相连通、可达；减少物流通道对城市客运道路网络的干扰；减少对周边居民日常生活的影响；物流通道平级或临级相连，避免跨级连接。

支撑网络设计主要考虑物流节点与物流通道主骨架之间、物流节点之间的联系。在城市物流通道系统布局中，需重点解决好物流园区、物流中心的物流通道，保证物流园区、物流中心具有良好的交通区位条件，保证重要节点各项物流功能的顺利实现，从而达到提高货物运输时效性的目的。物流节点与物流通道主骨架之间联系通道应能够使物流节点的物流量能快速高效到达主骨架，进入区域性物流通道网络。物流节点之间的联系网络设计充分利用上一层面的通道，依据节点重要度确定连接水平，有序连接主要需求源，尽量避免对城市交通造成影响。

支撑网络的设计可以利用节点重要度法确定节点与物流通道主骨架之间、物流节点之间联系通道的等级结构。物流节点重要度主要用物流节点的功能等级、投资额、年处理物流量、年平均库存量、设施设备配置水平等指标衡量。首先搜集指标资料，将定性指标量化，将各量化指标归一化，利用熵权赋值法、模糊综合评价、AHP 等方法求各项指标权重，然后综合计算评价各物流节点重要度，见式（14-11）。

$$Z_i = \alpha_1 \frac{I_i}{I_a} + \alpha_2 \frac{Q_i}{Q_a} + \alpha_1 \frac{W_i}{W_a} \qquad (14-11)$$

式中：Z_i——节点 i 的重要度；

α_1、α_2、α_1——物流节点指标投资额、年处理物流量和年平均库存量权重；

I_i——节点 i 投资额（万元）；

I_a——城市物流节点总投资额（万元）；

Q_i——节点 i 年处理物流量（t）；

Q_a——城市物流总量（t）；

W_i——节点 i 年平均库存量（t）；

W_a——城市物流节点年平均库存量（t）。

在重要度分析基础上，根据不同等级物流节点之间物流通道配置原则，结合城市道路网布局，将物流园区、物流中心、配送中心及用户之间利用主集散物流通道、次集散物流通道及一般配送道路合理衔接，设计物流通道支撑性网络。

14.4　城市物流信息平台规划

城市物流信息平台是指运用计算机技术、网络技术、信息技术等手段构筑的物流信息服务和互动平台,以物流信息为中心,以信息网络和信息安全为依托,以资产为纽带,以市场为导向,通过整合政府、金融、税务、海关、社区等部门和行业、企业的各种资源和商业化运作模式,构筑统一开放的公共信息平台,并提供"一站式"物流信息化服务。

物流信息平台是物流系统三大平台之一,是物流基础设施功能发挥与效率提高的必要条件,是物流政策保障平台高效运作的重要因素。城市物流信息平台规划着眼于一个整体的物流建设,它为各企业提供一个有效的通用商务平台,充分利用互联网的优势,使各行业可通过通用的信息指导互相沟通,得到低价且高质量的服务,加速企业与政府物流信息交换,从而降低成本。城市物流信息平台规划首先分析城市物流信息需求主体及其对物流信息的需求特征,明确物流信息平台的功能、结构及技术要求,设计总体架构及每一子系统的内部构成。

14.4.1　城市物流信息需求分析

1)物流信息平台功能需求

功能需求分析主要从信息系统用户自身的信息需求出发,分析信息系统各个用户的特点和所需的物流信息服务,从而确定信息系统应具备的服务功能。物流信息平台面向的服务对象是多方面、多层次的,主要的服务对象为:政府相关管理部门、物流服务企业、生产制造企业、服务机构、普通用户等。

政府部门作为物流信息系统的宏观控制层和行业管理层,主要负责现代物流业发展的宏观指导、管理与决策研究以及物流及其相关行业间的协调,主要功能需求是掌握市场动向,及时发现问题,指导物流行业发展,发布政策条例、标准等政务信息,实现政府部门的协调,物流规划的管理等。

物流服务企业的功能需求主要是及时地获取物流业务运作各个环节所涉及的信息,如市场信息、库存信息、货物信息、车辆信息和单据凭证等。

生产制造企业的主要功能需求是了解货物的状态、物流服务企业的经营能力和物流服务需求信息发布等,可以通过物流信息系统建立与物流服务企业的供应链合作关系。

服务机构指银行、工商、税务及保险等金融服务机构和物流咨询、培训服务机构以及住宿和娱乐等为物流中心运作提供服务的机构,为城市物流信息系统提供在线服务。

普通用户的功能需求主要是借助物流信息平台发布物流供需信息,利用平台达成交易。

2)物流信息平台技术需求

城市物流信息平台的建设必须依托现代高科技网络通讯技术和计算机管理技术的支撑,其技术需求主要是信息技术、网络技术等。

(1)数据自动采集与存储,各类信息的组织和存储将应用计算机数据库技术、数据库挖掘技术和海量数据存储与管理等技术。

（2）数据及系统的安全技术。城市物流信息平台是一个开放式信息平台，为防止客户的误操作以及黑客的攻击，平台的程序接口将采用密码和加密技术、密钥管理技术、数字签名技术、数字水印技术、防火墙等。平台的数据层将采用数据库实时备份技术及双热机备份技术等，以确保系统具有良好的安全性、稳定性和可靠性。

（3）数据通信与交互。城市物流信息平台需要各种通信技术和网络的支持，如分组交换数据网、数字数据网、综合业务数字网、数字移动通信网等。通过这些网络来完成电子数据交换（Electronic Data Interchange，EDI）通信，应用公共对象请求代理机构（Common Object Request Broker Architecture，CORBA）技术、XML 和 EDI/XML 技术可满足区域内物流业的信息共享和信息交互要求，并确保通信网络具有良好的开放性和扩展性。

（4）信息标准化。物流信息标准化是使区域现代物流业走向规模化、全球化的基础。在区域物流信息平台数据结构设计中，所有信息均服从物流信息分类编码标准体系及EDI 相关代码标准体系。

14.4.2　城市物流信息平台架构

1）城市物流信息平台总体功能设计

城市物流信息平台主要包括物流信息协同平台、信息服务平台、电子商务平台和电子政务平台构成，其基础是物流信息协同平台。以物流信息协同平台为基础的城市物流信息平台的总体功能设计如图 14-4 所示。

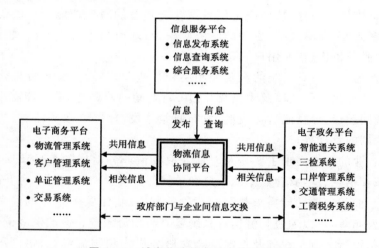

图 14-4　城市物流信息平台的总体功能

（1）信息服务平台

此平台主要为政府和企业提供物流供求信息、公共物流基础设施信息、物流行业信息等公共信息的发布和查询功能，也为物流企业和公众提供广告、企业宣传、培训教育与咨询、行业联盟等综合服务功能。

（2）电子商务平台

电子商务平台支持各企业进行在线商务交易。其中供需信息和交易平台为公用，而其他 3 个系统（单证管理、客户管理、物流管理系统）则是为了加快企业信息化而专门提供的 ASP 服务,可以帮助企业在自身没有任何应用系统的情况下参与协同平台的电子商务活动。

（3）电子政务平台

该平台包括的应用系统通常在政府部门中已经存在。通过协同平台集成应用系统,为企业提供一个统一的服务窗口,为政府部门间信息的共享和政府与企业间的沟通提供方便。

2）城市物流信息平台总体架构

物流信息平台是物流信息资源汇集和交互的中心,要实现物流供应链各个环节的互联互通,实现区域内已有的各种物流信息系统的连接和通信,包括相关企业（物流企业和工商企业）物流信息系统、相关行业信息系统、相关部门信息系统（电子口岸、检验检疫局、CA 认证中心等）、其他信息平台等,并为各个物流资源接入单位提供一个安全、可靠、稳定、适用的网络传输环境。

3）城市物流信息平台基础设施设计

通信基础设施是通信网络和信息终端设备的总和,它为城市物流信息平台提供物理支撑,并为协同平台的高效稳定运行提供一个良好的设备环境。它包括 GPS、计算机网络、车辆定位、车辆识别、智能卡、通信系统等。

参考文献

[1] 童明荣.城市物流系统规划研究[D].南京理工大学博士学位论文,2009.
[2] 郝瀛.铁道工程[M].北京:中国铁道出版社,2000.
[3] 李云清.物流系统规划[M].上海:同济大学出版社,2004.
[4] 陈菊.城市物流通道系统布局优化理论与方法研究[D].西南交通大学硕士学位论文,2007.
[5] 过秀成,谢实海,胡斌.区域物流需求分析模型及其算法[J].东南大学学报（自然科学版）,2001,31(3):24-28.
[6] 胡斌,过秀成,等.我国第三方物流业发展模式研究[J].江苏交通工程,2002(6):36-39.
[7] 何明,过秀成,金凌.区域物流信息平台规划研究[J].交通信息与安全,2009(6):132-136.

第15章　高速铁路客运枢纽地区交通规划

高速铁路客运枢纽的大量人流带来社会经济活动的集聚,城市各种功能在枢纽周边实现,发挥客运枢纽的"城市触媒"作用,枢纽地区的城市用地开发显示出新的特征。为完善地区功能,打造地区形象,优化交通组织,有必要对高铁枢纽周边地区进行统筹规划与设计,从枢纽地区整体出发,构建结构完整、功能完善、内外联系便捷高效、满足多层次交通需求和多种方式有效衔接的综合交通系统,适应高铁客运枢纽地区与其配套产业的发展,提升城市对外门户的形象。

15.1　高铁枢纽地区交通规划内容

15.1.1　高铁枢纽地区的研究对象

1）高铁枢纽的范围

高速铁路客运枢纽和其周边影响范围的城市建设用地共同构成了高速铁路客运枢纽地区。从交通上看,枢纽地区的交通流主要以区域内设施(客运站和周边城市功能载体)为目的或出发地;从土地利用看,枢纽地区更多考虑为客运枢纽吸引的人群提供各种服务。

高铁枢纽对周边地区开发的影响,可以用"三个发展区"的结构模型表示:第一圈层(primary development zones)、第二圈层(secondary development zones)和第三圈层(tertiary development zones),如图 15-1 所示。

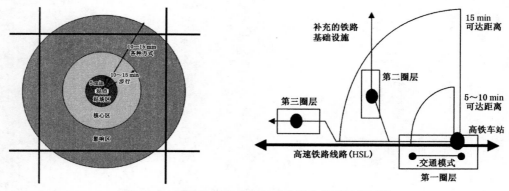

图 15-1　高速铁路客运枢纽周边层次范围示意图[①]

---

① 资料来源:《HST-Railway Stations as Dynamic Nodes in Urban Networks》

　　枢纽的第一圈层,即高速铁路客运枢纽本身,主要承担交通功能的地块,由步行 5 min 范围的地铁站、公交站等组成的以交通职能为核心的区域,是整个枢纽地区的锚固点。其强调交通组织的便利和快捷,使得设计区内各交通系统间的换乘为"零换乘",促进城市各交通系统功能得到最大发挥。

　　第二圈层有核心区与影响区之分。在枢纽步行 10～15 min 范围内高密度第三产业开发,围绕高铁枢纽形成城市功能的集中体现,主要功能在于商务办公和配套设施,是高铁枢纽的核心区。

　　高铁客运枢纽地区一般所指的是高铁旅客车站的影响区,围绕高速铁路客运枢纽,以 10～15 min 的交通方式的出行距离为合理范围内的区域,面积为 6～8 km^2。由于所处的城市位置、城市性质的不同,这一区域往往承担不同的城市功能。一般情况下以城市公共服务功能为该区域的显著特征,城市用地按照 TOD 的要求,强调用地混合使用,并通过舒适的人行步道和怡人的城市景观将各功能用地有机地组织起来,是枢纽地区交通规划研究的主要范围。

　　枢纽规划中希望尽量减少过境交通对枢纽地区的交通干扰,将周边过境交通的通道(一般为城市快速路)作为划分枢纽地区和周边城市的边界也是通行的做法。按照一般道路系统的设计范式,城市快速路间距取 2～3 km,枢纽地区面积为 4～9 km^2。

　　高速铁路客运枢纽地区的规划范围一般为 6～9 km^2。国内已有高铁枢纽地区的规划所确定的地区范围和面积如表 15-1 所示。

表 15-1　高速铁路客运枢纽地区规划实际项目规划范围与面积表

枢 纽 名 称	规 划 范 围	范围面积
京沪高速铁路南京南站地区概念规划设计区	北至绕城公路,南至秦淮新河,东至宁溧公路,西至机场路	6 km^2
徐州高铁客站周边地块规划	南起郭庄路延长线,北至城东大道,西至规划中的金山桥至徐州新区快速路,东至京沪高速铁路	8.7 km^2
杭州东站及城东新城	北至盛德路,南至恳山路,西至石桥路,东至沪杭高速公路	9 km^2
蚌埠高铁客站地区	东至老山路,南至黄山大道,西至财大路,北至东海大道	9 km^2
石家庄新客站周边地区	北起槐安路、南至南二环路,西起维明街,东至建设大街	8.6 km^2

2) 高铁枢纽地区与城市的空间关系

　　根据高速铁路枢纽与城市空间布局的相对关系,分为城市中心型、城市边缘型以及机场飞地型,三种类型的高速铁路客运枢纽的选址布局关系,如图 15-2 所示。

　　(1) 城市中心型

　　城市中心区开发强度较高,主要为居住和商业用地,中心型高速铁路客运枢纽对城市的影响尤为巨大。城市中心区人流、车流量均较大,各种交通方式在此聚集,成为城市公交线路的一

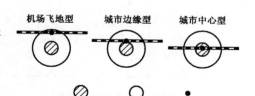

图 15-2　高速铁路客运枢纽与城市区位关系示意图

个重要起点,发散到城市的各个方向。通勤条件的改善使得该区域加速了对办公用地的需求,同时,娱乐和文化中心的聚集使居民有更多的选择,而且由于便捷的公共交通网进一步方便了区域的联系,车站的特征反而会逐渐显得不那么明显了。

（2）城市边缘型

在城市中心区的外围城市发展蔓延地区,周边均为城市建设用地,存在部分工业用地,土地开发强度中等。边缘型枢纽除了其城市节点功能外,还担负着与其他城市之间交通转换功能,作为一个特殊城市单元,它与城市中心常以内部快速道路联系,二者联系密切。边缘型的高速铁路客运枢纽,可能会形成城市增长的核心,引起城市建成区形态的变化,往往成为城市副中心。

（3）机场飞地型

所谓机场飞地型是指高速铁路客运枢纽距离城市中心距离较远,一般位于城市建成区的边缘或者城乡结合部,周边有大量的低密度建筑甚至农业用地,土地利用强度不高。由于枢纽位置与客流需求中心的错位,要求由城市轨道交通和快速道路构成的便捷交通体系与主要客流服务区域相联系。例如,上海南站位于徐汇区西南部,距徐家汇城市副中心约 5 km,距离市中心约 10 km,是上海市中心城市的南大门,通过地铁 1 号线和 3 号线方便地联系城市各主要组团。

15.1.2　高铁枢纽地区交通规划的目标

通过对高铁客运枢纽地区的交通规划,实现城市交通便捷高效、安全畅通、环境友好,体现交通、环境、景观的和谐统一,打造与高铁客运枢纽服务特点相协调的、与枢纽地区土地开发模式有机互动的交通系统。高铁枢纽地区交通系统构成见表 15-2 所示。

表 15-2　高铁枢纽地区交通系统构成

交通系统构成	内　　容
公路运输	高铁枢纽地区对外便捷联系通道的梳理 长途汽车站规划设计
城市道路网	辐射区道路网络设施布局
城市公共交通系统	城市轨道交通衔接设计 城市公交首末站布局 出租车上下客区设置
静态交通系统	社会停车场选址与泊位规模
慢行交通系统	城市景观及空间设计 步行网络设计

（1）高铁枢纽交通组织

高铁枢纽交通组织要求研究高铁站区的交通需求特征,确定其发展目标与策略;预测不同交通设施的规模,规划合理的设施布局,构建无缝衔接的换乘体系,提高综合交通枢纽运转效率;进行高铁站重点地区的交通组织研究,协调机动车及行人的运行,确保不同交通流运行有序。合理的枢纽交通设施布局及高效的交通组织,成为分析研究的重点。

（2）高铁枢纽地区交通规划

高铁枢纽地区的交通规划要求构建便捷联系地区内外的快速路系统,快速疏导高铁枢纽服务范围内的车流,衔接对外联系的通道;要求地区干道系统为高铁枢纽本体提供安全、快捷的通道;轨道交通系统、公共交通系统以及慢行交通系统的规划为高铁站地区营造良好的集疏散环境,服务于高铁站地区其他类型用地。

15.1.3　高铁枢纽地区交通规划的流程

高铁枢纽地区的交通规划要求建立功能结构清晰、布局合理的综合交通体系,满足高速铁路枢纽快速集散交通的需要,并且考虑多层次用户需要,适应长远发展要求,有效支撑高铁枢纽地区土地利用的有序开发,营造一个安全、便利、和谐的人性化交通环境。具体的规划流程如图 15-3 所示。

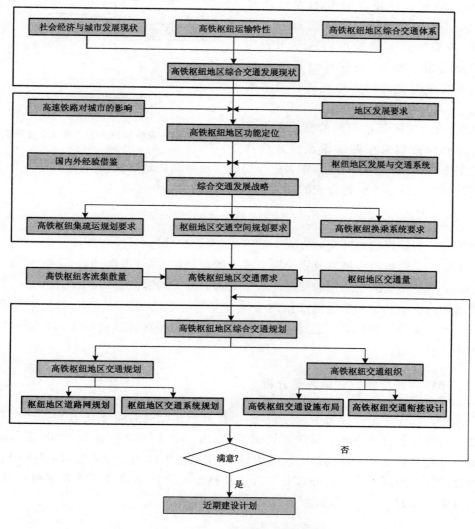

图 15-3　高铁枢纽交通规划流程图

15.2 高铁枢纽地区交通需求分析

15.2.1 高铁枢纽地区交通需求分析内容

高速铁路客运枢纽地区的交通需求分析既包括高铁枢纽集散交通量分析（用符号 Q_t 表示），也包括枢纽地区土地利用的交通量（用符号 G 表示），对枢纽地区交通需求的综合分析是高铁枢纽地区交通规划的基础。具体流程如图 15-4 所示。

首先，研究高铁枢纽的交通方式选择行为，总结高铁枢纽城市接驳出行方式选择特征，构建区域客流的市内接驳出行集散量预测模型。此外，高铁枢纽集散交通量也应包括市内交通利用枢纽进行换乘的交通量。

其次，枢纽地区其他用地的交通需求可依据土地利用规划采用四阶段预测方法预测出行交通量，将两者叠加分析，作为枢纽地区交通体系规划的依据。

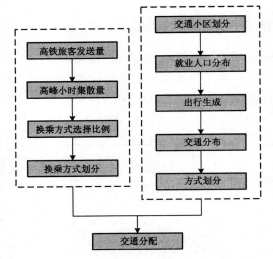

图 15-4　高铁枢纽地区交通需求分析流程

高铁枢纽地区某一交通方式的交通量见式(15-1)所示：

$$Q^k = Q_t^k + G_k \tag{15-1}$$

式中：Q^k——高铁枢纽地区交通方式 k 的客流量（人次/h）；

$\qquad Q_t^k$——高铁枢纽区域客流中交通方式 k 的集散客流量（人次/h）；

$\qquad G_k$——枢纽地区土地用的交通需求中交通方式 k 的客流量（人次/h）。

枢纽地区土地利用的交通需求预测与城市交通需求预测方法类似，具体可参见第三章城市交通需求分析的相关方法、模型，本节对高铁枢纽中区域客流的市内接驳出行量的预测方法进行介绍。

15.2.2 高铁枢纽交通方式集散量分析

在采用四阶段法进行交通需求分析时，出行分布预测就是将各交通分区产生和吸引的交通量转化成各交通分区之间的出行交换量，出行分布预测的结果为 OD 表。而枢纽内客流分布是各客运方式之间的交换客流量，其结果也可以用矩阵表示，两者之间有一定的相似性，因此，可以采用交通分布分析方法和模型来进行换乘客流的分布预测，两者之间各种对应关系如表 15-3 所示。

表 15-3　出行分布预测和换乘分布预测的对应关系

项　目	出行分布预测	换乘分布预测
预测基础 对应关系	交通分区	枢纽内各换乘客运交通方式
	交通分区数目 n	交通方式种类数 n
预测变量	出行生成总量 T	枢纽集散客流总量 H
	交通分区的出行产生量 P_i	交通方式的客流集结量 G_i
	交通分区的出行吸引量 A_j	交通方式的客流疏散量 D_j
	出行分布量 T_{ij}	换乘分布量 H_{ij}
出行阻抗与 换乘阻抗	出行分布阻抗 t_{ij}（包含行程时间及出行费用等在内的综合阻抗）	换乘分布阻抗 h_{ij}（包含换乘时间、换乘方式的行程时间及费用等在内的综合阻抗）
产生量与 集结量约束	$\sum_{j=1}^{n} T_{ij} = P_i$	$\sum_{j=1}^{n} H_{ij} = G_i$
吸引量与 发送量约束	$\sum_{i=1}^{n} T_{ij} = A_j$	$\sum_{i=1}^{n} H_{ij} = D_j$
总量约束	$T = \sum_{i=1}^{n} \sum_{j}^{n} T_{ij} = \sum_{i}^{n} P_i = \sum_{j}^{n} A_j$	$H = \sum_{i=1}^{n} \sum_{j}^{n} H_{ij} = \sum_{i}^{n} G_i = \sum_{j}^{n} D_j$
预测结果	出行分布 OD 矩阵	换乘分布 GD 矩阵

　　客运枢纽换乘分布可通过集散客流量与换乘比例相乘得到,换乘客流分布问题可转换为换乘方式选择问题,通常采用非集计模型进行换乘方式选择比例的预测分析。高铁枢纽无现状换乘方式选择比例,可依据普通铁路、航空运输、公路客运等区域客运方式的换乘方式选择情况,标定模型中的个人特性变量和选择肢特性变量,建立高铁枢纽换乘方式选择的非集计模型。表 15-4 显示了 2030 年南京南站高铁枢纽换乘 OD 矩阵。

表 15-4　南京南站高铁枢纽换乘 OD 矩阵(2030 年)

	铁路	长途客运	轨道交通	公交	出租车	小汽车	旅游车	其他	合计
铁路	2 000	325	8 060	2 945	2 015	1 705	155	620	17 825
长途客运	325	0	832	304	208	176	16	64	1 925
轨道交通	13 160	1 344	16 778	1 000	100	50	0	100	32 532
公交	3 290	336	1 000	1 000	0	0	0	100	5 726
出租车	2 585	264	100	0	0	0	0	100	3 049
小汽车	3 290	336	50	0	0	0	0	0	3 676
旅游车	235	24	0	0	0	0	0	0	259
其他	940	96	100	100	100	0	0	0	1 336
合计	25 825	2 725	26 920	5 349	2 423	1 931	171	984	66 328

　　高铁枢纽的市内交通方式换乘主要介于城市公共交通之间的换乘,客流量通过公共

交通的组织完成在枢纽地区的出行,因此可将该部分需求量归入枢纽地区土地利用吸发的交通量中考虑,将高铁枢纽作为城市交通用地进行需求预测分析。

15.3 高铁枢纽交通衔接设施配置

15.3.1 交通衔接设施的分类

按照交通设施服务功能的不同,将高铁枢纽内集散高铁客流的交通设施细分为交通场站类设施和交通衔接类设施。场站类设施是为用于换乘的交通工具提供行驶和停放的场地,针对某一种交通方式,功能单一;衔接类设施是乘客在不同交通方式间换乘的物理连接载体。

1) 交通场站类设施

根据不同交通衔接设施的服务需求与供给特性,将高铁客运枢纽内交通场站类设施分为四类:站房候车类、站台候车类、即到即走类、停车场。

(1) 站房候车类设施

站房候车类设施包括公路客运站以及城市轨道交通站点,主要功能区分为等候区和上车区。

公路客运站一般由站房、建筑红线退让区形成的集散广场、发车区、辅助设施及长途汽车停车场五个主体部分组成。高铁客运枢纽配置长途汽车站可方便周边城镇的居民换乘高铁,长途汽车站也可作为一个独立的城市对外客运窗口,在站前集散广场上或者地下设置市内交通换乘设施以服务市内旅客的到达和离去。长途汽车站的站房与站前集散广场一般布设在一起,长途汽车的停车场可布置在别处。

城市轨道交通站主要分为付费区与非付费区两部分。付费区相当于候车区,是轨道交通相对封闭的空间,类似于站房的功能;非付费区承担着类似集散广场的功能,同时也完成乘客的购票过程。

(2) 站台候车类设施

高铁客运枢纽中站台候车类设施一般指地面公交站点,分中途站与首末站两类。中途站结合城市道路的建设布置,城市公交首末站分为停车坪和上下客区,由于线路相对密集且为始发站,上下客区自发形成城市公交的客流转换枢纽。停车坪与上下客区可设置在一起,也分开布设。

(3) 即到即走类设施

即到即走类设施主要指的是车道边,它是客运站一种特有的交通设施,是为了实现进出站人流与车流转换而集中设置的车辆上客、落客区域。一般而言,进站车道边与出站车道边分开布设,分别靠近客运站的进出口。

出租汽车上客区也具有"即停即走"的特点,应尽量靠近高铁旅客车站与公路客运站的人流出口,并可根据出口的个数设置多个出租汽车上客点。

(4) 停车场

停车场是高铁枢纽个体交通方式的交通工具短期停放场所,也负责枢纽通勤交通中交通工具的停放,功能上属于高铁枢纽的配建停车场,包括社会车辆停车场与非机动车停车场,可根据需求的不同及空间的限制,设置一个或多个停车场。

2）交通衔接类设施

（1）集散广场

集散客流类设施一般指铁路旅客车站、公路客站的站前广场,旅客需要经其进出车站。集散广场的缓冲作用使得进出站客流秩序井然,在有意外情况发生时,广场可成为紧急疏散场地,保证旅客安全。此外,由于集散广场上相对开放的乘客视野感受也是城市景观功能的重要组成部分。

（2）联系步道

通道类设施是各种衔接换乘和出入车站的通道,如步道、地下换乘通道、楼梯、自动扶梯等,主要为步行服务,合理的设计能够为乘客的换乘提供方便、快捷和安全的服务。联系通道是枢纽内行人的步行载体,其设计决定了人流的流动方向及长度距离。联系通道包括两类:一种是直接在交通场站类设施之间连接,另一种是场站设施出入口连接集散广场的通道。

（3）站内道路

枢纽内供车辆行驶的站内道路也是枢纽不可或缺的组成部分,其主要任务是将进出场站的车辆汇集到城市道路网络或者区域公路网中。必须保证交通场站与进出站道路、进出站道路与城市道路衔接处通行能力匹配,避免造成不必要的延误。

15.3.2　交通衔接设施规模确定

1）考虑设施共享性

由于高铁枢纽的运输组织的时间错位性以及客流转换的不确定性,存在交通衔接设施使用某些时段的闲置,为了节约土地使用与交通投资、集约利用交通资源,交通衔接设施间的共享使用在配置中越来越受到重视,且在交通衔接设施的共享上存在一定的可行性。

（1）客运站站房可共享集散广场

若高铁客站与长途汽车站同场布设,可考虑共用站前集散广场,不仅可以减少广场占地面积,还可以缩短旅客在高速铁路与公路客运之间换乘的步行距离。

（2）城市对外交通方式共享市内集散交通设施资源

高铁客站与长途汽车客运站均需要市内交通方式的换乘设施予以集散,枢纽形成高铁客站与公路客站的两个核心功能区。若共用某些交通衔接设施,枢纽将形成高铁旅客车站、长途客运站、市内集散设施三个功能区,形成"三角形"的稳定结构。

（3）多种交通衔接设施可共享停车设施

长途汽车站与常规公交首末站都配有供车辆停放的场地,而在大多数情况下会存在空闲泊位。公路客运站的长途汽车停车区主要服务于驻站车辆夜间停车,而城市公交首末站晚上一般不停车,二者在时间上存在共享的可能性,而且运营车辆均为大型客车,可把公交首末站停车坪设于公路客运站的长途汽车停车区以实现设施的共享。

社会车辆停车场中的车辆行驶通道及部分泊位可用作出租汽车上客区的蓄车场所,还可根据实际运行情况调整停车场的功能分区与交通组织形式,提高设施使用效率。

社会车辆停车场亦可与汽车客运站和公交首末站停车场地形成共享,形成大型综合的机动车停车场。枢纽内的社会车辆停车场主要为高铁与公路客流服务,夜间没有停车需求,可以重新组织停车场内的泊位设置,方便部分驻站长途汽车的夜间停放。

由于停车设施在枢纽内所占面积比较大,且在服务时间上的存在差异性,共享停车设施是常见的设施共享配置形式,但在立体分层布置时,需要考虑不同车种的运行技术指标,制定合理的设施共享方案。

(4)非机动车停车场可结合集散广场、道路、绿化等其他功能区的设计灵活布设。

2)设施规模测算

在高铁客运枢纽规划设计时,以交通设施的建筑面积作为规模指标,无论交通设施采用何种形式的空间布局,均需满足建筑面积的要求。

交通设施的面积指标由其服务的客流量直接决定。高铁综合枢纽内客运方式的运输组织特性不同,其交通设施载体的服务形式、服务特点存在差异。铁路旅客车站与公路客运站的设计指标采取的是高峰小时交通量,该两种客运方式在枢纽中处于主导地位。为保证指标的一致性与可比性以及满足旅客使用需求,以高峰小时服务客流量作为交通衔接设施的主要配置指标。

(1)站房候车类设施面积计算

公路客运站的站房、发车区及辅助设施占地面积可参照《汽车客运站级别划分和建设要求(征求意见稿)》,由设计发送能力进行相关规模测算。高铁客运枢纽用地紧张,设施应集约配置,长途汽车停车场地可按照同期发车量的5~6倍计算,单车占用面积按客车投影面积的3.5倍计算。

城市轨道交通站点设计参照《地铁设计规范(GB 50157—2013)》执行,与常规的轨道交通站点设施设备配置无异。

(2)站台候车类设施面积计算

城市常规公交首末站的上下客区面积基于时空消耗理论测算。时空消耗指交通个体(人或车)在一定时间内占有的空间或一定的空间上使用的时间。其与高峰小时服务的客流量、车辆的平均载客数、每辆车停靠所需的面积及场地的周转率等相关。

首末站要提供部分车辆的停放,规范规定取公交线路配备车辆数的60%,该条线路配备的公交车辆数由城市公共交通规划确定。首末站停车坪或与公路客运站及社会车辆停车场共享配置。

(3)停车场面积计算

社会车辆停车场与非机动车停车场也采用基于时空消耗的计算方法,区别在于公式的参数选取上,具体见表15-5所示。表15-6显示了计算得到的南京南站交通设施配置占地面积需求。

表 15-5　各类设施面积规模计算公式与参数选择

交通衔接设施	计算公式	参数				
		高峰小时服务客流量 N（人次/h）	单车载客人数 P（人）	周转率 λ	单车平均占地面积 s（m²）	共享系数 α
公交首末站上下客区	$S_{bus}=\dfrac{N_{bus}\cdot s_{bus}}{P_{bus}\cdot \lambda_{bus}}$	枢纽疏散对外客流的常规公交分担量以及市内公交换乘量	25～30	4～5	110～120	—
出租汽车上客区	$S_{taxi}=\dfrac{N_{taxi}\cdot s_{taxi}}{P_{taxi}\cdot \lambda_{taxi}}\cdot \alpha_{taxi}$	枢纽疏散客流的出租汽车方式分担量	1.5～1.8	6～7	30～40	0.85～1
社会车辆停车场	$S_{car}=\dfrac{N_{car}\cdot s_{car}}{P_{car}\cdot \lambda_{car}}\cdot \alpha_{car}$	枢纽集散客流的社会车辆方式分担量，其中使用社会车辆停车场的比例可取 60%～80%，大型车比例取 25%～35%	1.5～2（小型车） 30～35（大型车）	2.2～2.5	25～30（小型车） 90～100（大型车）	0.9～1（小型车） 0.8～1（大型车）
非机动车停车场	$S_{bike}=\dfrac{N_{bike}\cdot s_{bike}}{P_{bike}\cdot \lambda_{bike}}$	枢纽转换客流的非机动车方式分担量	1	1.5	1.8～2.5	—

表 15-6　南京南站交通设施配置占地面积需求

交通方式	公路客运站	长途汽车停车场	城市公交首末站	出租车上客区	社会车辆	
					小型车	大型车
车辆数（veh）	130～150	130～160	150～200	400～600	1 200～1 500	32
估算设施面积（hm²）	1.5	3.5	1.8	1.3	4.5	0.27

（4）车道边有效面积

为满足出租汽车、社会车辆等在高速铁路站前的停靠需要，落客平台有效落客长度可采用公式（15-2）计算。

$$L_{rd}=\frac{t_{rd}\cdot Q_{rd}\cdot l_{rd}}{3\,600} \tag{15-2}$$

式中：L_{rd}——高架桥有效落客长度应至少满足的长度（m）；

　　　Q_{rd}——高架桥上高峰小时下客的车流量（veh/h）；

　　　l_{rd}——高架桥上每个停车位的平均长度（m），大型车 15.6 m，小型车 6 m；

　　　t_{rd}——车辆从完全停止到旅客下车离开的平均时间（s），一般取 50 s。

（5）集散广场面积计算

《城市道路交通规划设计规范（GB 50220—95）》中规定，车站、码头前的交通集散广场的规模由聚集人流量决定，集散广场的人流密度宜为 0.07～0.10 m²/人。《汽车客运站级别划分和建设要求（征求意见稿）》中明确：一、二级车站按照旅客最高聚集人数每人 1.2～1.5 m² 计算，三级车站按旅客最高聚集人数每人 1.0 m² 计算。

铁路旅客车站与公路客站设计依据为高峰小时发送量，集散广场可按照最高集聚人数每人 1.0～1.2 m² 计算。国内现有公铁联运铁路客运枢纽中铁路客流换乘长途汽车的比例不到 10%，集散广场同场布设时聚集人数指标按照两个客站的高峰小时客流集散量之和的 90% 取值。

（6）通道设施宽度

通道服务客流具有一定周期性，并且客流通过时是成批的，通道的宽度可按式（15-3）计算。

$$B_{\text{out}_i} = \frac{q_{\text{out}} \cdot \sigma \cdot I_m \cdot \beta_i}{C \cdot T \cdot \alpha_{LOS}} \tag{15-3}$$

式中：B_{out_i}——第 i 个出站或换乘通道类设施所需的宽度（m）；

q_{out}——高速铁路旅客车站高峰小时的出站客流量或换乘客流量（人次/h）；

σ——超高峰小时系数，一般取 $\sigma = 1.2 \sim 1.4$；

I_m——高速铁路旅客车站列车到达的平均间隔时间（s）；

β_i——第 i 个出站或换乘通道类设施所服务的客流量占整个出站客流量或换乘客流量的百分比（%）；

C——相应通道的通过能力（人次/h）；

T——设施疏散每次列车出站客流或换乘客流所要求的服务时间（s），可根据高速铁路枢纽的换乘耗时标准估算，$T \leqslant I_m$；

α_{LOS}——相应服务水平下的设施饱和度。

15.3.3 交通衔接设施布局规划

1）设施布局的基本要求

（1）满足旅客"安全性"的交通需求

在交通空间中，安全性是最基本的标准，也是最低要求。高铁枢纽中人车交杂互换，流线复杂，这就要求设施布局时从旅客安全性出发，保障旅客出行的最基本权利。此外，设施布局也应考虑到紧急情况下为旅客提供安全的空间。

（2）满足旅客"便捷性"的交通需求

旅客交通行为的另一个基本需求是方便快捷。高铁枢纽必须通过换乘城市交通方式完成旅客出行的全过程，多样化的换乘成为出行必备的交通手段，于是换乘时间的长短在一定程度上决定了旅客的满意度，影响了出行的质量。

（3）满足旅客"舒适性"的交通需求

要使旅客对交通换乘行为的整个过程满意，"舒适性"成为越来越重要的指标。在较大的交通空间内，如果无法提供"舒适性"的相关设施、无法营造"舒适性"的惬意空间，会带给旅客枯燥乏味、烦躁不安的心理感受,剧增对该交通空间的排斥感。

2）高铁枢纽交通空间架构

高铁枢纽通过交通设施的布局作为交通空间架构的基础。交通衔接设施的空间布置形式分为两类:一类为功能化分散布局,即将各类交通设施按照特点或立面或平面展开,强调枢纽内功能模块的设计,交通衔接设施的运转更倾向于交通组织优先;另一类为立体化集中布局,即将各种交通设施的换乘集中到一栋综合建筑中,分层设置,强调交通建筑体及交通设施的整合,以交通设施的布局约束乘客流线的运行。

图 15-5 中,分散式的换乘模式主要优点为可使枢纽地区各换乘设施区域划分明显,交通要素可识别性较高,有利于各种换乘设施的工程实施,运营管理方便。其主要缺点为换乘设施的功能较分散,占地面积大,换乘距离和时间较长,各交通流线间的干扰比较严重。

图 15-6 中,集中式的换乘模式主要优点为各种交通方式间的换乘距离、时间最短,各种交通设施衔接紧密,处于连续运作状态,从而达到最佳经济效益,同时此种模式的土地利用率高,更能有效的促进城市商业建筑与交通枢纽的融合。其主要缺点为工程难度大,一次性造价高,枢纽体内交通压力大,管理难度大,各部门需要充分协调统筹。

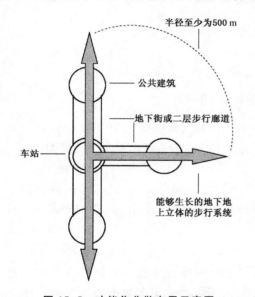

图 15-5　功能化分散布局示意图

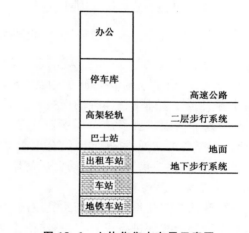

图 15-6　立体化集中布局示意图

3）高铁枢纽交通客流集散系统设计

从设施布局、换乘设计、交通组织三个方面对综合交通枢纽客流集散系统进行规划,做到"以人为本、公交优先、分区组织、立体换乘、分层布设"。

以人为本要求进行机动车流交通组织规划的同时充分考虑步行、非机动车交通问题,做好针对弱势群体的无障碍设计、旅客步行空间设计以及枢纽的绿化、景观设计等等。

公交优先是将轨道交通、地面常规公交与高速铁路客运、公路客运视为换乘体系中的重要环节进行规划设计,利用高速铁路桥下空间布置公交首末站,在站前高架上预留公交下客点,同时设置公交专用路(道)。

分区组织为了实现不同性质交通流的时空分离,包括人车分流、机非分流、进出分离、动静分离、客货分离、枢纽内部交通和枢纽穿越交通的分离，以及公交车、长途车等大型车辆与出租车、社会车等小辆车辆的适当分离等等。图 15-7 显示南京南站交通设施平面布局情况。

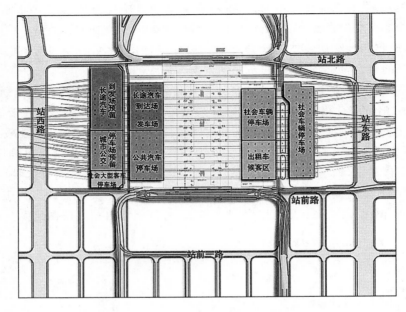

图 15-7 南京南站交通设施平面布局图

立体换乘以铁路、公路两大交通方式为基础，强化区域客运方式之间以及区域客运方式与公交、出租车等城市交通方式的换乘，在分层布设的基础上，考虑充分利用枢纽夹层，强化各交通方式间衔接换乘的便捷性。

分层布设要求在设施布局规划过程中，应充分利用地面层空间，尤其是高速铁路桥下空间，布置各类交通设施，同时结合地上多层高架设置出租车、社会车、贵宾车落客区。对于地下空间，主要供轨道交通站台层使用。

4）交通设施衔接规划

高速铁路客运枢纽交通场站类设施的衔接设计是对枢纽各交通方式站场之间的位置关系及衔接形式等进行设计，是枢纽衔接系统设计的关键，也是实现城市内外交通一体化的基础，枢纽场站设施之间的协调、高效、公平的衔接是减少乘客换乘的步行距离，提高换乘安全性和舒适性的基本前提。

（1）集散广场换乘

此种布置方式适用于铁路车站与其他对外交通站点（如公路客运站）的分散布置，铁路旅客车站与其他站厅之间由地面广场连通。其优点是：分开设置，相对两者集中设置结构简单，施工难度相对较小，两种交通站厅不要求同时施工或相差较短。铁路的线路对其他交通的道路场站没有影响。缺点是：流线干扰大，旅客行走距离较长，如果携带大件行李换乘非常不便。

此种布置方式适用于建成的交通场站与新建交通场站相互衔接的时候采用。交通场站的施工时对其他交通方式的日常运营没有太大影响。

　　（2）通道换乘

　　此种布置方式适用于地面环境复杂，而两种对外交通又非同时施工、运营的情况。其优点是：为施工提供了很大的灵活性，无论是在两交通站点施工阶段还是两者完工后，都可进行建设，便于连接不相邻的站厅。缺点是：由于两站厅空间距离比较大，会引起通道行走距离较长，如果走错，需要返回重新选择路径，容错性较差，通道换乘的干扰较地面广场少，但可能行走距离并不一定减少。

　　（3）垂直换乘

　　此种布置方式的优点是：可以避免交通方式间的交叉，铁路旅客车站与其他交通方式场站集中布置时，旅客在两种交通之间转换的行走距离短，换乘方便。这种方式需要两种交通设施在总体规划阶段就一起考虑，集中布置。两种交通方式的场站和线路，可以一起建设施工，也可以在规划完成后，做好预留，分期完成。垂直换乘方式最佳，既节省了换乘的距离和步行时间，也在心理上创造了一种较轻松的环境。图 15-8 显示南京南站枢纽内行人垂直换乘示意图。

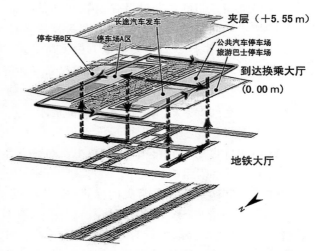

图 15-8　南京南站枢纽内行人垂直换乘示意图

　　5）枢纽内道路规划

　　枢纽内集散道路连接着枢纽内交通场站设施与城市道路网络，按接入城市道路网的关系可以分为直接接入城市道路和组织后接入城市道路两类。

　　直接接入城市道路是指核心区内的交通场站类设施的出入口直接设置在城市道路上，各场站之间单独设置，上下客在同一场地内完成，这是一种较为简单的组织形式。根据接入的城市道路性质，它存在两种形式。

　　一是直接接入城市主要干道，其优点是减少车辆在核心区内的绕行，减少与行人的干扰。但缺点是出入口设置多，对城市交通影响较大。因此设置时要采取一定的管理措施，如注意出入口的位置必须远离行人密集的区域；车辆出入的转弯方式需进行限制（限制左转弯等）；设置隔离带，分隔出机动车主道和辅道，使机动车先驶入辅道再进入主道；高架分离穿越性交通等。

　　二是首先接入周边支路或次干道，经组织后多途径接入城市主干道路网。这种组织方式能较好建立交通流秩序，交通容量大。但需要有合理的核心区周边道路网为基础，和外围区进行一体化城市设计，综合考虑城市用地与道路间的关系。

　　组织后接入城市道路是指在核心区内设置独立完整的道路，所有终端设施的交通出入需经过独立道路的组织再接入城市交通网络中。这种组织方式使得复杂的交通组织在核心区内完成，交通流井然有序，减少了与城市道路衔接的出入口，减小了对城市交通的影响。

15.3.4　步行空间规划

　　高铁枢纽地区步行空间是以人行步道为主干的公共空间体系，是由步行空间要素组成具有层次结构的系统。步行空间要素根据其发挥的功能,可分为三类:界面空间、联络空间、停留空间。

界面空间是指步行交通流向其他交通工具转变的集散空间,也是换乘设施间转换的步行媒介:如车站站前广场、地铁站厅、铁路旅客车站高架步行平台、铁路站出站口的下沉式广场、公交车站站台等。它是承担通过性人流功能的步行空间。

联络空间是指联系车站及建筑物之间的非停留性空间,包括地下、地面、高架三个层面。高架步行联络空间主要指过街和跨铁路线的天桥,地面步行空间主要有步行街以及室内通道;地下步行空间主要是地下过街通道。

停留空间是指具有等待候车、休闲娱乐等功能开敞空间,依据高铁枢纽地区空间结构特征,步行空间层体系由核心区、外围区及两区的衔接步行空间三部分组成,各个部分通过三类步行空间要素的组织连结为一个整体。

地下人行广场和高架人行步道不但担当了人行交通转换的功能,同时可以承担连接铁路线两侧城市用地的作用,起到减小铁路旅客车站对枢纽地区的空间分隔的作用。

(1)步行空间组织模式

步行空间组织有三种常见的模式:步行区、步行轴、步行网。

步行区是指步行空间的布局和街区结合,有明显的区块特征,在交通上和其他子系统综合规划,区块内部以步行为主,以公共交通承担大部分人流的集散,机动车通过区块外部环路、地下隧道、高架道路分离。这种模式步行空间和公共交通集散点结合密切,必须具有发达的公共交通系统作为基础。

步行轴是指步行空间通过轴向线性间结合不同功能空间设置,形成诸多变化的形态,如景观轴、生态轴、商业街等。这种方式形象突出,易于创造空间秩序,是高铁枢纽地区中经常采取的方式。

步行网是指各个街区的步行空间相互连接,形成步行网络,而步行网和机动车道路网络两个系统平行设置,互不干扰。这种形式的建设不同于步行区,它需要关注和建筑、城市公共空间的一体化设计。

(2)步行人流组织

高铁枢纽地区的步行人流组织不仅需要从空间形态、空间感受、商业街等城市设计和建筑设计视角出发,更要从交通的视角出发,将步行空间与交通设施联系起来,形成系统的步行网络。空间分布要求明确各种人流的发生源、吸引源的空间位置,各种流线的流量、流向,确定人流聚集的场所和容易发生冲突的地点,然后寻求解决的办法。图 15-9 显示步行转换空间立体化设计。

步行组织需要注意以下要点:

① 根据人流的流向,选择最短路径。步行组织

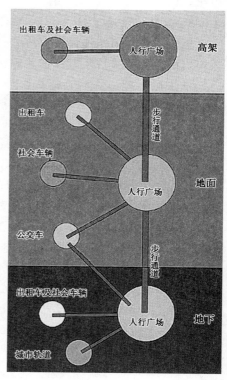

图 15-9　步行转换空间立体化设计示意图

需与行人的流向一致,最大程度服务客流,此外应尽量满足最短路径要求,对人流的组织避免绕行,便于交通组织,提高安全性和便捷性。

② 步行空间的宽度、容量应和人流流量适配,不足容易产生人流拥挤,过多则空间的利用率降低,易给人距离感。联系周边的步行通道应与支路或周边地区人行通道联系起来,形成网络结构。

③ 交通一体化步行空间的布置要和其他城市交通系统无缝衔接,使车行系统、人行系统、各种交通系统之间方便对接,提高转换效率,发挥城市交通系统的综合效用。

④ 考虑与公园、广场等城市开放空间的协同布置,相互衔接,做到美观、精致、空间分离,形成一体化的交通景观。

15.4　高铁枢纽地区道路网络规划

15.4.1　路网结构特征

对枢纽地区路网服务要求的分析要结合高铁枢纽在城市中所处的位置选择来确定,不同的位置对应于不同的交通特性、土地利用形式以及城市的发展状况,见表 15-7 所示。同时,位置的选择应主要结合城市交通系统的布局,不仅有利于道路客流的均衡分布,而且可以促进城市的发展建设。

表 15-7　不同区位高速铁路客运枢纽地区路网服务需求分析

特征图示	空间结构	功能分布	交通特征	路网需求
核心区　扩散区　外围区	枢纽地区与城市中心融为一体,或者说城市中心区整个就是枢纽地区	呈现核心区缩小,外围区扩大的特点,核心区功能集中,范围缩小,外围层迅速形成配套设施,服务半径扩大	对外交通枢纽与内部交通枢纽重合,内外交通衔接换乘集中于一处。穿越性交通及地区性的交通均较多,道路负荷较大,路网畅通性比较差	路网通畅性要求不高,路网结构要求完整,级配合理,满足枢纽地区交通的良好集散,同时服务地区土地开发
城市中心　核心区　扩散区　外围区	枢纽地区是一个边界与CBD内核连接的位于CBD区内的特殊的城市空间单元	呈现单边侧向的特点,枢纽地区面向城市中心一侧集中较多城市功能,另一侧发展比较单一化	枢纽地区与中心区交通联系较强,与城市中心之间一般通过城市主干道相连,城市外环路往往会穿越火车站地区与其相连,担负着主要的分流功能	对外以高等级道路快速联系,对中心城区以城市主干道路衔接,满足地区服务及与中心城区快速联系的功能

特征图示	空间结构	功能分布	交通特征	路网需求
	枢纽地区形成一个与城市CBD地区相分隔的独立的城市中心	客运枢纽与周边城市或者重要节点的连接道路成放射状,随距离扩大影响缩小,土地利用呈现独特的星形形态	与CBD核心区之间不可能通过步行联系,主要通过干道与其相联系,与中心交通联系强,联系方式多为放射式,穿越性交通较少	外围以高等级道路屏蔽过境交通,以快速通道联系中心城区,并与邻近城镇加强路网衔接,地区内部路网自成体系

高速铁路枢纽地区的路网承担着区域内土地联系以及对外道路衔接的功能。枢纽地区道路网规划的目标是有效发挥各级道路功能。根据枢纽地区道路服务的交通流的起讫点是否在该地区把路网的结构分为三种,详见表 15-8。

表 15-8　高速铁路客运枢纽地区路网结构功能及适用性分析

	集 散 式	穿 越 式	混 合 式
图示			
路网结构	以枢纽为中心,干道向各服务方向延伸,形成中心放射的路网格局,强调路网服务的深度	以干道形成井字形骨架,环绕枢纽外围,内部支路与枢纽外围干道紧密衔接	外围高等级道路屏蔽过境交通流,内部次干路与支路服务地区交通集散、支撑地区开发
路网密度	强调主干道的集散功能,辅以次干道实现地区联通,支路网密度相对较低,地区开发强度较弱,路网密度较低	利用主、次干道沟通枢纽服务地区,支路密度较高,服务较为独立的枢纽地区内部开发,开发强较大,路网密度高	核心区由次干道与支路实现交通集散,外围地区强调主干道的通过功能,开发强度大,路网密度最高
路网功能	地区及其外围相邻各区之间有方便直捷的联系,可达性较好,换乘后的高铁乘客可以很方便的选择出行路径达到城市的各个角落	使交通分散合理,各等级道路主次功能明确。同时,集散的高铁客流可以便捷地融入城市道路,对周边地区的城市其他出行影响也较小	周边的高等级道路承担着过境以及火车站的集散客流,发达的支路分担周边用地产生的交通量以及车站发出的公共交通
适用范围	机场飞地型	城市边缘型	城市中心型

15.4.2　高铁枢纽地区道路网规划影响因素

（1）枢纽地区用地布局

发达国家高铁枢纽地区规划与实践表明,与高铁枢纽地区关联性较高的产业功能主要为现代服务业和商业服务业。高铁枢纽与传统铁路站功能布局特征最大的差异是高铁以客运为主,一般大宗货物运输较少,物流运输业及相关服务咨询业功能较弱。一般高铁枢纽地区用地规划中,核心区主要布设商业商贸办公等用地,而工业、教育、文化、居住等功能与枢纽地区活动特征关联性较弱,一般布设于影响区内。

图 15-10 为高铁枢纽地区典型用地开发情况,核心区以运输功能为主,主要布设站房以及配套交通设施用地,如站前广场、长途汽车、公交车、出租车、社会车和非机动车等车场;周边以商业开发功能为主,主要布设商业金融、商贸办公、商业文娱和商务会展类用地;影响区以完善地区开发功能为主,主要布设居住、商住混合以及科研教育等类型用地。图 15-11 和图 15-12 分别显示了南京南站地区用地布局规划和开发强度分布情况。

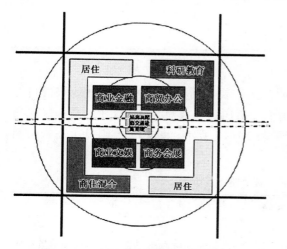

图 15-10　高铁枢纽地区典型用地布局

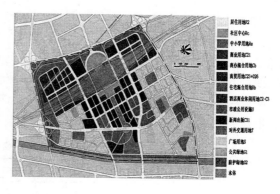

图 15-11　南京南站地区用地布局规划图

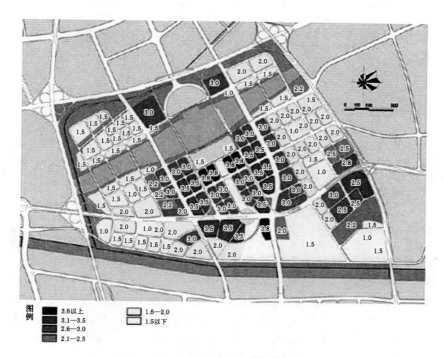

图 15-12　南京南站地区开发强度分布图

（2）枢纽地区建设强度

参考国内已开展的边缘型高铁枢纽地区的规划,见表15-9,高铁枢纽地区的开发强度一般为核心区容积率为 4.0~6.0,影响区为 1.0~3.0。

表 15-9　国内边缘型高铁枢纽地区建设强度表

	核心区	影响区
南京南站	4.0~6.0	1.5~3.5
镇江西站	3.5~4.0	1.0~3.0
常州北站	3.0~3.5	1.0~2.5

（3）对路网的要求

高速铁路枢纽地区大规模、高强度的商业开发需要高密度支路网来保证地块的可达性,同时需要衔接合理的路网结构保证车流由低一级向高一级有序汇集,并由高一级道路向低一级道路有序疏散。各级道路交通功能见表15-10所示。图15-13则显示高铁枢纽地区路网指标影响因素相互作用关系。

表 15-10　高铁枢纽各级道路交通功能

道路等级	快速路	主干路	次干路	支　路
承担交通功能	过境和枢纽地区长距离的出入境交通	中长距离出入境和地区内部跨圈层出行交通	枢纽地区内部交通	片区内部集散交通

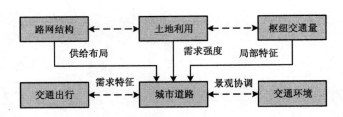

图 15-13　高铁枢纽地区路网指标影响因素相互作用图示

高速铁路客运枢纽作为城市的景观门户,其环境要求较高,结合地区的环境特征,在路网结构、道路宽度、特殊要求的慢行景观道路等方面都有不同。

15.4.3　路网指标确定

1）国内外铁路车站枢纽地区路网指标类比

（1）路网密度

通过对国内外主要火车站枢纽地区道路网密度的统计,经过分析的火车站枢纽地区的路网密度对比如表15-11所示。通过对国内主要火车站及所在城市的路网密度的分析,可以看出国内主要火车站地区与所在城市路网密度的比较。

表 15-11　国内外铁路车站枢纽地区道路网密度对比　　　单位：km/km²

	中　国	欧　洲	日　韩
总路网密度	5.77	14.38	20.35

（2）路网级配

表 15-12 所示，国内铁路车站枢纽地区总路网密度除了比日韩、欧洲的密度低之外，枢纽地区路网结构中次干路，特别是支路的比例低。国内铁路客站枢纽地区路网级配中次干路和支路同主干路的比例远逊于国外。

表 15-12　国内外主要火车站枢纽地区路网指标对比　　　单位：km/km²

	主干路密度	次干路密度	支路密度
中国	1.36	1.89	2.52
欧洲	0.81	2.30	11.26
日韩	0.75	2.48	17.12

注：为了统计及对比的方便，枢纽地区快速路及主干路密度均按照主干路密度进行统计

2）基于机动车流量分担率的路网指标配置方法

高速铁路枢纽地区是一个有限的空间，道路网密度与道路面积率不可能无限制地增长。在目前的形式下，研究道路网络规划，调整路网布局，改善道路网结构，对于解决高铁枢纽地区的交通问题具有现实意义。基于机动车流量合理分担率确定的网络级配方法以供需平衡为原则，用各级道路承载的车流量来确定网络级配，是一种经济可行的方法。

（1）各等级道路单位长度单车道容量

城市道路单位长度单车道容量是指单位时间内，对应于一定的饱和度，某一级城市道路单车道单位长度上所能通过的最大车辆数，计算见公式（15-4）。

$$V_i = C_i \cdot \beta_i \cdot \alpha_i \cdot \gamma_i \tag{15-4}$$

式中：V_i——等级 i 道路单位长度的单车道容量（pcu/h）；

$\quad$ C_i——等级 i 道路一条车道的理论通行能力（pcu/h）；

$\quad$ α_i——等级 i 道路的交叉口折减系数；

$\quad$ β_i——等级 i 道路的平均饱和度；

$\quad$ γ_i——等级 i 道路的车道总综合折减系数。

i 为道路等级，分别为快速路、主干路、次干路和支路。各等级道路单位长度单车道容量如表 15-13 所示。

表 15-13　各等级道路单位长度单车道容量

道路类型	C_i(pcu/h)	α_i	β_i	γ_i	V_i(pcu/h)
快速路	1 800	0.9	0.9	0.6	875
主干路	1 730	0.6	0.9	0.6	561
次干路	1 640	0.6	0.9	0.6	531
支路	900	0.5	1.0	0.6	270

（2）道路网络级配计算

各等级道路的容量应和各等级道路的承载量成正比,道路网络等级结构比例(各等级道路长度比例)见式(15-5):

$$L_1 : L_2 : L_3 : L_4 = \frac{Q_1}{V_1 \cdot n_1 \cdot \eta_1} : \frac{Q_2}{V_2 \cdot n_2 \cdot \eta_2} : \frac{Q_3}{V_3 \cdot n_3 \cdot \eta_3} : \frac{Q_4}{V_4 \cdot n_4 \cdot \eta_4}$$

$$(15-5)$$

式中：Q_i——等级 i 道路承担的交通量(pcu·km/h);

$\quad\quad L_i$——等级 i 道路的长度(km);

$\quad\quad n_i$——等级 i 道路平均车道数;

$\quad\quad \eta_i$——等级 i 道路机动化系数(即道路上承载的机动化出行的比例),快速路取 0.95,主干路取 0.95,次干路取 0.8,支路取 0.75;

$\quad\quad$其他符号意义同前。

（3）枢纽地区道路路网密度

路网密度计算公式见式(15-6):

$$\overline{D} = \sum_{i=1}^{4} L_i / S$$

$$(15-6)$$

式中：$\overline{D}$——高速铁路客运枢纽地区道路网络平均密度(km/km^2);

$\quad\quad S$——高速铁路客运枢纽地区规划面积(km^2);

$\quad\quad$其他符号意义同前。

15.4.4 路网布局规划

1）典型路网布局

高铁枢纽核心区和影响区差别化布设路网以满足各分区不同的交通需求。对于影响区外围的过境交通需求可以通过布设快速环来分流,高密度开发的居住和商住混合用地产生的交通需求通过高密度方格网式的支路网满足。核心区布设向各个方向放射的干道满足集散交通需求,通过枢纽四周主、次干路汇流至地区主干路,并通过主干路与环形快速路的良好衔接实现;对于高容积率的商业商务等用地,方格网的次干路和支路支撑其土地开发,满足枢纽地区内部客流逗留的需求。高铁枢纽一般架设高架道路或干道与枢纽间有效衔接实现快速集散;区内支路满足客流的换乘需求。采用分区差异化的路网布局思路,可以充分发挥各类道路各自的功能,较好地满足枢纽地区过境交通、高铁枢纽集散交通、枢纽地区出入境交通以及枢纽地区内部交通四类交通的需求。

选取高速铁路枢纽地区典型路网布局中的一种形式进行探讨,取枢纽地区面积为快速路围合而成的区域7.5 km^2(3 000 m×2 500 m),此种布局形式不考虑实际情况中的各种广场绿地的面积以及道路的宽度等因素,因此得到的路网密度接近最大,如图 15-14,图 15-15 所示。

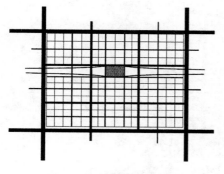

图 15-14　典型路网布局

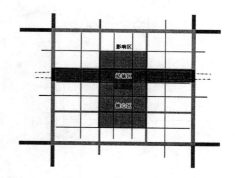

图 15-15　典型路网层次

（1）快速路布设在影响区，由于枢纽地区要通过快速环来满足穿越性交通的需求。

（2）主干路在核心区密度最大，这是由于核心区道路网的功能主要是实现客流的快速集散；站场通过主干路直接连接到外围的快速环，因此其密度较大；而影响区的主干道主要是衔接功能，密度较小。

（3）核心区的次干路密度最大，其和核心区的主干道构成干道网逐级疏散枢纽地区的到发交通；影响区的较高密度的次干道要承担枢纽地区内部的交通量，还有与其他等级道路构成合理的路网级配，辅助客流集散。

（4）核心区需配置较高密度的支路网来支撑土地开发。为了创造宜人舒适的环境，一般都设有休闲绿化广场等，导致支路的密度与影响区相比较小。影响区居住和商住混合的用地性质居多，为满足地区内部的出行需求，要配置高密度的支路网。

2）差异性路网规划

由于各地区的经济水平、发展模式、交通状况、土地开发各不相同，对路网的合理密度也不尽一致，确定路网的合理密度应在通过一系列可比数据进行分析的基础上加以科学地确定。

不同区位的高铁枢纽地区路网存在较大差异。越靠近市中心，土地开发强度高、交通压力大、道路过境交通频繁，路网负荷越大，反之越小，越靠近城市中心区路网密度越高。

城市边缘的高铁枢纽应该将枢纽地区路网与更大区域范围的城市路网系统整体考虑，综合决定合适的路网密度，从大区域上决定路网的连接形式，地块尺度等问题。将过境交通，枢纽集散交通，地区土地开发强度综合考虑，决定最终的路网结构形式。同时，在城市外围地区，路网规模的确定要考虑到将来城市的发展，通过绿化预留等方式为将来城市扩张的道路基础设施留有余地。

大型高速铁路客运枢纽宜设置两条高等级城市路直接为集散客流之用。采用快速路匝道高进低出等方式时，应注意匝道车道数和宽度，避免出现道路接入口瓶颈，并应考虑特殊情况出现时周边的替代道路。

通过对南京南站高铁枢纽地区的功能定位、用地结构等的分析，得出适合南站地区规划路网为方格网状布局，如图 15-16 所示，其中骨干路网为"二横二纵"的井字形高快速路网以及大致成"三主、六次"的高密度主次干道路网结构，各分区道路布设及功能见表 15-14，并且枢纽场站区、核心区以及影响区中各等级道路密度如表 15-15 所示。

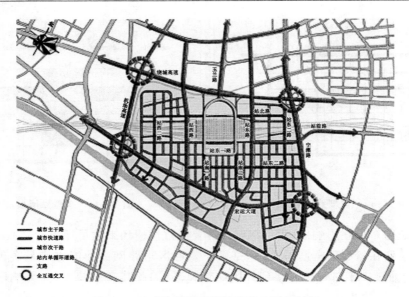

图 15-16　南京铁路南站地区道路网规划图

表 15-14　分区道路布设及功能

类　型	道　路　设　施	功　能
站场区	站内高架单循环道路形成内环接机场高速、宏运大道与城市快速路系统相连	快速集散高铁枢纽到发交通
核心区	由站东路、站西路、站前路三条主干路形成干道环接绕城公路、宏运大道与宁溧路快速环； 较高密度次支路网	枢纽地区长距离交通的快速出行； 支撑枢纽地区的高强度开发
影响区	宁溧路、机场高速、绕城公路以及宏运大道四条快速路合围的快速环； 高密度的支路网	分流过境交通； 支撑枢纽地区的高密度开发
枢纽外围周边地区	与北部宁南新区的联系道路为站东路、站西路和玉兰路三条主干路； 与东部大校场地区的联系道路为站前路和站前二路； 与南部东山新市区的联系道路为站东路与站西路	实现铁路南站地区与东侧大校场地区、南侧东山新市区以及北侧宁南新区的联系

表 15-15　南京铁路南站地区路网密度表　　　　　　单位：km/km²

类　型	快速路	主干路	次干路	支路
枢纽站场区	—	1.54	2.01	0.51
核心区	—	3.03	3.18	5.12
影响区	1.43	1.10	2.46	7.53
枢纽地区	0.8	1.35	2.2	5.2

15.4.5　走廊性道路规划

走廊性道路主要承担的是高速铁路枢纽地区大交通的集散通道功能,高速铁路枢纽地区存在两个层次的走廊性干道空间:高速路、快速路组成的快速集散通道与城市交通性主干道。

走廊性道路与铁路均是封闭强的线性空间,带来对城市分割以及走廊性道路需跨越铁路线等问题,但从高铁站的选址来讲,高铁旅客车站应该靠近城市交通能力强的干道,因此对走廊性道路与铁路的布局关系的研究非常重要,牵涉到高速铁路枢纽地区的交通集散和地区的空间发展。

1) 平行于铁路的走廊性道路规划

平行设置的走廊性道路应靠近铁路线布设,减小走廊性道路和铁路对城市的双重分割。若有两条平行于铁路的走廊性道路,则应尽量让一条靠近铁路线布设。但两者间距应该考虑垂直向道路和走廊性道路衔接的可能。

走廊性道路走向与地区交通主要方向间的关系需重点考虑。若地区交通主要方向、城市发展方向和走廊性道路走向交叉,则应考虑走廊性道路高架或隧道。经济技术不成熟的前提下也应给未来的改造留有空间;若地区交通主要方向和走廊性道路走向一致,则在不影响的前提下建设为地面道路。

2) 跨铁路线的走廊性道路规划

走廊性道路跨越铁路线一般采用立体交叉而禁止采用平面交叉。立体交叉是多条城市干道间铁路线高架或地下布设,在地面建设城市道路的形式。分为简单立体交叉和连续立体交叉。简单立体交叉又有上跨式跨线桥和下穿式跨道桥两种形式。采用立体交叉这种形式一般要满足一个条件,即与铁路交叉的干线道路很多,而且相互距离又比较近,铁路在一定区间连续立体交叉比简单立体交叉经济有利。

跨越的走廊性干道沟通铁路线两侧的城市用地同时,应避免对高铁枢纽的破坏。尽量布置于铁路旅客车站两侧,不要从站前跨越。避免对站前广场造成分割,防止穿越性过境流进入车站地区,减少对地下轨道的布局与建设的影响。

3) 走廊性道路与高铁枢纽衔接规划

由于铁路旅客车站的布局方式不同,高速铁路枢纽与城市道路的衔接方式也有所不同。传统的线侧式车站多采用丁字型的道路结构。丁字口的分流速度慢,不适合大型高速铁路枢纽的车流集散要求,使城市道路形成尽端路。同时,高速铁路两侧由于铁路线路的阻隔,发展也将呈现不均衡状态。因此,丁字形道路结构适用于城市主要呈现单侧发展的线侧式高速铁路枢纽,能有效的满足高速铁路枢纽交通集散的要求。

高架站房的铁路车站大多数都采用平行式道路结构,并设置专门的辅道方便出入站点的车流,能让火车站较好地与城市道路衔接,见图 15-17。新型火车站设计有一个趋势,就是"机场化",即采用机场的设计概念进行火车站设计,如"高进低出"的人流分层概念。由此,产生了高速铁路枢纽与城市道路的高架衔接设计。跨铁路道路与铁路线呈现立体化交叉,因此能有效的沟通铁路线路两侧的交通联系,实现城市用地开发的均衡与有效。图 15-19 显示南京南站高架进出站道路布置情况。

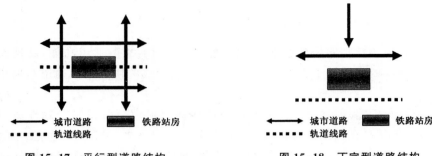

图 15-17 平行型道路结构   图 15-18 丁字型道路结构

在只有一条接站道路的情况下，为了解决丁字形道路结构在高速铁路枢纽衔接中存在的不足，可以考虑将丁字形接站道路高架衔接高速铁路站房，同时丁字形接站道路形成"Y"形分叉，在站房对侧利用地面道路衔接，能在实现站房交通集散的前提下，有效的沟通铁路线路两侧的交通联系，实现城市用地的均衡开发，见图 15-18。

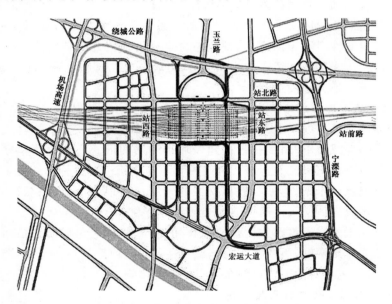

图 15-19 南京南站高架进出站道路示意图

走廊性道路与高铁枢纽的衔接主要通过快速辅道连接。由于走廊性道路流量大、机动车专用性强、集散交通和过境交通混合等特点，快速辅道往往采用高架或隧道的形式实现专门服务于客运站集散交通的目的，实现集散机动车交通的快速进站与离站。

15.5 高铁枢纽道路交通衔接组织

15.5.1 高铁枢纽地区道路交通组织

1）原则

枢纽地区交通组织本质上是要对高铁枢纽集散交通、枢纽地区内部交通、枢纽地区出

入境交通以及枢纽地区过境交通四类交通进行合理的组织,因此枢纽地区交通组织应遵循以下原则:

（1）总体原则为保证各种交通流的连续、分流和有序;

（2）对于高铁枢纽集散交通的组织应注重人车分离,实现快速集散。考虑到单向行驶的车流效率高,而双向行驶车流的交织容易产生冲突与堵塞,在站场区可布设单行线,减少不同车流的相互干扰,使得交通流线单纯化、单一化,车流通畅;对于设计为高进低出的高铁站房,可考虑布设高架单行道路;

（3）对于枢纽地区内部和出入境交通的组织,应将两类交通流进行分离,内部交通主要通过次、支路进行组织;地区出入境交通通过合理的路网结构逐层进行汇集、疏散并利用快速路或枢纽地区交通性主干路与枢纽地区外围进行联系;

（4）对于枢纽地区过境交通的组织,应禁止其进入枢纽地区内部,通过地区外围快速路进行组织。

2）组织形式

道路交叉形式的选取,主要包括平面交叉形式、互通式立体交叉形式和分离式立体交叉形式。

（1）平面交叉形式

平面交叉形式是城市道路网中较为普遍的节点形式,包括了无信号交叉口、信号交叉口、环形交叉口等几种形式。

（2）互通式立体交叉形式

互通式立体交叉处的相交道路通过匝道联系,消除或减少车辆之间的冲突,保证车流连续运行,提高道路的通行能力。

南京南站设计宏运大道和机场高速的衔接采用互通式立体交叉形式,考虑全苜蓿叶形立交方案,宏运大道下穿机场高速,机动车车行道与机场高速匝道连接,行人和非机动车道下沉 3 m,从而保证机非分离,增加匝道通行能力。

（3）分离式立体交叉形式

分离式立体交叉保证车辆直行的顺畅,交叉口处可采用平面立交的形式,常见快速路或主干道与低等级城市道路交叉。

上述高铁枢纽集疏运道路系统的外部交通组织形式及其适用性,如表 15-16 所示。

表 15-16　枢纽地区道路交通组织形式及适用性

外部交通组织形式	适　用　性
平面交叉	枢纽地区主次干路交叉
互通式立体交叉	快速路之间、快速路和主干路之间交叉
分离式立体交叉	快速路和主干路之间交叉

高铁枢纽外部交通组织中,道路的交叉形式的选取,不仅要考虑高铁枢纽的集疏运交通的流量、流向、流速的需要,还要综合考虑城市交通、区域交通的出行需求,要将高铁枢纽作为城市内部交通网络节点、区域交通网络节点,从全面兼顾各种交通需求的角度出发,进行统筹考虑。

15.5.2 高铁枢纽交通组织

内部交通组织是指高铁枢纽内部的交通流组织，不仅要合理集中和疏解枢纽本体的交通，还需要协调枢纽交通与地区交通之间的关系，根据不同性质的交通流的特点，选取适用的交通组织形式，确保枢纽地区交通安全、有序、顺畅地运行。

遵循进出分离、减少冲突等交通组织原则，高铁枢纽集疏运内部交通组织主要有单向交通、分块循环、右进右出、立体通道等形式，分述如下：

（1）单向交通

单向交通组织中各种车流向同一个方向行驶，交通导向效果好，可以有效地减少道路出入口处的交叉冲突。在高铁枢纽地区内部，围绕高铁枢纽的各类场站设施，进行单向交通组织，减少进站车流与出站车流的交叉冲突，使车辆能够快速进出场站设施，将提高各类场站的周转率，快速疏散脉冲到达的大量高铁乘客。

在南京南站站区进行逆时针单向环线设计，串联枢纽配套交通设施，有效保证车站周边道路交通的单一性，减少车站到发交通和过境交通的干扰和冲突，如图 15-20 所示。

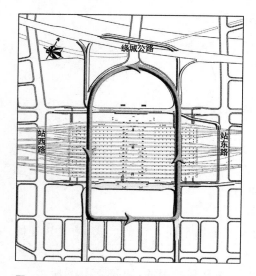

图 15-20 南京南站地区单向环线交通组织

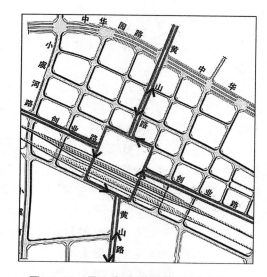

图 15-21 昆山高铁站车站环路交通组织

昆山高铁城铁站结合高铁城铁站内的设施系统设置，在车站外围环路，组织顺时针绕行，方便车辆快速进出，减少车辆之间的冲突，提高车站周边道路对到站客流的疏散能力，如图 15-21 所示。

（2）分块循环

在高铁枢纽地区内部，结合高铁枢纽的各类设施的布局，遵循减少冲突、提高效率的原则，进行分块循环的交通组织，使得不同种类的车流的出入口分离，减少不同车流流线的交叉，提高高铁枢纽地区的路网运行水平。

图 15-22 所示的上海虹桥枢纽内部，进行分块循环交通组织，保障不同方向、不同种类以及不同出行目的的车流能够快速进出枢纽的各类场站，保持车流流线的连续顺畅，提

高虹桥枢纽对使用各种交通工具的乘客的服务水平。

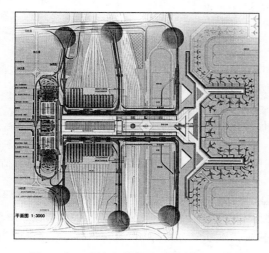

图 15-22 上海虹桥枢纽分块循环示意图

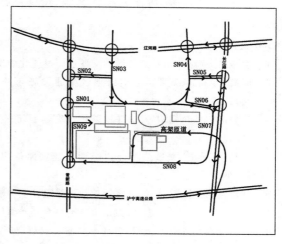

图 15-23 高铁常州站右进右出交通组织

（3）右进右出

右进右出的交通组织形式,常见于城市内部交通组织中,在高铁枢纽地区内部进行右进右出的交通组织,降低进站车流和出站车流之间的交通干扰,提高枢纽地区道路的运行指标。

京沪高铁常州站的相关规划中,为了保证枢纽周边交通流的通畅和快速疏散,在部分路段实行单向交通,同时在部分节点实行右进右出,减少对道路交通流的影响。见图15-23。

（4）立体通道

在高铁枢纽地区内部构建立体通道,与地面层交通流进行分离,满足部分车流即停即走的出行需求,保证部分乘客快速到站离站的需要,作为高铁枢纽高架循环系统的一部分,是高铁枢纽设施布局走向立体化、综合化的表现。

郑州新客站规划建设有车站高架层,使得贵宾车和社会车能够直接从周边的城市干道驶入车站,避免与地面交通流的冲突,保证车辆快速到达和离开。

高铁枢纽交通组织形式及适用性如表 15-17 所示。

表 15-17 内部交通组织形式及其适用性

内部交通组织形式	适 用 性
单向交通	高铁枢纽外围规划建设有环路,场站设施的出入口分布于环路上
分块循环	高铁枢纽的各类设施的外围有便捷的进出站道路
右进右出	配合单向交通使用
立体通道	高铁枢纽站房设置有高架落客平台,高铁枢纽周边有承担客流集散功能的区域公路、城市快速路等高等级道路通过

高铁枢纽集疏运内部交通组织中,综合运用单向交通、分块循环、立体通道等形式,满

足不同性质的交通流的出行需要,方便使用各种方式的乘客快速集散,提高大部分旅客对集散出行的满意度,将保障高铁客源,增强高铁枢纽的服务能力。

参考文献

[1] 袁金波.铁路客运枢纽地区的交通空间一体化组织[D].东南大学硕士学位论文,2007.

[2] 訾海波.高速铁路客运枢纽地区交通设施布局及配置规划方法研究[D].东南大学硕士学位论文,2009.

[3] 过秀成,马超,杨洁等.高速铁路综合客运枢纽交通衔接设施配置指标研究[J].现代城市研究,2010(7):20-24.

[4] 韩兵,过秀成,李星,孔哲.边缘型高速铁路枢纽地区路网布局研究[J].现代城市研究,2010(7):31-36.

[5] 贾洪飞,宗芳,乔路.综合客运枢纽换乘量预测方法[J].系统工程,2009(1):15-20.

[6] 王建军,王吉平,彭志群.城市道路网络合理等级级配探讨[J].城市交通,2005(1):37-42.

[7] 阿特金斯顾问有限公司,南京市交通规划研究所有限责任公司.铁路南京南站地区综合交通规划与设计[R],2007.

第16章 历史城区交通规划

历史城区作为城市发展的有机组成部分,肩负着传承历史文化和精神财富的重任。历史城区通常既是市民居住的集中区域,也是政治、商业和文化的聚集区,既有道路交通系统与居民出行需求不适应,亟需改善与升级。道路交通空间肌理演变是历史城区更新的关键,加强存量土地的高效集约利用已经成为未来发展的重要方向,也是新型城镇化对城市可持续发展提出的要求。开展历史城区交通规划,深入探讨历史城区交通系统组织与服务体系设计、路网资源综合利用等关键问题,有利于协调历史城区交通系统设施配置,提升现有交通系统资源利用率,促进历史城区保护与交通可持续发展。

16.1 概述

16.1.1 历史城区交通规划目标

在城市现代化发展过程中,历史文化名城往往是国家与地区发展的重点。而历史名城在自身发展中,在空间结构上往往形成四面拓展、历史城区被新城区包围的单中心或多中心的发展形态,导致现代城市机动化交通的快速发展与历史城区保护的矛盾十分突出。对于历史城区的交通问题,片面地采取某一种交通政策或者改善措施,无法从根本上解决交通困境,必须全面分析历史城区交通发展要求,明确交通发展方向。历史城区的交通规划应实现如下目标:

1) 满足交通可达性和机动性要求

历史城区在交通网络系统中,一般处于网络的中心,对系统运行起着至关重要的作用。从地区发展的角度,如果历史城区为满足现代机动交通的通行需求而无限制地新建、拓宽道路,势必会破坏城区的历史格局和历史环境,这显然是不可取的;而完全限制机动化交通的通行,又不能满足和适应现代城市生活的需要,对地区出行效率的提升和活力的维持无益。因此,历史城区交通系统构建应以交通可达性为主要目标,同时兼顾部分地区机动性的需求。

2) 平衡交通供给与交通需求

历史城区交通资源有限,路网容量不足,许多历史城区以功能定位及人口容量为主要依据预测未来交通需求量都远远超过了现状需求。历史城区交通供给的总量有限,难以满足日益增长的交通需求总量和结构多样化的趋势,因此,平衡交通需求与交通供给的关系,不能仅仅单方面地从提高交通供给或者抑制交通需求角度着手,而应该从供需双方面进行供给侧结构与需求侧结构合理调控,使两者双向趋于平衡。

3) 交通规划与旧城更新相匹配

历史城区正面临更新改造的问题,传统的以慢行交通为主的道路交通正在被快速机动化交通所侵入。历史城区必须坚持基于城市有机更新的交通理性发展思路,研究交通发展问题。对于历史城区交通规划,应以地区土地利用和功能定位为基础,以遗产保护为前提,结合城市的有机更新,深入调查研究交通设施供给与交通需求特性,明确地区交通政策与发展对策,研究相适应的多方式交通模式与交通服务体系,并制定道路交通基础设施的规划方案与交通组织方案。

4) 协调交通建设与风貌保护

众多历史城区和街区普遍存在交通基础设施建设对风貌保护的影响与破坏。因此,历史城区交通发展必须协调好交通建设与历史遗产及风貌保护的关系,坚持以遗产保护优先为首要原则。

16.1.2 历史城区交通规划任务

1) 历史城区交通组织模式与系统设计

结合历史城区交通供需特性,提出适用于历史城区交通调控的供需双控模式,界定历史城区交通组织模式的内涵及构成要素,从土地利用与布局、交通机动性与可达性要求、交通系统构成与设施配置、交通设计及组织管理、政策体制等方面分析交通组织模式的影响因素,重点设计历史城区交通组织模式结构,采用情景分析法选择合适的交通模式,并从用地、交通方式、交通设施和交通运行四个方面研究交通系统的设计和功能组织。

2) 历史城区交通服务体系设计

根据历史城区交通服务基本要求,提出与历史城区相适应的可持续交通服务体系,分析其构成元素及特征,按目标体系、框架与功能设计构建历史城区交通服务体系,重点研究公交服务体系的设计。

3) 历史城区路网资源综合利用

以遗产保护优先为前提,以交通系统功能组织与可持续交通服务体系为指导,以兼顾地块可达性与地区机动化为导向,从骨干路网和街巷路网两个方面研究历史城区路网资源的综合利用。

骨干路网资源配置与合理利用方面,首先确定骨干路网组织模式选择,并根据交通出行构成特征,分别研究过境交通疏导体系、内部骨干路网布局优化和公交导向的骨干路网间距设置;面向公交优先与慢行友好,按道路功能分类、道路分级和路权分配对历史城区骨干路网功能结构进行完善。

街巷路网资源综合利用方面,分析历史城区街巷路网特征,提出保护要求和综合利用策略,分析历史城区路网组织模式,研究相适应的地区路网构建方法;明确街巷路网功能整合与完善要求,制定历史城区街巷路网分级分类配置体系,并以提高街巷路网利用效率为目标,以交通微循环构建为手段,进行历史城区交通微循环路网规划。

16.2　历史城区交通组织模式与系统设计

16.2.1　历史城区交通特性分析

1）城区规模

历史城区是历史文化名城的重要组成部分,城市的规模、发展阶段和城市性质,不仅影响着城市的交通设施供给水平,更影响着历史城区居民的出行行为特征。历史城区用地规模同样影响着人们对出行方式的选择。用地规模的不同直接影响区内居民出行距离的差异,而每种交通方式都有其相应的优势出行距离,导致不同规模的历史城区,居民的主导交通方式也有所不同。国内部分城市历史城区规模见表 16-1 所示。

表 16-1　国内部分城市历史城区规模

大城市历史城区	面积（km²）	中小城市历史城区	面积（km²）
南京老城（城南、明故宫、鼓楼—清凉山历史城区）	56（约 20）	淮安古城	7.3
苏州古城	14.2	平遥古城	2.25
北京旧城	63.8	绍兴古城	8.32
广州历史城区	20.0	常熟古城	3.0
福州历史城区	10.1	正定古城	6.6
扬州历史城区	5.09	聊城古城	1.0

2）出行特征

（1）出行主体分类

历史城区涉及的交通群体复杂多样,按起讫点性质将出行主体划分为内部居民和外部居民,综合出行主体的属性和主要出行目的,可以继续划分为六类,如图 16-1 所示。

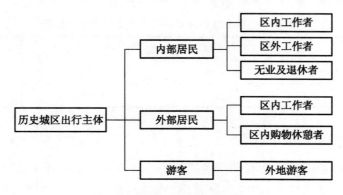

图 16-1　历史城区出行主体分类

（2）出行活动类型

历史城区是城市中功能复合型最强的区域,其居民出行活动类型具有与城市及其他片区不同的特征。从表 16-2 可知：①历史城区居民出行目的中生活购物、文娱休闲的出行需求明显高于主城区平均水平，而上班出行低于主城区，这说明历史城区人口年龄结构出现"哑铃式"结构；②非弹性出行比例仍占居民出行的主体地位，弹性出行比例明显增加，并呈现历史城区高于城市其他区域的趋势，表明历史城区居民对精神文化生活需求的提高；③由于历史城区特殊的文化遗产和旅游潜能，以旅游为主的出行占到一定比例，其他活动出行中历史城区均高于城市其他地区。

表 16-2　部分历史文化名城及其历史城区居民出行目的结构　　　　单位：%

区域	上班	上学	公务	生活购物	文娱体育	探亲访友	看病	回程	其他活动	统计年份
扬州历史城区	21.5	7.0	1.0	9.9	5.6	2.4	0.7	47.2	4.8	2007
扬州主城区	30.4	6.8	3.2	6.2	0.6	2.2	0.2	46.6	3.9	2007
苏州古城区	19.35	9.54	1.03	10.23	5.42	2.31	0.42	46.78	4.92	2000
苏州主城区	23.46	10.03	1.73	8.15	3.45	2.00	0.78	46.44	3.96	2000
常熟古城区	17.35	6.00	1.74	13.65	6.65	3.07	0.69	48.35	2.49	2001
常熟主城区	19.08	6.17	1.45	12.57	5.94	3.17	1.02	48.72	1.87	2001

（3）出行方式结构

历史城区交通方式结构与城市规模、城市规划、社会经济发展水平、城市整体交通系统密切相关。通过对部分历史城区出行数据分析发现，慢行交通方式仍占历史城区交通出行的主导地位，并高于主城区出行比例；公共交通出行日益成为历史城区的主要方式之一，尤其对于有轨道交通的城市；而机动化方式出行比例低于主城区或中心城区出行比例；这与历史城区交通系统容量有限及所采取的交通调控政策有关。

（4）交通出行强度

历史城区居民人均出行次数与所在城市规模大小、空间结构以及其作为中心区、用地强度等因素有关，较城市平均出行次数高，这也表明历史城区是城市交通需求强度较高的区域。表 16-3 给出了部分城市历史城区人均出行次数统计。

表 16-3　部分城市历史城区人均出行次数比较表

城市名称	南京主城	扬州市历史城区	常熟古城
出行者人均出行次数	2.77	2.91	3.21
统计年份	2009	2010	2001

16.2.2　历史城区供需双控模式

交通供给与交通需求存在互动反馈的关系。城市中的土地开发，使交通需求增加，从而对交通设施提出更高要求；通过交通设施的改善，使交通供给扩大，又吸引更多的交通需求，交通供需互动关系进入新的循环。该循环是一个正反馈的过程，但该过程不可能无限度地进行下去。交通设施发展到一定程度后，难以通过改扩建来增加供给，当需求增加超过一定值时，所引发的交通流使某些路段出现拥挤现象，导致区域可达性下降，交通需求增加就会受到抑制。交通供给与交通需求之间是一种相互依存、相互促进的互动关系,二者通过一系列的循环反馈过程,在一定条件下有可能达到一种互补共生的稳定平衡状态,如图 16-2 所示。

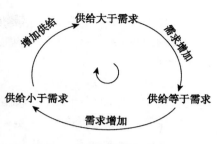

图 16-2　交通供需动态关系

供需双控模式是基于历史城区交通供给能力有限和交通需求快速增长的背景提出的。其目的是通过交通供给与交通需求的双向调控策略与方法来平衡供需关系,即:为有效缓解历史城区持续增长的交通需求与有限的道路交通供给之间的矛盾,扭转其在总量与结构上的失衡,必须采取交通供给与需求并重的调控模式和相应的交通政策,调控交通需求、活化资源配置、优化交通组织、强化交通管理,从不同层面、不同阶段系统地解决历史城区交通问题,主动引导交通系统健康发展。历史城区供需双控模式的主要调控手法如表 16-4 所示。

表 16-4　历史城区供需双控模式主要调控手法

调控对象		调控策略与措施
交通供给	供给总量	(1) 优化路网布局,增强道路连通性,提高路网系统承载能力; (2) 提高干路网密度,增加支路网规模,合理利用街巷道路,增加路网总体容量; (3) 增加轨道、BRT 等大容量公交服务;
	供给结构	(4) 完善路网等级结构与功能,优化路权分配,建设公交专用道和慢行专有空间,向公共交通和慢行交通倾斜,提供道路系统运输效率; (5) 限制停车设施供给,在外围建设换乘停车场; (6) 设计交通保护体系,屏蔽外界无效交通对交通资源的占用,消除对内部交通和出入交通的干扰; (7) 充分利用支路和街巷道路组织机动车、公交支线和慢行交通的微循环体系,提高设施利用效率和交通运行效率;
交通需求	需求总量	(1) 疏解和优化历史城区城市功能,降低出行需求量; (2) 优化土地利用模式,控制和减少不必要的交通出行;
	需求结构	(3) 增加出行方式选择,优化交通方式结构,选择公交为主导、慢行友好的交通模式; (4) 采用经济措施,提高小汽车使用门槛,降低其吸引力,调控机动化出行需求; (5) 提倡公交优先和慢行友好,提高公共交通和慢行交通出行的吸引力,吸引部分可替代机动化需求向公共交通转移。

16.2.3　历史城区交通组织模式

1)　交通组织模式内涵

交通组织模式是城市交通系统形态和内部结构的顶层设计,不仅关系到交通系统本身功能和效率的发挥,还影响到城市空间结构形态和拓展。交通组织模式的制定不仅涉及到宏观城市空间和功能分布层面的内容,还涉及到交通设施与交通空间、交通组织等层面的内容。从交通系统功能组织层次分析,应包括交通模式的选择、交通工具的使用、交通服务体系的设计、道路交通设施的配置与交通空间设计、交通流的时空组织等。从交通系统控制角度,就是运用系统化的思想和方法对交通组织模式涉及的每项内容进行整合、系统设计。

历史城区交通组织模式可定义为对城市交通模式(出行方式结构)、交通工具使用、交通设施的空间组织与使用、交通流的时空组织与管理以及交通环境的综合分析研究后得出的抽象化、系统化理论模式,是一个由供与求各方面因素共同作用和影响的动态结构。

2) 交通组织模式影响因素

交通组织模式的制定与选择涉及城市和交通系统的不同层面,不但与交通系统本身有关,还与城市经济、文化、交通发展政策及发展要求等因素有关。根据交通组织模式的分层结构组成特征,影响因素包括城市与地区发展及土地利用、交通系统、具体道路设计与交通组织。图 16-3 给出了历史城区交通组织模式的具体影响因素。

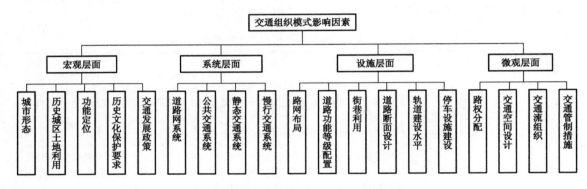

图 16-3 历史城区交通组织模式影响因素

3) 交通组织模式结构设计

交通组织模式的制定应遵循以下要求:保持地区活力和保护地区环境;提高地区和局部地块交通可达性;协调各种交通方式之间的矛盾和冲突,促进交通方式更多地向公共交通等集约化方式转换;应创造更好的公交与慢行交通环境,保障公交优先和慢行友好的实现;应尽量分离车行交通与慢行交通,减少相互干扰与冲突。

按照交通组织模式制定要求,构建历史城区交通组织模式的基本原型概念结构模型。该模型以历史城区为核心,内部实施公交优先和慢行友好的交通服务,适当保障部分不可替代性机动化出行需求,大部分车行交通采取"外围环绕、放射支撑、入口换乘"模式,保证历史城区外围和边缘联系便捷,屏蔽过境交通进入历史城区,如图 16-4 所示。

该结构模式具备以下基本特征:

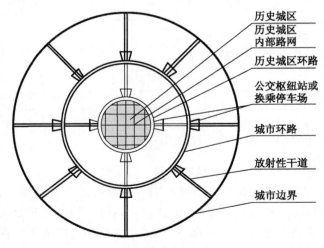

图 16-4 历史城区交通组织结构模式图

（1）空间结构特征方面，以历史城区为核向外呈单中心同心圆式扩展结构，历史城区是同心圆的核心。

（2）规模上形成不同层次范围。历史城区为第一层次范围，大小随历史城区规模而异，第一层次外围设定明显的边界，一般为环路或天然屏障（城墙或护城河），一方面是历史城区与城市其他地区的边界区分，另一方面形成对历史城区的保护；同心圆内历史城区外的其他城市区域是第二层次，是城市的其他组团和片区，大小因城市规模而异，其外围一般是城市的外环；对于规模较大的城市，还应有第三层次，主要包括新城镇等郊区城市化地区，外围多以高速公路环绕。

（3）交通系统配置具有明显的区域差异化特征。交通模式上，历史城区内以公共交通和慢行交通为主，并包含部分不可替代机动化交通，其他地区提倡公共交通优先；以快速公交干线和快速交通组成的双快交通系统引导城市跨区交通出行；在联系历史城区与城市其他地区的放射轴线上，主要提供大运量公共交通服务。

（4）交通设施配置和交通空间分配上，历史城区内部以公交优先为导向，以构建高效的公共交通运行环境为主要目标，合理配置道路交通设施，分配路权，将道路空间更多地分配给公共交通；建设独立、友好的慢行交通系统，保障慢行出行群体的交通空间和路权。

（5）交通运行上，通过外围两层环路及配套的换乘设施截流进入历史城区的可替代性机动化交通需求，换乘公共交通或慢行方式进入，同时引导穿越历史城区的交通从环路绕越，减少对内部交通的影响；内部组织多模式的道路交通网络实施网络化分流，降低机动车、非机动车以及行人之间的干扰与冲突。

（6）交通整体调控上，按照历史城区内部和城市其他区域分为内部交通调控和外部交通整体控制。内部交通控制主要结合公交优先和慢行友好模式，构建机非分离的交通微循环系统。外部交通控制则采取分区、分级调控模式，分不同区域采取不同的调控策略和措施。交通整体调控思想将在设施配置和利用研究中进行落实。

历史城区交通组织模式可分成不同层面的交通体系结构，其对应不同阶段的任务和内容，上一层指导下一层的系统组织。根据不同阶段要求，历史城区交通组织模式分层结构体系，见表 16-5。

表 16-5　历史城区交通组织模式分层结构组成

结构层次	对应主体
第一层次	交通模式的选择、交通功能的组织和交通服务体系的设计
第二层次	道路交通设施配置要求与交通空间设计
第三层次	交通设计、交通流的空间组织与管理

16.2.4　历史城区交通模式选择

交通模式选择是城市交通发展战略制定的核心内容，而城市交通发展战略的制定与城市未来发展密切相关。随着城市空间形态、交通政策制定等方面因素的不确定性，交通模式的选择也有很多种可能性。目前交通战略制定较多的采用战略方案制定、比选和测试评价的研究体系，因此采用情景分析的方法研究历史城区交通模式选择。

运用情景分析法研究历史城区交通模式的过程是以交通发展的内在机制为根本出发点,以多种情景假定为基础,采用定性为主,定量为支撑的方法,对未来交通模式以及影响其发展的各种因素描绘出几种可能的情景,再运用合理的方法对各种情景下的交通模式进行评价和比选,确定最佳模式。不同类型城市历史城区交通发展模式为:

大城市历史城区应以轨道交通为骨干、常规公交为主体、社区公交和公共自行车为补充的多元公交为主导、倡导慢行交通、私人机动化交通严格控制的交通发展模式;居民出行方式结构比例分配建议公共交通为 $45\% \sim 50\%$,慢行交通为 $35\% \sim 40\%$,小汽车交通为 $5\% \sim 10\%$。

中小城市历史城区应以常规公交为主体,社区公交和其他辅助公交形式为补充的公交模式和慢行交通为主导,私人机动化交通严格控制的交通发展模式;居民出行方式结构比例分配建议公共交通为 $30\% \sim 35\%$,慢行交通为 $45\% \sim 55\%$,小汽车交通为 $10\% \sim 15\%$。

16.2.5　历史城区交通系统设计

历史城区交通体系是一系列复杂的交通服务链的有机组合与衔接,因此制定受到不同层面因素的影响。为保证可持续发展,对应交通体系层次结构,交通系统应从各个层面进行系统设计,辅以相应的组织策略,并从目标层和控制与管理层展开研究,具体见表 16-6。

表 16-6　历史城区交通系统结构设计及内容

结构		系统构成与内容
目标层		构筑高效、多层次、一体化、集约化的可持续交通体系
控制与管理层	土地利用开发	公交导向的历史旧城更新与开发,引导用地功能调整与用地置换
	交通政策	公交优先,慢行友好,私人小汽车严格调控
	交通模式	以公共交通为主体,慢行交通友好,私人小汽车严格控制的交通发展模式
	交通服务体系	多元公交服务体系为主,私人机动化需求合理调控
	道路交通设施合理分配与利用	公交和慢行导向的道路网布局与功能优化,交通保护环体系设计,地区路网设计,大力建设公共交通设施,内部停车设施供给限制,外围停车换乘设施规划,保障慢行空间
	道路交通组织与管理	实施交通微循环,机非分流和采取人车共存道路措施,保障各种交通流的安全、高效、有序运行

历史城区交通发展总体目标是构筑高效、多层次、一体化、集约化的可持续交通体系,满足历史城区保护与发展的要求。控制与管理层主要包括城市用地与交通系统的组织两个方面。

16.3　历史城区交通服务体系设计

交通服务体系设计是供需双控下历史城区交通系统研究的另一核心内容,主要任务是进一步落实供需双控模式的要求,深化交通组织模式设计,构建历史城区可持续交通服务体系,指导道路交通资源配置与设施使用。交通服务体系作为响应历史城区交通运输服务的主要保障,以体现运输服务的高效、一体化和集约化为目标。其设计内容主要是交通服务体系结构设计,尤其是公共交通结构体系设计。

16.3.1　交通服务体系构成

1)　服务体系内涵

城市交通服务体系是一个为所有交通方式提供流通空间的综合系统。历史城区应构建多模式、一体化的可持续交通服务体系,其核心涵义为:根据城市空间结构及土地利用特征,遵循历史遗产与风貌保护要求,针对历史城区交通需求特征、交通设施资源供给进行交通方式、交通设施的规划、建设和管理,确定符合历史城区交通需求和资源供给能力的交通方式结构和与之协调的道路交通设施,建立合理高效的交通运输系统与衔接转换系统,注重运用多种手段强化方式转换的引导,尤其是私人机动化交通方式向公共交通方式的转换,不断增强公共交通和慢行交通的竞争优势,优化交通结构,缓解历史城区交通压力。

2)　服务体系构成要素

从交通出行参与的角度,交通服务体系构成包括出行主体、交通客体和交通环境三个基本要素。交通出行主体是人,历史城区不同区域内不同出行主体由于个体社会经济属性不同,其交通需求各异,这样就产生了交通需求结构的多样化,从而影响交通服务体系设计的多样化功能;交通出行客体是承载和完成主体出行的交通方式和交通设施,历史城区交通设施自身的特性与约束要求交通方式使用时应注重提高利用效率和运输效率,对交通方式使用的合理调控是交通服务体系设计的主要任务之一;交通环境是交通活动完成的外界客观环境,是保证交通服务体系健康运转和目标实现的重要保障。

从服务交通出行过程的角度,交通服务体系有交通运输系统、交通设施系统与交通管理系统三个系统。从结构设计上分析,交通运输系统是交通服务体系设计的上层结构,交通设施系统是下层结构,交通管理系统是双层结构体系的辅助和保障结构。从三个系统的关系上,交通运输系统指导交通设施系统构建,交通设施系统支撑交通运输系统运转,交通管理系统保障前两者的功能实现。

16.3.2　交通服务体系构建

1)　目标体系构建

多层次、一体化、集约高效、绿色和谐交通是历史城区交通服务体的基本要求,而安全舒适、方便快捷、和谐环保是交通服务体系的衡量指标。因此,交通服务体系构建的目标体系应围绕这些目标和要求进行研究,具体可分为交通公平类目标、交通系统集约高效类目标、交通可持续发展类目标。历史城区交通服务体系构建的目标及指标体系如表 16-7所示。指标具体目标值的确定一般视城市具体情况而定,评价过程中实际值的计算一般采用层次分析法、德尔菲法、经验值法以及实际数据采集计算等方法确定。

表 16-7　历史城区交通服务体系构建目标体系

目标	分项		指标
交通公平性 C	横向交通公平性 C_1		(1) 公共交通出行比例 C_{11} (2) 慢行交通出行比例 C_{12}
	纵向交通公平性 C_2		(3) 弱势群体出行满意度 C_{21}
	资源配置公平性 C_3		(4) 路权分配合理性 C_{31} (5) 公交优先设施设置 C_{32} (6) 慢行空间友好性 C_{33}
集约高效性 H	集约化程度	交通方式资源占有率 H_1	(7) 公共交通资源占有率 H_{11} (8) 慢行交通资源占有率 H_{12}
		单位能源运输能力 H_2	(9) 单位能源运能效率 H_{21}
	系统高效程度	交通方式结构 H_3	(10) 交通方式结构匹配性 H_{31}
		交通一体化程度 H_4	(11) 出行服务链合理性 H_{41}
		换乘便利性 H_5	(12) 换乘时间 H_{51}
		系统承载能力提高程度 H_6	(13) 承载力提高比例 H_{61}
		设施配置结构 H_7	(14) 路网结构 H_{71} (15) 动静态设施配置匹配性 H_{72}
		交通服务水平 H_8	(16) 机动车交通服务水平 H_{81} (17) 非机动车交通服务水平 H_{82}
可持续发展 D	历史环境可持续发展 D_1		(18) 历史建筑与古迹的破坏程度 D_{11} (19) 空间肌理的破坏程度 D_{12}
	生态环境可持续发展 D_2		(20) 污染物排放水平 D_{21}
	交通系统可持续发展 D_3		(21) 交通系统与社会经济发展匹配性 D_{31}

2）空间结构设计

历史城区交通服务体系的构成应是多层次、多模式复合系统的集成，是在交通组织模式指导下形成的交通方式系统、交通设施系统和交通管理系统的有机整体，以满足历史城区出行者多样化出行需求。同时交通服务体系应在供需调控模式的要求下进行结构设计，以一体化交通作为基本框架。历史城区交通服务体系空间层次结构划分及不同空间层次交通服务体系配置如图 16-5 和表 16-8 所示。

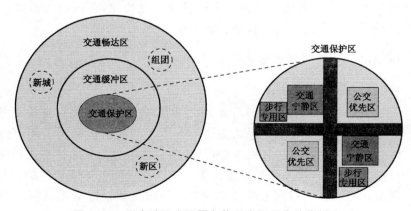

图 16-5　历史城区交通服务体系空间层次结构划分

表 16-8　历史城区不同空间层次交通服务体系配置结构

空间层次交通分区		交通服务体系配置
交通畅达区		小汽车交通方式、大运量公共交通方式为主
交通缓冲区		大运量公共交通方式为主,小汽车交通为辅
交通保护区	公共交通走廊区	地下采用轨道交通、地面以干线常规公交为主,慢行交通为辅
	公交优先区	公共交通优先通行,尤其是支线和社区公交,慢行交通和公共交通占主导地位,限制小汽车通行
	交通宁静区	以步行和非机动车为主,适当满足社区公交和特色公交通行,严格限制小汽车通行
	步行专用区	步行为唯一出行方式

3)　系统结构设计

确定交通方式服务体系结构是历史城区交通服务体系设计的核心内容。首先要确立公共交通服务体系的主导地位,其次保障慢行交通服务的合理地位和个体机动车交通服务的附属地位。对每种服务体系进一步分析功能定位、服务对象和服务模式,并在资源分配和运行组织等方面进行相应的配置。

以公共交通为主体的历史城区交通服务体系,要求强化公共交通在服务交通出行中的主导地位,因此,设计合理、高效的公共交通服务体系是整个交通服务体系设计的重点内容。慢行交通服务体系主要服务历史城区内大量的步行和自行车交通出行方式,以创造安全、舒适、便捷、连续的慢行交通环境为主要目标。机动车交通是历史城区内严格限制的方式,其服务体系以满足不可替代性个体机动化交通为主。其运行区域受到一定的限制,运行速度也有相应的要求。具体交通方式服务体系结构如表 16-9 所示。

表 16-9　历史城区交通方式服务体系结构

结构组成	功能定位	服务对象	服务模式	资源分配	运行组织
公交服务体系	主导交通服务体系,服务大多数交通出行	在公交走廊区、公交优先区和交通宁静区内的公共交通方式出行者,以出入交通、区内中长距离出行者为主	骨干公交为主体,支线公交和社区公交为补充,特色公交服务旅游、换乘出行	公交导向的道路设施配置和功能分级,优先设置公交专用道、专用路和港湾停靠站,增加支路规模设置公交支线等,设置停车换乘系统	交叉口公交信号优先、设置公交优先通行区域和公交微循环区域等
慢行交通体系	友好的交通服务体系	在公交走廊区、公交优先区和交通宁静区内的慢行交通方式出行者,以区内短距离出行者和公交换乘出行者为主	交通宁静区内慢行优先,步行专用区内步行专用	构建独立的非机动车交通系统,设置连续宜人的步行空间	机非分流、交通宁静化
机动车交通服务体系	必要的严格控制的交通服务体系,满足一定的机动化要求	公交走廊区、公交优先区和交通宁静区内的不可替代性个体机动化出行者,以出入交通为主	有限的通行区域和停车区域,高昂的出行费用	建设必要的机动车通行空间,路权使用严格控制	构建层次化的机动车微循环系统,实行速度控制,部分区域实行慢速化

16.3.3 公交服务体系设计

1) 公交结构体系设计

公交结构体系主要指由不同公共交通方式有机组合而成的整体。常规的公共交通方式按运行模式主要划分为轨道(轻轨)交通、快速公交(BRT)、地面常规公交和出租车等,常规公交按线路功能又分为公交主干线、公交次干线和公交支线;按服务特性划分为固定线路服务、多样化线路服务、合同租用服务和需求响应服务四类;按服务等级划分为城市级公交、地区级公交和社区级公交。划分模式尽管不同,但是说明了城市公交体系的多模式、多层次属性。

历史城区特定的多样化出行需求和道路空间结构特征,要求合理选择适用的公交方式,明确不同公交方式的功能定位和服务模式。如大城市包括特大城市应以轨道交通方式为骨干,常规公交为主体,承担主要的客流出行,而对于常规公交线路很难延伸和覆盖的地区,可采用社区公交服务地区的集散出行。因此,历史城区应根据城市规模和经济发展水平,构建包括轨道交通(轻轨)、有轨电车或快速公交、常规公交为主体、社区公交为

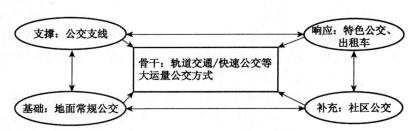

图 16-6　历史城区多模式公交结构体系组成

补充、特色公交和出租车为响应性需求的多模式公共交通结构体系。多模式公交结构体系如图 16-6 所示。

公交结构模式与服务特性、服务等级的对应关系如图 16-7 所示。

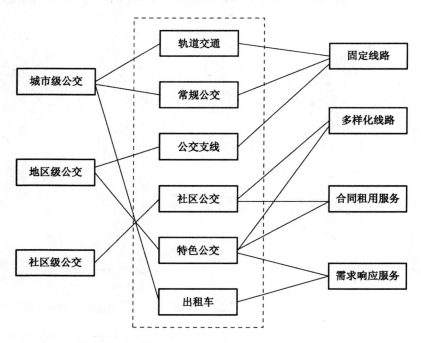

图 16-7　历史城区多模式公交结构体系与服务特性、服务等级对应关系

2）　公交网络整合设计

公交线网布设与衔接换乘体系设置都是在多模式公交结构体系指导下进行的。对于公交线网结构的设计,应结合不同公共交通方式的功能定位、服务区域、服务模式等具体特征进行研究,而公交换乘体系应在线网结构中起到核心的作用。

公交网络层次主要划分为骨架网、主体网、辅助网和特殊网。骨架网承担城市主要客流走廊的交通需求,联系主要城市组团中心,是公交线网的结构;主体网承担城市主要的公交出行需求,是公交线网结构的主体;辅助网是骨架网和主体网的补充,以提高公交覆盖率为主,提供辅助公交服务;特殊网以满足特殊条件下的交通出行需求,是城市的特色公交服务。

公交线网结构设计首先应依据公交结构体系确立层次化公交线网的组成结构,明确各层次公交线网的功能、服务对象和服务区域,在此基础上以换乘枢纽为核心,对各层次线网及不同层次线网之间进行整合衔接,形成互为补充、结构合理的运行高效、衔接顺畅的一体化公交网络。

公交换乘体系是实现公交运行连续性、无缝性的关键。公共交通要实现一体化,必须通过换乘枢纽,充分发挥各自优势,使各种交通方式合理衔接,形成有机整体。公交换乘体系也包括停车换乘,重点是以轨道为核心的衔接换乘体系。

历史城区多模式公交服务体系的合理配置需要明确不同公交方式的功能定位、服务对象、服务区域、服务模式,具体见表 16-10 所示。

表 16-10　历史城区多模式公共交通服务体系配置

公交方式	功能定位	服务对象	服务区域	服务模式
轨道交通/快速公交	公共交通骨干组成,公交线网的骨干网,公交优先的主要体现	跨区长距离出行客流	历史城区附近客流通道、公共交通走廊区	在历史城区内部及周边设置轨道枢纽站点,结合换乘枢纽联合使用,与主体网、辅助网及特殊网形成良好衔接
常规公交	公共交通的基本主体,公交线网的主体网	出入城交通出行及区内中长距离出行者	公共交通走廊区及公交优先区	以公交走廊为基础,公交枢纽为核心,提倡多层次、衔接顺畅的公交服务,优先建立包括公交专用道在内的公交优先系统
公交支线	公共交通的支撑模式,公交线网的辅助网	区内中、短距离出行者或换乘出行者	公交优先区、交通宁静区	高线路密度、高站点密度和灵活车辆类型提供高水平公交服务
社区公交	弥补常规公交无法延伸和覆盖的区域,提供居民集散出行服务,辅助网的组成	区内集散出行者	公交优先区、交通宁静区	小型公交车辆、灵活的站台设置和停靠服务,与轨道和干线公交良好衔接
特色公交	满足历史城区旅游客流游玩、休闲为目的的出行和区内换乘出行,特殊网	旅游客流为主体,区内出行为辅	旅游区、公交优先区、交通宁静区	电瓶车或公共自行车提供灵活的需求响应服务

16.3.4　道路交通设施配置

道路交通设施配置作为城市交通发展战略与策略要求的响应,是对城市交通服务体系和交通空间设置的具体落实。历史城区道路交通设施主要为道路网设施、公共交通设施、停车设施和慢行设施。在历史保护优先的前提下,历史城区应沿袭本身的特征,尊重其原有的空间形态、用地开发,重点是必须做到对历史文化遗产与空间肌理的保护。这也是协调历史文化遗产保护与交通发展的首要原则。

作为交通组织模式与交通服务体系在交通空间上的落实,应在历史城区交通系统组织与服务体系总体设计的指导下,合理配置各类道路交通设施,满足多层次、多方式出行的需求,重点满足公交运行。道路交通设施系统内部组成中,应充分考虑道路网系统、公交系统和停车系统等相互关系,协调各类道路交通设施配置。

历史城区的空间特征要求道路交通设施配置应以适应其固有的特征为出发点,强调从交通组织上优化配置。微观上应满足历史城区交通系统管理的需求,合理组织过境交通、出入交通、内部交通、机非交通和公交运行,以提高道路交通设施利用效率与交通运行效率。

历史城区道路交通设施配置结构如图 16-8 所示。

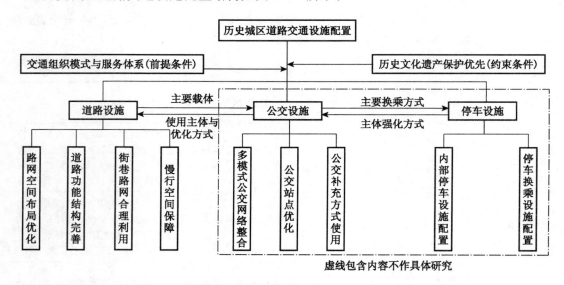

图 16-8　历史城区道路交通设施配置

16.4　历史城区骨干路网资源配置

16.4.1　骨干路网组织模式选择

1）机动车走廊与路网关系

机动车走廊主要是供个体机动化交通方式使用的道路空间。历史城区机动车的发展策略是严格控制个体机动车交通的使用，适当满足不可避免的小汽车出行需求。这一策略决定了历史城区道路资源对小汽车交通方式分配的基调，即道路资源的配置和使用应适当满足必需的小汽车出行需求。

历史城区机动车走廊的设置应坚持以下几个原则：一是严禁过境机动车走廊从城区内部穿越，屏蔽过境交通的影响；二是对于以历史城区为起讫点的机动车出行，其交通走廊一方面应按照方向分布严格控制数量，另一方面尽量截流至历史城区外围，控制进入历史城区机动车流量；三是在优先保障公交走廊设施的前提下，利用剩余的道路空间适度布设机动车走廊，并对机动车通行条件提出特定的要求。

2）公交走廊与路网关系

公交走廊具有以下几个方面的特点：一是与城市客流走廊相重合，尤其是在公交优先情形下，道路资源的配置将更多地向公共交通倾斜，进一步促进走廊内公共交通设施的配置完善和高效利用；二是城市公交线网密度不断提高，公交走廊内道路条件较其他地区较好，公共交通通行能力较大和运输效率较高，因此，公交走廊内的公交线路往往很多；三是公交出行需求具有方向性集聚的特点，在走廊内具有大量中长距离的公交出行，与公共交通出行需求的空间分布特性相符，指标性明显；四是公交走廊与道路功能一般具有较强的匹配性，走廊通常作为大中运量公共交通系统或公交主干线的布设空间，对道路条件提出了较高的要求，因此走廊一般要求布设在城市主干道或者重要次干道上。

公交系统需要以城市道路网络作为布设载体，尤其是在公交优先的政策背景下，路网的组织模式必须要与公交优先相协调。公交走廊的布设对路网结构有着特定的需求，这也对路网布局和组织模式提出了新的要求。历史城区道路资源的配置过程中应强化公交走廊的供给，提高公共交通的通行能力。根据公交走廊与不同等级干路的关系，结合城市路网布局的主要形式，历史城区骨干路网组织应充分考虑客流的空间分布形态和公交走廊的布设要求，合理组织骨干路网布局模式，以体现对公交优先的响应和历史城区交通服务体系的设计要求。

3）骨干路网组织模式选择

历史城区作为城市的核心区域，当城市以历史城区为单中心圈层扩张时，路网形态会逐步演化为网格式或环形放射状路网布局；当城市呈多中心发展时，则在空间形态上会发生"双圈域融合"现象，融合后的路网往往呈混合式。

很多城市老城区在形态上越来越趋向于这样一种骨干路网布局模式：老城区由环路包围，内部实行慢行化及低速化，放射干线止于环路，在放射干线与环线交界处设置停车场，停车场与公交线路和通向城区的慢行系统相连接，即所谓的环形放射式路网组织模式，如图 16-9 所示。如果城市范围较大，内部路网结构呈网格式，则会演化为通过外围四条干线道路围合形成过境交通的屏蔽环，每个方向选择一到两条干道作为起讫交通的机动车走廊和公交走廊，即外围是环形放射结构路网、内部是方格形路网模式，如图 16-10 所示。

历史城区骨架路网组织模式首先应满足公交走廊的布设要求，将内部公交走廊与城市公交走廊贯通；其次，机动车走廊必须截止于城区外围；另外，对两种走廊的布设，可以采用一主一辅的形式。至于采用何种模式，应综合城市路网布局形态决定，并在现有路网基础上进行优化,并配合相关辅助设施的设置,支撑路网设计目标的实现。

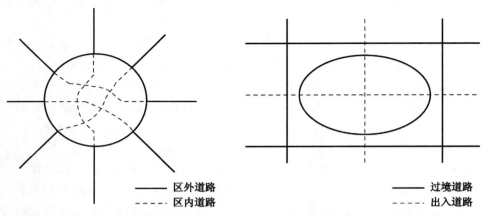

—— 区外道路	—— 过境道路
---- 区内道路	---- 出入道路

图 16-9　环形放射式路网组织模式　　　　图 16-10　方格网式路网组织模式

16.4.2　骨干路网空间布局优化

根据交通系统功能组织和交通服务体系设计要求以及交通出行构成特征,历史城区干道网络空间布局优化应做到如下要求:保证必要交通空间的建设与利用;根据交通出行构成,优化路网布局和使用;坚持公交导向和慢行友好。

1)　必要交通空间的建设与利用

历史城区道路网络随历史发展而演变,最初以步行交通为主体,街道狭窄,道路功能混乱,设施建设滞后,无法形成层次清晰、功能明确、结构合理的道路网体系。我国许多历史名城都面临自身道路空间不足的问题,尤其是在城市空间拓展过程中,老城区或旧城区遗留下来的主要街道向城市周边呈轴向布局发展,成为中心向外的主要放射型道路,导致过境交通直穿城市老城区,加速了交通拥堵。为缓解和消除过境交通对历史城区内部道路资源的占用和交通的影响,急需在外围修建环城道路。

历史城区道路设施建设的重点不在新建道路,而在如何提升既有道路资源的承载能力,激活利用效率。主要路径包括梳理干道网络,完善历史城区骨架路网;通过改造整治一批道路打通交通瓶颈,疏通道路网络,提高网络连通度;合理分配路权,保障不同交通方式出行者的空间使用权利,尤其是公共交通与慢行交通出行者。

城市道路多样化的功能决定了历史城区道路交通空间建设和利用必须从六大功能出发,遵循以下基本原则:(1)道路空间建设以反映历史城区空间格局为前提,尽量维持原有的空间肌理和尺度,通过道路交通空间的建设增强空间结构的层次感;(2)尽量满足历史城区交通流系统特征,按照过境交通、出入交通和内部交通三个层次以及机动车交通、公共交通、非机动车交通和步行交通四种方式来组织交通流的连续、独立运行空间,提高道路空间的利用效率和交通运行组织效率;(3)道路交通空间设计应考虑与历史风貌特色相一致,增强其时代感和彰显度;(4)道路空间建设要为历史城区的市政设施改造更新提供铺设的空间,这是历史城区更新的重要内容之一;(5)必须考虑防灾减灾通道布设的要求,构建连续的防灾减灾应急网络。

2）基于内部保护的交通保护环体系设计

（1）过境交通疏导与内部交通保护

城市交通性干道往往穿越历史城区的核心，承担了城市快速长距离交通和历史城区对外联系的功能，大量与历史城区无关的通过性交通引入城区内部，与区内交通叠加，造成了对历史风貌的破坏和交通压力集中的双重困扰。从交通运行的角度分析，由于历史城区路网系统的先天性缺陷，干道密度不高，低等级道路连通性差，造成交通性干道缺乏有效的分流通道，过境交通主要集中在仅有的几条贯通性干道上。这类交通性干道两侧用地开发强度较高，商业建筑林立，交通性功能与商业性功能叠加，快速通过性交通与集散交通冲突严重，引发频繁的交通安全问题。

历史城区道路交通设施承载的主体是内部交通和出入交通，道路设施配置应该以这些出行主体为主，保障他们享有交通设施的优先权。因此有必要实行内部交通保护，采取适当措施疏导过境交通，分离过境交通和城区内部交通，并通过在外围构筑机动车通道，将内部公共客运通道与机动车走廊分离，优化出入通道的功能，缓解历史城区的交通压力，保护古城交通环境。

（2）基于交通出行分离的路网组织体系

历史城区路网组织的基本思路是对过境交通、出入交通和内部交通进行系统组织。为保障历史城区交通与土地利用性质相协调，应根据各种交通出行对历史城区的作用，在道路资源配置和使用上首先保证满足区内交通和出入交通（向心交通）的需求，将与历史城区土地利用性质无关的过境机动车交通疏解出去，即屏蔽过境交通、优化出入交通、网络化分流内部交通。

表 16-11 根据不同组织元素提出了历史城区交通功能组织、交通组织对策和交通设施响应对策。

表 16-11　历史城区交通系统组织体系

交通系统组织元素	交通功能组织	交通组织对策	交通设施响应
过境交通	剥离过境交通，外围疏导分流穿越历史城区的交通流	（1）构建交通保护环体系； （2）完善周边干道网进行分流； （3）建设穿越历史城区的立体过境通道。	高速公路、城郊高等级公路、城市快速路、交通性主干道；穿越历史城区的地下通道（推荐）
出入境交通	优化出入境交通组织，集约化利用道路资源，有序化保障交通运行	（1）构建多方式复合运输通道； （2）优化干道交通功能，合理分配道路空间，实施公交与慢行优先； （3）建设停车换乘系统，完善外围节流体系； （4）实施动态交通管理。	轨道交通、BRT、公交专用道、港湾式停靠站、非机动车专用道、停车换乘设施等
内部交通	提倡公交与慢行优先，利用支路和街巷道路，分流内部交通	（1）实施公交与慢行优先； （2）改善公交可达性； （3）合理利用街巷路网组织交通微循环； （4）实施宁静化交通。	公交支线和特色公交、街巷路网体系等

（3）交通保护环设计

历史城区道路网络系统对于城市机动化冲击的承受力较为脆弱，历史文化资源的不可再生性又制约了内部路网的改造。因此，在历史城区外围构建保护环尤为必要。历史城区交通保护环主要功能为屏蔽穿越性过境交通，通过在不同空间层次上构建通过能力较大的环路体系，疏导过境交通从外围通过，形成对历史城区内部交通的保护壳，消除对内部交通的影响。保护环内倡导公共交通和慢行优先、限制机动车，构建交通环境良好的宜人区域。

城市通常围绕历史城区向外发展新的组团，形成以历史城区为中心，周边多组团围绕的空间结构。这样的城市空间层次结构产生了对应的交通需求空间分布形态，这就要求历史城区交通保护环的设计也应遵循这一空间分布特征。

与城市空间结构形态和交通流分布特征对应，根据交通流疏解要求，交通保护环体系在物质形态和功能层次上可以划分为一级交通保护环、二级交通缓冲带和三级交通保护环，以及内部路网和衔接节点等组成部分，环的个数主要视城市大小和空间结构而定，见图 16-11 所示。

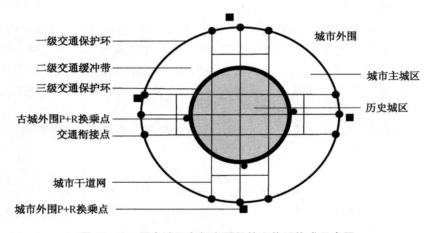

图 16-11　历史城区多级交通保护环体系构成示意图

交通保护环体系根据功能结构合成体系，其各个组成部分都有明确界定。一级交通保护环主要是在城市外围利用区域高快速路或干线公路设置，一方面疏解城市过境交通，另一方面截流部分进城机动化交通，引导其转换成公共交通方式进入历史城区；三级交通保护环是交通保护环体系的核心圈层，直接布设在历史城区外围，与一级交通保护环类似，但是具有更强的控制性，即屏蔽穿越性交通和截流入城交通；而二级交通缓冲带则是位于一级环和三级环之间的缓冲地带，该地带内一般含有城市其他组团区域，通过该地带的路网分流，缓解外部区域的机动化交通对核心圈层的冲击。根据疏解层次分析，其在功能定位、设施配置、相互联系、管制措施上都有相应的要求。具体配置见表 16-12 所示。

表 16-12　历史城区交通保护环结构体系配置

组成部分	功能定位	设施配置	辅助措施
一级交通保护环	疏导城市过境交通,减少入城交通量	构建高等级公路环或城市快速环路	建设城市外围停车换乘体系,匝道入口限制和过境交通管制
二级交通缓冲带	缓冲部分入城交通流,承担历史城区外围其他城市组团之间的联系	完善缓冲地区干道网,强化其他组团联系通道	速度管理、货运车辆禁行等
三级交通保护环	高强度屏蔽历史城区过境交通,吸引部分内部交通,均衡内部流量,保护内部交通	构建有快速路或交通性主干道形成的环路	建设停车换乘体系、公交通专用道、拥挤收费和停车收费等
内部干道网	构建缓冲带	优化干道网布局和功能	速度管理、客货分离等
衔接节点	控制过境交通和入城交通,引导停车换乘	控制接入节点数量,优化节点接入形式	渠化节点组织形式、接入管理等
P+R停车换乘点	截流进入以历史城区为出行终点的个体机动化交通,引导向公共交通和慢行交通方式转换	在一级交通保护环和三级交通保护环与城区干道的衔接节点处、以及公共交通走廊与保护环的衔接点处设置停车换乘设施	提供良好的停车换乘优化政策和辅助服务

16.4.3　骨干路网平均间距优化

　　环路体系一定程度上能够削减过境交通的影响,但不能从根本上解决历史城区交通拥堵,应进一步梳理历史城区内部道路网络,尤其是骨干路网,优化利用历史城区的交通空间,将更多的道路空间让步于步行和非机动车、公共交通,即内部道路服务应调整为以客流交通服务为主,在保障较高容量的客流运输能力基础上,兼顾机动车流的有序运行。

　　历史城区干线道路一般数量较少,网络结构较为简单,且这些道路红线宽度也相对较窄。这些道路无法进行拓宽或扩建。因此,对于承担历史城区主要干线运输功能的干线道路,一方面通过合理控制满足公交运行的干道间距来确定基本的干道布局形态;另一方面,必须优化道路功能,进行道路空间的再分配,保证大容量、集约化运输方式的通行优先权,实施公交优先来提高路网承载力。

　　由于公交线路依附于道路网存在,因此需协调公交规划与城市道路网规划,以统一的道路网规划标准为载体。公交优先发展中所提出的道路设施建设标准与规模需求是确定公交优先下城市道路网合理密度和间距的基础。

　　1)　骨干路网平均间距概念

　　主干路和次干路组成的干路网是历史城区主要的客运走廊,也是布设公交线网的主要载体。但历史城区主次干路密度偏低,为提高公交覆盖率,城区内重要的交通性支路应作为加密公交次干线、支线和辅助线路的重要载体。在确定公交导向的干路网平均间距时,将这类道路纳入计算体系,提出骨干路网(即由主干路、次干路和交通性支路组成的道路网)平均间距的概念来描述历史城区骨干路网布局结构特征。

2) 公交站点覆盖率指标确定

为保障历史城区出行者方便使用公交网络,历史城区公交线网布局应尽可能遍布历史城区骨干路网,使公交线网吸引乘客的范围覆盖城区尽可能多的区域。公交站点覆盖率是衡量的重要指标。历史城区多以城市中心区为核心,且随着多元公交服务体系的建成,公交站点覆盖率指标可参照中心区的要求。通过比较分析国内城市公交规划中公交站点覆盖率指标的取值(表 16-13),结合历史城区具体情况,对公交站点服务半径和覆盖率指标进行适当调整。考虑历史城区公交站点最佳服务半径 150 m 的标准,确定以 300 m 和 150 m 公交站点覆盖率分别为 90% 和 70% 作为衡量历史城区线路配置的基本要求。

表 16-13　国内部分城市远期(2020 年)公交站点覆盖率规划指标要求

公交站点覆盖率	扬州老城	聊城古城	苏州古城	南京老城	镇江主城
300 m	>95%	>95%	>75%	95%	85%

3) 骨干路网平均间距优化

公交站点覆盖率的调整将影响道路交通流分担比例与城市道路间距、各级道路衔接情况等,对道路网密度与各级道路间距均有影响。为适应历史城区公交站点覆盖率提高的要求,需优化历史城区骨干路网平均间距。

(1) 计算方法

结合公交线网分布,在对公交站点布设进行相应假定前提下,建立公交站点覆盖率与道路间距的定量关系,分析公交站点覆盖率的目标值所要求实现的骨干路网平均间距,如图 16-12 所示。

分析假设:①为了发挥公交线路转换功能,便于居民换乘,忽略公交站点在交叉口上、下游一定距离外的影响,假设将公交站点布置在交叉口处;②考虑历史城区道路的建设标准,假设公交线路主要布设于主干路、次干路和交通性支路上。

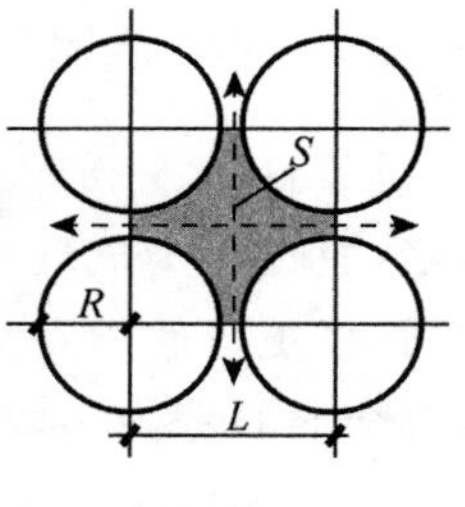

(2) 骨干路网平均间距

分别以公交站点 150 m 与 300 m 覆盖率目标值确定骨干路网平均间距:①为满足公交站点 150 m 覆盖率在历史城区达到 70% 的要求,城市骨干路网平均间距应小于 318 m;②为满足公交站点 300 m 覆盖率为 90% 要求,骨干路网平均间距应不大于 582 m。综合得到满足公交站点 150 m 与 300 m 覆盖率的骨干路网平均间距应小于 318 m。

R—公交站点服务半径,取 150 m 或 300 m;
L—骨干路网平均间距(m);
S—某种公交站点服务半径下未能覆盖的面积(m²)。

图 16-12　公交站点覆盖率示意图

(3) 骨干路网平均间距调整建议

历史城区主要道路体系由主干路、次干路和支路组成,一般主、次干路密度偏低,而历史城区拓宽改建的可能性较小,因此,可以从 3 个方面对历史城区骨干路网进行改善。一是进行以功能为主导的道路分级分类,对现有道路进行功能优化,重点面向公共交通服务;二是将以交通性功能为主的支路纳入干路网体系;三是通过改善和打通部分支路和街巷提高路网密度,改善道路交通供给情况。

公交导向的历史城区骨干路网平均间距要求控制在 318 m 以下,考虑到历史城区道路网实际情况,过低的骨干路网间距要求较难满足,加之历史城区多实施单向交通组织,要求路网平均间距不大于 300 m。因此,建议以 300 m 作为控制标准进行骨干路网布局的优化。

16.4.4　骨干路网功能结构完善

1)　道路功能分类

基于公交优先和慢行保障对历史城区道路分级的需求,历史城区干路可划分为三级 4 类,分别从道路功能、服务对象、交通规制等方面进行界定,如表 16-14 所示。

表 16-14　历史城区"三级 4 类"道路功能分级表

道路等级	道路类型	道路功能	服务对象	服务区域	交通规制
快速路	Ⅰ	跨历史城区出行	外部穿越交通	城市	机动车交通专用
主干路	Ⅱ	地区干道,沟通城区内外	对外交通	历史城区	机动交通优先
	Ⅲ	公交走廊,沟通城区内外	公共交通对外交通	历史城区	保障公交优先,兼顾社会车辆出入交通
次干路	Ⅳ	分流主干路,服务于城区内部中长距离出行,集散支路进出机动车流	内部交通出入交通	历史城区及社区单元之间	以机动交通为主,以慢行交通为辅,实现机非分流

2)　道路空间再分配

道路空间再分配多数是在历史城区交通保护环体系建成,并起到疏解作用,城区内部道路机动车流量明显减少的情况下实行的。其具体举措主要体现为压缩机动车通行空间、增设公共交通优先通行带或运输专用车道、拓宽慢行空间、减少路边停车空间等方面,如表 16-15 所示。

表 16-15　历史城区道路空间再分配设计表

再分配策略	主要设计要点
弱化机动车通行空间	在主要干道上通过减少机动车道、取消路边低速车道等方法减少机动车道宽度,把空出来的道路空间补偿给步行和非机动车。
强化运输功能和优先秩序	在主要运输通道上,设置公共交通优先通行带,包括设置公交专用道、优先道以及单向交通中的公交逆行道等; 在运输专用车道上只对对公共交通车辆和行人分配通行空间,同时兼顾对特定类型车辆的优先通行权。
拓展慢行空间	在自行车流量大的道路上,结合机动车道的压缩增设自行车道或者试试机非分流,设置独立的自行车道; 保障步行空间网络的连续性,尤其在交叉口处。
减少停车空间	在机动车流量大的干道上配合停车管理措施,包括全天禁停和特定时间段禁停等; 利用景观隔离带设置专门停车带,减少停车空间设置对通行空间的需求。

3） 道路分级配置体系

综合考虑公交优先导向下公交线路分级与城市道路分级的匹配关系、非机动车道和步行道布设空间要求，需要在城市道路的规划、设计和使用的各个环节完善道路分级配置，积极应对历史城区公交和慢行优先要求。对城市干路空间分配及使用的具体配置体系见表16-16。

表 16-16　历史城区干路分级配置表

道路类别	快速路	主干路		次干路
	Ⅰ	Ⅱ	Ⅲ	Ⅳ
道路红线	50～60	40～60	40～50	24～40
公交线路布设	公交干线以上等级	公交干线		公交干线、公交支线
公交专用道布设	布设	无	布设	—
公交站点形式	辅路布设港湾站	港湾站		港湾站
自行车道形式	—	机非分离		机非分离
路边停车限制	—	禁停		禁停
速度管理	60～80	40～50	30～40	25～30
接入管理	—	严格控制		控制

16.5　历史城区街巷路网资源综合利用

16.5.1　街巷道路特征分析

历史城区内由支路、交通性街道和集散性街道构成的承担片区（单元）交通集散功能的网络状路网体系定义为历史城区街巷路网体系。

1） 街巷路网格局特征

历史城区街巷发展受古代封建思想的影响，在中国都城规制中体现出一脉相承的基本特征。这种特征反映出中国传统都城所具有的礼制秩序，尤其是中轴线和对称布局方法显示出帝王至高无上的皇权和尊贵。除南京之外，中国古都多呈方格网布局模式，从秦汉市井、唐宋坊巷到明清街巷，这种棋盘式的街巷格局沿袭了一贯的规划模式，渗透了固有的文化思想。

罗马、雅典、开罗以及我国西安及北京五个古都街巷布局中，前三者的街巷布局呈现出放射状特征，城中主要街道都聚集在城市的主要中心或某个重要节点，其他街道则属于非刻意安排的自由形式。而西安古城和北京古城的街巷系统，呈现典型的井田棋盘形式，属于中国古城街巷格局特征的典型代表。这样的街巷格局，其独特优势增强了地区的可达性，提高了交通集散的效率，这也正是历史城区交通系统最关键的要求。表 16-17 列述了中外古城街巷路网格局特征。

表 16-17　中外古城街巷路网格局特征比较

唐代西安 棋盘式	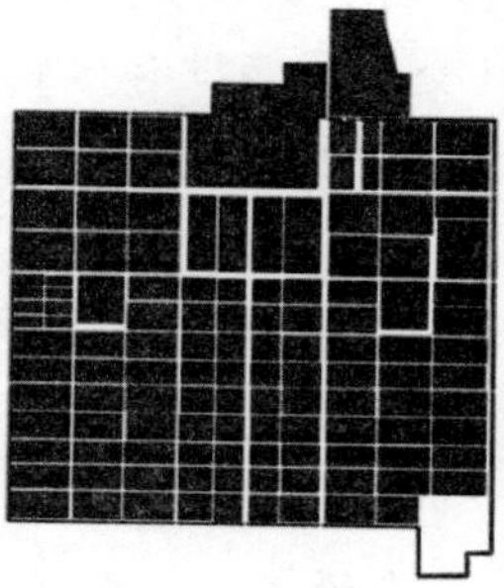	汉代洛阳 棋盘式	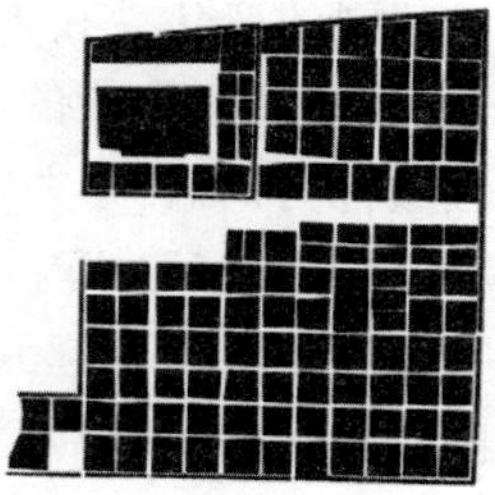
明代南京 对称型	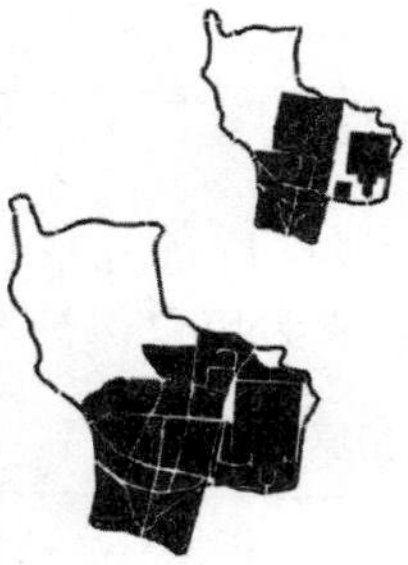	明清北京 棋盘式	
宋代太原 丁字型	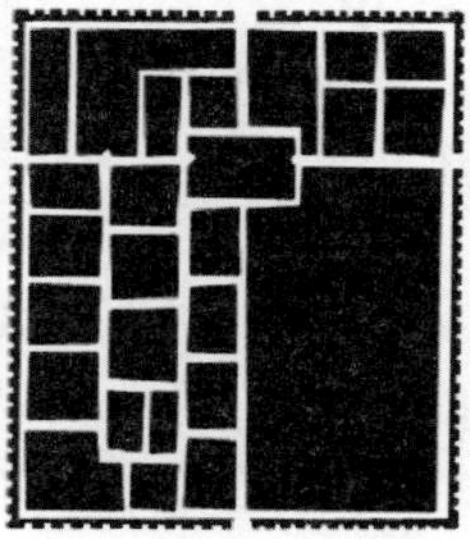	意大利罗马 中心 放射型	
希腊雅典 偏中心 放射型	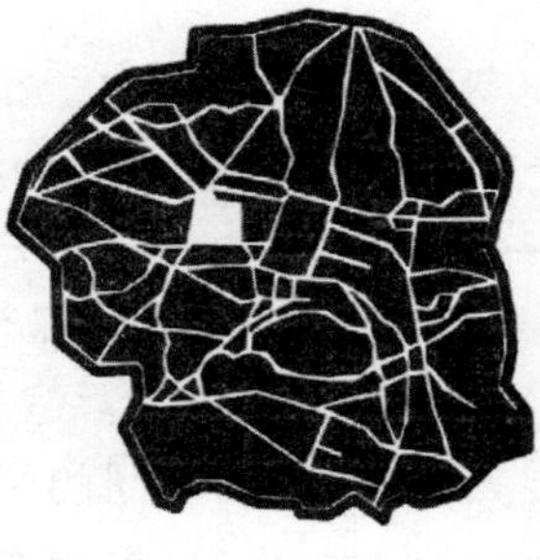	埃及开罗 偏中心 放射型	

2）街巷道路使用特征

历史城区大量的街巷都是由原来的古街坊和胡同里弄发展演变而来，一般布局较为工整，局部区域内具有较好的连通性。在以非机动车交通方式为主的时代，这些街巷道路不仅扮演着如今城市干道的交通功能，还承担着居民交流交往的公共空间的功能。尽管城市机动化快速发展对这些街巷道路造成了很大的冲击，但仍具有很高的交通价值。

这些低等级道路和等外道路的价值在城市的发展过程中未得到充分重视。随着城市改造和基础设施的建设,众多历史名城的街巷和胡同数量大规模减少,街巷长度和名称等也出现了不同的变化。在街巷的实际使用过程中,其交通功能没有得到充分的发挥和利用,超出干道网密度数倍的街巷路网承担的交通量占总交通量的比例较干道还低。以上海市中心城区为例,占道路总长度为 22% 的主干道网(包括快速路和主干道)承担了该地区 69% 的交通量,而占道路总长度 64% 以上的支路系统,所承担的交通量却不到 25%。大量的支路和街巷没有起到分流干道交通的作用,道路利用效率低下。城市建设应重视街巷路网资源的利用,对其潜能的挖掘和功能进一步优化。在历史城区道路拓宽与改建余地严重不足的状况下,合理利用其支路与街巷资源尤为重要。

16.5.2 街巷道路保护利用

1) 街巷道路保护要素与要求

历史城区的街巷道路和空间是历史真实遗存的重要组成部分,这些传统街巷由于其道路脉络、空间尺度与风貌环境等,造就了其众多要素,成为历史保护内容,见表 16-18。

表 16-18　历史城区街巷道路保护要素构成

道路风貌保护要素	要素构成
脉络	(1) 道路空间布局与空间轴线关系; (2) 道路等级结构; (3) 道路衔接层析关系; (4) 道路分隔地块的肌理。
尺度	(1) 道路红线宽度; (2) 道路断面及机动车交通路权、慢行路权比例; (3) 道路线形特征; (4) 主要节点特征; (5) 特定过街设施; (6) 道路与沿线建筑空间比例。
环境	(1) 绿化; (2) 特色建筑小品及构筑物; (3) 特色人行道铺装; (4) 道路内特定社区公共活动空间。

街巷的保护注重引导城市独特个性和特色营造,通过街巷体系的保护与合理利用规划,重新梳理历史街区的肌理、格局和空间形态等,从空间环境、场所营造等方面反映每个城市独特的精神风貌;同时,历史街巷的保护要体现差异化,针对不同的街巷,采用不同的保护策略。街巷保护要对其进行类型划分,明确街巷保护类型,提出相应的保护规划策略。

2) 街巷道路综合利用

合理的交通组织模式是历史城区街巷利用的最优途径之一。历史地区交通组织方案多采用单向微循环交通、机非分离和宁静化交通三个措施。单向微循环交通主要针对机动化交通,一方面分担干道交通压力,提高交通运行效率,另一方面提高机动交通的可达性。机非分离的实施一方面保证历史城区内形成系统的非机动车网络,提高安全性和舒适性,另一方面也是为了减轻原本就严重的干道交通压力,消除机非干扰和冲突。这两种手法都要求具备足够的路网密度和较小的道路间距。宁静化交通以维护历史城区安静、和谐和悠闲的城市氛围和宜人的交往空间为主要目的,消除机动车交通对地区氛围的破坏,同时保护行人的安全,对街巷道路采取适当的措施控制机动化通行。这三种交通组织方法在狭窄密集的街巷道路上都具备充分的实施条件,因此,街巷路网体系是历史城区构建微循环交通(机动车微循环、非机动车独立系统和步行系统)的主要载体。

16.5.3　地区道路网络构建

1)　构建思想

历史城区内部路网主要服务于以历史城区为起讫点的出入境交通和区内交通,应通过改善路网结构与优化道路功能,重点从客流运输能力和服务水平提升的角度,提高公共交通运输可达性,保障历史城区功能的完善和社会活动活力的发挥。

历史城区一般是由城市干道或天然屏障作为边界而形成的围合区域,地区内部的路网组成了历史城区的地区路网体系。根据城市和历史城区规模大小,地区路网可以由城市快速路、主干道、次干道和支路构成,区内路网自成体系,承担疏散交通和出入居住区交通的功能。为整合历史城区不同类型功能要求,应将不同等级道路合理衔接,构建重视机动车交通与生活环境相协调的分区路网体系。

1963 年的美国《布坎南报告》首次提出了改善地区路网内机动车交通状况。报告提出城市由起着走廊作用的城市干道网和起着居住作用的居住区组成。干道起着连接城市各片区以及承担大运量的客货运输功能,必须拥有充足的交通容量。而对于居住区类型的地区环境来说,不应该有过境车辆穿过,如图16-13所示。这个路网构想对其后路网构成的思路产生了极大的影响。

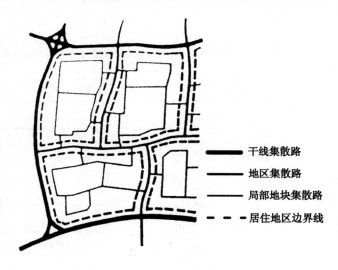

干线集散路
地区集散路
局部地块集散路
-- 居住地区边界线

图 16-13　布坎南道路分级系统

2)　地区路网构建

从历史城区范围分析,其路网体系的重点在于干道网的构建,这是提高对外吸引力和地区经济活力的重要支撑;从历史城区的构成分析来看,主要由不同的地块、小区构成,包括历史风貌区、历史街区等文保区域、居住区以及商业中心区等。不同类型的地块都希望减少外部交通对其内部出行的影响,因此,这些地区内部路网构成一般也希望自成体系。基于这样的思路,作为历史城区路网的主体,地区路网的构建可以以不同类型地区为单元开展研究,主要构建手法有:

（1）机非分流处理集散交通

为应对集散交通，解决机动车流量过大的问题，同时为非机动车出行创造安全舒适的环境，可分别设置机动车专用道路和非机动车专用道路，空间上分离两套网络。

（2）交通微循环改善机动车交通

利用丰富的街巷路网合理分担干道交通流量，通过组织不同类型的交通微循环路网，配合交通管制措施改善机动车交通运行环境。

（3）安宁交通控制过境交通

为排除过境交通，采取安宁交通设计手法进行拓展设计，表 16-19 给出了六种路网模式的具体组织手法，六种路网结构型式如图 16-14 所示。在实际路网改善中，需要结合地区特征，整合不同路网模式进行渐进式改造。

表 16-19　历史城区内部六种过境交通控制性路网组织模式

路网组织模式	组织手法
环路截断型	环路屏蔽为基本手段，在外围入口处设置截流设施加以限制
入口限制型	在与外围道路相交的交叉口地区，设置门槛式的驼峰或障碍性设施，控制机动车流的进入
区域限制型	通过控制地区内机动车运行速度，延长机动车通过的时间
运行障碍型	通过将连续的道路划分成几段，在与其相关联的路口和路段重点设置路障，削弱通行便利性
通而不畅型	在地区内的交叉口通过设置路障、对部分路口进行通行限制，包括斜向拦截，增加绕行距离
交通组织迷路型	通过单向交通、直行限制的交通组织手段将路网运行复杂化，形成迷路型的路网

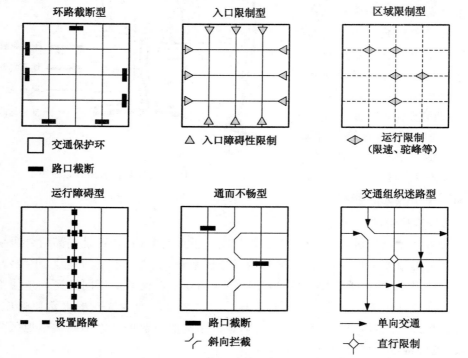

图 16-14　过境交通控制的六种路网组织模式

（4）人车共存前提下改善步行空间

步行空间是地区内部路网交通空间的重要组成部分,对于历史城区来说不可忽视。人车共存的理念主要是基于现有道路资源的有限性,充分利用可能的道路,通过各种设计手法,构建属于行人的网络化步行空间,保障行人的利益。

16.5.4　街巷道路功能整合

1）道路交通功能分析

交通是历史城区街巷的基本功能之一,根据街巷道路的宽度特征,应在保护要求下,充分发挥其不同的交通功能。街巷路网本身具有道路狭窄的特点,多数街巷道路宽度不超过 10 m,应根据这一特点划分其交通服务功能。断面宽度在 6～10 m、与城市道路连通性较好的街巷,具有为片区服务集散的交通功能,可以允许一定的机动车辆穿行;对于断面宽度为 4～5 m、街巷两侧具有一定的本片区服务的公用服务设施的街巷,应定位为生活性道路,一般限制小汽车进入,以行人为主,允许少量非机动车行驶;还有一些小于 4 m 的街巷,应提倡步行专用,严禁车辆使用。

2）道路功能整合

在保护街巷原有风貌和空间尺度的同时,必须从地区交通发展政策和交通系统组织方案出发,面向街道的合理利用,对其交通功能进行重新整合定位。根据历史城区街巷道路交通功能的分析,在保护约束条件下,对街巷道路交通功能进行重新整合。主要依据服务的交通方式对不同宽度街巷进行功能明确和路权划分。具体功能整合如表 16-20 所示。

表 16-20　历史城区街巷道路交通功能划分

街巷类型	街巷宽度（m）	服务交通方式	交通功能
交通性支路	16～24	机动车双向交通、慢行方式	为街巷道路与历史城区干路系统的衔接集散提供转换
生活性支路	7～16	机动车双向或单向通行、慢行方式	为城区内部居民出行服务,提供适当的停车空间
交通性街巷	7～12	机动车双向通行,少数组织单向交通	除为当地居民出行服务外,可适当设置路边停车,承担局部片区的公交车辆、旅游车辆和小汽车等的穿越性交通
集散性街巷	4～7	集散性机动车单向交通为主,条件较好的组织双向交通	主要为当地居民服务,适当设置路边停车,缓解老旧小区停车难问题
慢行专用街巷	<4	步行和非机动车专用道路、历史街区	为本地居民慢行出行服务,特殊情况下允许机动车短暂进入,满足旅游休闲性需求

16.5.5　街巷道路分级配置

应综合考虑公交线路布设与街巷道路的关系、机动车通行需求、非机动车道和步行道布设空间要求,在街巷路网规划、设计和使用的各个环节完善街巷道路的分级配置,积极应对历史城区交通出行需求和街巷路网的充分利用,在衔接干路网分级配置基础上,对历史城区街巷道路的空间分配及利用进行配置,具体见表 16-21 所示。

表 16-21　历史城区道路分级配置表

道路类别	支路		街巷		
	V	VI	VII	VIII	IX
道路红线(m)	16～24	7～16	7～12	4～7	<4
公交线路布设	公交支线、特色公交线	特色公交线	特色公交线		无
公交专用道布设	公交专用路	无	无		
公交站点形式	路抛站	路抛站/小型港湾站	路抛站/小型港湾站		无
自行车道形式	机非分离	分离或专用	机非分离	分离或专用	专用
路边停车限制	白天短时停车、夜间停车		白天短时停车、夜间停车		
速度管理(km/h)	20～30	<15	<15		5～10
接入管理	可接入		可接入		

16.6　历史城区交通微循环路网规划

历史城区交通微循环系统是以街巷路网体系为载体,由部分次干道、支路及交通性街巷道路组成的地区性道路网络运输体系。道路微循环系统与由干道网组成的主循环系统相比,具有更大的路网密度和长度,可以缓解干道交通压力,有利于提高路网的连通性和可达性,进而提高道路网络整体集散能力和运行效率。

我国大部分历史城区的微循环路网都存在结构性和功能性缺失等方面的问题。结构性方面,"以车为本"导向下的微循环道路规划设计只注重机动车道的宽度、通行能力,对微循环道路进行盲目拓宽打通甚至干道化改造往往造成历史城区路网结构的肌理性破坏,影响城市历史风貌。在历史城区更新中,大型居住小区、商业综合体的建设形成了新的大院,使得许多原本的微循环路网逐渐消失或成为居住区内部道路。功能性方面,城市交通管理常侧重于干道网,支路和街巷路网的渠化及空间整治管理往往被忽略,缺少标线划分路权,行人、自行车、机动车等混合行驶、相互干扰,各种交通方式的通行权利均得不到保障,行人和自行车安全性差。交通管理上对机动车速度也缺乏有效的管理和限制,支路和街巷是市民进行日常活动的交往空间,机动车的强势使得人作为曾经的主体在其中的中心地位不断被削弱,影响交往空间的活力,也损害社区安宁。另外也有部分支路和街巷占道经营和随意停车,丧失基本保障机动车通过的交通功能。

16.6.1　交通微循环系统组成与分类

交通微循环组成及分类主要结合所在地区、承担的功能、性质和服务对象进行划分,划分的方法有多种。按控制范围,可分为城市整体交通微循环、区域交通微循环和小范围片区交通微循环;按交通服务对象,可分为机动车交通微循环、自行车交通微循环、步行交通微循环;按照运输服务对象,可分为客运交通微循环和货运交通微循环,客运交通微循环又可细分为私人交通微循环和公共交通微循环;按时空连续性,可分为临时交通微循环和长期交通微循环,主要结合区域特性及交通流特征以及可能的大型活动对交通流产生的影响而定;按交通走向,可分为单向、双向和可变方向交通微循环。根据区位特征、服务对象、交通流特性等,历史城区交通微循环应侧重于针对区域性、长期性机动车交通微循环进行分析研究,并同时兼顾非机动车和步行交通微循环。

16.6.2　交通微循环功能与特性

（1）交通微循环功能

一个完善的交通微循环系统的功能可概括为以下六个方面:①交通分流功能;②便捷输送功能;③解决微观层面组团或片区交通问题功能;④体现地区特征差异功能;⑤动态适应性功能;⑥对居民行为模式的影响功能。

（2）交通微循环特性

城市交通微循环的高效运行需要有效的交通组织和科学合理的管理措施的支撑和保障。因此,必须从交通微循环本身出发,充分了解其特性,对比分析其与城市常规交通的区别,采取适宜的交通微循环组织设计方法。考虑从交通微循环涉及的交通需求、交通流、交通组织与管理三方面入手,充分分析各自特性,以便科学合理地设计交通微循环系统,具体特性见表 16-22。

表 16-22　交通微循环系统特性

交通微循环主要涉及因素	特性
交通供需特性	路网密度大、连通度高,便于进行交通组织
	交通可达性和灵活性要求高
	满足不同层次出行需求,体现"公平"原则
	非机动车交通需求较大
交通流特性	交通流向自由,流量应满足不同区域需求
	交通流受干线交通流波动影响较小
	交通流相对平稳,时空分布比较均衡
	高密度、高连通度的微循环体系整体均衡,时空波动小
交通组织管理特性	交通微循环涉及范围广,设计和发挥其功能和潜力任务艰巨
	交通微循环组织管理考虑因素众多,地区差异较大,交通组织管理复杂
	良好有序的、可持续的交通微循环系统需要结合实际、立足长远,统筹兼顾

16.6.3　交通微循环路网规划模式

作为城市路网和历史城区交通系统的重要组成部分,微循环路网规划的目标是充分利用历史城区街巷路网资源,通过有效的规划与组织措施,充分挖掘路网潜力,均衡路网交通流的时空分布。一方面有效分流主、次干道的交通负荷,保证干道交通的畅通,即通过改善街巷道路通行条件和路网连通性,将主、次干道上的部分交通流量转移到可以替代的微循环道路上;另一方面通过微循环路网组织,提高部分地块机动车可达性,并为公共交通和慢行交通提供更为便捷的通行环境,提升历史地区的活力与吸引力。

1） 规划流程

微循环路网规划涉及内容与影响因素较多,其实施的效果与历史城区交通发展模式与服务体系、道路设施供给与交通需求特征直接相关。因此,微循环路网规划首先必须明确规划目标与原则,基于历史城区发展特征与功能定位的分析,进行微循环交通需求分析,分析交通方式选择与不同方式交通分布,从而制定微循环路网规划方案。初始方案生成阶段,微循环路网方案制定从设施供给的角度,需要确定微循环设施的基本路网指标,在现有路网基础上选择微循环备选道路,对每条道路通行条件进行分析,对不满足微循环实施条件的道路进行改造,形成微循环的初始路网方案。方案优化阶段,通过交通分配对初始路网方案进行测试与评价,调整路网方案,形成优化方案。微循环路网规划流程见图 16-15 所示。

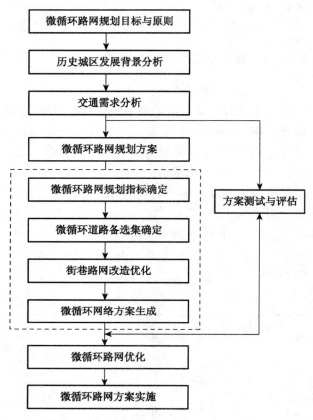

图 16-15　历史城区微循环路网规划流程图

2） 规划层次与要点

微循环交通的基本规划理念是"分流"和"集散",前者通过交通组织和管理手段对现有微循环路网资源充分挖潜,发挥微循环路网交通功能。后者通过精心组织街区内部微循环路网和交通流,在不破坏历史风貌的前提下,因地制宜地增加交通供给,服务干路交通的集散以及改善地块可达性。因此根据所起主导功能的不同,可将历史城区微循环路网分为城区级微循环路网和街区级微循环路网。

城区级微循环路网以"分流"为导向,"服务短距离出行"为目标,主要利用交通性支路,通过有效的交通组织措施挖掘路网潜力,均衡城市整体路网交通流的时空分布,卸载主干道与次干道的过量负荷,特别是短距离的出行需求,保证城市主线交通的畅通。

街区级微循环路网以"集散"为导向,"服务地块可达"为目标,以地区性活动的可达性服务指标为依据进行规划,重点在于满足指标要求,以保证地区性活动的可达性。街区级微循环系统一般不存在供需紧张问题,应突出社区安宁、慢行友好,并为支线公交的引入提供条件,机动车以服务可达为主,避免穿越性的机动车流使用。

对比分析两个层级的微循环路网规划要素如表 16-23 所示。

表 16-23 微循环路网分层规划要素

规划要素	城区级微循环	街区级微循环
规划目标	分流导向,服务短距离出行,提高路网运输能力	集散导向,服务地块可达,多种交通空间均衡共存
道路选取	交通性支路为主,部分次干路为辅	街巷为主,包括部分支路
网络特征	穿越多个街区,街区间连接关系明确	街区内成网,街区间不必强调明确的连接关系
路段特征	保证一定的连通性,可视情况采取必要的打通和局部拓宽	因地制宜、有机更新,以改善修整为主,不必强求线形顺直
交叉口特征	交叉口渠化,视需要进行信号控制	交叉口缩窄,视需要进行禁止转向等交通管理

16.6.4 交通微循环路网规划指标

1) 微循环道路分级

历史城区微循环路网主要由支路和街巷构成,宽度一般小于 18 m。考虑车速限制条件下机动车通行空间要求和必要的步行、非机动车通行空间的保障,选择 9 m 为城区级微循环路网和街区级微循环路网的界限,具体分级如表 16-24 所示。

表 16-24 微循环道路分级表

微循环类型	道路宽度(m)	说明
城区级	15~18	双向两车道且机非分离,能较好实现集散性和通过性
城区级	9~15	若采用单向行驶,可划分路权、机非分离,在服务出入的基础上,能承担一定的通过性交通
街区级	6~9	可作为历史街区内部的主要机动车道,组织双行机动车道,允许与历史街区相关的各类车辆通行,可通行公交
街区级	4~6	可作为历史街区内部的单行机动车道,允许与历史街区相关的各类车辆通行

2) 路网规划指标

微循环路网规划的核心内容之一是确定满足微循环交通组织所需的道路间距和路网密度。历史城区微循环路网规划主要以街巷路网体系为载体,因此路网指标的确定主要针对支路及以下等级道路组成的路网体系。机动车单向微循环交通组织对城市道路网络设施有明确的要求,路网应有足够的密度,且间距必须在一定距离范围之内,以减少车辆绕行。根据《城市道路单向交通组织原则(GA/T 486—2015)》,单行路周边应有与其平行的道路,间距宜小于 450 m。与单行路平行的道路之间应有连通道路,相邻连通道路之间间距宜小于 600 m。据此,路网密度约为 3.89 km/km^2。

一般历史城区路网密度都能够满足单向交通组织实施条件,但考虑到历史城区路网结构的不均衡性,必须视地块路网特征实施单向交通微循环,对个别街巷道路在允许的条件下进行改造优化。另外,历史城区实施机非分流,构建独立非机动车交通系统,对路网也提出了较高的要求。因此,路网指标确定时需要考虑非机动车路网构建的要求,适当提高路网密度。

16.6.5 交通微循环路网构建

交通微循环路网的构建,首先必须筛选和确定备选的微循环道路,然后从备选道路中根据交通微循环组织的目标与要求选择出构建微循环交通网络的道路,并对这些道路进行改造优化,提高整个网络的运输效率。

1) 微循环道路选择

微循环道路的选择应从道路设施条件、道路通行条件、安全条件、交通公平性、生态环境承载力约束、历史环境保护要求以及居民意向7个方面建立相应的技术标准,具体见表16-25。

表 16-25　历史城区微循环道路选择条件与技术标准

影响因素	条件	技术标准
道路条件	道路类型、道路在路网中的位置,街巷路网体系中根据其对其他5个条件的满足与否进行选择形成微循环道路的备选集	满足道路功能界定的要求
通行条件	道路不宜过窄,改造拓宽难度不大,通行速度限制	道路红线不小于 3.5 m,道路线形、断面满足车辆通行要求,运行速度控制在 15 km/km^2 以下,沿线历史建筑和历史环境要素较少
安全条件	一般应避开居住集中区、中小学、医院等人流集中的区域	建议结合调查和道路安全通行要求建立相关标准
交通公平性	不能侵占其他人的出行权利,主要是步行与自行车出行空间,且公交优先通行	结合该条道路现状步行与自行车交通量大小,根据道路本身通行能力大小,计算富余通行能力能否承担机动车交通,或视非机动车能否便捷转移到其他道路上
生态环境	车辆产生的交通环境污染必须在交通环境承载力范围之内	以该类地区噪声、大气质量要求作为评价标准
历史环境保护	必须坚持保护优先的原则,不以破坏历史文化遗产为代价	对于沿线历史要素较多或本身是保护性街巷的,坚决不能作为微循环道路;对于可进行改造,且改造代价太高的,不宜选择;改造难度不大,且无破坏影响的,可作为微循环道路
居民意向	不影响居民原有生活氛围或增强居民交往空间	通过意向调查,以不破坏或影响居民生活习惯与生活交往空间设定标准

微循环道路选择的条件及技术标准的设定多数相对比较定性,为操作方便,在满足最基本指标要求的前提下,建议进行模糊化处理,即采用模糊综合评价法评价并选择出相应的道路作为构建微循环路网的道路备选集。

2) 街巷道路改造优化

微循环交通网络尤其是区域性微循环路网,要实现其分担干道交通流量,均衡路网流量的效果,必须保证微循环路网的连通性。历史城区通常被干道分割成若干地块或街区,街区内部主要由若干支路和街巷道路组成,这些道路正是微循环道路备选集的来源,需要与干道连通成网,才能保证交通微循环的实施。但通常这些道路中会存在断头、畸形以及沿线存在各种限制机动车通行的因素,只有将这些道路改造优化与干道连通,才能保证交通微循环的实施,增强街区或小区对外的可达性。

对于通过选择进入微循环道路备选集中的道路,对其改造必须坚持谨慎的态度,按照通行能力最大化、改造成本最小化的原则进行。这就要求必须根据不同类型的道路和不同的改造要求,综合对比分析和评价新建、改扩建、整治和修缮等改造措施的适用性与效果,研究采取适宜的改造优化措施。历史城区交通方式多样,出行群体多元,改造措施必须考虑不同群体居民的意愿与可接受度。具体改造优化过程如图 16-16 所示。

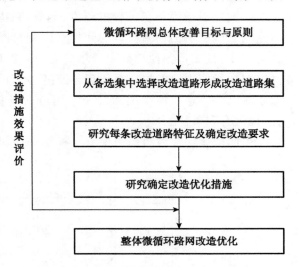

图 16-16　微循环道路改造优化流程图

16.6.6　交通微循环路网组织

1) 路网组织模式分类

城市交通包括多种交通方式,在路网交通组织即路权分配时,既可以将这些交通方式分布在同一条道路的不同断面上,也可以分布在不同的道路上。根据交通分流的思想可以对路网组织模式进一步分类,如表 16-26 所示。

表 16-26　依据交通分流思想确定的路网交通组织模式分类

模式	特点	道路类型代表
路网分流	一条道路上只容纳一种交通方式,不同交通方式分布在不同道路上	机动车专用路、非机动车专用路网
断面分流	一条道路上分布的交通方式拥有各自的路权,各行其道	物理分隔或划线分隔的道路
快慢分流	同种交通方式由于出行速度不同,需要的道路等级和类型不同	快速路、主干路、次干路和支路

路网分流可以是路网体系中的一部分,根据分流程度,可以分为局部分流和完全分流,对于一条道路,可以分为单向行驶和双向行驶两类,单向交通又可以分为局部单行和完全单行两类。

2) 微循环路网组织模式

在路网分流和断面分流的基础上,进一步采用交通走向划分的组织思路研究微循环路网组织模式较为适宜。依据交通走向主要划分为单向微循环和双向微循环交通组织模式。双向交通微循环的运行特点与一般道路双向运行特征基本相同,因此主要分析单向交通微循环交通组织模式的特点。

单向交通微循环是一种投资少、见效快、操作简单的交通组织方法,通过充分挖掘现有道路资源的潜力,实现"以时间换空间"的目的,通过不同方向的交通流分道行驶来简化交通组织,提高道路使用效率。单向交通微循环具有以下优点:(1)减少交叉口冲突点,提高道路通行能力;(2)提高道路运行速度、降低行车延误;(3)提高车辆行驶安全性、降低交通事故;(4)为路边停车位和公交专用道的设置创造条件;(5)有利于信号灯配置,为"线控"提供有利条件。

单向微循环交通组织主要有三种模式:顺时针、逆时针和混和模式,如图 16-17 所示。

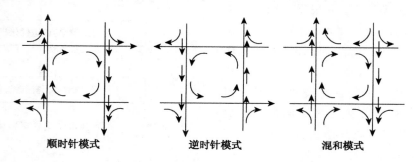

顺时针模式　　　　　逆时针模式　　　　　混和模式

图 16-17　单向微循环交通组织模式示意图

上述三类单向微循环交通主要是单循环模式,在路网密度较高的条件下,还可以以单循环为基本单元,组织多循环的单向交通。至于采用何种微循环模式,主要视地区道路交通条件而定。

单向交通微循环对道路配套方面提出相应的要求:(1)要有一对平行道路,且宽度大致相等,具有相同或相近的起终点;(2)支路单向时路口间距不宜超过 300 m,干路单行路口间距不宜超过 500 m;(3)两条平行单行线之间应有方便的横向联系,方便转换减少绕行。具体道路组合模式见图 16-18。

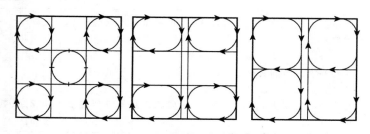

图 16-18　有利于减少车辆绕行的道路组合模式

3) 路网布局模式选择

单向交通微循环对路网布局形式没有特殊要求,一般只要求有相邻的两条道路配对即可组织单向交通,但棋盘式道路系统最适宜实施单向交通,尤其是规划区域性单向交通微循环路网,其效果最佳。

历史城区多为混合式路网,单向交通微循环模式的选择应采取因地制宜的原则,不宜照搬照套或采取统一形式的微循环模式,城区级微循环与局部街区、社区级微循环相结合的模式对历史城区具有较强的适应性。

参考文献

［1］建设部.历史文化名城保护规划规范(GB 50357—2005)[S].北京:中国建筑工业出版社,2005.

［2］国务院.历史文化名城名镇名村保护条例(国务院第 524 号令)[Z].2008.

［3］中华人民共和国文物保护法[Z].北京:中国法制出版社,2007.

［4］东南大学交通学院.江苏省城市道路网规划设计指标体系研究[R].2010.

［5］东南大学交通学院.南京市老城综合交通改善方案研究[R].2010.

［6］南京市城市与交通规划设计研究院有限责任公司.扬州老城及周边地区交通综合改善规划研究[R].2010.

［7］南京市城市与交通规划设计研究院有限责任公司.南京市老城道路交通设施整合与控制规划[R].2006.

［8］中国城市规划设计研究院.苏州市城市综合交通规划[R].2006.

［9］东南大学交通学院,聊城古城开发建设指挥部.聊城古城道路交通规划与工程设计[R].2011.

［10］叶茂,过秀成.历史城区交通系统与路网资源综合利用方法[M].南京:东南大学出版社,2014.

［11］李和平,肖竞.城市历史文化资源保护与利用[M].北京:科学出版社,2014.

［12］小林正美,张光玮(译).再造历史街区:日本传统街区重生实例[M].北京:清华大学出版社,2015.

［13］叶茂,于淼,过秀成,等.公交导向的历史城区干路网平均间距优化[J].北京工业大学学报,2013,39(8):1250-1254.

［14］邓一凌,过秀成,严亚丹,等.历史城区微循环路网分层规划方法研究[J].城市规划学刊,2012,201(3):70-75.

［15］叶茂,过秀成,邓一凌,等.机非分流:历史城区自行车交通改善的必然选择——以镇江市老城区为例[J].规划师,2011(S1):133-136.

［16］孔哲,窦雪萍,罗丽梅,等.大城市历史城区绿色交通发展对策[J].规划师,2011,27(Z1):141-148.

［17］叶茂,过秀成,徐吉谦,等.基于机非分流的大城市自行车路网规划研究[J].城市规划,2010(10):56-60.

［18］叶茂,过秀成,刘海强,等.基于人车共存的居住区道路系统规划设计探讨[J].规划师,2009,25(6):47-51.